"十二五"普通高等教育本科国家级规划教材
普通高等教育"十五"国家级规划教材
面向 21 世纪课程教材

化学工艺学

第 二 版

米镇涛　主编

化学工业出版社

·北京·

本书介绍了通用的典型化工过程及生产工艺。详细阐述了烃类热裂解、芳烃转化、合成气制造、加氢与脱氢、烃类选择性氧化、羰基化、氯化、聚合等过程的基本原理、反应特点和重要产品的生产工艺。此外，还介绍了化学工艺的基础知识与发展方向，生物技术合成化学品及绿色化学化工的基础知识。

　　本书为高等学校化学工程与工艺专业教材，也可作为化学和相关专业的化学工艺课程教材，并可供从事化工生产、管理、科研和设计的工程技术人员参阅。

图书在版编目(CIP)数据

化学工艺学/米镇涛主编．—2版．—北京：化学工业出版社，2006.3（2025.2重印）
"十二五"普通高等教育本科国家级规划教材．普通高等教育"十五"国家级规划教材．面向21世纪课程教材
ISBN 978-7-5025-8408-5

Ⅰ．化…　Ⅱ．米…　Ⅲ．化工过程-工艺学-教材
Ⅳ．TQ02

中国版本图书馆 CIP 数据核字（2006）第 022923 号

责任编辑：何　丽　骆文敏　　　　　　　　　装帧设计：潘　峰
责任校对：蒋　宇

出版发行：化学工业出版社（北京市东城区青年湖南街 13 号　邮政编码 100011）
印　　装：河北延风印务有限公司
787mm×1092mm　1/16　印张 28¼　字数 726 千字　2025 年 2 月北京第 2 版第 28 次印刷

购书咨询：010-64518888　　售后服务：010-64518899
网　　址：http://www.cip.com.cn
凡购买本书，如有缺损质量问题，本社销售中心负责调换。

定　　价：59.00 元

第二版前言

本书第一版自 2001 年 8 月出版以来，历经五年四次印刷，在各高校广为使用，对化学工艺学教学起了一定的作用，使用效果较好。为此，2002 年列为普通高等教育"十五"国家级规划教材，同时荣获 2002 年度中国石油与化学工业第六届优秀教材一等奖。为了向广大师生提供化学工业领域最新成果与发展趋势，根据教育部对专业教材要不断更新、补充、完善的要求，自 2004 年开始着手《化学工艺学》第二版的修订编写工作。

根据"高等教育面向 21 世纪化学工程与工艺专业人才培养方案"的要求，遵循加强基础、面向实际、便于自学、引导思维、启发创新的原则，力图通过典型产品过程的实例使学生学会将已掌握的化学与化学工程知识运用到产品工程中，解决产品生产过程的组织与优化。为此对第一版教材做了部分删节、补充和修改，删除了第 6 章的尿素，第 7 章的蒽醌法过氧化氢，第 9 章的电解与氯碱及第 11 章和第 12 章全部；增加了"生物技术生产大宗化学品"和"绿色化学化工概论"两章，并对第 10 章聚合物基本概念方面做了较多的补充。

本书由天津大学化学工艺系组织编写。其中第 1 章、第 2 章、第 3 章、第 7 章由米镇涛教授编写；第 4 章、第 11 章由韩金玉教授编写；第 5 章、第 6 章、第 8 章由马新宾教授编写；第 9 章、第 12 章由王莅副教授编写；第 10 章由孙经武教授编写。米镇涛教授担任主编。

本书是在第一版的基础上完成的。第一版主编廖巧丽教授因退休未参加第二版编写工作，但她为此书编写做出了重要贡献，在此向廖巧丽教授及第一版的其他编者老师深表谢意。

本书第一版在使用中很多兄弟院校提出了宝贵建议，本书编写出版中得到了化学工业出版社编辑的大力相助，在此一并致谢。

限于编者水平和本领域知识发展和更新迅速，书中不当之处敬请读者批评指正。

编者

2005 年 12 月

序

《化工类专业人才培养方案及教学内容体系改革的研究与实践》为教育部（原国家教委）《高等教育面向 21 世纪教学内容和课程体系改革计划》的 03-31 项目，于 1996 年 6 月立项进行。本项目牵头单位为天津大学，主持单位为华东理工大学、浙江大学、北京化工大学，参加单位为大连理工大学、四川大学、华南理工大学。

项目组以邓小平同志提出的"教育要面向现代化，面向世界，面向未来"为指针，认真学习国家关于教育工作的各项方针、政策，在广泛调查研究的基础上，分析了国内外化工高等教育的现状、存在问题和未来发展。四年多来项目组共召开了由 7 校化工学院、系领导亲自参加的 10 次全体会议进行交流，形成了一个化工专业教育改革的总体方案，主要包括：

——制定《高等教育面向 21 世纪"化学工程与工艺"专业人才培养方案》；

——组织编写高等教育面向 21 世纪化工专业课与选修课系列教材；

——建设化工专业实验、设计、实习样板基地；

——开发与使用现代化教学手段。

《高等教育面向 21 世纪"化学工程与工艺"专业人才培养方案》从转变传统教育思想出发，拓宽专业范围，包括了过去的各类化工专业，以培养学生的素质、知识与能力为目标，重组课程体系，在加强基础理论与实践环节的同时，增加人文社科课和选修课的比例，适当削减专业课分量，并强调采取启发性教学与使用现代化教学手段，因而可以较大幅度地减少授课时数，以增加学生自学与自由探讨的时间，这就有利于逐步树立学生勇于思考与走向创新的精神。项目组所在各校对培养方案进行了初步试行与教学试点，结果表明是可行的，并收到了良好效果。

化学工程与工艺专业教育改革总体方案的另一主要内容是组织编写高等教育面向 21 世纪课程教材。高质量的教材是培养高素质人才的重要基础。项目组要求教材作者以教改精神为指导，力求新教材从认识规律出发，阐述本门课程的基本理论与应用及其现代进展，并采用现代化教学手段，做到新体系、厚基础、重实践、易自学、引思考。每门教材采取自由申请及择优选定的原则。项目组拟定了比较严格的项目申请书，包括对本门课程目前国内外教材的评述、拟编写教材的特点、配套的现代化教学手段（例如提供教师在课堂上使用的多媒体教学软件，附于教材的辅助学生自学用的光盘等）、教材编写大纲以及交稿日期。申请书在项目组各校评审，经项目组会议择优选取立项，并适时对样章在各校同行中进行评议。全书编写完成后，经专家审定是否符合高等教育面向 21 世纪课程教材的要求。项目组、教学指导委员会、出版社签署意见后，报教育部审批批准方可正式出版。

项目组按此程序组织编写了一套化学工程与工艺专业高等教育面向 21 世纪课程教材，共计 25 种，将陆续推荐出版，其中包括专业课教材、选修课教材、实验课教材、设计课教材以及计算机仿真实验与仿真实习教材等。本教材就是其中的一种。

按教育部要求，本套教材在内容和体系上体现创新精神、注重拓宽基础、强调能力培养，力求适应高等教育面向 21 世纪人才培养的需要，但由于受到我们目前对教学改革的研究深度和认识水平所限，仍然会有不妥之处，尚请广大读者予以指正。

化学工程与工艺专业的教学改革是一项长期的任务，本项目的全部工作仅仅是一个开端。作为项目组的总负责人，我衷心地对多年来给予本项目大力支持的各校和为本项目贡献力量的人们表示最诚挚的敬意！

中国科学院院士、天津大学教授

余国琮

2000 年 4 月于天津

第一版前言

根据教育部 1998 年颁布的专业目录及拓宽专业的原则，在分析研究化工类原各工艺专业的工艺学教材和当今化学工业发展趋势的基础上，从 1998 年 11 月开始编写这本《化学工艺学》。教材内容力求体现加强基础、面向实际、便于自学、引导思维、启发创新的原则，使学生获得广博的化学工艺知识，培养理论联系实际的能力，为其将来从事化工过程的开发、设计、建设和科学管理打下牢固的化学工艺基础。

本书在阐述各类化工过程时，注意做到知识面与深度相结合，注重理论联系实际，强调工艺特点，介绍近年来的新工艺、新技术和新方法，指出这些工艺过程的发展趋势。书中重点放在分析和讨论生产工艺中反应部分的工艺原理、影响因素、确定工艺条件的依据、反应设备的结构特点、流程的组织等内容。同时，对工艺路线、流程的技术经济指标、能量回收利用、副产物的回收利用及废物处理也做了一定的论述。各章均留有思考题，并提供一定数量的参考文献，以便学生自学和开阔眼界。鉴于本门课程的教学时数有限，教师可有针对性地选择书中部分内容讲授，其余可供学生自学。

本书由天津大学化工学院的教师参加编写。其中，第 1 章、第 2 章、第 5 章由廖巧丽编写；第 3 章由米镇涛编写；第 4 章由韩金玉编写；第 6 章、第 9 章由廖晖编写；第 7 章由邱立勤编写，张香文协助修改；第 8 章由马新宾编写；第 10 章由王新英编写（董丽美提供了部分素材）；第 11 章由冯亚青编写；第 12 章由姜忠义编写。廖巧丽教授和米镇涛教授担任本书主编。书稿由清华大学戴猷元教授和四川大学党洁修教授审评，他们对本书进行了认真细致的审阅，提出了宝贵的意见和有益的指教，给予了中肯的评价，在此深表谢意。

由于水平及资料掌握的局限性，书中错误和缺点不可避免，恳请读者批评指正，我们不胜感激。

编者
2001 年 1 月

目　录

第1章 绪 论

1.1 化学工艺学的研究范畴[1]

化学工业（chemical industry）又称化学加工工业，泛指生产过程中化学方法占主要地位的过程工业。由原料到化学品的转化要通过化学工艺来实现。化学工艺（chemical technology）即化学生产技术，系指将原料物质主要经过化学反应转变为产品的方法和过程，包括实现这种转变的全部化学的和物理的措施。

在早期，人类进行化工生产仅处于感性认识水平，随着生产规模的发展，各种经验的积累，特别是许多化学定律的发现和各种科学原理的提出，使人们从感性认识提升到理性认识的水平，利用这些定律和原理来研究和指导化工生产，从而产生了化学工艺学这门科学。

化学工艺是在化学、物理和其他科学成就的基础上，研究综合利用各种原料生产化工产品的原理、方法、流程和设备的一门学科，目的是创立技术先进、经济合理、生产安全、环境无害的生产过程。

化学工艺具有过程工业的特点，即生产不同的化学产品要采用不同的化学工艺，既使生产相同产品但原料路线不相同时，也要采用不同的化学工艺。尽管如此，化学工艺学所涉及的内容是相同的，一般包括原料的选择和预处理；生产方法的选择及方法原理；设备（反应器和其它）的选择、结构和操作；催化剂的选择和使用；操作条件的影响和选定；流程组织；生产控制；产品规格和副产物的分离与利用；能量的回收和利用；对不同工艺路线和流程的技术经济评价等问题。

化学工艺学与化学工程学（chemical engineering）都是化学工业的基础科学。化学工艺是以过程为研究目的，重点解决整个生产过程（流程）的组织、优化；将各单项化学工程技术在以产品为目标的前提下集成，解决各单元间的匹配、链接；在确保产品质量条件下，实现全系统的能量、物料及安全污染诸因素的最优化。化学工艺学是将化学工程学的先进技术运用到具体生产过程中，以化工产品为目标的过程技术。化学工程学主要研究化学工业和其他过程工业生产中所进行的化学过程和物理过程的共同规律，它的一个重要任务就是研究有关工程因素对过程和装置的效应，特别是放大中的效应。化学工艺与化学工程相配合，可以解决化工过程开发、装置设计、流程组织、操作原理及方法等方面的问题；此外，解决化工生产实际中的问题也需要这两门学科的理论指导。化学工业的发展促进了这两门学科不断发展和完善，它们反过来能更加促进化学工业迅速发展和提高。

1.2 化学工业的发展、地位与作用[2,3]

化学工业是在人类生活和生产需要的基础上发展起来的，反过来化工生产的发展也推动了社会的发展。

18世纪以前，化工生产均为作坊式手工工艺，像早期的制陶、酿造、冶炼等。18世纪初叶建成了第一个典型的化工厂，即以含硫矿石和硝石为原料的铅室法硫酸厂。

1791年路布兰法制碱工艺出现，满足了纺织、玻璃、肥皂等工业对碱的大量需求，有力地推动了当时在英国开始的产业革命。该法对化工的发展有很大贡献，其中的洗涤、结晶、过滤、干燥、煅烧等化工单元过程的原理一直沿用至今。从18世纪到20世纪初期，接触法制硫酸取代了铅室法，索尔维法（氨碱法）制碱取代了路布兰法，以酸、碱为基础的无机化工初具规模。同期，随着钢铁工业的发展，炼焦过程产生的大量焦炉气、粗苯和煤焦油得到重视和应用。在德国首创了肥料工业和煤化学工业，人类进入了化学合成的时代，染料、农药、香料、医药等有机化工迅速发展，化肥和农药在农作物增产中起了重要作用。20世纪初，化学家 F. 哈伯发明了合成氨技术，并于1913年在化学工程师 C. 博施的协助下建成世界上第一个合成氨厂，促使氮肥工业迅速发展。合成氨工艺是工业上实现高压催化反应的第一个里程碑，在原料气制造及其精制方法、催化剂研制和开发应用、工艺流程组织、高压设备设计、耐高温高强度材料的制造、能量合理利用等方面均创造了新的知识，积累了丰富的资料和经验，有力地促进了无机和有机化工的发展。

自20世纪初期以来，石油和天然气得到大量开采和利用，向人类提供了各种燃料和丰富的化工原料。1920年，美国新泽西标准石油公司采用了 C. 埃利斯发明的丙烯（来自炼厂气）水合制异丙醇工艺进行生产，标志了石油化工的兴起。在20世纪40年代，管式炉裂解烃类工艺和临氢重整工艺开发成功，使有机化工基本原料如乙烯等低碳烯烃和苯等芳烃有了丰富、廉价的来源。因而，石油化工突飞猛进地发展起来，很快便取代了煤在有机化工中的统治地位。

1931年氯丁橡胶实现工业化和1937年聚己二酰己二胺（尼龙66）合成以后，高分子化工蓬勃发展起来，到20世纪50年代初期形成了大规模生产塑料、合成橡胶和合成纤维的工业，人类进入了合成材料的时代，更进一步地推动了工农业生产水平和科学技术的发展，人类生活水平得到了显著的提高。

与石油化工和高分子化工发展的同时，为满足人们生活更高的需求，高附加值、功能性化学品的合成成为现代化工发展方向之一；其产品批量小、品种多、技术含量高、更新快。提高化工生产的精细化率已成为世界化学工业发展的重要指标。

由于化学工业提供的化肥和农药，使世界的粮食供应在20世纪有了爆炸性的增长，确保了数十亿人口增长所带来的粮食需求。同时由于化学药物的发展，提供了丰富的药物，以治疗危害人类数千年的疾病，使人类的寿命从1900年的47岁上升到目前的75岁以上。

随着生物技术的发展，化学工业与生物技术的相互渗透与结合，也是当今化学工业的发展方向，现已初步形成具有广阔发展前景的生物化工产业，给传统的化学工业增添了新的活力。

在高新技术突飞猛进，成为引领现代社会发展动力的今天，作为化学工业及其基础学科化学工艺学，不仅不可缺少，而且成为高新技术发展的支撑和保障条件。例如信息产业所需的电子化学品，航天航空领域所需的高能燃料与火箭推进剂，作为高技术领域中的新材料更离不开化学工业的支撑。众多的非金属无机与高分子材料、高性能复合材料，均成为现代化学工艺研究开发的前沿与热点；不断创新的化学工艺学在高新技术革命进程中发挥了关键作用。

综上所述，化学工业为工农业、现代交通运输业、国防军事、尖端科技等领域提供了必不可少的化学品和能源，保证并促进了这些部门的发展和技术进步。化学工业与人类生活更是息息相关，在现代人类生活中，从衣、食、住、行、战胜疾病等物质生活到文化艺术、娱乐消遣等精神生活都离不开化工产品为之服务。有些化工产品的开发生产和应用对工业革命、农业发展和人类生活水平起到划时代的促进作用。

化学工业发展迅速，经济效益显著，是国民经济的支柱产业之一。在 20 世纪 60～70 年代，发达国家的化学工业发展迅猛，到 90 年代与其他工业一样放慢了速度，但德、法、日本等国的化学工业增长速度仍高于整个工业的增长。近年来中国化学工业发展速度大大超过了发达国家。在中国国民经济和社会发展的"十一·五"计划期间，石油化工仍是优先发展的支柱产业之一，精细化工和农用化学品也是化工发展重点，在今后一段较长时期内，石油化工、新型合成材料、精细化工、橡胶产品加工业、化工环保业将是我国化学工业的主要增长点[3]。我国化学工业发展潜力是巨大的，重点是发展新技术、开发新产品、增加高附加产值产品的品种和产量，赶超世界先进水平。

1.3 现代化学工业的特点和发展方向

1.3.1 现代化学工业的特点[4,5]

（1）原料、生产方法和产品的多样性与复杂性

用同一种原料可以制造多种不同的化工产品；同一种产品可采用不同原料、或不同方法和工艺路线来生产；一个产品可以有不同用途，而不同产品可能会有相同用途。由于这些多样性，化学工业能够为人类提供越来越多的新物质、新材料和新能源。同时，多数化工产品的生产过程是多步骤的，有的步骤很复杂，其影响因素也是复杂的。

（2）向大型化、综合化，精细化发展

装置规模增大，其单位容积单位时间的产出率随之显著增大。例如，近 50 年来氨合成反应器的规格扩大了 3 倍，其产出率却增大了 9 倍以上。而且设备增大并不需要增加太多的投资，更不需要增加生产人员和管理人员，故单产成本明显降低。一套日产 1360t 合成氨的设备与日产 600t 的设备相比，每个劳动力生产的产品量增加 70%，而成本降低了 36%。再以制取乙烯的装置为例，在 20 世纪 50 年代中期，生产规模只有年产乙烯 50kt，成本很高，无法赢利；到 70 年代初扩大为年产 200kt，成本降低了 40%，成为能获利的设备[5]；自 70 年代以后，工业发达国家新建的乙烯装置均在年产乙烯 300kt 以上，2004～2008 年间将有 14 套大于 500kt/a 装置投产，最大规模为 1320kt/a[6]。

生产的综合化可以使资源和能源得到充分、合理的利用，可以就地利用副产物和"废料"，将它们转化成有用产品，做到没有废物排放或排放最少。综合化不仅局限于不同化工厂的联合体，也应该是化工厂与其他工厂联合的综合性企业。例如火力发电厂与化工厂的联合，可以利用煤的热能发电，同时又可利用生成的煤气来生产化工产品；在核电站建化工厂，可以利用反应堆的尾热来使煤转变成合成气（$CO+H_2$），用于生产汽油、柴油、甲醇以及许多 C_1 化工产品。

精细化不仅指生产小批量的化工产品，更主要的是指生产技术含量高、附加产值高的具有优异性能或功能的产品，并且能适应变化快的市场需求，不断改变产品品种和型号。化学工艺也更精细化，深入到分子内部的原子水平上进行化学品的合成，使产品的生产更加高效、节能、省资源。

（3）多学科合作、技术密集型生产

现代化学工业是高度自动化和机械化的生产，并进一步朝着智能化发展。当今化学工业的持续发展越来越多地依靠采用高新技术迅速将科研成果转化为生产力，如生物与化学工程、微电子与化学、材料与化工等不同学科的相互结合，可创造出更多优良的新物质和

3

新材料；计算机技术的高水平发展，已经使化工生产实现了远程自动化控制，也将给化学品的合成提供强有力的智能化工具；将组合化学、计算化学与计算机相结合，可以准确地进行新分子、新材料的设计与合成，节省大量实验时间和人力。因此现代化学工业需要高水平、有创造性和开拓能力的多种学科不同专业的技术专家，以及受过良好教育及训练的、熟悉生产技术的操作和管理人员。

（4）重视能量合理利用，积极采用节能工艺和方法

化工生产是由原料物质主要经化学变化转化为产品物质的过程，同时伴随有能量的传递和转换，必须消耗能量。化工生产部门是耗能大户，合理用能和节能显得极为重要，许多生产过程的先进性体现在采用了低能耗工艺或节能工艺。例如以天然气为原料的合成氨生产过程，在近年来出现许多低能耗工艺、设备和流程，也开发出一些节能型催化剂，已将每生产 1t 液氨的能耗由 35.87×10^6 kJ 降低至 28.04×10^6 kJ。那些耗能大的生产方法或工艺已经或即将遭到淘汰，例如聚氯乙烯单体的生产方法，过去氯乙烯是用乙炔与氯化氢合成，而乙炔由电石法制造，该工艺消耗大量电能，产生大量废渣，现已逐渐淘汰，由能耗和成本均较低的乙烯氧氯化法所取代。又如食盐溶液电解制烧碱和氯气的石棉隔膜法也是耗能大而生产效率低的工艺，现在已被先进的离子膜法取代。一些具有提高生产效率和节约能源前景的新方法、新过程的开发和应用受到高度重视，例如膜分离、膜反应、等离子体化学、生物催化、光催化和电化学合成等。

（5）资金密集，投资回收速度快，利润高

现代化学工业的装备复杂，技术程度高，产品更新迅速，需要大量的投资。然而化工产品产值较高，成本低，利润高，一旦工厂建成投产，可很快收回投资并获利。化学工业的产值成为各国国民经济总产值指标的重要组成部分。

（6）安全与环境保护问题日益突出

化工生产中易燃、易爆、有毒仍然是现代化工企业首要解决的问题，要采用安全的生产工艺，要有可靠的安全技术保障、严格的规章制度及其监督机构。创建清洁生产环境，大力发展绿色化工，采用无毒无害的方法和过程，生产环境友好的产品，这是化学工业赖以持续发展的关键之一。

1.3.2 化学工业发展的方向

随着人类生活和生产的不断发展，也带来了市场竞争激烈、自然资源和能源减少、环境污染加剧等问题，化学工业同样面临着这些问题的挑战，要走可持续发展的道路，必须做好以下几方面工作。

① 面向市场竞争激烈的形势，积极开发高新技术，缩短新技术、新工艺工业化的周期，加快产品更新和升级的速度。

② 最充分、最彻底地利用原料。除了发展大型的综合性生产企业，使原料、产品和副产品得到综合利用外，提倡设计和开发原子经济性反应。原子经济性概念是由美国化学家 B. M. Trost 在 1991 年首先提出的[5]，在反应中应该使原料中每一个原子都结合到目标分子即所需产物中，不需要用保护基团或离去基团，因而不会有副产物或废物生成。如氢甲酰化反应、甲醇羰基化制醋酸、Ziegler-Natta 聚合反应等均属于此类反应。原子经济性反应可以最大限度地利用原料，最大限度地减少废物的排放。

③ 大力发展绿色化工。包括采用无毒、无害的原料、溶剂和催化剂；应用反应选择性高的工艺和催化剂；将副产物或废物转化为有用的物质；采用原子经济性反应，提高原料中原子的利用率，实现零排放；淘汰污染环境和破坏生态平衡的产品，开发和生产环境友好产品等。

④ 化工过程要高效、节能和智能化。

⑤ 实施废物再生利用工程。

欲将以上几方面付诸实现，需要所有化学家和化学工程师的艰苦努力，也需要多学科、多部门的精诚合作，更需依赖于科学的不断进步和高新技术的发展。

1.4 化学工业的原料资源和主要产品

1.4.1 化学工业的原料资源[3,4,6]

自然界中包括地壳表层、大陆架、水圈、大气层和生物圈等，其中蕴藏着的各类资源都有可作为化学加工的初始原料，自然资源有矿物、植物和动物，还包括空气和水。

矿物原料包括金属矿、非金属矿和化石燃料矿。金属矿多以金属氧化物、硫化物、无机盐类或复盐形式存在；非金属矿以各种各样化合物形态存在，其中含硫、磷、硼、硅的矿物储量比较丰富；化石燃料包括煤、石油、天然气、油页岩和油砂等，它们主要由碳和氢元素组成。虽然化石燃料中的碳只占地壳中总碳质量的 0.02%，却是最重要的能源，也是最重要的化工原料，目前世界上 85% 左右的能源与化学工业均建立在石油、天然气和煤炭资源的基础上。石油炼制、石油化工、天然气化工、煤化工等在国民经济中占极为重要的地位。矿物是不可再生的资源，要节约利用。

生物资源是来自农、林、牧、副、渔的植物体和动物体，它们提供了诸如淀粉、蛋白质、油料、脂肪、糖类、木质素和纤维素等食品和化工原料，天然的颜料、染料、油漆、丝、毛、棉、麻、皮革和天然橡胶等产品也都取自植物或动物。它们的可繁殖性显示了这类资源可再生的优越性，开发以生物质为原料生产化工产品的新工艺、新技术将是重要的课题之一。重要的是必须注意保护生态平衡，合理利用，让这些资源获得适合于它们繁衍和恢复的环境，形成良性循环。

"原料"概念不仅限于自然资源，经过某种化学加工得到的产品，往往是其他化学加工部门的原料；工业废渣、废液、废气以及人类用过的物质和材料，排放和废弃到环境会造成巨大的危害。然而，它们可作为再生资源，经过物理和化学的再加工，成为有价值的产品和能源。未来物质生产的特点之一将是越来越完善地和有效地利用这些"废料"和"垃圾"，建立可持续发展的循环经济。

1.4.2 化学工业的主要产品[6~14]

化学工业的部门极其广泛，相互关系密切，产品种类繁多。按学科类型分，化学工业包括无机化工、基本有机化工、高分子化工、精细化工和生物化工等分支。

1.4.2.1 无机化工

大宗的无机化工产品有硫酸、硝酸、盐酸、纯碱、烧碱、合成氨和氮、磷、钾等化学肥料，其中化肥产量在化工产品中位居首位，又以氮肥产量最高。

无机化工产品中还有应用面广、加工方法多样、生产规模较小、品种为数众多的无机盐，即由金属离子或铵离子与酸根阴离子组成的物质，例如硫酸铝、硝酸锌、碳酸钙、硅酸钠、高氯酸钾、重铬酸钾、钼酸铵等，约有 1300 多种[6]。

除盐类产品外，还有多种无机酸（磷酸、硼酸、铬酸、砷酸、氢溴酸、氢氟酸等）；氢氧化物（钾、钙、镁、铝、铜、钡、锂等的氢氧化物）；元素化合物（氧化物、过氧化物、碳化物、氮化物、硫化物、氟化物、氯化物、溴化物、碘化物、氢化物、氰化物等）；单质（钾、钠、磷、氟、溴、碘等）。

工业气体（氧、氮、氢、氯、氨、氩、一氧化碳、二氧化碳、二氧化硫等）也属于无机化工产品。

1.4.2.2 基本有机化工

从石油、天然气、煤等天然资源出发，经过化学加工可得到乙烯、丙烯、丁二烯、苯、甲苯、二甲苯、合成气等产品，此类产品是有机化工基础原料，产量很大。这些产品经过各种化学加工，可以制成品种繁多、用途非常广泛的有机化工产品。有机化工基础原料及其产品的用途主要有三方面。

① 作为单体生产的塑料、合成橡胶、合成纤维和其他高分子化合物；

② 作为精细化工的原料和中间体；

③ 直接作为消费品，例如作溶剂、萃取剂、气体吸收剂、冷冻剂、防冻剂、载热体、医疗用麻醉剂、消毒剂等。

表 1-1～表 1-6 列举了由一些重要有机化工基础原料出发制得的基本有机化工产品及其深加工产品[10,11]。

乙烯用途分配比例为：

聚乙烯	环氧乙烷	二氯乙烷	苯乙烯	其他
40%～50%	11%～19%	14%～15%	8%～8.5%	13%～18%

表 1-1 由乙烯为原料生产的主要化工产品

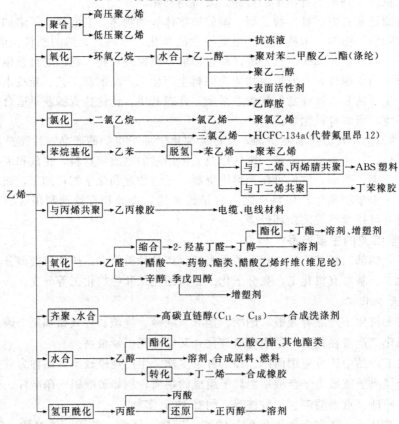

丙烯用途分配比例为：

聚丙烯	丙烯腈	环氧丙烷	异丙苯	异丙醇	其他
27%～33%	14%～17%	13%～14.5%	9%～11%	7%～14%	20%～24%

1.4.2.3 高分子化工

高分子化工的产品为高分子化合物及以其为基础的复合或共混材料制品。

表 1-2　由丙烯为原料生产的主要化工产品

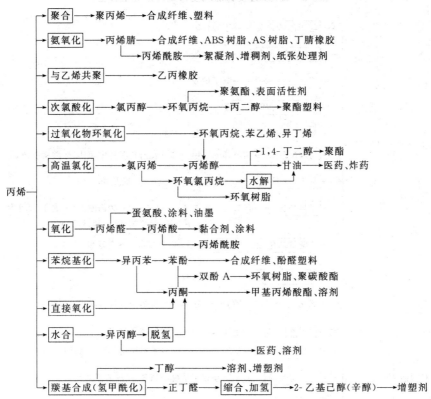

高分子化合物是由单体经过加聚反应或缩聚反应而生成的聚合物，相对分子质量高达 $10^4 \sim 10^6$。按材料和产品的用途分，有塑料、合成橡胶、合成纤维、橡胶制品、涂料和胶黏剂等。高分子化工产品若按功能分有以下两大类。

（1）通用高分子　此类产品产量大，应用面广。例如聚乙烯、聚丙烯、聚氯乙烯、聚苯乙烯；涤纶、腈纶、锦纶；丁苯橡胶、顺丁橡胶、异戊橡胶、乙丙橡胶等。

（2）特种高分子　此类产品包括能耐高温和能在苛刻环境中作为结构材料使用的工程塑料（聚碳酸酯、聚甲醛、聚芳醚、聚砜、聚芳酰胺、有机硅树脂和氟树脂等）；具有光电、压电、热电、磁性等物理性能的功能高分子；高分子分离膜；高分子催化剂；高分子试剂；高分子医药、医用高分子等。

近年来很重视高分子共混物、高分子复合材料等高性能产品的研究、开发和生产，诸如感光高分子材料；光导纤维；光致、电致或热致变色高分子材料；高分子液晶；具有电、磁性能的功能高分子；仿生高分子等。为了保护环境，生物降解高分子产品的研制也受到高度重视。

1.4.2.4　精细化工

精细化工的产品多为各工业部门广泛应用的辅助材料、农林业用品和人民生活的直接消费品。相对于大宗化工原料产品而言，品种多、产量小，多数产品纯度高、附加产值高、价格贵。精细化工产品大多数为有机化学品，无机精细化学品相对较少。

由于世界各国对化工产品的分类方法不同，精细化工产品的范围亦不同。欧美国家把精细化工产品分为精细化学品和专用化学品，前者例如染料、农药、涂料、表面活性剂、医药等；后者例如农用化学品、油田化学品、电子信息用化学品、催化剂等。

表 1-3　由 C₄ 烃类为原料生产的主要化工产品

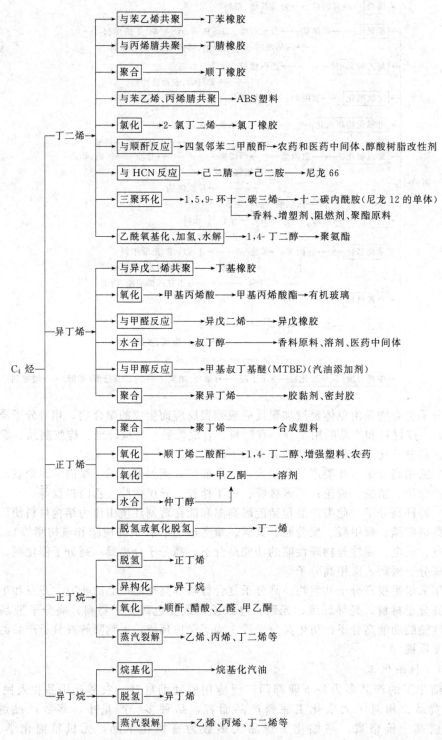

随着工农业和科学技术发展的需求，人民生活水平的提高和保护生态环境的迫切性，精细化工产品的品种在迅速更新和发展，精细化工率不断提高，对功能高分子材料、电子材料、精密陶瓷、生化制品等领域的研究和开发十分活跃，将会出现更多类型的精细化学品。

表 1-4 由芳烃为原料生产的主要化工产品

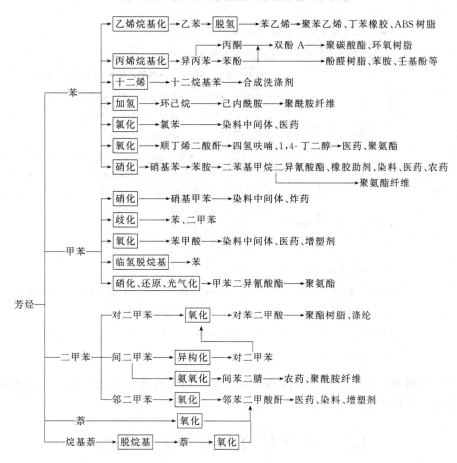

表 1-5 由乙炔出发生产的化工产品

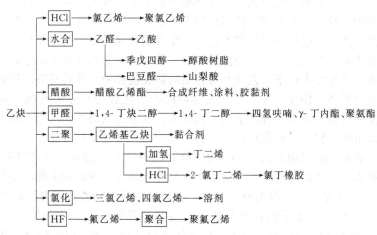

1.4.2.5 生物化工

有些化工产品可以用生化技术来生产，即通过生物催化剂（活细胞催化剂或酶催化剂）催化的发酵过程、酶反应过程或动植物细胞大量培养过程来获得化工产品，称这些产品为生物化工产品。生物化工产品中有的是大宗化工产品，例如乙醇、丙酮、丁醇、甘油、柠檬酸、乳酸、葡萄糖酸等；有的是精细化工产品，例如各种氨基酸、酶制剂、核酸、

表 1-6　由合成气为原料生产的主要化工产品

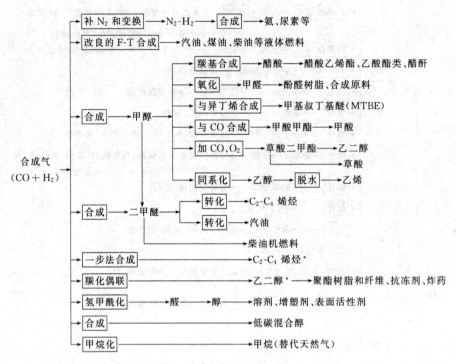

生物农药、饲料蛋白等；还有许多医药产品是必须用生物化工方法来生产，像各种抗生素、维生素、甾体激素、疫苗等。

1.5　本教材的主要内容和特点

本教材根据化学工业的结构特点、内在关系和发展趋势，按化学反应过程分类讲述化学工艺原理和知识。其内容主要包括化学工业概貌和化学工艺有关基本概念的介绍；化工原料资源及其加工利用途径；化工基础原料的典型生产过程；基本有机、无机、高分子、精细等各化工分支中的典型反应过程的原理和工艺；三废处理和绿色化工概念及其发展途径。

本教材内容丰富，知识面广，注意点面结合，重点内容深入细致地阐述，注意理论与实际的结合，也介绍了近年来化学工艺及有关方面的新成就和未来发展趋势，每章均有思考题和参考文献，启发思考，便于自学。学生在学习时，应注意培养分析问题和解决问题的能力，对于典型反应过程，要求理解并掌握工艺原理、选定工艺条件的依据、流程的组织和特点、各类反应设备的结构特点和优缺点等；对典型产品的各种原料来源、不同工艺路线及其技术经济指标、能量回收利用方法、副产物回收利用和废料处理方法等，应进行分析比较，找出它们的优缺点；思考题和计算题有助于加深对各章内容的理解和掌握，要做练习。

对化学工艺的研究、开发和实施工业化，需要应用化学和物理等基础科学理论、化学工程原理和方法、相关工程学的知识和技术，通过分析和综合，进行实践，才能获得成功。因此，在化学工艺学课程的学习中，应该注意这些理论和知识的综合运用，特别强调理论与实践相结合，才能培养开拓创新能力。

参　考　文　献

1　米镇涛，张秀文. 当代化学工艺学的地位与展望. 化学工程与工业，2005，增刊：77
2　阎三忠主编. 中国化学工业年鉴编辑部编. 中国化学工业年鉴·1998/1999. 北京：化工信息中心，1999.301～

303、465

3 沈镇平. 化工科技动态. 1998，**14** (9)：40
4 中国大百科全书编辑部. 中国大百科全书·化工. 北京、上海：中国大百科全书出版社，1987.169~170、257~258、342~343、668 和 670
5 [德国] 西格费里德·波勒著. 迈入 2000 年的化学. 王振纲等译. 北京：科学普及出版社，1992.68~69
6 曹杰、王延荻、杨春生. "世界乙烯生产及技术进展". 乙烯工业，2004，16：12~13
7 Barry M. Trost. *Science*. 1991，**254** (5037)：1471~1477
8 天津化工研究院编. 无机盐工业手册. 第二版（上、下册）. 北京：化学工业出版社，1996
9 陈冠荣（编委主任）. 化工百科全书（1~19 卷）. 北京：化学工业出版社，1990~1999
10 化工产品手册·1~13 分册. 第三版. 北京：化学工业出版社，1999
11 洪仲苓主编. 化工有机原料深加工. 北京：化学工业出版社，1997
12 吴指南主编. 基本有机化工工艺学（修订版）. 北京：化学工业出版社，1990.15~20
13 Chenier P J. Survey of Industrial Chemistry. New York：John Wiley & Sons，1986
14 W. 凯姆等著. 工业化学基础·产品和过程. 金子林等译. 北京：中国石化出版社，1992
15 卞克建，沈慕仲编著. 工业化学反应及应用. 合肥：中国科学技术大学出版社，1999.1~2

第2章 化学工艺基础

2.1 原料资源及其加工

2.1.1 无机化学矿及其加工[1,2]

2.1.1.1 主要无机化学矿

无机化学矿主要用于生产无机化合物和冶炼金属，其矿物资源的开采和选矿称为化学矿山行业，在我国属于化工行业之一。化学矿山的产品非常繁多，仅列举主要矿物产品如下。

（1）盐矿　岩盐、海盐或湖盐等，用于制造纯碱、烧碱、盐酸和氯乙烯等；

（2）硫矿　硫磺（S）、硫铁矿（FeS_2）等，用于生产硫酸和硫磺；

（3）磷矿　氟磷灰石 $[Ca_5F(PO_4)_3]$、氯磷灰石 $[Ca_5Cl(PO_4)_3]$ 等，用于生产磷肥、磷酸及磷酸盐等；

（4）钾盐矿　钾石盐（KCl 和 NaCl 混合物）、光卤石（$KCl \cdot MgCl_2 \cdot 6H_2O$）、钾盐镁矾（$KCl \cdot MgSO_4 \cdot 3H_2O$）；

（5）铝土矿　水硬铝石（$\alpha\text{-}Al_2O_3 \cdot H_2O$）和三水铝石（$Al_2O_3 \cdot 3H_2O$）的混合物；

（6）硼矿　硼砂矿（$Na_2O \cdot 2B_2O_3 \cdot 10H_2O$）、硼镁石（$2MgO \cdot B_2O_3 \cdot H_2O$）等；

（7）锰矿　锰矿（β 和 γMnO_2）、菱锰矿（$MnCO_3$）等；

（8）钛矿　金红石（TiO_2）、钛铁矿（$FeTiO_3$）等；

（9）锌矿　闪锌矿（ZnS）、菱锌矿（$ZnCO_3$）；

（10）钡矿　重晶石（$BaSO_4$）、毒晶石（$BaCO_3$）等；

（11）天然沸石　斜发沸石、丝光沸石、毛沸石（化学组成均为 $NaO \cdot Al_2O_3 \cdot nSiO_2 \cdot xH_2O$）等；

（12）硅藻土（含 83%～89% $SiO_2 \cdot nH_2O$）、膨润土 $[(Mg，Ca)O \cdot Al_2O_3 \cdot 5 SiO_2 \cdot nH_2O]$，可作吸附剂和催化剂载体。

此外，还有铬铁矿（$FeCr_2O_4$）；赤铁矿（Fe_3O_4）；黄铜矿（$CuFeS_2$）；方铅矿（PbS）；镍黄铁矿 $[(Fe，Ni)_9S_8]$；辉钼矿（MoS_2）；天青石（$SrSO_4$）；铌铁矿 $[(Fe，Mn)(Nb，Ta)_2O_5]$ 等，是冶炼各种金属的原料。铜、铁、镍、锰、锌、钼等也是各类催化剂的活性组分。

稀有金属矿和贵金属储量少，但实用价值高，是极为宝贵的资源。例如钕、锂、铕、钽等是高新技术需要的材料；钛的耐热及耐腐蚀性强，是钢的竞争对手，也是烯烃聚合催化剂主要成分之一，有些多相催化剂中也含有 TiO_2；铂、钯、铑、铼等贵金属是重要的催化剂材料，如果没有它们，催化化学难于发展，许多重要化学品和新材料将不能合成。

除了少数品位和质量高的矿物开采出来不需经初步加工即可利用外，大多数矿物需要在开采地进行选矿和初步加工，以除去其中无用的杂质，并加工成一定规格的形状。矿物初步加工的主要方法有分级、粉碎、团固和烧结、精选、脱水和除尘等，应根据使用部门对原料的要求来选用其中部分或全部方法。

2.1.1.2 磷矿和硫铁矿的加工

磷矿和硫铁矿是无机化学矿产量最大的两个产品。多数磷矿为氟磷灰石[Ca_5F

$[(PO_4)_3]$，经过分级、水洗脱泥、浮选等方法选矿除去杂质，成为商品磷矿。硫铁矿包括黄铁矿（立方晶系 FeS_2）、白铁矿（斜方晶系 FeS_2）和磁硫铁矿（Fe_nS_{n+1}），其中主要是黄铁矿。

磷矿是生产磷肥、磷酸、单质磷、磷化物和磷酸盐的原料。85%以上的磷矿用于制造磷肥，过去生产的普通过磷酸钙含磷量低，已被淘汰，现在产量最大的磷肥品种为磷酸铵类，属于氮磷复合肥料，其他磷肥有重过磷酸钙、硝酸磷肥和钙镁磷肥等。生产磷肥的方法有两大类。

酸法（又称湿法）　它是用硫酸或硝酸等无机酸来处理磷矿石，最常用的是硫酸。硫酸与磷矿反应生成磷酸和硫酸钙结晶，主反应式为

$$Ca_5F(PO_4)_3 + 5H_2SO_4 + 5nH_2O \longrightarrow 3H_3PO_4 + 5CaSO_4 \cdot nH_2O + HF \qquad (2\text{-}1)$$

通过萃取和分离得到磷酸，再用氨中和磷酸制得磷酸铵，或将磷酸再与磷矿反应制得水溶性的重过磷酸钙 $[Ca(H_2PO_4)_2 \cdot H_2O]$。

热法　利用高温分解磷矿石，并进一步制成可被农作物吸收的磷酸盐。热法还可以生产元素磷、五氧化二磷和磷酸。热法生产要消耗较多的电能和热能。

硫铁矿用于制硫酸，世界上硫酸总产量的一半以上用于生产磷肥和氮肥。硫铁矿生产硫酸的过程主要有以下几个步骤：

焙烧反应　　　　　　　$FeS_2 + O_2 \longrightarrow Fe_2O_3 + SO_2$ 　　　　　　　(2-2)

氧化反应　　　　　　　$SO_2 + 0.5O_2 \longrightarrow SO_3$ 　　　　　　　　　　(2-3)

吸收反应　　　　　　　$SO_3 + H_2O \longrightarrow H_2SO_4$ 　　　　　　　　(2-4)

2.1.2　石油及其加工[3~7]

石油化工自 20 世纪 50 年代开始蓬勃发展，至今，基本有机化工、高分子化工、精细化工及氮肥工业等产品大约有 90%来源于石油和天然气。90%左右的有机化工产品上游原料可归结为三烯（乙烯、丙烯、丁二烯）、三苯（苯、甲苯、二甲苯）、乙炔和萘，还有甲醇。其中的三烯主要由石油制取，三苯、萘和甲醇可由石油、天然气和煤制取。

2.1.2.1　石油的组成[3]

石油是一种有气味的棕黑色或黄褐色黏稠状液体，密度与组成有关，相对密度大约在 $0.75\sim1.0$。有些油田常伴生油田气。石油是由相对分子质量[❶]不同、组成和结构不同、数量众多的化合物构成的混合物，其中化合物的沸点从常温到 500℃以上均有。石油中含量最大的两种元素是 C 和 H，其质量含量分别为碳 83%～87%、氢 11%～14%，两者主要以碳氢化合物形式存在。其他元素的含量因产地不同而有较大的波动，硫含量0.02%～5.5%，氮含量 0.02%～1.7%，氧含量 0.08%～1.82%。而 Ni、V、Fe、Cu 等金属元素只含微量，由十亿分之几到百万分之几。在地下与石油共存的水相中溶有 K、Na、Ca、Mg 等的氯化物，易于脱除。石油中的化合物可以分为烃类、非烃类以及胶质和沥青三大类。

（1）烃类化合物　烃类即碳氢化合物，在石油中占绝大部分，约几万种。

链式饱和烃　含量最多，有正构烷烃和异构烷烃，前者多于后者，两者在石油中约占 50%～70%（质量），仅有极少数油田的石油中链烷烃低于 10%～15%。$C_1\sim C_4$ 烷烃是

---

❶　全书均指相对分子质量。

13

溶解在石油中的气态烃，$C_5 \sim C_{16}$ 烷烃为液态，C_{17} 及以上烷烃为溶解在液态烃中的固态烃。

环烷烃 含量仅次于链烷烃，具饱和环状结构，多为五元环和六元环的单环结构，例如环戊烷和环己烷及其带侧基的衍生物，此外还有少量双环和三环结构的环烷烃。

芳香烃 具有不饱和环状结构，有单环的苯系芳烃（苯、甲苯、二甲苯、乙苯及其他苯的衍生物）、双环的萘及其衍生物（例如甲基萘、其他烷基萘）和联苯系芳烃，以及三个或三个以上苯环叠合在一起的稠环芳烃。

以上烃类化合物都是有机化工的基本原料，许多烃类还是汽油、航空煤油、柴油的组分。

石油中几乎没有烯烃和炔烃这两类化合物，然而它们却是石油化工的重要原料，尤其是烯烃更为重要，只有通过对石油的化学加工才能获得这些化合物。

（2）非烃化合物 含有碳、氢及其他杂原子的有机化合物。

硫化物 多为有机硫化物，例如硫醇（RSH）、硫醚（RSR）、二硫化物（RSSR）、噻吩（C_4H_4S 硫杂环化合物）及其衍生物等。硫醇沸点较低，原油经蒸馏加工后，硫醇多存在于汽油、煤油产品中；硫醚和部分二硫化物则在中等沸程馏分（如柴油）中；二硫化物、噻吩等则多留在高沸程的重油、渣油和沥青中。

氮化物 多为吡啶、喹啉、氮杂蒽、吡咯、咔唑等不饱和氮杂环结构的有机物，它们的沸点较高，石油加工后多留在沸点高于 500℃ 的渣油中。

含氧化合物 有环烷酸、酚类和很少量的脂肪酸，总称为石油酸。其中环烷酸含量较多，在石油加工分离后，环烷酸多存在于 250～400℃ 沸程的馏分中。分离出来的石油酸是很有用的化工原料。

金属有机化合物 含量甚微，主要以金属配位化合物的形式存在，如金属卟啉（一种含 C、H、N 和金属元素的大分子结构）就是一种重要结构单元。有机金属配位化合物的沸点也较高，在高温加热处理中发生分解，生成的金属沉积在设备内或催化剂表面，造成污垢，并使产品产率下降。

非烃化合物的含量虽然很低，但对石油加工过程以及石油产品的性质有很大影响，有的还使催化剂中毒，有的会腐蚀管道和设备，有的使用时污染环境等。所以在石油加工时均应该预先将其脱除和回收利用。脱硫、脱氮、脱金属是石油化学加工重要的过程之一。

（3）胶质和沥青质 原油经蒸馏加工后，沸点高于 500℃ 的馏分是渣油，在渣油中含有相当数量的胶质和沥青质，它们是由各种结构不同、相对分子质量很大的化合物组成的混合物，多为稠环环烷烃、稠环芳香烃和含 S、N 等杂原子的环状化合物。

2.1.2.2 石油的常压蒸馏和减压蒸馏[3]

为了充分利用宝贵的石油资源，要对石油进行一次加工和二次加工，在生产出汽油、航空煤油、柴油、锅炉燃油和液化汽的同时，制取各类化工原料。

石油开采出来尚未加工时称为原油，一次加工方法为常压蒸馏和减压蒸馏。蒸馏是一种利用液体混合物中各组分挥发度的差别（沸点不同）进行分离的方法，是一种没有化学反应的传质、传热物理过程，主要设备是蒸馏塔。常、减压蒸馏流程有以下三类。

（1）燃料型 以生产汽油、煤油、柴油等为主，没有充分利用石油资源，现已很少采用；

（2）燃料-润滑油型 除生产轻质和重质燃料油外，还生产各种品种润滑油和石蜡；

（3）燃料-化工型 除生产汽油、煤油、柴油等燃料油外，还从石脑油馏分抽提芳烃，利用石脑油或柴油热裂解制取烯烃和芳烃等重要有机化工基本原料，炼油副产的气体也是化工原料。有的工厂还采用燃料-润滑油-化工型流程，主要产品是燃料和化工产品。

大型石油化工联合企业中的炼油厂蒸馏装置多采用燃料-化工-润滑油型流程，见图 2-1 所示。原油由输油泵 1 打入换热器 2，与蒸馏产品换热得到预热，然后进入脱盐罐 3 脱除盐和水分，再经另一换热器与蒸馏产品换热。在加热炉 4 升温至 370℃后送入常压蒸馏塔 5，塔顶馏出 C_1～C_4 烷烃和低沸程的汽油馏分（亦称为石脑油），塔侧由上至下分别引出不同沸程的馏分。汽提塔 7 的作用是将各侧线产品中的轻馏分吹出，送回塔 5 中，以免影响各馏分的性质（如轻柴油的闪点）。常压塔出来的石脑油含有 C_5～C_{10} 烷烃和环烷烃及少量轻芳烃，轻石脑油的沸程为 30～150℃，重石脑油的沸程为 150～220℃，石脑油是汽油和催化重整的原料。煤油沸程 175～275℃，含 C_9～C_{16} 烃类，煤油作喷气式飞机和拖拉机的燃料。轻柴油沸程 200～300℃，含 C_{15}～C_{18} 烃类。沸程更高一些的馏分是重柴油，国外称之为瓦斯油（gas oil）。塔底流出的常压重油也称为拔顶原油，沸点高于 350℃，其中大部分是瓦斯油和润滑油成分，但如果继续在常压下分离，则需将其加热至 400℃ 以上，这会导致重油馏分中大分子化合物发生分解和缩合反应，产生许多气体和焦炭，降低油品产率和质量，结焦堵塞而缩短设备的生产周期。因此需要减压以降低沸点，才能继续进行蒸馏。

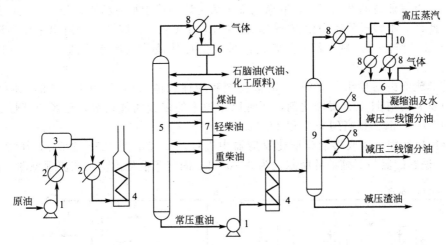

图 2-1　原油常、减压蒸馏工艺流程示意图

1—输油泵；2—换热器；3—脱盐罐；4—加热炉；5—常压蒸馏塔；6—贮液罐；

7—气提塔；8—冷凝冷却器；9—减压蒸馏塔；10—蒸汽喷射泵

常压重油经另一加热炉加热，温度限制在 400℃ 以下，然后进入减压蒸馏塔 9，由塔顶真空系统造成负压，塔底压力 8kPa，塔顶压力低于 4kPa。通过减压蒸馏可以从常压重油中蒸出正常沸点低于 550℃ 的馏分，由减压塔不同高度塔板处可分别取出不同沸程馏分油，其中减压柴油（亦称减压瓦斯油）的量很多。这些馏分油可制取润滑油，也可作裂化原料。塔底减压渣油的正常沸点高于 550℃，原油中大部分胶质、沥青质都留于其中，有机硫化物、有机氮化物和有机金属化合物含量高。减压渣油可作化工原料、锅炉燃料、焦化原料或经加工后生产高黏度润滑油和沥青。

2.1.2.3　馏分油的化学加工[4~7]

常、减压蒸馏只能将原油切割成几个馏分，生产的燃料量有限，不能满足需求，直接能用作化工原料的也仅是塔顶出来的气体。为了生产更多的燃料和化工原料，需要对各个馏分油进行二次加工。加工的方法很多，主要是化学加工方法，下面简介主要的几种加工过程。

（1）催化重整（catalytic reforming）　催化重整是在含铂的催化剂作用下加热汽油馏

分（石脑油），使其中的烃类分子重新排列形成新分子的工艺过程。催化重整装置能提供高辛烷值汽油，还为化纤、橡胶、塑料和精细化工提供苯、甲苯、二甲苯等芳烃原料以及提供液化气和溶剂油，并副产氢气。

催化重整的原料是石脑油，当以生产高辛烷值汽油为目的时，采用80～180℃的馏分，以生产芳烃为主要目的时，采用60～140℃的馏分。原料油中若含有砷、硫、铝、钼、汞、有机氮化物等杂质会使催化剂中毒，原料中砷含量应小于0.1mg/kg。

在催化重整过程中，主要发生环烷烃脱氢、烷烃脱氢环化等生成芳烃的反应，此外还有烷烃的异构化和加氢裂化等反应。加氢裂化反应会降低芳烃收率，应尽量加以抑制。

重整产物中富含芳烃，异构烷烃也较多，它们的辛烷值高，抗爆震性能好，不需添加四乙基铅，为无铅汽油。重整生成油中含有30%～70%的苯、甲苯、二甲苯、乙苯等芳烃，可用萃取方法从中抽提出这些芳烃，萃取剂有二乙醇醚、三乙醇醚、二甲基亚砜、环丁砜等有机溶剂。通常将苯、甲苯、二甲苯合称为BTX，在催化重整产生的BTX混合物中含有50%甲苯、35%～45%二甲苯和10%～15%苯。

重整副产的氢气纯度可达75%～95%，一小部分氢送回重整反应器，用于抑制烃类深度裂解，以保证高的汽油产率，其余大部分氢是炼油厂中加氢精制、加氢裂化过程的重要氢源。此外，重整过程还产生C_1～C_4烷烃，其中C_3、C_4烷烃可分离出来作为液化气出售，C_4烷烃作化工原料。若采用特定的催化剂可使液化气产率提高至45%（以体积计）。

重整催化剂由活性组分（铂）、助催化剂和酸性载体（如经HCl处理的Al_2O_3）组成。目前发展到铂-铼双金属催化剂，还有以铂为主的多金属催化剂，已经使芳烃总收率由原来的30%～50%提高到60%以上。

重整反应在固定床或移动床催化反应器中进行，反应温度425～525℃，压力0.7～3.5MPa，进料的氢与石脑油的摩尔比为3～6:1。固定床催化重整工艺流程见图2-2。

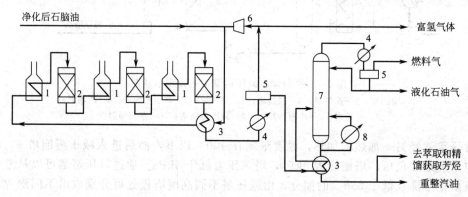

图2-2　铂重整工艺流程示意图
1—加热炉；2—重整反应器；3—热交换器；4—冷却冷凝器；5—油气分离器；
6—循环氢压缩机；7—分馏塔；8—再沸器

（2）催化裂化（catalytic cracking）　催化裂化是在催化剂作用下加热重质馏分油，使大分子烃类化合物裂化而转化成高质量的汽油，并副产柴油、锅炉燃油、液化气和气体等产品的加工过程。

原料可以是直馏柴油、重柴油、减压柴油或润滑油馏分，甚至可以是渣油焦化制石油焦后的焦化馏分油。它们所含烃类分子中的碳数大多在18个以上。

裂化反应在450～530℃和0.1～0.3MPa下进行。催化剂为微球形，颗粒直径10～100μm。过去采用硅酸铝催化剂，目前采用高活性的分子筛催化剂，该催化剂中含有

5％～20％的分子筛（多为 X 型或 Y 型结晶硅铝酸盐，颗粒内的孔径为 0.8～0.9nm），添加少量稀土氧化物的分子筛催化剂性能更好。

裂化反应非常复杂，主要有大分子烷烃的碳-碳链断裂生成较小分子的烷烃和烯烃；直链烷烃脱氢生成烯烃和氢；正烷烃异构化为异烷烃；支链烷烃脱氢环化生成芳烃；环烷烃脱氢生成芳烃；烯烃脱氢环化或聚合结焦；芳烃脱氢缩合结焦等。

裂化产物的一般分布为：汽油（$C_5 \sim C_9$ 烃）产率 30％～60％，催化裂化汽油的辛烷值比常压直馏汽油高，安定性也好；柴油（$C_9 \sim C_{18}$ 烃）产率≤40％，该馏分中含有较多的烷基苯和烷基萘，可以提取出来作为化工原料；气体产率约 10％～20％，其中 C_3、C_4 烯烃可达一半左右，是宝贵的化工原料；C_3、C_4 烷烃为民用液化气，甲烷和氢是合成氨、甲醇等一碳化工产品的原料；焦炭产率约 5％～7％，是 C∶H＝1∶0.3～1（原子比）的缩合产物。

焦炭沉积在催化剂表面使催化活性下降，导致汽油产率降低，故需不断地将催化剂从反应器中移出，到再生器中通热空气，于 670～730℃下将催化剂上的焦炭烧去，待催化剂上残留炭低于 0.2％（最好至 0.05％）后再送回反应器。

催化裂化装置在历史上曾有过固定床和移动床两种型式，当今世界各国均采用流化床型式，微球形催化剂在设备内被高速气流吹动，呈流态化运动，反应效率高，利于连续式操作。但流态化的返混严重，如果反应物在反应器内停留时间长，会发生二次反应，导致汽油产率降低，焦炭产率增高。分子筛催化剂的活性很高，反应时间只需 1～4s，宜于采用直径小的提升管反应器，管内流体呈平推流状，返混少，停留时间又短，因而汽油产率很高。尽管世界上各大石油公司设计的催化裂化装置有所差别，但都包括两个主要设备，即反应器（包括反应部分和沉降部分）和再生器。根据两者相对位置来分，有等高并列式、高低并列式（错列式）和同轴式三种。

等高并列式催化裂化装置见图 2-3 所示；高低并列式催化裂化装置及流程见图 2-4 所示；同轴式装置的沉降器位于同一垂直轴的再生器之上，两者外侧连有提升反应管。

（3）催化加氢裂化（catalytic hydrocracking） 催化加氢裂化系指在催化剂存在及高氢压下，加热重质油使其发生各类加氢和裂化反应，转变成航空煤油、柴油、汽油（或重整原料）和气体等产品的加工过程。

加氢裂化的原料油可以是重柴油、减压柴油，甚至减压渣油，另一原料是氢气。按操作压力分有高压法和中压法。高压法的操作压力高于 10MPa，反应温度 370～450℃；中压法压力 5～10MPa，反应温度 370～380℃。催化剂分为两类，即 Ni、Mo、W、Co 的非贵金属氧化物和 Pt、Pd 贵金属氧化物，均用硅酸铝加分子筛或氧化铝为载体。非贵金属氧化物催化剂要先进行硫化预处理才具有催化活性，而贵金属氧化物催化剂则应进行还原活化才有活性。

加氢裂化过程中发生的反应类型主要有：①大分子烷烃加氢裂解成较小分子烷烃；②环烷烃加氢开环生成链烷烃；③芳烃加氢生成环烷烃；④有机含硫化合物加氢生成烷烃和硫化氢；⑤有机含氮化合物加氢

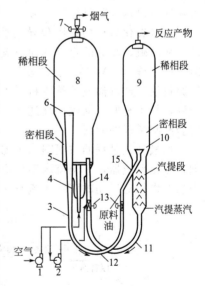

图 2-3 等高并列式催化裂化装置
1—主风机；2—增压机；3—立管；
4—辅助燃烧室；5—分布管；6—溢流管；
7—双动滑阀；8—再生器；9—反应器；
10—分布板；11—待再生 U 形管；
12—再生 U 形管；13—单动滑阀；
14—密相提升管；15—稀相提升管

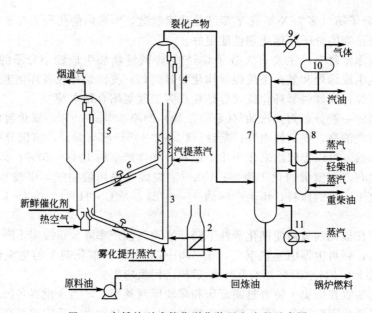

图 2-4　高低并列式催化裂化装置和流程示意图

1—油泵；2—加热炉；3—提升管反应器；4—沉降器；5—再生器；6—待再生催化

剂输送管；7—分馏塔；8—汽提塔；9—冷却冷凝器；10—气液分离器；11—再沸器

生成烷烃和氨；⑥有机含氧化合物加氢生成烃和水；⑦有机金属化合物加氢分解释出金属及烃类。

由以上反应可以看出，加氢裂化可以使产品中不饱和烃及重芳烃含量显著减少，提高油品安定性。还使硫、氮、氧和重金属等从烃类化合物中分解脱除，提高了油品质量。大量氢气可以抑制脱氢缩合反应，产品油中不含焦油，催化剂上也不结焦。

加氢裂化后正构烷烃和异构烷烃比例相当高，重芳烃很少，是优质的航空煤油和柴油。从高硫、高氮的重馏分加氢裂化生产航空煤油和柴油时，采用无定型硅酸铝负载的 Mo-Ni 型或 Mo-W 型催化剂效果好，航空煤油产率可达 85%～90%。如果要从高硫、高氮原料油生产汽油或重整原料时，用 Y 型分子筛和氧化铝负载的 Pd 或 Mo-Ni-Co 催化剂较好，其重整原料油收率高达 75%，且轻芳烃的潜含量高。另外，加氢裂化柴油也可作为裂解制烯烃的原料。

加氢裂化过程的方框图示于图 2-5。加氢裂化反应器是气（H₂）、液（油）、固（催化剂）三相反应器，有滴流床型反应器，属于催化剂不动的固定床；也有催化剂细颗粒在油中悬浮作相对运动的膨胀床流态化反应器。

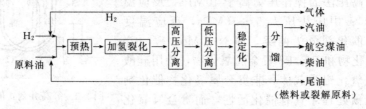

图 2-5　加氢裂化过程

（4）烃类热裂解[7]（pyrolysis of hydrocarbons）　烃类热裂解的主要目的是为了制取乙烯和丙烯，同时副产丁烯、丁二烯、苯、甲苯、二甲苯、乙苯等芳烃及其他化工原料。它是每个石油化工厂必不可少的首要过程。

烃类热裂解不用催化剂，将烃类加热到 750～900℃ 使发生热裂解，反应相当复杂，主要是高碳烷烃裂解生成低碳烯烃和二烯烃，同时伴有脱氢、芳构化和结焦等许多反应。热裂解的原料较优者是乙烷、丙烷和石脑油，因为碳数少的烷烃分子裂解后产生的乙烯产率高。为了拓宽原料来源，目前已经发展到用煤油、柴油和常、减压瓦斯油作为裂解原料的工艺。

裂解后对产物进行冷却冷凝，得到裂解气和裂解汽油两大类混合物。裂解气中有大量乙烯、丙烯和丁二烯等烯烃，另外还有氢气、$C_1 \sim C_4$ 烷烃。对裂解气进行分离可得到烯烃、烷烃等各种重要的有机化工原料，C_3、C_4 烷烃可作液化气；裂解汽油中约含有 $40\% \sim 60\%$ 的 $C_6 \sim C_9$ 芳烃，此外还有烯烃和 C_{10} 芳烃，用溶剂可从裂解汽油中抽提出各种芳烃。

烃类热裂解过程的详细工艺内容将在第 3 章中阐述。

石油的二次加工还有烷基化、异构化、焦化等，可获得高辛烷值汽油和化工原料。

从石油经一次和二次加工获取燃料和化工原料的主要途径可归纳为图2-6。

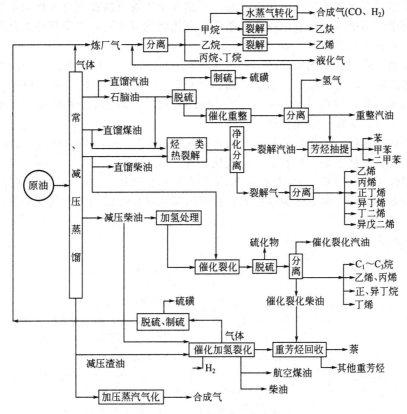

图 2-6　由石油制取燃料和化工原料的主要途径

2.1.3　天然气及其加工[5,8,9]

天然气（natural gas）的主要成分是甲烷，甲烷含量高于 90% 的天然气称为干气，$C_2 \sim C_4$ 烷烃含量在 $15\% \sim 20\%$ 或以上的天然气称为湿气，有的天然气与石油共生（油田伴生气）。中国已有陕甘宁、新疆地区、四川东部三个大规模气区，海上油田也有较大的天然气储量。煤矿中吸附在煤上的甲烷称为煤层气（瓦斯气），储量很大，作为一种有竞争力的天然气资源已受到世人的关注。中国煤炭储量丰富，煤层气与常规天然气目前储量相当，但现在对煤层气的利用率只有 $7\% \sim 8\%$[9]。在地球高纬度的冻土带和深度不到 2000m 的海底还有一种天然气水合物，是由 CH_4 与 H_2O 组成的具有确定晶体结构的笼形化合物，估计储量很大，目前尚未得到利用。

天然气的热值高、污染少，是一种清洁能源，在能源结构中的比例逐年提高。它同时又是石油化工的重要原料资源。天然气加工利用主要有以下几方面。

（1）天然气制氢气和合成氨　天然气的一大用途是制造氨和氮肥，尿素是当今世界上产量最大的化工产品之一，目前中国开采的天然气中有一半以上用于制造氮肥。氨也是制造硝酸及许多无机和有机化合物的原料。由天然气制氢是当前工业制氢的主要工艺之一。

（2）天然气经合成气路线的催化转化制燃料和化工产品　由天然气制造合成气（CO+H_2），再由合成气合成甲醇开创了廉价制取甲醇的生产路线。以甲醇为基本原料，可合成汽油、柴油等液体燃料和醋酸、甲醛、甲基叔丁基醚等一系列化工产品。由合成气经改良费托合成制汽油、煤油、柴油已建一定规模的工厂，合成气直接催化转化为低碳烯烃、乙二醇的工艺正在开发。天然气制合成气工艺将在第5章中阐述。

（3）天然气直接催化转化成化工产品　天然气中甲烷直接在催化剂作用下进行选择性氧化，生成甲醇和甲醛；在有氧或无氧条件下催化转化成芳烃；甲烷催化氧化偶联生成乙烯、乙烷等。这些过程尚未工业化。

（4）天然气热裂解制化工产品　天然气在930～1230℃裂解生成乙炔和炭黑。从乙炔出发可制氯乙烯、乙醛、醋酸、氯丁二烯、1,4-丁二醇、1,4-丁炔二醇、甲基丁烯醇、醋酸乙烯、丙烯酸等乙炔化工产品。炭黑作橡胶的补强剂和填料，也是油墨、电极、电阻器、炸药、涂料、化妆品的原材料。

（5）甲烷的氯化、硝化、氨氧化和硫化制化工产品　可分别制得甲烷的各种衍生物，例如氯代甲烷、硝基甲烷、氢氰酸、二硫化碳等。

（6）湿性天然气中 C_2～C_4 烷烃的利用　湿性天然气中 C_2～C_4 烷烃可深冷分离出来，是优良的制取乙烯、丙烯的热裂解原料，许多国家都在提高湿性天然气在制取烯烃原料中的比例。

天然气的化工利用见表 2-1 所示。

表 2-1　天然气的化工利用

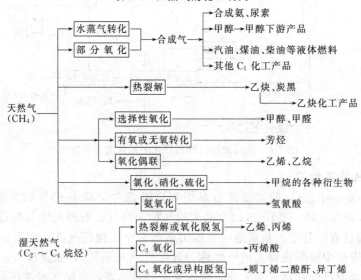

2.1.4　煤及其加工[5,10,11]

煤（coal）是由含碳、氢的多种结构的大分子有机物和少量硅、铝、铁、钙、镁的无机矿物质组成。由于成煤过程的时间不同，有泥煤、褐煤、烟煤和无烟煤之分。按质量分数计，泥煤含碳 $60\%\sim70\%$，褐煤含碳 $70\%\sim80\%$，烟煤含碳 $80\%\sim90\%$，无烟煤含碳高达 $90\%\sim93\%$。煤中氢和氧元素的含量顺序是：泥煤＞褐煤＞烟煤＞无烟煤。有机物结构单元的核心是缩合程度不同的芳香环，还有一些饱和环和杂原子环，环间由氧桥或甲基桥连接，环上带有烷基、羟基、羧基、甲氨基，或含硫、氮基团等侧链。因此从煤中可以得到多种芳香族化合物，它们是精细有机合成的主要原料。

已知的煤储量要比石油储量大十几倍，煤的综合利用可同时为能源、化工和冶金提供有价值的原料。煤化工范畴内加工路线主要有以下几种。

(1) 煤干馏 coal carbonization 是在隔绝空气条件下加热煤，使其分解生成焦炭、煤焦油、粗苯和焦炉气的过程。煤干馏过程又分以下两类。

煤的高温干馏（炼焦） 在炼焦炉中隔绝空气于 $900\sim1100\,^\circ\!C$ 进行的干馏过程。产生焦炭、焦炉气、粗苯、氨和煤焦油。焦炉气主要成分是氢（$54\%\sim63\%$）和甲烷（$20\%\sim32\%$）；粗苯中主要含苯、甲苯、二甲苯、三甲苯、乙苯等单环芳烃，以及少量不饱和化合物（如戊烯、环戊二烯、苯乙烯等）和含硫化合物（二硫化碳、噻吩等），还有很少量的酚类和吡啶等；煤焦油中含有多种重芳烃、酚类、烷基萘、吡啶、咔唑、蒽、菲、芴、苊、芘等及杂环有机化合物，目前已被鉴定的有 $400\sim500$ 种，是制取塑料、染料、香料、农药、医药、溶剂等的原料。其中含量最大且应用广的是萘，目前工业萘来源仍以煤焦油为主。

煤的低温干馏 在较低终温（$500\sim600\,^\circ\!C$）下进行的干馏过程，产生半焦、低温焦油和煤气等产物。由于终温较低，分解产物的二次热解少，故产生的焦油中除含较多的酚类外，烷烃和环烷烃含量较多而芳烃含量很少，是人造石油的重要来源之一，早期的灯用煤油即由此制造。半焦可经气化制合成气。

(2) 煤气化（coal gasification） 是指在高温（$900\sim1300\,^\circ\!C$）下使煤、焦炭或半焦等固体燃料与气化剂反应，转化成主要含有氢、一氧化碳等气体的过程。生成的气体组成随固体燃料性质、气化剂种类、气化方法、气化条件的不同而有差别。气化剂主要是水蒸气、空气或氧气。煤的干馏制取化工原料只能利用煤中一部分有机物质，而气化则可利用煤中几乎全部含碳、氢的物质。煤气化生成的 H_2 和 CO 是合成氨、合成甲醇以及 C_1 化工的基本原料，还可用来合成甲烷，称为替代天然气（SNG），可作为城市煤气。

煤气化是今后发展煤化工的主要途径。煤气化机理和气化方法、工艺将在第 5 章介绍。

(3) 煤液化（coal liquefaction） 是指煤经化学加工转化为液体燃料的过程。煤液化可分为直接液化和间接液化两类过程。

煤的直接液化 是采用加氢方法使煤转化为液态烃，所以又称为煤的加氢液化。液化产物亦称为人造石油，可进一步加工成各种液体燃料。加氢液化反应通常在高压（$10\sim20MPa$）、高温（$420\sim480\,^\circ\!C$）下，经催化剂作用而进行。氢气通常用煤与水蒸气汽化制取。由于供氢方法和加氢深度的不同，有不同的直接液化法。煤的直接液化氢耗高、压力高，因而能耗大，设备投资大，成本高。

煤的间接液化 是预先制成合成气，然后通过催化剂作用将合成气转化为烃类燃料、含氧化合物燃料（例如低碳混合醇、二甲醚）。甲醇、低碳醇的抗爆性能优异，可替代汽油，而二甲醚的十六烷值很高，是优良的柴油替代品。近年来还开发了甲醇转化为高辛烷值汽油的技术，促进了煤间接液化的进展。

煤的加工利用主要途径示于表 2-2。

表 2-2 煤的加工利用

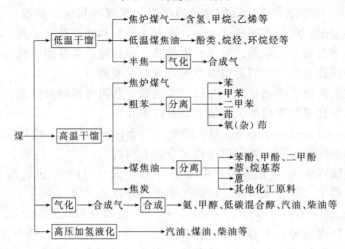

2.1.5 生物质及其加工[5,12~16]

农、林、牧、副、渔业的产品及其废物（壳、芯、秆、糠、渣）等生物质通过化学或生物化学方法可以转变为基础化学品或中间产品，例如葡萄糖、乳酸、柠檬酸、乙醇、丙酮、高级脂肪酸（月桂酸、硬脂酸、油酸、亚油酸、肉豆蔻酸）等。加工过程涉及一系列化学工艺，如化学水解、酶水解、微生物水解、皂化、催化加氢、气化、裂解、萃取，有些还用到 DNA 技术。下面举几个利用生物质生产化学品的例子。

（1）糠醛的生产　农副产品废渣的水解是工业生产糠醛的唯一路线。糠醛主要用于生产糠醇树脂、糠醛树脂、顺丁烯二酸酐、医药、合成纤维、防腐剂、杀虫剂、脱色剂等。其生产过程是：将含多缩戊糖的玉米芯、棉籽壳、花生壳、甘蔗渣等投入反应釜内，用含量为 6% 的稀硫酸作催化剂并通入蒸汽加热，控制温度在 180℃ 左右、压力 0.6～1.0MPa，反应 5～8h。多缩戊糖水解成戊糖，然后进一步脱水环化而转变成糠醛[12]。戊糖脱水反应为

$$C_5H_{10}O_5 \longrightarrow \underset{\text{（糠醛）}}{\begin{array}{c} HC\!\!=\!\!CH \\ \diagdown\,\diagup \\ O \end{array}\!\!C\text{-}CHO} + 3H_2O \tag{2-5}$$

（2）乙醇的生产　虽然工业生产乙醇是用乙烯水合法，但用农产品生产乙醇仍是重要方法之一。将含淀粉的谷类、薯类、植物果实经蒸煮糊化，加水冷却至 60℃，加入淀粉酶使淀粉依次水解为麦芽糖和葡萄糖，再加入酵母使之发酵则转变成乙醇（食用酒精）。

$$2(C_6H_{10}O_5)_n \xrightarrow[\text{淀粉}]{H_2O} \underset{\text{（麦芽糖）}}{C_{12}H_{22}O_{11}} \xrightarrow[\text{酶}]{H_2O} \underset{\text{（葡萄糖）}}{2C_6H_{12}O_6} \tag{2-6}$$

$$C_6H_{12}O_6 \xrightarrow{\text{酵母}} 2CH_3CH_2OH + 2CO_2 \tag{2-7}$$

目前，有人利用遗传工程培育出一种重组酵母，可将以上两步法简化成一步法。

近年来，农林废料（甘蔗渣、稻草、秸秆、木屑等）的加工利用受到高度重视。例如，美国 BC International Corp. 公司利用遗传工程培育的细菌可将甘蔗渣转化成工业级乙醇。该技术是首先将甘蔗渣中半纤维素和纤维素水解成包含戊糖在内的 5 种糖，然后用

一种插入了活动发酵单胞菌两个基因的细菌来使这些糖的混合物发酵转变成乙醇。普通酵母菌不能使戊糖发酵，所以不能将纤维素转变为乙醇。该公司建造了一套每天可处理 2000t 甘蔗渣的工业装置，工业级乙醇产量每年达 7570×10^4 L[14]。

（3）丙二醇的生产　1,3-丙二醇（PDO）是生产聚对苯二甲酸丙二酯（PPT）的原料，PPT 具有许多类似尼龙的特性，如果其原料 PDO 的成本较低，则可与 PET 聚酯竞争。PDO 可以由环氧乙烷与 CO 合成，也可用丙烯醛生产。最近颇受重视的是生化法，即运用重组 DNA 技术培育出的微生物将可发酵的碳源生物质转化成 PDO，生产成本亦可降低。美国杜邦公司和 Genencor 公司正在利用这一技术进行用葡萄糖一步生产 PDO 的工业开发[15]。

此外，还有些植物可生产能源燃料，例如有些植物能割出类似石油成分的胶汁，不需提炼即可用于柴油机，故被称为"石油树"。目前，全世界约有几十种"石油树"，例如巴西热带树林中的三叶胶、紫心豆树，中国海南岛的油楠树等[16]。

2.1.6　再生资源的开发利用[17,18]

工农业和生活废料在原则上都可以回收处理、加工成有用的产品，这些再生资源的利用不仅可以节约自然资源，而且是治理污染、保护环境的有效措施之一。

将废塑料重新炼制成液体燃料的方法已经有工业装置建成，重炼的方法也很多。例如焦化法，是将废塑料与石油馏分油混合并在 $250 \sim 350$℃下熔化成浆液，然后送至焦化炉加热处理，产生气体、油和石油焦。气体产物中主要含有氢、甲烷、乙烷、丙烷、正/异丁烷、正/异丁烯、一氧化碳等，是重要的基础化工原料。石油焦用于炼铁和制造石墨电极等。液体产物送至分馏塔，可得焦化汽油、焦化瓦斯油和塔底馏分油，进一步加工生产汽油、煤油和柴油等燃料[17]。又如，日本富士回收法可以处理含氯乙烯 15% 以下的各种废塑料，经过熔融和聚氯乙烯分解脱 HCl 后，进行裂解反应，裂解产物经过 ZSM-5 分子筛催化改质，可得到轻油和煤油，收率达 80% ~ 90%，副产裂解气，从中可以回收低分子烷烃和烯烃[18]。

含碳的废料也可通过部分氧化法转化为小分子气体化合物，然后再加工利用。例如使部分聚烯烃类塑料废渣在富油雾化燃烧的火焰内发生部分氧化反应，放出大量热造成高温，其余的聚烯烃在此高温下发生吸热的裂解反应，产生的气体为 H_2、CO、CH_4、C_2H_4、C_2H_6、C_2H_2 等混合物。

2.1.7　空气和水[19,20]

空气的体积组成为 78.16% N_2、20.90% O_2 和 0.93% Ar，其余 0.01% 为 He、Ne、Kr、Xe 等稀有气体。空气中的 O_2 和 N_2 是重要化工原料；含碳物质在纯氧中燃烧，不会产生氮氧化物和碳粒烟尘，对环境有好处。氢氧燃料电池产生清洁能源；从空气中提取的高纯度氩、氦、氖、氙等气体，广泛应用于高科技领域。

纯氧和纯氮广泛用于冶金、化工、石油、机械、采矿、食品等各工业部门和军事、航天领域。将空气分离制取纯氧和纯氮最常用的方法是深度冷冻分离法[19]。此外，还有分子筛变压吸附法，可在常温下制备含氧 70% ~ 80% 的富氧空气和纯氮。近年来膜技术的发展，也提供了利用膜来分离空气的可能性。

水在化工中应用更普遍，例如，作为溶剂溶解固体、液体，吸收气体；作为反应物参加水解、水合等反应；作为载体去加热或冷却物料和设备；可吸收反应热并汽化成具有做功本领的高压蒸汽。地球上水的面积占地球表面的 70% 以上，但是可供使用的淡水体积只有总水体积的 0.3%，因此节约和保护淡水资源、提高水的循环利用率刻不容缓。

2.2 化工生产过程及流程

2.2.1 化工生产过程[21,22]

化工生产过程一般可概括为原料预处理、化学反应和产品分离及精制三大步骤。

(1) 原料预处理 主要目的是使初始原料达到反应所需要的状态和规格。例如固体需破碎、过筛；液体需加热或汽化；有些反应物要预先脱除杂质，或配制成一定的浓度。在多数生产过程中，原料预处理本身就很复杂，要用到许多物理的和化学的方法和技术，有些原料预处理成本占总生产成本的大部分。

(2) 化学反应 通过该步骤完成由原料到产物的转变，是化工生产过程的核心。反应温度、压力、浓度、催化剂（多数反应需要）或其他物料的性质以及反应设备的技术水平等各种因素对产品的数量和质量有重要影响，是化学工艺学研究的重点内容。

化学反应类型繁多，若按反应特性分，有氧化、还原、加氢、脱氢、歧化、异构化、烷基化、羰基化、分解、水解、水合、偶合、聚合、缩合、酯化、磺化、硝化、卤化、重氮化等众多反应；若按反应体系中物料的相态分，有均相反应和非均相反应（多相反应）；若根据是否使用催化剂来分，有催化反应和非催化反应。催化剂与反应物同处于均一相态时称为均相催化反应，催化剂与反应物具有不同相态时，称为多相催化反应。

实现化学反应过程的设备称为反应器。工业反应器的类型众多，不同反应过程，所用的反应器形式不同。反应器若按结构特点分，有管式反应器（可装填催化剂，也可是空管）、床式反应器（装填催化剂，有固定床、移动床、流化床以及沸腾床等）、釜式反应器和塔式反应器等；若按操作方式分，有间歇式、连续式和半连续式三种；若按换热状况分，有等温反应器、绝热反应器和变温反应器，换热方式有间接换热式和直接换热式。

(3) 产品的分离和精制 目的是获取符合规格的产品，并回收、利用副产物。在多数反应过程中，由于诸多原因，致使反应后产物是包括目的产物在内的许多物质的混合物，有时目的产物的浓度甚至很低，必须对反应后的混合物进行分离、提浓和精制，才能得到符合规格的产品。同时要回收剩余反应物，以提高原料利用率。

分离和精制的方法和技术是多种多样的，通常有冷凝、吸收、吸附、冷冻、闪蒸、精馏、萃取、渗透（膜分离）、结晶、过滤和干燥等，不同生产过程可以有针对性地采用相应的分离和精制方法。分离出来的副产物和"三废"也应加以利用或处理。

化工过程常常包括多步反应转化过程，因此除了起始原料和最终产品外，尚有多种中间产物生成，原料和产品也可能是多个；因此化工过程通常由上述三个步骤交替组成，以化学反应为中心，将反应与分离过程有机地组织起来。

2.2.2 化工生产工艺流程[23~29]

2.2.2.1 工艺流程和流程图

原料需要经过包括物质和能量转换的一系列加工，方能转变成所需产品，实施这些转换需要有相应的功能单元来完成，按物料加工顺序将这些功能单元有机地组合起来，则构筑成工艺流程。将原料转变成化工产品的工艺流程称为化工生产工艺流程。

化工生产中的工艺流程是丰姿多彩的，不同产品的生产工艺流程固然不同；同一产品用不同原料来生产，工艺流程也大不相同；有时即使原料相同，产品也相同，若采用的工艺路线或加工方法不同，在流程上也有区别。工艺流程多采用图示方法来表达，称为工艺流程图（flow sheet 或 process flowsheet），参考文献［23］中收集了众多化工产品的生产流程图，从中可看出工艺流程的多样性。

在化学工艺学教科书中主要采用工艺流程示意图，它简明地反映出由原料到产品过程中各物料的流向和经历的加工步骤，从中可了解每个操作单元或设备的功能以及相互间的关系、能量的传递和利用情况、副产物和三废的排放及其处理方法等重要工艺和工程知识。

2.2.2.2 化工生产工艺流程的组织

工艺流程的组织或合成是化工过程的开发和设计中的重要环节。组织工艺流程需要有化学、物理的理论基础以及工程知识，要结合生产实践，借鉴前人的经验。同时，可运用推论分析、功能分析、形态分析等方法论来进行流程的设计［24～26］。

推论分析法 是从"目标"出发，寻找实现此"目标"的"前提"，将具有不同功能的单元进行逻辑组合，形成一个具有整体功能的系统。

该方法可用"洋葱"模型表示［29］（图 2-7）。通常化工过程设计以反应器为核心开始，由反应器产生的由未反应原料、产品和副产品组成的混合物，需要进一步分离，分离出的未反应原料再循环利用。反应器的设计决定了分离与再循环系统所涉及要解决的问题，因此紧随反应器设计的是分离与再循环设计。反应器的设计和分离与再循环设计决定了全过程的冷、热负荷，因此第三

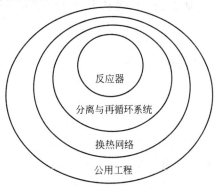

图 2-7 化工工艺过程的"洋葱"模型

步就是换热网络设计。经过热量回收而不能满足的冷、热负荷决定了外部公用工程的选择与设计。推理分析法采用的是"洋葱"逻辑结构，整个过程可由洋葱图形象地表示，只是通差常的工艺流程不包括最外层的公用工程。

功能分析法 是缜密地研究每个单元的基本功能和基本属性，然后组成几个可以比较的方案以供选择。因为每个功能单元的实施方法和设备型式通常有许多种可供选择，因而可组织出具有相同整体功能的多种流程方案。再通过形态分析和过程的数学模拟进行评价和选择，以确定最优的工艺流程方案。

形态分析法 是对每种可供选择的方案进行精确的分析和评价，择优汰劣，选择其中最优方案。评价需要有判据，而判据是针对具体问题来拟定的，原则上应包括：①是否满足所要求的技术指标；②经济指标的先进性；③环境、安全和法律；④技术资料的完整性和可信度。经济和环境因素是形态分析的重要判据，提高原材料及能量利用率是很关键的问题，它不仅节约资源、能源降低产品成本，而且也从源头上减少了污染物的排放。下面列举两个实例说明。

［例 2-1］ 丙烯液相水合制异丙醇流程［27］，其反应式为

$$CH_3—CH=CH_2 + H_2O \Longleftrightarrow CH_3—\underset{\underset{OH}{|}}{CH}—CH_3 + Q \qquad (2\text{-}8)$$

该反应在 20MPa 和 200～300℃ 及硅钨酸催化剂水溶液中进行，有 60%～70% 的丙烯转化，其中 98%～99% 转化为异丙醇，尚有 30%～40% 的丙烯未反应，丙烯是价贵的原料，直接排放既浪费又污染环境。如何提高丙烯原料的利用率？工业上采用了的流程，见图 2-8 所示。

这类工艺流程称为循环流程，其特点是未反应的反应物从产物中分离出来，再返回反

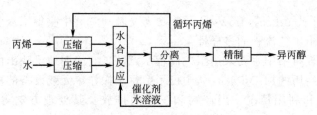

图 2-8　丙烯液相水合制异丙醇流程方框图

应器。其他一些物料如溶液、催化剂溶剂等再返回反应器也属于循环。循环流程的主要优点是能显著地提高原料利用率，减少系统排放量，降低了原料消耗，也减少了对环境的污染。它适用于反应后仍有较多原料未转化的情况。

[例 2-2]　丙烯腈生产过程中分离与精制流程的选择[27]丙烯腈生产中的主反应为

$$C_3H_6 + NH_3 + \frac{1}{2}O_2 \xrightarrow{催化剂} CH_2{=}CHCN + H_2O \tag{2-9}$$

主要副反应有

$$C_3H_6 + \frac{3}{2}NH_3 + \frac{3}{2}O_2 \xrightarrow{催化剂} \frac{3}{2}CH_3CN + 3H_2O \tag{2-10}$$

$$C_3H_6 + 3NH_3 + 2O_2 \xrightarrow{催化剂} 3HCN + 6H_2O \tag{2-11}$$

因此反应后混合物中除产物丙烯腈外，尚有副产物氢氰酸、乙腈及少量未反应的 NH_3，丙烯，需对其进行分离。

丙烯氨氧化后，从反应器流出的物料首先用硫酸中和未反应的氨，然后用大量的 5～10℃冷水将丙烯腈、氢氰酸、乙腈等吸收，而未反应的丙烯、氧和氮等气体不被吸收，自吸收塔顶排出，再经催化燃烧无害化处理后排放至大气。如何从吸收塔流出的水溶液中分离出丙烯腈和副产物呢？一般是用精馏方法来分离。在此可组织出两种流程供选择。

① 将丙烯腈和各副产物同时从水溶液中蒸发出来，冷凝后再逐个精馏分离；

② 采用萃取精馏法先将丙烯腈和 HCN 解吸出来，乙腈留在水溶液中，然后再分离丙烯腈和 HCN。

对于第①种流程，由于丙烯腈的沸点（77.3℃）与乙腈沸点（81.6℃）相近，普通精馏方法难于将它们分离，不满足产品的高回收率和高纯度的技术指标，且处理过程复杂。对于第②种流程，因为乙腈与水完全互溶，而丙烯腈在水中的溶解度很小，若用大量水作萃取剂，可增大两者的相对挥发度，使精馏分离变得容易。该流程见图 2-9 所示，在萃取塔的塔顶蒸出丙烯腈-氢氰酸-水三元共沸物，经冷却冷凝分为水相和油相两层，水相流回塔中，油相含有 80% 以上的丙烯腈、10% 左右的氢氰酸，其余为水和微量杂质，它们的

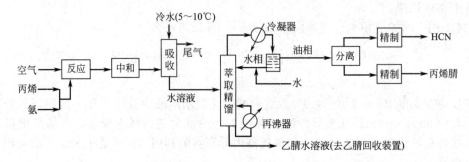

图 2-9　萃取精馏法分离回收丙烯腈的流程示意图

沸点相差很大，普通精馏方法即可分离。乙腈水溶液由塔底流出，送去回收和精制乙腈。该流程可获得纯度很高的聚合级丙烯腈，回收率也高，且处理过程较简单。对比结果，第二种流程优于第一种流程，得到工业上广泛采用。

化学工业广泛地使用热能、电能和机械能，是耗能大户。在组织工艺流程时，不仅要考虑高产出、高质量，还要考虑合理地利用能、回收能，做到最大限度地节约能源，才能达到经济先进性。例如，有的反应是放热的，为维持反应温度不升高，需要及时排除反应热，因此应该安排回收和利用此热能的设备。对于吸热反应，其供热热源的余热也应加以利用，例如燃料燃烧后的高温烟道气，应尽量回收利用其热量，使烟道气温度降到100℃或更低，才能由烟囱排出。

热能有不同的温位，要有高的利用率，应合理地安排相应的回收利用设备，能量回收利用的效率体现了工艺流程及技术水平的高低。高温位的热能，例如700℃以上高温反应后的工艺气，应先引入废热锅炉，利用高温热能产生高压蒸汽，可作为动力能源驱动发电机、压缩机、泵等。降温后的工艺气可进入热交换器加热其他物料，然后进入温度较低的后处理单元；中等温位的热能多通过热交换器来加以利用，还可以通过热泵或吸收式制冷机来利用热量；低温位的热能可用于锅炉给水的预热、蒸馏塔的再沸器加热等。总之，应尽可能利用物料所带的显热，使之在离开系统时接近环境温度，以免热量损失到环境中。

2.3　化工过程的主要效率指标[30,31]

2.3.1　生产能力和生产强度

（1）生产能力　系指一个设备、一套装置或一个工厂在单位时间内生产的产品量，或在单位时间内处理的原料量。其单位为 kg/h，t/d 或 kt/a，万吨/年等。

化工过程有化学反应以及热量、质量和动量传递等过程，在许多设备中可能同时进行上述几种过程，需要分析各种过程各自的影响因素，然后进行综合和优化，找出最佳操作条件，使总过程速率加快，才能有效地提高设备生产能力。设备或装置在最佳条件下可以达到的最大生产能力，称为设计能力。由于技术水平不同，同类设备或装置的设计能力可能不同，使用设计能力大的设备或装置能够降低投资和成本，提高生产率。

（2）生产强度　为设备单位特征几何量的生产能力。即设备的单位体积的生产能力，或单位面积的生产能力。其单位为 kg/(h·m³)，t/(d·m³)，或 kg/(h·m²)，或 t/(d·m²) 等。生产强度指标主要用于比较那些相同反应过程或物理加工过程的设备或装置的优劣。设备中进行的过程速率高，其生产强度就高。

在分析对比催化反应器的生产强度时，通常要看在单位时间内，单位体积催化剂或单位质量催化剂所获得的产品量，亦即催化剂的生产强度，有时也称为时空收率。单位为 kg/(h·m³)，kg/(h·kg)。

（3）有效生产周期

$$开工因子 = \frac{全年开工生产天数}{365}$$

开工因子通常在 0.9 左右，开工因子大意味着停工检修带来的损失小，即设备先进可靠，催化剂寿命长。

2.3.2　化学反应的效率——合成效率

（1）原子经济性（atom ecnomy）　是美国 Stanford 大学的 B. M. Trost 教授首次提

出，因此获得 1998 年美国"总统绿色化学挑战奖"的学术奖。

原子经济性 AE 定义为：

$$AE = \left(\frac{\sum\limits_{i} P_i M_i}{\sum\limits_{j} F_j M_j} \right) \times 100\% \tag{2-12}$$

式中　P_i——目的产物分子中各类原子数；

　　　F_j——反应原料中各类原子数；

　　　M——相应各类原子的相对质量。

[例 2-3]　环氧丙烷两种制法的原子经济性比较

氯醇法：

$$C_3H_6 + Cl_2 + Ca(OH)_2 \longrightarrow C_3H_6O + CaCl_2 + H_2O$$

$$AE = \frac{C_3H_6O}{C_3H_6 + Cl_2 + Ca(OH)_2} \times 100\% = \frac{58}{42+71+74} \times 100\% = 31\%$$

过氧化氢法：

$$C_3H_6 + H_2O_2 \longrightarrow C_3H_6O + H_2O$$

$$AE = \frac{C_3H_6O}{C_3H_6 + H_2O_2} \times 100\% = \frac{58}{42+34} \times 100\% = 76\%$$

（2）环境因子　由荷兰化学家 Sheldon 提出，定义为：

$$E = \frac{废物质量}{目标产物质量}$$

上述指标从本质上反映了其合成工艺是否最大限度地利用了资源，避免了废物的产生和由此而带来的环境污染。

2.3.3　转化率、选择性和收率

化工总过程的核心是化学反应，提高反应的转化率、选择性和产率是提高化工过程效率的关键。

（1）转化率（conversion）　指某一反应物参加反应而转化的数量占该反应物起始量的分率或百分率，用符号 X 表示。其定义式为

$$X = \frac{某一反应物的转化量}{该反应物的起始量} \tag{2-13}$$

转化率表征原料的转化程度。对于同一反应，若反应物不仅只有一个，那么，不同反应组分的转化率在数值上可能不同。对于反应

$$\nu_A A + \nu_B B \longrightarrow \nu_R R + \nu_S S \tag{2-14}$$

反应物 A 和 B 的转化率分别是

$$X_A = (n_{A,0} - n_A)/n_{A,0} \tag{2-15}$$

$$X_B = (n_{B,0} - n_B)/n_{B,0} \tag{2-16}$$

式中　X_A、X_B——分别为组分 A 和组分 B 的转化率；

　　　$n_{A,0}$、$n_{B,0}$——分别为组分 A 和组分 B 的起始量，mol；

　　　n_A、n_B——分别为反应后组分 A 和 B 的剩余量，mol；

　　ν_A、ν_B、ν_R、ν_S——化学计量系数。

人们常常对关键反应物的转化率感兴趣，所谓关键反应物指的是反应物中价值最高的组分，为使其尽可能转化，常使其他反应组分过量。对于不可逆反应，关键组分的转化率最大为 100%；对于可逆反应，关键组分的转化率最大为其平衡转化率。

计算转化率时，反应物起始量的确定很重要。对于间歇过程，以反应开始时装入反应

器的某反应物料量为起始量；对于连续过程，一般以反应器进口物料中某反应物的量为起始量。但对于采用循环式流程（见图 2-10）的过程来说，则有单程转化率和全程转化率之分。

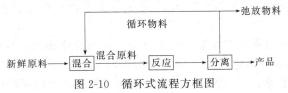

图 2-10　循环式流程方框图

单程转化率　系指原料每次通过反应器的转化率，例如原料中组分 A 的单程转化率为

$$X_A = \frac{\text{组分 A 在反应器中的转化量}}{\text{反应器进口物料中组分 A 的量}}$$

$$= \frac{\text{组分 A 在反应器中的转化量}}{\text{新鲜原料中组分 A 的量} + \text{循环物料中组分 A 的量}} \quad (2-17)$$

全程转化率（又称总转化率）　系指新鲜原料进入反应系统到离开该系统所达到的转化率。例如，原料中组分 A 的全程转化率为

$$X_{A,tot} = \frac{\text{组分 A 在反应器中的转化量}}{\text{新鲜原料中组分 A 的量}} \quad (2-18)$$

（2）选择性（selectivity）　对于复杂反应体系，同时存在着生成目的产物的主反应和生成副产物的许多副反应，只用转化率来衡量是不够的。因为，尽管有的反应体系原料转化率很高，但大多数转变成副产物，目的产物很少，意味着许多原料浪费了。所以需要用选择性这个指标来评价反应过程的效率。选择性系指体系中转化成目的产物的某反应物量与参加所有反应而转化的该反应物总量之比。用符号 S 表示，其定义式如下

$$S = \frac{\text{转化为目的产物的某反应物的量}}{\text{该反应物的转化总量}} \quad (2-19)$$

选择性也可按下式计算

$$S = \frac{\text{实际所得的目的产物量}}{\text{按某反应物的转化总量计算应得到的目的产物理论量}} \quad (2-20)$$

式（2-20）中的分母是按主反应式的化学计量关系来计算的，并假设转化了的所有反应物全部转变成目的产物。例如反应式（2-14）中，每转化 1mol 的组分 A，理论上应得到 $\frac{\nu_R}{\nu_A}$ 摩尔的产物 R。

在复杂反应体系中，选择性是个很重要的指标，它表达了主、副反应进行程度的相对大小，能确切反映原料的利用是否合理。

（3）收率（产率，yield）　是从产物角度来描述反应过程的效率。符号为 Y，其定义式为

$$Y = \frac{\text{转化为目的产物的某反应物的量}}{\text{该反应物的起始量}} \quad (2-21)$$

根据转化率、选择性和收率的定义可知，相对于同一反应物而言，三者有以下关系

$$Y = SX \quad (2-22)$$

对于无副反应的体系，$S = 1$，故收率在数值上等于转化率，转化率越高则收率越高；有副反应的体系，$S < 1$，希望在选择性高的前提下转化率尽可能高。但是，通常使转化率提高的反应条件往往会使选择性降低，所以不能单纯追求高转化率或高选择性，而要兼顾两者，使目的产物的收率最高。

对于反应式（2-14）的关键反应物组分 A 和目的产物 R 而言，产物 R 的产率为

$$Y_R = \frac{\nu_A}{\nu_R} \times \frac{\text{产物 R 的生成量}}{\text{反应物 A 的起始量}} \tag{2-23}$$

式中，ν_A 和 ν_R 分别为组分 A 和产物 R 的化学计量系数；产物和反应物的量以摩尔为单位。

有循环物料时，也有单程收率和总收率之分。与转化率相似，对于单程收率而言，式（2-21）中的分母系指反应器进口处混合物中的该原料量，即新鲜原料与循环物料中该原料量之和。而对于总收率，式（2-21）中分母系指新鲜原料中该原料量。

（4）质量收率（mass yield） 系指投入单位质量的某原料所能生产的目的产物的质量，即

$$Y_m = \frac{\text{目的产物的质量}}{\text{某原料的起始质量}} \tag{2-24}$$

2.3.4 平衡转化率和平衡产率

可逆反应达到平衡时的转化率称为平衡转化率，此时所得产物的产率为平衡产率。平衡转化率和平衡产率是可逆反应所能达到的极限值（最大值），但是，反应达平衡往往需要相当长的时间。随着反应的进行，正反应速率降低，逆反应速率升高，所以净反应速率不断下降直到零。在实际生产中应保持高的净反应速率，不能等待反应达平衡，故实际转化率和产率比平衡值低。若平衡产率高，则可获得较高的实际产率。工艺学的任务之一是通过热力学分析，寻找提高平衡产率的有利条件，并计算出平衡产率。

2.4 反应条件对化学平衡和反应速率的影响[32~37]

反应温度、压力、浓度、反应时间、原料的纯度和配比等众多条件是影响反应速率和平衡的重要因素，关系到生产过程的效率。在本书其他各章中均有具体过程的影响因素分析，此处仅简述以下几个重要因素的影响规律。

2.4.1 温度的影响

（1）温度对化学平衡的影响 对于不可逆反应不需考虑化学平衡，而对于可逆反应，其平衡常数与温度的关系为

$$\log K = -\frac{\Delta H^\ominus}{2.303RT} + C \tag{2-25}$$

式中 K——平衡常数；

$\Delta H^\ominus$——标准反应焓差；

R——气体常数；

T——反应温度；

C——积分常数。

对于吸热反应，$\Delta H^\ominus > 0$，K 值随着温度升高而增大，有利于反应，产物的平衡产率增加。

对于放热反应，$\Delta H^\ominus < 0$，K 值随着温度升高而减小，平衡产率降低。故只有降低温度才能使平衡产率增高。

（2）温度对反应速率的影响 反应速率系指单位时间、单位体积某反应物组分的消耗量，或某产物的生成量。

反应速率方程通常可用浓度的幂函数形式表示，例如对于反应

$$a\text{A} + b\text{B} \rightleftharpoons d\text{D} \tag{2-26}$$

其反应速率方程为

$$r = \overrightarrow{k} C_A^{\alpha_A} C_B^{\alpha_B} - \overleftarrow{k} C_D^{\beta_D} \tag{2-27}$$

式中 $\overrightarrow{k}$、$\overleftarrow{k}$ ——分别为正、逆反应速率常数，又称比反应速率。

反应速率常数与温度的关系见阿累尼乌斯方程，即

$$k = A \exp\left(\frac{-E}{RT}\right) \tag{2-28}$$

式中 k——反应速率常数；

A——指前因子或频率因子；

E——反应活化能；

R——气体常数；

T——反应温度。

由式（2-28）可知，k 总是随温度的升高而增加的（有极少数例外者），反应温度每升高 $10℃$，k 增大 $2\sim4$ 倍，在低温范围增加的倍数比高温范围大些，活化能大的反应其速率随温度升高而增长更快些。

对于不可逆反应，逆反应速率忽略不计，故产物生成速率总是随温度的升高而加快；

对于可逆反应而言，正、逆反应速率之差即为产物生成的净速率。温度升高时，正、逆反应速率常数都增大，所以正、逆反应速率都提高，净速率是否增加呢？

经过对速率方程式的分析得知：对于吸热的可逆反应，净速率 r 总是随着温度的升高而增高的；而对于放热的可逆反应，净速率随温度变化有三种可能性，即

$$\left(\frac{\partial r}{\partial T}\right)_C > 0, \qquad \left(\frac{\partial r}{\partial T}\right)_C = 0, \qquad \left(\frac{\partial r}{\partial T}\right)_C < 0$$

当温度较低时，净反应速率随温度的升高而增高；当温度超过某一值后，净反应速率开始随着温度的

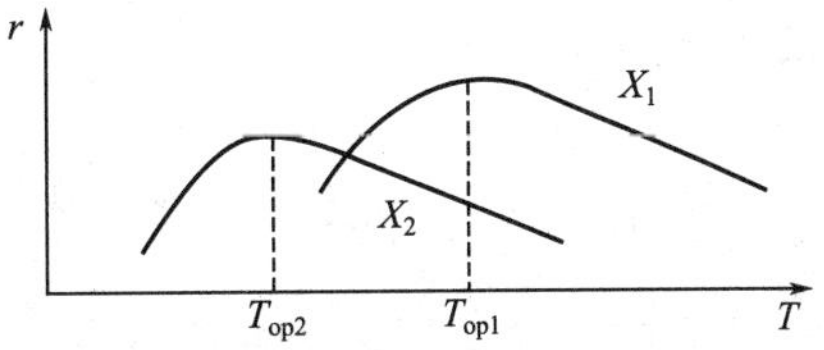

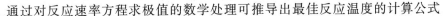

图 2-11　放热可逆反应的反应速率与温度关系

T_{op}—最佳反应温度；X—转化率，$X_2 > X_1$

升高而下降。净速率有一个极大值，此极大值对应的温度称为最佳反应温度（T_{op}），亦称最适宜反应温度。净速率随温度的变化如图 2-11 曲线所示。

通过对反应速率方程求极值的数学处理可推导出最佳反应温度的计算公式

$$T_{op} = \frac{T_e}{1 + \dfrac{RT_e}{\overrightarrow{E} - \overleftarrow{E}} \times \ln \dfrac{\overleftarrow{E}}{\overrightarrow{E}}} \tag{2-29}$$

式中 R ——气体常数，$R = 8.3192 \mathrm{J/(mol \cdot K)}$；

$\overrightarrow{E}$、$\overleftarrow{E}$ ——正、逆反应活化能，$\mathrm{J/mol}$；

T_e ——反应体系中实际组成对应的平衡温度，K。

理论上讲，放热可逆反应应在最佳反应温度下进行，此时净反应速率最大。对于不同转化率 X，T_{op} 值是不同的，随转化率的升高，T_{op} 下降。活化能不同，T_{op} 值也不同。

2.4.2　浓度的影响

根据反应平衡移动原理，反应物浓度越高，越有利于平衡向产物方向移动。当有多种反应物参加反应时，往往使价廉易得的反应物过量，从而可以使价贵或难得的反应物更多地转化为产物，提高其利用率。

从反应速率式（2-32）可知，反应物浓度愈高，反应速率愈快。一般在反应初期，反应物浓度高，反应速率大，随着反应的进行，反应物逐渐消耗，反应速率逐渐下降。

31

提高溶液浓度的方法有：对于液相反应，采用能提高反应物溶解度的溶剂，或者在反应中蒸发或冷冻部分溶剂等；对于气相反应，可适当压缩或降低惰性物的含量等。

对于可逆反应，反应物浓度与其平衡浓度之差是反应的推动力，此推动力愈大则反应速率愈高。所以，在反应过程中不断从反应区域取出生成物，使反应远离平衡，既保持了高速率，又使平衡不断向产物方向移动，这对于受平衡限制的反应，是提高产率的有效方法之一。近年来，反应-精馏、反应-膜分离、反应-吸附（或吸收）等新技术、新过程应运而生，这些过程使反应与分离一体化，产物一旦生成，立刻被移出反应区，因而反应始终是远离平衡的。

2.4.3 压力的影响

一般来说，压力对液相和固相反应的平衡影响较小。气体的体积受压力影响大，故压力对有气相物质参加的反应平衡影响很大，其规律为：

① 对分子数增加的反应，降低压力可以提高平衡产率；

② 对分子数减少的反应，压力升高，产物的平衡产率增大；

③ 对分子数没有变化的反应，压力对平衡产率无影响。

在一定的压力范围内，加压可减小气体反应体积，且对加快反应速率有一定好处，但压力过高，能耗增大，对设备投资高，反而不经济。

惰性气体的存在，可降低反应物的分压，对反应速率不利，但有利于分子数增加的反应的平衡产率。

2.5 催化剂的性能及使用[38~46]

据统计，当今 90％的化学反应中均包含有催化（catalysis）过程，催化剂（catalyst）在化学工艺中占有相当重要的地位，其作用主要体现在以下几方面。

（1）提高反应速率和选择性　有许多反应，虽然在热力学上是可能进行的，但反应速率太慢或选择性太低，不具有实用价值，一旦发明和使用催化剂，则可实现工业化，为人类生产出重要的化工产品。

例如，近代化学工业的起点——合成氨工业，就是以催化作用为基础建立起来的。近年来合成氨催化剂性能得到不断改善，提高了氨产率，有些催化剂可以在不降低产率的前提下，将操作压力降低，使吨氨能耗大为降低；许多有机反应之所以得到化学工业的应用，在很大程度上依赖于开发和采用了具优良选择性的催化剂。例如乙烯与氧反应，如果不用催化剂，乙烯会完全氧化生成 CO_2 和 H_2O，毫无应用意义，当采用了银催化剂后，则促使乙烯选择性地氧化生成环氧乙烷（C_2H_4O），它可用于制造乙二醇、合成纤维等许多实用产品。

（2）改进操作条件　采用或改进催化剂可以降低反应温度和操作压力、可以提高化学加工过程的效率。

例如，乙烯聚合反应若以有机过氧化物为引发剂，要在 200～300℃ 及 100～300MPa 下进行，采用烷基铝-四氯化钛配位化合物催化剂后，反应只需在 85～100℃ 及 2MPa 下进行，条件十分温和。20 世纪 50 年代的催化剂效率是每克钛能产 1～2kg 聚乙烯，60 年代末开发出镁化合物负载的钛铝配位化合物催化剂，效率为每克钛 80～100kg 聚乙烯，后来每克钛达到 300～600kg 聚乙烯。有报道，近年开发的高效催化剂每克钛可达 6530kg 聚乙烯[41]。因此不必从产物中除去催化剂，简化了后处理流程，产品质量也得到提高。

高选择性的催化剂可以明显地提高过程效率，因为副产物大大减少，从而提高了过程的原子经济性，可简化分离流程，减少了污染。

（3）催化剂有助于开发新的反应过程，发展新的化工技术　工业上一个成功的例子是甲醇羰基化合成醋酸的过程。工业醋酸原先是由乙醛氧化法生产，原料价贵，生产成本高。在 20 世纪 60 年代，德国 BASF 公司借助钴配位化合物催化剂，开发出以甲醇和 CO 羰基化合成醋酸的新反应过程和工艺；美国孟山都公司于 20 世纪 70 年代又开发出铑配位催化剂，使该反应的条件更温和，醋酸收率高达 99%，成为当今醋酸的先进工艺。

近年来钛硅分子筛（TS-1）的研制成功，在烃类选择性氧化领域中实现了许多新的环境友好反应过程，如在 TS-1 催化下环己酮过氧化氢氨氧化直接合成环己酮肟，简化了己内酰胺合成工艺，消除了固体废物硫铵的生成。又如该催化剂实现了丙烯过氧化氢氧化环氧丙烷的工艺过程，它没有任何污染物生成，是一个典型的清洁工艺。

（4）催化剂在能源开发和消除污染中可发挥重要作用　前已述及催化剂在石油、天然气和煤的综合利用中的重要作用，借助催化剂从这些自然资源出发生产数量更多、质量更好的二次能源；一些新能源的开发也需要催化剂，例如光分解水获取氢能源，其关键是催化剂；燃料电池中的电极也是由具有催化作用的镍、银等金属细粉附着在多孔陶瓷上做成的。

高选择性催化剂的研制及应用，从根本上减少了废物的生成量，是从源头减少污染的重要措施。对于现有污染物的治理方面，催化剂也具有举足轻重的地位。例如，汽车尾气的催化净化；工业含硫尾气的克劳斯催化法回收硫；有机废气的催化燃烧；废水的生物催化净化和光催化分解等。

2.5.1　催化剂的基本特征

在一个反应系统中因加入了某种物质而使化学反应速率明显加快，但该物质在反应前后的数量和化学性质不变，称这种物质为催化剂。催化剂的作用是它能与反应物生成不稳定中间化合物，改变了反应途径，活化能得以降低。由阿累尼乌斯公式（3-17）可知，活化能降低可使反应速率常数 k 增大，从而加速了反应。

有些反应所产生的某种产物也会使反应迅速加快，这种现象称为自催化作用。能明显降低反应速率的物质称为负催化剂或阻化剂。工业上用得最多的是加快反应速率的催化剂，以下阐述的内容仅与此类催化剂有关。

催化剂有以下三个基本特征。

① 催化剂是参与了反应的，但反应终了时，催化剂本身未发生化学性质和数量的变化。因此催化剂在生产过程中可以在较长时间内使用。

② 催化剂只能缩短达到化学平衡的时间（即加速作用），但不能改变平衡。即是说，当反应体系的始末状态相同时，无论有无催化剂存在，该反应的自由能变化、热效应、平衡常数和平衡转化率均相同。由此特征可知：催化剂不能使热力学上不可能进行的反应发生；催化剂是以同样的倍率提高正、逆反应速率的，能加速正反应速率的催化剂，也必然能加速逆反应。因此，对于那些受平衡限制的反应体系，必须在有利于平衡向产物方向移动的条件下来选择和使用催化剂。

③ 催化剂具有明显的选择性，特定的催化剂只能催化特定的反应。催化剂的这一特性在有机化学反应领域中起了非常重要的作用，因为有机反应体系往往同时存在许多反应，选用合适的催化剂，可使反应向需要的方向进行。例如 CO 加 H_2 可能发生以下一些反应

$$CO + 3H_2 \longrightarrow CH_4 + H_2O \tag{2-30}$$

$$CO + 2H_2 \longrightarrow CH_3OH \tag{2-31}$$

$$2CO + 3H_2 \longrightarrow HOCH_2CH_2OH \tag{2-32}$$

$$nCO + \left(\frac{m}{2} + n\right)H_2 \longrightarrow C_nH_m + nH_2O \qquad (2\text{-}33)$$

选用不同的催化剂，可有选择地使其中某个反应加速，从而生成不同的目的产物。例如，选用镍催化剂时主要生成 CH_4；选用铜锌催化剂则主要生成 CH_3OH；用铑配位化合物催化剂则主要生成 $HOCH_2CH_2OH$（乙二醇）；用氧化铁催化剂则主要生成烃类混合物 C_nH_m。

对于副反应在热力学上占优势的复杂体系，可以选用只加速主反应的催化剂，则导致主反应在动力学竞争上占优势，达到抑制副反应的目的。

2.5.2　催化剂的分类

按催化反应体系的物相均一性分：有均相催化剂和非均相催化剂。

按反应类别分：有加氢、脱氢、氧化、裂化、水合、聚合、烷基化、异构化、芳构化、羰基化、卤化等众多催化剂。

按反应机理分：有氧化还原型催化剂、酸碱催化剂等。

按使用条件下的物态分：有金属催化剂、氧化物催化剂、硫化物催化剂、酸催化剂、碱催化剂、配位化合物催化剂和生物催化剂等。

金属催化剂、氧化物催化剂和硫化物催化剂等是固体催化剂，它们是当前使用最多最广泛的催化剂，在石油炼制、有机化工、精细化工、无机化工、环境保护等领域中广泛采用。

配位催化剂是液态，以过渡金属如 Ti、V、Mn、Fe、Co、Ni、Mo、W、Ag、Pd、Pt、Ru、Rh 等为中心原子，通过共价键或配位键与各种配位体构成配位化合物，过渡金属价态的可变性及其与不同性质配位体的结合，给出了多种多样的催化功能。这类催化剂以分子态均匀地分布在液相反应体系中，催化效率很高。同时，在溶液中每个催化剂分子都是具有同等性质的活性单位，因而只能催化特定反应，故选择性很高。均相配位催化的缺点是催化剂与产物的分离较复杂，价格较昂贵。近年来用固体载体负载配位化合物构成固载化催化剂，有利于解决分离、回收问题。此外，配位催化剂的热稳定性不如固体催化剂，它的应用范围和数量比固体催化剂小得多。

酸催化剂比碱催化剂应用广泛，酸催化剂有液态的，如 H_2SO_4、H_3PO_4、杂多酸等；也有固态的，称为固体酸催化剂，例如石油炼制中催化裂化过程使用的分子筛催化剂，乙醇脱水制乙烯采用的氧化铝催化剂以及由 CO 与 H_2 合成汽油过程中采用的 ZSM-5 沸石催化剂等。

工业用生物催化剂是活细胞和游离或固定的酶的总称。活细胞催化是以整个微生物用于系列的串联反应，其过程称为发酵过程。酶是一类由生物体产生的具有高效和专一催化功能的蛋白质。生物催化剂具有能在常温常压下反应、反应速率快、催化作用专一（选择性高）的优点，尤其是酶催化，其选择性和活性比活细胞催化更高，酶催化效率为一般非生物催化剂的 $10^9 \sim 10^{12}$ 倍，它的发展十分引人注目。在利用资源、开发能源和污染治理等方面，生物催化剂有极为广阔的前景[45,46]。生物催化剂的缺点是不耐热、易受某些化学物质及杂菌的破坏而失活，稳定性差、寿命短、对温度和 pH 值范围要求苛刻，酶催化剂的价格较昂贵。

2.5.3　工业催化剂使用中的有关问题

在采用催化剂的化工生产中，正确地选择并使用催化剂是个非常重要的问题，关系到生产效率和效益。通常对工业催化剂的以下几种性能有一定的要求。

2.5.3.1　工业催化剂的使用性能

（1）活性　系指在给定的温度、压力和反应物流量（或空间速度）下，催化剂使原料转化的能力。活性越高则原料的转化率愈高。或者在转化率及其他条件相同时，催化剂活性愈高则需要的反应温度愈低。工业催化剂应有足够高的活性。

（2）选择性 系指反应所消耗的原料中有多少转化为目的产物。选择性愈高，生产单位量目的产物的原料消耗定额愈低，也愈有利于产物的后处理，故工业催化剂的选择性应较高。当催化剂的活性与选择性难以两全其美时，若反应原料昂贵或产物分离很困难，宜选用选择性高的催化剂；若原料价廉易得或产物易分离，则可选用活性高的催化剂。

（3）寿命 系指其使用期限的长短，寿命的表征是生产单位量产品所消耗的催化剂量，或在满足生产要求的技术水平上催化剂能使用的时间长短，有的催化剂使用寿命可达数年，有的则只能使用数月。虽然理论上催化剂在反应前后化学性质和数量不变，可以反复使用，但实际上当生产运行一定时间后，催化剂性能会衰退，导致产品产量和质量均达不到要求的指标，此时，催化剂的使用寿命结束，应该更换催化剂。催化剂的寿命受以下几方面性能影响。

① 化学稳定性。系指催化剂的化学组成和化合状态在使用条件下发生变化的难易。在一定的温度、压力和反应组分长期作用下，有些催化剂的化学组成可能流失；有的化合状态变化，都会使催化剂的活性和选择性下降。

② 热稳定性。系指催化剂在反应条件下对热破坏的耐受力。在热的作用下，催化剂中的一些物质的晶型可能转变；微晶逐渐烧结；配位化合物分解；生物菌种和酶死亡等，这些变化导致催化剂性能衰退。

③ 力学性能稳定性。系指固体催化剂在反应条件下的强度是否足够。若反应中固体催化剂易破裂或粉化，使反应器内阻力升高，流体流动状况恶化，严重时发生堵塞，迫使生产非正常停工。

④ 耐毒性。系指催化剂对有毒物质的抵抗力或耐受力。多数催化剂容易受到一些物质的毒害，中毒后的催化剂活性和选择性显著降低或完全失去，缩短了其使用寿命。常见的毒物有砷、硫、氯的化合物及铅等重金属，不同催化剂的毒物是不同的。在有些反应中，特意加入某种物质以毒害催化剂中促进副反应的活性中心，从而提高了选择性。

除了应研制具有优良性能、长寿命的催化剂外，在生产中必须正确操作和控制反应参数，防止损害催化剂。

2.5.3.2 催化剂的活化

许多固体催化剂在出售时的状态一般是较稳定的，但这种稳定状态不具有催化性能，催化剂使用厂必须在反应前对其进行活化，使其转化成具有活性的状态。不同类型的催化剂要用不同的活化方法，有还原、氧化、硫化、酸化、热处理等，每种活化方法均有各自的活化条件和操作要求，应该严格按照操作规程进行活化，才能保证催化剂发挥良好的作用。如果活化操作失误，轻则使催化剂性能下降，重则使催化剂报废，造成经济损失。

2.5.3.3 催化剂的失活和再生

引起催化剂失活的原因较多，对于配位催化剂而言，主要是超温，大多数配位化合物在250℃以上就分解而失活；对于生物催化剂而言，过热、化学物质和杂菌的污染、pH值失调等均是失活的原因；对于固体催化剂而言，其失活原因主要有：①超温过热，使催化剂表面发生烧结，晶型转变或物相转变；②原料气中混有毒物杂质，使催化剂中毒；③有污垢覆盖催化剂表面，污垢可能是原料带入，或设备内的机械杂质如油污、灰尘、铁锈等，有烃类或其他含碳化合物参加的反应往往易析碳，催化剂酸性过强或催化活性较低时析碳严重，发生积碳或结焦，覆盖催化剂活性中心，导致失活。

催化剂中毒有暂时性和永久性两种情况。暂时性中毒是可逆的，当原料中除去毒物后，催化剂可逐渐恢复活性，永久性中毒则是不可逆的。催化剂积碳可通过烧碳再生。但无论是暂时性中毒后的再生，还是积碳后的再生，通常均会引起催化剂结构不同程度的损伤，致使活性下降。

因此，应严格控制操作条件，采用结构合理的反应器，使反应温度在催化剂最佳使用温度范围内合理地分布，防止超温；反应原料中的毒物杂质应该预先加以脱除，使毒物含量低于催化剂耐受值以下；在有析碳反应的体系中，应采用有利于防止析碳的反应条件，并选用抗积碳性能高的催化剂。

2.5.3.4 催化剂的运输、贮存和装卸

催化剂一般价格较贵，要注意保护。在运输和贮藏中应防止其受污染和破坏；固体催化剂在装填于反应器中时，要防止污染和破裂。装填要均匀，避免出现"架桥"现象，以防止反应工况恶化。许多催化剂使用后在停工卸出之前，需要进行钝化处理，尤其是金属催化剂一定要经过低含氧量的气体钝化后，才能暴露于空气，否则遇空气剧烈氧化自燃，烧坏催化剂和设备。

2.6 反应过程的物料衡算和热量衡算[47~50]

物料衡算和热量衡算是化学工艺的基础之一，通过物料、热量衡算，计算生产过程的原料消耗指标、热负荷和产品产率等，为设计和选择反应器和其他设备的尺寸、类型及台数提供定量依据；可以核查生产过程中各物料量及有关数据是否正常，有否泄漏，热量回收、利用水平和热损失的大小，从而查找出生产上的薄弱环节和瓶颈部位，为改善操作和进行系统的最优化提供依据。在化工原理课程中已学习过除反应过程以外的化工单元操作过程的物料、热量衡算，所以本节只涉及反应过程的物料、热量衡算。

2.6.1 反应过程的物料衡算

2.6.1.1 物料衡算基本方程

物料衡算总是围绕一个特定范围来进行的，可称此范围为衡算系统。衡算系统可以是一个总厂，一个分厂或车间，一套装置，一个设备，甚至一个节点等。物料衡算的理论依据是质量守恒定律，按此定律写出衡算系统的物料衡算通式为

$$输入物料的总质量＝输出物料的总质量＋系统内积累的物料质量 \tag{2-34}$$

2.6.1.2 间歇操作过程的物料衡算

间歇操作属批量生产，即一次投料到反应器内进行反应，反应完成后一次出料，然后再进行第二批生产。其特点是在反应过程中浓度等参数随时间而变化。分批投料和分批出料也属于间歇操作。

间歇操作过程的物料衡算是以每批生产时间为基准，输入物料量为每批投入的所有物料质量的总和（包括反应物、溶剂、充入的气体、催化剂等），输出物料量为该批卸出的所有物料质量的总和（包括目的产物、副产物、剩余反应物、抽出的气体、溶剂、催化剂等），投入料总量与卸出料总量之差为残存在反应器内的物料量及其他机械损失。反应器的生产能力为每批生产所获得的目的产物量除以每批操作循环耗费的总时间，间歇操作过程包括投料、设备加盖密封、试漏、气体置换、加压、升温、反应、吹净、开盖、卸料和清洗设备等操作，完成一个循环的非反应时间较多，生产能力低。

2.6.1.3 稳定流动过程的物料衡算

生产中绝大多数化工过程为连续式操作，设备或装置可连续运行很长时间，除了开工和停工阶段外，在绝大多数时间内是处于稳定状态的流动过程，物料不断地流进和流出系统。其特点是系统中各点的参数例如温度、压力、浓度和流量等不随时间而变化，系统中

没有积累。当然，设备内不同点或截面的参数可相同，也可不同。稳定流动过程的物料衡算式为

$$输入系统的物料总质量＝输出系统的物料总质量 \qquad (2\text{-}35)$$

对于化学反应过程，可采用不同衡算基准，常采用的方式如下。

(1) 组分衡算　对其中某组分 i 的衡算式为

$$(\sum m_i)_入 = (\sum m_i)_出 + \Delta m_i \qquad (2\text{-}36)$$

式中　$(\sum m_i)_入$——输入各物料中组分 i 的质量之和；

$\qquad (\sum m_i)_出$——输出各物料中组分 i 的质量之和；

$\qquad \Delta m_i$——参加反应的组分 i 的质量（当组分 i 为反应物时，$\Delta m_i > 0$；当组分 i 为生成物时，$\Delta m_i < 0$；当组分 i 为惰性物质时，$\Delta m_i = 0$）。

由于惰性物质不参加反应，它在进出物料中的数量不变，常用来作联系物料进行衡算，使计算简化。

(2) 原子衡算　在一般化学反应中，原子本身不发生变化，故可用元素的原子的物质的量来做衡算。可以不涉及化学反应式中的化学计量关系，故对于复杂反应体系的计算是很方便的。

对于稳定流动过程有

$$\frac{输入物料中所有原子的}{物质的量(mol)之和} = \frac{输出物料中所有原子的}{物质的量(mol)之和} \qquad (2\text{-}37)$$

2.6.1.4　物料衡算步骤

化工生产的许多过程是比较复杂的，在对其做物料衡算时，应该按一定步骤来进行，才能给出清晰的计算过程和正确的结果。通常遵循以下步骤。

第一步，绘出流程的方框图，以便选定衡算系统。图形表达方式宜简单，但代表的内容要准确，进、出物料不能有任何遗漏，否则衡算会造成错误。

第二步，写出化学反应方程式并配平之。如果反应过于复杂，或反应不太明确写不出反应式，此时应用原子衡算法来进行计算，不必写反应式。

第三步，选定衡算基准。衡算基准是为进行物料衡算所选择的起始物理量，包括物料名称、数量和单位，衡算结果得到的其他物料量均是相对于该基准而言的。衡算基准的选择以计算方便为原则，可以选取与衡算系统相关的任何一股物料或其中某个组分的一定量作为基准。例如，可以选取一定量的原料或产品（1kg 或 100kg，1mol 或 1kmol，1m³ 等）为基准，也可选取单位时间（1h，1min，1s 等）为基准。用单位量原料为基准，便于计算产率；用单位时间为基准，便于计算消耗指标和设备生产能力。选择衡算基准是个技巧问题，基准选择恰当，可以使计算大为简化。

第四步，收集或计算必要的各种数据，要注意数据的适用范围和条件。

第五步，设未知数，列方程式组，联立求解。有几个未知数则应列出几个独立的方程式，这些方程式除物料衡算式外，有时尚需其他关系式，诸如组成关系约束式、化学平衡约束式、相平衡约束式、物料量比例等。

第六步，计算和核对。

第七步，报告计算结果。通常将已知及计算结果列成物料平衡表，表格可以有不同形式，但要全面反映输入及输出的各种物料和包含的组分的绝对量和相对含量。

2.6.1.5　反应过程物料衡算举例

[**例 2-4**]　拟将某原料油中的有机硫通过催化加氢转变成 H_2S，进而脱除之，油中不饱和烃也加氢饱和。若原料油的进料速率为 160m³/h，密度为 0.9g/ml，氢气（标准状态）的进料速率为 10800m³/h。原料油和产品油的摩尔分数组成如下。

组分	$C_{11}H_{23}SH$	$C_{11}H_{24}$	$C_{10}H_{20}{=}CH_2$
原料油	5%	70%	25%
产品油	0.1%	96.8%	3.1%

求：（1）消耗的氢气总量；（2）分离后气体的摩尔分数。

解 第一步，画出衡算系统方框图如下。

第二步，写出反应式为

$$C_{11}H_{23}SH + H_2 \longrightarrow C_{11}H_{24} + H_2S \tag{1}$$

$$C_{10}H_{20}{=}CH_2 + H_2 \longrightarrow C_{11}H_{24} \tag{2}$$

第三步，选取衡算基准为 1h。

第四步，计算所需数据。反应物料的摩尔质量分别为：

H_2	2kg/kmol	$C_{11}H_{24}$	156kg/kmol
H_2S	34kg/kmol	$C_{10}H_{20}{=}CH_2$	154kg/kmol
$C_{11}H_{23}SH$	188kg/kmol		

原料油平均摩尔质量 $=188\times0.05+156\times0.25=157.1$kg/kmol

因原料油的密度为 900kg/m³

原料油进料量 $=160\times900/157.1=916.6$kmol

H_2 进气量 $=10800/22.4=482.1$kmol

第五步，设脱硫后产品油的产量为 R，对碳元素的原子进行物料衡算，则有

$$916.6\times(0.05\times11+0.7\times11+0.25\times11)=R(0.001+0.968\times11+0.031\times11)$$

$$R=916.6\text{kmol}$$

注：因为输入和输出的气体中无碳元素，由反应式（1）和反应式（2）的化学计量系数可知原料油的物质的量正好相等。

反应(1)消耗的 H_2 气量 $=916.6\times0.05-0.001R=44.91$kmol

生成的 H_2S 气量 $=44.91$kmol

反应(2)消耗的 H_2 气量 $=916.6\times0.25-0.031R=200.74$kmol

总耗 H_2 量 $=44.91+200.74=245.65$kmol

剩余的 H_2 量 $=482.1-245.65=236.49$kmol

反应后气体的总量 $=44.91+236.49=281.4$kmol

其中 H_2S 的摩尔分数为 $44.91/281.4=15.96\%$

H_2 的摩尔分数为 $236.49/281.4=84.04\%$

第六步，核对（略）。

第七步，列物料平衡表如下。

物料衡算结果

组　分	输　　入			输　　出			
	物质的量 /kmol	油组成 （摩尔分数）	质量/kg	物质的量 /kmol	油组成 （摩尔分数）	气体组成 （摩尔分数）	质量 /kg
$C_{11}H_{23}SH$	45.83	5%	8616	0.92	0.1%		172
$C_{11}H_{24}$	641.62	70%	100093	887.27	96.8%		138414
$C_{10}H_{20}{=}CH_2$	229.15	25%	35289	28.41	3.1%		4376
H_2	482.1	—	964	236.49		84.04%	473
H_2S	0		0	44.91		15.96%	1527
总计	1398.7		144962	1198			144962

[例 2-5]　在银催化剂作用下，乙烯被空气氧化成环氧乙烷（C_2H_4O），副反应是乙烯完全氧化生成 CO_2 和 H_2O。已知离开氧化反应器的气体干基组成为：C_2H_4 3.22%，N_2 79.64%，O_2 10.81%，C_2H_4O 0.83%，CO_2 5.5%（均为体积分数）。该气体进入水吸收塔，其中的环氧乙烷和水蒸气全部溶解于水中，而其他气体不溶于水，由吸收塔顶逸出后排放少量至系统外，其余循环回氧化反应器。计算（1）* 乙烯的单程转化率；（2）生成环氧乙烷的选择性；（3）循环比；（4）新鲜原料中乙烯和空气量之比。

解　该过程的流程方框图如下（各股物料的总量用英文字母标注在相应位置）

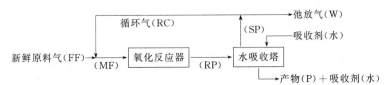

$$\text{主反应式}\qquad\qquad C_2H_4+\frac{1}{2}O_2 \longrightarrow C_2H_4O \qquad\qquad\qquad (1)$$

$$\text{副反应式}\qquad\qquad C_2H_4+3O_2 \longrightarrow 2CO_2+2H_2O \qquad\qquad (2)$$

离开反应器的气体中之 CO_2 和 H_2O 均由副反应生成，N_2 来自空气，C_2H_4 和 O_2 均为未转化的反应物，C_2H_4O 为目的产物。

首先，选取反应器出口气中 100mol 干气为衡算基准（题目中已给出该干气的组成）。

然后，令新鲜原料气（FF）中 C_2H_4 量为 X mol，空气为 Y mol（含 79% N_2 和 21% O_2）；弛放气为 W mol；乙烯完全氧化生成的 H_2O 量为 Z mol。

由流程方框图可知，物流 RP 分离成 P 和 SP，而 SP 分流为 RC 和 W，该两过程均无化学反应，而且 SP、RC 和 W 三者的组成相同。下面列出 RP、P、SP 和 W 四股物流中各组分的物质的量和组成（摩尔分数）于表中。

组　分	RP(出反应器气) 物质的量/mol	RP 组成(摩尔分数)	P(产物) 物质的量/mol	SP(出吸收塔气) 物质的量/mol	SP 组成(摩尔分数)	W(弛放气) 物质的量/mol	W 组成(摩尔分数)
C_2H_4	3.22	3.22%	0	3.22	3.25%	$0.0325W$	3.25%
O_2	10.81	10.81%	0	10.81	10.90%	$0.109W$	10.9%
N_2	79.64	79.64%	0	79.64	80.30%	$0.803W$	80.3%
C_2H_4O	0.83	0.83%	0.83	0	—	0	—
CO_2	5.5	5.5%	0	5.5	5.55%	$0.0555W$	5.55%
H_2O	Z	—	Z	0	—	0	—
共计	$100+Z$	100%	$0.83+Z$	99.17	100%	W	100%

进反应器的气体 MF 由新鲜原料 FF 和循环气 RC 组成，混合过程无化学反应，该三股物流中各组分的物质的量和摩尔分数列于下表。

组　分	RC(循环气) 物质的量/mol	RC 组成(摩尔分数)	FF(新鲜原料气) 物质的量/mol	MF(混合原料气) 物质的量/mol
C_2H_4	$3.22-0.0325W$	3.25%	X	$3.22-0.0325W+X$
O_2	$10.81-0.109W$	10.90%	$0.21Y$	$10.81-0.109W+0.21Y$
N_2	$79.64-0.803W$	80.30%	$0.79Y$	$79.64-0.803W+0.79Y$
C_2H_4O	0	—	0	0
CO_2	$5.5-0.0555W$	5.55%	0	$5.5-0.0555W$
H_2O	0	—	0	0
共计	$99.17-W$	100%	$X+Y$	$X+Y+99.17-W$

最后，围绕总系统做物料衡算，输入物料是新鲜原料气（FF），输出物料是产物（P）和弛放气（W），吸收剂（水）的输入量与输出量不变，可不考虑，所以衡算图可表示如下。

$$FF\begin{pmatrix} C_2H_4O & X & \text{mol} \\ O_2 & 0.21Y & \text{mol} \\ N_2 & 0.79Y & \text{mol} \end{pmatrix} \rightarrow \boxed{\text{系统}} \rightarrow W\begin{pmatrix} C_2H_4 & 0.0325W & \text{mol} \\ O_2 & 0.109W & \text{mol} \\ N_2 & 0.803W & \text{mol} \\ CO_2 & 0.0555W & \text{mol} \end{pmatrix}$$
$$\rightarrow P\begin{pmatrix} C_2H_4O & 0.83 & \text{mol} \\ H_2O & Z & \end{pmatrix}$$

因为系统中有两个反应，组分也较多，为简便起见，拟用元素的原子平衡法来进行物料衡算，即

$$\frac{\text{FF 中某元素的原子}}{\text{总的物质的量(mol)}} = \frac{\text{P 中该元素的原子}}{\text{总的物质的量(mol)}} + \frac{\text{W 中该元素的原子}}{\text{总的物质的量(mol)}}$$

碳原子平衡　$2X = (0.83 \times 2) + (0.0325W \times 2 + 0.0555W)$

氢原子平衡　$4X = (0.83 \times 4 + 2Z) + (0.0325W \times 4)$

氧原子平衡　$0.21Y \times 2 = (0.83 + Z) + (0.109W \times 2 + 0.0555W \times 2)$

氮原子平衡　$0.79Y \times 2 = 0.803W \times 2$

以上四个方程均是独立的，而且包含要求解的四个未知数，联立求解即可得

$X = 2.008\text{mol}; \quad Y = 19.87\text{mol}; \quad Z = 1.085\text{mol}; \quad W = 19.55\text{mol}$

因为是稳定态流动过程，系统中任何组分均无积累。故在反应器中生成的 CO_2 量应该等于排放气中的 CO_2 量，由此即可计算副反应消耗的 C_2H_4 量。主反应消耗的 C_2H_4 量由 C_2H_4O 的量推算，即

$$\text{反应器中生成的 } CO_2 \text{ 量} = 0.0555W = 1.085\text{mol}$$
$$\text{副反应消耗的乙烯量} = 1.085/2 = 0.5425\text{mol}$$
$$\text{主反应消耗的乙烯量} = 0.83\text{mol}$$

$$\text{乙烯的单程转化率} = \frac{\text{反应消耗的乙烯总量}}{\text{进入反应器的混合气(MF)中的乙烯量}} \times 100\%$$
$$= \frac{0.83 + 0.5425}{X + 3.22 - 0.0325W} \times 100\% = 29.9\%$$

$$\text{乙烯的总(全程)转化率} = \frac{\text{反应消耗的乙烯总量}}{\text{新鲜原料(FF)中乙烯量}} \times 100\%$$
$$= \frac{0.83 + 0.5425}{2.008} \times 100\% = 68.35\%$$

$$\text{生成环氧乙烷的选择性} = \frac{\text{转化为环氧乙烷的乙烯量}}{\text{消耗的乙烯总量}} \times 100\%$$
$$= \frac{0.83}{0.83 + 0.5425} \times 100\% = 60.47\%$$

$$\text{循环比} = \frac{\text{循环气量}}{\text{排放气量}} = \frac{99.17 - W}{W} = 4.073 \text{（摩尔比或体积比）}$$

$$\frac{\text{新鲜原料气中空气}}{\text{乙烯}} = \frac{19.87}{2.008} = 9.895 \text{（摩尔比或体积比）}$$

计算结果列表如下。

组　分	FF(新鲜原料气)		P(产物)		W(弛放气)	
	物质的量/mol	组成(摩尔分数)	物质的量/mol	组成(摩尔分数)	物质的量/mol	组成(摩尔分数)
C_2H_4	2.008	9.2%	—	—	0.64	3.3%
O_2	4.17	19.1%	—	—	2.13	10.9%
N_2	15.70	71.7%	—	—	15.70	80.3%
C_2H_4O	—	—	0.83	43%	—	—
H_2O	—	—	1.085	67%	—	—
CO_2	—	—	—	—	1.08	5.5%
共计	21.878	100%	1.915	100%	19.55	100%

2.6.2　反应过程的热量衡算

2.6.2.1　原理与步骤

根据能量守恒定律，进出系统的能量衡算式为

$$输入能量＝输出能量＋积累能量$$

对于稳态的连续反应过程，系统中能量积累为零，在不考虑能量转换只计算热量变化时，图 2-12 表示了一个稳态连续反应过程的热量衡算框图。

$$H_{in}+Q_P=H_{out} \tag{2-38}$$

式中　H_{in}——始态（进口）焓，为所有输入物料焓之和；

$\quad\quad H_{out}$——终态（出口）焓，为所有输出物料焓之和；

$\quad\quad Q_P$——由环境导入或导出的热量。

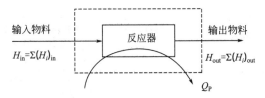

图 2-12　稳态流动反应过程的热量衡算方框图

焓的绝对值难以测定，通常用相对于基准状态的焓变表示，即

$$H_{in}=\Delta H_{in}=\sum_{i=1}^{n}M_i\Delta H_i+\int_{298}^{T}\sum_{i=1}^{n}M_ic_{pi}\mathrm{d}T \tag{2-39}$$

$$H_{out}=\Delta H_{out}=\sum_{j=1}^{m}M_j\Delta H_j+\int_{298}^{T}\sum_{j=1}^{m}M_jc_{pj}\mathrm{d}T \tag{2-40}$$

其热量衡算式为：

$$\sum_{i=1}^{n}M_i\Delta H_i+\int_{298}^{T}\sum_{i=1}^{n}M_ic_{pi}\mathrm{d}T+Q_P=\sum_{j=1}^{m}M_j\Delta H_j+\int_{298}^{T}\sum_{j=1}^{m}M_jc_{pj}\mathrm{d}T \tag{2-41}$$

如果反应器与环境无热量交换，Q_P 等于零，称之为绝热反应器，输入物料的总焓等于输出物料的总焓；Q_P 不等于零的反应器有等温反应器和变温反应器。等温反应器内各点及出口温度相同，入口温度严格地说也应相同，在生产中可以有一些差别。而变温反应器的入口、出口及器内各截面的温度均不相同。

在做热量衡算时应注意以下几点。

① 首先要确定衡算对象。即明确系统及其周围环境的范围，从而明确物料和热量的输入项和输出项。

② 选定物料衡算基准。进行热量衡算之前，一般要进行物料衡算求出各物料的量，有时物、热衡算方程式要联立求解，但均应有同一物料衡算基准。

③ 确定温度基准。各种焓值均与状态有关，多数反应过程在恒压下进行，温度对焓值影响很大，许多文献资料、手册的图表、公式中给出的各种焓值和其他热力学数据均有其温度基准，一般多以 298K（或 273K）为基准温度。

④ 注意物质的相态。同一物质在相变前后是有焓变的，计算时一定要清楚物质所处的相态。例如，在标准状态下由气态氢和气态氧生成水蒸气的反应热为 $-242kJ/mol$，而生成液态水的反应热为 $-286kJ/mol$，水蒸气和水的相态不同，两者的生成热是不一样的。

2.6.2.2 化学反应过程中涉及的焓变

化学反应过程一般在非标准状态下进行，涉及的焓变类型较多，见图 2-13 所示。图中 T_1、T_2 和 p_1、p_2 分别为任意状态下的温度和压力，T_0、p_0 为标准状态下的温度、压力。因为焓是状态函数，与变化途径无关，所以可写出非标准状态下反应过程的总焓变为

$$\Delta H = \sum H_{out} - \sum H_{in} = \Delta H_1 + \Delta H_2 + \sum H_R^\ominus + \Delta H_3 + \Delta H_4 \qquad (2\text{-}42)$$

式（2-42）中涉及到的焓变有三类，分述如下。

（1）相变过程的焓变　这是在温度、压力和组成不变的条件下，物质由一种相态转变为另一种相态而引起焓变。相态发生变化时系统与环境交换的热量称为相变热，在数值上等于相变过程的焓变。诸如蒸发热、熔融热、溶解热、升华热、晶形转变热等即属于相变热，在许多化学化工文献和手册中有关于各种物质的相变热，也可用实验测定。应注意，在不同温度、压力下，同种物质的相变热数值是不同的，用公式计算时还应注意其适用范围和单位。

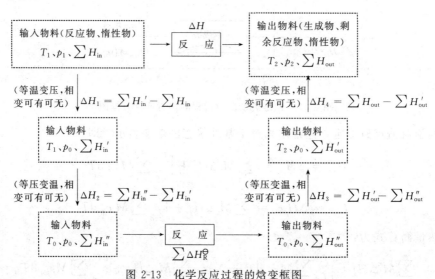

图 2-13　化学反应过程的焓变框图

（2）反应的焓变　这是在相同的始、末温度和压力条件下，由反应物转变为产物并且不做非体积功的过程焓变。此时系统所吸收或放出的热量称为反应热，在数值上等于反应过程的焓变（ΔH_R）。放热反应的 $\Delta H_R < 0$，反之，吸热反应的 $\Delta H_R > 0$。反应热的单位一般是 kJ/mol。应注意同一反应在不同温度的反应热是不同的，但压力对反应热的影响较小。根据式（2-42）可求出实际反应条件下的反应热。标准反应热（$\Delta H_R^\ominus$）可在许多化学、化工文献资料和手册中查到。此外还可以用物质的标准生成焓变（数值上等于标准生成热）来计算标准反应热

$$\Delta H_R^\ominus = \sum_{i=1}^n (\nu_i \Delta H_{Fi}^\ominus)_{生成物} - \sum_{i=1}^n (\nu_i \Delta H_{Fi}^\ominus)_{反应物} \qquad (2\text{-}43)$$

式中　$\Delta H_R^\ominus$——标准反应热（即 298K、101.325kPa）；

　　　　ν_i——化学反应计量系数；

　　　　$\Delta H_{Fi}^\ominus$——组分 i 的标准生成热。

标准生成热的定义为：在标准状态（298K 和 101.325kPa）下，由最稳定的纯净单质生成单位量的最稳定某物质（包括化合物和单质）的焓变，单位为 kJ/mol。

（3）显焓变　只有温度、压力变化而无相变和化学变化的过程焓变，称为显焓变。该变化过程中系统与环境交换的热称为显热，在数值上等于显焓变。

对于等温变压过程，一般用焓值表或曲线查找物质在不同压力下的焓值，直接求取显焓变。对于理想气体，等温过程的内能变化和显焓变均为零。

对于变温过程，如果有焓值表可查，则应尽量利用，查出物质在不同状态的焓值来求焓差。也可利用热容数据来进行计算。其中又分等容变温和等压变温两种变化过程。

对于等容变温过程：

$$Q_V = n\int_{T_1}^{T_2} c_V \, \mathrm{d}T \tag{2-44}$$

对于等压变温过程：

$$Q_p = n\int_{T_1}^{T_2} c_p \, \mathrm{d}T \tag{2-45}$$

上两式中　n——物质的量，mol；

　　c_V、c_p——分别为等容和等压摩尔热容，kJ/(mol·K)；

　　T_1、T_2——分别为变化前、后的温度，K。

因为化工生产中多为等压过程，在此介绍等压摩尔热容的求取方法。

① 经验多项式

$$c_p = a + bT + cT^2 + dT^3 \tag{2-46}$$

式中的 a、b、c、d 是物质特性常数，可在有关手册中查到，有些手册或资料中还给出 c_p-T 关系曲线可供查找。由此，式（2-45）写成

$$Q_p = \Delta H = n\int_{T_1}^{T_2}(a + bT + cT^2 + dT^3)\mathrm{d}T \tag{2-47}$$

② 平均等压摩尔热容 $\bar{c}_p$。用在温度 $T_1 \sim T_2$ 范围内为常数的摩尔热容（即平均摩尔热容）代入式（2-45），则可免去积分运算，式（2-45）写成

$$Q_p = \Delta H = n\bar{c}_p(T_2 - T_1) \tag{2-48}$$

在使用平均摩尔热容 $\bar{c}_p$ 时，要特别注意不同温度范围的 $\bar{c}_p$ 值是不同的。在许多手册的图、表中给出的 $\bar{c}_p$ 是 298K～T 之间的平均摩尔热容（即 $T_1 = 298$K，$T_2 = T$）。如果 T_1 不等于 298K 时，应分两段计算，即由 T_1 变化到 298K，再由 298K 变化到 T_2，包含了两个焓变

$$T_1 \xrightarrow{\Delta H_1} 298\text{K} \xrightarrow{\Delta H_2} T_2$$

$$\begin{aligned}
Q_p = \Delta H &= \Delta H_1 + \Delta H_2 \\
&= n\bar{c}_{p1}(298 - T_1) + n\bar{c}_{p2}(T_2 - 298) \\
&= n[\bar{c}_{p2}(T_2 - 298) - \bar{c}_{p1}(T_1 - 298)]
\end{aligned} \tag{2-49}$$

式中　$\bar{c}_{p1}$——温度 298K～T_1 范围内的平均等压摩尔热容；

　　$\bar{c}_{p2}$——温度 298K～T_2 范围内的平均等压摩尔热容。

当过程的温度变化不太大时，也可近似地取 $(T_1 + T_2)/2$ 时的摩尔热容作为物质平均摩尔热容。

③ 混合物的摩尔热容

$$c_p = \sum_{i=1}^{n} y_i c_{pi} \qquad (2-50)$$

式中　y_i——组分 i 的摩尔分数；

c_{pi}——组分 i 的等压摩尔热容，kJ/(mol·K)。

④ 液体的比热容。液体的比热容比较大，却随温度变化小，工程计算中视其为常数，故手册中液体的 c_p 只有一个，即可代入式（2-48）计算液体的显焓变。

2.6.2.3　反应过程热衡算举例

[例2-6]　工业上生产氢气的常用方法之一，是在镍催化剂作用下使天然气与水蒸气反应，生成 H_2、CO、CO_2 等气体，然后脱除 CO、CO_2 和剩余水蒸气，即可得到 H_2 气。试根据以下已知条件对此转化过程进行物料衡算和热量衡算，计算产气量及其组成、供热量及燃料消耗量。

物料衡算

（1）已知条件

天然气组成（体积分数）为 97.2% CH_4，1.2% C_2H_6，0.2% CO_2，1.0% N_2，0.4% Ar；

原料混合气配比为水蒸气/天然气＝3.3/1（摩尔比）；

反应器出口转化气中残余甲烷含量为 11%（体积分数，干基）；

进口混合气温度 370℃，出口转化气温度 780℃；转化过程为恒压，反应器出口压力 3.0MPa。

在出口处的 780℃ 高温下，反应 $CO + H_2O \Longrightarrow H_2 + CO_2$ 达到平衡，平衡常数为 1.175。

（2）计算　衡算系统见下图

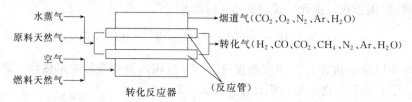

首先选取 100kmol 的原料天然气作为物料衡算的基准。根据原料配比，进口蒸汽量为 330kmol。

设出口转化的干气量为 V kmol，其中的 H_2、CO、CO_2 物质的量分别为 a kmol、b kmol、c kmol，而 CH_4 有 $0.11V$ kmol，N_2 与 Ar 共 1.4kmol。所以

$$a + b + c + 0.11V + 1.4 = V \qquad (1)$$

反应管进、出口物料的碳原子衡算

$$97.2 + (1.2 \times 2) + 0.2 = b + c + 0.11V$$

整理得

$$b + c + 0.11V = 99.8 \qquad (2)$$

设参加反应的水蒸气量为 d kmol，则反应后剩余水蒸气量为 $(330-d)$ kmol。

反应管进出口物料的氢原子衡算

$$(97.2 \times 4) + (1.2 \times 6) + (330 \times 2) = 2a + (0.11V \times 4) + 2(330-d)$$

整理得

$$a + 0.22V - d = 198 \qquad (3)$$

反应管进、出口物料的氧原子衡算　$(0.2 \times 2) + 330 = b + 2c + (330-d)$

整理得

$$b + 2c - d = 0.4 \qquad (4)$$

反应 $CO + H_2O \Longrightarrow H_2 + CO_2$ 在 780℃时的平衡常数式可写成

44

$$ac/b(330-d)=1.175 \qquad (5)$$

联立求解以上五个方程式，可得到：

$$a=224.91\text{kmol（出口 }H_2\text{ 量）}$$
$$b=28.80\text{kmol（出口 CO 量）}$$
$$c=35.13\text{kmol（出口 }CO_2\text{ 量）}$$
$$d=98.65\text{kmol（反应消耗的 }H_2O\text{）}$$
$$V=326.11\text{kmol（转化的干气总量）}$$
$$(330-d)=231.35\text{kmol（剩余的 }H_2O\text{ 量）}$$

天然气与水蒸气转化过程的物料衡算汇总结果于下表。

组 分	输 入 物 料			输 出 物 料			
	进气量		进气组成（摩尔分数）	出气量		出气组成（摩尔分数）	
	kmol	kg	湿气	kmol	kg	干气	湿气
CH_4	97.20	1555.2	22.6%	35.87	573.9	11%	6.43%
CO	0	0	0	28.80	806.4	8.83%	5.17%
CO_2	0.20	8.8	0.05%	35.13	1545.7	10.77%	6.30%
H_2	0	0	0	224.91	449.8	68.97%	40.35%
N_2	1.0	28	0.236%	1.00	28	0.3%	0.178%
Ar	0.4	16	0.094%	0.4	16	0.13%	0.072%
C_2H_6	1.2	36	0.28%	0	0	0	0
H_2O	330	5940	76.74%	231.35	4164.3	0	41.50%
合计	430	7584	100%	557.46	7584	100%	100%

热量衡算

（1）已知数据

反应器进、出口各物料量见前面物料衡算结果；基准温度取 298K。

反应器入口温度为 370℃（643K），出口温度为 780℃（1053K），各组分在对应温度下的平均摩尔热容值以及各组分在 298K 的生成热可从化工手册查出，列于下表中。

组 分	$\Delta H_F(298K)/\text{kJ} \cdot \text{kmol}^{-1}$	$\bar{c}_p/\text{kJ} \cdot \text{kmol}^{-1} \cdot \text{K}^{-1}$	
		643K	1053K
CH_4	−74900	45.2	55.8
C_2H_6	−84720	74.3	94.5
CO	−110600	29.8	31.1
CO_2	−393700	43.4	48.1
H_2	0	29.2	29.5
N_2	0	29.6	30.7
Ar	0	29.6	30.7
H_2O（汽）	−242000	35.1	37.4

（2）计算

首先计算需要供给的热量

本稳态流动反应体系的热量衡算按下式进行。即

$$Q_P=\sum[n\Delta H_{Fi}(298K)+n\bar{c}_{pi}(T-298)]_{out}-\sum[n\Delta H_{Fi}(298K)+n\bar{c}_{pi}(T-298)]_{in}$$

下面用表 A、表 B 形式来分别计算输入端和输出端的总焓。

45

输入组分	n/kmol	$n\Delta H_F(298K)$/kJ	$\Delta T(=643-298)$/K	$n\bar{c}_p(643K)\Delta T$/kJ
CH_4	97.2	−7280280	345	1515737
C_2H_6	1.2	−101664	345	30760
CO_2	0.2	−78740	345	2995
N_2	1.0	0	345	10212
Ar	0.4	0	345	4085
H_2O(汽)	330	−79860000	345	3996135
合计	430	−87320684		5559924

$$\sum\Delta H_{入}=-87320684+5559924=-81760760kJ$$

表 B　反应器输出端的焓

输出组分	n/kmol	$n\Delta H_F(298K)$/kJ	$\Delta T(=1053-298)$/K	$n\bar{c}_p(1053K)\Delta T$/kJ
CH_4	35.87	−2686663	755	1511167
C_2H_6	0	0	755	0
CO	28.80	−3185280	755	676238
CO_2	35.13	−13830681	755	1275764
H_2	224.91	0	755	5009308
N_2	1.0	0	755	23179
Ar	0.4	0	755	9271
H_2O(汽)	231.35	−55986700	755	6532630
合计	577.46	−75689324		15037557

$$\sum\Delta H_{出}=-75689324+15037557=-60651767kJ$$

故
$$Q=\sum(\Delta H_{出})-\sum(\Delta H_{入})=-60651767-(-81760760)$$
$$=21108993=21.11\times10^6kJ$$

Q 为正值，说明需要向反应器供给热量，每输入 100kmol 原料天然气需要供热 21.11×10^6kJ（即 21.11GJ）。

计算供热用燃料和空气的用量

供热方式为在反应管外燃烧天然气，燃料天然气的组成与原料天然气相同，燃烧反应为

$$CH_4+2O_2\Longrightarrow CO_2+2H_2O$$
$$C_2H_6+3.5O_2\Longrightarrow 2CO_2+3H_2O$$

已知：燃烧时加入的空气过量 10%，空气的组成为 21% O_2、78% N_2、1% Ar（体积分数或摩尔分数，干基）；空气湿度 70%；燃料天然气和空气的温度 30 ℃，压力 0.1MPa；燃烧产生的烟道气温度为 910 ℃。

选取 1kmol 的燃料天然气为衡算基准。假设天然气能完全燃烧，由以上两反应式可知，需要干空气（过量）

$$1.1(0.972\times2+0.012\times3.5)/0.21=10.4kmol$$

查出水在 0.1MPa 和 30 ℃时的饱和蒸汽压为 0.04186MPa，则，湿空气量为

$$10.4[0.1/(0.1-0.7\times0.04186)]=10.713kmol$$

由此可求出

空气中带入 H_2O 量=10.713−10.4=0.313kmol
燃烧生成的 H_2O 量=0.972×2+0.012×3=1.98kmol
烟道气中的 H_2O 总量=0.313+1.98=2.293kmol
烟道气中的 N_2 量=10.4×0.78+0.01=8.122kmol

烟道气中的 Ar 量＝$10.4 \times 0.01 + 0.004 = 0.108$kmol

烟道气中的 O_2 量＝$10.4 \times 0.21 - (0.972 \times 2 + 0.012 \times 3.5) = 0.198$kmol

烟道气中的 CO_2 量＝$0.972 + 0.012 \times 2 + 0.002 = 0.998$kmol

烟道气总量＝$2.293 + 8.122 + 0.108 + 0.198 + 0.998 = 11.719$kmol

干烟道气量＝$11.719 - 2.293 = 9.426$kmol

下面计算燃烧 1kmol 的天然气可产生之热量，仍按式（2-52）进行计算，并将结果汇总于表 C、表 D 中。

表 C　输入反应器管间的燃料天然气和空气带入的焓

输入组分	n/kmol		$n\Delta H_F$(298K) /kJ	$\bar{c}_p$(303K) /kJ·kmol^{-1}K^{-1}	ΔT/K	$n\bar{c}_p$(303K)·ΔT /kJ
	天然气中	空气中				
CH_4	0.972	0	−72803	35.8	5	174
C_2H_6	0.012	0	−1017	52.9	5	3.2
CO_2	0.002	0	−787	37.3	5	0.4
N_2	0.01	8.112	0	29.1	5	1182
Ar	0.004	0.104	0	29.1	5	15.7
O_2	0	2.184	0	29.4	5	321
H_2O(汽)	0	0.313	−75746	33.6	5	52.7
合计	1.000	10.713	−150353			1749

$$\sum(\Delta H_入) = -150353 + 1749 = -148604\text{kJ}$$

表 D　高温烟道气离开反应管区时带出的焓

输出组分	n/kmol	$n\Delta H_F$(298K) /kJ	$\bar{c}_p$(1183K) /kJ·kmol^{-1}K^{-1}	ΔT/K	$n\bar{c}_p$(1183K)·ΔT /kJ
CO_2	0.998	−392913	49.2	885	43455
O_2	0.198	0	32.9	885	5765
N_2	8.122	0	31.1	885	223546
Ar	0.108	0	31.1	885	2973
H_2O(汽)	2.293	−554906	38.1	885	77317
合计	11.719	−947819			353056

$$\sum(\Delta H_出) = -947819 + 353056 = -594763\text{kJ}$$

所以，每 1kmol 的天然气燃烧后可供热量为

$$Q = \sum(\Delta H_出) - \sum(\Delta H_入) = -594763 - (-148604) = -446159\text{kJ}$$

假设炉壁热损失为可供热量的 5%，则实际可供热量为

$$Q_实 = 446159(1-0.05) = 423851 = 0.424 \times 10^6 \text{kJ}$$

由前面计算得知每 100kmol 原料天然气与水蒸气反应需要热量为 21.11×10^6kJ。故每转化 100kmol 天然气需在反应管外燃烧的天然气量为

$$\frac{21.11 \times 10^6}{0.424 \times 10^6} = 49.79\text{kmol}$$

转化反应器的热平衡

对于整个反应体系而言，输入的物料有原料天然气与水蒸气，还有燃料天然气和助燃空气，输出的有转化气和烟道气。现仍以 100kmol 的原料天然气为基准，来看整个转化炉的热量收支情况（有关数据见前面各计算表）。

混合原料气带入的显热　$\sum[n\bar{c}_p(643K)\Delta T] = 5559924$kJ

燃料天然气和空气带入的显热

$$\sum[n\bar{c}_p(303\text{K})\Delta T]=1749\times49.79=87083\text{kJ}$$

天然气燃烧反应放出的热量

$$[(n\Delta H_F)_{\text{出}}-(n\Delta H_F)_{\text{入}}]_{\text{燃烧}}\times49.79$$
$$=-[(-947819)-(-150353)]\times49.79=39705832\text{kJ}$$

转化炉收入总热量　$5559924+87083+39705832=45.353\times10^6\text{kJ}$

天然气转化反应需要的热量

$$[(n\Delta H_F)_{\text{出}}-(n\Delta H_F)_{\text{入}}]_{\text{转化}}$$
$$=[(-75689324)-(-87320684)]=11631360\text{kJ}$$

转化气带出的热量　$\sum[\overline{nc_p}(1053\text{K})\Delta T]=15037557\text{kJ}$

烟道气带出的热量

$$\sum[\overline{nc_p}(1183\text{K})\Delta T]=353056\times49.79=17578658\text{kJ}$$

总热损失　$446159\times0.05\times49.79=1110713\text{kJ}$

转化炉支出总热量

$$11631360+15037557+17578658+1110713=45.358\times10^6\text{kJ}$$

由上计算结果可看到收入总热量与支出总热量基本相等，热量是平衡的。其中天然气转化反应需要的热量只占总收入热量的 25.65%，天然气燃烧提供的热量大量用于维持反应所需的高温，因而高温的转化气和烟道气带走了 70% 的热量，为了回收这些热量，设置了许多热交换器，以便利用烟道气的显热来预热各种原料，并采用废热锅炉回收高温转化气的显热，具体流程和设备见 5.3.4 节。

[例 2-7]　在常压和催化剂作用下，可使甲醇氧化脱氢生成甲醛，发生的反应有：

$$CH_3OH+0.5O_2\longrightarrow HCHO+H_2O\qquad\text{（放热反应）}\qquad(1)$$
$$CH_3OH\longrightarrow HCHO+H_2\qquad\text{（吸热反应）}\qquad(2)$$
$$CH_3OH+1.5O_2\longrightarrow CO_2+2H_2O\qquad\text{（放热反应）}\qquad(3)$$

假设反应是绝热进行，与外界无热交换；加入到反应器的原料配比为甲醇/空气＝1/1.3（摩尔比）；原料气的温度 600K。产物经冷却冷凝，分离出液态甲醛、水和剩余甲醇，不凝气体的组成为 6.3% O_2、66.1% N_2、25.9% H_2、1.7% CO_2。求反应产物在反应器出口的温度。

解　该过程的简图为

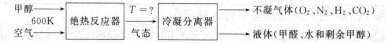

选取 100kmol 的原料甲醇作为物料衡算的基准，则

$$\text{空气量}=1.3\times100=130\text{kmol}$$

其中
$$\text{氧量}=130\times0.21=27.3\text{kmol}$$
$$\text{氮量}=130\times0.79=102.7\text{kmol}$$

因为氮是惰性物料，反应前后不变，所以由分离器出来的不凝气体中氮量仍为 102.7kmol。根据氮在其中的含量可求出

$$\text{不凝气体总量}=102.7/0.661=155.37\text{kmol}$$

其中
$$\text{氧量}=155.37\times0.063=9.79\text{kmol}$$
$$\text{氢量}=155.37\times0.259=40.24\text{kmol}$$
$$\text{二氧化碳量}=155.37\times0.017=2.64\text{kmol}$$

根据生成的 H_2，计算可得反应（2）

消耗甲醇　40.24kmol

48

生成甲醛 40.24kmol

根据生成的二氧化碳量，计算可得反应（3）

消耗甲醇 2.64kmol

消耗氧 3.96kmol

生成水 5.28kmol

由物料衡算得出反应（1）

消耗氧 $27.3-3.96-9.79=13.55$ kmol

消耗甲醇 $2\times13.55=27.1$ kmol

生成甲醛 27.1kmol

生成水 27.1kmol

剩余甲醇量 $=100-(40.24+2.64+27.1)=30.02$ kmol

生成的甲醛总量 $=40.24+27.1=67.34$ kmol

生成的水总量 $=5.28+27.1=32.38$ kmol

所以，离开反应器的物料有：甲醛 67.34kmol，甲醇 30.02kmol，水 32.38kmol，氧 9.79kmol，氮 102.7kmol，氢 40.24kmol，二氧化碳 2.64kmol，因尚未冷却，故均为气态。

进行反应器的热量衡算，已知数据列于下表。

热量衡算数据

组 分	$\Delta H_F(298K)$ /kJ·kmol^{-1}	输 入				
		n /kmol	$n\Delta H_F(298K)$ /kJ	T/K	$\bar{c}_p$ /kJ·kmol^{-1}·K^{-1}	$n\bar{c}_p\Delta T$ /kJ
CH$_3$OH(气态)	-201300	100	-2013×10^4	600	56.77	171.4×10^4
O$_2$	0	27.3	0	600	30.65	25.3×10^4
N$_2$	0	102.7	0	600	29.53	91.6×10^4
HCOH(气态)	-118400	0	0	—	—	—
H$_2$	0	0	0	—	—	—
CO$_2$	-393700	0	0	—	—	—
H$_2$O(气态)	-242000	0	0	—	—	—
共计			-2013×10^4			288.3×10^4

组 分	$\Delta H_F(298K)$ /kJ·kmol^{-1}	输 出				
		n /kmol	$n\Delta H_F(298K)$ /kJ	T/K	$\bar{c}_p$ /kJ·kmol^{-1}·K^{-1}	$n\bar{c}_p\Delta T$ /kJ
CH$_3$OH(气态)	-201300	30.02	-604.3×10^4	待求	待求	
O$_2$	0	9.79	0	待求	待求	
N$_2$	0	102.7	0	待求	待求	
HCOH(气态)	-118400	67.34	-797.3×10^4	待求	待求	
H$_2$	0	40.24	0	待求	待求	
CO$_2$	-393700	2.64	-103.9×10^4	待求	待求	
H$_2$O(气态)	-242000	32.38	-783.6×10^4			
共计			-2289.1×10^4			564.4×10^4

绝热反应过程系统与环境无热交换，即 $Q_p=0$，输入的总焓等于输出的总焓。即：

$$\sum[n_i\Delta H_{Fi}(298K)+n_i\bar{c}_{pi}(600K)(600-298)]_{in}$$
$$=\sum[n_i\Delta H_{Fi}(298K)+n_i\bar{c}_{pi(T)}(T-298)]_{out}$$

将上表中的有关数据带入上式，并整理得到

$$\sum[n_i\bar{c}_{pi(T)}(T-298)]=564.4\times10^4 kJ$$

因为平均摩尔热容与温度 T 有关，现在尚未知反应器出口温度，故对应的平均摩尔热容也未知，这就需要用试差法由上式求出 T。通常利用计算机进行迭代法试差，具体试差过程从略。结果求得产物气离开反应器时的温度 $T=822K$，最后两次试差值的相对误差为 2%，已满足需要。

思考题与习题

2-1 为什么说石油、天然气和煤是现代化学工业的重要原料资源？它们的综合利用途径有哪些？

2-2 生物质和再生资源的利用前景如何？

2-3 何谓化工生产工艺流程？举例说明工艺流程是如何组织的。

2-4 何谓循环式工艺流程？它有什么优缺点？

2-5 何谓转化率？何谓选择性？对于多反应体系，为什么要同时考虑转化率和选择性两个指标？

2-6 催化剂有哪些基本特征？它在化工生产中起到什么作用？在生产中如何正确使用催化剂？

2-7 在天然气开采中，有时可获得含有 $C_6 \sim C_8$ 烃类的天然汽油，为了改善其辛烷值，用蒸馏塔除去其中的轻组分。如果天然汽油、塔顶馏出物和塔底的中等辛烷值汽油的摩尔分数组成如下。

物料组成	天然汽油	中等辛烷值汽油	塔顶馏出物
C_6H_{14}	25	0	60
C_7H_{16}	25	21.5	30
C_8H_{18}	50	78.5	10

假设它们的密度为 $0.8g/cm^3$，那么，从 5000 桶天然汽油中能生产出多少吨中等辛烷值汽油？（1 桶 = 42US 加仑，1US 加仑 $=3.78541dm^3$，$1dm^3=10^3 cm^3$）

2-8 某蒸馏柱分离苯-甲苯混合物，其质量组成各占 50%，进料流量为 $10000kg/d$，从柱顶冷凝器回收的产品含 95% 苯；柱底馏出物含 95% 甲苯。离开柱顶进入冷凝器的产物蒸气流量是 $8000kg/d$，全部冷凝为液体后，部分产品作为回流液返回蒸馏柱的上部，其余取出即为产品。求回流与取出产品量之比。

2-9 在一个加氢裂化器中，较大分子烃经加氢裂解成较小分子烃。已知输入和输出的烃类组成（摩尔分数）如下。

烃类	输入	输出
C_5H_{12}		10%
C_6H_{14}		40%
C_7H_{16}		20%
$C_{12}H_{26}$	100%	30%

问：（1）每 $100kmol$ 原料烃可生产出多少 $C_5 \sim C_7$ 烃产品？（2）每 $100kmol$ 原料烃消耗多少氢气？

（3）如果原料烃的密度是 $0.9g/cm^3$，输出烃的密度是 $0.8g/cm^3$，那么每输出 $10m^3$ 的烃物料需要输入多少立方米原料烃？

2-10 假设某天然气全是甲烷，将其燃烧来加热一个管式炉，燃烧后烟道气的摩尔分数组成（干基）为 86.4% N_2、4.2% O_2、9.4% CO_2。试计算天然气与空气的摩尔比，并列出物料收支平衡表。

2-11 在高温下裂解天然气可获得炭黑和含氢的裂解气。已知天然气的体积分数组成为 82.3% CH_4、8.3% C_2H_6、3.7% C_3H_8 和 5.7% N_2，产生的炭黑可以视为纯碳。裂解气含 60.2% H_2、23.8% CH_4、2.2% C_2H_6、6.5% C_2H_4、1.4% C_3H_6、2.3% C_2H_2 和 3.6% N_2。计算每 $100m^3$ 的标准状态天然气可生产多少千克炭黑和多少标准状态立方米的裂解气。

2-12 某燃料气含有 30% CS_2、26% C_2H_6、14% CH_4、10% H_2、10% N_2、6% O_2 和 4% CO，与空气一起燃烧，产生的烟道气含有 3% SO_2、2.4% CO，其余为 CO_2、H_2O、O_2 和 N_2。求空气的过剩百分数。

2-13 一氧化碳与水蒸气发生的变换反应为 $CO+H_2O \Longrightarrow CO_2+H_2$，若初始混合原料的摩尔比为 $H_2O/CO=2/1$，反应在 $500℃$ 进行，此温度下反应的平衡常数 $K_p=\dfrac{p(CO_2)p(H_2)}{p(CO)p(H_2O)}=4.88$。求反应后混合物的平衡组成和 CO 的平衡转化率。

2-14 合成甲醇的反应为 $CO+2H_2 \rightleftharpoons CH_3OH$，如果初始原料混合物中 $H_2/CO=2/1$，反应温度为350℃，压力为 300×10^5 Pa，在此条件下，平衡常数 $K_p=\dfrac{p(CH_3OH)}{p^2(H_2)p(CO)}=1.18\times10^{-14}$ Pa^{-2}。那么，CH_3OH 的平衡含量（体积分数）为多少？

2-15 将纯乙烷进行裂解制取乙烯，已知乙烷的单程转化率为 60%，若每100kg进裂解器的乙烷可获得46.4kg乙烯，裂解气经分离后，未反应的乙烷大部分循环回裂解器（设循环气只是乙烷），在产物中除乙烯及其他气体外，尚含有4kg乙烷。求生成乙烯的选择性、乙烷的全程转化率、乙烯的单程收率、乙烯全程收率和全程质量收率。

2-16 今有一种工业乙烷气体，其中各组分的体积分数为 98% C_2H_6、1% C_2H_4、1% C_3H_6。将其裂解制取乙烯，已知在冷却冷凝前的裂解气组成如下。

组分	H_2	CH_4	C_2H_4	C_2H_6	C_3H_6	C_3H_8	C_4H_8	C_5H_{12}
体积分数	32.97%	3.63%	32.20%	29.44%	0.71%	0.27%	0.47%	0.31%

试求：(1) 裂解后的体积增大率；(2) 若裂解气经冷却冷凝后，其中 C_5H_{12} 冷凝为液体，计算剩余气体的组成；(3) 乙烷的转化率，乙烯的选择性，乙烯的收率；(4) 每100kg工业乙烷原料气可获得多少千克的乙烯？

2-17 用空气氧化乙烯制环氧乙烷（C_2H_4O），反应后的混合物经分离，环氧乙烷和水离开系统成为产品，其余气体放空一部分，剩下气体循环回反应器，若只考虑发生以下两个反应

$$C_2H_4+0.5O_2 \longrightarrow C_2H_4O \qquad\qquad (1)$$
$$C_2H_4+3O_2 \longrightarrow 2CO_2+2H_2O \qquad\qquad (2)$$

如果进反应器的混合物（由新鲜原料气与循环气组成）中含有 10% C_2H_4、80% N_2 和 10% O_2，乙烯的单程转化率为 25%，生成环氧乙烷的选择性为 80%，循环气与放空气之比为 8/1，计算反应器出口气体的组成和乙烯的全程转化率。

2-18 将含有 5%乙烯和95%空气的新鲜原料气输入反应系统生产环氧乙烷，假设副反应仅为乙烯完全氧化成 CO_2 和 H_2O。已知乙烯的单程转化率为 25%，生成环氧乙烷的选择性为 75%，反应后生成的环氧乙烷和水在混合产物分离时全部进入产物，其余气体放空一小部分，大部分循环。若希望环氧乙烷的全程收率达到 60%，循环比（循环气/放空气）应该是多少？

2-19 由 H_2 和 N_2 合成 NH_3，已知新鲜原料气含有 H_2、N_2 和 CH_4，其中 $H_2/N_2=3$（摩尔比）。反应后的气体经冷凝分离出液氨（不含其他杂质），不凝气体有小部分放空，放空气含有 16% CH_4、3.5% NH_3，其余为 H_2 和 N_2，后两者的比例与新鲜原料中的相同，大部分不凝气体循环，与新鲜原料气混合后进反应器反应。若改进原料气的净化工艺，使新鲜原料气中的甲烷含量由 1%降低到 0.5%，而放空气的组成保持不变，试计算：(1) 每吨产品液氨在改进前和改进后各消耗多少标准立方米的新鲜原料气？(2) 该工厂原来的生产能力为每日 1000t 液氨，若新鲜原料的生产量不变，改进后每日可增产多少吨液氨？

2-20 分别计算一氧化碳和水蒸气变换反应在 25℃和315℃时的反应热，压力均为 1.013×10^5 Pa。

2-21 假设一氧化碳和水蒸气变换反应的原料配比与反应化学计量系数相同，在315℃及常压下绝热反应，计算当 CO 的转化率达 100%时反应器出口温度（绝热反应温度）为多少？

2-22 生产中常遇到直接冷激法将热物料降温，今有一混合气组成为 40%苯、30%甲苯、10%甲烷和20%氢，流量为 1000kmol/h，温度为 400℃。若用 20℃的液体苯来直接将其绝热冷激降温，试计算将温度降至 200℃时需要多少液体苯？

2-23 甲醇催化氧化制甲醛过程，已知反应物进入反应器时的温度为 70℃，试求：

(1) 如果反应按 $CH_3OH+0.5O_2 \longrightarrow HCHO+H_2O$（放热）百分之百完成，无副反应，10mol 的甲醇与 100mol 的空气反应，绝热反应温度是多少？

(2) 如果要求绝热反应温度达 540℃，无副反应，甲醇对空气的摩尔比应该是多少？

(3) 如果有 5%的甲醇氧化成 CO_2 和 H_2O，其余甲醇氧化成甲醛，要维持绝热反应温度为 540℃时，甲醇对空气的摩尔比应该是多少？

2-24 天然气-水蒸气转化法制取 H_2 和 CO 为吸热的过程，请计算每 1kmol 的天然气进料需要供给多少热量？已知数据如下。

(1) 天然气组成为 98.4% CH_4、0.2% CO_2、1.4% N_2；

(2) 进反应器的混合气配比为 $H_2O/CH_4=3/1$（摩尔比）；

（3）反应器出口气体中除水蒸气外的干气体组成为 8.2% CH_4、8% CO、71.4% H_2、12% CO_2、0.4% N_2；

（4）原料气进反应器时的温度为 377℃，出反应器的温度为 777℃。

2-25 某合成甲醇反应器为列管式间接换热型，管内装催化剂，管间走水吸收反应热后产生蒸汽。若进反应器的混合原料仅为 H_2 和 CO，$H_2/CO=2.2/1$（摩尔比），温度为 220℃；反应器温度控制在 260℃，离开反应器的气体温度也为 260℃。CO 的单程转化率为 15%，生成 CH_3OH 的选择性为 90%，副反应仅为 CO 和 H_2 生成 CH_4 的反应。试求水吸收的热量为多少？

2-26 乙烯与氧在银催化剂作用下反应生成环氧乙烷（C_2H_4O），发生以下两个放热反应

$$2C_2H_4 + O_2 \longrightarrow 2C_2H_4O$$

$$C_2H_4 + 3O_2 \longrightarrow 2CO_2 + 2H_2O$$

为控制反应温度，在反应管外用某种液体烃类的部分汽化来吸收反应热，烃的气液混合物进入热交换器冷凝，并把热传给水而产生水蒸气，该液体烃再流回到反应管间，如此循环将反应热不断地带走。已知反应物进料组成为 10% C_2H_4、12% O_2 及余额 N_2，温度 290℃，压力 1MPa。有 20% 的 C_2H_4 参加了反应，其中的 85% 变成了 C_2H_4O，其余生成 CO_2 和 H_2O。产物气的温度为 300℃，压力未变，在热交换器中，使 3MPa 的饱和水等压变成饱和蒸汽。载热体液体烃的沸点为 280℃，蒸发热为 1163kJ/kg，比热容为 3.35 J/(g·℃)，进入反应管间的液体烃温度 270℃，离开时温度 280℃，但只有 20% 的烃汽化，气态烃比热容为 1.67 J/(g·℃)。计算：（1）每生成 1mol 的环氧乙烷可产生多少水蒸气？（2）每生成 1mol 的环氧乙烷须多少液体烃循环？

参 考 文 献

1　天津化工研究院编. 无机盐工业手册. 北京：化学工业出版社，1981

2　杨光启（化工编委会主任）. 中国大百科全书·化工. 北京，上海：中国大百科全书出版社，1987. 4-10、26-89、400～406、417～426

3　林世雄编. 石油炼制工程·上册·第二版. 北京：石油工业出版社，1994. 1～47、221～352

4　林世雄编. 石油炼制工程·下册·第二版. 北京：石油工业出版社，1994. 1～364

5　吴指南主编. 基本有机化工工艺学（修订版）. 北京：化学工业出版社，1990. 1～15

6　Shaheen E I. Catalytic Processing in Petroleum Refining. Tulsa, Oklahoma：Penn Well Books, 1983. 4～24、89～169

7　陈滨. 乙烯工学. 北京：化学工业出版社，1997. 5～21

8　李文钊. 石油与天然气化工. 1998，**27**（1）：1～3

9　钱伯章. 天然气化工. 1998，**23**（3）：60

10　郭树才主编. 煤化工工艺学. 北京：化学工业出版社，1992

11　寇公主编. 煤炭气化工程. 北京：机械工业出版社，1992，127～187

12　同 2. 376，483

13　W. 凯姆等著. 工业化学基础·产品和过程. 金子林等译. 北京：中国石化出版社，1992. 44～46

14　Pakinson G. *Chem. Eng.* 1998，**105**（3）：21

15　黄汉生编译. 化工科技动态. 1998，（11）：18

16　叶君，熊犍，梁文芷. 新能源. 1997，**19**（11）：38～41

17　Sitlig M. Organic and Polymer Waste Reclaiming Encyclopedie. nde 1981. 176

18　李国辉，陈晖，胡杰南. 化学进展. 1996，**8**（2）：165～167

19　同文献 13. 55～57

20　金熙，项成林编. 工业水处理技术问答. 北京：化学工业出版社，1989. 1～29，36～124

21　杨光启（化工编委会主任）. 中国大百科全书·化工. 北京，上海：中国大百科全书出版社，1987. 265～266

22　李绍芬主编. 反应工程. 北京：化学工业出版社，1990. 11～16

23　黄志学，陈慰慈（责任编辑）. 化工生产流程图解. 增订二版. 北京：化学工业出版社，上册，1984，下册，1985

24　W. 雷斯尼克著. 化工过程分析与设计. 苏健民等译. 北京：化学工业出版社，1985. 278～286

25　于遵宏等编著. 化工过程开发. 上海：华东理工大学出版社，1996. 299～339

26　于遵宏等编著. 大型合成氨厂工艺过程分析. 北京：中国石油化学工业出版社，1993. 1～26，54～73

27　吴指南主编. 基本有机化工工艺学. 修订版. 北京：化学工业出版社，1990.

28　陈五平主编. 无机化工工艺学（二）·硫酸与硝酸. 第二版. 北京：化学工业出版社，1989. 142～143

29　R. Smith. 化工过程设计. 北京：化学工业出版社，2002

30　王福安、任保增. 绿色过程工程引论. 北京：化学工业出版社，2000

31   Kutepov A M，Bondareva T I，Berengarten M G. Basic Chemical Engineering with Partical Applications. Moscow：Mir Publishers，1988. 19～27，28～59

32   肖衍繁，李文斌编. 物理化学. 天津：天津大学出版社，1999. 152～195，352～412

33   黄仲涛主编. 基本有机化工理论基础. 北京：化学工业出版社，1980. 119～195，198～249

34   邓景发，范康年. 物理化学. 北京：高等教育出版社，1993. 74～78，136～168，580～638

35   陈钟秀，顾飞燕合编. 化工热力学. 北京：化学工业出版社，1993. 375～436

36   Espenson J H. Chemical Kinetics and Reaction Mechanisms. New York：McGraw-Hill Book Company，1981. 42～50，116～118，124～128

37   杨锦宗编著. 工业有机合成基础. 北京：中国石化出版社，1998. 31～42

38   同文献 32. 405～412

39   同文献 33. 251～320

40   同文献 34. 598～599、631～634

41   夏炎主编. 高分子科学简明教程. 北京：科学出版社，1998. 121

42   向德辉，刘惠云主编. 化肥催化剂实用手册. 北京：化学工业出版社，1992

43   Petersen E E，Bell A T. Catalyst Deactivation. New York and Bacel：Marcel Dekker Inc. ，1987. 3～95

44   吴鑫干，邓加宏. 现代化工. 1998，No. 9：13～17

45   黄汉生. 化工科技动态. 1998，**14** (11)：1～4

46   黄汉生. 化工科技动态. 1998，**14** (12)：12～15

47   Reklaitis G. V. Introduction to Material & Energy Balances. New York：John Wiley & Sons. 1983. 478～634

48   同文献 7. 313～344

49   倪进方编著. 化工设计. 上海：华东理工大学出版社，1994. 156～168

50   Luyben. W L，Wenzel L A. Chemical Process Analysis：Mass and Energy Balances. Englwood Cliffs，New Jersey：Prentice Hall，1988. 75～121，353～382，409～421

第3章 烃类热裂解

乙烯、丙烯和丁二烯等低级烯烃分子中具有双键，化学性质活泼，能与许多物质发生加成、共聚或自聚等反应，生成一系列重要的产物，是化学工业的重要原料。工业上获得低级烯烃的主要方法是将烃类热裂解。烃类热裂解法是将石油系烃类燃料（天然气、炼厂气、轻油、柴油、重油等）经高温作用，使烃类分子发生碳链断裂或脱氢反应，生成相对分子质量较小的烯烃、烷烃和其他相对分子质量不同的轻质和重质烃类。

在低级不饱和烃中，以乙烯最重要，产量也最大。乙烯产量常作为衡量一个国家基本化学工业的发展水平。表 3-1 和表 3-2 列举了世界主要国家与地区的乙烯生产能力[1~3]。

表 3-1　世界乙烯生产能力及分布情况

地　区	乙烯生产能力/kt·a⁻¹		年均增长率	地　区	乙烯生产能力/kt·a⁻¹		年均增长率
	2002	2003	/%		2002	2003	/%
北美	35830	34412	−3.9	中东,非洲	9982	11012	10.3
亚太	28326	29346	3.6	南美	4338	4363	0.6
西欧	23541	24063	2.2				
东欧,俄罗斯	7417	7582	2.2	总计	109434	110778	1.2

表 3-2　2003 年世界十大乙烯生产国生产能力

排序	国家	生产能力/kt·a⁻¹	占世界总能力/%	排序	国家	生产能力/kt·a⁻¹	占世界总能力/%
1	美国	27653	24.96	7	加拿大	5377	4.85
2	日本	7576	6.84	8	荷兰	3900	3.52
3	韩国	5700	5.15	9	法国	3433	3.10
4	中国	5675	5.12	10	俄罗斯	3300	2.98
5	沙特	5640	5.09				
6	德国	5415	4.89	小计		73419	66.28

烃类热裂解制乙烯的生产工艺主要为两部分组成：原料烃的热裂解和裂解产物的分离。本章将分别予以讨论。

3.1　热裂解过程的化学反应[4~7,10~11]

3.1.1　烃类裂解的反应规律

3.1.1.1　烷烃的裂解反应

（1）正构烷烃　正构烷烃的裂解反应主要有脱氢反应和断链反应，对于 C_5 以上的烷烃还可能发生环化脱氢反应。

脱氢反应是 C—H 键断裂的反应，生成碳原子数相同的烯烃和氢，其通式为

$$C_nH_{2n+2} \Longrightarrow C_nH_{2n} + H_2$$

C_5 以上的正构烷烃可发生环化脱氢反应生成环烷烃。如正己烷脱氢生成环己烷。

54

断链反应是 C—C 键断链的反应，反应产物是碳原子数较少的烷烃和烯烃，其通式为

$$C_nH_{2n+2} \longrightarrow C_mH_{2m}+C_kH_{2k+2} \quad m+k=n$$

相同烷烃脱氢和断链的难易，可以从分子结构中碳氢键和碳碳键的键能数值的大小来判断。表 3-3 给出了正、异构烷烃的键能数据。

表 3-3　各种键能比较

碳　氢　键	键能/(kJ/mol)	碳　碳　键	键能/(kJ/mol)
H_3C—H	426.8	CH_3—CH_3	346
CH_3CH_2—H	405.8	CH_3—CH_2—CH_3	343.1
$CH_3CH_2CH_2$—H	397.5	CH_3CH_2—CH_2CH_3	338.9
$(CH_3)_2CH$—H	384.9	$CH_3CH_2CH_2$—CH_3	341.8
$CH_3CH_2CH_2CH_2$—H（伯）	393.2	$H_3C-\overset{\overset{\displaystyle CH_3}{\mid}}{\underset{\underset{\displaystyle CH_3}{\mid}}{C}}-CH_3$	314.6
$CH_3CH_2\overset{\underset{\displaystyle CH_3}{\mid}}{C}H$—$H$（仲）	376.6		
$(CH_3)_3C$—H（叔）	364	$CH_3CH_2CH_2$—$CH_2CH_2CH_3$	325.1
C—H（一般）	378.7	$CH_3CH(CH_3)$—$CH(CH_3)CH_3$	310.9

由表 3-3 的数据看出如下规律。

① 同碳原子数的烷烃 C—H 键能大于 C—C 键能，断链比脱氢容易。

② 随着碳链的增长，其键能数据下降，表明热稳定性下降，碳链越长裂解反应越易进行。

由热力学知道，反应标准自由焓的变化 $\Delta G_T^\ominus$ 可作为反应进行的难易及深度的判据。表 3-4 给出了 C_6 以下正构烷烃在 1000K 下进行脱氢或断链反应的 $\Delta G^\ominus$ 值和 $\Delta H^\ominus$ 值。

表 3-4　正构烷烃于 1000K 裂解时一次反应的 $\Delta G^\ominus$ 和 $\Delta H^\ominus$

	反　　应	$\Delta G^\ominus$(1000K)/(kJ/mol)	$\Delta H^\ominus$(1000K)/(kJ/mol)
脱氢	$C_nH_{2n+2} \rightleftharpoons C_nH_{2n}+H_2$		
	$C_2H_6 \rightleftharpoons C_2H_4+H_2$	8.87	144.4
	$C_3H_8 \rightleftharpoons C_3H_6+H_2$	-9.54	129.5
	$C_4H_{10} \rightleftharpoons C_4H_8+H_2$	-5.94	131.0
	$C_5H_{12} \rightleftharpoons C_5H_{10}+H_2$	-8.08	130.8
	$C_6H_{14} \rightleftharpoons C_6H_{12}+H_2$	-7.41	130.8
断链	$C_{m+n}H_{2(m+n)+2} \longrightarrow C_nH_{2n}+C_mH_{2m+2}$		
	$C_3H_8 \longrightarrow C_2H_4+CH_4$	-53.89	78.3
	$C_4H_{10} \longrightarrow C_3H_6+CH_4$	-68.99	66.5
	$C_4H_{10} \longrightarrow C_2H_4+C_2H_6$	-42.34	88.6
	$C_5H_{12} \longrightarrow C_4H_8+CH_4$	-69.08	65.4
	$C_5H_{12} \longrightarrow C_3H_6+C_2H_6$	-61.13	75.2
	$C_5H_{12} \longrightarrow C_2H_4+C_3H_8$	-42.72	90.1
	$C_6H_{14} \longrightarrow C_5H_{10}+CH_4$	-70.08	66.6
	$C_6H_{14} \longrightarrow C_4H_8+C_2H_6$	-60.08	75.5
	$C_6H_{14} \longrightarrow C_3H_6+C_3H_8$	-60.38	77.0
	$C_6H_{14} \longrightarrow C_2H_4+C_4H_{10}$	-45.27	88.8

由表 3-4 数值，可以说明下列规律。

③ 烷烃裂解（脱氢或断链）是强吸热反应，脱氢反应比断链反应吸热值更高，这是由于 C—H 键能高于 C—C 键能所致。

④ 断链反应的 $\Delta G^{\ominus}$ 有较大负值，是不可逆过程，而脱氢反应的 $\Delta G^{\ominus}$ 是正值或为绝对值较小的负值，是可逆过程，受化学平衡限制。

⑤ 断链反应，从热力学分析 C—C 键断裂在分子两端的优势比断裂在分子中央要大；断链所得的分子，较小的是烷烃，较大的是烯烃占优势。随着烷烃链的增长，在分子中央断裂的可能性有所加强。

⑥ 乙烷不发生断链反应，只发生脱氢反应，生成乙烯；而甲烷在一般裂解温度下不发生变化。

(2) 异构烷烃的裂解反应　异构烷烃结构各异，其裂解反应差异较大，与正构烷烃相比有如下特点。

① C—C 键或 C—H 键的键能较正构烷烃的低，故容易裂解或脱氢。

② 脱氢能力与分子结构有关，难易顺序为叔碳氢＞仲碳氢＞伯碳氢。

③ 异构烷烃裂解所得乙烯、丙烯收率远较正构烷裂解所得收率低，而氢、甲烷、C_4 及 C_4 以上烯烃收率较高。

④ 随着碳原子数的增加，异构烷烃与正构烷烃裂解所得乙烯和丙烯收率的差异减小。

3.1.1.2　烯烃的裂解反应

由于烯烃的化学活泼性，自然界石油系原料中，基本不含烯烃。但在炼厂气中和二次加工油品中含一定量烯烃；作为裂解过程中的目的产物，烯烃也有可能进一步发生反应，所以为了能控制反应按人们所需的方向进行，必须了解烯烃在裂解过程中的反应规律，烯烃可能发生的主要反应有以下几种。

(1) 断链反应　较大分子的烯烃裂解可断链生成两个较小的烯烃分子，其通式为

$$C_{n+m}H_{2(n+m)} \longrightarrow C_nH_{2n} + C_mH_{2m}$$

例如　$CH_2\!\!=\!\!\overset{\alpha}{CH}\!\!-\!\!\overset{\beta}{CH_2}\!\!-\!\!CH_2\!\!-\!\!CH_3 \longrightarrow CH_2\!\!=\!\!CH\!\!-\!\!CH_3 + CH_2\!\!=\!\!CH_2$

烯烃裂解时位于双键 β 位置 C—C 键的解离能比 α 位置 C—C 键的解离能低，所以烯烃断链主要发生在 β 位置，仅有少量 α 位置 C—C 键断裂。丙烯、异丁烯、2-丁烯由于没有 β 位置 C—C 键，所以比相应烷烃难于裂解。

(2) 脱氢反应　烯烃可进一步脱氢生成二烯烃和炔烃。

例如
$$C_4H_8 \longrightarrow C_4H_6 + H_2$$
$$C_2H_4 \longrightarrow C_2H_2 + H_2$$

(3) 歧化反应　两个同一分子烯烃可歧化为两个不同烃分子。

例如
$$2C_3H_6 \longrightarrow C_2H_4 + C_4H_8$$
$$2C_3H_6 \longrightarrow C_2H_6 + C_4H_6$$
$$2C_3H_6 \longrightarrow C_5H_8 + CH_4$$

(4) 双烯合成反应（Diels-Alder 反应）　二烯烃与烯烃进行双烯合成而生成环烯烃，进一步脱氢生成芳烃，通式为

例如

56

（5）芳构化反应　六个或更多碳原子数的烯烃，可以发生芳构化反应生成芳烃，通式如下

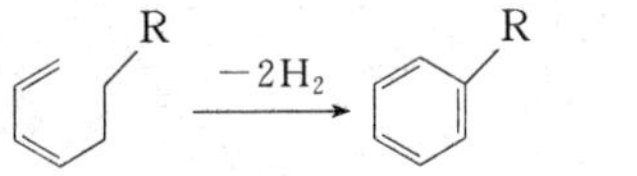

$$\text{（环己烯R）} \xrightarrow{-2H_2} \text{（苯R）}$$

3.1.1.3　环烷烃的裂解反应

环烷烃较相应的链烷烃稳定，在一般裂解条件下可发生断链开环反应、脱氢反应、侧链断裂及开环脱氢反应，由此生成乙烯、丙烯、丁二烯、丁烯、芳烃、环烷烃、单环烯烃、单环二烯烃和氢气等产物。

例如　环己烷

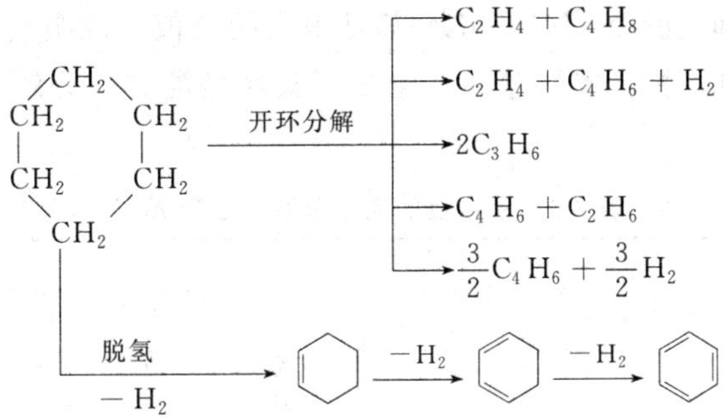

$$\text{环己烷} \xrightarrow{\text{开环分解}}
\begin{cases}
C_2H_4 + C_4H_8 \\
C_2H_4 + C_4H_6 + H_2 \\
2C_3H_6 \\
C_4H_6 + C_2H_6 \\
\frac{3}{2}C_4H_6 + \frac{3}{2}H_2
\end{cases}$$

$$\text{环己烷} \xrightarrow[-H_2]{\text{脱氢}} \text{（环己烯）} \xrightarrow{-H_2} \text{（环己二烯）} \xrightarrow{-H_2} \text{（苯）}$$

乙基环戊烷

$$\text{（乙基环戊烷）} \xrightarrow{\text{侧链断裂}} \text{（甲基环戊烷）} + C_2H_4$$

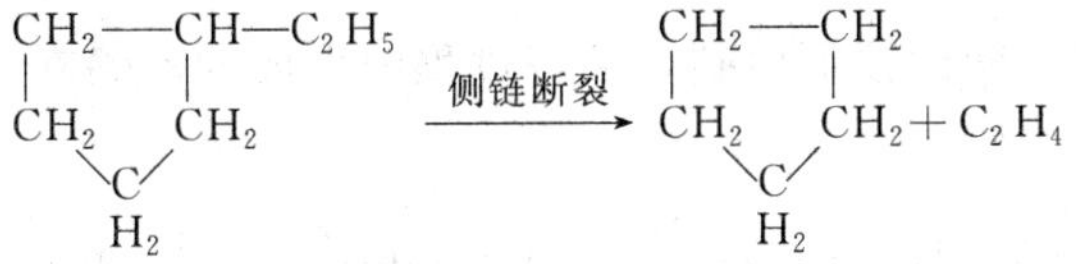

环烷烃裂解有如下规律。

① 侧链烷基比烃环易于断裂，长侧链的断裂反应一般从中部开始，而离环近的碳键不易断裂；带侧链环烷烃比无侧链环烷烃裂解所得烯烃收率高。

② 环烷烃脱氢生成芳烃的反应优于开环生成烯烃的反应。

③ 五碳环烷烃比六碳环烷烃难于裂解。

④ 环烷烃比链烷烃更易于生成焦油，产生结焦。

3.1.1.4　芳烃的裂解反应

芳烃由于芳环的稳定性，不易发生裂开芳环的反应，而主要发生烷基芳烃的侧链断裂和脱氢反应，以及芳烃缩合生成多环芳烃，进一步成焦的反应。所以，含芳烃多的原料油不仅烯烃收率低，而且结焦严重，不是理想的裂解原料。

（1）烷基芳烃的裂解　侧链脱烷基或断键反应

$$Ar\text{-}C_nH_{2n+1}
\begin{cases}
\longrightarrow ArH + C_nH_{2n} \\
\longrightarrow Ar\text{-}C_kH_{2k+1} + C_mH_{2m}
\end{cases}$$

$$Ar\text{-}C_nH_{2n+1} \longrightarrow Ar\text{-}C_nH_{2n-1} + H_2$$

式中　Ar——芳基；$n=k+m$。

（2）环烷基芳烃的裂解　脱氢和异构脱氢反应。

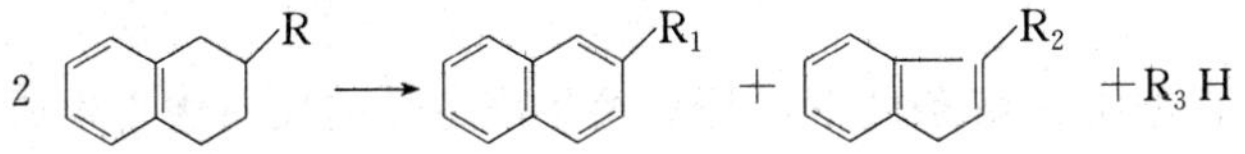

$$2\,\text{（四氢萘R）} \longrightarrow \text{（萘}R_1\text{）} + \text{（茚}R_2\text{）} + R_3H$$

缩合脱氢反应

$$\text{（芳烃结构）}_1 + \text{（芳烃结构）}_2 \longrightarrow \text{（稠环芳烃）} + R_4H + H_2$$

（3）芳烃的缩合反应

$$\text{（芳烃结构）}_1 + \text{（芳烃结构）}_2 \longrightarrow \text{（稠环芳烃）} + R_4H$$

3.1.1.5 裂解过程中结焦生炭反应

各种烃分解为碳和氢的 $\Delta G_f^{\ominus}$（1000K）都是很大的负值，说明它们在高温下都是不稳定的，都有分解为碳和氢的趋势。表 3-5 给出了某些烃类完全分解的反应产物及其 $\Delta G_f^{\ominus}$（1000K）。

表 3-5　常见烃的完全分解反应和 $\Delta G_f^{\ominus}$

烃	烃分解为氢和碳的反应	反应的标准自由焓 $\Delta G_f^{\ominus}$（1000K）/（kJ/mol）	烃	烃分解为氢和碳的反应	反应的标准自由焓 $\Delta G_f^{\ominus}$（1000K）/（kJ/mol）
甲烷	$CH_4 \longrightarrow C + 2H_2$	−19.18	丙烯	$C_3H_6 \longrightarrow 3C + 3H_2$	−181.38
乙炔	$C_2H_2 \longrightarrow 2C + H_2$	−170.03	丙烷	$C_3H_8 \longrightarrow 3C + 4H_2$	−191.38
乙烯	$C_2H_4 \longrightarrow 2C + 2H_2$	−118.28	苯	$C_6H_6 \longrightarrow 6C + 3H_2$	−260.71
乙烷	$C_2H_6 \longrightarrow 2C + 3H_2$	−109.40	环己烷	$C_6H_{12} \longrightarrow 6C + 6H_2$	−436.64

（1）烯烃经过炔烃中间阶段而生碳　裂解过程中生成的乙烯在 900～1000℃ 或更高的温度下经过乙炔阶段而生碳。

$$CH_2{=}CH_2 \xrightarrow{-H} CH_2{=}CH\cdot \xrightarrow{-H} CH{\equiv}CH \xrightarrow{-H} CH{\equiv}C\cdot \xrightarrow{-H} \cdot C{\equiv}C\cdot$$
$$\xrightarrow{-H} C_n$$

（2）经过芳烃中间阶段而结焦　高沸点稠环芳烃是馏分油裂解结焦的主要母体，裂解焦油中含大量稠环芳烃，裂解生成的焦油越多，裂解过程中结焦越严重。

$$\text{萘} \xrightarrow{-H} \text{二联萘} \xrightarrow{-H} \text{三联萘} \xrightarrow{-H} \text{焦}$$

生碳结焦反应有下面一些规律。

① 在不同温度条件下，生碳结焦反应经历着不同的途径；在 900～1100℃ 以上主要是通过生成乙炔的中间阶段，而在 500～900℃ 主要是通过生成芳烃的中间阶段。

② 生碳结焦反应是典型的连串反应，随着温度的提高和反应时间的延长，不断释放出氢，残物（焦油）的氢含量逐渐下降，碳氢比、相对分子质量和密度逐渐增大。

③ 随着反应时间的延长，单环或环数不多的芳烃，转变为多环芳烃，进而转变为稠环芳烃，由液体焦油转变为固体沥青质，再进一步可转变为焦炭。

3.1.1.6 各族烃的裂解反应规律

各族烃裂解生成乙烯、丙烯的能力有如下规律。

① 烷烃——正构烷烃在各族烃中最利于乙烯、丙烯的生成。烷烃的相对分子质量愈小，其总产率愈高。异构烷烃的烯烃总产率低于同碳原子数的正构烷烃，但随着相对分子质量的增大，这种差别减小。

② 烯烃——大分子烯烃裂解为乙烯和丙烯；烯烃能脱氢生成炔烃、二烯烃，进而生成芳烃。

③ 环烷烃——在通常裂解条件下，环烷烃生成芳烃的反应优于生成单烯烃的反应。相

表 3-6 各族烃的裂解反应特性

族	烃	主要反应	反应实例	主要产物	特点
P	正烷烃	脱氢反应 $C_nH_{2n+2} \rightleftharpoons C_nH_{2n} + H_2$ 断链反应 $C_nH_{2n+2} \rightarrow C_kH_{2k+2} + C_mH_{2m}$	$C_2H_6 \rightleftharpoons C_2H_4 + H_2$ $C_3H_8 \rightleftharpoons C_2H_4 + CH_4$	氢、甲烷、乙烯、丙烯等	是生产乙烯、丙烯的理想原料
	异烷烃	断链反应 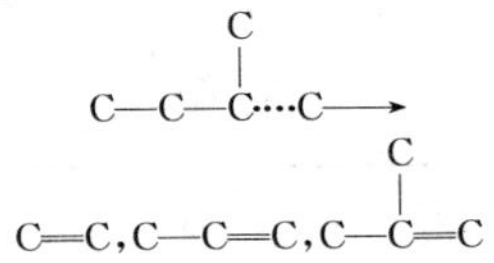 $C_nH_{2n+2} \rightarrow C_kH_{2k} + C_mH_{2m}$ 脱氢反应 $C_nH_{2n+2} \rightarrow C_nH_{2n-2} + H_2$	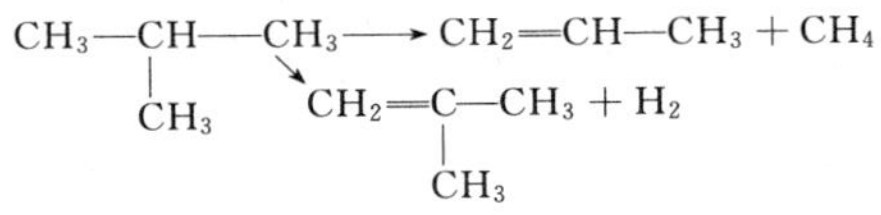 $CH_3{-}CH{-}CH_2{-}CH_3 \rightarrow CH_2{=}CH{-}CH_3 + CH_4$ （支链 CH_3） $\rightarrow CH_2{=}C{-}CH_3 + H_2$（支链 CH_3）	乙烯、丙烯的收率比正烷烃裂解稍少，而氢、甲烷、C₄烯烃收率较多	是生产烯烃的较好原料，丙烯对乙烯的比率较正烷烃为原料时高
O	烯烃	断链反应 二烯合成反应 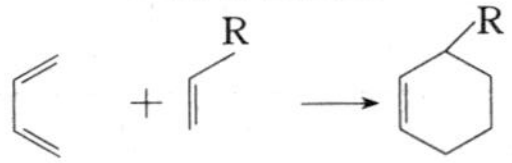	$CH_2{=}CH{-}CH_2{-}CH_3 \rightarrow CH_2{=}CH_2 + CH_2{=}CH{-}CH_3$ $C_4H_8 \rightarrow C_4H_6 + H_2$ $C_4H_6 + C_2H_4 \rightarrow$（环己烯结构） 	大分子烯烃生成乙烯、丙烯、丁二烯；乙烯、丙烯、丁二烯进而生成环烯烃	一般裂解原料中不含烯烃，烯烃是在反应过程中生成的，小分子烯烃希望不进一步反应
N	单环烷烃	开环分解反应 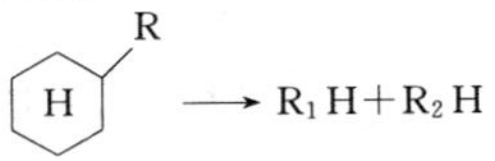 $\rightarrow R_1H + R_2H$ 脱氢反应 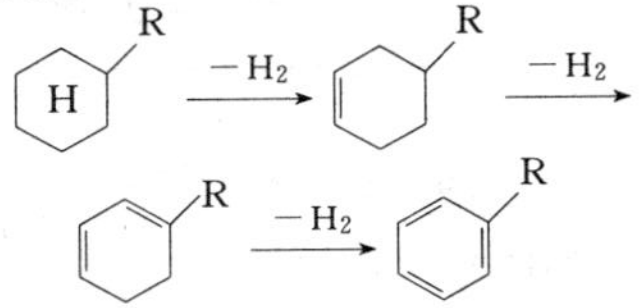 $\xrightarrow{-H_2}$	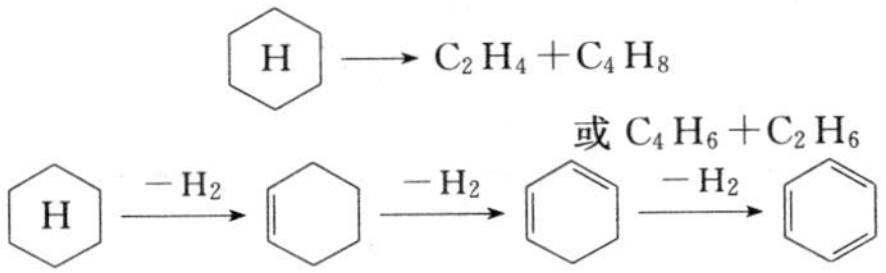 （环己烷 $\rightarrow C_2H_4 + C_4H_8$ 或 $C_3H_6 + C_2H_6$） （$\xrightarrow{-H_2}$ 苯） （$\xrightarrow{-3H_2}$ 苯）	乙烯、丁二烯、单环芳烃	可作为生产烯烃和苯、苯、二甲苯的原料
	多环烷烃	开环脱氢反应 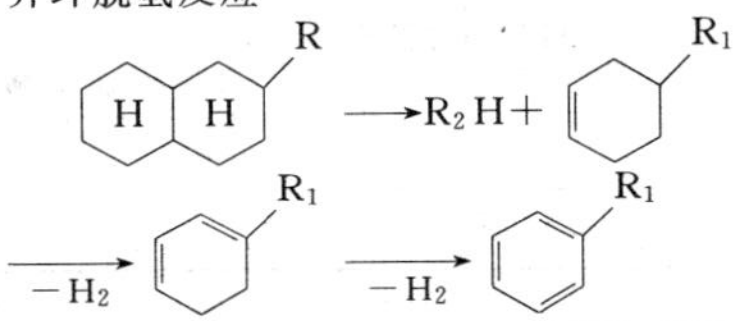 $\rightarrow R_2H +$	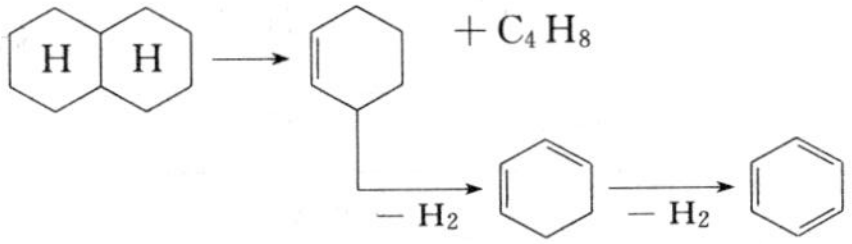 （十氢萘 $+ C_4H_8$） （$\xrightarrow{-H_2}$ 环己烯+苯）	C₄以上烯烃、单环芳烃	同上

59

族	烃	主要反应	反应实例	主要产物	特点
	烷基芳烃	侧链断碳链反应 $Ar-C_nH_{2n+1} \rightarrow ArH + C_nH_{2n}$ $Ar-C_kH_{2k+1}C_mH_{2m} \rightarrow$ 侧链脱氢反应 $Ar-C_nH_{2n+1} \longrightarrow Ar-C_nH_{2n-1} + H_2$	$+ C_3H_6$，$+ C_2H_4$，$CH=CH_2 + H_2$	乙烯、丙烯、烷基芳烃、烯基芳烃	利用其侧链的反应尚可作为裂解原料
A	环烷基芳烃	脱氢和异构脱氢反应 $+ R_3H + H_2$	$+ CH_4 + 2H_2$	多环芳烃，进一步反应 结焦	不宜作裂解原料
	环烷基芳烃	缩合脱氢反应 $+ R_4H$	$+ C_4H_{10} + 2H_2$，$+ CH_4 + 2H_2$	多环芳烃，进一步反应 结焦	不宜作裂解原料
	芳烃	缩合反应 $+ H_2$ $+ R_4H + H_2$	$+ H_2$，$+ H_2$	多环芳烃，进一步反应 结焦	不宜作裂解原料

对于正烷烃来说，含环烷烃较多的原料丁二烯、芳烃的收率较高，而乙烯的收率较低。

④ 芳烃——无烷基的芳烃基本上不裂解为烯烃，有烷基的芳烃，主要是烷基发生断碳键和脱氢反应，而芳环保持不变，易脱氢缩合为多环芳烃，从而有结焦的倾向。

各族烃的裂解难易程度有下列顺序。

$$正烷烃＞异烷烃＞环烷烃(六碳环＞五碳环)＞芳烃$$

随着分子中碳原子数的增多，各族烃分子结构上的差别反映到裂解速度上的差异就逐渐减弱。表 3-6 列出了各族烃的裂解反应特性。

3.1.2 烃类裂解的反应机理

烃类裂解反应机理研究表明裂解时发生的基元反应大部分为自由基反应。

3.1.2.1 F.O.Rice 的自由基反应机理

大部分烃类裂解过程包括链引发反应、链增长反应和链终止反应三个阶段。链引发反应是自由基的产生过程；链增长反应是自由基的转变过程，在这个过程中一种自由基的消失伴随着另一种自由基的产生，反应前后均保持着自由基的存在；链终止是自由基消亡生成分子的过程。

链的引发是在热的作用下，一个分子断裂产生一对自由基，每个分子由于键的断裂位置不同可有多个可能发生的链引发反应，这取决于断裂处相关键的解离能大小，解离能小的反应更易于发生。表 3-7 给出了三种简单烷烃可能的引发反应。

表 3-7　三种烷烃可能的引发反应

烷烃	可能的链引发反应	有关键的解离能 / （kJ/mol）	发生此反应的可能性
C_2H_6	$C_2H_5—H \longrightarrow C_2H_5 \cdot + H \cdot$	410	小
	$CH_3—CH_3 \longrightarrow 2CH_3 \cdot$	368	大
C_3H_8	$C_3H_7—H \longrightarrow C_3H_7 \cdot + H \cdot$	396～410	小
	$CH_3—C_2H_5 \longrightarrow CH_3 \cdot + C_2H_5 \cdot$	354	大
C_4H_{10}	$C_4H_9—H \longrightarrow C_4H_9 \cdot + H \cdot$	381～396	小
	$CH_3—C_3H_7 \longrightarrow CH_3 \cdot + C_3H_7 \cdot$	350～357	大
	$C_2H_5—C_2H_5 \longrightarrow 2C_2H_5 \cdot$	345	大

烷烃分子在引发反应中断裂 C—H 键的可能性较小，因为 C—H 键的解离能比 C—C 键大。故引发反应的通式为：

$$R—R' \longrightarrow R \cdot + R' \cdot$$

引发反应活化能高，一般在 290～335kJ/mol。

链的增长反应包括自由基夺氢反应、自由基分解反应、自由基加成反应和自由基异构化反应，但以前两种为主。链增长反应的夺氢反应通式如下。

$$H \cdot + RH \longrightarrow H_2 + R \cdot$$

$$R' \cdot + RH \longrightarrow R'H + R \cdot$$

链增长反应中的夺氢反应的活化能不大，一般为 30～46kJ/mol。

链增长反应中的夺氢反应，对于乙烷裂解，情况比较简单，因为乙烷分子中可以被夺取的六个氢原子都是伯氢原子；对于丙烷，情况就比较复杂了，因为其分子中可以被夺取的氢原子不完全一样，有的是伯碳氢原子，有的是仲碳氢原子；对于异丁烷分子中可以被夺取的氢原子有伯碳氢原子和叔碳氢原子；而对于异戊烷，情况就更复杂了，因为烃分子中可以被夺取的氢原子，除了伯碳氢原子、仲碳氢原子以外，还有叔碳氢原子。见图 3-1。

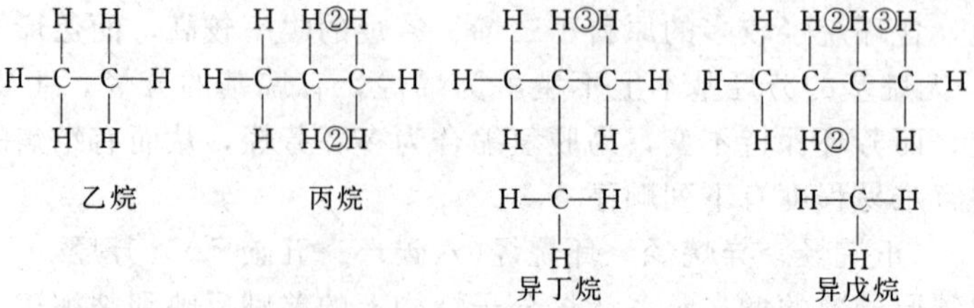

图 3-1 几种烷烃中的伯、仲、叔碳氢原子

图中未注的是伯碳氢原子；②是仲碳氢原子；③是叔碳氢原子

从表 3-8 看出不同的氢原子所构成的 C—H 键的解离能按下列顺序递减：

伯碳氢原子＞仲碳氢原子＞叔碳氢原子

表 3-8　伯、仲、叔碳氢原子构成的 C—H 键的解离能 *D*

烷烃	伯碳氢原子所构成的 C—H 键的 D 值/(kJ/mol)	仲碳氢原子所构成的 C—H 键的 D 值/(kJ/mol)	叔碳氢原子所构成的 C—H 键的 D 值/(kJ/mol)
乙烷	CH_3CH_2—H(410)	—	—
丙烷	$CH_3CH_2CH_2$—H(410)	$(CH_3)_2CH$—H(396)	—
正丁烷	—	$CH_3CH_2CH(CH_3)$—H(396)	—
异丁烷	$(CH_3)_2CHCH_2$—H(396)	—	$(CH_3)_3C$—H(381)

因此，在夺氢反应中被自由基夺走氢的容易程度按下列顺序递增：

伯碳氢原子＜仲碳氢原子＜叔碳氢原子

与之对应，自由基从烷烃中夺取这三种氢原子的相对反应速度也按同样顺序递增。如表 3-9 所示。

表 3-9　伯碳、仲碳、叔碳氢原子与自由基反应的相对速度

温度/℃	伯碳氢原子	仲碳氢原子	叔碳氢原子	温度/℃	伯碳氢原子	仲碳氢原子	叔碳氢原子
300	1	3.0	33	800	1	1.7	6.3
600	1	2.0	10	900	1	1.65	5.65
700	1	1.9	7.8	1000	1	1.6	5

链增长反应中的自由基的分解反应是自由基自身进行分解，生成一个烯烃分子和一个碳原子数比原来要少的新自由基，而使其自由基传递下去。

这类反应的通式如下：

$$R \cdot \longrightarrow R' \cdot + 烯烃$$
$$R \cdot \longrightarrow H \cdot + 烯烃$$

自由基分解反应的活化能比夺氢反应要大，而比链引发反应要小，一般为 118～178kJ/mol。见表 3-10。

自由基分解反应是生成烯烃的反应，而裂解的目的是为了生产烯烃，所以这类反应是很关键的反应。

从表 3-10 以及从前面所举的例子可以看出下列规律。

① 自由基如分解出 H·生成碳原子数与该自由基相同的烯烃分子，这种反应活化能是较大的；而自由基分解为碳原子数较少的烯烃的反应活化能较小。

② 自由基中带有未配对电子的那个碳原子，如果连的氢较少，这种自由基就主要是分解出 H·生成同碳原子数的烯烃分子，如表中异丙基和叔丁基的分解反应。

③ 从分解反应或从夺氢反应中所生成的自由基，只要其碳原子数大于 3，则可以继续发生分解反应，生成碳原子数较少的烯烃。

表 3-10　一些自由基的分解反应的动力学参数

自由基	分 解 反 应	A/s^{-1}	$E/(kJ/mol)$
正丙基	$CH_3CH_2CH_2 \cdot \longrightarrow C_2H_4 + CH_3 \cdot$	3.15×10^{13}	137
异丙基	$(CH_3)_2CH \cdot \longrightarrow C_3H_6 + H \cdot$	6.3×10^{13}	174
正丁基	$CH_3CH_2CH_2CH_2 \cdot \longrightarrow C_2H_4 + C_2H_5 \cdot$	6.3×10^{12}	118
异丁基	$(CH_3)_2CHCH_2 \cdot \longrightarrow C_3H_6 + CH_3 \cdot$	1×10^{13}	133
仲丁基	$CH_3CH_2(CH_3)CH \cdot \longrightarrow C_3H_6 + CH_3 \cdot$	2.505×10^{13}	139
叔丁基	$(CH_3)_3C \cdot \longrightarrow i\text{-}C_4H_8 + H \cdot$	1×10^{14}	177

由此可知，自由基的分解反应，一直会进行下去，直到生成 $H \cdot$，$CH_3 \cdot$ 自由基为止。所以，碳原子数较多的烷烃，在裂解中也能生成碳原子数较少的乙烯和丙烯分子。至于裂解产物中，各种不同碳原子数的烯烃的比例如何，则要取决于自由基的夺氢反应和分解反应的总结果。

以丙烷裂解为例来说明以上规律。

链引发

$$C_3H_8 \longrightarrow \dot{C}_2H_5 + \dot{C}H_3$$

$$\dot{C}_2H_5 \longrightarrow C_2H_4 + \dot{H}$$

得到两个自由基 $\dot{C}H_3$ 和 $\dot{H}$，通过两个途径进行链的传递。

途径 A

生成的正丙基自由基进一步分解为乙烯分子和 $\dot{C}H_3$ 自由基。

$$n\text{-}\dot{C}_3H_7 \longrightarrow C_2H_4 + \dot{C}H_3$$

反应结果　　　　　　　$C_3H_8 \longrightarrow C_2H_4 + CH_4$

途径 B

生成的异丙基自由基进一步分解为丙烯分子和氢自由基。

$$i\text{-}\dot{C}_3H_7 \longrightarrow C_3H_6 + \dot{H}$$

反应结果　　　　　　　$C_3H_8 \longrightarrow C_3H_6 + H_2$

以上两个夺氢反应哪个反应占优势呢？丙烷裂解生成乙烯与丙烯的比例为多少呢？计算 800℃ 丙烷裂解的产物比例

$$\frac{丙烷按途径 A 裂解（生成乙烯）}{丙烷按途径 B 裂解（生成丙烯）} = \frac{丙烷中伯氢原子数 \times 伯氢原子反应相对速率}{丙烷中仲氢原子数 \times 仲氢原子反应相对速率}$$

$$= \frac{6 \times 1}{2 \times 1.7} = \frac{6}{3.4}$$

这个比例关系，与丙烷裂解反应初期产物比例的实验数据是相近的。

链的终止反应是两个自由基结合成分子或通过歧化反应形成两个稳定分子的过程，这类反应是自由基反应的结束，其活化能一般较低。至于终止反应发生在哪两种自由基间，这取决于自由基的浓度，体系中具有较高浓度的自由基容易发生链终止反应。

3.1.2.2 一次反应和二次反应

原料烃在裂解过程中所发生的反应是复杂的，一种烃可以平行地发生很多种反应，又可以连串地发生许多后继反应。所以裂解系统是一个平行反应和连串反应交叉的反应系统。从整个反应进程来看，属于比较典型的连串反应。

随着反应的进行，不断分解出气态烃（小分子烷烃、烯烃）和氢来；而液体产物的氢含量则逐渐下降，相对分子质量逐渐增大，以致结焦。

对于这样一个复杂系统，现在广泛应用一次反应和二次反应的概念来处理。

一次反应是指原料烃在裂解过程中首先发生的原料烃的裂解反应，二次反应则是指一次反应产物继续发生的后继反应。从裂解反应的实际反应历程看，一次反应和二次反应并没有严格的分界线，不同研究者对一次反应和二次反应的划分也不尽相同。图3-2给出了日本平户瑞穗的数学模型中对轻柴油裂解时一次反应和二次反应的划分情况。

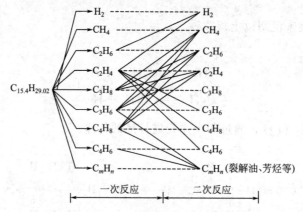

图 3-2 轻柴油裂解一次和二次反应

——表示发生反应生成的；……表示未发生反应而遗留下来的

生成目的产物乙烯、丙烯的反应属于一次反应，这是希望发生的反应，在确定工艺条件，设计和生产操作中要千方百计设法促使一次反应的充分进行。

乙烯、丙烯消失，生成相对分子质量较大的液体产物以至结焦生炭的反应是二次反应，是不希望发生的反应。这类反应的发生，不仅多消耗了原料，降低了主产物的产率，而且结焦生炭会恶化传热，堵塞设备，对裂解操作和稳定生产都带来极不利的影响，所以要千方百计设法抑制其进行。

3.1.3 裂解原料性质及评价

由于烃类裂解反应使用的原料是组成性质有很大差异的混合物，因此原料的特性无疑对裂解效果起着重要的决定作用，它是决定反应效果的内因，而工艺条件的调整、优化仅是其外部条件。

3.1.3.1 族组成

裂解原料油中各种烃，按其结构可以分为四大族，即链烷烃族、烯烃族、环烷烃族和芳香族。这四大族的族组成以 PONA 值来表示，其含义如下。

P—烷烃（Paraffin）　　　　N—环烷烃（Naphtene）

O—烯烃（Olefin）　　　　A—芳烃（Aromatics）

根据 PONA 值可以定性评价液体燃料的裂解性能，也可以根据族组成通过简化的反应动力学模型对裂解反应进行定量描述，因此 PONA 值是一个表征各种液体原料裂解性能的有实用价值的参数。

3.1.3.2　氢含量

氢含量可以用裂解原料中所含氢的质量分数 $w(H_2)$ 表示，也可以用裂解原料中 C 与 H 的质量比（称为碳氢比）表示。

$$氢含量\ w(H_2) = \frac{H}{12C+H} \times 100$$

$$碳氢比 \qquad C/H = \frac{12C}{H}$$

式中，H、C 分别为原料烃中氢原子数和碳原子数。

氢含量顺序　P＞N＞A

通过裂解反应，使一定氢含量的裂解原料生成氢含量较高的 C_4 和 C_4 以下轻组分和氢含量较低的 C_5 和 C_5 以上的液体。从氢平衡可以断定，裂解原料氢含量愈高，获得的 C_4 和 C_4

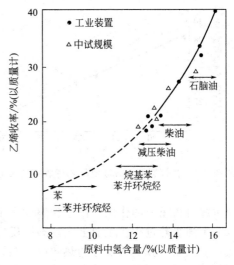

图 3-3　原料氢含量与乙烯收率的关系

以下轻烃的收率愈高，相应乙烯和丙烯收率一般也较高。显然，根据裂解原料的氢含量既可判断该原料可能达到的裂解深度，也可评价该原料裂解所得 C_4 和 C_4 以下轻烃的收率。图 3-3 表示了裂解原料氢含量与乙烯收率的关系。由图可见，当裂解原料氢含量低于 13％ 时，可能达到的乙烯收率将低于 20％。这样的馏分油作为裂解原料是不经济的。

3.1.3.3　特性因数

特性因数（Characterization factor）K 是表示烃类和石油馏分化学性质的一种参数，可表示如下。

$$K = \frac{1.216(T_B)^{1/3}}{d_{15.6}^{15.6}}$$

$$T_B = \left(\sum_{i=1}^{n} \varphi_i T_i^{1/3} \right)^3$$

式中　T_B——立方平均沸点，K；

　　　$d_{15.6}^{15.6}$——相对密度；

　　　φ_i—— i 组分的体积分数；

　　　T_i—— i 组分的沸点，K。

K 值以烷烃最高，环烷烃次之，芳烃最低，它反映了烃的氢饱和程度。乙烯和丙烯总体收率大体上随裂解原料特性因数的增大而增加。

3.1.3.4　关联指数

馏分油的关联指数（BMCI 值）是表示油品芳烃的含量。关联指数愈大，则油品的芳烃含量愈高。

$$BMCI = \frac{48640}{T_V} + 473 \times d_{15.6}^{15.6} - 456.8$$

式中　T_V——体积平均沸点，K；

　　　$d_{15.6}^{15.6}$——相对密度。

烃类化合物的芳香性按下列顺序递增：正构链烷烃＜带支链烷烃＜烷基单环烷烃＜无烷基单环烷烃＜双环烷烃＜烷基单环芳烃＜无烷基单环芳烃（苯）＜双环芳烃＜三环芳烃＜多环芳烃。烃类化合物的芳香性愈强，则 BMCI 值愈大。

试验表明：在深度裂解时，重质原料油的 BMCI 值与乙烯收率和燃料油收率之间存在

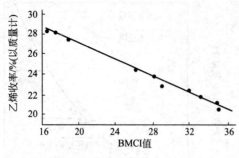

图 3-4 柴油裂解 BMCI 值与乙烯收率的关系

良好的线性关系（图 3-4）。因此，在柴油或减压柴油等重质馏分油裂解时，BMCI 值成为评价重质馏分油性能的一个重要指标。表 3-11 将表征裂解原料的主要性能参数汇总，便于理解和使用。

3.1.4　裂解反应的化学热力学和动力学

3.1.4.1　裂解反应的热效应

化学反应是化学工艺的核心，反应热效应的大小，不仅决定反应器的传热方式、能量消耗和热量利用方案，而且对工艺流程和生产组织也起着极重要的作用。由于裂解反应主要是烃分子在高温下分裂为较小分子的过程，所以是个强吸热过程。工业上实现裂解反应，有多少原料发生裂解，必须知道需对它供多少热，为此要计算裂解反应的热效应。在管式炉中进行的裂解反应的热效应与传热的要求密切相关，影响到沿管长的温度分布及产品分布，从而影响裂解气分离的工艺流程和技术经济指标。

表 3-11　表征裂解原料性质的参数

参数名称	此参数说明的问题	获得此参数的方法或需知的数据	此参数适用于评价何种原料	何种原料可获得较高乙烯产率
族组成 PONA 值	能粗线条地从本质上表征原料的化学特性	分析测定	石脑油、柴油等	烷烃含量高、芳烃含量低
氢含量和碳氢比	氢含量的大小反映出原料潜在乙烯含量的大小	分析测定	各种原料都适用	氢含量高的或碳氢比低的
特性因数 K	特性因数的高低反映原料芳香性的强弱	由 $d_{15.6}^{15.6}$ 和 T_{B} 计算	主要用于液体原料	特性因数高
关联指数 BMCI	关联指数大小反映烷烃支链和直链比例的大小，反映芳香性的大小	由 $d_{15.6}^{15.6}$ 和 T_{V} 计算	柴油	关联指数小

裂解反应通常可作为等压过程处理，根据热力学第一定律，可将反应温度 t 下的裂解反应的等压反应热效应 Q_{pt} 表示为

$$Q_{pt} = \Delta H_t = \sum (\Delta H_f^{\ominus})_{产物} - \sum (\Delta H_f^{\ominus})_{原料}$$

已有的生成热数据大多以 298K 或 1100K 为基础，因此，在实际计算中大多以 298K 或 1100K 为基准温度计算反应热。按基尔霍夫公式，在反应温度 t_1 之下的反应热效应 ΔH_{t1} 与反应温度 t_2 之下的反应热效应 ΔH_{t2} 之间关系如下

$$\Delta H_{t2} = \Delta H_{t1} + \int_{t1}^{t2} \Delta c_p \mathrm{d}t$$

$$\Delta c_p = (\sum_{v} \gamma_v c_{pv})_{产物} - (\sum_{v} \gamma_v c_{pv})_{原料}$$

式中 c_p 为等压比热容。这样便可以根据裂解炉实际进出口温度计算裂解炉热负荷。

热效应计算中所需的生成热数据可以从文献中查取，由于馏分油和裂解产物组分十分复杂，所以常用氢含量或摩尔质量与生成热的关系估算油品和产物生成热，由此计算裂解反应的热效应。

（1）用烃的氢含量估算生成热　馏分油裂解原料和裂解产物可由其氢含量 $w(\mathrm{H}_2)$ 估算生成热。

馏分油裂解原料主要由饱和烷烃、芳烃、环烷烃组成，其生成热（1100K）可按下式估算：

$$\Delta H_F^{\ominus}(1100K)=2.3262[1400-150 w_F(H_2)]$$

裂解产物液相产品主要为烯烃、双烯烃和芳烃，其生成热（1100K）可按下式估算：

$$\Delta H_P^{\ominus}(1100K)=2.3262[2500.25-228.59 w_P(H_2)]$$

式中 $\Delta H_F^{\ominus}(1100K)$、$\Delta H_P^{\ominus}(1100K)$——分别为裂解原料和裂解产品在1100K的生成热，kJ/kg；

$w_F(H_2)$、$w_P(H_2)$——分别为裂解原料和裂解产品的氢含量。

（2）用相对分子质量估算生成热 对于馏分油裂解原料和裂解产物中液体产品，也可根据其平均摩尔质量 M 估算生成热

$$\Delta H^{\ominus}(298K)=23262\times10^{-4}M\left(\frac{A+M}{B+CM}+D+\frac{A'M}{B'+C'+M}\right)$$

式中 $\Delta H^{\ominus}(298K)$——在298K温度下的生成热，kJ/kg；

M——平均摩尔质量，kg/kmol；

A、B、C、D、A'、B'、C'——系数，其值如表3-12所示。

表 3-12 用摩尔质量估算生成热的系数值

系　列	A	B	C	D	A'
正烷烃	−100.206	−0.012057	0.005878	−805.113	−58.124
异烷烃	−100.206	−0.012874	0.004975	−835.989	−100.206
C_5 环烷烃	−112.22	−0.2915	−0.01470	−566.98	−112.22
C_6 环烷烃	−140.271	−1.59627	0.053294	−653.764	−140.271
单环烷烃	−134.22	−0.001663	−0.001693	−44.22	−134.22
茚满	−202.33	0.0002124	−0.002167	−173.57	−132.20
茚类	−200.31	0.000081	−0.001433	62.81	−130.18
萘类	−198.29	0.0000712	−0.001406	76.16	−1421.9
芘类	−210.30	0.000149	0.001385	87.13	−168.23
芘撑类	−208.29	−0.000025	−0.001055	312.49	−166.21
三环芳烃类	−262.38	0.0000608	−0.001300	134.12	−192.25
双环芳烃类（视作双环己烷）	−208.37	0.5154	−0.024637	−594.41	−152.27

系　列	B'	C'	系列中最小化合物的摩尔质量	使用修正项的最大摩尔质量
正烷烃	2.055107	−0.113226	16.043	58.124
异烷烃	−5.94668	0.21595	58.124	100.206
C_5 环烷烃	15.9544	−0.2370	70.135	112.22
C_6 环烷烃	−7.5757	0.11086	84.163	140.271
单环烷烃	17.5817	−0.2379	78.115	134.22
茚满	35.4908	−0.3029	118.17	132.20
茚类	34.2686	−0.2976	116.15	130.18
萘类	43.1200	−0.3391	128.16	142.19
芘类	60.4374	−0.3945	154.20	168.23
芘撑类	50.2522	−0.3324	152.18	166.21
三环芳烃类	83.6124	−0.4718	178.22	192.25
双环芳烃类（视作双环己烷）	102.1477	−0.7443	188.24	152.27

当摩尔质量大于表 3-12 中使用修正项的最大摩尔质量时，上式可以简化为

$$\Delta H^{\ominus}(298K) = 23262 \times 10^{-4} M \left(\frac{A+M}{B+CM} + D \right)$$

3.1.4.2　裂解反应系统的化学平衡组成

裂解反应系统包括的反应较多，尤其是重质原料，由于组成多，可能进行的反应十分复杂，往往不能确切写出各个反应式，故对于重质原料的裂解反应系统还难于用一般计算联立反应平衡组成的方法处理。为了说明化学平衡的计算方法，现以简化的乙烷裂解反应系统为例进行平衡组成的计算，并进一步讨论裂解反应系统的规律。

乙烷裂解过程主要由以下四个反应组成

$$C_2H_6 \underset{}{\overset{K_{p1}}{\rightleftharpoons}} C_2H_4 + H_2$$

$$C_2H_6 \underset{}{\overset{K_{p1a}}{\rightleftharpoons}} \frac{1}{2}C_2H_4 + CH_4$$

$$C_2H_4 \underset{}{\overset{K_{p2}}{\rightleftharpoons}} C_2H_2 + H_2$$

$$C_2H_2 \underset{}{\overset{K_{p3}}{\rightleftharpoons}} 2C + H_2$$

化学平衡常数 K_p 可由标准生成自由焓 $\Delta G^{\ominus}$ 计算，也可由反应的自由焓 Φ 函数计算。

$$\Delta G^{\ominus} = -RT\ln K_p \tag{3-1}$$

$$K_p = \exp\left[\frac{1}{R} \left(\Delta\Phi - \frac{\Delta H_0^{\ominus}}{T} \right) \right] \tag{3-2}$$

式中　Φ——自由焓函数，$\Phi = -\dfrac{G_0^{\ominus} - H_0^{\ominus}}{T}$；

$H_0^{\ominus}$、$G_0^{\ominus}$——分别为物质在 0K 时的标准生成自由焓。

由上述反应方程式可列出以下的联立方程组（反应压力 $p = 101.3$kPa）

$$y^*(C_2H_6) + y^*(C_2H_4) + y^*(C_2H_2) + y^*(H_2) + y^*(CH_4) = 1 \tag{3-3}$$

$$K_{p1} = \frac{y^*(C_2H_4)y^*(H_2)}{y^*(C_2H_6)} \tag{3-4}$$

$$K_{p1a} = \frac{\sqrt{y^*(C_2H_4)}y^*(CH_4)}{y^*(C_2H_6)} \tag{3-5}$$

$$K_{p2} = \frac{y^*(C_2H_2)y^*(H_2)}{y^*(C_2H_4)} \tag{3-6}$$

$$K_{p3} = \frac{y^*(H_2)}{y^*(C_2H_2)} \tag{3-7}$$

式中 $y^*(C_2H_6)$、$y^*(C_2H_4)$、$y^*(C_2H_2)$、$y^*(CH_4)$、$y^*(H_2)$ 分别为 C_2H_6、C_2H_4、C_2H_2、CH_4、H_2 的气相平衡摩尔分数。

由式（3-3）～式（3-7）可导出反应系统中各组分平衡浓度的计算式：

$$y^*(H_2) = 1 - [y^*(C_2H_2) + y^*(C_2H_4) + y^*(C_2H_6) + y^*(CH_4)] \tag{3-8}$$

$$y^*(C_2H_2) = \frac{y^*(H_2)}{K_{p3}} \tag{3-9}$$

$$y^*(C_2H_4) = \frac{y^*(C_2H_2)y^*(H_2)}{K_{p2}} \tag{3-10}$$

$$y^*(C_2H_6) = \frac{y^*(C_2H_4)y^*(H_2)}{K_{p1}} \tag{3-11}$$

$$y^*(CH_4) = \frac{K_{p1a}y^*(C_2H_6)}{\sqrt{y^*(C_2H_4)}} \tag{3-12}$$

以上各式中反应平衡常数 K_{p1}、K_{p1a}、K_{p2}、K_{p3} 可由自由焓 Φ 函数方法计算。计算结果列于表 3-13。

表 3-13　不同温度下乙烷裂解反应的化学平衡常数

T/K	K_{p1}	K_{p2}	K_{p3}	K_{p1a}
1100	1.675	0.01495	6.556×10^7	60.97
1200	6.234	0.08053	8.662×10^6	83.72
1300	18.89	0.3350	1.570×10^6	108.74
1400	48.86	1.134	3.646×10^5	136.24
1500	111.98	3.248	1.032×10^5	165.87

由式(3-8)～式(3-12)方程组，根据表 3-13 的数据计算不同温度下的平衡组成，结果列于表 3-14。

表 3-14　乙烷裂解系统在不同温度下的平衡组成

T/K	$y^*(H_2)$	$y^*(C_2H_2)$	$y^*(C_2H_4)$	$y^*(C_2H_6)$	$y^*(CH_4)$
1100	0.9657	1.473×10^{-8}	9.514×10^{-7}	5.486×10^{-7}	3.429×10^{-2}
1200	0.9844	1.137×10^{-7}	1.389×10^{-6}	2.194×10^{-7}	1.558×10^{-2}
1300	0.9922	6.320×10^{-7}	1.872×10^{-6}	9.832×10^{-8}	7.815×10^{-3}
1400	0.9957	2.731×10^{-6}	2.397×10^{-6}	4.886×10^{-8}	4.299×10^{-3}
1500	0.9974	9.667×10^{-6}	2.968×10^{-6}	2.644×10^{-8}	2.545×10^{-3}

根据表 3-13 和表 3-14 数据可以看出以下两个特征。

① 从化学平衡的观点看，如使裂解反应进行到平衡，所得烯烃很少，最后生成大量的氢和碳。为获得尽可能多的烯烃，必须采用尽可能短的停留时间进行裂解反应。

② 乙烷裂解生成乙烯的反应平衡常数 K_{p1}、K_{p1a} 远大于乙烯消失反应的平衡常数 K_{p2}，随着温度的升高，各平衡常数均增加，而 K_{p1}、K_{p1a} 与 K_{p2} 的差距更大。乙炔结碳反应的平衡常数 K_{p3} 虽然远高于 K_{p1}、K_{p1a}，但其值随温度的升高而减小。因此，提高裂解温度对生成烯烃是有利的。

3.1.4.3　烃类裂解反应动力学

裂解动力学基础　烃类裂解时的主反应可按一级反应处理。

$$\frac{-\mathrm{d}c}{\mathrm{d}t}=kc \tag{3-13}$$

$$-\int_{c_0}^{c}\frac{\mathrm{d}c}{c}=\int_{0}^{t}k\mathrm{d}t \tag{3-14}$$

$$kt=\ln\frac{c_0}{c} \tag{3-15}$$

设　$c=c_0(1-x)$，上式即转为

$$kt=\ln\frac{c_0}{c_1(1-X)}=\ln\frac{1}{1-X} \tag{3-16}$$

式中　c_0、c ——反应前后的原料烃浓度，mol/L；

$\qquad X$ ——原料烃转化率；

$\qquad t$ ——原料烃在反应系统中的停留时间，s；

$\qquad k$ ——原料烃的反应速率常数，s^{-1}。

反应速率是温度的函数，可用阿累尼乌斯方程表示如下

$$k=A\mathrm{e}^{-E/RT} \tag{3-17}$$

式中　A ——反应的频率因子；

$\qquad E$ ——反应的活化能，kJ/mol；

R ——气体常数，kJ/kmol；

T ——反应温度，K。

表 3-15 及图 3-5 列出了从乙烷到正戊烷的裂解反应频率因子、活化能及反应速率常数。

表 3-15 某些烃的裂解反应动力学数据

烃	lg$A$	$E/(kJ/mol)$	烃	lg$A$	$E/(kJ/mol)$
乙烷	14.6737	302.54	异丁烷	12.3173	239.23
丙烷	12.6160	250.29	正丁烷	12.2545	235.80
丙烯	13.8334	281.44	正戊烷	12.2479	232.07

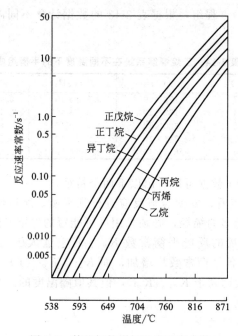

图 3-5 某些烃的裂解反应速率常数

对于较大分子的烷烃和环烷烃，Zdonik 根据实验数据推导出下列预测公式。

$$\lg\left(\frac{k_i}{k_5}\right) = 1.5\lg N_i - 1.05 \qquad (3-18)$$

式中 k_5、k_i ——C$_5$（正戊烷）及 C$_i$（碳原子数为 i 的烷烃）的反应速率常数，s^{-1}；

N_i ——待测的烃的碳原子数。

图 3-6 列出了不同烃分子结构的反应速率常数 k_i 和正戊烷 k_5 的比值。由图可以推算出高碳原子数不同烃分子结构的反应速率常数 k_i。图 3-7 概括了乙烷、石脑油及柴油在不同温度下的一级反应速率常数值 k。

烃裂解过程除发生一次反应外还伴随大量的二次反应，因此按一级反应处理不能反映出实际裂解过程，为此 Froment 等研究者对反应速率常数作如下修正。

$$k = \frac{k^0}{1 + Xa}$$

式中 k ——实际反应速率常数，s^{-1}；

k^0 ——表观一级反应速率常数，s^{-1}；

X ——转化率；

a ——抑制系数，随烃组分及反应温度而异。

裂解动力学方程可以用来计算原料在不同工艺条件下裂解过程的转化率变化情况，但不能确定裂解产物的组成。

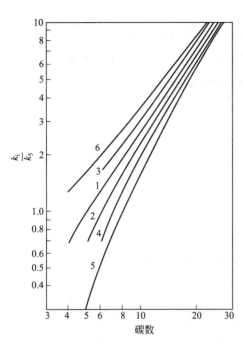

图 3-6　某些烃对正戊烷的相对
反应速率常数值

1—正构烷烃；2—甲基位于第二碳上的支链烷烃；
3—二个甲基位于二个分开的碳上的支链烷烃；
4—烷基环己烷；5—烷基环戊烷；6—正 α-烯烃

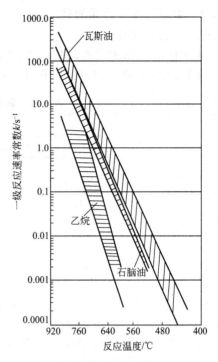

图 3-7　乙烷、石脑油及柴油的温度-
一级反应速率常数值关系

3.2　裂解过程的工艺参数和操作指标[4~6,10~11]

3.2.1　裂解原料

烃类裂解反应使用的原料对裂解工艺过程及裂解产物起着重要的决定性作用。裂解原料氢含量越高，获得 C_4 以下烯烃收率越高，因此烷烃尤其是低碳烷烃是首选的原料。表 3-16 给出了对于 450kt·a^{-1} 乙烯装置，使用不同裂解原料时的主要技术经济指标。数据表明，原料氢含量下降，造成乙烯收率下降，原料消耗、装置投资、能耗均随之增加。随着原料相对分子质量的增长，副产物增多，因而副产物回收的收益对乙烯生成成本影响很大，这给分离工艺提出更为苛刻的要求，显而易见必须增加装置的投资。

表 3-16　450kt·a^{-1} 乙烯装置不同裂解原料的主要技术经济指标比较

项　　目	乙烷	丙烷	丁烷	石脑油	常压柴油	减压柴油
单程乙烯收率/%	48.56	34.45	30.75	28.70	23.60	18.00
乙烯总收率/%	77.0	42.0	42.0	32.46	26.00	20.76
原料消耗量/万吨·年$^{-1}$	55.52	107.14	128.38	138.63	173	216.78
相对投资	100	114	120	123	143	149
公用工程消耗						
燃料/MJ·h^{-1}	900	1300	1380	1380	1550	1840
电耗/kW	1500	2000	2500	3000	4000	5000
冷却水用量/m^3·h^{-1}	31000	31500	32000	32500	34000	41000

国外烃类裂解原料以轻烃（C_4 以下）和石脑油为主，几乎占 90％左右。而国内重质油、柴油的比例还高达 20％以上，有待于进一步优化。

3.2.2 裂解温度和停留时间

3.2.2.1 裂解温度

从自由基反应机理分析，在一定温度内，提高裂解温度有利于提高一次反应所得乙烯和丙烯的收率。理论计算 600℃和 1000℃下正戊烷和异戊烷一次反应的产品收率如表 3-17 所示。

表 3-17   温度对一次裂解反应的影响

裂解产物组分	收率％（以质量计）			
	正戊烷裂解		异戊烷裂解	
	600℃	1000℃	600℃	1000℃
H_2	1.2	1.1	0.7	1.0
CH_4	12.3	13.1	16.4	14.5
C_2H_4	43.2	46.0	10.1	12.6
C_3H_6	26.0	23.9	15.2	20.3
其他	17.3	15.9	57.6	50.6
总计	100.0	100.0	100.0	100.0

从裂解反应的化学平衡也可以看出，提高裂解温度有利于生成乙烯的反应，并相对减少乙烯消失的反应，因而有利于提高裂解的选择性。

但裂解反应的化学平衡表明，裂解反应达到反应平衡时，烯烃收率甚微，裂解产物将主要为氢和碳。因此，裂解生成烯烃的反应必须控制在一定的裂解深度范围内。

根据裂解反应动力学，为使裂解反应控制在一定裂解深度范围内，就是使转化率控制在一定范围内。由于不同裂解原料的反应速率常数大不相同，因此，在相同停留时间的条件下，不同裂解原料所需裂解温度也不相同。裂解原料相对分子质量越小，其活化能和频率因子越高，反应活性越低，所需裂解温度越高。

在控制一定裂解深度条件下，可以有各种不同的裂解温度-停留时间组合。因此，对于生产烯烃的裂解反应而言，裂解温度与停留时间是一组相互关联不可分割的参数。而高温-短停留时间则是改善裂解反应产品收率的关键。

3.2.2.2 停留时间

管式裂解炉中物料的停留时间是裂解原料经过辐射盘管的时间。由于裂解管中裂解反应是在非等温变容的条件下进行，很难计算其真实停留时间。工程中常用如下几种方式计算裂解反应的停留时间。

（1）表观停留时间   表观停留时间 t_B 定义如下

$$t_B = \frac{V_R}{V} = \frac{SL}{V}$$

式中 V_R、S、L ——分别为裂解反应器容积，裂解管截面积及管长；

V ——单位时间通过裂解炉的气体体积。

表观停留时间表述了裂解管内所有物料（包括稀释蒸汽）在管中的停留时间。

（2）平均停留时间   平均停留时间 t_A 定义如下

$$t_A = \int_0^{V_R} \frac{dV}{\alpha_V V}$$

式中 α_V ——体积增大率，是转化率、温度、压力的函数；

V ——原料气的体积流量。

近似计算 $\quad t_A = \dfrac{V_R}{\alpha'_V V'}$

式中　V'——原料气在平均反应温度和平均反
应压力下的体积流量；

　　　α'_V——最终体积增大率。

3.2.2.3　温度-停留时间效应

（1）温度-停留时间对裂解产品收率的影
响　从裂解反应动力学可以看出，对给定原料
而言，裂解深度（转化率）取决于裂解温度和
停留时间。然而，在相同转化率下可以有各种
不同的温度-停留时间组合。因此，相同裂解
原料在相同转化率下，由于温度-停留时间不
同，所得产品收率并不相同。

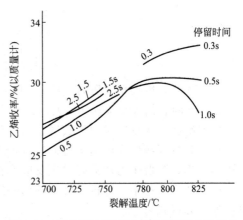

图 3-8　不同温度下乙烯收率随停留时间的变化

图 3-8 为石脑油裂解时，乙烯收率与温度和停留时间的关系。由图可见，为保持一定
的乙烯收率，如缩短停留时间，则需要相应提高裂解温度。

温度-停留时间对产品收率的影响可以概括如下。

① 高温裂解条件有利于裂解反应中一次反应的进行，而短停留时间又可抑制二次反
应的进行。因此，对给定裂解原料而言，在相同裂解深度条件下，高温-短停留时间的操
作条件可以获得较高的烯烃收率，并减少结焦。

② 高温-短停留时间的操作条件可以抑制芳烃生成的反应，对给定裂解原料而言，在
相同裂解深度下以高温-短停留时间操作条件所得裂解汽油的收率相对较低。

③ 对给定裂解原料，在相同裂解深度下，高温-短停留时间的操作条件将使裂解产品
中炔烃收率明显增加，并使乙烯/丙烯比及 C_4 中的双烯烃/单烯烃的比增大。

（2）裂解温度-停留时间的限制

① 裂解深度的限定。为达到较满意的裂解产品收率需要达到较高的裂解深度，而过
高的裂解深度又会因结焦严重而使清焦周期急剧缩短。工程中常以 C_5 和 C_5 以上液相产
品氢含量不低于 8% 为裂解深度的限度，由此，根据裂解原料性质可以选定合理的裂解深
度。在裂解深度确定后，选定了停留时间则可相应确定裂解温度。反之，选定了裂解温度
也可相应确定所需的停留时间。

② 温度限制。对于管式炉中进行的裂解反应，为提高裂解温度就必须相应提高炉管
管壁温度。炉管管壁温度受炉管材质限制。当使用 Cr25Ni20 耐热合金钢时，其极限使用
温度低于 1100℃。当使用 Cr25Ni35 耐热合金钢时，其极限使用温度可提高到 1150℃。由
于受炉管耐热程度的限制，管式裂解炉出口温度一般均限制在 950℃ 以下。

③ 热强度限制。炉管管壁温度不仅取决于裂解温度，也取决于热强度。在给定裂解
温度下，随着停留时间的缩短，炉管热通量增加，热强度增大，管壁温度进一步上升。因
此，在给定裂解温度下，热强度对停留时间是很大的限制。

3.2.3　烃分压与稀释剂

3.2.3.1　压力对裂解反应的影响

（1）从化学平衡角度分析

$$K_x = p^{-\Delta n} K_p$$

式中　K_x——以组分摩尔分数表示的平衡常数；

　　　K_p——以组分分压表示的平衡常数；

　　　p——反应压力。

73

$$\Delta n = \sum n_{产物} - \sum n_{原料}$$

$$\ln K_x = -\Delta n \ln p + \ln K_p$$

$$\left(\frac{\partial \ln K_x}{\partial p}\right)_T = \frac{-\Delta n}{p}$$

$\Delta n < 0$ 时，增大反应压力，K_x 上升，平衡向生成产物方向移动。

$\Delta n > 0$ 时，增大反应压力，K_x 下降，平衡向原料方向移动。

烃裂解的一次反应是分子数增多的过程，对于脱氢可逆反应，降低压力对提高乙烯平衡组成有利（断链反应因是不可逆反应，压力无影响）。烃聚合缩合的二次反应是分子数减少的过程，降低压力对提高二次反应产物的平衡组成不利，可抑制结焦过程。

（2）从反应速率来分析　烃裂解的一次反应多是一级反应或可按拟一级反应处理，其反应速率方程式为

$$r_{裂} = k_{裂} C$$

烃类聚合和缩合的二次反应多是高于一级的反应，其反应速率方程式为

$$r_{聚} = k_{聚} c^n$$

$$r_{缩} = k_{缩} c_A c_B$$

压力不能改变反应速率常数 k，但降低压力能降低反应物浓度 c，所以对一次反应、二次反应都不利。但反应的级数不同影响有所不同，压力对高于一级的反应的影响比对一级反应的影响要大得多，也就是说降低压力可增大一次反应对于二次反应的相对速率，提高一次反应选择性。其比较列于表 3-18。

表 3-18　压力对裂解过程中一次反应和二次反应的影响

反应	化学热力学因素		化学动力学因素		
	反应后体积的变化	减小压力对提高平衡转化率是否有利	反应级数	减小压力对加快反应速率是否有利	减小压力对于增大一次反应与二次反应的相对速率是否有利
一次反应	增大	有利（对断链反应无影响）	一级反应	不利	有利
二次反应	缩小	不利	高于一级反应	更不利	不利

所以降低压力可以促进生成乙烯的一次反应，抑制发生聚合的二次反应，从而减轻结焦的程度。

北京化工研究院通过实验数据关联得到：在一定裂解深度范围内，对相同裂解深度而言，烃分压的对数值与乙烯收率呈线性关系，见图 3-9。

图 3-9 所示的关系也可用下式表示。

$$y(C_2^=) = -10.5 \lg p_{HC} + 21.56$$

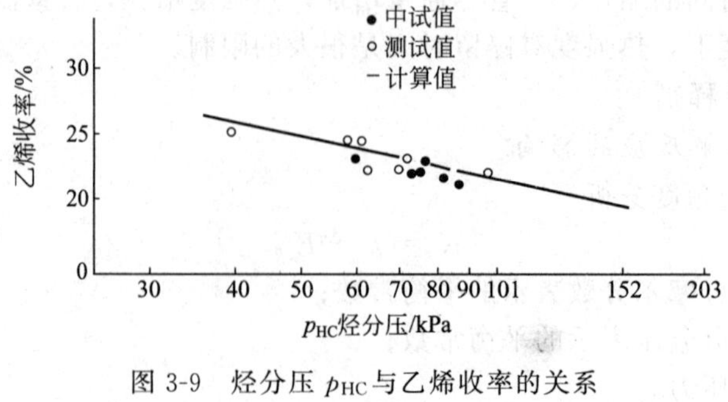

图 3-9　烃分压 p_{HC} 与乙烯收率的关系

3.2.3.2 稀释剂

由于裂解是在高温下操作的，不宜于用抽真空减压的方法降低烃分压，这是因为高温密封困难，一旦空气漏入负压操作的裂解系统，与烃气体形成爆炸混合物就有爆炸的危险，而且减压操作对以后分离工序的压缩操作也不利，要增加能量消耗。所以，采取添加稀释剂以降低烃分压是一个较好的方法。这样，设备仍可在常压或正压操作，而烃分压则可降低。稀释剂理论上可采用水蒸气、氢或任一种惰性气体，但目前较为成熟的裂解方法，均采用水蒸气作稀释剂，其原因如下。

① 裂解反应后通过急冷即可实现稀释剂与裂解气的分离，不会增加裂解气的分离负荷和困难。使用其他惰性气体为稀释剂时反应后均与裂解气混为一体，增加了分离困难。

② 水蒸气热容量大，使系统有较大热惯性，当操作供热不平稳时，可以起到稳定温度的作用，保护炉管防止过热。

③ 抑制裂解原料所含硫对镍铬合金炉管的腐蚀。

④ 脱除积碳，炉管的铁和镍能催化烃类气体的生碳反应。水蒸气对铁和镍有氧化作用，抑制它们对生碳反应的催化作用。而且水蒸气对已生成的碳有一定的脱除作用。

$$H_2O + C \Longrightarrow CO + H_2$$

水蒸气的稀释比不宜过大，因为它使裂解炉生产能力下降，能耗增加，急冷负荷加大。

3.2.4 裂解深度

3.2.4.1 衡量裂解深度的参数

裂解深度是指裂解反应的进行程度。由于裂解反应的复杂性，很难以一个参数准确地对其进行定量的描述。根据不同情况，常常采用如下一些参数衡量裂解深度。

（1）原料转化率 原料转化率 X 反映了裂解反应时裂解原料的转化程度。因此，常用原料转化率衡量裂解深度。

以单一烃为原料时（如乙烷或丙烷等），裂解原料的转化率 X 可由裂解原料反应前后的物质的量 n_0、n 计算。

$$x = \frac{n_0 - n}{n_0} = 1 - \frac{n}{n_0}$$

混合轻烃裂解时，可分别计算各组分的转化率。馏分油裂解时，则以某一当量组分计算转化率，表征裂解深度。

（2）甲烷收率 裂解所得甲烷收率 $y(C_1^\circ)$ 随着裂解深度的提高而增加。由于甲烷比较稳定，基本上不因二次反应而消失。因此，裂解产品中甲烷收率可以在一定程度上衡量反应的深度。

在管式炉裂解条件下，芳烃裂解基本上不生成气体产品。为消除芳烃含量不同的影响，可扣除原料中的芳烃而以烷烃和环烷烃的质量为计算甲烷收率的基准，称为无芳烃甲烷收率。

$$y(C_1^\circ)_{P+N} = y(C_1^\circ)/m_{P+N}$$

式中　$y(C_1^\circ)_{P+N}$——无芳烃甲烷收率；

　　　$y(C_1^\circ)$——甲烷收率；

　　　m_{P+N}——烷烃与环烷烃质量分数之和。

（3）乙烯对丙烯的收率比 在一定裂解深度范围内，随着裂解深度的增大，乙烯收率增高，而丙烯收率增加缓慢。到一定裂解深度后，乙烯收率尚进一步随裂解深度增加而上升，丙烯收率将由最高值而开始下降。因此，在一定裂解深度范围内，可以用乙烯与丙烯

75

收率之比 $\dfrac{y(C_2^=)}{y(C_3^=)}$ 作为衡量裂解深度的指标。但在裂解深度达到一定水平之后，乙烯收率

也将随裂解深度的提高而降低。此时，收率比 $\dfrac{y(C_2^=)}{y(C_3^=)}$ 已不能正确反映裂解的深度。

(4) 甲烷对乙烯或丙烯的收率比 由于甲烷收率随反应进程的加深总是增大的，而乙烯或丙烯收率随裂解深度的增加在达到最高值后开始下降。因此，在高深度裂解时，用甲烷对乙烯或丙烯的收率比 $\left(\dfrac{y(C_1^\circ)}{y(C_2^=)}\text{或}\dfrac{y(C_1^\circ)}{y(C_3^=)}\right)$ 衡量裂解深度是比较合理的。

(5) 液体产物的氢含量和氢碳比 随着裂解深度的提高，裂解所得氢含量高的 C_4 和 C_4 以下气态产物的产量逐渐增大。根据氢的平衡可以看出，裂解所得 C_5 和 C_5 以上的液体产品的氢含量和氢碳比 $(H/C)_L$ 将随裂解深度的提高而下降。馏分油裂解时，其裂解深度应以所得液体产物的氢碳比 $(H/C)_L$ 不低于 0.96（或氢含量不低于 8%）为限。当裂解深度过高时，可能结焦严重而使清焦周期大大缩短。

(6) 裂解炉出口温度 在炉型已定的情况下，炉管排列及几何参数已经确定。此时，对给定裂解原料及负荷而言，炉出口温度在一定程度上可以表征裂解的深度，用于区分浅度、中深度及深度裂解。温度高，裂解深度大。

(7) 裂解深度函数 考虑到温度和停留时间对裂解深度的影响，有人将裂解温度 T 与停留时间 θ 按下式关联。

$$S = T\theta^m$$

式中 m 可采用 0.06 或 0.027；S 称为裂解深度函数。

(8) 动力学裂解深度函数 如果将原料的裂解反应作为一级反应处理，则原料转化率 X 和反应速率常数 k 及停留时间 θ 之间存在如下关系：

$$\int k\,\mathrm{d}\theta = \ln \frac{1}{1-X}$$

$\int k\,\mathrm{d}\theta$ 可以表示温度分布和停留时间分布对裂解原料转化率或裂解深度的影响，在一定程度可以定量表示裂解深度。但是，$\int k\,\mathrm{d}\theta$ 不仅是温度和停留时间分布的函数，同时也是裂解原料性质的函数。为避开裂解原料性质的影响，将正戊烷裂解所得的 $\int k\,\mathrm{d}\theta$ 定义为动力学裂解深度函数（KSF）。

$$\mathrm{KSF} = \int k_5\,\mathrm{d}\theta = \int A_5 \exp\left(\frac{-E_5}{RT}\right)\mathrm{d}\theta$$

式中 k_5——正戊烷裂解反应速率常数；

A_5——正戊烷裂解反应的频率因子；

E_5——正戊烷裂解反应的活化能。

显然，动力学裂解深度函数 KSF 是与原料性质无关的参数，它反映了裂解温度分布和停留时间对裂解深度的影响。此法之所以选定正戊烷作为衡量裂解深度的当量组分，是因为在任何轻质油中，均有正戊烷，且在裂解过程中正戊烷含量只会减少，不会增加，选它作当量组分，足以衡量裂解深度。

3.2.4.2 裂解深度各参数关系

在表 3-19 的裂解深度各项指标中，科研和设计最常用的有动力学裂解深度函数 KSF 和转化率 X，在生产上最常用的有出口温度 T_{out}，它们之间存在着一定的关系，可以进行彼此的换算。

表 3-19　裂解深度的常用指标

裂解深度指标	适用范围	特　点	局　限
原料转化率 X	轻烃	容易分析测定	对于重馏分油原料由于反应复杂,不易确定代表组分
甲烷收率 $y(C_1^\circ)$	各种原料	容易分析测定	反应初期甲烷收率低
乙烯对丙烯收率比 $\dfrac{y(C_2^=)}{y(C_3^=)}$	各种原料	容易分析测定	不宜用于裂解深度极高时
甲烷对丙烯收率比 $\dfrac{y(C_1^\circ)}{y(C_3^=)}$	各种原料	容易分析测定,在裂解深度高时,特别灵敏	裂解深度较浅时不敏感
液体产物氢碳原子比 $(H/C)_L$	较重烃	可作为液相脱氢程度和引起结焦倾向的度量	轻烃裂解,液体产物不多时,用此指标无优点
出口温度 T_{out}	各种原料	测量容易	不能用于不同炉型和不同操作条件的比较
裂解深度函数 S	各种原料	计算简单	不能用于停留时间过长情况
动力学裂解深度函数 KSF	各种原料	结合原料性质、温度和停留时间三个因素	不能用于停留时间过长情况

（1）动力学裂解深度函数与转化率的换算

$$KSF = \int_0^\theta k_5\,d\theta \qquad (3\text{-}19)$$

由于烃类裂解主反应按一级反应处理，即

$$\frac{-dc}{d\theta} = k_5 c$$

$$-\frac{dc}{c} = k_5\,d\theta$$

对于等温反应，有

$$KSF = k_5\theta = \ln\frac{1}{1-X_5} = -\ln(1-X_5) \qquad (3\text{-}20)$$

或
$$X_5 = 1 - \exp(-KSF) \qquad (3\text{-}21)$$

上两式把动力学裂解深度函数 $k_5\theta$ 与转化率 X_5 联系起来了，可以实现彼此之间的换算。式(3-20)是很有用的，当馏分油裂解中无法测定其反应速率常数 k 时，可以由转化率 X_5 通过式(3-20)计算出 k。

（2）动力学裂解深度函数与出口温度的关系　用动力学裂解深度函数衡量裂解深度较全面地考虑了温度和停留时间的影响。但对实际生产而言，调节裂解炉出口温度却是控制裂解深度的主要手段。因此，建立动力学裂解深度函数与炉出口温度 T_{out} 的关系具有实际意义。

如以炉出口温度 T_{out} 为参考温度，在此温度下的反应速率常数为 k_T，则可定义一个当量停留时间 θ_T

$$KSF = \int k\,d\theta = k_T\theta_T$$

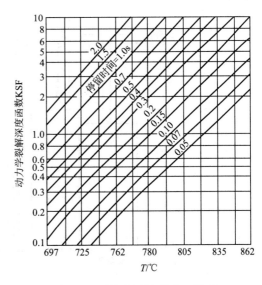

图 3-10　裂解深度与炉出口温度和停留时间的关系

根据 Arrhenius 方程　　$\ln k_T = B - \dfrac{C}{T_{out}}$

因此　　　　　　　　$\ln KSF = B - \dfrac{C}{T_{out}} + \ln\theta_T$　　　　　　　(3-22)

式中 B、C 为与频率因子和活化能有关的常数，由阿累尼乌斯方程求出。由式（3-22）看出，若当量停留时间不变，$\ln KSF$ 与 $1/T$ 成正比。在不同的恒定当量停留时间条件下，动力学裂解深度函数 KSF 与裂解炉出口温度的关系如图 3-10 所示。

3.3　管式裂解炉及裂解工艺过程[4~5,12,13]

3.3.1　管式裂解炉

早在 20 世纪 30 年代就开始研究用管式裂解炉高温法裂解石油烃。20 世纪 40 年代美国首先建立管式裂解炉裂解乙烯的工业装置。进入 20 世纪 50 年代后，由于石油化工的发展，世界各国竞相研究提高乙烯生产水平的工艺技术，并找到了通过高温短停留时间的技术措施可以大幅度提高乙烯收率。20 世纪 60 年代初期，美国 Lummus 公司开发成功能够实现高温短留时间的 SRT-Ⅰ型炉（Short Residence Time），见图 3-11。这是一种把一组用 HK-40 铬镍合金钢（25-20 型）制造的离心浇铸管垂直放置在炉膛中央以使双面接受辐射加热的裂解炉。采用双面受热，使炉管表面传热强度提高到 251MJ/(m² · h)。耐高温的铬镍合金钢管可使管壁温度高达 1050℃，从而奠定了实现高温短停留时间的工艺基础。以石脑油为原料，SRT-Ⅰ型炉可使裂解出口温度提高到 800~860℃，停留时间减少到 0.25~0.60s，乙烯产率得到了显著的提高。20 世纪 60 年代中期，Lummus 公司仔细研究了裂解过程烃分压和停留时间对裂解选择性的影响后，确认降低裂解过程的烃分压能显著改善裂解反应的选择性。基于这项研究成果，该公司又开发成功 SRT-Ⅱ型炉。这是适应烃原料能够迅速升温而又可以减少压降的新型炉管即分叉变径炉管（swaged coil）。SRT-Ⅱ型炉炉管的炉管表面传热强度可达 293MJ/(m² · h)，石脑油裂解的乙烯收率为 28%~30%。20 世纪 70 年代中期，Lummus 公司又把炉管材料由 HK—40 改为 HP—40（25~35 铬镍钢），新材料使炉管管壁温度高达 1100℃，传热强度达 376.8MJ/(m² · h)，

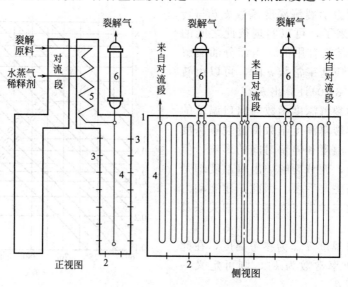

图 3-11　SRT-Ⅰ型竖管裂解炉示意图

1—炉体；2—油气联合烧嘴；3—气体无焰烧嘴；4—辐射段炉管（反应管）；5—对流段炉管；6—急冷锅炉

进一步缩短了停留时间，降低了烃分压并提高了裂解选择性，这种炉子称为 SRT-Ⅲ 型炉。除了对炉管材质作了改进外，SRT-Ⅲ 型炉的工艺性能和 SRT-Ⅱ 型炉基本相同，但炉内管排由四组增加到六组，单台炉的生产能力由 3 万吨/年增加到 4.5～5.0 万吨/年，炉子热效率由 87% 提高到 92%。Lummus 公司近 20 年来在管式裂解炉工艺技术和工程方面所取得的技术进展代表了当前世界各国在裂解工艺技术方面总发展趋势。应用 Lummus 公司 SRT 型炉生产乙烯的总产量约占全世界的一半左右。20 世纪 60 年代末期以来，各国著名的公司如 Stone&Webster，Linde-Selas，Kellogg，Foster-Wheeler，三菱油化等也都相继提出了自己开发的新型管式裂解炉。

3.3.1.1 SRT 型短停留时间裂解炉

（1）炉型 Lummus 公司的 SRT 型裂解炉（短停留时间裂解炉）为单排双辐射立管式裂解炉，已从早期的 SRT-Ⅰ 型发展为近期采用的 SRT-Ⅵ 型。SRT 型裂解炉的对流段设置在辐射室上部的一侧，对流段顶部设置烟道和引风机。对流段内设置进料、稀释蒸汽和锅炉给水的预热。从 SRT-Ⅲ 型裂解炉开始，对流段尚设置高压蒸汽过热，取消了高压蒸汽过热炉。在对流段预热原料和稀释蒸汽过程中，一般采用一次注入的方式将稀释的蒸汽注入裂解原料。当裂解炉需要裂解重质原料时，也采用二次注入稀释蒸汽的方案。

早期 SRT 型裂解炉多采用侧壁无焰烧嘴，为适应裂解炉烧油的需要，目前多采用侧壁烧嘴和底部烧嘴联合的烧嘴布置方案。通常，底部烧嘴最大供热量可占总热负荷的 70%。

（2）盘管结构 为进一步缩短停留时间并相应提高裂解温度，Lummus 公司在 20 世纪 80 年代相继开发了 SRT-Ⅳ 型和 SRT-Ⅴ 型裂解炉，其辐射盘管为多分支变径管，管长进一步缩短。其高生产能力盘管（HC 型）为 4 程盘管，而高选择性盘管（HS 型）则为双程盘管。SRT-Ⅴ 型与 SRT-Ⅳ 型裂解炉辐射盘管的排列和结构相同，SRT-Ⅳ 型为光管，而 SRT-Ⅴ 型裂解炉的辐射盘管则为带内翅片的炉管。内翅片可以增加管内给热系数，降低管内传热的热阻，由此相应降低管壁温度延长清焦周期。

采用双程辐射盘管可以将管长缩短到 22m 左右，其停留时间可缩短到 0.2s，裂解选择性进一步得到改善。

SRT-Ⅴ 型与 SRT-Ⅳ 型裂解炉第 1 程盘管一般为 12～20 根炉管，用入口分布管保证对流管进料均匀分配于辐射盘管。第 1 程炉管汇集于汇总管，然后进入 2 根第 2 程盘管。由于第 1 程炉管数较多，汇总管线相对较长（约 3～4m）。为避免汇总管线因端部流速小而可能发生过热，汇总管线尚需与辐射室隔离并保温。这就导致裂解气在汇总管线内在绝热条件下进行裂解反应，在此，裂解气大约形成 10～25℃ 左右的温降。为改进这一问题，Lummus 公司又开发了 SRT-Ⅵ 型裂解炉。新炉型的辐射盘管为 8-2 排列的双程分支变径盘管，第 1 程为 8 根炉管，第 2 程为 2 根炉管。改进后盘管第 1 程的汇总管长度缩短，并用变径方式解决了汇总管端部可能因传热差而造成过热的问题，汇总管不必再隔离保温，相应克服了汇总管中因绝热反应而使裂解蒸汽温度下降的问题。

典型的 SRT 型裂解炉辐射盘管的排列特点如表 3-20 所示。

SRT-Ⅰ 型裂解炉采用多程等径辐射盘管（程：同方向并行等径管为一程），从 SRT-Ⅱ 型裂解炉开始，SRT 型裂解炉均采用分支变管径辐射盘管，随着炉型的改进，辐射盘管的程数逐步减少。其Ⅳ、Ⅴ、Ⅵ型裂解炉均采用双程分支变径管。

分支变径管是在入口段采用多根并联的小口径炉管，而出口段则采用大口径炉管，沿管长流通截面积大体保持不变。由于小管径炉管单位体积的表面积大，相应可以提高入口段炉管单位体积的传热强度，并将热量更多转移到入口段，降低了高温出口段的热负荷。这就使沿管长的热负荷分配更趋合理，沿管长的物料温度和管壁温度趋于平缓。相应可以

表 3-20　SRT 型裂解炉辐射盘管

项　目	SRT-Ⅰ	SRT-Ⅱ	SRT-Ⅲ
炉管排列			
程数	8P	6P33	4P40
管长/m	80~90	60.6	51.8
管径/mm	75~133	64　96　152 1程　2程　3~6程	64　89　146 1程　2程　3~4程
表观停留时间/s	0.6~0.7	0.47	0.38

项　目	SRT-Ⅳ　SRT-Ⅴ	SRT-Ⅵ
炉管排列		
程数	2程（16~2）	2程（8~2）
管长/m	21.9	约21
管径/mm	41.6　　116 1程　　2程	>50　　>100 1程　　2程
表观停留时间/s	0.21~0.3	0.2~0.3

保证缩短停留时间并提高裂解温度。曾对两种辐射盘管进行比较，盘管 1 为等径多程盘管，管程为 4 程，管内径为 57mm，总管长为 35.3m。盘管 2 为分支变径管，管程为 4程，总管长为 35.3m。第 1 程为 4 根内径为 57mm 并联管，第 2 程为两根内径 89mm 并联管，第 3 程和第 4 程为内径 127mm 单管。比较结果如表3-21所示。与等径盘管相比，分支变径管停留时间较长，但处理量大得多。

自 SRT-Ⅱ型裂解炉采用多程分支变径盘管之后，SRT 型裂解炉改进的主要途径是在分支变径管基础上逐步减少管程，缩短管径。从 SRT-Ⅳ型裂解炉开始，基本形成双程分支变径管的格局。随着辐射盘管的改进，其裂解工艺性能随之改善。裂解的烯烃收率随之提高。以某全沸程石脑油为例，在不同炉型中裂解，在相同裂解深度下所得产品收率如表 3-22。

表 3-21　不同辐射盘管裂解工艺性能		
盘　　管	盘管 1 （等径盘管）	盘管 2 （分支变径管）
烃进料/(kg/h)	740	3190
出口气体温度/℃	875	833
初期最高管壁温度/℃	972	972
平均停留时间/s	0.09	0.16
压力降/kPa	15	12
平均烃分压/kPa	94	86
出口流速/(m/s)	277	227
出口质量流速/[kg/(m² · s)]	80	70
预测清焦周期/天	45	60

表 3-22　不同 SRT 炉型所得裂解
产品收率/%（以质量计）

裂解产物组分	SRT-Ⅲ	SRT-Ⅴ	SRT-Ⅵ
甲烷	18.3	17.4	17.35
乙烷	4.8	4.2	4.15
乙烯	27.95	30.0	30.3
丙烯	14.0	15.1	15.25
C₄	8.95	9.20	9.23
裂解汽油	19.16	17.56	17.29
燃料油	4.25	3.63	3.56
裂解气相对分子质量	28.30	28.08	28.02

3.3.1.2 SRT 型裂解炉的优化及改进措施

裂解炉设计开发的根本思路是提高过程选择性和设备的生产能力,根据烃类热裂解的热力学和动力学分析,提高反应温度、缩短停留时间和降低烃分压是提高过程选择性的主要途径。自然短停留时间和适宜的烃分压以及高选择性使清焦周期的加长从而提高设备生产效率。

在众多改进措施中辐射盘管的设计是决定裂解选择性提高烯烃收率,提高对裂解原料适应性的关键。改进辐射盘管的结构,成为管式裂解炉技术发展中最核心的部分。

早期的管式裂解炉采用相同管径的多程盘管。其管径一般均在 100mm 以上,管程多为 8 程以上,管长近 100m,相应平均停留时间大约 0.6~0.7s。

对一定直径和长度的辐射盘管而言,提高裂解温度和缩短停留时间均增大辐射盘管的传热强度,使管壁温度随之升高。换言之,裂解温度和停留时间均受辐射盘管耐热程度的限制。改进辐射盘管金属材质是适应高温-短停留时间的有效措施之一。目前,广泛采用 25Cr35Ni 系列的合金钢代替 25Cr20Ni 系列的合金钢,其耐热温度从 1050~1080℃ 提高到 1100~1150℃。这对提高裂解温度、缩短停留时间起到一定作用。

提高裂解温度并缩短停留时间的另一重要途径是改进辐射盘管的结构。20 多年来,相继出现了单排分支变径管、混排分支变径管、不分支变径管、单程等径管等不同结构的辐射盘管。辐射盘管结构尺寸的改进均着眼于改善沿盘管的温度分布和传热强度分布,提高盘管的平均传热强度,由此达到高温-短停留时间的操作条件。

根据反应前期和反应后期的不同特征,采用变径管,使入口端(反应前期)管径小于出口端(反应后期),这样可以比等径管的停留时间缩短,传热强度、处理能力和生产能力有所提高。表 3-23 和表 3-24 给出了相应的分析和比较。

表 3-23　变径管的分析

项　目	反　应　前　期	反　应　后　期
管径	较　　小	较　　大
压力降	反应前期由于反应转化率尚低,管内流体体积增大不多,以致线速度增大不多,由于管径小而引起压力降不严重,不致严重影响平均烃分压的增大	此时转化率较高,管内流体体积增大较多,以致线速度增大较多,由于管径小而引起压力降较严重,故采用较大管径为宜
热强度	由于原料升温,转化率增长快,需要大量吸热,所以要求热强度大,管径小可使比表面积增大,可满足此要求	转化率已较高,增长幅度不大了,对热强度要求不高了,管径大一些(比传热面变小),对传热的影响不显著
结焦趋势	转化率尚低,二次反应尚不致发生,不致结焦,允许管径小一些	转化率已较高,二次反应已在发生,结焦可能性较大,用较大管径可延长操作周期
主要矛盾	加大热强度是主要矛盾,压力降和结焦是次要矛盾,故管径小是首位	避免压力降过大,防止结焦延长操作周期是主要矛盾,传热是次要矛盾,故用较大直径

表 3-24　裂解炉不变径和变径反应管的比较①

反应管型　式	每组管处理能力/(t/h)	管出口温度/℃	停留时间/s	热强度/[MJ/(m²·h)]	每组管最大生产能力(乙烯)/(t/a)	每台炉最大生产能力(乙烯)/(t/a)
SRT-Ⅰ型(不变径)	2.75	835	0.6~0.7	251.2	5700	22800
SRT-ⅡHC(变径)	6.0	830	0.4~0.5	293~377	12500	50000

① 相同条件:裂解原料为全沸程石脑油,乙烯最大产率为 27%(以质量计)(单程)和 30.6%(乙烷循环)。

3.3.1.3 其他管式裂解炉

(1) 超选择性裂解炉　Stone & Welster 公司的超选择性裂解炉(USC 炉)是采用单排双面辐射多组变径炉管的管式炉结构。新构型可使烃类在较高的选择性下操作故称为超选择性裂解炉。USC 炉的基本结构及炉管概况如图 3-12 及图 3-13。每组炉管呈 W 形由四根管径各异的炉管组成，每台炉内装有 16，24 或 32 组炉管，每组炉管前两根为 HK-40 管，后两根是 HP-40 管，均系离心浇铸内壁经机械加工。每组炉管的出口处和在线换热器 USX 直接相连接。裂解产物在 USX 中被骤冷以防止发生二次反应。USX 所发生的高压水蒸气经过热后作为装置的动力及热源。

（2）毫秒炉　Kellogg 公司和日本出光石油化学公司共同致力于开发一种新型的裂解炉，简称为毫秒炉或超短停留时间炉（USRT 炉）。毫秒炉采用直径较小的单程直管，不设弯头以减少压降。一台年产 2.5 万吨乙烯的裂解炉有 7 组炉管，每组由 12 根并联的管子组成，管内径为 25mm，长约 10m，炉管单排垂直吊在炉膛中央，采用底部烧嘴双面加热，可以全部烧油或烧燃料气。烃原料由下部进入，上部排出，由于管径小，热强度增大，因此可以在 100ms 左右的超短停留时间内实现裂解反应，故选择性高。据称乙烯、丙烯的收率比传统炉高 10%，甲烷及燃料油收率则降低。USRT 炉的基本结构如图 3-14。

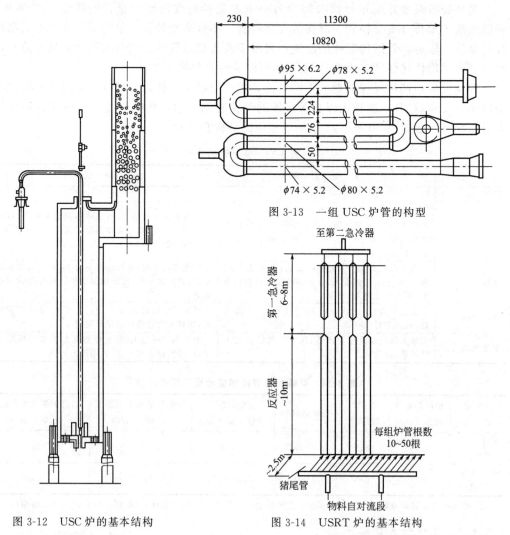

图 3-13　一组 USC 炉管的构型

图 3-12　USC 炉的基本结构

图 3-14　USRT 炉的基本结构

裂解产物从裂解炉管排出后迅速进入相接的在线换热器进行骤冷并发生高压蒸汽。当使用石脑油原料时，毫秒炉与传统管式炉的产品分布比较如表 3-25。

表 3-25 裂解石脑油时毫秒炉与传统炉产品分布比较

产品	传统管式炉高深度裂解	毫秒炉中深度裂解	毫秒炉低深度裂解	产品	传统管式炉高深度裂解	毫秒炉中深度裂解	毫秒炉低深度裂解
H_2	1.0	1.0	1.2	C_4H_{10}	0.2	0.2	—
CH_4	17.0	12.8	15.2	C_5^+	29.9	26.8	27.7
C_2H_2	0.7	0.7	1.3	合计	100.0	100.0	100.0
C_2H_4	28.5	29.0	31.8	H/C 比 (C_5^+)	1.0	1.16	1.0
C_2H_6	3.8	3.2	2.8	H_2+CH_4/C_2H_4	0.631	0.476	0.516
C_3H_4	0.6	1.0	1.2	C_3H_6/C_2H_4	0.407	0.517	0.365
C_3H_6	11.6	15.0	11.6	C_4H_6/C_2H_4	0.130	0.186	0.148
C_3H_8	0.3	0.4	0.3	$C_2H_4+C_3H_6+C_4H_6$	43.8	49.4	48.1
C_4H_6	3.7	5.4	4.7	乙烯总收率	32.2%	32.2%	35.2%
C_4H_8	2.7	4.5	2.2	(乙烷循环)			

（3）Linde-Selas 混合管裂解炉（LSCC） Linde-Selas 公司应用低烃分压-短停留时间的概念开发了一种单双排混合型变径炉管裂解炉即 LSCC 炉。采用 3 种规格的管，入口处为较小直径管。呈双排双面辐射加热以强化初期升温速度，出口部分有 5 根炉管，改为单排双面辐射。每台炉有 4 组炉管，其简要结构如图 3-15 及图 3-16。

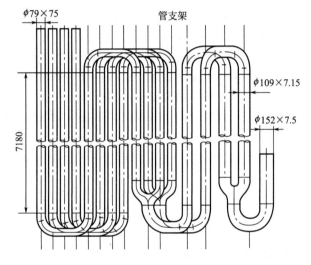

图 3-15 LSCC 炉炉管系统

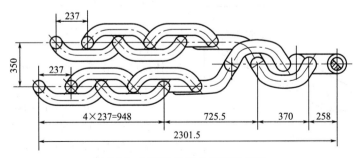

图 3-16 LSCC 炉管的构型及排列

3.3.2 急冷、热量回收及清焦

3.3.2.1 急冷

裂解炉出口的高温裂解气在出口高温条件下将继续进行裂解反应，由于停留时间的增

长，二次反应增加，烯烃损失随之增多。为此，需要将裂解炉出口高温裂解气尽快冷却，通过急冷以终止其裂解反应。当裂解气温度降至650℃以下时，裂解反应基本终止。急冷有间接急冷和直接急冷之分。

（1）间接急冷　裂解炉出来的高温裂解气温度在800～900℃左右，在急冷的降温过程中要释放出大量热，是一个可加利用的热源，为此可用换热器进行间接急冷，回收这部分热量发生蒸汽，以提高裂解炉的热效率，降低产品成本。用于此目的的换热器称为急冷换热器。急冷换热器与汽包所构成的发生蒸汽的系统称为急冷锅炉。也有将急冷换热器称为急冷锅炉或废热锅炉的，使用急冷锅炉有两个主要目的：一是终止裂解反应；二是回收废热。

（2）直接急冷　直接急冷的方法是在高温裂解气中直接喷入冷却介质，冷却介质被高温裂解气加热而部分汽化，由此吸收裂解气的热量，使高温裂解气迅速冷却。根据冷却介质的不同，直接急冷可分为水直接急冷和油直接急冷。

（3）急冷方式的比较　直接急冷设备费少，操作简单，系统阻力小。由于是冷却介质直接与裂解气接触，传热效果较好。但形成大量含油污水，油水分离困难，且难以利用回收的热量。而间接急冷对能量利用较合理，可回收裂解气被急冷时所释放的热量，经济性较好，且无污水产生，故工业上多用间接急冷。

3.3.2.2　急冷换热器

急冷换热器是裂解气和高压水（8.7～12MPa）经列管式换热器间接换热使裂解气骤冷的重要设备。它使裂解气在极短的时间（0.01～0.1s）内，温度由约800℃下降到露点左右。急冷换热器的运转周期应不低于裂解炉的运转周期，为减少结焦发生应采取如下措施：一是增大裂解气在急冷换热器中的线速度，以避免返混而使停留时间拉长造成二次反应；二是必须控制急冷换热器出口温度，要求裂解气在急冷换热器中冷却温度不低于其露点。如果冷到露点以下，裂解气中较重组分就要冷凝下来，在急冷换热器管壁上形成缓慢流动的液膜，既影响传热，又因停留时间过长发生二次反应而结焦。裂解原料的氢含量的高低，决定了裂解气露点的高低。

对于体积平均沸点在130～400℃的裂解原料油，其出口温度有如下的经验公式。

$$T_{出} = 0.56T_B + \alpha \tag{3-23}$$

式中　$T_{出}$——裂解气在急冷换热器的出口温度，℃，一般在450～600℃范围内；

　　　α——其数值在340～420℃范围内变动，因裂解深度而异，裂解深度较深时α取较大值；

　　　T_B——裂解原料的体积平均沸点。

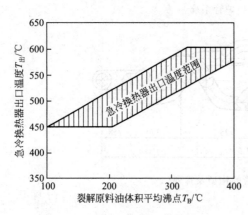

图3-17　急冷换热器出口温度与原料体积平均沸点的关系

$$T_B = \frac{1}{5}(T_{10} + T_{30} + T_{50} + T_{70} + T_{90}) \tag{3-24}$$

式中T_{10}、T_{30}、T_{50}、T_{70}、T_{90}为对应于馏出液体积分数为10%，30%，50%，70%，90%时的馏出温度。

式（3-23）的关系可用图3-17表示。

图3-17中画有斜线的部分是急冷换热器出口温度范围，此带有一定宽度，是表示不同裂解深度的影响，即式（3-23）中α值大小的影响。

3.3.2.3　裂解炉和急冷换热器的清焦

管式裂解炉辐射盘管和急冷换热器换热管

在运转过程中有焦垢生成，必须定期进行清焦。对管式裂解炉而言，如下任一情况出现均应停止进料，进行清焦。

① 裂解炉辐射盘管管壁温度超过设计规定值。

② 裂解炉辐射段入口压力增加值超过设计值。

对于急冷换热器而言，如下任一情况出现均应对急冷换热器进行清焦。

① 急冷换热器出口温度超过设计值。

② 急冷换热器进出口压差超过设计值。

裂解炉辐射管的焦垢均用蒸汽清焦法、空气清焦法或蒸汽-空气清焦法进行清理。这些清焦方法的原理是利用蒸汽或空气中的氧与焦垢反应气化而达到清焦的目的。

$$C + O_2 \longrightarrow CO_2 + Q$$
$$2C + O_2 \longrightarrow 2CO + Q$$
$$C + H_2O \longrightarrow CO + H_2 - Q$$

蒸汽-空气烧焦法是在裂解炉停止烃进料后，加入空气，对炉出口气分析，逐步加大空气量，当出口干气中 $CO + CO_2$ 含量低于 $0.2\% \sim 0.5\%$（体积分数）后，清焦结束。

近来，越来越多的乙烯工厂采用空气烧焦法。此法除在蒸汽-空气烧焦法的基础上提高烧焦空气量和炉出口温度外，逐步将稀释蒸汽量降为零，主要烧焦过程为纯空气烧焦。此法不仅可以进一步改善裂解炉辐射管清焦效果，而且可使急冷换热器在保持锅炉给水的操作条件下获得明显的在线清焦效果。采用这种空气清焦方法，可以使急冷换热器水力清焦或机械清焦的周期延长到半年以上。

3.4 裂解气的预分馏及净化[5,10]

3.4.1 裂解气预分馏的目的与任务

裂解炉出口的高温裂解气经急冷换热器的冷却，再经急冷器进一步冷却后，温度可以降到 $200 \sim 300℃$ 之间。将急冷后的裂解气进一步冷却至常温，并在冷却过程中分馏出裂解气中的重组分（如燃料油，裂解汽油，水分），这个环节称为裂解气的预分馏。经预分馏处理的裂解气再送至裂解气压缩并进一步进行深冷分离。显然，裂解气的预分馏过程在乙烯装置中起着十分重要的作用。

① 经预分馏处理，尽可能降低裂解气的温度，从而保证裂解气压缩机的正常运转，并降低裂解气压缩机的功耗。

② 裂解气经预分馏处理，尽可能分馏出裂解气的重组分，减少进入压缩分离系统的负荷。

③ 在裂解气的预分馏过程中将裂解气中的稀释蒸汽以冷凝水的形式分离回收，用以再发生稀释蒸汽，从而大大减少污水排放量。

④ 在裂解气的预分馏过程中继续回收裂解气低能位热量。通常，可由急冷油回收的热量发生稀释蒸汽，由急冷水回收的热量供给分离系统的工艺加热。

3.4.2 预分馏工艺过程概述

（1）轻烃裂解装置裂解气的预分馏过程　轻烃裂解装置所得裂解气的重质馏分甚少，尤其乙烷和丙烷裂解时，裂解气中的燃料油含量甚微。此时，裂解气的预分馏过程主要是在裂解气进一步冷却过程中分馏裂解气中的水分和裂解汽油馏分。其过程示意如图 3-18。

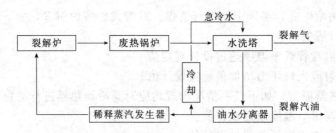

图 3-18　轻烃裂解装置裂解气预分馏流程示意图

如图所示，轻烃裂解装置中裂解炉出口高温裂解气，经急冷换热器（废热锅炉）回收热量副产高压蒸汽后，冷却至 200～300℃ 之间，然后进入水洗塔。在水洗塔中，塔顶用急冷水喷淋冷却裂解气。塔顶裂解气冷却至 40℃ 左右送至裂解气压缩机。塔釜分馏出裂解气的大部分水分和裂解汽油。塔釜的油水混合物经油水分离器分出裂解汽油和水，裂解汽油经汽油汽提塔汽提。而分离出的水（约 80℃），一部分经冷却送至水洗塔塔顶作为喷淋（称为急冷水），另一部分则送稀释蒸汽发生器发生稀释蒸汽。急冷水除部分用冷却水冷却（或空冷）外，部分可用于分离系统工艺加热（如丙烯精馏塔再沸器加热），由此回收低位能热量。

（2）馏分油裂解装置裂解气预分馏过程　馏分油裂解装置所得裂解气中含相当量的重质馏分，这些重质燃料油馏分与水混合后会因乳化而难于进行油水分离。因此，在馏分油裂解装置中，必须在冷却裂解气的过程中先将裂解气中的重质燃料油馏分分馏出来，分馏重质燃料油馏分之后的裂解气再进一步送至水洗塔冷却，并分馏其中的水和裂解汽油。其流程示意如图 3-19。

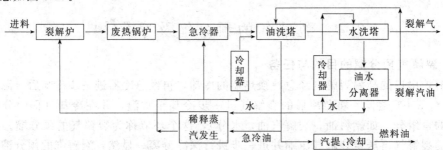

图 3-19　馏分油裂解装置裂解气预分馏过程示意图

如图所示，馏分油裂解装置中裂解炉出口高温裂解气，经急冷换热器回收热量后，再经急冷器用急冷油喷淋降温至 220～300℃ 左右。冷却后的裂解气进入油洗塔（或称预分馏塔），塔顶用裂解汽油喷淋，塔顶温度控制在 100～110℃ 之间，保证裂解气中的水分从塔顶带出油洗塔。塔釜温度则随裂解原料的不同而控制在不同水平。石脑油裂解时，塔釜温度大约 180～190℃，轻柴油裂解时则可控制在 190～200℃ 左右。塔釜所得燃料油产品，部分经汽提并冷却后作为裂解燃料油产品。另外部分（成为急冷油）送至稀释蒸汽系统作为稀释蒸汽的热源，回收裂解气的热量。经稀释蒸汽发生系统冷却的急冷油，大部分送至急冷器以喷淋高温裂解气，少部分急冷油进一步冷却后作为油洗塔中段回流。

油洗塔塔顶裂解气进入水洗塔，塔顶用急冷水喷淋，塔顶裂解气降至 40℃ 左右送入裂解气压缩机。塔釜约 80℃，在此，可分馏出裂解气中大部分水分和裂解汽油。塔釜油水混合物经油水分离后，部分水（称为急冷水）经冷却后送入水洗塔作为塔顶喷淋，另一部分则送至稀释蒸汽发生器发生蒸汽，供裂解炉使用。油水分离所得裂解汽油馏分，部分送至油洗塔作为塔顶喷淋，另一部分则作为产品采出。

3.4.3 裂解汽油与裂解燃料油

（1）裂解汽油 烃类裂解副产的裂解汽油包括 C_5 至沸点 204℃ 以下的所有裂解副产物，作为乙烯装置的副产品，其典型规格通常如下：

C_4 馏分   0.5%（最大质量分数）

终馏点   204℃

裂解汽油经一段加氢可作为高辛烷值汽油组分。如需经芳烃抽提分离芳烃产品，则应进行两段加氢，脱出其中的硫，氮，并使烯烃全部饱和。

可以将裂解汽油全部进行加氢，加氢后分为加氢 C_5 馏分，$C_6 \sim C_8$ 中心馏分，$C_9 \sim$ 204℃ 馏分。此时，加氢 C_5 馏分可返回循环裂解，而 $C_6 \sim C_8$ 中心馏分则是芳烃抽提的原料，C_9 馏分可作为歧化生产芳烃的原料。也可以将裂解汽油先分为 C_5 馏分，C_9 馏分，$C_6 \sim C_8$ 中心馏分。然后仅对 $C_6 \sim C_8$ 中心馏分进行加氢处理，由此，可使加氢处理量减少。

裂解汽油的组成与原料油性质和裂解条件有关。典型裂解汽油的组成如表 3-26 所示。

表 3-26 裂解汽油组成举例

裂解原料	大 庆 油			胜 利 油		
	石脑油	轻柴油	石脑油	加氢焦化汽油	轻柴油	减压柴油
裂解汽油收率/%（以质量计）	15.76	17.80	24.6	19.4	18.30	18.80
裂解汽油组成（质量分数）/%						
C_5 及轻组分	25.51	18.61	15.45	14.72	14.21	15.96
$C_6 \sim C_8$ 非芳烃	9.78	6.29	29.88	10.05	11.21	11.70
苯	37.75	30.93	19.11	32.73	33.33	29.78
甲苯	14.85	18.34	13.41	18.81	18.58	18.62
二甲苯和乙苯	2.92	6.57	9.15	7.3	8.20	9.04
苯乙烯	3.55	4.21	2.85	3.7	2.73	2.66
$C_9 \sim$ 204℃ 馏分	5.64	15.05	10.15	12.96	11.47	12.24
合计	100.00	100.00	100.00	100.00	100.00	100.00

（2）裂解燃料油 烃类裂解副产的裂解燃料油是指沸点在 200℃ 以上的重组分。其中沸程在 $200 \sim 360$℃ 的馏分称为裂解轻质燃料油，相当于柴油馏分，其中，烷基萘含量较高，可作为脱烷基制萘的原料。沸程在 360℃ 以上的馏分称为裂解重质燃料油，相当于常压重油馏分。除作燃料外，由于裂解重质燃料油的灰分低，是生产炭黑的良好原料。

轻烃和轻质油裂解时，裂解燃料油较少，通常不再对轻质燃料油和重质燃料油进行分离。一般在柴油裂解时，则需分出轻质燃料油，并以轻质燃料油作为裂解炉燃料，以此平衡柴油裂解厂气体燃料的不足。

裂解燃料油需要控制的规格主要是油品的闪点。通常，轻质裂解燃料油的闪点应控制在 $70 \sim 75$℃ 以上，重质裂解燃料油的闪点应控制在 100℃ 以上。裂解燃料油的硫含量取决于裂解原料的硫含量。石脑油裂解时，大约裂解原料总硫的 $10\% \sim 20\%$ 聚积于裂解燃料油。柴油裂解时，则有大约 $50\% \sim 60\%$ 的硫富集于裂解燃料油。

3.4.4 裂解气的净化

裂解气中含 H_2S，CO_2，H_2O，C_2H_2，CO 等气体杂质，来源主要有三方面：一是原料中带来；二是裂解反应过程生成；三是裂解气处理过程引入。

裂解气中杂质的含量见表 3-27。

表 3-27　典型裂解气中杂质含量/%（体积分数）

裂解原料 \ 杂质	CO, CO_2, H_2S	C_2H_2	C_3H_4	H_2O
石脑油	0.32	0.41	0.48	4.98
轻柴油	0.27	0.37	0.54	0.48
减压柴油	0.36	0.46	0.48	6.15

这些杂质的含量虽不大，但对深冷分离过程是有害的。而且这些杂质不脱除，进入乙烯，丙烯产品，使产品达不到规定的标准。尤其是生产聚合级乙烯、丙烯，其杂质含量的控制是很严格的，为了达到产品所要求的规格，必须脱除这些杂质，对裂解气进行净化。

3.4.4.1　酸性气体的脱除

（1）酸性气体杂质的来源和危害　裂解气中的酸性气体主要是 CO_2，H_2S 和其他气态硫化物。它们主要来自以下几方面。

① 气体裂解原料带入的气体硫化物和 CO_2。

② 液体裂解原料中所含的硫化物（如硫醇、硫醚、噻吩、硫茚等）在高温下与氢和水蒸气反应生成的 CO_2 和 H_2S，如：

$$RSH + H_2 \longrightarrow RH + H_2S$$
$$RSR' + 2H_2 \longrightarrow RH + R'H + H_2S$$
$$R-S-S-R' + 3H_2 \longrightarrow RH + R'H + 2H_2S$$

$$\text{噻吩} + 4H_2 \longrightarrow C_4H_{10} + H_2S$$

$$\text{苯并噻吩} + 3H_2 \longrightarrow \text{乙苯}(C_2H_5) + H_2S$$

$$CS_2 + 2H_2 \longrightarrow C + 2H_2S$$
$$COS + H_2 \longrightarrow CO + H_2S$$
$$CS_2 + 2H_2O \longrightarrow CO_2 + 2H_2S$$
$$COS + H_2O \longrightarrow CO_2 + H_2S$$

③ 裂解原料烃和炉管中的积碳与水蒸气反应可生成 CO 和 CO_2。

$$CH_4 + 2H_2O \longrightarrow CO_2 + 4H_2$$
$$C + H_2O \longrightarrow CO + H_2$$

④ 当裂解炉中有氧进入时，氧与烃类反应生成 CO_2。

$$C_nH_m + \left(n + \frac{m}{4}\right)O_2 \longrightarrow nCO_2 + \frac{m}{2}H_2O$$

裂解气中含有的酸性气体对裂解气分离装置以及乙烯和丙烯衍生物加工装置都会有很大危害。对裂解气分离装置而言，CO_2 会在低温下结成干冰，造成深冷分离系统设备和管道堵塞，H_2S 将造成加氢脱炔催化剂和甲烷化催化剂中毒。对于下游加工装置而言，当氢气、乙烯、丙烯产品中的酸性气体含量不合格时，可使下游加工装置的聚合过程或催化反应过程的催化剂中毒，也可能严重影响产品质量。因此，在裂解气精馏分离之前，需将裂解气中的酸性气体脱除干净。

裂解气压缩机入口裂解气中的酸性气体摩尔分数含量约 $0.2\% \sim 0.4\%$，一般要求将裂解气中的 CO_2 和 H_2S 的摩尔分数含量分别脱除至 1×10^{-6} 以下。

（2）碱洗法脱除酸性气体　碱洗法是用 NaOH 为吸收剂，通过化学吸收使 NaOH 与裂解气中的酸性气体发生化学反应，以达到脱除酸性气体的目的。其反应如下：

$$CO_2 + 2NaOH \longrightarrow Na_2CO_3 + H_2O$$
$$H_2S + 2NaOH \longrightarrow Na_2S + 2H_2O$$

上述两个反应的化学平衡常数很大，在平衡产物中 CO_2 和 H_2S 的分压几乎可降到零，因此可使裂解气中的 CO_2 和 H_2S 的摩尔分数含量降到 $1×10^{-6}$ 以下。但是，NaOH 吸收剂不可再生。此外，为保证酸性气体的深度净化，碱洗塔釜液中应保持 NaOH 含量约 2%左右，因此，碱耗量较高。

由于 H_2S 和 NaOH 的反应速度比 CO_2 和 NaOH 的反应速度快的多，因此在碱洗过程设计中酸性气体的总含量（CO_2 和 H_2S）以 CO_2 计，并按 CO_2 的吸收速率进行设计。

碱洗可以采用一段碱洗，也可以采用多段碱洗。为提高碱液利用率，目前乙烯装置大多采用多段（两段或三段）碱洗。

即使是在常温操作条件下，在有碱液存在时，裂解气中的不饱和烃仍会发生聚合，生成的聚合物将聚集于塔釜。这些聚合物为液体，但与空气接触易形成黄色固态，通常称为"黄油"。"黄油"的生成可能造成碱洗塔釜和废碱罐的堵塞，而且也为废碱液的处理造成麻烦。由于"黄油"可溶于富含芳烃的裂解汽油，因此，常常采用注入裂解汽油的方法，分离碱液池中的"黄油"。

图 3-20 为两段碱洗。如图所示，裂解气压缩机三段出口的裂解气经冷却并分离凝液后，再由 37℃预热至 42℃，进入碱洗塔，该塔分三段，Ⅰ段为水洗塔是泡罩塔

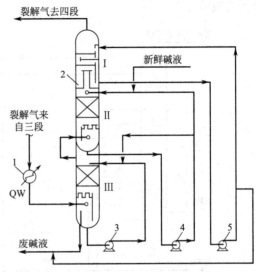

图 3-20　两段碱洗工艺流程
1—加热器；2—碱洗塔；3，4—碱液循环泵；
5—水洗循环泵

板，Ⅱ段和Ⅲ段为碱洗段（填料层），裂解气经两段碱洗后，再经水洗段水洗后进入压缩机四段吸入罐。补充新鲜碱液含量为 18%～20%，保证Ⅱ段循环碱液 NaOH 含量约为 5%～7%；部分Ⅱ段循环碱液补充到Ⅲ段循环碱液中，以平衡塔釜排出的废碱。Ⅲ段循环碱液 NaOH 含量为 2%～3%。

Lummus 公司近期设计采用的三段碱洗工艺流程，其改进主要是两方面，其一是碱洗塔的三段碱洗均采用填料塔，与泡罩塔相比全塔阻力降可降为 50～60kPa，由此可使裂解气压缩机功耗降低 1%～1.5%；其二是改进了废碱液与"黄油"的分离，将碱洗塔釜液采出的废碱液"黄油"一起送入废碱罐，罐内注入一定量裂解汽油，使"黄油"溶解，再经裂解汽油分离器使废碱与裂解汽油分离。

（3）乙醇胺法脱除酸性气　用乙醇胺做吸收剂除去裂解气中的 CO_2 和 H_2S，是一种物理吸收和化学吸收相结合的方法，所用的吸收剂主要是一乙醇胺（MEA）和二乙醇胺（DEA）。

以一乙醇胺为例，在吸收过程中它能与 CO_2 和 H_2S 发生如下反应。

$$2HOC_2H_4NH_2 + H_2S \Longleftrightarrow (HOC_2H_4NH_3)_2S$$
$$(HOC_2H_4NH_3)_2S + H_2S \Longleftrightarrow 2HOC_2H_4NH_3HS$$
$$2HOC_2H_4NH_2 + CO_2 + H_2O \Longleftrightarrow (HOC_2H_4NH_3)_2CO_3$$
$$(HOC_2H_4NH_3)_2CO_3 + CO_2 + H_2O \Longleftrightarrow 2HOC_2H_4NH_3HCO_3$$
$$2HOC_2H_4NH_2 + CO_2 \Longleftrightarrow HOC_2H_4NHCOONH_3C_2H_4OH$$

以上反应是可逆反应，在温度低，压力高时，反应向右进行，并放热；在温度高，压力低时，反应向左进行，并吸热。因此，在常温加压条件下进行吸收，吸收液在低压下加

热，释放出 CO_2 和 H_2S，得以再生，重复使用。

图 3-21 是 Lummus 公司采用的乙醇胺法脱酸性气的工艺流程。乙醇胺加热至 45℃后送入吸收塔的顶部。裂解气中的酸性气体大部分被乙醇胺溶液吸收后，送入碱洗塔进一步净化。吸收了的 CO_2 和 H_2S 的富液，由吸收塔釜采出，在富液中注入少量洗油（裂解汽油）以溶解富液中重质烃及聚合物。富液和洗油经分离器分离洗油后，送到汽提塔进行解吸。汽提塔中解吸出的酸性气体经塔顶冷却并回收凝液后放空。解吸后的贫液再返回吸收塔进行吸收。

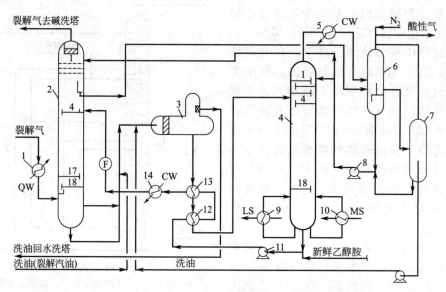

图 3-21　乙醇胺脱除酸性气工艺流程

1—加热器；2—吸收塔；3—汽油-胺分离器；4—汽提塔；5—冷却器；6，7—分离罐；
8—回流泵；9，10—再沸器；11—胺液泵；12，13—换热器；14—冷却器

（4）醇胺法与碱洗法的比较　醇胺法与碱洗法相比，其主要优点是吸收剂可再生循环使用，当酸性气含量较高时，从吸收液的消耗和废水处理量来看，醇胺法明显优于碱洗法。

醇胺法与碱洗法比较如下。

① 醇胺法对酸性气杂质的吸收不如碱洗彻底，一般醇胺法处理后裂解气中酸性气体积分数仍达 $(30\sim50)\times10^{-6}$，尚需再用碱法进一步脱除，使 CO_2 和 H_2S 体积分数均低于 1×10^{-6}，以满足乙烯生产的要求。

② 醇胺虽可再生循环使用，但由于挥发和降解，仍有一定损耗。由于醇胺与羰基硫、二硫化碳反应是不可逆的，当这些硫化物含量高时，吸收剂损失很大。

③ 醇胺水溶液呈碱性，但当有酸性气体存在时，溶液 pH 值急剧下降，从而对碳钢设备产生腐蚀。尤其在酸性气浓度高而且温度也高的部位（如换热器，汽提塔及再沸器）腐蚀更为严重。因此，醇胺法对设备材质要求高，投资相应较大。

④ 醇胺溶液可吸收丁二烯和其他双烯烃，吸收双烯烃的吸收剂在高温下再生时易生成聚合物，由此既造成系统结垢，又损失了丁二烯。

因此，一般情况下乙烯装置均采用碱法脱除裂解气中的酸性气体，只有当酸性气体含量较高（例如：裂解原料硫体积分数超过 0.2%）时，为减少碱耗量以降低生产成本，可考虑采用醇胺法预脱裂解气中的酸性气体，但仍需要碱洗法进一步作深度脱除。

3.4.4.2　脱水

裂解气经预分馏处理后进入裂解气压缩机，在压缩机入口裂解气中的水分为入口温度

和压力条件下的饱和水含量。在裂解气压缩过程中，随着压力的升高，可在段间冷凝过程中分离出部分水分。通常，裂解气压缩机出口压力约 $3.5\sim3.7\text{MPa}$，经冷却至 15℃ 左右即送入低温分离系统，此时，裂解气中饱和水含量约 $(600\sim700)\times10^{-6}$。这些水分带入低温分离系统会造成设备和管道的堵塞，除水分在低温下结冰造成冻堵外，在加压和低温条件下，水分尚可与烃类生成白色结晶的水合物，如：$CH_4\cdot6H_2O$，$C_2H_6\cdot7H_2O$，$C_3H_8\cdot8H_2O$。这些水合物也会在设备和管路内积累而造成堵塞现象，因而需要进行干燥脱水处理。为避免低温系统冻堵，通常要求将裂解气中水含量（质量分数）降至 1×10^{-6} 以下，即进入低温分离系统的裂解气露点在 -70℃ 以下。

吸附干燥 裂解气中的水含量不高，但要求脱水后物料的干燥度很高，因而，均采用吸附法进行干燥。

图 3-22 为活性氧化铝和 3A 分子筛吸附水分的等温吸附曲线和等压吸附曲线。分子筛是典型的平缓接近饱和值的郎格缪尔型等温吸附曲线，在相对湿度达 20% 以上时，其平衡吸附量接近饱和值。但即使在很低的相对湿度下，仍有较大的吸附能力。而活性氧化铝的吸附容量随相对湿度变化很大，在相对湿度超过 60% 时，其吸附容量高于分子筛。随着相对湿度的降低，其吸附容量远低于分子筛。由等压吸附曲线可见，在低于 100℃ 的范围内，分子筛吸附容量受温度的影响较小，而活性氧化铝的吸附量受温度的影响较大。

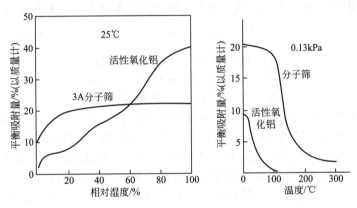

图 3-22 活性氧化铝和分子筛的等温吸附曲线和等压吸附曲线

3A 分子筛是离子型极性吸附剂，对极性分子特别是水有极大的亲和性，易于吸附；而对 H_2、CH_4 和 C_3 以上烃类均不易吸附。因而，用于裂解气和烃类干燥时，不仅烃的损失少，也可减少高温再生时由于形成聚合物或结焦而使吸附剂性能劣化。反之，活性氧化铝可吸附 C_4 不饱和烃，不仅造成 C_4 烯烃损失，影响操作周期，而且再生时易生成聚合物或结焦而使吸附剂性能劣化。图 3-23 是裂解气干燥时，经多次再生后吸附剂性能的劣化情况。3A 分子筛劣化的主要原因是由于细孔内钾离子的入口被堵塞所致，循环初期劣化速度较快，以后慢慢趋向一个定值。其劣化度约为初始吸附量的 30% 左右，较活性氧化铝为优。目前，裂解气干燥脱水均采用 3A 分子筛，一般设置两个干燥剂罐，轮流进行干燥和再生，经干燥后裂解气露点低于 -70℃。

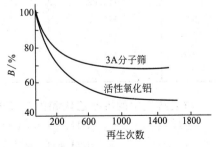

图 3-23 裂解气干燥吸附剂劣化情况

$$\left(B=\frac{\text{劣化后吸附量}}{\text{初期吸附量}}\times100\%\right)$$

3.4.4.3 炔烃脱除

（1）炔烃来源、危害及处理方法 在裂解气分离过程中，裂解气中的乙炔将富集于 C_2 馏分中，甲基乙炔和丙二烯（简称 MAPD）将富集于 C_3 馏分。通常 C_2 馏分中乙炔的摩尔分数约为 $0.3\%\sim1.2\%$，MAPD 富集于 C_3 馏分的摩尔分数约为 $1\%\sim5\%$。在 Kellogg 毫秒炉高温超短停留时间的裂解条件下，C_2 馏分中富集的乙炔摩尔分数可高达 $2.0\%\sim2.5\%$，C_3 馏分中 MAPD 的摩尔分数可达 $5\%\sim7\%$。

乙烯和丙烯产品中所含炔烃对乙烯和丙烯衍生物生产过程带来麻烦。它们可能影响催化剂寿命，恶化产品质量，形成不安全因素，产生不希望的副产品。因此，大多数乙烯和丙烯衍生物的生产均对原料乙烯和丙烯中的炔烃含量提出较严格的要求。通常，要求乙烯产品中的乙炔摩尔分数低于 5×10^{-6}。而对丙烯产品而言，则要求甲基乙炔摩尔分数低于 5×10^{-6}，丙二烯摩尔分数低于 10×10^{-6}。

乙烯生产中常采用脱除乙炔的方法是溶剂吸收法和催化加氢法。溶剂吸收法是使用溶剂吸收裂解气中的乙炔以达到净化目的，同时也回收一定量的乙炔。催化加氢法是将裂解气中乙炔加氢成为乙烯或乙烷，由此达到脱除乙炔的目的。溶剂吸收法和催化加氢法各有优缺点。目前，在不需要回收乙炔时，一般采用催化加氢法。当需要回收乙炔时，则采用溶剂吸收法。实际生产装置中，建有回收乙炔的溶剂吸收系统的工厂，往往同时设有催化加氢脱炔系统。两个系统并联，以具有一定的灵活性。

（2）催化加氢脱炔

① 炔烃的催化加氢　在裂解气中的乙炔进行选择催化加氢时有如下反应发生。

主反应
$$C_2H_2+H_2 \xrightarrow{K_1} C_2H_4+\Delta H_1$$

副反应
$$C_2H_2+2H_2 \xrightarrow{K_2} C_2H_6+\Delta H_2$$
$$C_2H_4+H_2 \longrightarrow C_2H_6+(\Delta H_2-\Delta H_1)$$
$$mC_2H_2+nC_2H_4 \longrightarrow 低聚物（绿油）$$

当反应温度升高到一定程度时，还可能发生生成 C、H_2 和 CH_4 的裂解反应。

乙炔加氢转化为乙烯和乙炔加氢转化为乙烷的反应热力学数据如表3-28所示。根据化学平衡常数可以看出，乙炔加氢转化为乙烷的反应比乙炔加氢转化为乙烯的反应更为可能。反应热效应数据表明，升高反应温度将有利于生成乙烯的过程。此外，试验表明：当乙炔加氢转化为乙烯和乙烯加氢转化为乙烷的反应各自单独进行时，乙烯加氢转化为乙烷的反应速率比乙炔加氢转化为乙烯的反应速率快 $10\sim100$ 倍。因此，在乙炔催化加氢过程中，催化剂的选择性将是影响加氢脱炔效果的重要指标。

表 3-28　乙炔加氢反应热效应和平衡数据

温度/K	反应热效应 ΔH/(kJ/mol)		化学平衡常数	
	$C_2H_2+H_2 \longrightarrow C_2H_4$	$C_2H_2+2H_2 \longrightarrow C_2H_6$	$K_1=\dfrac{[C_2H_4]}{[C_2H_2][H_2]}$	$K_2=\dfrac{[C_2H_6]}{[C_2H_2][H_2]^2}$
300	-174.636	-311.711	3.37×10^{24}	1.19×10^{42}
400	-177.386	-316.325	7.63×10^{16}	2.65×10^{28}
500	-179.660	-320.227	1.65×10^{12}	1.31×10^{20}
600	-181.334	-323.267	1.19×10^{9}	3.31×10^{14}
700	-182.733	-325.595	6.5×10^{6}	3.10×10^{10}

对裂解气中的甲基乙炔和丙二烯进行选择性催化加氢时反应如下。

主反应
$$CH_3—C\equiv CH+H_2 \longrightarrow C_3H_6+165kJ/mol$$
$$CH_2=C=CH_2+H_2 \longrightarrow C_3H_6+173kJ/mol$$

副反应
$$C_3H_6+H_2 \longrightarrow C_3H_8+124kJ/mol$$
$$nC_3H_4 \longrightarrow (C_3H_4)_n \text{ 低聚物（绿油）}$$

从反应热力学来看，在 C_3 馏分中炔烃加氢转化为丙烯的反应比丙烯加氢转化为丙烷的反应更为可能。因此，碳三炔烃加氢时比乙炔加氢更易获得较高的选择性。但是，随着温度的升高，丙烯加氢转化为丙烷的反应以及低聚物（绿油）生成的反应将加快，丙烯损失相应增加。

② 前加氢和后加氢　前加氢是在裂解气中氢气未分离出来之前，利用裂解气中的氢对炔烃进行选择性加氢，以脱除其中炔烃。所以，又称为自给氢催化加氢过程。

前加氢催化剂分钯系和非钯系两类，用非钯催化剂脱炔时，对进料中杂质（硫、CO、重质烃）的含量限制不很严，但其反应温度高，加氢选择性不理想。加氢后残余乙炔一般高于 10×10^{-6}，乙烯损失达 $1\% \sim 3\%$。钯系催化剂对原料中杂质含量限制很严，通常要求硫含量低于 5×10^{-6}。钯系催化剂反应温度较低，乙烯损失可降至 $0.2\% \sim 0.5\%$，加氢后残余乙炔可低于 5×10^{-6}。

后加氢过程是指裂解气分离出 C_2 馏分和 C_3 馏分后，再分别对 C_2 和 C_3 馏分进行催化加氢，以脱除乙炔、甲基乙炔和丙二烯。

前加氢利用裂解气中含有的氢进行加氢反应，流程简化，节省投资，但它的最大缺陷是操作稳定性差。后加氢过程所需氢气是根据炔烃含量定量供给，温度较易控制，不易发生飞温的问题。前加氢是在大量氢气过量的条件下进行加氢反应，当催化剂性能较差时，副反应剧烈，选择性差，不仅造成乙烯和丙烯损失，严重时还会导致反应温度失控，床层飞温，威胁生产安全。正因为如此，目前工业中以采用后加氢为主。

目前后加氢催化剂，对于脱乙炔过程主要使用钯系催化剂，国外主要催化剂品种列于表 3-29。

表 3-29　国外 C_2 加氢催化剂

催化剂型号	C31-1A		G-58B	LT-161
厂商	CCI		Girdler	Procatalyse
组成	Pd-Al$_2$O$_3$		Pd-Al$_2$O$_3$	Pd-Al$_2$O$_3$
反应器	单段床	双段床	单段床	双段床
进料温度/℃	27～93	27～93	40～110	60～130
反应压力/MPa	2.25	2.06	1.0～3.0	2.53
气体空速/h^{-1}	2365	2130	1500～4000	2600
原料乙炔摩尔分数	0.72%	0.92%	0.3%～0.5%	0.67%
H$_2$/C$_2$H$_2$（摩尔比）	1.5～2.5	第一段:1～2 第二段:1.5～2.5	2.0	第一段:1.3～2.0 第二段:3.0～5.0
残余乙炔摩尔分数	<5×10^{-6}	<5×10^{-6}	<5×10^{-6}	<5×10^{-6}
再生周期/月	6	6～12	3	6
寿命/年	3	3～5	5	2

③ 加氢工艺流程　以后加氢过程为例，进料中乙炔的摩尔分数高于 0.7%，一般采用多段绝热床或等温反应器。图 3-24 为 Lummus 公司采用的两段绝热床加氢的工艺流程。如图所示，脱乙烷塔塔顶回流罐中未冷凝 C_2 馏分经预热并配注氢之后进入第一段加氢反应器，反应后的气体经段间冷却后进入第二段加氢反应器。反应后的气体经冷却后送入绿油塔，在此用乙烯塔抽出的 C_2 馏分吸收绿油。脱除绿油后的 C_2 馏分经干燥后送入乙烯精馏塔。

两段绝热反应器设计时，通常使运转初期在第一段转化乙炔 80%，其余 20% 在第二段转化。而在运转后期，随着第一段加氢反应器内催化剂的活性的降低，逐步过渡到第一段转化 20%，第二段转化 80%。

（3）溶剂吸收法脱除乙炔　溶剂吸收法使用选择性溶剂将 C_2 馏分中的少量乙炔选择性的

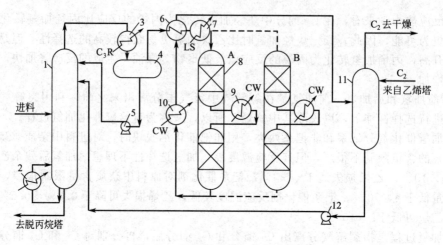

图 3-24　两段绝热床加氢工艺流程

1— 脱乙烷塔；2—再沸器；3—冷凝器；4—回流罐；5—回流泵；6—换热器；7—加热器；

8—加氢反应器；9—段间冷却器；10—冷却器；11—绿油吸收塔；12—绿油泵

吸收到溶剂中，从而实现脱除乙炔的方法。由于使用选择性吸收乙炔的溶剂，可以在一定条件下再把乙炔解吸出来，因此，溶剂吸收法脱除乙炔的同时，可回收到高纯度的乙炔。

溶剂吸收法在早期曾是乙烯装置脱除乙炔的主要方法，随着加氢脱炔技术的发展，逐渐被加氢脱炔法取代。然而，随着乙烯装置的大型化，尤其随着裂解技术向高温短停留时间发展，裂解副产乙炔量相当可观，乙炔回收更具吸引力。因而，溶剂吸收法在近年又广泛引起重视，不少已建有加氢脱炔的乙烯装置，也纷纷建设溶剂吸收装置以回收乙炔。以300kt/a 乙烯装置为例，以石脑油为原料时，在高深度裂解条件下，常规裂解每年可回收乙炔量约 6700t，毫秒炉裂解时每年可回收乙炔量可达 11500t。

选择性溶剂应对乙炔有较高的溶解度，而对其他组分溶解度较低，常用的溶剂有二甲基甲酰胺（DMF），N-甲基吡咯烷酮（NMP）和丙酮。除溶剂吸收能力和选择性外，溶剂的沸点和熔点也是选择溶剂的重要指标。低沸点溶剂较易解吸，但损耗大，且易污染产品。高沸点溶剂解吸时需低压高温条件，但溶剂损耗小，且可获得较高纯度的产品。

图 3-25 给出了 Lummus 公司 DMF 溶剂吸收法脱乙炔的工艺流程。本法乙炔纯度可达 99.9% 以上，脱炔后乙烯产品中乙炔含量低达 1×10^{-6}，产品回收率 98%。

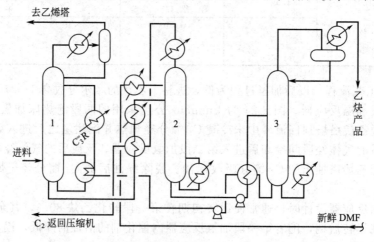

图 3-25　DMF 溶剂吸收法脱乙炔工艺流程（Lummus）

1—乙炔吸收塔；2—稳定塔；3—汽提塔

94

溶剂吸收法与催化加氢法相比，投资大体相同，公用工程消耗也相当。因此，在需用乙炔产品时，则选用溶剂吸收法，当不需要乙炔产品时，则选用催化加氢法。

国外报道，使用乙烯装置中回收的廉价乙炔，生产1，4丁二醇的工业装置，其技术经济指标优异。

3.5 压缩和制冷系统[5,6,14]

3.5.1 裂解气的压缩

裂解气中许多组分在常压下都是气体，其沸点很低，常压下进行各组分精馏分离，则分离温度很低，需要大量冷量。为了使分离温度不太低，可适当提高分离压力，裂解气分离中温度最低部位是甲烷和氢气的分离，即甲烷塔塔顶，它的分离温度与压力的关系有如下数据。

分离压力/MPa	甲烷塔顶温度/℃
3.0～4.0	－96
0.6～1.0	－130
0.15～0.3	－140

由上述数据可见分离压力高时，分离温度也高；反之分离压力低时，分离温度也低。分离操作压力高，多耗压缩功，少耗冷量；分离操作压力低时，则相反。此外压力高时，精馏塔塔釜温度升高，易引起重组分聚合，并使烃类的相对挥发度降低，增加分离困难。低压下则相反，塔釜温度低不易发生聚合，烃类相对挥发度大，分离较容易。两种方法各有利弊，都有采用。工业上已有的深冷分离装置以高压法居多，通常采用3.6MPa左右。

裂解气压缩基本上是一个绝热过程，气体压力升高后，温度也上升，经压缩后的温度可由气体绝热方程式算出。

$$T_2 = T_1 \left(\frac{p_2}{p_1} \right)^{(k-1)/k} \tag{3-25}$$

式中　T_1，T_2——压缩前后的温度，K；
　　　p_1，p_2——压缩前后的压力，MPa；
　　　k——绝热指数，$k = c_p/c_V$。

基于以下的考虑，为了节约能量，气体压缩采用多级压缩。

（1）节约压缩功耗　压缩机压缩过程接近绝热压缩，功耗大于等温压缩，若把压缩分为多段进行，段间冷却移热，则可节省部分压缩功，段数愈多，愈接近等温压缩。图3-26以四段压缩为例与单段压缩进行了比较。由图可见，单段压缩时气体的 pV 沿线 BC' 变化，而四段压缩时，则沿线 $B1234567$ 进行，后者比较接近等温压缩线 BC，所以节省的功相当图中斜线所示面积。

（2）降低出口温度　裂解气重组分中的二烯烃易发生聚合，生成的聚合物沉积在压缩机内，严重危及操作的正常进行。而二烯烃的聚合速度与温度有关，温度愈高，聚合速度愈快。为了避免聚合现象的发生，必须控制每段

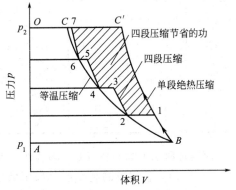

图 3-26　单段压缩与多段压缩在 pV 图上的比较

压缩后气体温度不高于 100℃。依此根据式（3-24）可计算出每段压缩比。

（3）减少分离净化负荷 裂解气经压缩后段间冷凝可除去其中大部分的水，减少干燥器体积和干燥剂用量，延长干燥器再生周期。同时还从裂解气中分凝部分 C_3 及 C_3 以上的重组分，减少进入深冷系统的负荷，相应节约了冷量。

根据工艺要求可在压缩机各段间安排各种操作，如酸性气体的脱除，前脱丙烷工艺流程中的脱丙烷塔等。图 3-27 所示为 Kellogg 公司在某大型乙烯装置（680kt·a^{-1}）采用的五段压缩工艺流程，表 3-30 给出了相应的工艺参数。

表 3-30　裂解气五段压缩工艺参数实例

裂解原料：轻烃和石脑油；乙烯生产能力：680kt·a^{-1}

段　数	Ⅰ	Ⅱ	Ⅲ	Ⅳ	Ⅴ
进口条件					
温度/℃	38	34	36	37.2	38
压力/MPa	0.13	0.245	0.492	0.998	2.028
出口条件					
温度/℃	87.8	85.6	90.6	92.2	92.2
压力/MPa	0.260	0.509	1.019	2.108	4.125
压缩比	2.0	2.08	1.99	2.11	2.04

3.5.2　裂解装置中的制冷系统

深冷分离过程需要制冷剂，制冷是利用制冷剂压缩和冷凝得到制冷剂液体，再於不同压力下蒸发，以获得不同温度级位的冷冻过程。

3.5.2.1　制冷剂的选择

常用的制冷剂见表 3-31。表中的制冷剂都是易燃易爆的，为了安全起见，不应在制冷系统中漏入空气，即制冷循环应在正压下进行。这样各制冷剂的常压沸点就决定了它的最低蒸发温度。原则上沸点为低温的物质都可以用作制冷剂，而实际选用时，则需选用可以降低制冷装置投资、运转效率高、来源丰富、毒性小的制冷剂。对乙烯装置而言，装置产品为乙烯、丙烯，且乙烯和丙烯具有良好的热力学特性，因而均选用丙烯、乙烯作为乙烯装置制冷系统的制冷剂。在装置开工初期尚无乙烯产品时，可用混合 C_2 馏分暂时代替乙烯作为制冷剂，待生产合格乙烯后再逐步置换为乙烯。

表 3-31　常用制冷剂的性质

制冷剂	分子式	沸点/℃	凝固点/℃	蒸发潜热/(kJ/kg)	临界温度/℃	临界压力/MPa	与空气的爆炸极限/%	
							下限	上限
氨	NH_3	−33.4	−77.7	1373	132.4	11.292	15.5	27
丙烷	C_3H_8	−42.07	−187.7	426	96.81	4.257	2.1	9.5
丙烯	C_3H_6	−47.7	−185.25	437.9	91.89	4.600	2.0	11.1
乙烷	C_2H_6	−88.6	−183.3	490	32.27	4.883	3.22	12.45
乙烯	C_2H_4	−103.7	−169.15	482.6	9.5	5.116	3.05	28.6
甲烷	CH_4	−161.5	−182.48	510	−82.5	4.641	5.0	15.0
氢	H_2	−252.8	−259.2	454	−239.9	1.297	4.1	74.2

丙烯常压沸点为 −47.7℃，可作为 −40℃ 温度级的制冷剂。乙烯常压沸点为 −103.7℃，可作为 −100℃ 温度级的制冷剂。采用低压脱甲烷分离流程时，可能需要更低的制冷温度，此时常采用甲烷制冷。甲烷常压沸点为 −161.49℃，可作为 −120～−160℃ 温度级的制冷剂。

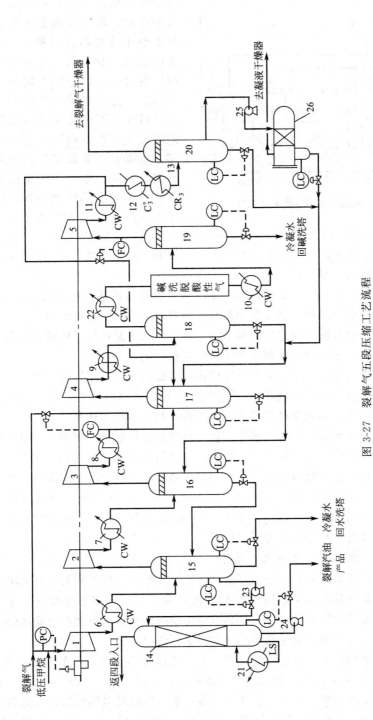

图 3-27　裂解气五段压缩工艺流程

1—压缩机一段；2—压缩机二段；3—压缩机三段；4—压缩机四段；5—压缩机五段；6～13—冷却器；14—汽油汽提塔；15—二段入罐；
16—三段吸入罐；17—四段吸入罐；18—四段出口分离罐；19—五段吸入罐；20—五段出口分离罐；21—汽油汽提塔再沸器；22—急冷水加热器；
23—凝液泵；24—裂解汽油泵；25—五段凝液泵；26—一段液水分离器

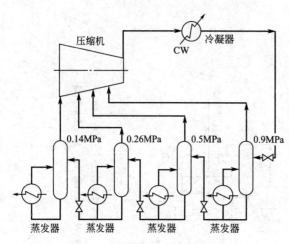

图 3-28 不同温度级的丙烯制冷系统

图中标注：压缩机、CW、冷凝器、0.14MPa、0.26MPa、0.5MPa、0.9MPa、蒸发器、蒸发器、蒸发器、蒸发器

3.5.2.2 多级蒸气压缩制冷循环

（1）多级压缩多级节流蒸发 单级蒸气压缩制冷循环只能提供一种温度的冷量，即蒸发器的蒸发温度，这样不利于冷量的合理利用。为降低冷量的消耗，制冷系统应提供多个温度级别的冷量，以适应不同冷却深度的要求。在需要提供几个温度级的冷量时，可在多级节流多级压缩制冷循环的基础上，在不同压力等级设置蒸发器，形成多级节流多级压缩多级蒸发的制冷循环，以一个压缩机组同时提供几种不同温度级的冷量，从而降低投资。图 3-28 为制取四个温度级别制冷量的丙烯制冷系统典型工艺流程。该流程中的丙烯冷剂从冷凝压力（约 1.6MPa）逐级节流到 0.9MPa、0.5MPa、0.26MPa、0.14MPa，并相应制取 16℃、−5℃、−24℃、−40℃四个不同温度级的冷量。

（2）热泵 所谓"热泵"是通过作功将低温热源的热量传送给高温热源的供热系统。显然，热泵也是采用制冷循环，利用制冷循环在制取冷量的同时进行供热。

当制冷循环用于制取低温冷量时，称为制冷机；当制冷循环用于供热时称为热泵。在乙烯装置中是同时利用了制冷循环制冷和供热的双重功能。

在单级蒸汽压缩制冷循环中，通过压缩机作功将低温热源（蒸发器）的热量传送到高温热源（冷凝器），此时，如仅以制取冷量为目的，则称之为制冷机。如果在此循环中将冷凝器作为加热器使用，利用制冷剂供热，则可称此制冷循环为热泵。

在裂解气低温分离系统中，有些部位需要在低温下进行加热，例如：低温分馏塔的再沸器和中间再沸器、乙烯产品汽化等等。此时，如利用制冷循环中气相冷剂进行加热，则可以节省相当的能耗。以多级丙烯制冷系统为例，如在压缩机中间各段设置适当的加热器（图 3-29），用气相冷剂进行加热，不仅节省了压缩功，而且相应减少冷凝器热负荷，这种热泵方案在能量利用方面是合理的。图 3-29 所示制冷循环的热泵方案中，制冷剂处于封闭循环系统，这样的热泵方案称为闭式热泵。

3.5.2.3 深冷制冷循环——复叠制冷循环

在乙烯装置中广泛采用复叠制冷循环实现深冷制冷循环。以丙烯为制冷剂构成的蒸汽压缩制冷循环中，其冷凝温度可采用 38～42℃的环境温度（冷却水冷却或空冷）。但是，在维持蒸发压力不低于常压的条件下，其蒸发温度受丙烯沸点的限制而只能达到−45℃左右的低温条件。换言之，丙烯制冷循环难于获得更低的温度。

以乙烯为制冷剂构成的蒸气压缩制冷循环中，在维持蒸发压力不低于常压的条件下，其蒸发温度可降至−102℃左右。换言之，乙烯制冷剂可以获得−102℃的低温。但是，在压缩-冷凝-节流-蒸发的蒸气压缩制冷循环中，由于受乙烯临界点的限制，乙烯制冷剂不可能在环境温度下冷凝，其冷凝温度必须低于其临界温度（9.9℃）。为此，乙烯蒸气压缩制冷循环中的冷凝器需要使用制冷剂进行冷却。此时，如果采用丙烯制冷循环为乙烯制冷循环的冷凝器提供冷量，则构成如图 3-30 所示的可制取−102℃低温冷量的乙烯-丙烯复叠制冷循环。

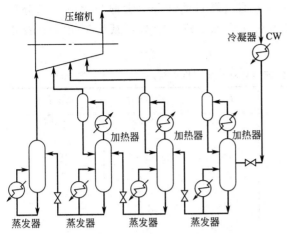

图 3-29　丙烯制冷系统的热泵方案

图 3-30　乙烯-丙烯复叠制冷循环

在维持蒸发压力不低于常压条件下，乙烯制冷剂不能达到−102℃以下的制冷温度。为制取更低温度级的冷量，尚需选用沸点更低的制冷剂。例如，选用甲烷作为制冷剂时，由于其常压沸点低达−161.5℃，因而可能制取−160℃温度级的冷量。但是，随着常压沸点的降低，其临界温度也降低。甲烷的临界温度为−82.5℃，因而以甲烷为制冷剂时，则其冷凝温度必须低于−82.5℃。此时，如以乙烯制冷剂为其冷凝器提供冷量，则构成图 3-31 所示甲烷-乙烯-丙烯三元复叠制冷循环。

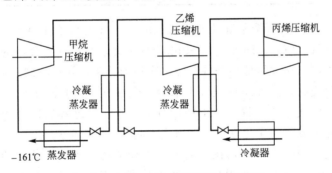

图 3-31　甲烷-乙烯-丙烯复叠制冷系统

复叠式制冷循环是能耗较低的深冷制冷循环，复叠制冷循环的主要缺陷是制冷机组多，又需有贮存制冷剂的设施，相应投资较大，操作较复杂。而在乙烯装置中，所需制冷温度的等级多，所需制冷剂又是乙烯装置的产品，贮存设施完善，加上复叠制冷循环能耗低，因此，在乙烯装置中仍广泛采用复叠制冷循环。

通常，乙烯装置多采用乙烯-丙烯复叠制冷系统提供−102℃以上各温度级的冷量，而少量低于−102℃温度级的冷量，则通过甲烷-氢馏分的节流膨胀或等熵膨胀而获得。当低温分离系统所需−102℃以下温度级冷量较大时（如采用低压脱甲烷工艺流程），可采用甲烷-乙烯-丙烯三元复叠制冷系统补充低温冷量。

3.6　裂解气的精馏分离系统[4~8,10,13,14]

3.6.1　分离流程的组织

在多组分系统的精馏分离中，合理地组织好流程，对于建设投资、能量消耗、操作费用、运转周期、产品的产量和质量、生产安全都有极大关系。

裂解气通过预分离被降至常温,并从中分馏出燃料油馏分、大部分水分、部分裂解汽油。经预分馏处理后的裂解气需经加压后在低温下进行分离,其典型组成如表3-32所示。

表 3-32　典型裂解气组成(裂解气压缩机进料)

裂解原料	乙烷	轻烃	石脑油	轻柴油	减压柴油
转化率	65%	—	中深度	中深度	高深度
组成(体积分数)/%					
H_2	34.00	18.20	14.09	13.18	12.75
$CO+CO_2+H_2S$	0.19	0.33	0.32	0.27	0.36
CH_4	4.39	19.83	26.78	21.24	20.89
C_2H_2	0.19	0.46	0.41	0.37	0.46
C_2H_4	31.51	28.81	26.10	29.34	29.62
C_2H_6	24.35	9.27	5.78	7.58	7.03
C_3H_4		0.52	0.48	0.54	0.48
C_3H_6	0.76	7.68	10.30	11.42	10.34
C_3H_8		1.55	0.34	0.36	0.22
C_4	0.18	3.44	4.85	5.21	5.36
C_5	0.09	0.95	1.04	0.51	1.29
$C_6 \sim 204℃$馏分	—	2.70	4.53	4.58	5.05
H_2O	4.36	6.26	4.98	5.40	6.15
平均相对分子质量	18.89	24.90	26.83	28.01	28.38

由表3-32可见,经预分馏系统处理后的裂解气是含氢和各种烃的混合物,其中尚含一定的水分、酸性气(CO_2、H_2S)、一氧化碳等杂质。为了得到合格的分离产品,可利用各组分沸点的不同,在加压低温条件下经多次精馏分离。并在精馏分离的过程中采用吸收、吸附或化学反应的方法脱除裂解气中水分、酸性气(CO_2、H_2S)、一氧化碳、炔烃等杂质。因此,裂解气分离装置主要由精馏分离系统、压缩和制冷系统、净化系统所组成。由不同精馏分离方案和净化方案可以组成不同的裂解气分离流程。

不同分离工艺流程的主要差别在于精馏分离烃类的顺序和脱炔烃的安排。如图3-32所示,其中工艺流程 A 是先用脱甲烷塔由塔顶从裂解气中分离出氢和甲烷,塔釜液则送至脱乙烷塔,由脱乙烷塔塔顶分离出乙烷和乙烯,塔釜液则送至脱丙烷塔。最终由乙烯精馏塔、丙烯精馏塔、脱丁烷塔分别得到乙烯、乙烷,丙烯、丙烷,混合 C_4、裂解气油等产品。由于这种分离流程是按 C_1、C_2、C_3……顺序进行切割分馏,通常称为顺序分离流程。

图 3-32 中的流程 B 是使裂解气先在脱乙烷塔分馏,塔顶得到含氢、甲烷、乙烯、乙烷等的轻组分,塔釜则为 C_3 和 C_3 以上重组分。塔顶轻组分送入脱甲烷塔,分离出氢和甲烷后,将碳二馏分送乙烯精馏塔。脱乙烷塔釜液则送至脱丙烷塔,然后再经丙烯精馏塔和脱丁烷塔进一步分馏。由于这种分离流程是从乙烷开始切割分馏,通常称为前脱乙烷分离流程。

图 3-32 中的流程 D 是使裂解气先在脱丙烷塔分馏,塔顶为 C_3 和 C_3 以下轻组分,塔釜为 C_4 和 C_4 以上重组分。脱丙烷塔塔顶组分再依次经脱甲烷、脱乙烷、乙烯精馏、丙烯精馏等进行精馏分离,脱丙烷塔塔釜液直接送至脱丁烷塔,由于这种分离流程是从丙烷开始切割分馏,称为前脱丙烷流程。

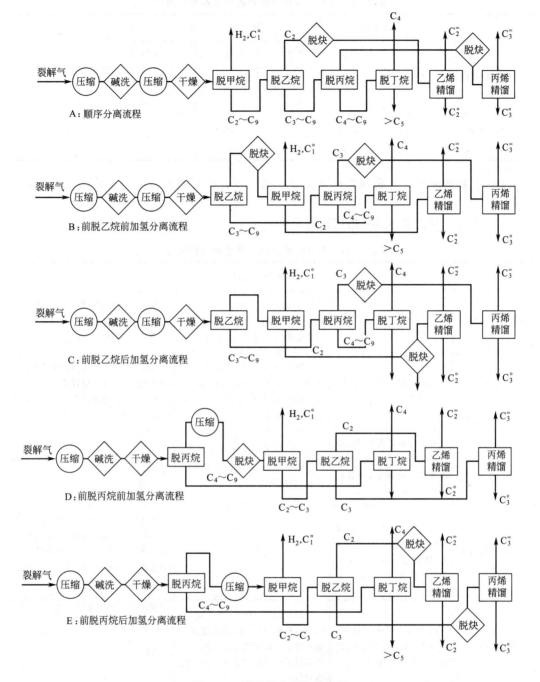

图 3-32 裂解气分离流程分类

　　顺序分离流程一般按后加氢方案进行组织，而前脱乙烷和前脱丙烷流程则有前加氢方案（图 3-32 中 B 和 D），也有后加氢方案（图 3-32 中 C 和 E）。

　　在分离顺序上遵循先易后难的原则，先将不同碳原子数的烃分开，再分同一碳原子数的烯烃和烷烃；表 3-33 给出了各精馏塔关键组分及它们的相对挥发度，丙烯与丙烷的相对挥发度很小，难于分离。乙烯与乙烷的相对挥发度也较小，也比较难分离。另一共同特点是将生产乙烯的乙烯精馏塔和生产丙烯的丙烯精馏塔置于流程最后，这样物料组成接近

101

表 3-33　各塔关键组分相对挥发度和操作条件

塔 名 称	关键组分		操 作 条 件			平均相对挥发度 α_{12}
	1	2	顶温/℃	底温/℃	压力/MPa	
丙烯精馏塔	C_3H_6	C_3H_8	26	35	1.23	1.10
乙烯精馏塔	C_2H_4	C_2H_6	-69	-49	0.57	1.77
脱丙烷塔	C_3H_8	$i\text{-}C_4H_{10}$	89	72	0.75	2.24
脱乙烷塔	C_2H_6	C_3H_6	-12	76	2.88	2.82
脱甲烷塔	CH_4	C_2H_4	-96	0	3.4	7.22

二元系统，物料简单，可确保这两个主要产品纯度，同时也可减少分离损失，提高烯烃收率。

对于上述三种代表性流程的比较列于表 3-34。

表 3-34　深冷分离三大代表性流程的比较

比较项目	顺序流程	前脱乙烷流程	前脱丙烷流程
操作中的问题	脱甲烷塔居首，釜温低，不易堵再沸器	脱乙烷塔居首，压力高，釜温高，如 C_4 以上烃含量多，二烯烃在再沸器聚合，影响操作且损失丁二烯	脱丙烷塔居首，置于压缩机段间除去 C_4 以上烃，再送入脱甲烷塔、脱乙烷塔，可防止二烯烃聚合
对原料的适应性	不论裂解气是轻、是重，都能适应	不能处理含丁二烯多的裂解气，最适合于 C_3、C_4 烃较多，但丁二烯少的气体，如炼厂气分离后裂解的裂解气	因脱丙烷塔居首，可先除去 C_4 及更重的烃，故可处理较重裂解气，对含 C_4 烃较多的裂解气，此流程更能体现出其优点
冷量消耗	全馏分进入甲烷塔，加重甲烷塔冷冻负荷，消耗高能位的冷量多，冷量利用不够合理	C_3、C_4 烃不在甲烷塔冷凝，而在脱乙烷塔冷凝，消耗低能位的冷量，冷量利用合理	C_4 烃在脱丙烷塔冷凝，冷量利用比较合理
分子筛干燥负荷	分子筛干燥是放在流程中压力较高温度较低的位置，吸附有利，容易保证裂解气的露点，负荷小	情况同左	由于脱丙烷塔移在压缩机三段出口，分子筛干燥只能放在压力较低的位置，且三段出口 C_3 以上重烃不能较多冷凝下来，影响分子筛吸附性能，所以负荷大，费用大
塔径大小	因全馏分进入甲烷塔，负荷大，深冷塔直径大，耐低温合金钢耗用多	因脱乙烷塔已除 C_3 以上烃，甲烷塔负荷轻，直径小，耐低温合金钢可省。而脱乙烷塔因压力高提馏段液体表面张力小，脱乙烷塔直径大	情况介乎前两流程之间
设备多少	流程长，设备多	视采用加氢方案不同而异	采用前加氢时，设备较少

3.6.2　分离流程的主要评价指标

（1）乙烯回收率　现代乙烯工厂的分离装置，乙烯回收率高低对工厂的经济性有很大影响，它是评价分离装置是否先进的一项重要技术经济指标。为了分析影响乙烯回收率的因素，先讨论乙烯分离的物料平衡，见图 3-33。由图可见乙烯回收率为 97%。乙烯损失有 4 处。

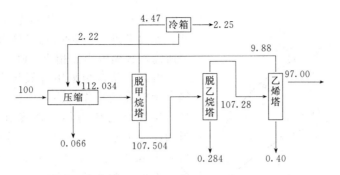

图 3-33 乙烯物料平衡

① 冷箱尾气（C_1°、H_2）中带出损失，占乙烯总量的 2.25%。

② 乙烯塔釜液乙烷中带出损失，占乙烯总量的 0.40%。

③ 脱乙烷塔釜液 C_3 馏分中带出损失，占乙烯总量的 0.284%。

④ 压缩段间凝液带出损失，约为乙烯总量的 0.066%。

正常操作②③④项损失是很难免的，而且损失量也较小，因此影响乙烯回收率高低的关键是尾气中乙烯损失。

（2）能量的综合利用水平 这决定了单位产品（乙烯、丙烯……）所需的能耗，为此要针对主要能耗设备加以分析，不断改进，降低能耗提高能量综合利用水平。表 3-35 给出了深冷分离系统冷量消耗分配。

表 3-35 深冷分离系统冷量消耗分配

塔　　　系	制冷消耗量分配	塔　　　系	制冷消耗量分配
脱甲烷塔（包括原料预冷）	52%	其余塔	3%
乙烯精馏塔	36%	总计	100
脱乙烷塔	9%		

综合上述原因，甲烷塔和乙烯塔既是保证乙烯回收率和乙烯产品质量（纯度）的关键设备，又是冷量主要消耗所在（消耗冷量占总数的 88%）。因此，重点讨论脱甲烷塔和乙烯塔。

3.6.3 脱甲烷塔

脱除裂解气中的氢和甲烷，是裂解气分离装置中投资最大、能耗最多的环节。在深冷分离装置中，需要在 $-90\,℃$ 以下的低温条件下进行氢和甲烷的脱除，其冷冻功耗约占全装置冷冻功耗的 50% 以上。

对于脱甲烷塔而言，其轻关键组分为甲烷，重关键组分为乙烯。塔顶分离出的甲烷轻馏分中应使其中的乙烯含量尽可能低，以保证乙烯的回收率。而塔釜产品则应使甲烷含量尽可能低，以确保乙烯产品质量。

（1）操作温度和操作压力 脱甲烷塔的操作温度和操作压力取决于裂解气组成和乙烯回收率。当进塔裂解气中 H_2/CH_4 为 2.36 时，如限定脱甲烷塔塔顶气体中乙烯体积分数含量 2.31%，则由露点计算塔压和塔顶温度，如图 3-34 所示。可见，当脱甲烷塔操作压力由 4.0 MPa 降至 0.2 MPa 时，所需塔顶温度由

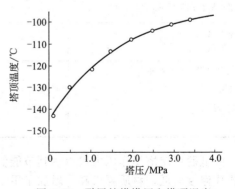

图 3-34 脱甲烷塔塔压和塔顶温度

103

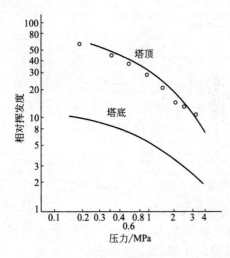

图 3-35　甲烷对乙烯相对挥发度与压力的关系

－98℃降至－141℃，塔顶温度随塔压降低而降低。如要求进一步提高乙烯回收率，则相同塔压下所需塔顶温度尚需相应下降。

因此，从避免采用过低制冷温度考虑，应可能采用较高的操作压力。但是随着操作压力的提高，甲烷对乙烯的相对挥发度降低（图 3-35）。当操作压力达 4.4 MPa 时，塔釜甲烷对乙烯的相对挥发度接近于 1，难于进行甲烷和乙烯分离。因此，脱甲烷塔操作压力必须低于此临界压力。

虽然降低操作压力需要降低塔顶回流温度，但由于相对挥发度的提高，在相同塔板数之下，所需回流比降低。相比之下，降低塔压有可能降低能量消耗。当脱甲烷塔操作压力采用 3.0～3.2 MPa 时，称之为高压脱甲烷，当脱甲烷塔操作压力采用 1.05～1.25 MPa 时，称之中压脱甲烷，当脱甲烷塔操作压力采用 0.6～0.7 MPa 时，称之低压脱甲烷。表 3-36 是高压脱甲烷和低压脱甲烷的能耗比较。

表 3-36　高压脱甲烷和低压脱甲烷的能耗比较（300 kt/a 乙烯）

名　称		高压脱甲烷		低压脱甲烷	
		10^6 kJ/h	kW	10^6 kJ/h	kW
裂解气压缩机四段		—	3249	—	3246
裂解气压缩机五段		—	3391	—	3139
干燥器进料冷却(18℃)		9.13	354	3.85	149
乙烯塔再沸器冷量回收(−1℃)		—	—	1.13	96
冷量	−40℃	6.07	942	3.81	591
	−55℃	1.84	519	—	—
	−75℃	4.90	1721	4.61	1624
	−100℃	2.18	979	1.51	675
	−140℃	—	—	1.26	953
脱甲烷塔冷凝器	−102℃	4.19	1874	—	—
	−140℃	—	—	0.71	550
脱甲烷塔再沸器回收冷量(18℃)		−13.02	−506	—	—
脱甲烷塔塔底回收	−1℃	—	—	−2.05	−160
	−26℃	—	—	−1.72	−218
排气中回收−75℃冷量		—	—	−1.05	−369
塔釜泵		—	—	—	110
甲烷压缩		—	395	—	382
合计		—	12918	—	10768

降低脱甲烷塔操作压力可以达到节能的目的，目前大型装置逐渐采用低压法，但是由于操作温度较低，材质要求高，增加了甲烷制冷系统，投资可能增大，且操作复杂。

（2）原料气组成 H_2/CH_4 比的影响　　在脱甲烷塔塔顶，对于 $H_2—CH_4—C_2H_4$ 三元系统，其露点方程为

$$\sum x_i = \frac{y(H_2)}{K(H_2)} + \frac{y(CH_4)}{K(CH_4)} + \frac{y(C_2H_4)}{K(C_2H_4)} = 1$$

其中 $K(H_2) \gg K(CH_4)$ 和 $K(C_2H_4)$，若进料 H_2/CH_4 增大，则塔顶 H_2/CH_4 亦同步增大即 $y(H_2)$ 增加，$y(CH_4)$ 下降，由于 $y(H_2)$ 增加对上式第一项影响不大，而 $y(CH_4)$ 的下降却使第二项明显下降，以至 $\sum x_i < 1$，达不到露点要求，若压力、温度不变则势必导致 $y(C_2H_4)$ 上升，即乙烯损失率加大。若要求乙烯回收率一定时，则需降低塔顶操作温度。

（3）前冷和后冷　　由图 3-33 乙烯物料平衡数据可以看出，脱甲烷塔塔顶出来的气体中除了甲烷、氢之外，还含有乙烯，为了减少乙烯损失，除了用乙烯冷剂制冷外，还应用膨胀阀节流制冷，就是图中冷箱部分。从物料平衡图上可以看出，如果没有冷箱，塔顶尾气中的乙烯差不多要加倍损失。

冷箱是在 $-100 \sim -160℃$ 下操作的低温设备。由于温度低，极易散冷，用绝热材料把高效板式换热器和气液分离器等都放在一个箱子里。它的原理是用节流膨胀来获得低温。它的用途是依靠低温来回收乙烯，制取富氢和富甲烷馏分。

由于冷箱在流程中的位置不同，可分为后冷和前冷两种，后冷仅将塔顶的甲烷氢馏分冷凝分离而获富甲烷馏分和富氢馏分。此时裂解气是经塔精馏后才脱氢故亦称后脱氢工艺。前冷是将塔顶馏分的冷量将裂解气预冷，通过分凝将裂解气中大部分氢和部分甲烷分离，这样使 H_2/CH_4 比下降，提高了乙烯回收率，同时减少了甲烷塔的进料量，节约能耗。该过程亦称前脱氢工艺。目前大型乙烯装置多采用前冷工艺，后冷工艺逐渐被取代。

（4）典型流程　　图 3-36 为 Lummus 公司采用的前冷高压脱甲烷工艺流程。如图所示，经干燥并预冷 $-37℃$ 的裂解气 a 点，在第一气液分离器中分离，凝液 c 送入脱甲烷塔，未冷凝气体 b 经冷箱和乙烯冷剂冷却至 $-72℃$ 后进入第二气液分离器。分离器的凝液 e 点送入脱甲烷塔，未冷凝气体 d 点经冷箱和乙烯冷剂冷却至 $-98℃$ 后进入第三气液分离器。分离器的凝液 g 点经回热后送入脱甲烷塔，未冷凝气体 f 点经冷箱冷却到 $-130℃$ 后送入第四气液分离器。分离器中的凝液 i 点经冷箱回热至 $-102℃$ 后送入脱甲烷塔。未冷凝气体 h 点已是含氢约 70%（摩尔分数）、含乙烯仅 0.16%（摩尔分数）的富氢气体。为进一步提纯氢气，这部分富氢气体再经冷箱冷却至 $-165℃$ 后送入第五气液分离器。分离器凝液 k 点减压节流，经冷量回收后作为装置的低压甲烷产品，未冷凝气体 j 点为含氢 90%（摩尔分数）以上的富氢气体，经冷量回收后，再经甲烷化脱除 CO 作为装置的富氢产品。

脱甲烷塔顶气体经塔顶冷凝器冷却至 $-98℃$ 而部分被冷凝，冷凝液部分作为塔顶回流，部分减压节流至 0.41MPa，经回收冷量后作为装置的中压产品。未冷凝气体则经回收冷量后作为装置的高压甲烷产品。

以轻柴油裂解为例，该工艺流程各点物料组成和操作参数如表 3-37 所示。与后脱氢高压脱甲烷相比，由于前脱氢脱甲烷塔进料中 H_2/CH_4 比大大降低，在相同塔顶温度下，乙烯回收率大幅度提高（脱甲烷系统的乙烯回收率从 97.4% 提高到 99.5% 以上）。同时，塔釜中甲烷摩尔分数含量也可降低到 0.1% 以下。

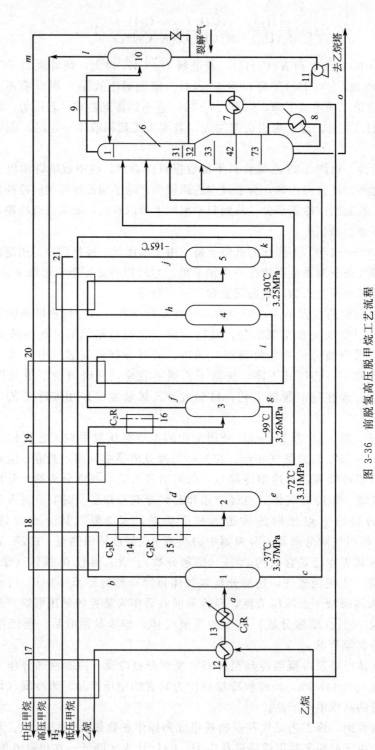

图 3-36 前脱氢高压脱甲烷工艺流程

1—第一气液分离罐；2—第二气液分离罐；3—第三气液分离罐；4—第四气液分离罐；5—第五气液分离罐；6—脱甲烷塔；7—中间再沸器；8—再沸器；9—塔顶冷凝器；10—回流泵；11—回流泵；12—裂解气-乙烷换热器；13—丙烯冷却器；14～16—乙烷冷却器；17～21—冷箱

表 3-37　Lummus 前脱氢、高压脱甲烷工艺各点物料组成举例

位置	a	b	c	d	e	f	g	h	i	j	k	l	m	o
组成/%（摩尔分数）														
H_2	15.71	30.70	1.21	44.84	1.44	52.63	1.51	72.29	3.62	95.44	2.70	7.25	0.28	
CO	0.21	0.37	0.05	0.50	0.10	0.55	0.24	0.63	0.35	0.47	1.11	0.46	0.13	
CH_4	25.41	37.35	13.87	41.82	28.13	41.44	43.97	26.39	78.97	4.09	93.42	92.23	99.09	0.08
C_2H_2	0.44	0.28	0.55	0.09	0.67	0.04	0.36	0.01	0.10		0.05			0.74
C_2H_4	34.78	24.43	44.73	11.22	51.77	5.03	45.67	0.67	15.89		2.67	0.06	0.49	59.13
C_2H_6	9.27	4.76	13.64	1.40	11.70	0.31	7.46	0.01	1.06		0.05		0.01	15.84
C_3H_4	0.44	0.06	0.80		0.18		0.02		0.01					0.75
C_3H_6	10.91	1.91	19.61	0.13	5.59		0.74							18.63
C_3H_8	0.32	0.04	1.00	0.01	0.12		0.01							0.55
C_4^+	2.51	0.10	4.54	—	0.30		0.02							4.28
合计	100.0	100.0	100.0	100.0	100.0	100.0	100.0	100.0	100.0	100.0	100.0	100.0	100.0	100.0
温度/℃	−37	−37	−37	−72	−72	−99	−99	−130	−130	−165	−165	−98	−137	6.3
压力/MPa	3.37	3.37	3.37	3.31	3.31	3.26	3.26	3.25	3.25	3.21	3.21	2.94	0.41	3.11

近年 S&W 公司采用空气产品公司的分凝分离器对冷箱换热器进行了改进，形成了所谓先进回收系统（ARS）。ARS 工艺技术的核心是冷箱预冷过程中采用分凝分离器代替冷箱换热器，由于在预冷过程中增加了分凝，从而大大改善了脱甲烷的分离过程。

分凝分离器是在翅片板换热器中将传热与传质结合起来，在冷却过程中冷凝的液体在翅片上形成膜向下流动，与上升气流逆向接触进行传热和传质过程。由于与传统的冷箱预冷分凝过程相比，分凝分离器大大强化了传质过程，增加分凝作用（一组分凝分离器约相当 5～15 个理论塔板的分离效果），从而使脱甲烷系统的能耗降低，处理量提高。

3.6.4　乙烯塔

C_2 馏分经过加氢脱炔之后，到乙烯塔进行精馏，塔顶得产品乙烯，塔釜液为乙烷。塔顶乙烯纯度要求达到聚合级。此塔设计和操作的好坏，对乙烯产品的产量和质量有直接关系。由于乙烯塔温度仅次于脱甲烷塔，所以冷量消耗占总制冷量的比例也较大，约为 38%～44%，对产品的成本有较大的影响。乙烯塔在深冷分离装置中是一个比较关键的塔。

表 3-38 是乙烯塔的操作条件，大体可分成两类：一类是低压法，塔的操作温度低；另一类是高压法，塔的操作温度也较高。

表 3-38　某些乙烯精馏塔的操作条件和塔板数

工厂	塔压/MPa	顶温/℃	底温/℃	回流比	乙烯纯度/%	实际塔板数		
						精馏段	提馏段	总板数
某小型装置	2.1～2.2	−27.5	10～20	7.4	≥98%	41	50	91
H 厂	2.2～2.4	−18±2	0±5	9	≥95	41	32	73
G 厂	0.6	−70	−43	5.13	≥99.5%	—	—	70
L 厂	0.57	−69	−49	2.01	≥99.9%	41	29	70
C 厂	2.0	−32	−8	3.73	≥99.9%	—	—	119

乙烯塔进料中 C_2^- 和 $C_2^=$ 占有 99.5% 以上，所以乙烯塔可以看作是二元精馏系统。根据相律，乙烯-乙烷二元气液系统的自由度为 2。塔顶乙烯纯度是根据产品质量要求来规

定的，所以温度与压力两个因素只能规定一个，例如规定了塔压，相应温度也就定了。关于压力、温度以及乙烯液相浓度与相对挥发度的关系，见图 3-37。

由图可见压力对相对挥发度有较大的影响，一般采取降低压力来增大相对挥发度，从而使塔板数或回流比降低，见图 3-38。当塔顶乙烯纯度要求 99.9％ 左右时，由图 3-37 可以求得乙烯塔的操作压力与温度的关系。例如塔的压力分别为 0.6 MPa 和 1.9 MPa，则塔顶温度由图可求得分别为 −67℃ 和 −29℃。压力低塔的温度也低，因而需要冷剂的温度级位低，对塔的材质要求也较高，从这些方面看，压力低是不利的。压力的选择还要考虑乙烯的输出压力，如果对乙烯产品要求有较高的输出压力，则选用低压操作，还要为产品再压缩而耗费功率。

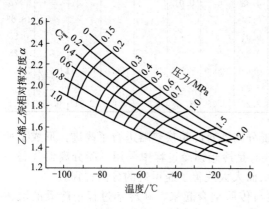

图 3-37　乙烯乙烷的相对挥发度

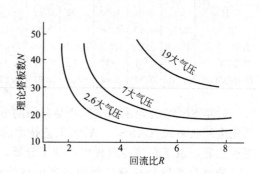

图 3-38　压力对回流比和理论塔板数的影响
（1 大气压＝0.1013 MPa）

综上所述，乙烯塔操作压力的确定需要经过详细的技术经济比较。它是由制冷的能量消耗，设备投资，产品乙烯要求的输出压力以及脱甲烷塔的操作压力等因素来决定的。根据综合比较来看，两法消耗动力接近相等，高压法虽然塔板数多，但可用普通碳钢，优点多于低压法，如脱甲烷塔采用高压，则乙烯塔的操作压力也以高压为宜。

乙烯塔沿塔板的温度分布和组成分布不是线性关系。图 3-39 是乙烯塔温度分布的实际生产数据。加料为第 29 块塔板。由图可见，在提馏段温度变化很大，即乙烯在提馏段中沿塔板向下，乙烯的浓度下降很快，而在精馏段沿塔板向上温度下降很少，即乙烯浓度增大较慢。因此乙烯塔与脱甲烷塔不同，乙烯塔精馏段塔板数较多，回流比大。

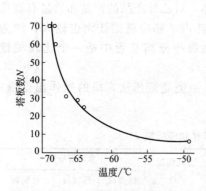

图 3-39　乙烯塔温度分布

乙烯进料中常含有少量乙烷，分离过程中甲烷几乎全部从塔顶采出，必然要影响塔顶乙烯产品的纯度，所以在进入乙烯塔之前要设置第二脱甲烷塔，脱去少量甲烷，再作为乙烯塔进料。近年来，深冷分离流程不设第二脱甲烷塔，在乙烯塔塔顶脱甲烷，在精馏段侧线出产品乙烯。一个塔起两个塔的作用，由于乙烯塔的回流比大，所以脱甲烷作用的效果比设置第二脱甲烷塔还好。既节省了能量，又简化了流程。

较大的回流比对乙烯精馏塔的精馏段是必要的，但是对提馏段来说并非必要。为此近年来采用中间再沸器的办法来回收冷量，可省冷量约 17％，这是乙烯塔的一个改进。例如乙烯塔压力为 1.9MPa，塔底温度为 −5℃。我们可在接近进料板处提馏段设置中间再沸器引出物料的温度为－23℃，它用于冷却分离装置中某些物料，相当于回收了－23℃温度级的冷量。

3.6.5　脱甲烷塔和乙烯塔比较

裂解气深冷分离中，脱甲烷塔和乙烯精馏塔是两个关键的精馏塔，对于保证乙烯收率和质量起重要作用。由于两塔的关键组分不同，所以有很多不同，现对比列于表3-39。

表 3-39　脱甲烷塔和乙烯精馏塔的对比

塔	对乙烯产量和质量的作用	关键组分		关键组分的相对挥发度	回流比	塔板数	精馏段与提馏段板数之比
		轻	重				
脱甲烷塔	控制乙烯损失率	CH_4	C_2H_4	较大	较小	较少	较小
乙烯精馏塔	决定乙烯纯度	C_2H_4	C_2H_6	较小	较大	较多	较大

根据脱甲烷塔压力的不同可分为：高压法、中压法及低压法。高压法较成熟易行，低压法能量消耗较低，是发展方向。按照冷箱与脱甲烷塔的相对位置不同，脱甲烷流程又可分为前冷流程和后冷流程。影响脱甲烷塔中乙烯损失的主要因素有：尾气中 CH_4/H_2 的摩尔比、操作压力和尾气温度。尾气中 CH_4/H_2 摩尔比愈大或操作压力愈高或尾气温度愈低，则乙烯损失愈小。

乙烯精馏塔也可分为高压法和低压法两种。一般而言，提高压力的有利影响是：①塔温升高，对于低温精馏塔来说，可以不用较低温度级位的冷剂，降低能量消耗及制冷系统设备费用，此外，塔温高，也降低对设备材质的要求；② 上升蒸气的相对密度增加，从而使单位设备处理量增加，降低设备费用。

但是，提高压力也有其不利的影响：①相对挥发度下降，于是塔板数增多或者回流比增大，从而造成设备费用或操作费用提高；②设备费增加。因此，乙烯精馏塔压力的选择要权衡各方面因素，统筹确定。

3.6.6　中间冷凝器和中间再沸器

对于顶温低于环境温度，而且顶底温差较大的精馏塔，如在精馏段设置中间冷凝器，可用温度比塔顶回流冷凝器稍高的较廉价的冷剂作为冷源，以代替一部分塔顶原来用的低温级冷剂提供的冷量，可节省能量消耗。同理，在提馏段设置中间再沸器，可用温度比塔釜再沸器稍低的较廉价的热剂作热源，同样也可节约能量消耗。至于脱甲烷塔等低温塔，塔底温度仍低于常温，这时塔釜再沸器本身就是一种回收冷量的手段。如在提馏段适当位置设置中间再沸器，就可回收比塔底温度更低的冷量。

对于一般精馏过程，只在精馏塔两端（塔顶和塔釜）对塔内物料进行冷却和加热，可视为绝热精馏。而在塔中间对塔内物料进行冷却和加热的，则称为非绝热精馏，设有中间再沸器和中间冷凝器的精馏塔即为非绝热精馏的一种。

在精馏塔中布置中间冷凝器、中间再沸器的流程如图3-40所示。中间冷凝器和中间再沸器的设置，在降低塔顶冷凝器和塔釜再沸器负荷的同时，会导致精馏段回流和提馏段上升蒸气的减少，故要相应增加塔板数，从而增加设备投资。目前甲烷塔的中间再沸器也有的直接设置于塔内，回收提馏

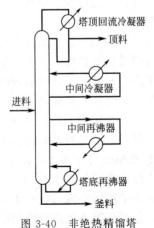

图 3-40　非绝热精馏塔
的示意图

段冷量，并已为许多大型装置采用。

3.7　乙烯工业的发展趋势[1~3,15]

3.7.1　乙烯建设规模继续向大型化发展

在经济全球化、石油化工市场竞争激烈的形势下，一些大石油化工公司着眼于未来，着眼于竞争优势，正在加紧建设一批年产乙烯 800 kt、900 kt，甚至 1200 kt 的大型乙烯装置。目前新建乙烯装置的经济规模为 600~800 kt·a^{-1}。先进的世界级乙烯装置规模已达到 800~1300 kt·a^{-1}。例如，以乙烷为原料的乙烯装置单线生产能力已达到 1270 kt·a^{-1}（Nova Chemicals 和 Union Carbide 合资，加拿大），以石脑油为主要裂解原料的乙烯装置单线生产能力达 950 kt·a^{-1}（BASF 和 FINA 合资，建于美国德州）。

根据目前工艺技术水平，建设 1500 kt·a^{-1} 规模的大型乙烯装置不久将成为现实。乙烯规模的扩大将显著降低投资，装置规模由 500 kt·a^{-1} 增至 700 kt·a^{-1} 可节省投资 16%，由 500 kt·a^{-1} 增至 1000 kt·a^{-1} 时节省投资 35%。

乙烯装置的大型化也促使裂解炉向大型化发展。单台裂解炉的生产能力已由 1990 年的 80~90 kt·a^{-1} 达到目前的 175~200 kt·a^{-1}，甚至可以达到 280 kt·a^{-1}。例如，Stone & Webster 公司设计的 175 kt·a^{-1} 液体进料裂解炉和 210 kt·a^{-1} 气态原料裂解炉已分别在美国和加拿大投产。Lummus 正在开发的 SRT-X 型炉，其生产能力可达 230~280 kt·a^{-1}。近期还有可能实现 300 kt·a^{-1} 的裂解炉生产能力。

大型裂解炉结构紧凑，占地面积小，操作维修简单，投资低。1 台 150 kt·a^{-1} 的裂解炉比 2 台 75 kt·a^{-1} 的裂解炉投资节约 10%~15%。

目前，大型跨国公司纷纷进行兼并重组，一批化工超大型公司相继出现，并占据主导地位。21 世纪以来。炼油-化工一体化已成为全球乙烯行业发展主流。炼油厂与石油化工厂的联合可优化乙烯装置原料，降低生产成本，增强适应市场的应变能力，提高竞争力。在美国德州，BASF 和 FINA 合资建设的 900 kt·a^{-1} 乙烯装置与附近的 FINA 的 8800 kt·a^{-1} 炼厂高度一体化运转，可使其利润率提高 33% 以上。

3.7.2　生产新技术的研究开发

3.7.2.1　新型裂解炉与裂解技术

Stone & Webste 公司开发了超高温裂解乙烯的陶瓷炉，裂解温度超过 1000 ℃，且不易结焦，实现了超高温裂解。该炉乙烷制乙烯转化率超过 95%，而传统炉管仅为 65%~70%，对乙烯的选择性高达 73.5%。Nova 和 IFP 计划采用该陶瓷炉建一套 10 kt·a^{-1} 示范装置。

韩国 LG 石油化学公司开发了石脑油催化裂解新工艺，催化剂为特定的金属氧化物，可降低裂解温度 50~100 ℃，与传统水蒸气裂解工艺相比，能耗大幅度减少，炉管结焦率下降，并延长了连续运行时间和炉管寿命。该工艺可大幅度提高烯烃产率，乙烯收率提高 20%，丙烯收率提高 10%，操作成本降低。LG 公司正在韩国丽川一套装置上进行试验。

日本化学工业协会与工业技术研究所组织出光石油化学等 5 个公司，研究开发成功了一种新的催化剂裂解制乙烯、丙烯技术。该技术以石脑油为原料，用 2% P 和 10% La 载于 ZSM-5 分子筛上，在反应温度 650 ℃，蒸汽/原料比为 0.64、原料含量 9.6% 的条件下，乙烯和丙烯的收率为 61%，乙烯/丙烯比为 0.7。与传统水蒸气裂解技术相比，该新技术增加了乙烯和丙烯收率 40%~50%，乙烯生产成本大幅度下降，但尚需解决大型反应器催化剂频繁再生困难的问题。

针对国内丰富的重油资源，中国洛阳石油化学工程公司开发成功重油直接裂解制乙烯（HCC）技术，并在抚顺石油化工分公司进行工业试验。研究表明。以100％大庆常压渣油为原料进行催化裂解，使用的催化剂 LCM-5 显示出良好的活性、选择性和稳定性。

3.7.2.2 新的工艺技术

（1）ALCET 技术 1995 年 Brown & Root 推出了先进的低投资乙烯技术（ALCET），采用溶剂吸收分离甲烷工艺，是对原有的油吸收进行改进，与目前加氢和前脱丙烷结合起来，除去 C_4 及 C_4 以上馏分之后，再进入油吸收脱甲烷系统，从甲烷和较轻质组分中分离 C_2 以上组分，它无需脱甲烷塔和低温甲烷、乙烯制冷系统，对乙烯分离工艺做出了较大的改进，无论对新建乙烯装置和老装置的改扩建都有一定的意义。

（2）膜分离技术 中国专家于 20 世纪 80 年代，Kellogg 公司于 1994 年提出将膜分离用于乙烯装置中，用中空纤维膜从裂解气中预先分离出部分氢，从而使被分离气体中乙烯及重组分的浓度明显提高，减少了乙烯制冷的负荷，并使原乙烯装置显著提高其生产能力。

（3）催化精馏加氢技术 Lummus 公司提出的催化精馏加氢是将加氢反应和反应产物的分离合并在一个精馏塔内进行，在该塔的精馏段内，部分或全部被含有催化剂的填料所取代，该催化剂填料既能达到选择性催化加氢的目的，又能同时起到分离的作用。催化精馏加氢技术在乙烯装置中主要用于 C_3 馏分中乙炔与丙二烯的选择性加氢，C_4 馏分选择性或全部加氢，C_4 与 C_5 混合馏分全加氢以及裂解汽油的选择性或全加氢。

3.7.2.3 抑制裂解炉结焦技术

裂解炉结焦会降低产物收率，增加能耗，缩短炉管寿命和运行周期。近年来在抑制结焦技术方面有很多重要进展。

首先，添加结焦抑制剂技术进一步发展，Nova 公司开发的 CCA-500 抗垢剂，已在加拿大 Saskatchewan 乙烯装置上完成工业试验。已用于美国德州斯韦尼和休斯敦的装置上。

Nalco/Exxon Energy 化学公司开发了 Coke-less 新一代有机磷系结焦抑制剂，该公司还开发了硫化物和磷化物混合的抑制剂。Technip 公司也推出裂解炉用新型抗垢剂 CLX 添加剂，目前已在一些乙烷和石脑油裂解炉上应用。

改进裂解炉管表面化学结构可有效抑制催化结焦和高温热结焦的生成，延长运行周期。它包括表面涂层和预氧化表面处理技术。

Westaim 表面工程产品公司的 Cotalloy 技术采用等离子体和气相沉积工艺使合金和陶瓷相结合，并经过表面热处理后形成涂层。该公司 1997 年开始在 KBR（Kellogg Brown & Root）公司裂解炉的一组炉管上采用 Cotalloy 技术。炉管基材是 35Cr/45Ni，进料为 95％乙烷，稀释蒸汽比为 0.35，转化率保持在 70％。实验 1 年后发现，相对而言，该公司没有涂层的炉管压降增加 2.5，则有涂层的炉管压降平均才增加 0.9。1999 年初，该公司把所有炉管更换为 Westaim 炉管，并实验将转化率提高 80％，以便利用结焦率低来提高产量，降低操作费用。Westaim 公司在埃德蒙顿的大型炉管生产厂已投产，预计对 10 家乙烯生产商的裂解炉进行改造。另一种 Alon 表面技术公司的 Alcroplex 涂层技术也在推广应用之中。

预氧化技术可使炉管表面形成催化活性低的 Cr_2O_3/SiO_2 表面，形成抗渗碳的阻隔层。Nova 化学公司近来开发的 ANK400 抗结焦技术是在非常低的氧化气氛下处理表面，使炉管内壁形成可抑制焦炭生成的纳米晶体尖晶石表面，可使清焦周期延长 10 倍。

最近韩国 SK 公司开发了一种在线原位涂覆系统，在炉管清焦后，于高温下依次注射一些化学添加剂，形成涂覆层，工业试验表明可提高运转周期 1 倍。

综上所述，由于烃类热裂解生产烯烃的技术在整个化学工业中所占的举足轻重的地位，因此国内外化学工作者对于其新工艺、新设备的研究，新材料的应用，过程的优化配置等诸方面仍给予极大关注，并不断有新的技术出现，这应引起我们的极大重视。

思 考 题

3-1 根据热力学反应标准自由焓 $\Delta G_T^{\ominus}$ 和化学键如何判断不同烃类的裂解反应难易程度、可能发生的裂解位置及裂解产物；解释烷烃、环烷烃及芳烃裂解反应规律，造成裂解过程结焦生炭的主要反应是哪些？

3-2 试以丙烷裂解为例，阐述烃类裂解的自由基反应机理，计算 600℃、700℃、800℃、900℃、1000℃下丙烷裂解生成物中乙烯和丙烯比例（假设无其他副反应发生）。并绘出裂解温度-乙烯（丙烯）组成的曲线。

3-3 在原料确定的情况下，从裂解过程的热力学和动力学出发，为了获取最佳裂解效果，应选择什么样的工艺参数（停留时间、温度、压力……），为什么？

3-4 提高反应温度的技术关键在何处，应解决什么问题才能最大限度提高裂解温度？

3-5 为了降低烃分压，通常加入稀释剂，试分析稀释剂加入量确定的原则是什么？

3-6 试讨论影响热裂解的主要因素有哪些？评价裂解过程优劣的目标函数（指标）是什么？

3-7 Lummus 公司的 SRT 型裂解炉由 I 型发展到 VI 型，它的主要改进是什么？采取的措施是什么？遵循的原则是什么？你大胆的设想下一步将怎么改？

3-8 裂解气出口的急冷操作目的是什么？可采取的方法有几种，你认为哪种好，为什么？若设计一个间接急冷换热器其关键指标是什么？如何评价一个急冷换热器的优劣？

3-9 裂解气进行预分离的目的和任务是什么？裂解气中要严格控制的杂质有哪些？这些杂质存在的害处？用什么方法除掉这些杂质，这些处理方法的原理是什么？

3-10 压缩气的压缩为什么采用多级压缩，确定段数的依据是什么？

3-11 某乙烯装置采用低压法分离甲烷，整个装置中需要的最低冷冻温度为 -115℃，根据乙烯装置中出现的原料、产品，设计一个能够提供这样低温的制冷系统，绘出制冷循环示意图。并标以各蒸发器和冷凝器的温度（第一级冷凝器温度，为冷却水上水温度25～30℃）。

3-12 裂解气分离流程各有不同，其共同点是什么？试绘出顺序分离流程、前脱乙烷后加氢流程，前脱丙烷后加氢流程简图，指出各流程特点、适用范围和优缺点。

3-13 甲烷塔操作压力的不同，对甲烷塔的操作参数（温度、回流比……）、塔设计（理论板数，材质……），即未来的操作费用和投资有什么影响？

3-14 对于已有的甲烷塔，H_2/CH_4 比对乙烯回收率有何影响？采用前冷工艺对甲烷塔分离有何好处？

3-15 何为非绝热精馏，何种情况下采用中间冷凝器或中间再沸器，分析其利弊。

3-16 根据本章所学知识，试设计一个简单的流程表述烃类热裂解从原料到产品所经历的主要工序及彼此的关系。

3-17 近年来乙烯工业的主要发展方向和研究开发的热点是什么？

参 考 文 献

1 曹杰、王延荻、杨春生. 界乙烯生产及技术进展. 乙烯工业. 2004, 16：12～23
2 王延荻. 中型乙烯发展专题研讨会论文集. 国外乙烯生产现状和技术进展. 天津：中国石油化工集团公司, 1999
3 王松汉. 中型乙烯发展专题研讨会论文集. 我国乙烯工业存在的问题和建议. 天津：中国石油化工集团公司, 1999
4 魏文德主编. 有机化工原料大全（上）·第二版. 北京：化学工业出版社, 1999. 271～355
5 陈滨主编. 乙烯工学. 北京：化学工业出版社, 1997
6 吴指南主编. 基本有机化工工业学·修订版. 北京：化学工业出版社, 1992
7 Kirk-Othmer. Encyclopedia of Chemical Technology. Vol. 9, 4th ed. New York：John Wiley & Sons, Inc., 1994. 877～915
8 Ullmann's Encyclopedia of Industrial Chemistry. 5th Completely Revised Edition. Vol. A10. New York：VCH Publishers. 1987. 45～93
9 邹仁鋆编著. 石油化工裂解原理与技术. 北京：化学工业出版社, 1982

10 John，J. Mckitta. Encyclopedia of Chemical Processing and Design. Vol. 20，New York and Basel ：Marcel Dekker. Inc.，1987. 88~159

11 化工百科全书编委会. 化工百科全书·第 18 卷. 北京：化学工业出版社，1998. 849~887

12 曾清泉，许士兴. 制乙烯管式裂解炉技术的发展（内部资料），1997

13 王松汉等编. 乙烯装置技术. 北京：中国石化出版社，1994

14 邹仁鋆等编著. 石油化工分离原理与技术. 北京：化学工业出版社，1988

15 石油化工规划参数资料. 基本有机原料. 北京：中国石化总公司发展部，1992. 1~36

第4章 芳烃转化过程

4.1 概　　述[1~3]

芳烃是含苯环结构的碳氢化合物的总称。芳烃中的"三苯"（苯、甲苯和二甲苯，简称 BTX）和烯烃中的"三烯"（乙烯、丙烯和丁二烯）是化学工业的基础原料，具有重要地位。芳烃中以苯、甲苯、二甲苯、乙苯、异丙苯、十二烷基和萘最为重要，这些产品广泛应用于合成树脂、合成纤维、合成橡胶、合成洗涤剂、增塑剂、染料、医药、农药、炸药、香料、专用化学品等工业。对发展国民经济、改善人民生活起着极为重要的作用。化学工业所需的芳烃主要是苯、甲苯及二甲苯。苯可用来合成苯乙烯、环己烷、苯酚、苯胺及烷基苯等；甲苯不仅是有机合成的优良溶剂，而且可以合成异氰酸酯、甲酚，或通过歧化和脱烷基制苯；二甲苯和乙苯同属 C_8 芳烃，二甲苯异构体分别为对二甲苯、邻二甲苯和间二甲苯。工业上常用术语的"混合二甲苯"实际上是乙苯和三个二甲苯异构体组成的混合物。对二甲苯主要用于生产对苯二甲酸或对苯二甲酸二甲酯，与乙二醇反应生成的聚酯用于生产纤维、胶片和树脂，是最重要的合成纤维和塑料之一；邻二甲苯主要用途是生产邻苯二甲酸酐，进而生产增塑剂，如邻苯二甲酸二辛酯（DOP）、邻苯二甲酸二丁酯（DBP）等；间二甲苯的主要用途是生产间苯二甲酸及少量的间苯二腈，后者是生产杀菌剂的单体，间苯二甲酸则是生产不饱和聚酯树脂的基础原料；乙苯的主要用途是制取苯乙烯，进而生产丁苯橡胶和苯乙烯塑料等。C_9 芳烃组分中，异丙苯用于生产苯酚/丙酮的量最大，但在 C_9 芳烃组分中的含量太低，故工业上均由苯烃化法生产。偏三甲苯主要用于生产偏苯三酸，进而制取优质增塑剂、醇酸树脂涂料、聚酰亚胺树脂、不饱和聚酯、环氧树脂的固化剂等。相当数量的偏三甲苯还用于维生素 E 等药品的生产。均三甲苯用于生产均苯三酸（进而制醇酸树脂和增塑剂）以及染料中间体、橡胶和塑料等的稳定剂。C_{10} 芳烃中均四甲苯的主要用途是生产均苯四酸酐，进而制取聚酰亚胺等耐热性树脂，大量用于国防和宇航工业等尖端部门，也用作环氧树脂的固化剂和耐高温增塑剂。对二乙苯用作对二甲苯吸附分离中的脱附剂。萘主要用于生产染料、鞣料、润滑剂、杀虫剂、防蛀剂等。

本章主要有三部分内容，即芳烃（主要指 BTX 及乙苯）的生产、芳烃转化与单一芳烃产品的分离精制，后两部分是本章的重点。

4.1.1　芳烃的来源与生产方法[4~13]

近 20 年来，芳烃生产得到迅速发展，1986 年全世界 BTX 生产能力仅 3291 万吨，2003 年世界 BTX 生产能力已达到 8738.7 万吨；中国 2003 年 BTX 生产能力达到 614.8 万吨。

芳烃最初全部来源于煤焦化工业。由于有机合成工业的迅速发展，芳烃的需求量上升，煤焦化工业生产的焦化芳烃在数量上、质量上都不能满足需求。因此许多工业发达国家开始发展以石油为原料生产石油芳烃，以弥补不足。石油芳烃发展至今，已成为芳烃的主要来源，约占全部芳烃的 80%。芳烃的来源构成如表 4-1 所示。

石油芳烃主要来源于石脑油重整生成油及烃裂解生产乙烯副产的裂解汽油，其芳烃含

表 4-1　芳烃来源构成/%

分　布	石　油		煤焦化
	催化重整油	裂解汽油	
美国	79.6	19.1	4.0
西欧	49.4	44.8	5.9
日本	37.8	52.2	10.0

量与组成见表 4-2。由于各国资源不同，裂解汽油生产的芳烃在石油芳烃中比重也不同。美国乙烯生产大部分以天然气凝析液为原料，副产芳烃很少，故美国的石油芳烃主要来自催化重整油。日本与西欧各国乙烯生产主要以石脑油为原料，副产芳烃较多，且从裂解汽油中回收芳烃的投资与操作费用比重整生成油生产芳烃低。因此，日本与西欧各国从裂解汽油中回收芳烃量较大。随着乙烯工业的发展和乙烯原料由轻烃转向石脑油与柴油，预计来自裂解汽油生产的芳烃在世界芳烃产量中的比重将有上升趋势，石脑油蒸汽裂解副产芳烃汽油量约为原料量的 25%（质量计）。焦化芳烃生产受冶金工业的限制，其产量将维持现状或略有增加。

表 4-2　芳烃含量与组成/%

组　成	催化重整油	裂解汽油	焦化芳烃	组　成	催化重整油	裂解汽油	焦化芳烃
芳烃含量	50～72	54～73	＞85	C_9 芳烃	5～9	5～15	—
苯	6～8	19.6～36	65	苯乙烯	—	2.5～3.7	—
甲苯	20～25	10～15.0	15	非芳烃	28～50	27～46	<15
二甲苯	21～30	8～14	5				

4.1.1.1　焦化芳烃生产

在高温作用下，煤在焦炉炭化室内进行干馏时，煤质发生一系列的物理化学变化。除生成 75% 的焦炭外，还副产粗煤气约 25%，其中粗苯约占 1.1%，煤焦油约占 4.0%。粗煤气中含有多种化学品，其组成与数量随炼焦温度和原料配煤不同而有所波动。粗煤气经初冷、脱氨、脱萘、终冷后，进行粗苯回收。粗苯由多种芳烃和其他化合物组成，其主要组分是苯、甲苯和二甲苯。粗苯的组成见表 4-3。用洗油从粗煤气中吸收粗苯后，经蒸馏脱吸，得到粗苯，粗苯回收率约 90%。

表 4-3　粗苯组成

组成	苯	甲苯	二甲苯	C_9 芳烃	不饱和烃	硫化物		饱和烃
						CS_2	噻吩	
质量分数/%	55～75	11～22	2.5～6	1～2	3.9～8.3	0.3～1.4	0.2～1.6	0.6～1.5

粗苯经分馏，分成轻苯与重苯。粗苯中绝大部分 BTX、大部分硫化物及 50% 的不饱和烃集中于轻苯之中。轻苯再经分馏，塔顶馏出低沸物，塔底馏出重馏分为 BTX 混合馏分。混合馏分经精制处理后精馏，得到 BTX 产品。BTX 混合馏分精制方法主要有硫酸精制法与催化加氢精制法两类。美、日、英等国的焦化厂全部或大部分采用催化加氢精制法。我国的焦化厂目前主要采用硫酸精制法，少数新建大型焦化厂则采用催化加氢精制法。经过精制处理除去不饱和烃和噻吩等杂质后，再经精馏分离可得到苯、甲苯和二甲苯，其中苯含量占 50%～70%，所以粗苯是获得苯的好原料。煤焦油经分馏得到的轻油、酚油、萘油、蒽油等馏分，再经精馏、结晶等方法分离可得到苯系、萘系、蒽系等芳烃。

4.1.1.2 石油芳烃生产

以石脑油和裂解汽油为原料生产芳烃的过程如图4-1所示，可分为反应、分离和转化三部分。不同国家的石油芳烃生产模式有所不同。芳烃资源丰富的美国，苯的需要量较大，需通过甲苯脱烷基制苯补充苯的不足，而对二甲苯与邻二甲苯主要从催化重整油中分离而得，很少采用烷基转移与二甲苯异构化等工艺过程。西欧与日本芳烃资源不够丰富，因而采用芳烃转化工艺过程较多。中国芳烃资源比较少，需充分利用有限的芳烃资源，因而采用甲苯、C_9 芳烃的烷基转移，甲苯歧化，二甲苯异构化等工艺过程，很少采用甲苯脱烷基工艺。

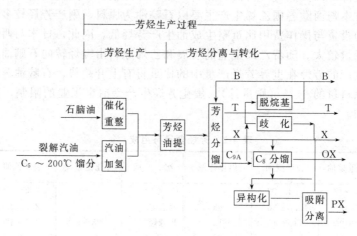

图 4-1　石油芳烃生产过程

Ⅰ．催化重整生产芳烃

催化重整是炼油工业主要的二次加工装置之一，它用于生产高辛烷值汽油或 BTX 等芳烃，其中约 10% 的装置用于生产芳烃产品。催化重整自 1949 年美国环球油品公司（UOP）第一套铂重整装置工业应用以来，催化重整工艺和催化剂都有了许多改进与提高。例如半再生式重整装置上应用催化剂定向装填、催化剂在线取样、原料油中控制硫含量、两段混氢、循环再生等等。最重要的是 20 世纪 60 年代后期，美国 Chevron 公司在工业上成功应用铂-铼双金属催化剂和 20 世纪 70 年代初美国 UOP 公司首先在工业上应用移动床催化剂连续再生技术。这是催化重整发展史上两次质的飞跃与突破，具有深远的影响。我国自 1965 年建成第一套铂重整工业装置以来，现已建成 25 套铂重整装置。其中连续重整装置 3 套。1974 年，我国成功研制了多种双金属催化剂。

（1）催化重整基本化学反应　包括环烷脱氢、五元环异构脱氢、烷烃脱氢环化、烷烃异构加氢裂解等反应，从而生成芳烃，同时也伴有加氢裂解、烯烃聚合等副反应，实际生产中要采取一定的措施抑制副反应的发生。

（2）催化重整原料　催化重整原料为石脑油馏分，石脑油的烃族组成和馏程对重整生成油中芳烃含量、组成和生产的各项技术经济指标有着决定性的影响。一般尽可能选用含环烷烃多的石脑油作为原料，对于馏程，一般根据生产目的芳烃适当选取。就生产 BTX 来说，原料的实际沸点馏程取 65～145℃；如要利用 C_9 芳烃增产 C_8 芳烃，则实沸点馏程取 70～177℃为宜，我国的几种石脑油烃族组成如表4-4所示。我国原油大部分属重质原油，直馏石脑油仅占 5%～7%。因此，发展加氢裂化石脑油、加氢处理焦化汽油、裂解汽油萃余油等作为重整原料，具有重要的现实意义。

116

表 4-4　石脑油烃族组成/%

组成	大庆 65～145℃	大港 65～160℃	辽河 65～145℃	胜利 VGO 加氢裂化 C_7～119℃	阿拉伯石蜡基 原油 82～154℃
烷烃	56.36	43.11	37.5	42.9	68.2
环烷烃	40.42	47.82	51.7	51.2	23.4
芳烃	3.22	9.12	10.8	5.9	8.0

石脑油中含有微量的硫、氮、氧等有机物及砷和重金属等化合物。重整催化剂对这些化合物很敏感,因此石脑油在重整之前,需进行加氢预处理,除去这些有害物质,加氢预处理以钼酸钴/Al_2O_3为催化剂,在反应温度340～370℃,操作压力1.8～2.4 MPa,氢/油(摩尔比)0.5:1,体积空速1～8 h^{-1}条件下进行。预处理后,石脑油中硫的质量分数低于 $0.5～2×10^{-6}$,砷低于 $2×10^{-9}$,重金属低于 $2×10^{-8}$。

(3) 重整催化剂　重整催化剂由一种或多种贵金属元素高度分散在多孔载体上制成,主金属为铂,其质量分数在0.3%～0.7%;还有卤族元素氟或氯,其质量分数在0.5%～1.5%。目前已经工业化的双金属重整催化剂主要有三大系列,即铂铼、铂锡与铂铱。催化剂载体由 η-Al_2O_3 发展为 γ-Al_2O_3,γ-Al_2O_3 的比表面虽小于 η-Al_2O_3,但它小于 2 nm 的孔少,中等孔径多,且热稳定性好,能在苛刻条件下操作。

(4) 催化重整工艺　催化重整过程是在临氢条件下进行,一般反应温度为425～525℃,反应压力0.7～3.5 MPa,空速1.5～3.0 h^{-1},氢油摩尔比为3～6,重整油的收率75.85%(即 C_5 以上烃的收率),芳烃含量30%～70%,重整油的研究法辛烷值(RON)可高达100。由于所用原料、催化剂及工艺条件等不同而开发出各种催化重整过程。主要催化重整工艺过程如表4-5所示。这些催化重整过程在降低反应压力,催化剂的再生,提高重整油及芳烃的收率等方面都作了重大的改进,特别值得提出的是UOP公司及IFP的连续催化重整技术,催化剂可连续再生,操作压力较低,芳烃收率较高,代表了催化重整技术的世界先进水平,各国竞相采用,其连续重整反应流程如图4-2所示。

表 4-5　催化重整主要生产工艺

名称(公司)	催化剂	典型数据		
		操作条件	C_5 收率/%(体积计)	RON
铂重整(UOP)	双金属,R-16 R-20,R-30,R-50	半再生,1.4～1.8 MPa 连续再生,0.7～1.0 MPa	75.7 79.5	100 100
IFP	单铂,R-402 等	半再生 1.4～1.5 MPa 连续再生 0.8～1.0 MPa	83.0(质量计) 85.0(质量计)	99 99
麦格纳重整 (Engelhard)	双金属,RG-422 等 多金属,RG-451 等	1.05～2.45 MPa	77.2～82.4	100
强化重整 (Exxon)	单铂 KX-110 双金属 KX-120 多金属 KX-130	—	半再生 74.4～78.4 循环再生 76.8～81.0	100～102 100～102
超重整(Standard Oil of Indiana)	—	0.87～2.1 MPa, 进口温度<549℃	78～82	97～103

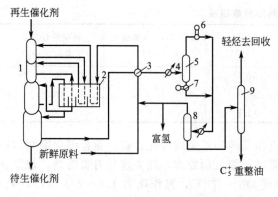

图 4-2 连续重整反应原理流程图
1—反应器；2—加热炉；3—换热器；
4—冷却器；5—高压分离器；6—压缩机；
7—泵；8—低压分离器；9—稳定塔

另外，在原料范围方面具有较突出的特点的是 M2 重整和 Aromax 重整新工艺。

M2 重整是由美国 Mobil 公司开发的一项新工艺。利用 ZSM-5 择形催化剂，把各种轻烃（烯烃、烷烃）转化为芳烃，还可把未转化的原料循环转化为芳烃。常规催化重整不能把 C_5 或 C_5 以下轻烃转化为芳烃，而 M2 重整却能把它们转化为芳烃。M2 重整采用三个并联（一个反应、一个再生、一个备用）的绝热固定再生式反应器，以 $C_3 \sim C_5$ 烯烃、烷烃混合物为原料，在反应温度 530℃、压力 0.27 MPa、液体空速 2.5 h^{-1}、反应和再生周期为 24 h（每次）条件下，总芳烃产率为 64.47%（摩尔计）。

Aromax 重整是由美国 Chevron 研究公司最近开发的利用分子筛催化剂，在与常规重整工艺相同的操作条件下，使轻石脑油转化为芳烃或高辛烷值汽油组分的新工艺。Aromax 催化剂是一种铂簇高度分散在钡交换的钾-沸石上的新型催化剂 Pt/Ba-K-L 沸石。由于此种催化剂对 $C_6 \sim C_8$ 烷烃转化为芳烃具有良好的选择性。因此，此种催化剂特别适用于含 $C_6 \sim C_8$ 烷烃量高的石脑油、重整抽余油作为原料进行的重整。这些原料用常规重整催化剂重整是困难的，不仅芳烃产率低，液体收率低，而且催化剂寿命短。用 Aromax 催化剂，则能将这些原料转化为芳烃，以重整抽余油为原料时，芳烃总收率约为 41.4%（质量计）。Aromax 工艺的操作条件与常规重整工艺一样，因此传统的设计条件可以适用。Aromax 催化剂也适用于许多已有的催化重整装置或其他合适的反应系统，尤其对循环再生式重整特别适用。

世界上催化重整装置现有 10% 的能力用于生产芳烃，90% 的能力用于生产汽油。而我国则约各占 50%。催化重整生产 BTX 的特点是，含甲苯和二甲苯较多，含苯较少。以半再生式重整为例，典型的芳烃收率为：苯 6.8%，甲苯 21.9%，二甲苯 19.8%，重芳烃 6.4%，总收率 54.9%。

Ⅱ. 裂解汽油生产芳烃

乙烯是石油化工最重要的基础原料之一。随着乙烯工业的发展，副产的裂解汽油已是石油芳烃的重要来源。1984 年从裂解汽油生产苯量已达 794 万吨。相当于当年苯产量的三分之一以上。当以石脑油为原料，不同裂解深度时裂解汽油的组成如表 4-6 所示。裂解汽油除含 40% ～ 60% 的 $C_6 \sim C_9$ 芳烃外，还含有相当数量的二烯烃与单烯烃，少量的烷烃与微量氧、氮、硫及砷的化合物。裂解汽油中烯烃与各项杂质远远超过芳烃生产后续工序所能允许的标准。必须经过预处理，加氢精制后，才能作为芳烃抽提的原料。

（1）裂解汽油预处理　裂解汽油为 $C_5 \sim 200℃$ 馏分。C_5 馏分中含有较多异戊二烯、间戊二烯与环戊二烯，它们是合成橡胶和精细化工的重要原料。C_5 馏分中二烯烃经加氢生成烯烃是很好的汽油组分。C_5 馏分烯烃进一步加氢生成 C_5 烷烃，可作为烃类裂解原料。依 C_5 馏分的不同利用途径，加氢精制原料的分馏也有所不同，如图 4-3 所示。但其共同点是必须经蒸馏除去裂解汽油中 C_5 馏分、部分 C_9 芳烃与 C_9^+ 馏分。

表 4-6　以石脑油为原料不同裂解深度时裂解汽油组成

组　　　分	裂　解　深　度					
	乙烯收率 24.4%		乙烯收率 28.5%		乙烯收率 33.4%	
	原料	组成/%	原料	组成/%	原料	组成/%
C_5		20.9		13.8		4.0
苯	6.1	24.5	7.2	31.8	2.5	46.0
C_6 非芳烃		10.4		7.5		2.0
甲苯	4.7	18.9	4.4	19.4	3.2	19.6
C_7 非芳烃		7.0		4.5		1.0
二甲苯	0.75	3.0	1.4	6.2	1.5	9.2
乙苯和苯乙烯	0.7	2.8	1.2	5.3	1.2	7.4
C_8 非芳烃		3.6		2.0		1.0
C_9^+		8.9		9.5		9.8
总计	24.9	100.0	22.6	100.0	16.3	100.0
裂解汽油中芳烃		49.2		62.7		82.2

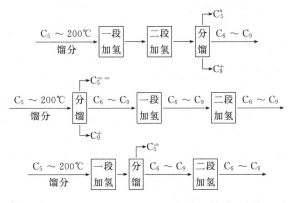

图 4-3　裂解汽油分馏图

（2）裂解汽油加氢　裂解汽油加氢是目前普遍采用的精制方法。由于从裂解汽油中除去双烯烃、单烯烃和氧、氮、硫等有机化合物的工艺条件不同，一般采用二段加氢精制工艺。第一段加氢的目的，是将使易生胶的二烯烃加氢转化为单烯烃以及烯基芳烃转化为芳烃。这一段加氢在比较缓和的工艺条件下进行，以避免二烯烃聚合。因此一段加氢多采用钯（Pd/Al_2O_3）为催化剂，在低温（低于 100℃）液相下进行选择性加氢。一段加氢也有少数采用非贵金属镍钴、钼钨等催化剂，此类催化剂，其反应温度一般要高于 100℃，在这样温度下双烯烃难免在催化剂表面聚合，从而降低催化剂活性，导致催化剂再生频繁。第二段加氢目的，主要使单烯烃饱和并脱除硫、氧、氮等有机化合物。这一段加氢精制，普遍采用非贵金属 Co-Mo-Al_2O_3 系列的催化剂，工艺技术比较成熟。二段加氢在较高温度气相条件下进行。裂解汽油经一段加氢后，其中二烯烃含量（马来酸酐值 MAV）小于2%（以质量计）；二段加氢后，裂解汽油的溴值小于 1，含硫质量分数小于 2×10^{-6}。

裂解汽油两段加氢精制法首先由德国拜尔公司开发并工业化。之后许多公司开发了各自的裂解汽油两段加氢工艺。这些公司的第二段加氢精制工艺基本是相同的，主要不同在于第一段加氢精制采用不同的催化剂。拜尔-鲁奇公司、Englhard 公司、Lummus 公司与三菱油化公司采用贵金属催化剂，为低温液相加氢。其他公司则用非贵金属催化剂，在100～200℃下进行加氢。为避免较多的二烯烃在催化剂表面聚合，各公司采用不同的解决催化剂表面聚合的措施。UOP 公司采用加氢生成油进行循环，以降低一段加氢进料中二烯烃含量，防止二烯烃在催化剂表面上聚合；法国 IFP 则采用每隔 3～4 个月对催化剂进行一次汽提处理，去除催化剂表面上胶质，保持催化剂加氢活性。采用贵金属催化剂的一段加氢精制，因反应在低温下进行，不需加氢生成油循环，也不需汽提处理催化剂，就能维持较长的运转周期。

Ⅲ．轻烃芳构化与重芳烃的轻质化

催化重整和高温裂解的原料主要都是石脑油，而石脑油同时也是生产汽油的重要原料。由于汽油日益增长的需求，迫使人们不得不寻找石脑油以外的生产芳烃的原料。目前正在开发的一是利用液化石油气和其他轻烃进行芳构化，另一是使重芳烃进行轻质化。这两种原料路线的工业化和基础研究取得了重要进展。液化石油气芳构化制芳烃已初步实现工业化。重芳烃轻质化一般采用热脱烷基或加氢脱烷基技术，已经建有工业化装置，现各举一典型工艺加以介绍。

（1）由烷烃生产芳烃的 Cyclar 工艺 此工艺首先由英国石油（BP）公司提出，以世界市场过剩的低价液化石油气——丙烷、丁烷为原料，经催化脱氢、齐聚、环化和芳构化生产芳烃。之后，BP公司与美国 UOP 公司合作，将 UOP 公司成熟的催化连续重整、连续再生工艺及其设备应用于 Cyclar 工艺。其工艺流程如图 4-4 所示。

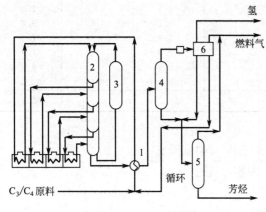

图 4-4　Cyclar 工艺流程图
1—热交换器；2—反应器；3—再生器；
4，5—回收塔；6—分离器

以丙烷、丁烷为原料，进入迭式的径向绝热反应器，在分子筛催化剂（非铂催化剂）作用下使烷烃脱氢、二聚和环化转化为芳烃，同时副产氢气。芳烃产率与组成见表 4-7。Cyclar 工艺液体产品中非芳烃质量分数低于 1×10^{-3}，因此，仅需通过分馏，就能得到冰点 5.4℃的苯和可直接作歧化原料的甲苯。不需设置芳烃抽提装置进行分离。与石脑油重整技术比较，此工艺路线简单，原料无需进行预处理，产品也不需芳烃抽提就能生产高纯度苯，且副产氢气产率高于催化重整。Cyclar 工艺将是今后生产芳烃又一新的工艺路线。BP 公司已在沙特阿拉伯 SABIC 公司建设了一套加工能力为 $267\times10^4\,m^3/a$ 的 Cyclar 工业装置。

表 4-7　芳烃产率与组成

原料	芳烃产率/%	产氢率/%（纯度 95%）	芳烃组成/%			
			苯	甲苯	二甲苯	C_9^+ 芳烃
丙烷	63.4	6.1	31.26	42.46	17.88	8.4
丁烷	67.2	5.4	24.70	43.90	23.51	7.89

（2）重芳烃轻质化的 Detol 工艺 重整生成油、裂化汽油和焦化汽油中都含有 C_9、C_{10} 重芳烃，其中大部分是 C_9。用它们可以生产增塑剂、树脂、染料等产品，也可作为溶剂或用做汽油和馏分燃料油。但在世界上许多地区不允许用重芳烃，只允许用甲苯调入汽油，所以重芳烃轻质化工艺得到了重要进展。Detol 工艺是 ABB Lummus Crest 公司技术，原料是重芳烃及甲苯，采用载于 Al_2O_3 上的 Cr_2O_3 作催化剂，反应器进口温度 620℃，出口温度 700～720℃，压力 4.5 MPa，氢烃摩尔比为 6。流程中氢与原料和未转化的烷基芳烃循环料相混合，再进入反应器。该工艺过程的工业装置已建立了十余套装置，典型的产品收率如表 4-8 所示。

表 4-8 Detol 工艺产品收率

生产目的	原料(摩尔分数)/%					产品(摩尔分数)/%	
	非芳烃	苯	甲苯	C_8 芳烃	C_9^+ 芳烃	苯	C_8 芳烃
二甲苯	2.3	11.3	0.7	0.3	85.4	36.9	37.7
苯	3.2	—	47.3	49.5	—	75.7	—

4.1.2 芳烃馏分的分离[14]

由催化重整和加氢精制裂解汽油得到的含芳烃馏分都是由芳烃与非芳烃组成的混合物。由于碳数相同的芳烃与非芳烃的沸点非常接近，有时还会形成共沸物，用一般的蒸馏方法是难以将它们分离的。为了满足对芳烃纯度的要求，目前工业上实际应用的主要是溶剂萃取法和萃取蒸馏法。前者适用于从宽馏分中分离苯、甲苯、二甲苯等。萃取蒸馏法适用于从芳烃含量高的窄馏分中分离纯度高的单一芳烃。

4.1.2.1 溶剂萃取

(1) 原理与过程 溶剂萃取分离芳烃是利用一种或两种以上的溶剂（萃取剂）对芳烃和非芳烃选择溶解分离出芳烃。溶剂的性能与芳烃收率、芳烃质量、公用工程消耗及装置投资有直接关系。对溶剂性能的基本要求是：对芳烃的溶解选择性好、溶解度高、与萃取原料密度差要大、蒸发潜热与热容要小、蒸汽压小，并有良好的化学稳定性与热稳定性、腐蚀性小等。

芳烃萃取过程在塔式设备中连续进行，原料从塔的中部加入，溶剂从塔的上部加入，溶剂自上而下流动与原料逆流接触，实现萃取分离目的。萃取塔从原料入口以上的这一段为萃取段，离开萃取段的萃取相中除溶有芳烃外，还溶解一部分非芳烃。从萃取塔下部加入的反洗液，与萃取段下来的萃取相逆流接触，根据溶剂对烃类的溶解度差异，把非芳烃取代出去，从而提高了芳烃纯度。萃取塔自原料入口以下的这一段为反洗段。

(2) 工业生产方法 自美国 UOP 公司和 DOW 化学公司开发了以二甘醇为溶剂的 Udex 法工业生产以来，其他公司又相继开发了以环丁砜为溶剂的 Sulfolane 法，N-甲基吡咯烷酮为溶剂的 Arosolvan 法，以二甲基亚砜为溶剂的 IFP 法、以 N-甲酰吗啉为溶剂的 Formax 法。主要的芳烃萃取工艺方法如表 4-9 所示。Udex 法的工艺流程如图 4-5 所示。

表 4-9 溶剂萃取分离芳烃工业生产方法概况

方法	公司名称	溶剂	溶剂比	工艺流程	芳烃回收率/%(质量计)			
					苯	甲苯	二甲苯	C_9 芳烃
Udex	UOP DOW	二甘醇 +5%水	10~11:1	萃取-汽提，水洗-水分馏，溶剂再生	99.5	98	95	
	UC	四甘醇 +5%水	3:1	萃取-汽提，抽余油水洗馏，溶剂再生	99~99.5	98.5~99.0	94~96.5	65~96
Sulfolane	UOP	环丁砜 +5%水	3~6:1	萃取-汽提，水洗-水分馏，丁烷蒸馏，溶剂再生	99~99.9	98~99.5	96~98	>76
IFP	IFP	二甲基亚砜+6%水	5~6:1	萃取-汽提，芳烃与抽余油水洗馏，溶剂再生(间断)	99.5~99.7	98~99.7	85~92	>50
Arosolvan	Lugi	N-甲基吡咯烷酮 +5%乙二醇	3.6~6:1	萃取-汽提，水洗-水分馏，溶剂再生	99.9	99.5	95	>60

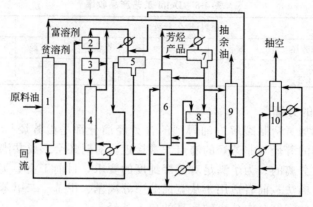

图 4-5　简化的 Udex 法萃取装置工艺流程

1—萃取塔；2—闪蒸；3—二闪蒸；4—萃取蒸馏塔；5—回流芳烃罐；6—汽提塔；

7—芳烃罐；8—汽提水罐；9—抽余油水洗塔；10—溶剂再生塔

4.1.2.2　萃取蒸馏

（1）**原理与过程**　萃取蒸馏是利用极性溶剂与烃类混合时，能降低烃类蒸汽压使混合物初沸点提高的原理而设计的工艺过程，由于此种效应对芳烃的影响最大，对环烷烃的影响次之，对烷烃影响最小，这样就有助于芳烃和非芳烃的分离。在萃取蒸馏塔中把溶剂萃取和蒸馏两种过程结合起来。待分离的物料预热后进入萃取蒸馏塔中部，溶剂进入塔的顶部，进行逆流传质过程。含微量芳烃的非芳烃呈汽态从塔顶蒸出，冷凝后，部分回流，其余出装置。溶剂和芳烃从塔底排出，进入汽提塔，汽提出芳烃后，溶剂循环使用。萃取蒸馏法是从富含芳烃馏分中直接提取某种高纯芳烃的一种工艺过程。原料需首先进行预分馏，切除轻、重馏分，留下中心馏分送去萃取蒸馏。萃取蒸馏可用于从重整油或裂解汽油（加氢后）提取苯、甲苯或二甲苯，也可用于从未加氢的裂解汽油中直接提取苯乙烯。

（2）**工业生产方法**　萃取蒸馏的主要工艺有德国 Lugi 公司的 Distapex 法、Krupp Koppers 公司的 Morphylane 法、Octener 法和 Glitsch Technology 公司的 GT-BTX 法。这些工艺可从焦炉轻油、重整生成油、裂解汽油生产苯、甲苯和二甲苯，而且具有能耗低、投资少的特点。与溶剂萃取相比，萃取精馏特别适合于含芳烃高的原料，如裂解汽油或焦炉粗苯，而溶剂萃取适合从重整生成油回收芳烃。Morphylane 法的工艺流程如图 4-6 所示。

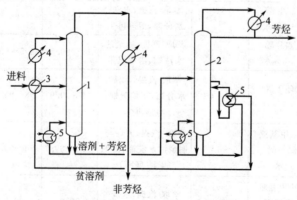

图 4-6　Morphylane 法工艺流程图

1—萃取蒸馏塔；2—汽提塔；3—换热器；4—冷却器；5—再沸器

Morphylane 法用 *N*-甲酰吗啉（NFM）为溶剂分离芳烃。能从相应的馏分中一次取得两种芳烃，如苯/甲苯或甲苯/二甲苯。同时制取两种芳烃时的流程与图 4-6 相似，仅在汽提塔后增设一个分馏塔，使两种芳烃相互分离。

4.1.3　芳烃的转化[1,15,16]

由表 4-2 可以看出，不同来源的各种芳烃馏分组成是不同的，能得到的各种芳烃的产量也不同。因此如仅从这些来源来获得各种芳烃的话，必然会发生供需不平衡的矛盾。例如在化学工业中，苯的需要量是很大的，但上述来源所能供给的苯却是有限的，而甲苯却因用途较少而过剩；又如聚酯纤维的发展需要大量的对二甲苯，但催化重整、裂解汽油产品中二甲苯含量有限，并且二甲苯中对二甲苯含量最高也仅能达到 23% 左右；再有发展聚苯乙烯塑料需要乙苯原料，而上述来源中乙苯含量也甚少等。因此就开发了芳烃的转化工艺，以便依据市场的供求，调节各种芳烃的产量。各种芳烃组分中用途最广、需求量最大的是苯与对二甲苯，其次是邻二甲苯。甲苯、间二甲苯及 C$_9$ 芳烃迄今尚未获得重大的化工利用，因而有所过剩。为解决针对苯与对二甲苯的迫切需求，在 20 世纪 60 年代初发展了脱烷基制苯工艺；在 20 世纪 60 年代后期又发展了甲苯歧化，甲苯、C$_9$ 芳烃烷基转移及二甲苯异构化等芳烃转化工艺。这些工艺是增产苯与对二甲苯的有效手段，从而得到较快的发展。

值得说明的是，由于苯的毒性，各国对汽油中苯含量的限制越来越严格，其他用途如化工原料和溶剂等也尽量使用代用品，苯的需求日趋降低。另外，最近由于石化工业的发展，邻、间二甲苯在合成树脂、染料、药物、增塑剂和各种中间体上发现有其独特优点的新用途，促使邻、间二甲苯的需求增加。

4.1.3.1　芳烃转化反应的化学过程

芳烃的转化反应主要有异构化、歧化与烷基转移、烷基化和脱烷基化等几类反应。主要转化反应及其反应机理如下。

异构化反应

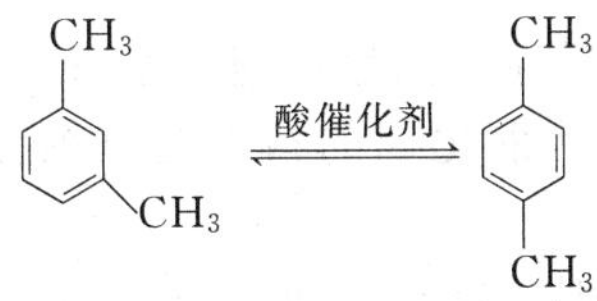

$$\text{（4-1）}$$

$$\text{（4-2）}$$

歧化反应

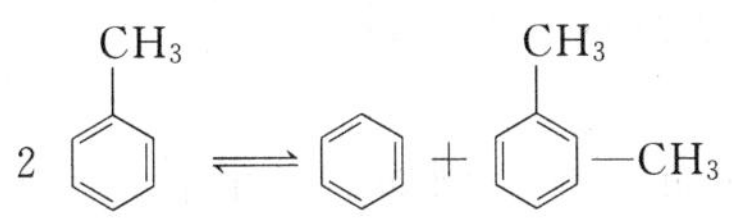

$$\Delta H^\ominus(800\text{K})=0.84 \text{ kJ/mol} \tag{4-3}$$

烷基化反应

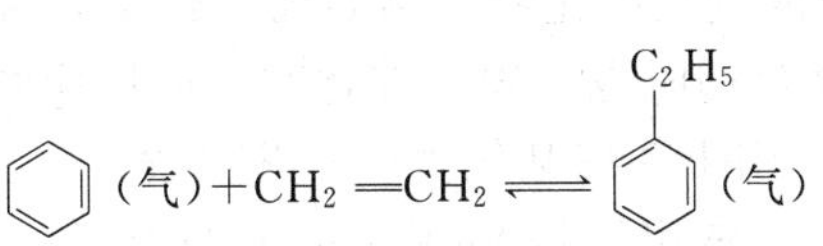

$$\Delta H^\ominus(298\text{K})=-106.6 \text{ kJ/mol} \tag{4-4}$$

123

$$\text{C}_6\text{H}_6\text{(气)} + \text{CH}_2\text{CH}{=}\text{CH}_2 \rightleftharpoons \text{C}_6\text{H}_5{-}\text{CH(CH}_3)_2\text{(气)} \tag{4-5}$$

$$\Delta H^{\ominus}(298\text{K}) = -97.8 \text{ kJ/mol}$$

$$\text{C}_6\text{H}_6\text{(液)} + \text{CH}_2{=}\text{CH}_2 \rightleftharpoons \text{C}_6\text{H}_5{-}\text{C}_2\text{H}_5\text{(液)} \tag{4-6}$$

$$\Delta H^{\ominus}(298\text{K}) = -114.6 \text{ kJ/mol}$$

烷基转移反应

$$\text{C}_6\text{H}_6 + 2\,\text{C}_6\text{H}_5{-}\text{C}_2\text{H}_5 \xrightarrow{\text{酸催化剂}} 2\,\text{C}_6\text{H}_4(\text{C}_2\text{H}_5) \tag{4-7}$$

脱烷基化反应

$$\text{C}_6\text{H}_5\text{CH}_3 + \text{H}_2 \longrightarrow \text{C}_6\text{H}_6 + \text{CH}_4 \tag{4-8}$$

$$\Delta H^{\ominus}(800\text{K}) = -49.02 \text{ kJ/mol}$$

$$\text{C}_{10}\text{H}_7\text{CH}_3 + \text{H}_2 \longrightarrow \text{C}_{10}\text{H}_8 + \text{CH}_4 \tag{4-9}$$

　　芳烃的转化反应（脱烷基反应除外）都是在酸性催化剂存在下进行的，具有相同的离子反应机理（但在特殊条件下，如自由基引发或高温条件下也可发生自由基反应），其反应历程包括正烃离子的生成及正烃离子的进一步反应。芳烃的异构化、歧化与烷基转移和烷基化都是按离子型反应机理进行的反应，而正烃离子是非常活泼的，在其寿命的时限内可以参加多方面的反应，因此造成各类芳烃转化反应产物的复杂化。至于不同转化反应之间的竞争，主要决定于离子的寿命和它在有关反应中的活性。

4.1.3.2　催化剂

　　芳烃转化反应是酸碱型催化反应。其反应速度不仅与芳烃（和烯烃）的碱性有关，也与酸性催化剂的活性有关，而酸性催化剂的活性与其酸浓度、酸强度和酸存在的形态均有关。

　　芳烃转化反应所采用的催化剂主要有下面两类。

　　Ⅰ.酸性卤化物

　　酸性卤化物分子如：AlBr_3、AlCl_3、BF_3 等都具有接受一对电子对的能力，是路易氏酸。在绝大多数场合，这类催化剂总是与 HX 共同使用，可用通式 $\text{HX}{-}\text{MX}_n$ 表示。这类催化剂主要应用于芳烃的烷基化和异构化等反应，反应是在较低温度和液相中进行，主要缺点是具有强腐蚀性，HF 还有较大的毒性。

　　Ⅱ.固体酸

　　(1) 浸附在适当载体上的质子酸　例如载于载体上的 H_2SO_4、H_3PO_4、HF 等。这些酸在固体表面上和在溶液中一样离解成氢离子。常用的是磷酸/硅藻土，磷酸/硅胶催化剂等。主要用于烷基化反应。但活性不如液体酸高。

　　(2) 浸附在适当载体上的酸性卤化物　例如载于载体上的 AlCl_3、AlBr_3、BF_3、FeCl_3、ZnCl_2 和 TiCl_4。应用这类催化剂时也必须在催化剂中或反应物中添加助催化剂 HX。已用的有 $\text{BF}_3/\gamma\text{-Al}_2\text{O}_3$ 催化剂，用于苯烷基化生产乙苯过程。

　　(3) 混合氧化物催化剂　常用的是 $\text{SiO}_2\text{-Al}_2\text{O}_3$ 催化剂，亦称硅酸铝催化剂，主要应用于异构化和烷基化反应。在不同条件下 $\text{SiO}_2\text{-Al}_2\text{O}_3$ 催化剂表面存在有路易斯酸或（和）

质子酸中心。其总酸度随 Al_2O_3 加入量的增加而增加，而其中质子酸的量有一峰值，同时这两种酸的酸浓度与反应温度也有关。在较低温度下（$<400℃$）主要以质子酸的形式存在，在高温下（$>400℃$）主要路易斯酸的形式存在。即这两种形式的酸中心可以相互转化，而在任何温度时总酸量保持不变。但这类催化剂活性较低需在高温下进行芳烃转化反应，不过价格便宜。

（4）贵金属-氧化硅-氧化铝催化剂　主要是 Pt/SiO_2-Al_2O_3 催化剂，这类催化剂不仅具有酸功能，也具有加氢脱氢功能。主要用于异构化反应。

（5）分子筛催化剂　经改性的 Y 型分子筛、丝光沸石（亦称 M 型分子筛）和 ZSM 系列分子筛是广泛用作芳烃歧化与烷基转移、异构化和烷基化等反应的催化剂。尤以 ZSM-5 分子筛催化剂性能最好，因为它不仅具有酸功能，还具有热稳定性高和择形性等特殊功能。

4.2　芳 烃 转 化

各种芳烃组分中用途最广、需求量最大的是苯与对二甲苯，其次是邻二甲苯。甲苯、间二甲苯及 C_9 芳烃迄今尚未获得重大的化工利用，而有所过剩。为解决针对苯与对二甲苯的迫切需求，在 20 世纪 60 年代初发展了脱烷基制苯工艺；在 20 世纪 60 年代后期又发展了甲苯歧化，甲苯、C_9 芳烃烷基转移及二甲苯异构化等芳烃转化工艺。这些工艺是增产苯与对二甲苯的有效手段，从而得到较快的发展。

4.2.1　芳烃的脱烷基化[1,15,17,18]

烷基芳烃分子中与苯环直接相连的烷基，在一定的条件下可以被脱去，此类反应称为芳烃的脱烷基化。工业上主要应用于甲苯脱甲基制苯、甲基萘脱甲基制萘。

4.2.1.1　脱烷基反应的化学过程——以甲苯加氢脱烷基制苯为例

甲苯加氢脱烷基制苯是 20 世纪 60 年代以后，由于对苯的需要量增长很快，为了调整苯的供需平衡而发展起来的增产苯的途径之一。

（1）主副反应和热力学分析

主反应如式（4-8）所示。

副反应

$$\bigcirc +3H_2 \longrightarrow \bigcirc \tag{4-10}$$

$$\Delta H^{\ominus}(800K) = -220.6 \text{ kJ/mol}$$

$$\bigcirc +6H_2 \longrightarrow 6CH_4 \tag{4-11}$$

$$\Delta H^{\ominus}(800K) = -367.32 \text{ kJ/mol}$$

$$CH_4 \longrightarrow C+2H_2 \tag{4-12}$$

$$\Delta H^{\ominus}(800K) = 87.15 \text{ kJ/mol}$$

四个反应的平衡常数和温度的关系如表 4-10 所示。

表 4-10　平衡常数与温度的关系

反　应	$\lg K_p$			
	700K（427℃）	800K（527℃）	900K（627℃）	1000K（727℃）
式(4-8)	3.17	2.72	2.36	2.07
式(4-10)	−4.26	−6.32	−7.92	−9.19
式(4-11)	25.02	21.65	18.96	16.70
式(4-12)	−0.95	−0.15	0.49	1.01

从表 4-10 中数据可以看出，主反应在热力学上是有利的。当温度不太高，氢分压较高时可以进行得比较完全。然而副反应中除芳烃加氢反应式（4-10）平衡常数很小外，环烷烃的加氢裂解反应式（4-11）在热力学上却十分有利，为不可逆反应，只要芳烃一经加氢成环烷烃，如有足够长的反应时间，就会深度加氢裂解成甲烷；虽然采用较高的反应温度、较低的氢分压深度加氢裂解反应可以被抑制，但温度过高、氢分压过低将不利于主反应，而有利于甲烷分解生成碳的副反应式（4-12）和如下的芳烃脱氢缩合反应。

$$\bigcirc + \bigcirc\!\!-\!CH_3 \longrightarrow \bigcirc\!\!-\!\!\bigcirc\!\!-\!CH_3 + H_2$$

$$\longrightarrow \bigcirc\!\!\bigcirc\!\!\bigcirc + 2H_2 \tag{4-13}$$

所以这些副反应都较难从热力学上来加以抑制，因此只有从动力学上来控制它们的反应速度，使它们尽量少地发生。从以上分析可知加氢脱烷基的温度不宜太低也不宜太高，氢分压和氢气对甲苯的摩尔比，较大时对防止结焦和对加氢脱烷基反应都比较有利，但对抑制一些加氢副反应的发生是不利的，而且也会增加氢气的消耗。

（2）催化剂　主要是由周期表中第Ⅳ、Ⅷ族中的 Cr、Mo、Fe、Co 和 Ni 等元素的氧化物负载于 Al_2O_3、SiO_2 等载体上所组成，其质量分数为 4%～20%。最常用的是氧化铬-氧化铝、氧化钼-氧化铝和氧化铬-氧化钼-氧化铝催化剂。为了抑制芳烃裂解生成甲烷等副反应的进行，常加入少量碱和碱土金属作为助催化剂。为防止缩合产物和焦的生成，提高催化剂的选择性，也可在反应区内加入反应物料量的 10%～15%（以质量计）的水蒸气。

4.2.1.2　脱烷基化方法

（1）烷基芳烃的催化脱烷基　烷基苯在催化裂化的条件下可以发生脱烷基反应生成苯和烯烃。此反应为苯烷基化的逆反应，是一强吸热反应。例如异丙苯在硅酸铝催化剂作用下于 350～550℃ 催化脱烷基成苯和丙烯。

$$C_6H_5CH(CH_3)_2 \longrightarrow C_6H_6 + CH_3CHCH_2$$

反应的难易程度与烷基的结构有关。不同烷基苯脱烷基次序为：叔丁基＞异丙基＞乙基＞甲基。烷基愈大愈容易脱去。甲苯最难脱甲基，所以这种方法不适用于甲苯脱甲基制苯。

（2）烷基芳烃的催化氧化脱烷基　烷基芳烃在某些氧化催化剂作用下用空气氧化可发生氧化脱烷基生成芳烃母体及二氧化碳和水。其反应通式可表示如下。

$$\bigcirc\!\!-\!C_nH_{2n+1} + \frac{3}{2}nO_2 \longrightarrow \bigcirc + nCO_2 + nH_2O \tag{4-14}$$

例如甲苯在 400～500℃，在铀酸铋催化剂存在下，用空气氧化则脱去甲基而生成苯，选择性可达 70%。此法尚未工业化，其主要问题是氧化深度难控制，反应选择性较低。

（3）烷基芳烃的加氢脱烷基　在大量氢气存在及加压下，使烷基芳烃发生氢解反应脱去烷基生成母体芳烃和烷烃。

$$\overset{R}{\bigcirc} + H_2 \longrightarrow \bigcirc + RH \tag{4-15}$$

这一反应在工业上广泛用于从甲苯脱甲基制苯。是近年来扩大苯来源的重要途径之一。也用于从甲基萘脱甲基制萘。在氢气存在下有利于抑制焦炭的生成，但在临氢脱烷基条件下也会发生下面的深度加氢裂解副反应。

$$\text{C}_6\text{H}_5\text{CH}_3 + 10\text{H}_2 \longrightarrow 7\text{CH}_4 \tag{4-16}$$

烷基芳烃的加氢脱烷基过程，又分成催化法和热法两种。以甲苯加氢脱甲基制苯为例对这两种方法的比较如表 4-11。从表 4-11 看出，两法各有优缺点。由于热法不需催化剂，苯收率高和原料适应性较强等优点，所以采用加氢热脱烷基的装置日渐增多。

表 4-11　催化法和热法脱烷基的比较

项　目	催　化　法	热　法
反应温度/℃	530～650	600～700
反应压力/MPa	2.94～7.85	96～4.90
苯收率/%	96～98	97～99
催化剂	需要	不需要
反应器运转周期	半年	一年
空速大小	较小(反应器较大)	较大(反应器较小)
原料要求	原料适应性差，非芳烃和 C_9 含量不能太高	原料适应性较好，允许含非芳烃达 30%，C_9^+ 芳烃达 15%
氢的要求	对 CO、CO_2、H_2S、NH_3 等杂质含量有一定要求	杂质含量不限制
气态烃生成量	少	稍多
氢耗量	低	稍高
反应器材质要求	低	高
苯纯度(产品)/%	99.9～99.95	99.99

（4）烷基苯的水蒸气脱烷基法　本法是在加氢脱烷基同样的反应条件下，用水蒸气代替氢气进行的脱烷基反应。通常认为这两种脱烷基方法具有相同的反应历程

$$\text{C}_6\text{H}_5\text{CH}_3 + \text{H}_2\text{O} \longrightarrow \text{C}_6\text{H}_6 + \text{CO} + 2\text{H}_2 \tag{4-17}$$

$$\text{C}_6\text{H}_5\text{CH}_3 + 2\text{H}_2\text{O} \longrightarrow \text{C}_6\text{H}_6 + \text{CO}_2 + 3\text{H}_2 \tag{4-18}$$

甲苯还可以与反应中生成的氢作用进行脱烷基化反应，同样在脱烷基的同时也伴随发生苯环的如下开环裂解反应

$$\text{C}_6\text{H}_5\text{CH}_3 + 14\text{H}_2\text{O} \longrightarrow 7\text{CO}_2 + 13\text{H}_2 \tag{4-19}$$

$$\text{C}_6\text{H}_5\text{CH}_3 + 10\text{H}_2 \longrightarrow 7\text{CH}_4 \tag{4-20}$$

水蒸气法突出的优点是以廉价的水蒸气代替氢气作为反应剂，反应过程不但不消耗氢气，还副产大量含氢气体。但此法与加氢法相比苯收率较低，一般在 90%～97%；需用贵金属铑作催化剂，成本较高。

4.2.1.3　工业生产方法

脱烷基制苯是甲苯最大的化工利用，也是苯的主要来源之一，但随着苯的使用受到限制，此类装置发展趋于停滞，甚至有的已经关闭。我国仅有少量甲苯用于脱烷基制苯。脱烷基制苯工艺分为催化脱烷基与热脱烷基两种。催化脱烷基生产方法有美国 UOP 公司的

Hydeal 法、Airproducts and Chemicals 公司的 Pyrotol 法、Shell 公司的 Beztol 法及 U-nion Oil 公司的Unidak法；热脱烷基生产方法有 ARCO 公司的 HDA 法、三菱油化公司的 MHC 法、海湾公司的 THD 法及 UOP 公司的 New Hydeal 法。热脱烷基与催化脱烷基两种工艺各有特点，催化脱烷基，气态烃产量较少，氢耗较低；热脱烷基，工艺过程简单，对原料适应性强，允许原料中非芳烃含量可达30％，C_9 芳烃可达15％，补充氢气中杂质不受限制，运转期长，不需停车进行催化剂再生，但其反应温度较高（600～700℃），对反应器材质要求高。一般认为热脱烷基工艺优点较多。主要生产方法工艺条件见表 4-12。

表 4-12　脱烷基制苯主要工艺方法

工艺方法	原　料	催化剂组成	工艺条件			理论产率的收率/％	苯纯度/％	催化剂寿命/a
			温度/℃	压力/MPa	空速/h^{-1}			
Hydeal（UOP 公司）	芳烃萃取物	Cr_2O_3/Al_2O_3	600～650	3.4～3.9	0.5	＞98	99.98	1.5
Pyrotol（Airproducts and Chemicals 公司）	裂解汽油	Cr_2O_3/Al_2O_3	600～650	5.9～6.9	—	98.5	99	4～5
HAD（ARCO/HRI 公司）	甲苯、混合芳烃	—	677～704	3.9～4.9		96～100	99.92	—
MHC（日本三菱公司）	裂解汽油	—	入口600～630 出口<700	2.45		98～99	99.99	

Ⅰ．催化脱烷基制苯

（1）Hydeal 法　本法是目前工业上采用较多的一种催化脱烷基制苯过程。其原料为催化重整油、裂解汽油、甲苯及煤焦油等。其工艺流程如图 4-7 所示。新鲜原料、循环物料、新鲜氢气与循环氢气经加热炉加热到所需温度后进入反应器，如果原料中含非芳烃较多时，需两台反应器，并控制不同的反应条件，在第一台反应器中进行烯烃和烷烃的加氢裂解反应，在第二台热反应器中进行加氢脱烷基反应。从反应器出来的气体产物经冷却器冷却、冷凝，气液混合物一起进入闪蒸分离器，分出的氢气一部分直接返回反应器；另一部分中除一小部分排出作燃料外，其余送到纯化装置除去轻质烃，提高浓度后再返回到反应器使用。液体芳烃经稳定塔去除轻质烃和白土塔脱去烯烃后至苯精馏塔，塔顶得产品苯。塔釜重馏分送再循环塔，塔顶蒸出未转化的甲苯再返回反应器使用，塔底的重质芳烃排出系统。

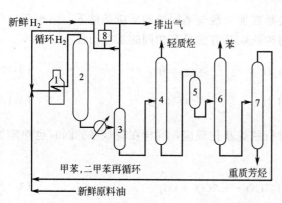

图 4-7　Hydeal 法催化加氢脱烷基制苯工艺流程
1—加热炉；2—反应器；3—闪蒸分离器；4—稳定塔；5—白土塔；6—苯塔；7—再循环塔；8—H_2 提浓装置

（2）Pyrotol 法　本法的特点是将裂解汽油中的芳烃全部转化为苯。我国燕山石油化工公司引进了一套 Pyrotol 装置。此工艺采用绝热式固定床反应器，为避免反应剧烈而结焦一般采用两台反应器。第一台反应器主要进行非芳烃裂解反应，生成甲烷、乙烷等低分子烃；第二台反应器主要进行烷基苯的脱烷基反应，因此第二台反应器的温度要比第一台反应器的温度高。原料裂解汽油首先进行预分馏，除去 C_5 以及 C_9 以上的烃类，得到的 C_6～C_8 馏分作为脱烷基的原料，进入蒸发器。借热的循环氢使之汽化，未汽化的少量残液返回预分馏塔。汽化的 $C_6 \sim C_8$ 馏分和补加的氢气一起进入预加氢反应器加氢除去烯烃、二烯烃及苯乙烯。预加氢产物与蒸出苯后的未反应的芳烃馏分汇合加热至 $550 \sim 650$℃进入脱烷基反应器进行反应。脱烷基产物在高压分离器中分离，气体经氢精制设备提浓后返回反应系统，液体经稳定塔及白土处理后进入苯分馏塔，塔顶得到高纯度苯，塔底为未反应的甲苯等芳烃，返回反应器。

Ⅱ. 甲苯热脱烷基制苯

甲苯在 600℃以上，氢压 4 MPa 以上时，可以发生加氢热脱甲基反应。反应温度、液空速、氢/甲苯摩尔比等操作参数对苯的收率有影响。较适宜的反应条件为：反应温度 $700 \sim 800$℃，液空速 $3 \sim 6 \ h^{-1}$，氢/甲苯（摩尔比）$3 \sim 5$，压力 $3.98 \sim 5.0$ MPa 和接触时间 60 s 左右。

（1）HAD 法　本法由美国碳氢化合物研究公司（Hydrocarbon Research Inc.）及 Atlantic Richfield 公司联合开发。可以甲苯、混合芳烃及裂解汽油为原料。反应温度为 $600 \sim 760$℃，反应压力 $3.43 \sim 6.87$ MPa，氢/烃（摩尔比）为 $1 \sim 5$，停留时间为 $5 \sim 30$ s。HAD 过程的最大特点是在柱塞流式反应器的 6 个不同部位加入由分离塔闪蒸出来的氢，从而控制反应温度稳定。因此，副反应较少，重芳烃的产率较低。以甲苯为原料加氢热脱甲基制苯的工艺流程基本上与催化加氢脱甲基的流程相似，只是反应温度较高，热量需要合理利用。其流程如图 4-8 所示。

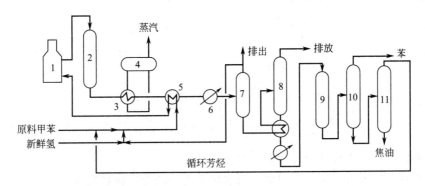

图 4-8　HAD 法甲苯加氢热脱甲基制苯工艺流程

1—加热炉；2—反应器；3—废热锅炉；4—汽包；5—换热器；6—冷却器；
7—分离器；8—稳定塔；9—白土器；10—苯塔；11—再循环塔

原料甲苯、循环芳烃和氢气混合，经换热后进入加热炉，加热到接近热脱烷基所需温度进入反应器，由于加氢及氢解副反应的发生，反应热很大，为了控制所需反应温度，可向反应区喷入冷氢和甲苯。反应产物经废热锅炉、热交换器进行能量回收后，再经冷却、分离、稳定和白土处理，最后分馏得到产品苯，纯度大于 99.9%（质量），苯收率为理论值的 96% ～ 100%。未转化的甲苯和其他芳烃经再循环塔分出后，循环回反应器。典型的物料平衡如表 4-13。本法具有副反应少，重芳烃（蒽等）收率低等特点。

表 4-13　典型的甲苯脱甲基物料平衡

原料量/kg	甲苯			氢			合计
	100			2.5			102.5
产品量/kg	甲烷	乙烷	丙烷	丁烷以上	苯	聚合物	
	18.6	0.4	0.6	0.6	82.0	0.3	102.5

129

（2）MHC法 日本三菱石油化学公司开发，原料主要为裂解汽油，非芳烃含量可达 30%。原料要预先进行两段加氢处理，一段于液相进行，反应温度约为 100℃，二段于气相进行，反应温度为 350℃。二段加氢的产品无需冷却和分离可直接进入脱烷基反应系统，因此可降低投资和节省能耗。MHC法可采用低纯度氢气，无需预先脱除氢气中的 CO、CO_2、H_2S 及 NH_3。MHC过程的单程转化率为 90%～95%，苯的收率为 98%～99%，苯的纯度可达 99.99%。

4.2.2 芳烃的歧化与烷基转移[1,15,19,20]

芳烃的歧化是指两个相同芳烃分子在酸性催化剂作用下，一个芳烃分子上的侧链烷基转移到另一个芳烃分子上去的反应，例如（4-3）式。烷基转移反应是指两个不同芳烃分子之间发生烷基转移的过程，例如（4-7）式。从以上两式可以看出歧化和烷基转移反应互为逆反应。在工业中应用最广的是甲苯的歧化反应。通过甲苯歧化反应可使用途较少并有过剩的甲苯转化为苯和二甲苯两种重要的芳烃原料，如同时进行 C_9 芳烃的烷基转移反应，还可增产二甲苯。

4.2.2.1 甲苯歧化的化学过程

Ⅰ. 甲苯歧化的主、副反应

甲苯歧化的主反应如式（4-3）所示，是一可逆吸热反应，但反应热效应甚小。

甲苯歧化反应的副反应有如下几种。

（1）产物二甲苯的二次歧化

$$2\ \text{(二甲苯)} \rightleftharpoons \text{(甲苯)} + \text{(间二甲苯)}-(CH_3)_2 \tag{4-21}$$

$$2\ \text{(二甲苯)}-(CH_3)_2 \rightleftharpoons \text{(甲苯)}-CH_3 + \text{(三甲苯)}-(CH_3)_3 \tag{4-22}$$

上述歧化产物还会发生异构化和歧化反应。

（2）产物二甲苯与原料甲苯或副产物多甲苯之间的烷基转移反应

$$\text{(甲苯)}-CH_3 + \text{(二甲苯)} \rightleftharpoons \text{(苯)} + \text{(三甲苯)}-(CH_3)_2 \tag{4-23}$$

$$\text{(甲苯)}-CH_3 + \text{(二甲苯)}-(CH_3)_2 \rightleftharpoons \text{(苯)} + \text{(四甲苯)}-(CH_3)_3 \tag{4-24}$$

$$\text{(苯)} + \text{(二甲苯)}-(CH_3)_2 \rightleftharpoons 2\ \text{(甲苯)}-CH_3 \tag{4-25}$$

工业生产上常利用此类烷基转移反应，在原料甲苯中加入三甲苯以增产二甲苯。

（3）甲苯的脱烷基反应

$$\text{(甲苯)} \longrightarrow \text{(苯)} + C + H_2 \tag{4-26}$$

130

（4）芳烃的脱氢缩合生成稠环芳烃和焦　此副反应的发生会使催化剂表面迅速结焦而活性下降，为了抑制焦的生成和延长催化剂的寿命，工业生产上是采用临氢歧化法。在氢存在下进行甲苯歧化反应，不仅可抑制焦的生成，也能阻抑副反应式（4-26）的进行，避免碳的沉积。但在临氢条件下也增加了甲苯加氢脱甲基转化为苯和甲烷以及苯环氢解为烷烃的副反应，后者会使芳烃的收率降低，应尽量减少发生。

Ⅱ. 甲苯歧化产物的平衡组成

甲苯歧化是可逆反应，反应热效应小，温度对平衡常数的影响不大，如表 4-14 所示。

表 4-14　甲苯歧化反应的平衡常数

反应温度/℃	K_p		
	甲苯→苯＋邻二甲苯	甲苯→苯＋间二甲苯	甲苯→苯＋对二甲苯
127	7.08×10^{-2}	2.09×10^{-1}	8.91×10^{-2}
327	9.77×10^{-2}	2.19×10^{-1}	9.77×10^{-2}
527	1.15×10^{-1}	2.29×10^{-1}	1.01×10^{-1}

甲苯歧化反应过程比较复杂，除所生成的二甲苯会发生异构化反应外，还会发生一系列歧化和烷基转移反应。故所得歧化产物是多种芳烃的平衡混合物。表 4-15 所示是甲苯歧化产物的平衡组成。如所用原料为甲苯和三甲苯的混合物时，则因苯环与甲基比例的不同，产物的平衡组成也不同。由表 4-15 所示数据可知，甲苯在 800K 左右歧化时，歧化产物中三种二甲苯异构体的平衡浓度只能达到约 23%（摩尔）。

表 4-15　甲苯歧化反应的平衡组成

组　　分	摩　尔　分　数/%			
	500K	700K	800K	1000K
苯	31.2	31.9	32.0	32.4
甲苯	42.2	41.1	40.6	40.3
1,2-二甲苯	4.6	5.3	5.8	6.1
1,3-二甲苯	12.5	12.0	11.9	11.5
1,4-二甲苯	5.5	5.4	5.4	5.2
1,2,3-三甲苯	0.2	0.4	0.4	0.5
1,2,4-三甲苯	2.5	2.6	2.7	2.7
1,3,5-三甲苯	1.0	0.9	0.8	0.8
四甲苯总量	0.3	0.4	0.4	0.5

Ⅲ. 催化剂与动力学

烷基苯的歧化和烷基转移必须借助于催化剂。目前工业上使用的催化剂有 Y 型、M 型（即丝光沸石）及 ZSM 系分子筛催化剂等，其中对 ZSM 系分子筛催化剂的开发研究尤为活跃。当前工业上广泛采用的是丝光沸石催化剂。

在丝光沸石催化剂上和临氢条件下得到的甲苯歧化初始反应速率 r_0 方程式为

$$r_0 = \frac{k_0 K_T^2 p_T^2}{(1 + K_T p_T)^2} \tag{4-27}$$

式中　k_0——表面反应速率常数，mol/(g 催化剂·s)；

K_T——甲苯在催化剂上的吸附系数，MPa^{-1}；

p_T——甲苯分压，MPa。

由式（4-27）可知，在一定压力范围内，歧化速率是随甲苯分压增加而加快。但其加快的程度随甲苯分压的增加而渐趋缓慢，当甲苯分压大于 0.304 MPa 时，对歧化速率的影响很小。在临氢条件下，如总压过高会促进苯核加氢分解等副反应的进行。而适宜压力的选择与氢纯度和催化剂的活性有关，目前生产上选用总压为 2.55～3.40 MPa，循环氢气纯度为 80%（摩尔）以上。不临氢时，因甲苯压力增加会加速芳烃的脱氢缩合成焦反应，故宜在常压下进行。

Ⅳ. 工艺条件

（1）原料中杂质含量　原料中若水分存在会使分子筛催化剂的活性下降，应加以脱除。有机氮化合物会严重影响催化剂的酸性，使活性下降，它在原料中的质量分数应小于 $2×10^{-7}$。此外，重金属如砷、铅、铜等能促进芳烃脱氢，加速缩合反应，因此其质量分数应小于 $1×10^{-8}$。

（2）C_9 芳烃的含量和组成　为了增加二甲苯的产量，常在甲苯原料中加入 C_8 芳烃，以调节产物中二甲苯与苯的比例，图 4-9 为原料中三甲苯浓度对产物分布的影响。由图 4-9 可见，产物中 C_8 芳烃与苯的摩尔比可借原料中三甲苯摩尔分数来调节。当原料中三甲苯摩尔分数为 50% 左右时，反应生成液中 C_8 芳烃的摩尔分数最高。但是 C_9 芳烃组成中除了三个三甲苯异构体外尚有三个甲乙苯异构体和丙苯。后者除了发生甲基转移反应外，主要发生下面的氢解反应。

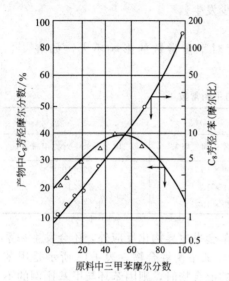

图 4-9　原料中三甲苯摩尔分数
对产物分布的影响

$$\text{（4-28）}$$

$$\text{（4-29）}$$

$$\text{（4-30）}$$

$$\text{（4-31）}$$

故 C_9 芳烃中有这些组分存在，不仅使乙苯含量增加，而且使氢气消耗量也增加。若在歧化过程中未转化的 C_9 芳烃全部循环使用，必然会使甲乙苯的浓度积累，并使反应液中乙苯含量愈来愈高，直至达到平衡值。所以甲乙苯和丙苯在 C_9 芳烃中的含量应有一定的限量。

（3）氢烃比　虽然主反应不需要氢，但是氢气的存在可抑制生焦生碳等反应的进行，对改善催化剂表面的积碳程度有显著的效果。故反应常在临氢条件下进行。但氢气量过大，不仅增加动力消耗，而且降低反应速度。工业生产上，一般选用氢与甲苯的摩尔比为 10 左右。另外氢烃比也与进料组成有关，当进料中 C_9 芳烃较多时，由于 C_9 芳烃比甲苯易发生氢解反应，要消耗氢，故需适当提高氢烃比，当 C_9 芳烃中甲乙苯和丙苯含量高时，所需氢烃比更高。

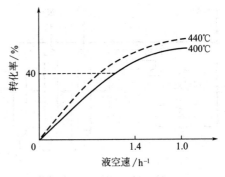

图 4-10　转化率和液体空速的关系

（4）液体空速　如图 4-10 所示，转化率随空速的减小而增大，随温度的升高而增大。但当转化率增大到 40% 以后，其增加速率趋于平缓。实际生产中可从相应的反应温度来选择适宜的液体空速以满足转化率的要求。

4.2.2.2　工业生产方法

主要有美国 Atlantic Richlield 公司开发的二甲苯增产法（Xylene-Plus 法），日本东丽公司和美国 UOP 公司共同开发的 Tatoray 法，Mobil 公司的低温歧化法（LTD 法）。前两种方法既可用于歧化，又可用于烷基转移，后一种方法专用于歧化。主要工艺概况如表 4-16 所示。LTD 法和 Xylene-Plus 法的工艺流程分别如图 4-11 和图 4-12 所示。

表 4-16　甲苯歧化的工艺方法

工艺名称	Xylene-Plus 法	Tatoray 法	LTD 法
催化剂和工艺特点	稀土型沸石小球催化剂，气相反应，移动床反应器，不临氢	氢型丝光沸石催化剂，气相反应，固定床反应器，临氢	ZSM-4 沸石催化剂，液相反应，固定床反应器，不临氢
操作条件			
温度/℃	540	400～450	初期 260，末期 316
压力/MPa	常压	3.0	4.6
氢/烃（摩尔比）	无	6～10∶1	无
空速/h^{-1}	0.9	1.0	1.5
产品产率/%（质量计）			
气体	3.4	1.9	0.20
苯	46.8	41.4	43.93
二甲苯	41.3	56.1	51.15
C_9^+ 芳烃	3.9	1.0	4.72
焦	4.6%	—	
氢耗（对新鲜原料）（质量）	无	0.4%	无
催化剂再生周期	连续再生	6～10 月	—
催化剂寿命	—	＞3 年	＞1.5 年

经典的甲苯歧化工艺的产品是苯和二甲苯，为了降低苯的收率，最近开发的选择性甲苯歧化工艺，使产品中对二甲苯质量分数高达 80%～90%。经典的甲苯歧化和二甲苯异构化工艺只能产生平衡组成的二甲苯。在 700 K 时二甲苯的平衡组成是：对二甲苯摩尔分数 23.5%，间二甲苯摩尔分数 52.0%，邻二甲苯摩尔分数 24.5%。而市场上对二甲苯需求量最大，价格最高，其次是邻二甲苯，最差的是间二甲苯。经典的二甲苯异构化工艺流程中，达到平衡组成后再经过吸附、萃取和分馏等分离手段，分出需要的对二甲苯或邻二甲苯，余下物料再去异构化，重新达到平衡组成。这样就造成大量间二甲苯（占装置物料

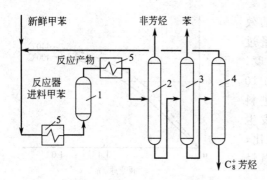

图 4-11 LTD 法工艺流程

1—反应器；2—稳定塔；3—苯塔；4—甲苯塔；5—换热器

的一半以上）在装置内反复循环，使流程复杂，设备庞大，基建投资和操作费用增加。为了克服这一缺点，开发了新的催化剂，实现选择性歧化，取得了可喜成果。MSTDP（Mobil Selective Toluene Disproportionation Process）甲苯选择性歧化工艺是 Mobil 公司开发的新工艺，1988 年在意大利的 Enichem 公司工业化，纯甲苯原料的转化率为 30%，反应选择性地生成对二甲苯，对二甲苯占混合二甲苯中的比例达 82%～85%，由于该工艺不能加工 C_9 芳烃，其应用范围受到一定限制。日本三菱石油化学公司在日本首次采用了该工艺，建成了年产 7 万吨对二甲苯装置，并于 1996 年运转。在首套甲苯选择性歧化工艺工业化至今的近十年时间里，通过对 ZSM－5 沸石催化剂的不断改进，正在取得新的突破，可以获得高纯度苯或对二甲苯，对二甲苯在异构体中的含量最高达 99%。

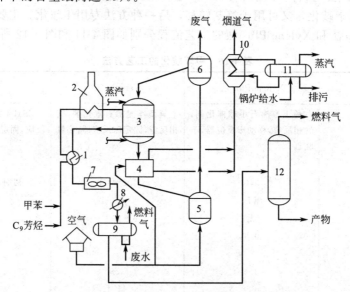

图 4-12 Xylene-Plus 法甲苯常压歧化法工艺流程

1—换热器；2—加热炉；3—反应器；4—再生器；5—提升器；6—分离器；
7—空冷器；8—冷却器；9—分离器；10—废热锅炉；11—汽包；12—稳定塔

4.2.3 C_8 芳烃的异构化[1, 15, 21~23]

工业上 C_8 芳烃的异构化是以不含或少含对二甲苯的 C_8 芳烃为原料，通过催化剂的作用，转化成浓度接近平衡浓度的 C_8 芳烃，从而达到增产对二甲苯的目的。

4.2.3.1 C_8 芳烃异构化的化学过程

Ⅰ. 主副反应及热力学分析

C_8 芳烃异构化时，可能进行的主反应是三种二甲苯异构体之间的相互转化和乙苯与二甲苯之间的转化。副反应是歧化和芳烃的加氢反应等。表 4-17 是 C_8 芳烃异构化反应的热效应及平衡常数值。可以看出 C_8 芳烃异构化反应的热效应是很小的，因此温度对平衡常数的影响不明显。表 4-18 为温度与混合二甲苯平衡组成的关系，可以看出，在平衡混合物中，对二甲苯的平衡浓度最高只能达到 23.7%，并随着温度升高逐渐降低；间二甲苯的含量总是最高，低温时尤为显著；邻二甲苯的浓度随温度升高而增高。故 C_8 芳烃异构化为对二甲苯的效率是受到热力学平衡所限制的，即对二甲苯在异构化产物中的浓度最高在 23% 左右。这也是为何不同来源 C_8 芳烃具有相似组成的原因。

表 4-17 C_8 芳烃异构化反应的热效应及平衡常数值

反　　　应	$\Delta H^{\ominus}$(298K)/(J/mol)	$\Delta G^{\ominus}$(298K)/(J/mol)	K_p (298K)
间二甲苯(气)→对二甲苯(气)	711.6	2260	0.402
间二甲苯(气)→邻二甲苯(气)	1785	3213	0.272
乙苯(气)→对二甲苯(气)	−11846	−9460	45.42

表 4-18 温度对二甲苯异构化反应平衡组成的影响

温度/℃	二甲苯异构体的平衡组成(摩尔分数)		
	间二甲苯	对二甲苯	邻二甲苯
371	0.527	0.237	0.236
427	0.521	0.235	0.244
482	0.517	0.233	0.250

Ⅱ. 动力学分析

（1）二甲苯的异构化过程　对于二甲苯异构化的反应图式有两种看法。

一种是三种异构体之间的相互转化

$$间 二 甲 苯$$
$$邻二甲苯 \Longleftrightarrow 对二甲苯 \qquad (4\text{-}32)$$

另一种是连串式异构化反应

$$邻二甲苯 \Longleftrightarrow 间二甲苯 \Longleftrightarrow 对二甲苯 \qquad (4\text{-}33)$$

曾在 $SiO_2\text{-}Al_2O_3$ 催化剂上对异构化过程的动力学规律进行了研究。得到的实验结果是：邻二甲苯异构化的主要产物是间二甲苯；对二甲苯异构化的主要产物也是间二甲苯；而间二甲苯异构化产物中邻二甲苯和对二甲苯的含量却非常接近。因此认为二甲苯在该催化剂上异构化的反应历程应是第二种。

对于间二甲苯非均相催化异构化的研究表明，反应速率是由表面反应所控制，其动力学规律与单吸附位反应机理相符合，反应速率方程式为

$$r_{异构} = \frac{k'}{1 + K_A p_A} \left(p_A - \frac{p_B}{K_p} \right) \qquad (4\text{-}34)$$

式中　p_A——间二甲苯分压，MPa；

　　　p_B——对位或邻位二甲苯分压，MPA；

　　　K_A——间二甲苯表面吸附系数，MPa^{-1}；

　　　K_p——气相异构化平衡常数；

　　　k'——间二甲苯异构化反应速率常数，mol/(h·MPa)。

在 $SiO_2\text{-}Al_2O_3$ 催化剂上间二甲苯异构化的 k' 值见表 4-19。

表 4-19 间二甲苯异构化的 k' 值

温　度/℃	间→对	间→邻
	$k' \times 10^3$	$k' \times 10^3$
371	0.0263	0.0189
427	0.118	0.089
482	0.4973	0.334

（2）乙苯的异构化过程　曾在 Pt/Al$_2$O$_3$ 催化剂上研究了乙苯的气相临氢异构化。得知其异构化速度比二甲苯慢，而且温度的影响较显著，如表 4-20 所示。由表 4-20 看出，温度愈高，乙苯转化率愈小，二甲苯收率也愈小。这是因为乙苯是按如下反应历程进行异构化。

$$(4-35)$$

表 4-20　反应温度对乙苯异构化的影响

（压力＝1.1 MPa，氢/乙苯＝10，乙苯液空速＝1 h^{-1}）

反应温度/℃	乙苯转化率	二甲苯收率	反应温度/℃	乙苯转化率	二甲苯收率
427	40.9%	32%	483	24.0%	19.2%
453	28.6%	24.2%	509	21.1%	11.8%

整个异构化过程包括了加氢、异构和脱氢等反应。而低温有利于加氢，高温有利于异构和脱氢，故只有协调好各种条件才能使乙苯异构化得到较好的结果。

Ⅲ. 催化剂

主要有无定型 SiO$_2$-Al$_2$O$_3$ 催化剂、负载型铂催化剂、ZSM 分子筛催化剂和 HF-BF$_3$ 催化剂等。

① 无定型 SiO$_2$-Al$_2$O$_3$ 催化剂。无加氢、脱氢功能，不能使乙苯异构化，故乙苯应先分离除去，否则会发生歧化和裂解等反应而使乙苯损失。为提高其酸性，可加入有机氯化物、氯化氢和水蒸气等。反应一般在 350～500℃，常压下进行，为抑制歧化和生焦等副反应发生常在原料中加入水蒸气。此类催化剂价廉，操作方便。但选择性较差、结焦快故需频繁再生。

② 铂/酸性载体催化剂。已用的有 Pt/SiO$_2$-Al$_2$O$_3$、Pt/Al$_2$O$_3$ 和铂/沸石等催化剂。这类催化剂既有加氢、脱氢功能，又具有异构化功能，故不仅能使二甲苯之间异构化，也可使乙苯异构化为二甲苯。并具有较好的活性和选择性。所得产物二甲苯异构体的组成接近热力学平衡值。选择适宜的氢压和温度能促使乙苯的异构化并提高转化率。通常于 400～500℃ 和 0.98～2.45MPa 氢压下进行异构化反应。

③ ZSM 分子筛催化剂。已用的有 ZSM-4 和经 Ni 交换的 NiHZSM-5。它们的异构化活性都很高，以 ZSM-4 为催化剂时可在低温液相进行异构化，产物二甲苯组成接近热力学平衡值，副产物仅 0.5%（以质量计）左右，但其不能使乙苯异构化。用 Ni 改性后的 NiHZSM-5 催化剂，在临氢条件下对乙苯异构化具有较好的活性，乙苯转化率达 34.9%，二甲苯组成接近平衡值，二甲苯收率达 99.6%（以质量计）。

④ HF-BF$_3$ 催化剂。该催化剂用于间二甲苯为原料的异构化过程具有较高的活性和选择性，转化率为 40% 左右，产物二甲苯异构体组成接近热力学平衡值，C$_8$ 芳烃的单程收率达 99.6%（以质量计），副产物单程收率仅 0.37%（以质量计）。此类催化剂还具有异构化温度低、不用氢气等优点；但 HF-BF$_3$ 在水分存在下具有强腐蚀性，故原料必须经过分子筛仔细干燥并除氧。

从催化重整油、裂解汽油、甲苯歧化及其他来源得到的 C_8 芳烃，都是二甲苯（对、邻、间）异构体和乙苯混合物，组成如表 4-21 所示。C_8 芳烃经分离萃取其中对、邻二甲苯，萃余 C_8 芳烃通过异构化，又将其转化为对、邻、间二甲苯的平衡混合物料。

表 4-21 不同来源 C_8 芳烃的组成

组　　分	组成（质量分数）/%			
	重整汽油	裂解汽油	甲苯歧化	煤焦油
乙苯	14～18	30（含苯乙烯）	1.1	10
对二甲苯	15～19	15	23.7	20
间二甲苯	41～45	40	53.5	50
邻二甲苯	21～25	15	21.7	20

4.2.3.2 异构化工业方法

二甲苯异构化工艺有临氢与非临氢两种。根据乙苯是否转化及催化剂类型，主要的异构化工业方法可分为四种类型，如表 4-22 所示。

表 4-22 异构化工业方法

类型	工艺过程	催化剂	反应温度/℃	反应压力/MPa	反应时共存物	乙苯转化
Ⅰ	丸善、ICI 公司	SiO_2-Al_2O_3	400～500	常压	H_2O	无
Ⅱ	Engehald 公司，Octafining	第一代：Pt-SiO_2-Al_2O	350～550	0.98～3.43	H_2	有
	UOP 公司，Isomar	第一代：Pt-Al_2O_3-卤素 第二代：Pt-Al_2O_3-丝光沸石	350～550	0.98～3.43	H_2	有
	Toray 公司，Isolene Ⅱ	第二代：Pt-Al_2O_3-丝光沸石	350～550	0.98～3.43	H_2	有
Ⅲ	ESSO，Isoforming	MoO_3-菱钾沸石	300～550	0.98～3.43	H_2	无
	Toray 公司，Isolene Ⅰ	Cu(Cr、Ag)丝光沸石	300～550	0.98～3.43	H_2	无
	Mobil，MLTI、MLPI	HZSM-5	200～260	2.45	—	无
	Mobil，MVPI、MHTI	HZSM-5	260～450	0.098～3.92	H_2	有
	三菱油化公司	Zr、Br-丝光沸石	250	常压	—	无
Ⅳ	三菱瓦斯化学公司，JGCC	HF-BF_3	100	—	—	无

（1）临氢异构　临氢异构化采用的催化剂可分贵金属与非贵金属两类。广泛采用的是贵金属催化剂，贵金属催化剂虽然成本高，但能使乙苯转化为二甲苯，对原料适应性强。异构化原料不需进行乙苯分离。贵金属催化剂已被广泛采用。

（2）非临氢异构　采用的催化剂一般为无定型 SiO_2-Al_2O_3，具有较高的活性，但选择性差，反应在高温下进行，催化剂积碳快，再生频繁，非临氢异构不能使乙苯转化为二甲苯。已工业化的有英帝国化学公司的 ICI 法与日本丸善公司的 XIS 法。近年来美国 Mobil 公司开发的 MLTI 法，催化剂为 ZSM 系列沸石，反应在低温液相下进行，此法具有良好的活性与选择性。此外还有日本瓦斯化学公司的 JGCC 法，催化剂为 HF-BF_3。JGCC 法与其他方法不同之点，是首先从二甲苯中分离出间二甲苯，再将间二甲苯进行异构化。其优点是异构化装置的物料循环量将显著降低。

4.2.3.3 C_8 芳烃异构化工业过程举例

由于使用的催化剂不同，C_8 芳烃的异构化方法有多种，但其工艺过程大同小异。下面以 Pt/Al_2O_3 催化剂为例介绍 C_8 芳烃异构化的工艺过程，其示意工艺流程如图 4-13 所示。

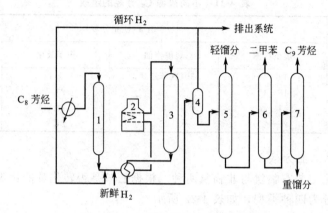

图 4-13 C_8 芳烃异构化工艺流程

1—脱水塔；2—加热炉；3—反应器；4—分离器；5—稳定塔；6—脱二甲苯塔；7—脱 C_9 塔

该过程为临氢气相异构化，主要由三部分组成。

① 原料准备部分。由于催化剂对水分不稳定，原料必须先经脱水处理，由于二甲苯与水会形成共沸混合物，故一般采用共沸蒸馏脱水。使其含水质量分数在 1×10^{-5} 以下。

② 反应部分。干燥的 C_8 芳烃与新鲜的和循环的氢气混合后，经换热器、加热炉加热到所需温度后进入异构化反应器。所用反应器为绝热式径向反应器。适宜反应条件为：反应温度为 390～440℃，反应压力为 1.26～2.06MPa，氢气摩尔分数为 70%～80%，循环氢与原料液的摩尔比一般为 6，原料液空速一般为 1.5～2.0h^{-1}。芳烃收率＞96%，异构化产物中对二甲苯的含量在 18%～20%（质量）。

③ 产品分离部分。反应产物经换热后进入气液分离器。为了维持系统内氢气浓度有一定值（70%以上），气相小部分排出系统而大部分循环回反应器，液相产物进入稳定塔脱去低沸物（主要是乙基环己烷、庚烷和少量苯、甲苯等）。塔釜液经活性白土处理后，进入脱二甲苯塔。塔顶得到接近热力学平衡浓度的 C_8 芳烃，送至分离工段分离对二甲苯。塔釜液进入脱 C_9 塔，塔顶蒸出的 C_9 芳烃送甲苯歧化和 C_9 芳烃烷基转移装置。

4.2.3.4 C_8 芳烃异构化新技术——MHAI 工艺

MHAI（Mobil High Activity Isomation）高活性异构工艺是 Mobil 公司开发的异构化新技术。据称是当今最经济的二甲苯异构化工艺。它是由 MVPI 气相异构工艺、MLPI 低压异构工艺和 MHTI 高温异构工艺等一系列的类似工艺发展而来的。其特点是产物中对二甲苯浓度超过热力学平衡值，减少了二甲苯回路的循环量。此工艺的反应器采用双固定床催化剂系统（The fixed-dual bed catalyst system），即用两种分子式不同的 ZSM-5 沸石分别与黏结剂制成两种催化剂，分别装填于反应器上部和下部。上部主要使乙苯脱烷基和非芳烃裂解，下部主要实现二甲苯异构化。两种催化剂均需流化。反应条件为：温度 400～480℃，压力 1.4～1.6MPa，空速 5～10 h^{-1}，氢烃摩尔比 1～3。产物中对二甲苯浓度超过热力学平衡值。

4.2.4 芳烃的烷基化[1, 15, 24, 25]

芳烃的烷基化是芳烃分子中苯环上的一个或几个氢被烷基所取代而生成烷基芳烃的反

138

应。在芳烃的烷基化反应中以苯的烷基化最为重要。这类反应在工业中主要用于生产乙苯、异丙苯和十二烷基苯等。能为烃的烷基化提供烷基的物质称为烷基化剂，可采用的烷基化剂有多种，工业上常用的有烯烃和卤代烷烃。烯烃如乙烯、丙烯、十二烯，烯烃不仅具有较好的反应活性，而且比较容易得到。由于烯烃在烷基化过程中形成的正烃离子会发生骨架重排取得最稳定的结构存在，所以乙烯以上烯烃与苯进行烷基化反应时，只能得到异构烷基苯而不能得到正构烷基苯。烯烃的活泼顺序为异丁烯＞正丁烯＞乙烯；卤代烷烃主要是氯代烷烃，如氯乙烷、氯代十二烷等。此外醇类、酯类、醚类等也可作为烷基化剂。

4.2.4.1 苯烷基化反应的化学过程

（1）主反应　例如式（4-4）、式（4-5）和式（4-6）所示，苯的烷基化反应是一反应热效应甚大的放热反应，上述三个式中平衡常数和温度的关系如下。

$$\lg K_{p(1)} = \frac{5460}{T} - 6.56 \tag{4-36}$$

$$\lg K_{p(2)} = \frac{5109.6}{T} - 7.434 \tag{4-37}$$

$$\lg K_{p(3)} = \frac{5944}{T} - 7.3 \tag{4-38}$$

可见在较宽的温度范围内，苯的烷基化反应在热力学上都是很有利的。只有当温度高时，才有较明显的逆反应发生。

（2）副反应　主要包括多烷基苯的生成、二烷基苯的异构化反应、烷基转移（反烷化）反应（多烷基苯循环与过量的苯发生烷基转移反应而转化为单烷基苯）、芳烃缩合和烯烃的聚合反应（生成焦油和焦炭）。

所以苯的烷基化过程的产物是单烷基苯和各种二烷基、多烷基苯异构体组成的复杂混合物。在适宜的乙烯和苯配比时反应达到热力学平衡。图4-14为乙苯和多乙苯的热力学平衡曲线。工业上最佳操作点是使乙苯收率尽可能大，苯的循环量和多乙苯的生成量尽可能的少，即图4-14中的斜线区。

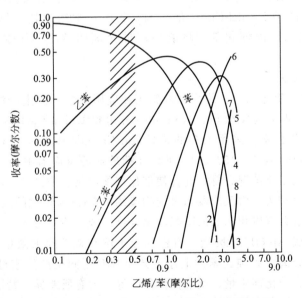

图 4-14　乙苯和多乙苯反应产物平衡曲线

1，7—五乙苯；2—苯；3—乙苯；4—二乙苯；5—三乙苯；6—四乙苯；8—六乙苯

（3）催化剂　工业上已用于苯烷基化工艺的酸性催化剂主要有下面几类。

① 酸性卤化物的配位化合物。如 $AlCl_3$、$AlBr_3$、BF_3、$ZnCl_2$、$FeCl_3$ 等配位化合物，它们的活性次序为 $AlBr_3 > AlCl_3 > FeCl_3 > BF_3 > ZnCl_2$。工业上常用的是 $AlCl_3$ 配位化合物。纯的无水 $AlCl_3$ 无催化活性，必须有助催化剂如 HCl 同时存在。$AlCl_3$ 配位化合物催化剂活性甚高，可使反应在 100℃ 左右进行，还具有使多烷基苯与苯发生烷基转移的作用。但其对设备、管道具有强腐蚀性。

② 磷酸/硅藻土。该催化剂活性较低，需要采用较高的温度和压力；又因不能使多烷基苯发生烷基转移反应，故原料中苯需大大过量，以保证单烷基苯的收率。另外该催化剂对烯烃的聚合反应也有催化作用，会使催化剂表面结焦而活性下降。此催化剂工业上主要应用于苯和丙烯气相烷基化生产异丙苯。

③ BF_3/γ-Al_2O_3。这类催化剂活性较好，并对多烷基苯的烷基转移也具有催化活性。用于乙苯生产时还可用稀乙烯为原料，乙烯的转化率接近 100%。但有强腐蚀性和毒性。

④ ZSM-5 分子筛催化剂。这类催化剂的活性和选择性均较好。用于乙苯生产时，可用 15%～20% 低浓度的乙烯作为烷基化剂，乙烯的转化率可达 100%，乙苯的选择性大于 99.5%。

4.2.4.2　烷基化工业生产方法

这里主要介绍苯烷基化制乙苯和异丙苯的生产工艺。

Ⅰ. 乙苯生产工艺

以苯和乙烯烷基化的酸性催化剂分类，烷基化工艺分为三氯化铝法、BF_3-Al_2O_3 法和固体酸法。若以反应状态分，可分为液相法和气相法两种，液相三氯化铝法又可分为传统的两相工艺和单相高温工艺，前者的典型代表是 Dow 法、旧 Monsanto 法等，后者典型代表是新 Monsanto 法。而气相固体催化剂烷基化法的典型代表是 Mobil-Hadger 新工艺。

不论工艺流程上有何差异，其反应机理基本一致。苯和乙烯在催化剂存在下反应生成乙苯。经常采用的是 Friedel-Crafts 催化剂，其中最常用的是三氯化铝，如果在反应中加入氯化氢或氯乙烷助催化剂，将能提高催化剂的活性，使烷基化反应更有效地进行。

（1）液相烷基化法

① 传统的无水三氯化铝法。此法是最悠久和应用最广泛的生产烷基苯的方法。Dow 化学公司、BASF、Shell 化学公司、Monsanto 公司和 Union Carbide-Badger 联合公司各自有自行开发的工艺技术。采用最多的是 Union Carbide-Badger 流程，如图 4-15 所示。在低温（95℃）、低压 101.3～152.0kPa 下，在搪玻璃的反应器中加入 $AlCl_3$ 催化剂配位化合物、苯和循环的多乙苯混合物，搅拌使催化剂配位化合物分散，向反应混合物通入乙烯，乙烯基本上完全转化。由反应器出来的物流约由 55% 未转化的苯、35%～38% 乙苯、15%～20% 多乙苯混合有机相和 $AlCl_3$ 配位化合物组成。冷却分层，$AlCl_3$ 循环返回反应器、少部分被水解成 $Al(OH)_3$ 废液。有机相经水洗和碱洗除去微量 $AlCl_3$ 得到粗乙苯，最后经三个精馏塔分离得到纯乙苯。上述工艺流程对不同生产厂家可能在乙烯与苯的配比、多乙苯返回量、催化剂用量、反应操作条件等参数有所差异，精馏分离部分各生产厂家在降低能耗上有不同程度的设计改进。迄今多数厂家通过改进已达到最佳化操作。在原料和能量消耗上都有降低。

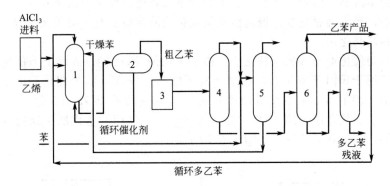

图 4-15　Union Carbide-Badger 乙苯生产工艺流程

1—反应器；2—澄清器；3—前处理装置；4—苯回收塔；5—苯脱水塔；
6—乙苯回收塔；7—多乙苯塔

② 高温均相无水三氯化铝法。1974 年，Monsanto 公司根据多年的生产经验，对乙苯收率低、能量回收不合理、三废多及设备腐蚀严重的液相烷基化传统工艺进行了改进。从反应机理入手，与富有工程设计经验的 Lummus 公司合作，联合开发了高温液相烷基化生产新工艺。该流程与传统工艺基本无差别，不同的是 Monsanto 公司与 Lummus 公司联合设计成功一种有内外圆筒的烷基化反应器。乙烯、干燥的苯、三氯化铝配位化合物先在内筒反应，在此内筒里乙烯几乎全部反应完，然后物料折入外筒使多乙苯发生烷基转移反应。改进后的工艺称高温均相无水三氯化铝法，其示意流程如图 4-16 所示。

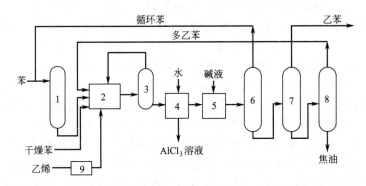

图 4-16　Monsanto-Lummus 高温均相烃化生产乙苯示意流程

1—苯干燥塔；2—烷基化反应器；3—闪蒸塔；4—水洗涤器；5—碱洗涤器；
6—苯塔；7—乙苯塔；8—多乙苯塔；9—催化剂制备槽

新鲜的乙烯、干燥的苯以及配制的三氯化铝配位化合物连续加入烷基化反应器，在乙烯与苯的摩尔比为 0.8、反应温度 140～200℃、反应压力 0.588～0.784MPa、三氯化铝用量为传统法的 25% 的条件下进行反应。反应产物经绝热闪蒸，蒸出的气态轻组分和氯化氢返回反应器；液相产物经水洗、碱洗和三塔蒸馏系统，分离出苯、乙苯和多乙苯等。苯循环使用，多乙苯返回烷基化反应器。三氯化铝配位化合物不重复使用，经萃取、活性炭和活性氧化铝处理后，制得一种多三氯化铝溶液，可用作废水处理絮凝剂。

高温均相新工艺与传统三氯化铝工艺相比有下述优点：可采用较高的乙烯/苯（摩尔比），并可使多乙苯的生成量控制在最低限度，乙苯收率达 99.3%（传统法为 97.5%）；副产焦油少 0.6～0.9kg/t（乙苯），传统法为 2.2；三氯化铝用量仅为传统法的 25%，并

141

且配位化合物不需循环使用，从而减少了对设备和管道的腐蚀及防腐要求；反应温度高有利于废热回收；废水排放量少。但高温均相烃化法的反应器材质必须在高温下耐腐蚀。

（2）气相烷基化法

以固体酸为催化剂的气相烷基化法。最早采用的是以磷酸/硅藻土为催化剂的固体磷酸法，但只适用于异丙苯的生产。后来开发了以 $BF_3/\gamma\text{-}Al_2O_3$ 为催化剂的 Alkar 法，可用于生产乙苯。20 世纪 70 年代 Mobil 公司又开发成功的以 ZSM-5 分子筛为催化剂的 Mobil-Badger 法。该方法采用 ZSM-5 分子筛催化剂，气相烷基化所用反应器为多层固定床绝热反应器，其示意工艺流程如图 4-17 所示。

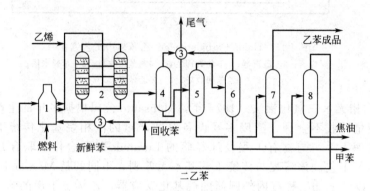

图 4-17　Mobil-Badger 法气相烷基化生产乙苯的工艺流程
1—加热炉；2—反应器；3—换热器；4—初馏塔；5—苯回收塔；
6—苯、甲苯塔；7—乙苯塔；8—多乙苯塔

新鲜苯和回收苯与反应产物换热后进入加热炉，气化并预热至 $400\sim420\,℃$。先与已加热气化的循环二乙苯混合，再与原料乙烯混合后进入烷基化反应器各床层。各床层的温升控制在 $70\,℃$ 以下。由上一床层进入下一床层的反应物流经补加苯和乙烯骤冷至进料温度，使每层反应床的反应温度相接近。典型的操作条件为：温度 $370\sim425\,℃$，压力 $1.37\sim2.74\text{MPa}$，质量空速 $3\sim5\text{kg}$（乙烯）/（kg 催化剂·h）。烷基化产物由反应器底部引出，经换热后进入初馏塔，蒸出的轻组分及少量苯，经换热后至尾气排出系统作燃料塔釜物料进入苯回收塔，在该塔内将物料分割成两部分，塔顶蒸出苯和甲苯进入苯、甲苯塔；塔釜物料进入乙苯塔。在苯、甲苯塔分离得到回收的苯循环使用、甲苯作为副产品引出。在乙苯塔塔顶蒸出乙苯成品送贮罐区，塔底馏分送入多乙苯塔。多乙苯塔在减压下操作，塔顶蒸出二乙苯，返回烷基化反应器，塔釜引出多乙苯残液送入贮槽。该法的主要优点有：无腐蚀无污染，反应器可用低铬合金钢制造，尾气及蒸馏残渣可作燃料；乙苯收率高，以 ZSM-5 为催化剂时乙苯收率达 98%，以 HZSM-5 为催化剂时乙苯收率达 99.3%；烷基化反应温度高有利于热量的回收，完善的废热回收系统使装置的能耗少；催化剂消耗低，寿命二年以上，每千克乙苯耗用的催化剂费用是传统三氯化铝法的 $\frac{1}{10}\sim\frac{1}{20}$；因此装置投资较低、生产成本低。但该法由于催化剂表面积焦，活性下降甚快，需频繁进行烧焦再生。

Ⅱ．异丙苯生产工艺

工业上主要的异丙苯生产工艺有固体磷酸法（UOP 法）、非均相三氯化铝法（SD 法）、均相三氯化铝法（Monsanto 法），这些工艺的主要特点列于表 4-23。

由表 4-23 可见，目前三氯化铝法总收率（以苯计）比固体磷酸法要高一些。这是由于三氯化铝法中二异丙苯可以反烃化生产异丙苯而循环使用，而磷酸催化剂对二异丙苯不具有反烃化性能，一般不设反烃化装置，因此使收率低一些。从表 4-23 也可看出，SD 法

表 4-23 异丙苯生产工艺概况

	项 目	UOP 法	Monsanto 法	SD 法
反应条件	反应温度/℃	200～240	120～140	80
	反应压力/MPa	3.5	约 0.2	常压
	苯中水含量/(mg/kg)	200～250	<10	<50
	苯/丙烯	(5～8):1	1:(0.3～0.4)	1:(0.3～0.4)
	催化剂	一次加入,寿命 1 年以上	连续加入,一次使用	连续加入,部分循环
	总收率/%(以苯计)	94.5	>99	97.9
质量	异丙苯纯度/%	约 99.9	约 99.9	约 99.9
	溴值	10～50	<10	<10
原料消耗	苯/(kg/t)	662	655	681
	丙烯/(kg/t)	366	355	395
	三氯化铝/(kg/t)		2.0	2.3
	氯化氢/(kg/t)		1.22	1.54
	SPA-1/(kg/t)	1.022		
	丙烷/(kg/t)	1.25		
三废	废水/(kg/t)	很少	700	1130
	重组分/(kg/t)	30～45	约 6	约 11
	废渣	失活催化剂 1 年一次		
设备	材质	碳钢(基本无腐蚀)	腐蚀性大,需用哈氏合金或防腐蚀衬里	

较为落后,UOP 法和 Monsanto 法各有特色,难分伯仲,目前均有发展。值得提出的是最近发展的催化精馏异丙苯生产工艺,现简单介绍如下。

由于苯和丙烯烷基化反应为放热反应,又是连续反应过程,其反应温度与产物精馏温度接近,可以利用反应热直接进行精馏,在苯/丙烯摩尔比为 3 的时候反应放出的热量足够使苯汽化。美国 Chemical Research & Licensing（CR&L）公司在 MTBE 催化精馏设计的基础上已经开发一种利用沸石作催化剂的催化精馏工艺（CD 法）,用于生产异丙苯。由于异丙苯及时地与苯分离,故减少了串联副反应的发生,使多异丙苯的生成量大为降低。其工艺流程如图 4-18 所示。该工艺关键设备是反应精馏塔。塔分为两部分,上段为

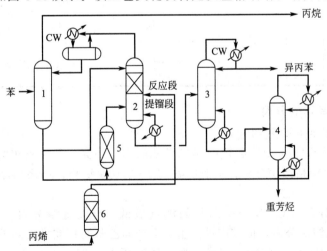

图 4-18 催化精馏法合成异丙苯

1—苯塔;2—反应精馏塔;3—异丙苯精馏塔;4—多异丙苯塔;
5—烷基转移反应器（反烃化器）;6—干燥器

装填沸石分子筛催化剂的反应段,下段为提馏段。由反应精馏塔的反应段顶部出来的苯蒸气经塔顶冷凝器冷凝分出不凝气体后流入苯塔,与新鲜苯混合,返回反应精馏塔的反应段上部作为回流,在下降过程中通过床层时与从反应段下部进入的干燥丙烯接触进行反应生成异丙苯。部分未反应的苯由于吸收反应热而汽化。反应段流下的液体在反应精馏塔的提馏段使含有的未反应的苯被汽提出来进入反应段。反应精馏塔釜流出的是只含有异丙苯、多异丙苯等的液体产物,经蒸馏塔,从塔顶回收异丙苯产品,塔釜液送入多异丙苯塔,在多异丙苯塔釜排出烃化焦油,从塔顶分出的多异丙苯循环回至烷基转移反应器(反烃化器),与苯塔来的部分苯反应转化为异丙苯后进入反应精馏塔的提馏段。在反应精馏塔中,反应段的苯浓度可以维持在很高水平,减少了丙烯自身聚合和异丙苯进一步烷基化反应,减少了重组分对床层的污染,有利于连续稳定操作。该工艺流程简单,可根据反应温度要求调节压力,压力控制在 0.28～1.05 MPa 之间。原料可以使用纯丙烯或稀的丙烯。

4.3 C_8 芳烃的分离[1,15,26,27]

4.3.1 C_8 芳烃的组成与性质

各种来源的 C_8 芳烃都是三种二甲苯异构体与乙苯的混合物,它们的组成如表 4-21 所示。各组分的某些性质如表 4-24 所示。由表 4-24 可见,邻二甲苯与间二甲苯的沸点差为 5.3℃,工业上可采用精馏法分离。乙苯与对二甲苯的沸点差为 2.2℃,在工业上尚可用 300～400 块板的精馏塔进行分离,但绝大多数的加工流程都不采用耗能大的精馏法回收乙苯,而是在异构化装置中将其转化。但间二甲苯与对二甲苯沸点接近,借助普通的精馏法进行分离是非常困难的。在吸附分离法出现之前,工业上主要利用凝固点差异采用深冷结晶分离法,以后又开发了吸附分离和络合分离的工艺,尤其是吸附分离占有越来越重要的地位。所以 C_8 芳烃分离的技术难点主要在于间二甲苯与对二甲苯的分离。

表 4-24 C_8 芳烃各异构体的某些性质

组 分	性 质			
	沸点/℃	熔点/℃	相对碱度	与 BF_3-HF 生成配位化合物相对稳定性
邻二甲苯	144.411	−25.173	2	2
间二甲苯	139.104	−47.872	3～100	20
对二甲苯	138.351	13.263	1	1
乙 苯	136.186	−94.971	0.1	—

4.3.2 C_8 芳烃单体的分离

4.3.2.1 邻二甲苯和乙苯的分离

(1) 邻二甲苯的分离 C_8 芳烃中邻二甲苯的沸点最高,与关键组分间二甲苯的沸点相差 5.3℃,可以用精馏法分离,精馏塔需 150～200 块塔板,两塔串联,回流比 7～10,产品纯度为 98%～99.6%。

(2) 乙苯的分离 C_8 芳烃中乙苯的沸点最低,与关键组分对二甲苯的沸点仅差 2.2℃,可以用精馏法分离,但较困难。工业上分离乙苯的精馏塔实际塔板数达 300～400 (相当于理论塔板数 200～250),三塔串联,塔釜压力 0.35～0.4MPa,回流比 50～100,可得纯度在 99.6% 以上的乙苯。其他方法有络合萃取法如日本三菱瓦斯化学公司的 Pomex 法以及吸附法如美国 UOP 公司的 Ebex 法。

4.3.2.2 对、间二甲苯的分离

由于对二甲苯与间二甲苯的沸点差只有 0.75℃，难于采用精馏方法进行分离。目前工业上分离对二甲苯的方法主要有：深冷结晶分离法、络合分离法和模拟移动床吸附分离法三种。

Ⅰ. 深冷结晶分离法

C_8 芳烃深度冷却至 $-60\sim-75℃$ 时，熔点最高的对二甲苯首先被结晶出来。在对二甲苯结晶过程中，晶体内不可避免地包含一部分 C_8 芳烃混合物，影响了对二甲苯的纯度，为提高对二甲苯纯度，工业上多采用二段结晶工艺。第一段结晶，对二甲苯纯度约为 85%～90%；第二段结晶对二甲苯纯度可达 99.2%～99.5%。另外由于受共熔温度的限制，如再降低温度，邻、间二甲苯将同时被结晶出来，而此时，未结晶的 C_8 芳烃液体中仍含有对二甲苯量约为 6.2%～6.9%。因此结晶分离的单程收率较低，仅为 60%左右。

结晶分离工业方法较多，有 Chevron 公司的 Chevron 法、Krupp 公司的 Krupp 法、Amoco 公司的 Amoco 法、日本丸善公司的丸善法和 ARCO 公司的 ARCO 法等。他们之间主要差别是制冷方式与分离设备的不同。第一段结晶一般冷冻温度达到对二甲苯和间二甲苯的共熔点（约$-68℃$），对二甲苯晶体析出，经离心机分离，所得滤饼再经熔化后，进入第二结晶槽，第二段结晶制冷温度约达$-10\sim21℃$时进行重结晶，再经离心分离，得到纯度达 99.5%的对二甲苯。主要的深冷结晶工艺如表 4-25 所示。典型的工艺流程如图 4-19 所示。

表 4-25　深冷结晶主要工艺方法的特点

工艺方法	结晶段数	一段熔化方式	结晶器冷却方式		液固分离	
			一段	二段	一段	二段
Amoco 法	2	全熔化	夹套	夹套	离心机	离心机
Arco 新法	1	—	夹套	—	离心机	—
丸善法	2	全熔化	直接冷却	套管	离心机	离心机
Kropp 法	2	不熔化	套管	套管	过滤机	离心机

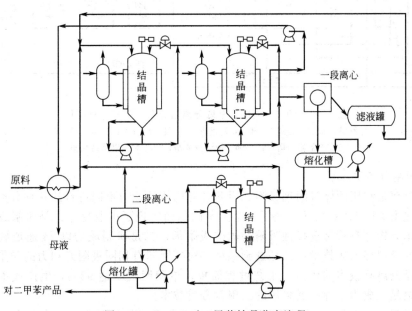

图 4-19　Amoco 对二甲苯结晶分离流程

145

Ⅱ. 络合萃取分离法

利用一些化合物与二甲苯异构体形成配位化合物的特性可以达到分离各异构体的目的。络合分离法中最成功的工业实例是日本三菱瓦斯化学公司发展的 MGCC 法。此法是有效分离间二甲苯的惟一工业化方法，同时也使其他 C_8 芳烃分离过程大为简化。C_8 芳烃四个异构体与 HF 共存于一个系统时，形成两个互相分离的液层：上层为烃层，下层为 HF 层。当加入 BF_3 后，发生下列反应而生成在 HF 中溶解度大的配位化合物。

$$X + HF + BF_3 \longrightarrow XHBF_4 \qquad (4-39)$$

式中 X 代表二甲苯。由于间二甲苯碱度最大，所形成的 $MXHBF_4$ 配位化合物的稳定性最大，故在系统中能发生如下置换反应。

$$MX + PXHBF_4 \longrightarrow PX + MXHBF_4 \qquad (4-40)$$

$$MX + OXHBF_4 \longrightarrow OX + MXHBF_4 \qquad (4-41)$$

式中 MX、PX、OX 分别代表间、对、邻二甲苯。配位化合物置换的结果，$HF\text{-}BF_3$ 层中的间二甲苯浓度越来越高，烃层中的间二甲苯浓度越来越低，从而达到选择分离的目的。

工业上萃取间二甲苯是在 0℃ 和 0.4MPa 的条件下进行。萃取液（酸层）与烃层分离后，在 40~170℃ 配位化合物分解获得纯度为 98% 以上的间二甲苯。由于 $HF\text{-}BF_3$ 也是二甲苯异构化催化剂，故此分离法可与间二甲苯液相异构化过程联合，以获得更多的对二甲苯和邻二甲苯。其工艺过程如图4-20所示。该法的特点是将二甲苯中含量 40%~50% 的间二甲苯首先除去，使乙苯浓度提高，这不仅可以降低乙苯分离塔的塔径、回流比和操作费用，而且还可提高单程收率。其主要缺点是 HF 有毒，且有强腐蚀性。

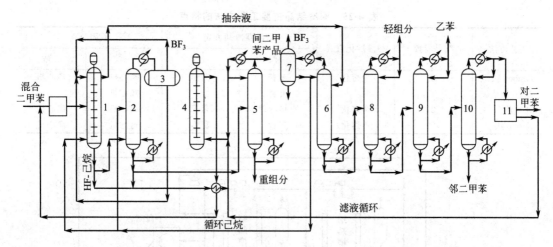

图 4-20　MGCC 法络合萃取分离法分离二甲苯示意流程

1—萃取塔；2—分解塔；3，7—分离塔；4—异构化塔；5—脱重组分塔；6—抽余液塔；8—脱轻组分塔；
9—乙苯精馏塔；10—邻二甲苯分离塔；11—对二甲苯结晶槽

Ⅲ. 吸附分离法

吸附分离是利用固体吸附剂吸附二甲苯各异构体的能力不同进行的一种分离方法。吸附分离首先由美国 UOP 公司解决了三个关键问题而实现了工业化。一是研制成功一种对各种二甲苯异构体有较高选择性吸附的固体吸附剂；二是研制成功以 24 通道旋转阀进行切换操作的模拟移动床技术；三是选到一种与对二甲苯有相同吸附亲和力的脱附剂。吸附分离比结晶分离有较多的优点，工艺过程简单，单程回收率达 98%，生产成本较低，已取代深冷结晶，成为一种广泛采用的二甲苯分离技术。

（1）吸附剂　吸附分离是根据吸附剂对 C_8 芳烃各异构体吸附能力的差别来实现分离

的。一般以选择吸附系数 β 来表示吸附剂的选择性。

$$\beta = \frac{(x/y)_A}{(x/y)_R} \qquad (4-42)$$

式中　x——组分 1 的摩尔分数；

　　　y——组分 2 的摩尔分数；

　　　A——代表吸附相；

　　　R——代表未被吸附相。

对一定的吸附剂来说，$\beta = 1$ 时无法实现吸附分离，β（或 β^{-1}）越大则越有利于吸附分离。β 的数值取决于吸附温度和组分含量。某些 Y 型分子筛于 $180℃$，气相吸附 C_8 芳烃的 β 值如表 4-26。其中以 KBaY 型分子筛分离性能较好。

表 4-26　不同吸附剂的 β 值

Y 型分子筛	选 择 系 数 β		
	对二甲苯/乙苯	对二甲苯/间二甲苯	对二甲苯/邻二甲苯
NaY	1.32	0.75	0.33
KY	1.16	1.83	2.38
CaY	1.17	0.35	0.21
BaY	1.85	1.27	2.33
KBaX	2.2	3.1	3.0

（2）脱附剂　在吸附分离中，脱附和吸附同样重要。本工艺所用脱附剂物质必须满足如下条件：与 C_8 芳烃任一组分均能互溶；与对二甲苯有尽可能相同的吸附亲和力，即 $\beta =$ 脱附剂/对二甲苯 ≈ 1 或略小于 1，以便与对二甲苯进行反复的吸附交换；与 C_8 芳烃的沸点有较大差别（至少差 $15℃$）；脱附剂存在下，不影响吸附剂的选择性；价廉易得，性质稳定。

一般用于对二甲苯脱附的脱附剂是芳香烃。例如甲苯、二乙苯和对二乙苯＋正构烷烃等，它们的脱附性能见表 4-27。在脱附剂中不能含有苯，否则将会降低吸附选择性。

表 4-27　几种脱附剂的比较

吸　附　剂	对二甲苯纯度	对二甲苯收率	相对吸附剂装量	相对分馏热负荷
甲　苯	99.3%	99.7%	少	中
混合二甲苯	99.1%	85.2%	多	中
对二乙苯＋正构烷烃	99.3%	94.5%	中	低

原料和脱附剂中也不能含有化学结合力很强的极性化合物——水、醇等，因为它们将被牢固地吸附在吸附剂表面上，会严重影响分子筛的吸附容量和相对吸附率。因此在进行吸附分离之前，必须进行脱水，要求水质量分数降至 1×10^{-5} 以下。

（3）模拟移动床分离 C_8 芳烃的基本原理

① 移动床作用原理。图 4-21 所示为移动床连续吸附分离示意图。A 和 B 代表被分离的物质，D 代表脱附剂。在移动床中固体吸附剂和液体做相对移动，并反复进行吸附和脱附的传质过程。A 比 B 有更强的吸附力，吸附剂自上而下移动，脱附剂（D）逆流而上，将被吸附的 A 与 B 可逆地置换出来。被脱附下来的 D 与 A、D 与 B 分别从吸附塔引出，经过蒸馏可将 D 与 A 和 D 与 B 分开。脱附剂再送回吸附塔循环使用。

根据吸附塔中不同位置所起的不同作用，可将吸附塔分成四个区。I 区是 A 吸附区，它的作用是吸附有 B、D 的吸附剂从塔顶进入，在不断下降的过程中与上升的需要分离的含有 D 的 A、B 液相物流逆流接触，液相中的 A 被完全吸附，同时在吸附剂上的部分 B 和 D 被置换出来，液相达到 I 区顶已完全不含 A。不含 A 的萃余油（B＋D）一部分从 I 区顶部排出，

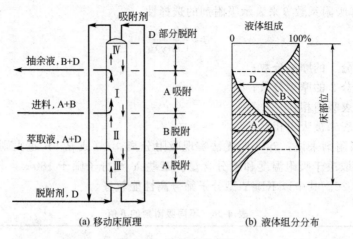

(a) 移动床原理　　　　　　(b) 液体组分分布

图 4-21　移动床示意图

其余进入Ⅳ区。吸附塔各区液相组分的浓度分布如图 4-21 （b）所示。在实际操作中各区的距离不是等长的。从图 4-21 看出我们可以连续地从吸附塔中取出一定组分的分离精制液（A组分）及分离残液（B组分）。但由于吸附剂磨损问题不易解决，大直径吸附器中固相吸附剂的均匀移动也难以保证。所以移动床连续吸附分离无法实现工业化。

　　② 模拟移动床的作用原理。从移动床的作用原理和液相中各组分的浓度分布图可见，如果使吸附剂在床内固定不动，而将物料进出口点连续向上移，其作用与保持进出口点不动而连续自上而下移动固体吸附剂是一样的。由此原理设计的分离装置称模拟移动床。

　　（4）模拟移动床吸附分离流程　工业上用于分离 C$_8$ 芳烃的模拟移动床吸附分离装置有 UOP 公司的 Parex 法（立式吸附塔）和日本 Toray 公司的 Aromax 法（卧式吸附器）两种。

　　① Parex 法。由美国 UOP 公司开发。吸附分离的原料可以是 C$_8$ 芳烃、或重整油的 C$_8$ 馏分或异构化生成油。吸附剂采用 K-Ba-X 和 K-Ba-Y 型分子筛。脱附剂有轻质与重质之分。吸附分离原料为 C$_8$ 芳烃时，脱附剂为轻质脱附剂——甲苯；原料为重整油的 C$_8$ 芳烃时，脱附剂则采用重质脱附剂——对二乙苯。吸附分离的连续操作是借模拟移动床实现的，如图 4-22 所示。模拟移动床以吸附剂分子筛为固定床，仅依次改变床层进出料口

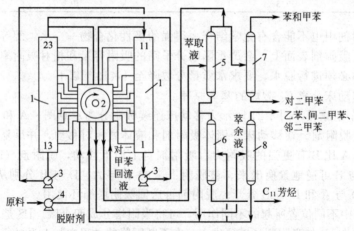

图 4-22　Parex 法立式模拟移动床吸附分离流程图

1—吸附塔；2—回转阀；3—循环泵；4—原料泵；5—萃取液塔；

6—二乙苯精馏塔；7—精制塔；8—萃余液塔

148

位置，形成相对移动。实际工业生产中，吸附塔上开有 24 个进出口，在特定时间内，只有其中 4 个料口作进出料，即萃余液出口、原料进口、萃取液出口及脱附剂进口；其余的料口均关闭。4 个物料进出口间隔一定距离，每隔一定时间，4 个料口同时向前移动一个口。吸附塔上进出料口越多，越接近于连续。料口的切换靠 24 个通道旋转阀实现。其操作条件为温度 177℃，压力 0.87MPa。

整个吸附分离过程在两个吸附塔中完成，两个吸附塔借循环泵首尾相连如同一个。每台吸附塔内有 12 层吸附剂，层和层之间设有栅板以分布进入或送出的液体。两个塔用 24 条管线与一台旋转阀相连。借旋转阀改变物料进入或送出点的位置，使床层按指定程序进行吸附或脱附操作。旋转阀每隔 1.25min 步进一次，旋转一圈共约 30min。液体按一定程序进入或送出，相当于吸附剂逆流方式在移动。立式吸附分离的关键设备是循环泵和旋转阀。

塔内各组分浓度分布如图 4-23。它是以混合二甲苯连续进入模拟移动床后，随着旋转阀的转动，每前进一个位置就从固定点取样分析得出其相应的百分组成而做出的。萃取液由仅含对二甲苯和脱附剂的区域引出，经精馏分离回收几乎全部的对二甲苯。若要提高对二甲苯的纯度，可在原料进入和萃取液引出之间加入来自萃取液塔的对二甲苯作回流。同样，萃余液由不含对二甲苯的区域取出，经精馏分离得间二甲苯和邻二甲苯去进行异构化。

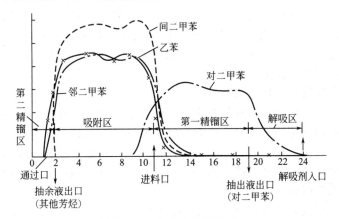

图 4-23　浓度分布剖面图

② Aromax 法。由日本东丽公司开发。操作原理和立式吸附塔基本相同，只是吸附器为卧式，采用自动切换阀门，改变进出物料的位置，实现模拟移动床连续操作。其操作条件温度 140℃，压力 1～2MPa，流速 5～13 L/h,脱附剂为二乙苯。

吸附分离法分离对二甲苯工业化以来，由于具有单程收率高、工艺条件缓和、无腐蚀、无毒性，全部液相操作，不需特殊材质制作设备，投资小和能耗低等优点，因而发展迅速。

③ MX-Sorbex 工艺。UOP 公司在原有的选择吸附对二甲苯的模拟移动床工艺基础上发展了 UOP MX-Sorbex 工艺。原料为吸附分离对二甲苯后的吸余液，其组成约为间二甲苯 65.5%、邻二甲苯 20.5%、乙苯 13.0%、对二甲苯 1.0%，吸附分离在一装有固体吸附剂的等温的模拟移动床上进行，连续进料和出料。吸附剂选择吸附间二甲苯，被吸附的间二甲苯用脱附剂脱附出来。用此法生产的间二甲苯的纯度 99.5%（以摩尔计）。

4.4　芳烃生产技术发展方向

由于芳烃在化工原料中所占有的重要地位，其生产技术的发展受到了广泛重视。近年来在开辟新的原料来源，开发新一代更高水平的催化剂和工艺，提高芳烃收率和选择性，降低能耗和操作费用，现有装置的技术改造，提高生产方案的灵活性等方面取得了长足的技术进步，大大提高了芳烃生产的技术水平，有的已经在工业生产中发挥重要作用，有的已显示出巨大的潜力。芳烃生产技术发展主要有如下几个方面。

（1）扩大芳烃原料来源

继续提高催化重整和乙烯裂解技术，增产更多芳烃的同时，大力开发轻烃芳构化、重芳烃轻质化、烷基化技术，充分利用液化石油气、石油天然气、重芳烃等资源生产芳烃。开展甲烷脱氢偶联，C_2烃芳构化研究，扩大芳烃来源。力争这些工艺不仅技术可行，而且在技术经济指标上赶上催化重整和乙烯裂解生产的芳烃。

（2）工艺革新，提高技术水平

通过对甲苯歧化与烷基转移、二甲苯异构化等工艺的研究，取得了较大的技术进展。例如 Mobil 公司开发的 MSTDP 歧化工艺和 MHAI 异构化工艺，产品二甲苯中的对二甲苯质量分数大大超过了经典的平衡组成，说明催化剂的择形性能提高了反应选择性，大大减少甚至取消生产装置的物料内循环，并相应的降低设备投资和操作费用。

（3）产品新用途促进了产品的结构调整

由于对二甲苯是生产聚酯的重要原料，尽可能增加对二甲苯产量一直是芳烃生产过程所追求的目标，如通过异构化等工艺把邻、间二甲苯转化成对二甲苯。最近由于邻、间二甲苯在合成树脂、染料、药物、增塑剂和各种中间体上找到大量用途，并有其独特的优点，这就促使进一步开展生产邻、间二甲苯的工艺研究，这对芳烃生产的产品构成、加工流程和生产工艺都将产生深远影响。

（4）化学工程新技术发挥重要作用

催化剂移动床连续再生技术在催化重整和液化石油气芳构化上的应用，模拟移动床吸附分离技术在芳烃和其他烃类的分离中开发了一系列的家族技术，芳烃萃取的多升液管筛板萃取塔应用，萃取蒸馏在芳烃分离中的应用以及催化精馏生产异丙苯等都有其突出的特色，并取得了很大突破。芳烃的膜分离技术也在加速开发，预计实现工业化将为期不远。

（5）新老技术共同发展

从半再生式重整发展到连续再生式重整，从深冷分离发展到模拟移动床吸附分离，从溶剂萃取发展到萃取蒸馏，取得了显著的技术进步。但新技术并不一定完全取代老技术。事实是新老技术都在不断发展提高之中，出现共存并茂的局面。新老工艺相结合的组合工艺或称复合方案往往具有重要的应用价值，如半再生式重整后面接续一个连续重整，吸附分离与结晶分离结合在一起，先溶剂萃取再萃取蒸馏等加工方案。把新老技术各自的优点和特长结合起来，不只用于老厂改造，消除瓶颈，还可以进行新厂建设。

思 考 题

4-1 简述芳烃的主要来源及主要生产过程。

4-2 芳烃的主要产品有哪些？各有何用途？

4-3 试论芳烃转化的必要性与意义，主要的芳烃转化反应有哪些？

4-4 试分析我国与美国、日本的芳烃生产各有何特点及其原因。

4-5 简述苯、甲苯和各种二甲苯单体的主要生产过程，并说明各自的特点。

4-6 简述芳烃生产技术的新进展及其主要特征。

4-7 如何理解芳烃生产、转化与分离过程之间的关系，试组织两种不同的芳烃生产方案。

参 考 文 献

1 孙宗海，瞿国华，张溱芳. 石油芳烃生产工艺与技术. 北京：化学工业出版社，1986

2　高荣增，顾兴章. 化工百科全书. 第4卷.135~149，北京：化学工业出版社，1993

3　周立芝，王 杰. 化工百科全书. 第3卷.881~899，北京：化学工业出版社，1993

4　Marilyn R. Oil & gas J. .1996. **94**（52）：49~94

5　柴国梁. 中国化工信息.1998.45：6

6　库咸熙等. 炼焦化工产品回收与加工. 北京：冶金工业出版社，1985

7　王兆熊. 炼焦产品的精制和利用. 北京：化学工业出版社，1989

8　Lou A T. Oil & gas J. .1990.**88**（53）：84~112

9　Harold H. Hydrocarbon process. 1984.**63**（9）：117

10　闵恩泽. 工业催化剂的研制与开发——我的实践与探索. 北京：中国石化出版社，1997

11　Harold H. Hydrocarbon process. 1980.**59**（9）：97~144

12　David N. Hydrocarbon process. 1997.**76**（3）：116

13　David N. Hydrocarbon process. 1997.**76**（3）：112

14　Harold H. Hydrocarbon process. 1980.**59**（9）：177~206

15　华东化工学院等. 基本有机化工工艺学·修订版. 北京：化学工业出版社，1990

16　吴祉龙，何文生，黄立钧译. 烃类的催化转化，北京：石油工业出版社，1976

17　Thomas C P. Hydrocarbon process. 1967.**46**（11）：184

18　Thomas C P. Hydrocarbon process. 1967.**46**（11）：187

19　Harold H. Hydrocarbon process. 1983.**62**（11）：83

20　David N. Hydrocarbon process. 1997.**76**（3）：140

21　王杰，白庚辛译. 甲苯、二甲苯及其工业衍生物. 北京：化学工业出版社，1987

22　秦关林等. 石油化工.1978.**7**（3）：223

23　David N. Hydrocarbon process，1997，**76**（3），166

24　王金平. 石油化工.1984.**13**（5）：347

25　Shoemaker J D. Hydrocarbon process. 1987.**66**（6）：57

26　朱慎林，骆广生. 石油炼制与化工.1997.**28**（1）：6

27　David N. Hydrocarbon process. 1997.**76**（3）：168

第5章 合成气的生产过程

5.1 概 述[1~12]

合成气系指一氧化碳和氢气的混合气，英文缩写 Syngas。合成气中 H_2 与 CO 的比值随原料和生产方法的不同而异，其 H_2/CO（摩尔比）由（1/2）～（3/1）。合成气是有机合成原料之一，也是氢气和一氧化碳的来源，在化学工业中有着重要作用。制造合成气的原料是多种多样的，许多含碳资源如煤、天然气、石油馏分、农林废料、城市垃圾等均可用来制造合成气。尤其是"废料"的利用具有巨大经济效益和社会效益，大大地拓宽了化工原料来源，所以发展合成气有利于资源优化利用，有利于化学工业原料路线和产品结构多元化发展。利用合成气可以转化成液体和气体燃料、大宗化学品和高附加值的精细有机合成产品，实现这种转化的重要技术是 C_1 化工技术。凡包含一个碳原子的化合物，如 CH_4、CO、CO_2、HCN、CH_3OH 等参与反应的化学，称为 C_1 化学，涉及 C_1 化学反应的工艺过程和技术称为 C_1 化工。自从 20 世纪 70 年代后期以来，C_1 化工得到世界各国极大重视，以天然气和煤炭为基础的合成气转化制备化工产品的研究广泛开展，已经和将有更多 C_1 化工过程实现工业化，今后，合成气的应用前景将越来越宽广。

5.1.1 合成气的生产方法

（1）以煤为原料的生产方法 有间歇和连续操作两种方式。连续式生产效率高，技术较先进，它是在高温下以水蒸气和氧气为气化剂，与煤反应生成 CO 和 H_2 等气体，这样的过程称为煤的气化。因为煤中氢含量相当低，所以煤制合成气中 H_2/CO 比值较低，适于合成有机化合物，因此在煤储量丰富的国家和地区，除了用煤发电外，应该大力发展以煤制合成气路线为基础的煤化工，更应该重视发展热电站与煤化工的联合生产大型企业，使煤资源得到充分的利用。

（2）以天然气为原料的生产方法 主要有转化法和部分氧化法。目前工业上多采用水蒸气转化法（steam reforming），该方法制得的合成气中 H_2/CO 比值理论上为 3，有利于用来制造合成氨或氢气；用来制造其他有机化合物（例如甲醇、醋酸、乙烯、乙二醇等）时此比值需要再加调整。近年来，部分氧化法的工艺因其热效率较高、H_2/CO 比值易于调节，故逐渐受到重视和应用，但需要有廉价的氧源，才能有满意的经济性。最近开展了二氧化碳转化法的研究，有些公司和研究者已进行了中间规模和工业化的扩大试验。

（3）以重油或渣油为原料的生产方法 主要采用部分氧化法（partial oxidation），即在反应器中通入适量的氧和水蒸气，使氧与原料油中的部分烃类燃烧，放出热量并产生高温，另一部分烃类则与水蒸气发生吸热反应而生成 CO 和 H_2 气，调节原料中油、H_2O 与 O_2 的相互比例，可达到自热平衡而不需要外供热。

其他含碳原料（包括各种含碳废料）制合成气在工业上尚未形成大规模生产，随着再生资源的开发、二次资源的广泛利用，今后会迅速发展。

以天然气为原料制合成气的成本最低；重质油与煤炭制造合成气的成本相仿，但重油和渣油制合成气可以使石油资源得到充分的利用。

5.1.2 合成气的应用实例

合成气的应用途径非常广泛，在此列举一些主要实例。

5.1.2.1 工业化的主要产品

(1) 合成氨 20 世纪初，德国人哈伯（F. Haber）发明了由氢气和氮气直接合成氨的方法，并于 1913 年与博茨（C. Bosch）创建了合成氨工艺，由含碳原料与水蒸气、空气反应制成含 H_2 和 N_2 的粗原料气，再经精细地脱除各种杂质，得到 $H_2 ： N_2 = 3 ： 1$（体积比）的合成氨原料气，使其在 $500 \sim 600℃$、$17.5 \sim 20MPa$ 及铁催化剂作用下合成为氨。近年来，该过程已可在 $400 \sim 450℃$、$8 \sim 15MPa$ 下进行。反应为

$$N_2 + 3H_2 \Longrightarrow 2NH_3 \tag{5-1}$$

氨的最大用途是制氮肥，氨还是重要的化工原料，它是目前世界上产量最大的化工产品之一。

(2) 合成甲醇 将合成气中 H_2/CO 的摩尔比调整为 2.2 左右，在 $260 \sim 270℃$、$5 \sim 10MPa$ 及铜基催化剂作用下可以合成甲醇。主反应为

$$CO + 2H_2 \Longrightarrow CH_3OH \tag{5-2}$$

甲醇可用于制醋酸、醋酐、甲醛、甲酸甲酯、甲基叔丁基醚（MTBE）等产品；由甲醇脱水或者由合成气直接合成生成的二甲醚（CH_3OCH_3），其十六烷值高达 60，是极好的柴油机燃料，燃烧时无烟，NO_x 排放量极低，被认为是 21 世纪新燃料之一。此外，目前正在开发的有甲醇制汽油（MTG）、甲醇制低碳烯烃（MTO）、甲醇制芳烃（MTA）等过程。

(3) 合成醋酸 首先将合成气制成甲醇，再将甲醇与 CO 羰基化合成醋酸。

$$CH_3OH + CO \Longrightarrow CH_3COOH \tag{5-3}$$

1960 年，德国的 BASF 公司将甲醇羰基化合成醋酸的工艺工业化，此方法比正丁烷氧化法和乙醛氧化法更经济。BASF 公司的工艺需要 70MPa 高压，醋酸收率 90%。1970 年，美国 Monsanto 推出了低压法工艺，开发出一种新型催化剂（碘化物促进的铑配位化合物）使甲醇羰基化反应能在 180℃、$3 \sim 4MPa$ 的温和条件下进行，醋酸收率高于 99%，现已成为生产工业醋酸的主要方法。由此，也带动了有关羰基过渡金属配位化合物催化剂作用的基础研究，促进了合成气化学和 C_1 化工的发展。

(4) 烯烃的氢甲酰化产品 烯烃与合成气（CO/H_2）或一定配比的一氧化碳及氢气在过渡金属配位化合物的催化作用下发生加成反应，生成比原料烯烃多一个碳原子的醛。合成气与不同烯烃可以合成不同产品。例如，丙烯与合成气反应生成正丁醛，见反应式(5-4)，它进一步用于醇醛缩合和加氢生产 2-乙基己醇，用于制造聚乙烯的增塑剂邻苯二甲酸酯；乙烯与合成气反应生成丙醛，进一步合成正丙醇或丙酸；长链端烯与合成气反应生成长链醇，其中 $C_{13} \sim C_{15}$ 直链脂肪醇用于生产易被生物降解的洗涤剂。

$$CH_3CHCH_2 + CO + H_2 \Longrightarrow CH_3CH_2CH_2CHO + (CH_3)_2CHCHO \tag{5-4}$$

烯烃氢甲酰化反应需要采用过渡金属的羰基配位化合物催化剂，过渡金属一般用钴和铑，反应在液相中进行，属于均相催化反应。使用钴催化剂 $HCo(CO)_4$ 时，要求温度约 $120 \sim 140℃$，压力约 20MPa；使用磷改性的铑催化剂 $[$例如 $HRh(CO)(Ph_3P)_3$，其中 Ph 代表苯基$]$ 时，活性很高，大约在 100℃ 和 $1 \sim 2MPa$ 条件下反应，而且生成直链醛的选择性很高。

(5) 合成天然气、汽油和柴油 在镍催化剂作用下，CO 和 H_2 进行甲烷化反应，生成甲烷，称之为合成天然气（SNG），热值比 CO 和 H_2 高。缺乏天然气的地区，可以以煤为燃料用甲烷化法生产高热值的城市煤气替代天然气。由煤制造合成气，然后通过费托（Fischer-Tropsch）合成可生产液体烃燃料。例如在 $200 \sim 240℃$、2.5MPa 以及铁催化剂作用下合成烃类（即 SASOL 工艺），生成的烃类主要是由许多链长不一的烷烃组合的混合物，主要反应式为：

$$nCO + (2n+1)H_2 \Longrightarrow C_nH_{2n+2} + nH_2O \qquad (5-5)$$

然后将这些烃类产物分离，再加工为汽油、柴油和蜡。近年来，出现了改良费托合成二段法，用钴基催化剂高选择性的合成直链烷烃馏分，然后用分子筛裂化制取高辛烷值汽油，或加氢裂化制取高十六烷值的优质柴油，国内外均有一定规模的装置新建或投产。

5.1.2.2 合成气应用新途径

在合成气基础上制备化工产品的新途径有三种，即：将合成气转化为乙烯或其他烃类，然后再进一步加工成化工产品；先合成为甲醇，然后再将其转化为其他产品；直接将合成气转化为化工产品。这些新应用中，有的正在研究，有的已进入工业开发阶段，有的已具有一定生产规模。

(1) 直接合成乙烯等低碳烯烃　近年来的研究致力于将合成气一步转化为乙烯等低碳烯烃

$$2CO + 4H_2 \Longrightarrow C_2H_4 + 2H_2O \qquad (5-6)$$

因副反应多，尚未达到实用要求，需要研制活性及选择性均较高的催化剂，以提高烯烃的收率。

(2) 合成气经甲醇再转化为烃类　近来开发了一类新型催化剂，对甲醇选择性转化为芳基汽油具有高活性，这是一种名为 ZSM-5 的择型分子筛，在 370℃ 和大约 1.5MPa 下能使甲醇选择性转化，生成沸点大部分在汽油范围的烷烃和芳烃混合物（$C_5 \sim C_{10}$），此法称为 Mobil 工艺。其中芳烃占汽油的 38.6%，辛烷值为 90～95，在质量和产量方面均高于 SASOL 法生产的汽油。Mobil 工艺已在新西兰工业化，将甲醇转化为汽油的过程首先在两个反应器内进行，第一反应器中装有脱水催化剂，使甲醇脱水生成二甲醚；第二反应器中装有 ZSM-5 催化剂，将二甲醚转化为烯烃

$$2nCH_3OH \xrightarrow{-H_2O} nCH_3OCH_3 \xrightarrow{-H_2O} C_2^{=} \sim C_4^{=} \qquad (5-7)$$

然后，这些烯烃进行烷基化和脱氢环化生成 $C_5 \sim C_{10}$ 链烷烃、环烷烃和芳烃的混合物，即为汽油。在改进的 H-ZSM-5 催化剂作用下，$C_2 \sim C_4$ 烯烃的总选择性已达到 78% 左右；在 H-ZSM-34 催化剂（一种属丝光沸石-菱钾沸石族的分子筛）上，于 370℃ 和 0.1MPa 转化含水甲醇时，为 89%，但是这种催化剂容易积碳失活，使用寿命很短，制造成本也高，尚未工业化。

(3) 甲醇同系化制乙烯　在均相羰基金属配位化合物催化剂存在和 200℃、20MPa 下，甲醇与合成气反应，主要产物是乙醇。

$$CH_3OH + CO + 2H_2 \Longrightarrow CH_3CH_2OH + H_2O \qquad (5-8)$$

羰基钴 $Co(CO)_8$ 催化剂在用碘化钴作促进剂和二苯膦基烷烃作配位体时，可使生成乙醇的选择性达到 90%。近来还有以钌（Ru）或铼（Re）代替钴的羰基金属配位化合物催化剂，可进一步提高选择性。反应式（5-8）称为甲醇的同系化，也可称为氢羰基化。乙醇催化脱水生成乙烯是已经成熟的技术。

$$CH_3CH_2OH \Longrightarrow C_2H_4 + H_2O \qquad (5-9)$$

乙烯是重要的有机化工原料，传统上由石油馏分热裂解制取，用合成气制取可扩大乙烯的来源。

(4) 合成低碳醇　将合成甲醇的铜基催化剂加钾盐及助催化剂进行改性后，可以于 250℃ 和 6MPa 下将合成气转化为 $C_1 \sim C_4$ 的低碳混合醇，它们可作汽油的掺烧燃料，也可以经脱水生成低碳烯烃，该过程目前即将工业化。合成低碳醇的催化剂也可以用钴或铑的羰基配位化合物。

(5) 合成乙二醇　乙二醇是合成聚酯树脂、表面活性剂、增塑剂、聚乙二醇、乙醇胺

等的主要原料，它可作为防冻剂，用量相当大。目前工业上生产乙二醇的方法是乙烯环氧化生成环氧乙烷，然后水合为乙二醇。由合成气合成乙二醇的方法有多种处于研究开发阶段，其中经甲醇氧化羰基合成草酸二甲酯，进一步加氢合成乙二醇被认为是一条可与石油化工路线相竞争的工艺。

$$2CH_3OH + CO + \frac{1}{2}O_2 \longrightarrow CO(OCH_3)_2 + H_2O \qquad (5-10)$$

$$(COOCH_3)_2 + 4H_2 \longrightarrow (CH_2OH)_2 + 2CH_3OH \qquad (5-11)$$

煤化工生产的大宗有机化学品能与石油化工竞争的不多，到目前为止仅醋酸一个产品。甲醇经羰基合成醋酸已成功的与乙醛氧化法相竞争，成为生产醋酸的重要方法。下一个能与石油化工相竞争的是通过羰基合成，由甲醇、CO和氧反应合成草酸二甲酯，进一步加氢合成乙二醇。醋酸和乙二醇都是大宗有机化学品，这一原料路线的变更对今后化学工业的发展有重要意义。

（6）合成气与烯烃衍生物羰基化产物　在羰基钴或铑的配位化合物催化剂作用下，不饱和的醇、醛、酯、醚、缩醛、卤化物、含氮化合物等中的双键都能进行羰基合成反应，但官能团不参与反应。在这方面已做了大量研究，文献中有较详细的介绍。羰基合成除可采用上述不饱和化合物为原料外，一些结构特殊的不饱和化合物，甚至某些高分子化合物也能进行羰基合成反应，如萜烯类或甾族化合物的羰基合成产物可用作香料或医药中间体。不饱和树脂的羰基合成是制备特种涂料的一种方法。详细内容可参见第8章。

5.2　由煤制合成气[6,7,14~16]

煤的气化过程是一热化学过程。它是以煤或焦炭为原料，以氧气（空气、富氧或纯氧）、水蒸气等为气化剂，在高温条件下，通过化学反应把煤或焦炭中的可燃部分转化为气体的过程。气化时所得的气体也称为煤气，其有效成分包括一氧化碳、氢气和甲烷等。气化煤气可用作城市煤气、工业燃气、合成气和工业还原气。在各种煤转化技术中，特别是开发洁净煤技术中，煤的气化是最有应用前景的技术之一。

5.2.1　煤气化过程工艺原理

5.2.1.1　煤气化的基本反应

煤气化过程的反应主要有

$$C + \frac{1}{2}O_2 \Longleftrightarrow CO \qquad \Delta H_{298}^{\ominus} = -123kJ/mol \qquad (5-12)$$

$$C + O_2 \Longleftrightarrow CO_2 \qquad \Delta H_{298}^{\ominus} = -406kJ/mol \qquad (5-13)$$

$$C + H_2O \Longleftrightarrow CO + H_2 \qquad \Delta H_{298}^{\ominus} = 131kJ/mol \qquad (5-14)$$

$$C + 2H_2O \Longleftrightarrow CO_2 + 2H_2 \qquad \Delta H_{298}^{\ominus} = 90.3kJ/mol \qquad (5-15)$$

$$C + CO_2 \Longleftrightarrow 2CO \qquad \Delta H_{298}^{\ominus} = 172.6kJ/mol \qquad (5-16)$$

$$C + 2H_2 \Longleftrightarrow CH_4 \qquad \Delta H_{298}^{\ominus} = -74.9kJ/mol \qquad (5-17)$$

这些反应中，碳与水蒸气反应的意义最大，它参与各种煤气化过程，此反应为强吸热过程。碳与二氧化碳的还原反应也是重要的气化反应。碳燃烧反应放出的热量与上述的吸热反应相匹配，对自热式气化过程有重要的作用。加氢气化反应对于制取合成天然气很重要。

气化生成的混合气称为水煤气。以上均为可逆反应，总过程为强吸热的。各反应的平衡常数与温度的关系见表5-1。

表 5-1 反应式 (5-14)～式 (5-17) 的平衡常数

反应式编号	平衡常数式	$\lg K_{p1}$				
		600℃	800℃	1000℃	1200℃	1400℃
5-14	$K_{p1}=p(CO)p(H_2)/p(H_2O)$	−4.24	−1.33	0.45	1.65	2.50
5-15	$K_{p2}=p(CO_2)p^2(H_2)/p^2(H_2O)$	−5.05	−2.96	−1.66	−0.76	−0.11
5-16	$K_{p3}=p^2(CO)/p(CO_2)$	−2.49	0.79	2.12	3.10	3.84
5-17	$K_{p4}=p(CH_4)/p^2(H_2)$	—	−3.32	−4.30	—	—

注：表中各分压单位为 atm（1atm＝0.101325MPa）。

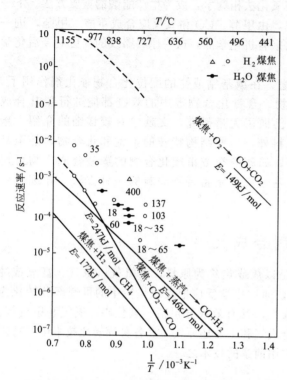

图 5-1 在常压和加压下碳气化反应速率的比较

提高反应温度对煤气化有利，但不利于甲烷的生成。当温度高于 900℃时，CH_4 和 CO_2 的平衡浓度接近于零。低压有利于 CO 和 H_2 生成，反之，增大压力有利于 CH_4 生成。

上述的气固相反应速率相差很大，煤热裂解反应速率相当快，在受热条件下接近瞬时完成。而煤热解固体产物焦炭的气化反应速率要慢得多。图 5-1 是各种焦炭气化反应在常压和加压条件下气化反应速率比较。图中四根斜线是常压下碳分别与 O_2、H_2O、CO_2 和 H_2 反应速率的反应温度关系线。可见 C-O_2 比其他三个反应快得多，大约快 10^5 倍，C-H_2O 反应比 C-CO_2 反应快一些，约相差几倍，而 C-H_2 是最慢的，约比 C-CO_2 慢上百倍。图中也标出了测定反应速率时的压力值。可见由于反应速率与压力关系的不同，在较高压力下 C-H_2 反应速率增大，和 C-H_2O 反应速率相差不多。这是因为 C-CO_2 和 C-H_2O 反应在高压下反应对压力来说趋于零级，而 C-H_2 反应与压力呈 1～2 级关系。

5.2.1.2 煤气化的反应条件

（1）温度 从以上热力学和动力学分析可知，温度对煤气化影响最大，至少要在 900℃以上才有满意的气化速率，一般操作温度在 1100℃以上。近年来新工艺采用 1500～1600℃进行气化，使生产强度大大提高。

（2）压力 降低压力有利于提高 CO 和 H_2 的平衡浓度，但加压有利于提高反应速率并减小反应体积，目前气化一般为2.5～3.2MPa，因而 CH_4 含量比常压法高些。

（3）水蒸气和氧气的比例 氧的作用是与煤燃烧放热，此热供给水蒸气与煤的气化反应，H_2O/O_2 比值对温度和煤气组成有影响。具体的 H_2O/O_2 比值要视采用的煤气化生产方法来定。

5.2.2 煤气化的生产方法及主要设备

煤气化过程需要吸热和高温，工业上采用燃烧煤来实现。气化过程按操作方式来分，有间歇式和连续式，前者的工艺较后者落后，现在逐渐被淘汰。目前最通用的分类方法是

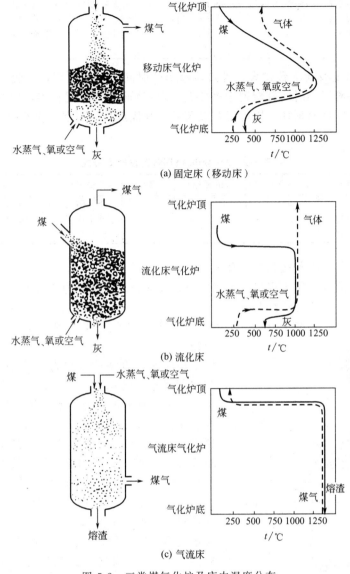

图 5-2 三类煤气化炉及床内温度分布

按反应器分类，分为固定床（移动床）、流化床、气流床和熔融床。至今熔融床还处于中试阶段，而固定床（移动床）、流化床和气流床是工业化或建立示范装置的方法，这三种方法最基本的区别示于图 5-2，图中显示了反应物和产物在反应器内流动情况以及床内反应温度分布。此外，不同生产方法对煤质要求不同。

5.2.2.1 固定床间歇式气化制水煤气

固定床间歇式气化制水煤气法的操作方式为燃烧与制气分阶段进行，所以设备称煤气发生炉。炉中填满块状煤或焦炭，首先吹入空气使煤完全燃烧生成 CO_2 并放出大量热，使煤层升温，烟道气放空。待煤层温度达 1200℃ 左右，停止吹风，转换吹入水蒸气，与高温煤层反应，生成 CO、H_2 等气体，制成水煤气，送入气柜。气化吸热使温度下降，当降至 950℃ 时，停止送蒸汽，重新进行燃烧阶段。如此交替操作，故制水煤气是间歇的。在实际生产中，为了防止空气在高温下接触水煤气而发生爆炸，同时保证煤气质量，

157

一个工作循环由以下六个阶段组成。

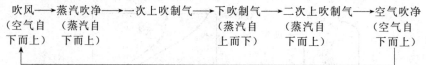

为了保证温度波动不致过大，各阶段经历的时间应尽量缩短，一般 3～4min 完成一个工作循环，各阶段的时间分配列于表 5-2。该方法非制气时间较多，生产强度低，而且阀门开关频繁，阀件易损坏，因而工艺较落后。其优点是只用空气而不用纯氧，成本和投资费用低。

表 5-2　3～4min 循环各阶段时间分配

序号	阶段名称	3min 循环/s	4min 循环/s	序号	阶段名称	3min 循环/s	4min 循环/s
1	吹风	40～50	60～80	4	下吹制气	50～55	70～90
2	蒸汽吹净	2	2	5	二次上吹制气	18～20	18～20
3	一次上吹制气	45～60	60～70	6	空气吹净	2	2

5.2.2.2　固定床连续式气化制水煤气

固定床连续式气化制水煤气法由德国鲁奇公司开发。燃料为块状煤或焦炭，由炉顶定时加入，气化剂为水蒸气和纯氧混合气，在气化炉中同时进行碳与氧的燃烧放热和与水蒸气的气化吸热反应，调节 H_2O/O_2 比例，就可连续制气，生产强度较高，而且煤气质量也稳定。

该法所用设备称为鲁奇气化炉，见图 5-3。氧与水蒸气通过空心轴经炉箅分布，自下而上移动经历 1～3h。为防止灰分熔融，炉内最高温度应控制在灰熔点以下，一般为 1200℃，由 H_2O/O_2 比来调控。压力 3MPa，出口煤气温度 500℃。煤的转化率 88%～95%。目前鲁奇炉已发展到 MarkV 型，炉径 5m，每台炉煤气（标准状态）的生产能力达 100000m³/h。鲁奇法制的水煤气中甲烷和二氧化碳含量较高，而一氧化碳含量较低，在 C_1 化工中的应用受到一定限制，适合于做城市煤气。

5.2.2.3　流化床连续式气化制水煤气

发展流化床气化法是为了提高单炉的生产能力和适应采煤技术的发展，直接使用小颗粒碎煤为原料，并可利用褐煤等高灰分煤。它又称为沸腾床气化，把气化剂送入气化炉内，使煤颗粒呈沸腾状态进行气化反应。

温克勒（Winkler）煤气化方法是流化床技术发展过程中，最早用于工业生产的。第一套装置于 1926 年投入运行。图 5-4 是该气化炉的示意图。它是一个内衬耐火材料的立式圆筒形炉体，下部为圆锥形状。水蒸气和氧气（或空气）通过位于流化床不同高度上的几排喷嘴加入。其下段为圆锥形体的流化床，上段的高度约为流化床高度的 6～10 倍，

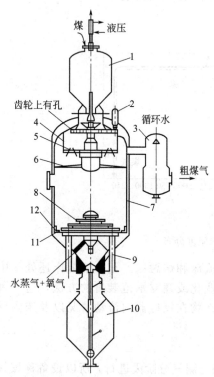

图 5-3　鲁奇气化炉示意图
1—煤箱；2—上部传动装置；3—喷冷器；4—裙板；5—布煤器；6—搅拌器；7—炉体；8—炉箅；9—炉箅传动装置；10—灰箱；11—刮刀；12—保护板

作为固体分离区。在床的上部引入二次水蒸气和氧气,以气化离开床层但未气化的碳。使用低活性煤时,二次气化可显著改善碳的转化率。

典型的工业规模的温克勒气化炉内径 5.5m,高 23m,以褐煤为原料,氧-水蒸气鼓风时生产能力 47000m³/h,空气-水蒸气鼓风时生产能力 94000 m³/h,生产能力可在 25%~150% 范围内变化。

5.2.2.4 气流床连续式气化制水煤气

较早的气流床法是 K-T 法,由德国 Koppers 公司的 Totzek 工程师开发成功,是一种在常压、高温下以水蒸气和氧气与粉煤反应的气化法。气化设备为 K-T 炉,气化剂以高速夹带很细的干煤粉喷入气化炉,在 1500~1600℃ 下进行疏相流化,气固接触面大,细颗粒的内扩散阻力小,温度又高,因而扩散速率和反应速率均相当高,生产强度非常大。灰渣是以熔融态排出炉外,炉内必须用耐高温的材料作衬里。

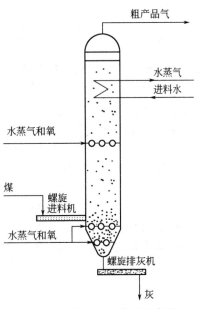

图 5-4 Winkler 气化炉示意图

第二代气流床是德士古法,由美国 Texaco 公司于 20 世纪 80 年代初开发成功。煤粉用水制成水煤浆,用泵送入气化炉,省去了蒸汽。其工艺流程及气化炉分别见图 5-5 和图 5-6。德士古气化炉的操作压力一般在 9.8MPa 以下,炉内最高温度约 2000℃,出口气温约 1400℃。纯氧以亚声速从炉顶的喷嘴喷出,使料浆雾化,并在炉膛中强烈返混合气化,强化了传热和传质,水煤浆在炉中仅停留 5~7s。液态排灰。当压力为 4MPa 时,出口气的体积组成为 CO 44%~51%,H_2 35%~36%,CO_2 13%~18%,CH_4 0.1%。碳转化率达 97%~99%。回收高温出口气显热的方式有两种:一种为废热锅炉式;另一种为冷激式。合成氨厂常用后者。

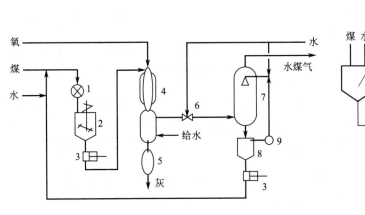

图 5-5 德士古法水煤浆气化示意流程图
1—磨粉机;2—悬浮槽;3—浆液泵;4—气化炉;5—灰斗;
6—冷急器;7—冷却洗涤塔;8—沉降槽;9—水泵

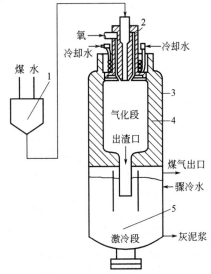

图 5-6 德士古气化炉流程图
1—煤浆罐;2—燃烧器;3—炉体;
4—耐火衬砖;5—急冷室

159

5.3 由天然气制造合成气 [6~12]

5.3.1 天然气制合成气的工艺技术及其进展

天然气中甲烷含量一般大于90%，其余为少量的乙烷、丙烷等气态烷烃，有些还含有少量氮和硫化物。其他含甲烷等气态烃的气体，如炼厂气、焦炉气、油田气和煤层气等均可用来制造合成气。

目前工业上由天然气制合成气的技术主要有蒸汽转化法和部分氧化法。蒸汽转化法是在催化剂存在及高温条件下，使甲烷等烃类与水蒸气反应，生成 H_2、CO 等混合气，其主反应为

$$CH_4 + H_2O \Longleftrightarrow CO + 3H_2 \qquad \Delta H_{298}^{\ominus} = 206 kJ/mol \qquad (5-18)$$

该反应是强吸热的，需要外界供热。此法技术成熟，目前广泛应用于生产合成气、纯氢气和合成氨原料气。本章主要介绍此种方法。

部分氧化法是由甲烷等烃类与氧气进行不完全氧化生成合成气

$$CH_4 + \frac{1}{2}O_2 \Longrightarrow CO + 2H_2 \qquad \Delta H_{298}^{\ominus} = -35.7 kJ/mol \qquad (5-19)$$

该过程可自热进行，无需外界供热，热效率较高。但若用传统的空分法制取的氧气，则能耗太高，最近国外开发出用空气代替纯氧的工艺，实践证明，合成气中 N_2 的存在对合成液体燃料油无影响。另外，国外正在研制一种陶瓷气体分离膜，可在高温下从空气中分离出纯氧，这将避免 N_2 气进入合成气，并可降低能耗。

由反应式（5-18）可看出，蒸汽转化法每转化 CH_4 1mol，可生成 1mol CO 和 3mol H_2，合成气中 H_2/CO 比值高达 3。这较适宜于生产纯氢和合成氨，其中的 CO 可和水蒸气反应转化出更多的 H_2，然而，对于合成一系列有机化合物而言，H_2/CO=3 是太高了。由表 5-3 可看出，合成一些有机化合物所需的 H_2/CO 理论比值低于 3。

表 5-3 由合成气合成一些有机化合物所需的 H_2/CO（摩尔比）

产品	总反应式	H_2/CO	产品	总反应式	H_2/CO
甲醇①	$CO + 2H_2 \Longrightarrow CH_3OH$	2/1	甲基丙烯酸	$4CO + 5H_2 \Longrightarrow CH_2C(CH_3)COOH + 2H_2O$	5/4
乙烯	$2CO + 4H_2 \Longrightarrow C_2H_4 + 2H_2O$	2/1	醋酸乙烯	$4CO + 5H_2 \Longrightarrow CH_3COOCHCH_2 + 2H_2O$	5/4
乙醛	$2CO + 3H_2 \Longrightarrow CH_3CHO + H_2O$	3/2			
乙二醇	$2CO + 3H_2 \Longrightarrow HOCH_2CH_2OH$	3/2			
丙酸	$3CO + 4H_2 \Longrightarrow$ $CH_3CH_2COOH + H_2O$	4/3	醋酸①	$2CO + 2H_2 \Longrightarrow CH_3COOH$	1/1
			醋酐①	$4CO + 4H_2 \Longrightarrow (CH_3CO)_2O + H_2O$	1/1

① 表示此工艺已工业化。

上述的部分氧化法，得到 H_2/CO 理论值为 2 的合成气。为了提高合成气中 CO 的含量，目前国内外都在研究和开发既节能又可灵活调节 H_2/CO 比值的新工艺。现在已有两种新工艺取得了很大进步，这就是自热式催化转化部分氧化法（ATR 工艺）和甲烷-二氧化碳催化转化法（Sparg 工艺）。

ATR 工艺由丹麦 Topsφe 公司提出并已完成中试，其基本原理是把 CH_4 的部分氧化和蒸汽转化组合在一个反应器中进行。进料为天然气、纯氧和水蒸气，其中 O_2/烃 = 0.55~0.6（摩尔比），反应器上部为无催化剂的燃烧段，在此处一定量的 CH_4 按下式进行不完全燃烧，释放出热量。

$$CH_4 + \frac{3}{2}O_2 \Longrightarrow CO + 2H_2O \qquad \Delta H_{298}^{\ominus} = -519 kJ/mol \qquad (5-20)$$

因为 CO 与 O_2 反应速率较慢，在燃烧段主要反应是式（5-20），所以生成 CO 的选择性较

高。反应器下部为有催化剂的转化段，利用燃烧段反应放出的热量，进行吸热的甲烷-蒸汽转化反应，见式（5-18）。反应条件为 2.45MPa 和 950～1030℃，合成气中的 H_2/CO 可在 0.99～2.97 之间灵活地调节，反应器的设计合理地利用了反应热，不需外部供热，提高了热效率。反应器为圆筒形，内衬耐火材料，燃烧段入口装有耐火材料保护的金属燃烧器，燃烧器的结构应保证原料气流充分混合，使火焰呈湍流扩散状，火焰中心高达 2000℃，燃烧进程中基本不产生炭黑，同时还保证气流进入催化剂床层时有均匀的温度分布。催化剂为颗粒状镍催化剂，以含氧化铝的尖晶石为载体，具有很高的活性和耐高温性能，并可采用较高空速进行反应。

Sparg 工艺主要是利用 CO_2 来转化 CH_4，主反应为：

$$CH_4 + CO_2 \rightleftharpoons 2CO + 2H_2 \qquad \Delta H_{298}^{\ominus} = 247kJ/mol \qquad (5-21)$$

按式（5-21）计，H_2/CO 理论值为 1/1。这是个热效应比蒸汽转化反应更大的强吸热反应，而且 CH_4 与 CO_2 的反应更容易在催化剂上结碳，因此必须解决这个问题，解决途径包括改进现有镍基转化催化剂、开发新型抗结碳催化剂和优化反应条件等，国内外就此开展了广泛研究。TopsΦe 公司开发成功了硫钝化的镍催化剂，经过中试和在醋酸生产厂中扩大试验，结果表明 Sparg 工艺制合成气的技术可靠、经济合理。天然气中若含有较多的 C_2 及更重的烃类时，因为经硫钝化的镍催化剂活性较原来镍催化剂低，重烃在反应器中易裂解结碳，所以要在主转化反应器前加一个温度较低的预转化器，并加入一定量的水蒸气，使用未硫化的镍催化剂，使 C_2 及更重烃类预先转化。预转化器内温度为 300～350℃。主转化器为多管式反应器，反应管垂直置于转化炉中，管外燃烧燃料供热，转化温度 900℃左右，操作压力 0.7～1.2MPa，利用烟道气余热来加热各种原料。调节原料混合气的 CO_2/CH_4 和 H_2O/CH_4 之比，可使转化后合成气中 H_2/CO 在 1.8～2.7 之间变动。

5.3.2 天然气蒸汽转化过程工艺原理

因为天然气中甲烷含量在 90% 以上，而甲烷在烷烃中是热力学最稳定的，其他烃类较易反应，因此在讨论天然气转化过程时，只需考虑甲烷与水蒸气的反应。

5.3.2.1 甲烷水蒸气转化反应和化学平衡

甲烷水蒸气转化过程的主要反应有

$$CH_4 + H_2O \rightleftharpoons CO + 3H_2 \qquad \Delta H_{298}^{\ominus} = 206kJ/mol$$

$$CH_4 + 2H_2O \rightleftharpoons CO_2 + 4H_2 \qquad \Delta H_{298}^{\ominus} = 165kJ/mol \qquad (5-22)$$

$$CO + H_2O \rightleftharpoons CO_2 + H_2 \qquad \Delta H_{298}^{\ominus} = -41.2kJ/mol \qquad (5-23)$$

可能发生的副反应主要是析碳反应，它们是：

$$CH_4 \rightleftharpoons C + 2H_2 \qquad \Delta H_{298}^{\ominus} = 74.9kJ/mol \qquad (5-24)$$

$$2CO \rightleftharpoons C + CO_2 \qquad \Delta H_{298}^{\ominus} = -172.5kJ/mol \qquad (5-25)$$

$$CO + H_2 \rightleftharpoons C + H_2O \qquad \Delta H_{298}^{\ominus} = -131.4kJ/mol \qquad (5-26)$$

以上列举的主反应和副反应均是可逆反应。其中甲烷水蒸气转化主反应式（5-18）、式（5-22）是强吸热的，副反应甲烷裂解式（5-24）也是吸热的，其余为放热反应。

甲烷水蒸气转化反应必须在催化剂存在下才有足够的反应速率。倘若操作条件不适当，析碳反应严重，生成的碳会覆盖在催化剂内外表面，致使催化活性降低，反应速率下降。析碳更严重时，床层堵塞，阻力增加，催化剂毛细孔内的碳遇水蒸气会剧烈汽化，致使催化剂崩裂或粉化，迫使停工，经济损失巨大。所以，对于烃类蒸汽转化过程要特别注意防止析碳。

现在暂且不考虑副反应来讨论主反应的化学平衡。三个主反应中只有其中两个是独立的，通常认为反应式（5-18）和式（5-23）是独立反应，式（5-22）是这两个反应加和的结果。反应达平衡时，产物含量达到最大值，而反应物含量达最小值。列出这两个独立反应的化学平衡常数式再加上物料衡算式，联立求解此方程，就可以计算出平衡组成（一般用摩尔分数表示）。

反应式（5-18）的平衡常数式为

$$K_{p1} = \frac{p(CO) p^3(H_2)}{p(CH_4) p(H_2O)} \tag{5-27}$$

式中　　　　　　　K_{p1}——甲烷与水蒸气转化生成 CO 和 H_2 的平衡常数；

$p(CO)$、$p(H_2)$、$p(CH_4)$、$p(H_2O)$——CO、H_2、CH_4、H_2O 的平衡分压。

反应式（5-23）的平衡常数式为

$$K_{p2} = \frac{p(CO_2) p(H_2)}{p(CO) p(H_2O)} \tag{5-28}$$

式中　　　　　　　K_{p2}——一氧化碳变换反应的平衡常数；

$p(CO_2)$、$p(H_2)$、$p(CO)$、$p(H_2O)$——CO_2、H_2、CO、H_2O 的平衡分压。

在压力不太高时，K_p 仅是温度的函数。表 5-4 列出了不同温度时上述两个反应的平衡常数。

表 5-4　甲烷水蒸气反应和一氧化碳变换反应的平衡常数

温度 /℃	$CH_4+H_2O \rightleftharpoons CO+3H_2$ $K_{p1} = \frac{p(CO) p^3(H_2)}{p(CH_4) p(H_2O)}$	$CO+H_2O \rightleftharpoons CO_2+H_2$ $K_{p2} = \frac{p(CO_2) p(H_2)}{p(CO) p(H_2O)}$	温度 /℃	$CH_4+H_2O \rightleftharpoons CO+3H_2$ $K_{p1} = \frac{p(CO) p^3(H_2)}{p(CH_4) p(H_2O)}$	$CO+H_2O \rightleftharpoons CO_2+H_2$ $K_{p2} = \frac{p(CO_2) p(H_2)}{p(CO) p(H_2O)}$
200	4.614×10^{-12}	227.9	550	7.741×10^{-2}	3.434
220	—	150.9	650	2.686	1.923
250	8.397×10^{-10}	86.5	700	1.214×10	1.519
270	—	61.9	800	1.664×10^2	1.015
300	6.378×10^{-8}	39.22	900	1.440×10^3	0.733
350	2.483×10^{-6}	20.34	1000	9.100×10^3	0.542
450	8.714×10^{-4}	7.31			

注：此表摘自南京化工研究院译的《合成氨催化剂手册》（ICI 公司 1970 年出版）；分压单位为 atm（1atm＝0.101325MPa）。

有时平衡常数与温度的关系也可用公式表达，由这些公式也可求出某温度下的平衡常数。

例如，反应式（5-18）的 K_{p1} 和反应式（5-23）的 K_{p2} 的公式分别为

$$\lg K_{p1} = -\frac{9874}{T} + 7.141 \lg T - 0.00188T + 9.4 \times 10^3 T^2 - 8.64 \tag{5-29}$$

$$\lg K_{p2} = \frac{2059}{T} - 1.5904 \lg T +$$

$$1.817 \times 10^{-3} T - 5.65 \times 10^{-7} T^2 + 8.24 \times 10^{-11} T^3 + 1.5313 \tag{5-30}$$

各组分的平衡分压和平衡组成要用平衡时物料衡算来计算。若反应前体系中组分 CH_4、CO、CO_2、H_2O、H_2、N_2 的物质的量分别为 $n(CH_4)$、$n(CO)$、$n(CO_2)$、$n(H_2O)$、$n(H_2)$、$n(N_2)$，设平衡时 CH_4 反应式（5-18）的转化量为 n_x mol，CO 反应式（5-23）的转化量为 n_y mol，总压（绝对压力）为 p。

组分 i 的摩尔分数 y_i 和分压 p_i 分别为

$$y_i = \frac{n_i}{\sum n_i} \tag{5-31}$$

$$p_i = y_i p = \left(\frac{n_i}{\sum n_i} \right) p \tag{5-32}$$

式中　n_i——组分 i 的物质的量，mol；

　　　p——总压（绝对压力）。

根据物料衡算可计算出反应后各组分的组成和分压，见表 5-5 所列。若反应达平衡，该表中各项则代表各对应的平衡值，可将有关组分的分压代入式（5-27）和式（5-28），整理后得到

$$K_{p1} = \frac{[n(CO) + n_x - n_y][n(H_2) + 3n_x + n_y]^3}{[n(CH_4) - n_x][n(H_2O) - n_x - n_y]} \times \frac{p^2}{(\sum n_i + 2n_x)^2} \tag{5-27a}$$

$$K_{p2} = \frac{[n(CO_2) + n_y][n(H_2) + 3n_x + n_y]}{[n(CO) + n_x - n_y][n(H_2O) - n_x - n_y]} \tag{5-28a}$$

表 5-5　气体在反应后各组分的组成和分压

组分	反应前物质的量/mol	反应后		
		物质的量/mol	摩尔分数	分压
CH_4	$n(CH_4)$	$n(CH_4) - n_x$	$\dfrac{n(CH_4) - n_x}{(\sum n_i) + 2n_x}$	$\dfrac{n(CH_4) - n_x}{(\sum n_i) + 2n_x} p$
CO	$n(CO)$	$n(CO) + n_x - n_y$	$\dfrac{n(CO) + n_x - n_y}{(\sum n_i) + 2n_x}$	$\dfrac{n(CO) + n_x - n_y}{(\sum n_i) + 2n_x} p$
CO_2	$n(CO_2)$	$n(CO_2) + n_y$	$\dfrac{n(CO_2) + n_y}{(\sum n_i) + 2n_x}$	$\dfrac{n(CO_2) + n_y}{(\sum n_i) + 2n_x} p$
H_2O	$n(H_2O)$	$n(H_2O) - n_x - n_y$	$\dfrac{n(H_2O) - n_x - n_y}{(\sum n_i) + 2n_x}$	$\dfrac{n(H_2O) - n_x - n_y}{(\sum n_i) + 2n_x} p$
H_2	$n(H_2)$	$n(H_2) + 3n_x + n_y$	$\dfrac{n(H_2) + 3n_x + n_y}{(\sum n_i) + 2n_x}$	$\dfrac{n(H_2) + 3n_x + n_y}{(\sum n_i) + 2n_x} p$
N_2	$n(N_2)$	$n(N_2)$	$\dfrac{n(N_2)}{(\sum n_i) + 2n_x}$	$\dfrac{n(N_2)}{(\sum n_i) + 2n_x} p$
总计	$\sum n_i$	$(\sum n_i) + 2n_x$	1	p

根据反应温度查出或求出 K_{p1} 和 K_{p2}，再将总压和气体的初始组成代入（5-27a）和（5-28a）两式，解出 n_x 和 n_y，那么，平衡组成和平衡分压即可求出。平衡组成是反应达到的极限，实际反应距平衡总是有一定距离的，通过对一定条件下实际组成与平衡组成的比较，可以判断反应速率快慢或催化剂活性的高低。在相同反应时间内，催化剂活性越高，实际组成越接近平衡组成。

平衡组成与温度、压力及初始组成有关，图 5-7 显示了 CH_4、CO 及 CO_2 的平衡组成与温度、压力及水碳比（H_2O/CH_4 摩尔比）的关系，H_2 的平衡组成可根据组成约束关系式（$\sum y_i = 1$）求出。

下面分析在什么情况下会有碳析出，如何避免或尽量减少析碳的可能性。三个析碳反应也是可逆的，见式（5-24）～式（5-26），它们的平衡常数式分别为：

$$K_{p3} = p^2(H_2) / p(CH_4) \tag{5-33}$$

$$K_{p4} = p(CO_2) / p^2(CO) \tag{5-34}$$

$$K_{p5} = p(H_2O) / p(H_2) p(CO) \tag{5-35}$$

式中　　　　　　　　　　　K_{p3}、K_{p4}、K_{p5}——反应式（5-24）、式（5-25）和式（5-26）的平衡常数；

$p(H_2)$、$p(CH_4)$、$p(CO_2)$、$p(CO)$ 和 $p(H_2O)$——各组分的平衡分压。

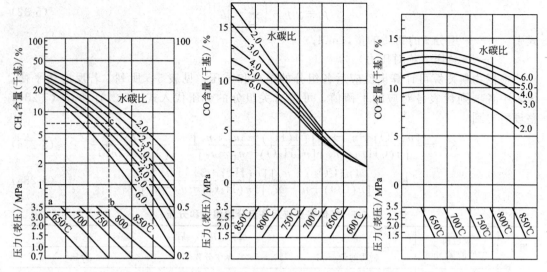

图 5-7　甲烷（100%）水蒸气转化反应的平衡组成曲线

这些平衡常数和温度的关系列于表 5-6 和表 5-7。

表 5-6　反应式（5-24）和式（5-25）的平衡常数

温度/℃	K_{p3}	K_{p4}	温度/℃	K_{p3}	K_{p4}
327	0.01	5.35×10^5	827	27.20	0.082
427	0.1116	3.74×10^3	927	62.19	0.0175
527	0.7087	9.108×10	1027	126.1	0.0048
627	3.077	5.193	1127	231.1	0.0016
727	10.17	0.5264			

注：各组分平衡分压的单位为 atm，1atm＝0.1013MPa。

表 5-7　反应式（5-26）的平衡常数

温度/℃	600	800	1000	1200	1400
K_{p5}	17370	21.4	0.354	0.0224	0.00316

注：平衡常数单位为 atm，1atm＝0.1013MPa。

由表 5-6 可知，高温有利于甲烷裂解析碳，不利于一氧化碳歧化析碳。

由表 5-7 看，在高温下不利于还原析碳，却有利于碳被水蒸气所气化，即向反应式（5-26）的逆向进行，温度越高、水蒸气比例越大，则越有利于消碳；如果气相中 H_2、CO_2 分压很大时，均有利于抑制析碳。

由热力学第二定律可知，在任何化学反应自发进行的过程中，反应自由焓总是减小的。自由焓变化可用下式表达：

$$\Delta G = -RT\ln K_p + RT\ln J_p = RT\ln(J_p/K_p) \tag{5-36}$$

式中　ΔG——反应自由焓变化（亦即自由能变化）；

　　　　T——反应温度；

　　　　R——气体常数；

　　　　K_p——反应平衡常数；

　　　　J_p——反应体系中各组分的压力熵（产物和反应物实际分压的关系）。

对于反应式（5-24）　　　　$J_{p5} = p^2(H_2)/p(CH_4)$ \hfill (5-37)

对于反应式（5-25）　　　　$J_{p5} = p'(H_2O)/p'(CO)p'(H_2)$ \hfill (5-38)

164

对于反应式（5-26）　　　$J_{p5} = p'(H_2O)/p'(CO)p'(H_2)$ （5-39）

式（5-37）～式（5-39）中各组分的分压均为体系在某指定状态时的实际分压，而非平衡分压。可由温度、压力查出 K_p，再根据指定组成和总压计算 J_p，最后由 J_p/K_p 是否小于 1 来判断该状态下有否析碳发生。

当 $J_p/K_p < 1$ 时，由式（5-36）可知，此时 $\Delta G < 0$，反应自发向右进行，有析碳；

当 $J_p/K_p = 1$ 时，由式（5-36）可知，此时 $\Delta G = 0$，反应达平衡，是热力学析碳的边界；

当 $J_p/K_p > 1$ 时，由式（5-36）可知，此时 $\Delta G > 0$，反应不能自发进行，体系不析碳。

甲烷水蒸气转化体系中，水蒸气是一个重要组分，由各析碳反应生成的碳与水蒸气之间存在 $H_2O + C \Longrightarrow CO + H_2$ 的平衡，通过热力学计算，可求得开始析碳时所对应的 H_2O/CH_4 摩尔比，称为热力学最小水碳比。不同温度、压力下有不同的热力学最小水碳比。

综上所述，影响甲烷水蒸气转化反应平衡的主要因素有温度、水碳比和压力。

（1）温度的影响　甲烷与水蒸气反应生成 CO 和 H_2 是吸热的可逆反应，高温对平衡有利，即 H_2 及 CO 的平衡产率高，CH_4 平衡含量低。一般情况下，当温度提高 10℃，甲烷的平衡含量可降低 1%～1.3%。高温对一氧化碳变换反应的平衡不利，可以少生成二氧化碳，而且高温也会抑制一氧化碳歧化和还原析碳的副反应。但是，温度过高，会有利于甲烷裂解，当高于 700℃时，甲烷均相裂解速率很快，会大量析出碳，并沉积在催化剂和器壁上。

（2）水碳比的影响　水碳比对于甲烷转化影响重大，高的水碳比有利于甲烷的蒸气重整反应，在 800℃、2MPa 条件下，水碳比由 3 提高到 4 时，甲烷平衡含量由 8% 降至 5%，可见水碳比对甲烷平衡含量影响是很大的。同时，高水碳比也有利于抑制析碳副反应。

（3）压力的影响　甲烷蒸汽转化反应是体积增大的反应，低压有利平衡，当温度 800℃、水碳比 4 时，压力由 2MPa 降低到 1MPa 时，甲烷平衡含量由 5% 降至 2.5%。低压也可抑制一氧化碳的两个析碳反应，但是低压对甲烷裂解析碳反应平衡有利，适当加压可抑制甲烷裂解。压力对一氧化碳变换反应平衡无影响。

总之，从反应平衡考虑，甲烷水蒸气转化过程应该用适当的高温、稍低的压力和高水碳比。

5.3.2.2　甲烷水蒸气转化催化剂[14]

甲烷水蒸气转化，在无催化剂时的反应速率很慢，在 1300℃ 以上才有满意的速率，然而在此高温下大量甲烷裂解，没有工业生产价值，所以必须采用催化剂。催化剂的组成和结构决定了其催化性能，而对其使用是否得当会影响其性能的发挥。生产中催化剂因其老化、中毒和积碳而失去活性。

（1）转化催化剂的组成和外形　研究表明，一些贵金属和镍均具有对甲烷蒸汽转化的催化活性，其中镍最便宜，又具有足够高的活性，所以工业上一直采用镍催化剂，并添加一些助催化剂以提高活性或改善诸如机械强度、活性组分分散、抗结碳、抗烧结、抗水合等性能。转化催化剂的促进剂有铝、镁、钾、钙、钛、镧、铈等金属氧化物。甲烷与水分子的反应是在固体催化剂活性表面上进行的，所以催化剂应该具有较大的镍表面。提高镍表面的最有效的方法是采用大比表面的载体，来支承、分散活性组分，并通过载体与活性组分间的强相互作用而使镍晶粒不易烧结。载体还应具有足够机械强度，使催化剂使用中不易破碎。为了抑制烃类在催化剂表面酸性中心上裂解析碳，往往在载体中添加碱性物质中和表面酸性。目前，工业上采用的转化催化剂有两大类，一类是以高温烧结的 $\alpha\text{-}Al_2O_3$ 或 $MgAl_2O_4$ 尖晶石为载体，用浸渍法将含有镍盐和促进剂的溶液负载到预先成型的载体上，再加热分解和煅烧，称之为负载型催化剂。因活性组分集中于载体表层，所以镍在整个催化剂颗粒中的含量可以很低，一般为 $10\%\sim15\%$（按 NiO 计）；另一类转化催化剂以硅铝酸钙水泥作为黏结剂，与用沉淀法制得的活性组分细晶混合均匀，成型后用水蒸气养护，使水泥固化而成，称之为黏结剂催化剂，因为活性组分分散在水泥中，并不集中在成型颗粒的表层，所以需要镍的含量高些，才能保证表层有足够的活性组分，一般为 $20\%\sim30\%$（按 NiO 计）。

一般固体催化剂是多孔物质，催化剂颗粒内部毛细孔的表面称之为内表面，其上分布有活性组分，反应物分子扩散到孔内表面上进行反应，如果孔径大而短，在孔的深处反应物的浓度较高，反应速率大，产物向外扩散阻力也小；若孔细又长，结果相反，在这些孔的深处可能没有反应物分子，其内表面就没有被利用。因为催化剂内表面积比外表面积大得多，所以内表面积对反应速率起着非常重要的作用。为了提高内表面利用率，可以减小催化剂颗粒尺寸，改善颗粒外形。转化催化剂发展几十年来，外形从块状、圆柱状演变到现在的环形和各种异型催化剂，改形起到了减小颗粒壁厚，缩短毛细孔长度，增加表面效率，从而提高了表观活性，而且床层阻力小、机械强度高。表 5-8 列举了目前国内外一些工业转化催化剂的型号和特征。

表 5-8　工业上用的甲烷水蒸气一段转化催化剂

国别（公司）	型号	外形	主组成		操作条件		
			NiO	载体	$T/℃$	p/MPa	H_2O/CH_4
中国	Z111	车轮状	$\geqslant14\%$	$\alpha\text{-}Al_2O_3$	$400\sim860$	$\leqslant4.5$	$\geqslant2.5$
中国	CN16	多孔形	$\geqslant14\%$	$\alpha\text{-}Al_2O_3$	$400\sim1000$	$0.1\sim5.0$	$2.5\sim4.5$
英国（ICI）	57~5s	拉西环	20.4%	$CaAl_2O_4$	$850\sim900$	$0.1\sim3.4$	$2.5\sim8$
德国（BASF）	G1-21	拉西环	14.9%	陶瓷	$650\sim850$	—	$2.5\sim8$
美国（UCI）	C11-9-09	车轮状	14%	$\alpha\text{-}Al_2O_3$	770	3.9	4.2
丹麦（TopsФe）	R67-7H	多孔形	14%	$MgAl_2O_4$	—	—	—
法国（APC）	MGI	拉西环	7%	MgO	—	—	—
前苏联（ГИАП）	ГИАП-16	拉西环	20%	$CaAl_2O_4$	825	$3.5\sim4.0$	$3.7\sim4.0$

（2）转化催化剂的使用和失活　转化催化剂在使用前是氧化态，装入反应器后应先进行严格的还原操作，使氧化镍还原成金属镍才有活性。还原气可以是氢气、甲烷或一氧化碳。纯氢还原可得到很高的镍表面积，但镍表面积不稳定，在反应时遇水蒸气会减少，故工业上是通入水蒸气并升温到 $500℃$ 以上，然后添加一定量的天然气和少量氢气来进行还原。水蒸气存在虽使镍表面有所下降，但它可将催化剂中的微量硫化物转化成硫化氢气体而脱除，也可将催化剂中的石墨（成型润滑剂）气化而除去，还可以使反应器内温度均匀，不会产生热点而损坏催化剂。当然，水蒸气不宜过多，以免镍表面降低太多，影响活性，一般控制在还原气中 $H_2O/CH_4=4\sim8$。还原终温大约在 $800℃$ 左右，操作压力 $0.5\sim0.8MPa$。还原条件不合适或操作不当，会使催化剂还原不完全，或因超温而烧结，损失活性。催化剂还原活化后不得暴露于空气或接触含氧量高的气体，否则立即自燃而毁坏。催化剂活化完全后转入正常运转，甲烷-水蒸气混合原料气的负荷由低逐渐增加至正常值。现在有的催化剂厂也生产一些预还原催化剂，可以大大缩短使用厂家的还原活化周期。

转化催化剂在使用中出现活性下降现象的原因主要有老化、中毒、积碳等。

催化剂在长期使用过程中，由于经受高温和气流作用，镍晶粒逐渐长大、聚集甚至烧结，致使表面积降低，或某些促进剂流失，导致活性下降，此现象称为老化。当活性降低到一定程度后，反应达不到规定指标，此时催化剂的使用寿命结束，应更换新催化剂。

许多物质，例如硫、砷、氯、溴、铅、钒、铜等的化合物，都是转化催化剂的毒物。最重要、最常见的毒物是硫化物，极少量的硫化物就会使催化剂中毒，使活性明显降低，时间不长就完全失活。硫化物是原料气中经常存在的杂质，主要有硫化氢和有机硫化物，后者在高温和水蒸气、氢气作用下也转变成硫化氢，催化剂表面吸附硫化氢后反应生成硫化镍。

$$xNi+H_2S \Longrightarrow Ni_xS+H_2 \tag{5-40}$$

上述反应是可逆的，称为暂时性中毒，在轻微中毒后，当原料气中清除了硫化物后，硫化镍会逐渐分解释放出硫化氢，催化剂得到再生，但若频繁的反复中毒和再生，镍晶粒要长大，活性降低。所以，烃类蒸汽转化过程要求原料气中总硫的体积分数不得超过 0.5×10^{-6}（即 $0.5mL/m^3$），长期操作时最好控制在 0.1×10^{-6} 以下。

砷中毒是不可逆的，气体中的砷化物体积分数达 1×10^{-9}（即 $1\mu L/m^3$）时，就能使催化剂中毒，而且砷化物易沉积到反应器壁上，如不铲除这些污物，即使更换了新催化剂，也会很快中毒。

卤素会使镍催化剂烧结而造成永久性失活，原料气中氯的体积分数应该小于 5×10^{-9}。氯化物往往出现在水中，故要严格控制和监视工艺蒸汽和锅炉给水中的氯含量。

铜、铅的影响类似于砷，它们在催化剂中的含量也应严格控制。

前已述及甲烷-水蒸气转化过程伴随有析碳副反应，同时也有水蒸气消碳反应。析出的碳是否能在催化剂上积累，要看析碳速率与消碳速率之比，当析碳速率小于消碳速率时，则不会积碳。这与温度、压力、组分浓度等条件有密切关系。引起积碳的其他因素还有：催化剂床层可能有"架桥"现象而存在大空隙，为甲烷均相热裂解提供了场所，发生空间积碳；催化剂载体的酸性若太强，可引发催化裂化而结焦；镍和某些助催化剂对烃类的深度脱氢析碳和一氧化碳歧化有催化作用。防止积碳的几种措施为：始终保持足够的水碳比，使有利于抑制析碳和消除已析出之碳；严格净化原料气，脱除毒物，防止催化剂中毒而活性降低，因活性低时甲烷与水蒸气反应量小，甲烷本身会大量裂解而积碳；选用低温活性高且活性稳定的催化剂和抗积碳性能优良的催化剂；合理控制反应器温度分布，其具体方法将在操作条件和反应器一节中阐述。

生产中，催化剂活性显著下降可由三个现象来判断：其一是反应器出口气中甲烷含量升高；其二是出口处平衡温距增大。平衡温距为出口实际温度与出口气体实际组成对应的平衡温度之差。催化剂活性下降时，出口甲烷含量升高，一氧化碳和氢含量降低，此组成对应的平衡常数减小，故平衡温度降低，平衡温距增大。催化剂活性越低，平衡温距则越大；其三是出现"红管"现象。因为反应是吸热的，活性降低则吸热减少，而管外供热未变，多余热量将管壁烧得通红。此时管材强度下降，如不及时停工更换催化剂，将会造成重大事故。

5.3.2.3　甲烷水蒸气转化反应动力学

А. Г. леЙбУШ 推出无催化剂时的反应速率常数

$$k_1 = 2.3\times10^9 e^{-65000/RT}$$

当有催化剂时，反应活性能降低，转化速率显著增大，在 $700\sim800℃$ 时已具有工业生产价值。催化剂的活性越高，反应速率越快。某种镍催化剂的反应速率常数为

$$k_2 = 7.8\times10^9 e^{-22700/RT}$$

甲烷水蒸气转化的反应机理很复杂，从 20 世纪 30 年代开始研究至今，仍未取得一致认识。不同研究者采用各自的催化剂和试验条件，提出了各自的反应机理和动力学方程，以下举例 3 种。

$$r = kp(CH_4) \tag{5-41}$$

$$r = kp(CH_4)p(H_2O)p^{-0.5}(H_2) \tag{5-42}$$

$$r = kp(CH_4)\left[1 - \frac{p(CO)p^3(H_2)}{K_{p1}p(CH_4)p(H_2O)}\right] \tag{5-43}$$

式中 r——反应速率；

                                     k——反应速率常数；

                               K_{p1}——转化反应的平衡常数；

$p(CH_4)$、$p(H_2O)$、$p(H_2)$ 和 $p(CO)$——CH_4、H_2O、H_2 和 CO 的瞬时分压。

由以上方程可知，对于一定的催化剂而言，影响反应速率的主要因素有温度、压力和组成。

（1）温度的影响   温度升高，反应速率常数 k 增大，由式（5-41）和式（5-42）看，反应速率亦增大；在式（5-43）中还有一项 K_{p1} 也与温度有关，因甲烷蒸汽转化是要吸热的，平衡常数随温度的升高而增大，结果反应速率也是增大的。

（2）压力的影响   总压增高，会使各组分的分压也增高，对反应初期的速率提高很有利。此外，加压尚可使反应体积减小。

（3）组分的影响   原料的组成由水碳比决定，H_2O/CH_4 过高时，虽然水蒸气分压高，但甲烷分压过低，反应速率不一定高；反之，H_2O/CH_4 过低时，反应速率也不会高。所以水碳比要适当。在反应初期，反应物 CH_4 和 H_2O 的浓度高，反应速率高。到反应后期，反应物浓度下降，产物浓度增高，反应速率降低，需要提高温度来补偿。

转化反应是气固相催化过程，包括内、外扩散和催化剂表面上吸附、反应、产物脱附和扩散等多个步骤，每个步骤对整个过程的总速率都有影响，最慢的一步控制了总速率。上述动力学方程式是本征动力学方程式。在工业生产中，反应器内气流速度较快，外扩散影响可以忽略。但为了减少床层阻力，所用催化剂颗粒较大（>2mm），故内扩散阻力较大，催化剂内表面利用率较低。在 500℃ 左右时，内表面利用率约 30%；温度升到 800℃时，内表面利用率仅有 1%，这是因为温度升高，表面反应速率加快，孔口侧的反应物消耗快，细孔内反应物浓度因内扩散阻力大而随孔长下降迅速，更多内表面没有被利用。所以，在工业生产中的反应速率 r' 低于本征动力学速率 r，两者关系为

$$r' = \eta r \tag{5-44}$$

式中，η 为内表面利用率，$\eta \leqslant 1$。

r' 考虑了传质过程的影响，式（5-44）称为宏观动力学或工程动力学方程式，减小催化剂的成型颗粒尺寸和制成环形或车轮形或多孔球形，可以提高内表面利用率，从而提高表观反应速率。

5.3.3 天然气蒸汽转化过程的工艺条件

在选择工艺条件时，理论依据是热力学和动力学分析以及化学工程原理，此外，还需要结合技术经济、生产安全等进行综合优化。转化过程主要工艺条件有压力、温度、水碳比和空速，这几个条件之间互有关系，要恰当匹配。

（1）压力   从热力学特征看，低压有利转化反应。从动力学看，在反应初期，增加系统压力，相当于增加了反应物分压，反应速率加快。但到反应后期，反应接近平衡，反应物浓度高，加压反而会降低反应速率，所以从化学角度看，压力不宜过高。但从工程角度考虑，适当提高压力对传热有利，因为甲烷转化过程需要外部供热，大的给热系数是强化传热的前提。床层给热系数 $\alpha_b \propto Re^{0.9}$，提高压力，即提高了介质密度，是提高雷诺数 Re的有效措施。为了增大传热面积，采用多管并联的反应器，这就带来了如何将气体均匀地分布的问题，提高系统压力可增大床层压降，使气流均布于各反应管。虽然提高压力会增

加能耗，但若合成气是作为高压合成过程（例如合成氨、甲醇等）的原料时，在制造合成气时将压力提高到一定水平，就能降低后序工段的气体压缩功，使全厂总能耗降低。加压还可以减小设备、管道的体积，提高设备生产强度，占地面积也小。综上所述，甲烷水蒸气转化过程一般是加压的，大约 3MPa 左右。

（2）温度　从热力学角度看，高温下甲烷平衡浓度低，从动力学看，高温使反应速率加快，所以出口残余甲烷含量低。因加压对平衡的不利影响，更要提高温度来弥补。在 3MPa 的压力下，为使残余甲烷含量降至 0.3%（干基），必须使温度达到 1000℃。但是，在此高温下，反应管的材质经受不了，以耐高温的 HK-40 合金钢为例，在 3MPa 压力下，要使反应炉管寿命达 10 年，管壁温度不得超过 920℃，其管内介质温度相应为 800～820℃。因此，为满足残余甲烷≤0.3% 的要求，需要将转化过程分为两段进行。第一段转化在多管反应器中进行，管间供热，反应器称为一段转化炉，最高温度（出口处）控制在 800℃左右，出口残余甲烷 10%（干基）左右。第二段转化反应器为大直径的钢制圆筒，内衬耐火材料，可耐 1000℃以上高温。对于此结构的反应器，不能再用外加热方法供热。温度在 800℃左右的一段转化气绝热进入二段炉，同时补入氧气，氧与转化气中甲烷燃烧放热，温度升至 1000℃，转化反应继续进行，使二段出口甲烷降至 0.3%。若补入空气则有氮气带入，这对于合成氨是必要的，对于合成甲醇或其他产品则不应有氮。

一段转化炉温度沿炉管轴向的分布很重要，在入口端，甲烷含量最高，应着重降低裂解速率，故温度应低些，一般不超过 500℃，因有催化剂，转化反应速率不会太低，析出的少量碳也及时气化，不会积碳。在离入口端 1/3 处，温度应严格控制不超过 650℃，只要催化剂活性好，大部分甲烷都能转化。在 1/3 处以后，温度高于 650℃，此时氢气已增多，同时水碳比相对变大，可抑制裂解，温度又高，消碳速率大增，因此不可能积碳了，之后温度继续升高，直到出口处达到 800℃左右，以保证低的甲烷残余量。因而，一段转化炉是变温反应器。二段转化炉中温度虽高，但甲烷含量很低，又有氧存在，不会积碳。

（3）水碳比　水碳比是诸操作变量中最便于调节的一个条件，又对一段转化过程影响较大。水碳比高，有利于防止积碳，残余甲烷含量也低。实验指出，当原料气中无不饱和烃时，水碳比若小于 2，温度到 400℃时会析碳，而当水碳比大于 2 时，温度要高达 1000℃才有碳析出；但若有较多不饱和烃存在时，即使水碳比大于 2，当温度≥400℃时就会析碳。为了防止积碳，操作中一般控制水碳比在 3.5 左右。近年来，为了节能，要降低水碳比，防止积碳可采取的措施有三个，其一是研制、开发新型的高活性、高抗碳性的低水碳比催化剂；其二是开发新的耐高温炉管材料，提高一段炉出口温度；其三是提高进二段炉的空气量，可以保证降低水碳比后，一段出口气中较高残余甲烷能在二段炉中耗尽。目前，水碳比已可降至 3.0，最低者可降至 2.75。

（4）气流速度　反应炉管内气体流速高有利于传热，降低炉管外壁温度，延长炉管寿命。当催化剂活性足够时，高流速也能强化生产，提高生产能力。但流速不宜过高，否则床层阻力过大，能耗增加。

5.3.4　天然气蒸汽转化流程和主要设备

天然气蒸汽转化制合成气的基本步骤如图 5-8 所示。

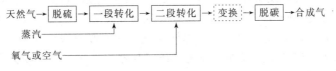

图 5-8　天然气蒸汽转化制合成气过程

图 5-8 中虚线框中的变换过程要看对合成气具体使用目的来决定取舍。变换是 CO 和 H_2O 反应生成 H_2 和 CO_2 的过程，可增加 H_2 量，降低 CO 量，当需要 CO 含量高时，应取消变换过程；当需要 CO 含量低时，则要设置变换过程。如果只需要 H_2 而不要 CO 时，需设置高温变换和低温变换以及脱除微量 CO 的过程。关于变换过程的工艺将在 5.5 节中阐述。图中脱硫过程是脱除天然气中的硫化物，防止催化剂中毒。脱碳过程是脱除 CO_2，使成品气中只含有 CO 和 H_2，回收的高纯度 CO_2 可以利用来制造化工产品，脱硫和脱碳过程将在 5.6 节中介绍。

图 5-9 是以天然气为原料日产千吨氨的大型合成氨厂转化工段流程图。合成氨的原料之一是 H_2 气，应将甲烷尽可能地转化，设置两段转化，可使残余甲烷含量<0.3%（体积分数），在第二段转化器中补入空气，其中的氧与一段转化气中部分甲烷燃烧产生高温，剩余甲烷进一步转化为 CO 和 H_2，空气中氮作为合成氨的 N_2 原料。

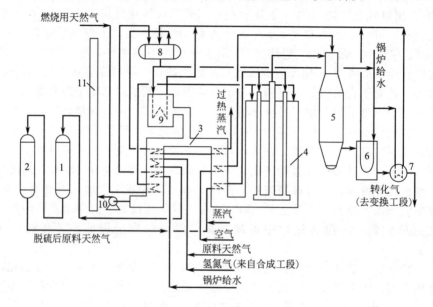

图 5-9　天然气蒸汽转化流程

1—钴钼加氢脱硫器；2—氧化锌脱硫罐；3——段炉对流段；4——段炉辐射段；5—二段转化炉；
6—第一废热锅炉；7—第二废热锅炉；8—汽包；9—辅助锅炉；10—排风机；11—烟囱

天然气被压缩到 3.6MPa 左右并配入一定量氢氮混合气，送到一段炉的对流段 3 预热至 380～400℃，热源是由辐射段 4 来的高温烟道气。预热后气体进入钴钼催化脱硫器 1，使有机硫加氢变成硫化氢，再到氧化锌脱硫罐 2 脱除硫化氢，使天然气中总含硫量降至 0.5×10^{-6}（体积分数）以下。脱硫后天然气与中压蒸汽混合，再送到对流段加热到 500～520℃，然后分流进入位于一段炉辐射段 4 的各转化管，自上而下经过管内催化剂层进行吸热的转化反应，热量由管外燃烧天然气提供。由反应管底部出来的转化气温度为 800～820℃，甲烷含量约 9.5%（干基），各管气体汇合于集气管并沿中心管上升，由炉顶出来送往二段转化炉 5。在二段炉入口处预热到 450℃ 左右的空气，与一段转化气中的部分甲烷在炉顶部燃烧，使温度升至 1200 左右，然后经过催化剂床层继续转化，离开二段炉的转化气温度约 1000℃，压力 3.0MPa，残余甲烷低于 0.3%（干基），$(H_2 + CO)/N_2 = 3.1～3.2$。从二段转化炉出来的高温转化气先后经废热锅炉 6 和 7，回收高温气的显热产生蒸汽，此蒸汽再经对流段加热成为高压过热蒸汽，作为工厂动力和工艺蒸汽。转化气本身温度降至 370℃ 左右，送往变换工段。

燃料天然气先经一段炉对流段预热后，进入到辐射段的烧嘴，助燃空气由鼓风机送预热器后也送至烧嘴，在喷射过程中混匀并在一段炉内燃烧，产生的热量通过反应管壁传递给催化剂和反应气体。离开辐射段的烟道气温度高于1000℃，在炉内流至对流段，依次流经排列在此段的天然气-水蒸气混合原料气的预热器、二段转化工艺空气的预热器和助燃空气预热器，温度降至150～200℃，由排风机送至烟囱而排往大气。

由上可看出，该流程能充分合理地利用不同温度的余热（二次能源）来加热各种物料和产生动力及工艺蒸汽。由转化系统回收的余热约占合成氨厂总需热量的50%，因而大大地降低了合成氨的能耗和生产成本。

一段转化炉由辐射段和对流段组成，外壁用钢板制成，炉内壁衬耐火层。转化管竖直排列在辐射段炉膛内，总共有300～400根内径约70～120mm、总长10～12m的转化管，每根管可装催化剂15.3m³。多管型式能提供大的比传热面积（单位体积的传热面积），而且，管径小者更有利于横截面上温度均匀，提高反应效率。反应炉管的排布要着眼于辐射传热的均匀性，故应有合适的管径、管心距和排间距，此外，还应形成工艺期望的温度分布，要求烧嘴有合理布置及热负荷的恰当控制。反应炉管的入口处温度500～520℃，出口处800～820℃。对流段有回收热量的换热管。天然气一段转化炉的炉型主要有两大类，一类是以美国凯洛格公司为代表所采用的顶烧炉，另一类是以丹麦托普索公司为代表所采用的侧烧炉。

顶烧炉见图5-10，其外形呈方箱形。烧嘴安装在炉顶，分布在转化管的两侧，向下喷燃料燃烧放热。转化炉管材质为耐高温的HK-40合金钢（含25%Cr、20%Ni、0.4%C），转化管结构示于图5-11。

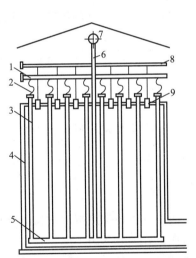

图 5-10　顶烧炉示意图

1—原料气管；2—上猪尾管；3—转化管；
4—辐射段；5—下集气管；6—上升管；
7—集气总管；8—燃料气管；9—烧嘴

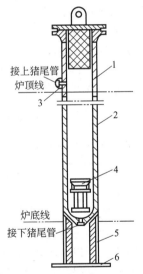

图 5-11　转化炉示意图

1—接管；2—转化管；3—加强节；4—催化剂托盘；5—转化管支撑架；6—支撑钢梁

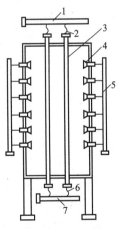

图 5-12　侧烧炉示意图

1—原料气管；2—上猪尾管；
3—转化管；4—烧嘴；5—燃料气管；6—下猪尾管；
7—下集气管

侧烧炉见图5-12，其外形呈长方形。烧嘴分成多排，由上至下平均布置在辐射段两侧的炉墙上，火焰呈水平方向。此种炉型的优点是沿转化管轴向的温度易于控制和调节，但炉的体积大。转化管结构与图5-11所示相同。

二段转化炉不需外部供热，在炉内，氧气与部分甲烷燃烧放热，使转化反应自热进行。故采用内径约3m，高约13m的圆筒形转化炉，壳体为碳钢制成，内衬不含硅的耐火

171

材料，炉壳外保温，与环境无热交换，所以，二段炉是一个上部有均相燃烧空间的固定床绝热式催化反应器，高温气体自上而下流过带孔的耐火砖层、耐高温的铬催化剂层、镍催化剂层，最后由炉下部引出二段转化气。

5.4　由渣油制合成气[6,7,16]

制造合成气用的渣油是石油减压蒸馏塔底残余油，亦称减压渣油。由渣油转化为CO、H_2等气体的过程称为渣油气化。气化技术有部分氧化法和蓄热炉深度裂解法，目前常用技术是部分氧化法，由美国德士古（Texaco）公司和荷兰谢尔（Shell）公司在20世纪50年代开发成功，分别称为德士古法和谢尔法，当时用于重油。在20世纪80年代经改进，成为德士古新工艺，可用于渣油气化。

渣油制合成气的加工步骤主要如下。

$$\begin{array}{c}\text{渣油}\\ \text{氧气}\\ \text{水蒸气}\end{array} \longrightarrow \boxed{\text{气化}} \xrightarrow{\text{水煤气}} \boxed{\text{变换}} \xrightarrow{\text{变换气}} \boxed{\text{脱硫与脱碳}} \longrightarrow \text{合成气}$$

5.4.1　渣油部分氧化过程工艺原理

5.4.1.1　渣油部分氧化过程的反应

渣油是许多大分子烃类的混合物，沸点很高，所含元素的重量组成为C 84%～87%，H 11%～12.5%，其余有S、N、O，以及微量元素Ni、V等。

氧化剂是氧气。当氧充分时，渣油会完全燃烧生成CO_2和H_2O，只有当氧量低于完全氧化理论值时，才发生部分氧化，生成以CO和H_2为主的气体。

渣油在常温时是黏稠的、黑色半固体状物，要将渣油预热变成易流动的液态，才能进入反应器。渣油在反应器中经历的变化如下。

首先是渣油分子（C_mH_n）吸热升温、气化，气态渣油与氧气混合均匀，然后与氧反应，如果氧量充足，则会发生完全燃烧反应

$$C_mH_n + \left(m + \frac{n}{4}\right)O_2 \longrightarrow mCO_2 + \frac{n}{2}H_2O（放热）\tag{5-45}$$

如果氧量低于完全氧化理论量，则发生部分氧化，放热量少于完全燃烧，反应式为

$$C_mH_n + \left(\frac{m}{2} + \frac{n}{4}\right)O_2 \longrightarrow mCO + \frac{n}{2}H_2O（放热）\tag{5-46}$$

$$C_mH_n + \frac{m}{2}O_2 \longrightarrow mCO + \frac{n}{2}H_2（放热）\tag{5-47}$$

当油与氧混合不均匀时，或油滴过大时，处于高温的油会发生烃类热裂解，反应较复杂，这些副反应最终会导致结焦。所以，渣油部分氧化过程中总是有炭黑生成。

为了降低炭黑和甲烷的生成，以提高原料油的利用率和合成气产率，一般要向反应系统添加水蒸气，因此在渣油部分氧化的同时，还有烃类的水蒸气转化和焦炭的气化，生成更多的CO和H_2。氧化反应放出的热量正好提供给吸热的转化和气化反应。渣油中含有的硫、氮等有机化合物反应后生成H_2S、NH_3、HCN、COS等少量副产物。最终生成的水煤气中4种主组分CO、H_2O、H_2、CO_2之间存在的平衡关系要由变换反应平衡来决定。

$$CO + H_2O \Longrightarrow CO_2 + H_2$$

5.4.1.2　渣油部分氧化操作条件

在确定何种工程措施（例如反应器的类型、结构和尺寸）来保证反应进行之前，应当充分认识反应特点，全面分析各工艺参数对反应的影响，从而确定优化的工艺条件。渣油

172

部分氧化的优化目标是：在尽可能低的氧消耗量和蒸汽耗量下，碳的转化率要高，而且是将渣油转化为更多的有效成分 CO 和 H_2。

(1) 温度 烃类的完全燃烧和部分氧化反应为不可逆反应，不存在平衡限制问题。温度越高，反应速率越快，故氧气能很快消耗殆尽。烃类的转化和焦炭的气化是吸热的，高温对反应平衡和速率均有利。所以，渣油气化过程的温度应尽可能高，但是，操作温度还受反应器材质的约束，一般控制反应器出口温度为 1300～1400℃，反应器内温度最高的燃烧区估计达 1800～2000℃。

(2) 氧油比 操作温度不是独立变量，它与氧、蒸汽的用量有关。氧油比对反应器内温度及水煤气中有效成分的影响很大，所以氧油比是重要的控制指标之一，氧油比（标准状态）常用的单位是 m^3(氧)/kg(油)。

当要求只生成 CO 和 H_2 时，根据渣油部分氧化反应式（5-79）可知，氧分子数与碳原子数之比为 0.5（摩尔比），即

$$O_2/\sum C = 0.5$$

如果氧量超过了这个比值，会产生一些 CO_2 和水蒸气。理论氧油比的计算式为

$$氧/油 = 22.4 \times 0.5 \times \frac{w_c}{12}$$

式中，w_c 为渣油中碳元素的质量分数。

实际生产中氧/油比要高于此理论值。因为添加了水蒸气，存在吸热反应，需要提高氧/油比，以维持高温，也使炭黑含量迅速下降。具体比值要根据渣油碳含量、原料预热温度、添加的水蒸气量以及反应器散热损失等因素来确定。

(3) 蒸汽油比 水蒸气量是一个可调控的变量，它的加入可抑制烃类热裂解，加快消碳速率，同时水蒸气与烃类的转化反应可提高 CO 和 H_2 含量，此外，还能帮助渣油的雾化，使油与氧、水蒸气的接触面积增大。所以蒸汽/油高一些较好，但水蒸气参与反应会降低温度，为了保持高温，需要提高氧/油的比值，因此蒸汽/油也不能过高，一般控制在 0.3～0.6kg（蒸汽)/kg(油)。加压气化时用低限。

(4) 压力 渣油气化过程总结果是体积增加的，从平衡角度看，低压有利。但加压可缩小设备尺寸和节省后工序的气体输送和压缩动力消耗，有利于消除炭黑、脱除硫化物和二氧化碳。渣油部分氧化过程的操作压力一般为 2.0～4.0MPa，有的用 8.5MPa，加压对平衡不利的影响可用提高温度的措施来补偿，蒸汽/油也用低限比值。

(5) 原料的预热温度 充分利用工厂内的余热来预热原料，可以节省氧耗，提高气体有效成分。预热渣油可降低黏度和表面张力，便于输送和雾化，但预热温度不可过高，以防渣油在预热器中气化和结焦。一般控制在 120～150℃。氧的预热温度一般在 250℃ 以下。过热蒸汽最高能到 400℃。

5.4.2 渣油部分氧化反应器和工艺流程

5.4.2.1 反应器型式和结构

渣油部分氧化过程很复杂，包括渣油雾化，雾滴与氧、蒸汽的混合，气液相之间的热量和质量传递，雾滴蒸发，油分子与氧、水分子的反应，渣油液相热裂解，裂解产物的环化、聚合、缩合，炭黑与水蒸气间的气化反应等。

反应器应具备的功能：①能使渣油充分雾化，雾滴要小，以增加相际间的传热、传质及气液相接触面积；②能使物料在入口端有适度返混，有利于原料的加热，使其迅速升温，加快油的雾化和蒸发、氧化、气化和甲烷转化等反应速率；③在反应器的中、下游部分，应既能使氧、油、蒸气混合均匀，又能使物料流接近于平推流状态，减小返混程度。因为此处的返混会使有些产物分子留在器内循环，而有些反应物分子和炭黑粒子在反应器

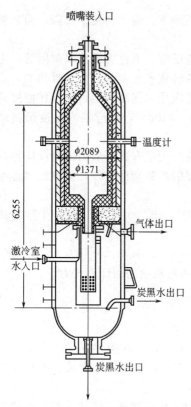

图 5-13　急冷式气化炉示意图

(图中标注：喷嘴装入口、温度计、$\phi2089$、$\phi1371$、6255、气体出口、激冷室水入口、炭黑水出口、炭黑水出口)

内停留时间过短，来不及参加反应就离开反应器了，导致出口气体中含有炭黑和少量氧。

渣油气化制合成气的反应器称为气化炉，目前采用的部分氧化法气化炉型式为受限射流反应器，其外形为圆形钢筒，内部结构有两类：与急冷流程配套的气化炉内部主要构件有喷嘴、气化室和冷激室（见图 5-13）；与废热锅炉流程配套的气化炉则只有喷嘴和气化室。

喷嘴是气化炉的核心，它具有两种功能：一是雾化作用，可将渣油分散为大约 $20\mu m$ 的细小油滴；二是形成合适的流场，加速热、质传递。喷嘴为套管式结构，氧气走中心管，流速 $80\sim100 m/s$；油与蒸汽走环隙，流速 $30\sim60 m/s$；喷嘴外缠绕蛇形冷却盘管。油、氧和蒸汽进喷嘴前的压力分别为 10.3MPa、9.5MPa 和 9.8MPa，气化炉内压力为 8.53MPa。由于压差和高速气流，在喷嘴出口形成射流，在炉体的限制下产生了雾化、卷吸和环流等流体状况，达到适当返混和均匀混合的目的，强化了热、质传递，同时在高温下迅速燃烧，产生高温。气化室为一空筒，为了避免各组分分子在炉内停留时间分布太宽，气化室的高/径比适当增大，使出口端流体接近平推流状况，以减少停留时间短、物料所占的百分率。

气化炉内燃烧区温度高达 2000℃，所以炉内壁必须有炉衬里来保护炉壁，衬里有四层，最外层是陶瓷纤维毡，次外层是厚隔热砖，再往里是轻质高铝砖，与反应气体直接接触的最里层是电熔刚玉砖。

5.4.2.2　渣油部分氧化工艺流程

该工艺由以下五部分组成：①原料油和气化剂的加压、预热、预混合；②高温下部分氧化；③高温水煤气显热的回收；④洗涤和清除炭黑；⑤炭黑的回收及污水处理。

高温水煤气显热回收方案有两种：一种是水冷激，产生的水蒸气使水煤气中水/碳比增高，满足后面变换过程的要求，此种流程称为急冷流程；另一种是用废热锅炉回收热量，产生高压蒸汽，此流程称为废锅流程。判断标准是总系统能量利用率和技术的可靠性。相比之下，两者能量利用率相差不多，急冷流程简便可靠，故多采用。图 5-14 是急冷流程的气化和洗涤部分。

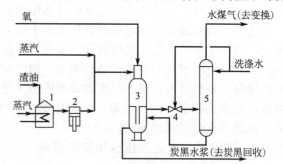

图 5-14　渣油部分氧化急冷流程示意图
1—预热罐；2—供料泵；3—气化炉；
4—文丘里洗涤器；5—炭黑洗涤塔

5.5　一氧化碳变换过程[6,7,16]

一氧化碳与水蒸气反应生成氢和二氧化碳的过程，称为 CO 变换或水煤气变换（water gas shift）。通过变换反应可产生更多氢气，同时降低 CO 含量，用于调节 H_2/CO 的比例，满足不同生产需要。

5.5.1 一氧化碳变换反应化学平衡

一氧化碳变换的反应式为

$$CO + H_2O(汽) \Longleftrightarrow CO_2 + H_2 \qquad \Delta H_{298}^{\ominus} = -41.2kJ/mol$$

一氧化碳变换反应是可逆放热反应，而且反应热随温度升高而减小。当变换反应达平衡时，平衡常数 K_p 与各组分的平衡分压有以下关系。

$$K_p = \frac{p(CO_2)p(H_2)}{p(CO)p(H_2O)} \tag{5-48}$$

根据分压定律，组分 i 的平衡分压 p_i 与平衡浓度 y_i 及总压 p 的关系是

$$p_i = y_i p$$

所以，变换反应的平衡常数式可写成

$$K_p = \frac{y(CO_2)y(H_2)}{y(CO)y(H_2O)} \tag{5-49}$$

有人推出在 $360 \sim 520℃$ 范围，变换反应平衡常数的简化计算式如下（误差小于 0.5%）

$$\lg K_p = \frac{1914}{T} - 1.782 \tag{5-50}$$

$$\lg K_p = \frac{4575}{T} - 4.33 \tag{5-51}$$

变换反应的平衡受温度、水碳比（即原料气中 H_2O/CO 的摩尔比）、原料气中 CO_2 含量等因素影响，低温和高水/碳比有利于平衡右移，压力对平衡无影响。图 5-15 （a）和图 5-15 （b）分别给出了两种组成不同的原料气中的 CO 平衡转化率与温度和水/碳比的关系曲线。

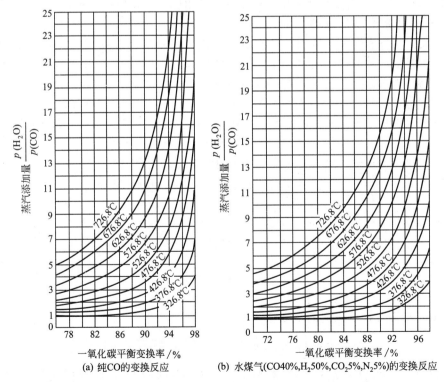

(a) 纯CO的变换反应　　　(b) 水煤气(CO40%,H₂50%,CO₂5%,N₂5%)的变换反应

图 5-15　CO 平衡转化率与温度和 H_2O/CO 比的关系曲线

175

变换反应可能发生的副反应主要有：

$$2CO \Longleftrightarrow C + CO_2 \tag{5-52}$$

$$CO + 3H_2 \Longleftrightarrow CH_4 + H_2O \tag{5-53}$$

$$CO_2 + 4H_2 \Longleftrightarrow CH_4 + 2H_2O \tag{5-54}$$

当 H_2O/CO 比低时，更有利于这些副反应。CO 歧化会使催化剂积碳；后两反应是甲烷化，消耗氢气，所以都要抑制它们。

5.5.2 一氧化碳变换催化剂

无催化剂存在时，变换反应的速率极慢，即使温度升至 700℃ 以上，反应仍不明显；因此必须采用催化剂，使反应在不太高的温度下有足够高的反应速率，才能达到较高的转化率。目前工业上采用的变换催化剂有三大类。

(1) 铁铬系变换催化剂 其化学组成以 Fe_2O_3 为主，促进剂有 Cr_2O_3 和 K_2CO_3，反应前还原成 Fe_3O_4 才有活性。适用温度范围 300~530℃。该类催化剂称为中温或高温变换催化剂，因为温度较高，反应后气体中残余 CO 含量最低为 3%~4%。

(2) 铜基变换催化剂 其化学组成以 CuO 为主，ZnO 和 Al_2O_3 为促进剂和稳定剂，反应前也要还原成具有活性的细小铜晶粒。若还原操作中或正常运转中超温，均会造成铜晶粒烧结而失活。该类催化剂另一弱点是易中毒，所以原料气中硫化物的体积分数不得超过 0.1×10^{-6}。铜基催化剂适用温度范围 180~260℃，称为低温变换催化剂，反应后残余 CO 可降至 0.2%~0.3%。铜基催化剂活性高，若原料气中 CO 含量高时，应先经高温变换，将 CO 降至 3% 左右，再接低温变换，以防剧烈放热而烧坏低变催化剂。

(3) 钴钼系耐硫催化剂 其化学组成是钴、钼氧化物并负载在氧化铝上，反应前将钴、钼氧化物转变为硫化物（预硫化）才有活性，反应中原料气必须含硫化物。适用温度范围 160~500℃，属宽温变换催化剂。其特点是耐硫抗毒，使用寿命长。

5.5.3 一氧化碳变换反应动力学

(1) 反应机理和动力学方程 目前提出的 CO 变换反应机理很多，流行的有两种，一种观点认为是 CO 和 H_2O 分子先吸附到催化剂表面上，两者在表面进行反应，然后生成物脱附；另一观点认为是被催化剂活性位吸附的 CO 与晶格氧结合形成 CO_2 并脱附，被吸附的 H_2O 解离脱附出 H_2，而氧则补充到晶格中，这就是有晶格氧转移的氧化还原机理。由不同机理可推导出不同的动力学方程；不同催化剂，其动力学方程亦不同。下面各举一例。

① 铁铬系 B110 中（温）变（换）催化剂的本征动力学方程

$$r = k_1 p^{0.5} \left[y(CO)y(H_2O) - \frac{y(CO_2)y(H_2)}{K_p} \right] \tag{5-55}$$

式中 r——反应速率；

k_1——正反应速率常数；

p——总压；

K_p——平衡常数；

$y(CO)$、$y(H_2O)$、$y(CO_2)$、$y(H_2)$——CO、H_2O（气）、CO_2、H_2 的摩尔分数。

② 铜基低温变换催化剂的本征动力学方程

$$r = k_1 \left[p(CO)p(H_2O) - \frac{p(CO_2)p(H_2)}{K_p} \right] \tag{5-56}$$

式中 $p(CO)$、$p(H_2O)$、$p(CO_2)$、$p(H_2)$ 为 CO、H_2O、CO_2、H_2 的分压；r、k_1 和 K_p 含义与式（5-55）中相同。

③ 钴钼系宽温耐硫催化剂的宏观动力学方程（包括扩散因素）

$$r=k_1 y^{0.6}(CO)y(H_2O)y^{-0.3}(CO_2)y^{-0.8}(H_2)\left[1-\frac{y(CO_2)y(H_2)}{K_y y(CO)y(H_2O)}\right] \qquad (5\text{-}57)$$

式中
r——反应速率；

k_1——正反应速率常数，$k_1=1800\exp(-43000/RT)$；

p——总压；

K_y——以摩尔分数表示的平衡常数；

$y(CO)$、$y(H_2O)$、$y(CO_2)$、$y(H_2)$——对应各组分的摩尔分数（湿基）。

（2）反应条件对变换反应速率的影响

① 压力影响　加压可提高反应物分压，在 3.0MPa 以下，反应速率与压力的平方根成正比，压力再高，影响就不明显了。

② 水蒸气影响　水蒸气用量决定了 H_2O/CO 比值，该水碳比对反应速率的影响规律与其对平衡转化率的影响相似，在水碳比低于 4 时，提高水碳比，可使反应速率增长较快，但当水碳比大于 4 后，反应速率增长就不明显了，故一般选用 H_2O/CO 比为 4 左右。

③ 温度影响　CO 变换是一个放热可逆反应，此类反应存在最佳反应温度（T_{op}），反应速率与温度的关系见图 5-16。变换反应的最佳反应温度可用下式计算

$$T_{op}=\cfrac{1914}{\lg\left\{\dfrac{E_2}{E_1}\times\dfrac{[y(H_2)+y(CO)X][y(CO_2)+y(CO)X]}{[y(CO)-y(CO)X][n-y(CO)X]}\right\}+1.782} \qquad (5\text{-}58)$$

式中　n——$H_2O/$水煤气比；

X——CO 转化率；

E_1，E_2——正逆反应活化能；

y——水煤气原始组成。

由式（5-58）可知，T_{op} 与气体原始组成、转化率及催化剂有关。当催化剂和原始组成一定时，T_{op} 随转化率的升高而降低，图 5-17 中曲线显示了这种关系。若操作温度随着反应进程能沿着最佳温度曲线由高温向低温变化，则整个过程速率最快，也就是说，当催化剂用量一定时，可以在最短时间里达到较高转化率；或者说，达到规定的最终转化率所需催化剂用量最少，反应器的生产强度最高。

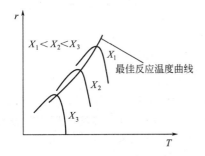

图 5-16　放热可逆反应速率与温度关系

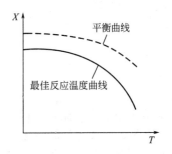

图 5-17　放热可逆反应的 $T\text{-}X$ 曲线

5.5.4　一氧化碳变换的操作条件

（1）压力　压力虽对平衡无影响，但加压对反应速率有利，但不宜过高，一般中、小型厂采用常压或 2MPa，大型厂多用 3MPa，有些用 8MPa。

（2）水碳比　高水碳比对反应平衡和反应速率均有利，但太高时效果已不明显，反而能耗过高，现常用 H_2O/CO 比为 4（水蒸气/水煤气为 1.1～1.2）。近年来节能工艺很受

重视，希望水碳比能降到 3 以下，关键是变换催化剂的选择性要提高，有效抑制 CO 加 H_2 副反应。

（3）温度　变换反应的温度最好沿最佳反应温度曲线变化，反应初期，转化率低，最佳温度高；反应后期，转化率高，最佳温度低，但是 CO 变换反应是放热的，需要不断地将此热量排出体系才可能使温度下降。在工程实际中，降温措施不可能完全符合最佳温度曲线，变换过程是采用分段冷却来降温，即反应一段时间后进行冷却，然后再反应，如此分段越多，操作温度越接近最佳温度曲线。应特别注意的是，操作温度必须控制在催化剂活性温度范围内，低于此范围，催化剂活性太低，反应速率太慢；高于此范围，催化剂易过热而受损，失去活性。各类催化剂均有各自的活性温度范围，只能在其范围内使操作温度尽可能地接近最佳反应温度曲线。

5.5.5　变换反应器的类型

（1）中间间接冷却式多段绝热反应器　这是一种反应时与外界无热交换，冷却时将反应气体引至热交换器中进行间接换热降温的反应器，如图 5-18（a）所示。实际操作温度变化线示于图 5-18（b）。图中 E 点是入口温度，一般比催化剂的起活温度高 20℃，在第 I 段中为绝热反应，温度直线上升，当穿过最佳温度曲线后，离平衡曲线越来越近，反应速率明显下降，若继续反应到平衡（F'），需要很长时间，而且此时的平衡转化率并不高。所以当反应进行到 F 点（不超过催化剂活性温度上限）时，将反应气体引至热交换器进行冷却，反应暂停。冷却线为 FG，转化率不变，FG 为水平线，G 点温度不应低于催化剂活性温度下限。然后再进入第 II 段反应，可以接近最佳温度曲线，以较高的速率达到较高的转化率。当段数增多时，操作温度更接近最佳温度曲线，如图 5-18（b）中虚线所示。

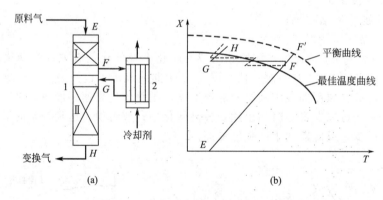

图 5-18　中间冷却式两段绝热反应器
1—反应器；2—热交换器
$EFGH$—操作温度线

反应器分段太多，流程和设备太复杂，工程上并不合理，也不经济。具体段数由水煤气中 CO 含量、所要达到的转化率、催化剂活性温度范围等因素决定，一般 2～3 段即可满足高转化率的要求。

（2）原料气冷激式多段绝热反应器　这是一种向反应器中添加冷原料气进行直接冷却的方式。图 5-19（a）是这种反应器的示意图，图 5-19（b）是它的操作线，图中 FG 是冷激线，冷激过程虽无反应，但因添加了原料气，反应物 CO 的初始量增加，根据转化率定义可知，转化率变低。为了达到相同的终转化率，冷激式所采用催化剂量要比中间冷却式多些。不过，冷激式的流程简单，省去热交换器，原料气也有一部分不需预热。

（3）水蒸气或冷凝水冷激式多段绝热反应器　交换反应需要水蒸气参加，故可利用水蒸气作冷激剂，因其热容大，降温效果好，若用系统中的冷凝水来冷激，由于气化吸热更多，降温效果更好。用水蒸气或水冷激使水碳比增高，对反应平衡和速率均有影响，故第Ⅰ段和第Ⅱ段的平衡曲线和最佳反应温度曲线是不相同的。因为冷激前后既无反应又没添加 CO 原料，转化率不变，所以冷激线（FG）是一水平线。图 5-20（a）和（b）分别为此类反应器示意图和操作线图。

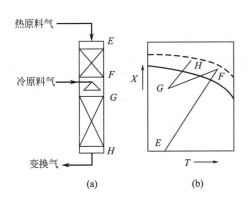
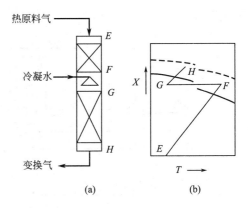

图 5-19 原料气冷激式两段绝热反应器　　　图 5-20 水冷激式两段绝热反应器

5.5.6 变换过程的工艺流程

一氧化碳变换流程有许多种，包括常压、加压；两段中温变换（简称高变）、三段中温变换（简称高变）、高-低变串联等。主要根据制造合成气的生产方法、水煤气中 CO 含量、对残余 CO 含量的要求等因素来选择。

当以天然气或石脑油为原料制造合成气时，水煤气中 CO 含量仅为 10%～13%（体积分数），只需采用一段高温变换和一段低温变换的串联流程，就能将 CO 含量降低至0.3%。图 5-21 是该流程示意图，天然气与水蒸气转化生成的高温转化气进入废热锅炉 1回收热量产生高压蒸汽，可作动力，降温后的转化气再与水蒸气混合达到水碳比 3.5，温度 370℃，进入到装填有铁铬系中温变换催化剂的反应器 2 中进行绝热反应，高温变换出口气中，CO 含量降至 0.3%，温度 430℃，送入高温变换废热锅炉 3 和热交换器 4，使温度降至 220℃左右，再送入装填有铜基低温变换催化剂的反应器 5 中进行绝热反应。高温变换废热锅炉产生的水蒸气可供给反应所需，通过热交换器可以利用高温变换气余热来预热后序甲烷工段的进气。出低温变换反应器的气体中，CO 含量只有约 0.3%，温度 240～250℃。然后经热交换器 6 回收其余热，使其降温后送去脱 CO_2 工段。

以渣油为原料制造合成气时，水煤气中 CO 含量高达 40%（体积分数）以上，需要

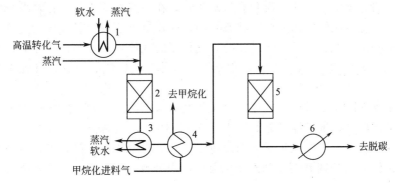

图 5-21 CO 高-低温变换串联流程

1—转化器废热锅炉；2—高变炉；3—高变废热锅炉；4—热交换器；5—低变炉；6—热交换器

分三段进行变换。图 5-22 是该流程示意图，自渣油气化工段来的水煤气，先经换热器 1 和 2 进行预热，然后进入装填有铁铬系中温变换催化剂的反应器，经第Ⅰ段变换后，到换热器 2 和 4 进行间接换热降温，再进入第Ⅱ段，反应后再到换热器 1 降温，后进入第Ⅲ段变换，最后变换气经过换热器 5 和 6 降温，再经冷凝分离器 7 脱除水，则可送至脱碳工段。若采用活性高的 K8-11（BASF 公司的催化剂），用两段中温变换也可达到所要求的转化率。

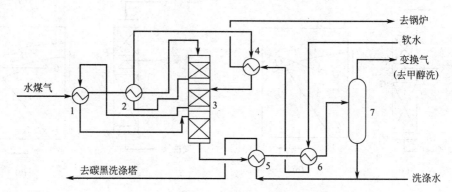

图 5-22　一氧化碳三段中温变换流程示意图

1，2，4，5，6—换热器；3—变换反应器；7—冷凝液分离器

国内以煤为原料制合成氨的中、小型厂多采用二段或三段中温变换流程，在流程中除设置有换热器回收反应热外，还设置了饱和塔、热水塔回收低温位的余热，同时给水煤气增湿，以减少水蒸气添加量。

5.6　气体中硫化物和二氧化碳的脱除[6,7]

在制造合成气时，所用的气、液、固三类原料均含有硫化物。石油馏分中含有硫醇（RSH）、硫醚（RSR）、二硫化碳（CS_2）、噻吩（C_4H_4S）等，它们多集中于重质油馏分尤其是渣油中，煤中常含有羰基硫（COS）和硫铁矿。这些原料制造合成气时，其中的硫化物转化成硫化氢和有机硫气体，会使催化剂中毒，腐蚀金属管道和设备，危害很大，必须脱除，并回收利用这些硫资源。

粗合成气中所含硫化物种类和含量与所用原料的种类、及加工方法有关。用天然气或轻油制造合成气时，为避免蒸汽转化催化剂中毒，已预先将原料彻底脱硫，转化生成的气体中无硫化物；用煤或重质油制合成气时，气化过程不用催化剂，故不需对原料预先脱硫，因此产生的气体中含有硫化氢和有机硫化物，在后续加工之前，必须进行脱硫。含硫量高的无烟煤气化生成的气体（标准状态）中，硫化氢可达 4～6g/m³，有机硫总量 0.5～0.8g/m³。重油中若含硫 0.3%～1.5% 时，气化后的气体（标准状态）中含硫化氢 1.1～2.0g/m³，有机硫 0.03～0.4g/m³。一般情况，气体中硫化氢的含量为有机硫总量的 10～20 倍。

不同用途或不同加工过程对气体脱硫净化度要求不同。例如天然气转化过程对原料气的脱硫要求是：总含硫量（体积分数）小于 $0.1×10^{-6}$，最高不能超过 $0.5×10^{-6}$；一氧化碳高温变换要求原料气中硫化氢体积分数小于 $500×10^{-6}$，有机硫体积含量小于 $150×10^{-6}$；合成甲醇时用的铜基催化剂则要求总硫体积分数小于 $0.5×10^{-6}$；合成氨的铁催化剂则要求原料气不含硫。

在将气、液、固原料经转化或气化制造合成气过程中会生成一定量的 CO_2，尤其当有一氧化碳变换过程时，生成更多的 CO_2，其含量可高达 $28\%\sim30\%$。因此也需要脱除 CO_2，回收的 CO_2 可加以利用。例如，可供给天然气转化以降低合成气的 H_2/CO 比例；可供合成氨厂合成尿素；可供给制碱厂生产纯碱（Na_2CO_3）；用 CO_2 还可加工一些有机化学品。CO_2 的回收利用不仅增加了经济效益，还减少了造成温室效应的危害。脱除二氧化碳的过程通常简称为脱碳。

5.6.1 脱硫方法及工艺

脱硫方法要根据硫化物的含量、种类和要求的净化度来选定，还要考虑具体的技术条件和经济性，有时可用多种脱硫方法组合来达到对脱硫净化度的要求。按脱硫剂的状态来分，脱硫有干法和湿法两大类。

5.6.1.1 干法脱硫

干法脱硫又分为吸附法和催化转化法。

吸附法 是采用对硫化物有强吸附能力的固体来脱硫，吸附剂主要有氧化锌、活性炭、氧化铁、分子筛等。

氧化锌脱硫剂以氧化锌为主组分，添加少量 CuO、MnO_2 和 MgO 等作为促进剂，以钒土水泥作黏结剂，制成 $\phi3.5\sim4.5mm$ 的球形或 $\phi4mm\times(4\sim10)mm$ 的条形。在一定条件下 H_2S、RSH 与 ZnO 发生反应生成稳定的 ZnS 固体，并放出热量。当有 H_2 存在时，COS、CS_2 也转化为 H_2S，进而为 ZnO 吸收变为 ZnS。由于 ZnS 难离解，净化气总硫含量可降低至 0.1×10^{-6}（体积分数）以下。该脱硫剂的硫容量质量高达 25% 以上，但它不能再生，一般只用于低含硫气体的精脱硫。而且，它不能脱除硫醚和噻吩。对含有硫醚和噻吩等有机硫的气体，需要用催化加氢方法将其转化为 H_2S 后，再用氧化锌脱除。

活性炭常用于脱除天然气、油田气以及湿法脱硫后气体中的微量硫。活性炭吸附 H_2S 和 O_2，后两者在其表面上反应，生成元素硫。活性炭也能脱除有机硫，如吸附、氧化和催化三种方式。吸附方式对噻吩最有效，CS_2 次之，而 COS 要在氨及氧存在下才能转化而被脱除。

$$COS+0.5O_2 =\!=\!= CO_2 + S \tag{5-59}$$

$$COS + 2O_2 + 2NH_3 + H_2O =\!=\!= (NH_4)_2SO_4 + CO_2 \tag{5-60}$$

在活性炭上浸渍铁、铜等盐类，可催化有机硫转化为 H_2S，然后被吸附脱除。活性炭可在常压或加压下使用，温度不宜超过 $50℃$，属于常温精脱硫方法。

氧化铁法脱硫是一种古老的方法，近年来做了许多改进，在许多场合中使用。脱硫温度有常温、中温和高温。氧化铁吸收硫化氢后生成硫化铁，再生时用氧化法使硫化铁转化为氧化铁和元素硫或二氧化硫。近年研制出铁锰脱硫剂，主要成分是氧化铁和氧化锰，添加氧化锌等促进剂，具有转化和吸收双功能，可使 RSH、RSR、COS 和 CS_2 等有机硫发生氢解，转化成 H_2S 后被吸收，分别生成硫化铁、硫化锰和硫化锌，使气体得到净化，净化温度为 $380\sim400℃$。

近年来，国内外还研制出许多 COS 水解催化剂和常温精脱硫吸附剂，可以将 COS 或 H_2S 脱除至 0.05×10^{-6}（体积分数）以下，能耗和操作费用也得到降低。

催化转化法 是使用加氢脱硫催化剂，将烃类原料中所含的有机硫化合物氢解，转化成易于脱除的硫化氢，再用其他方法除之。加氢脱硫催化剂是以 Al_2O_3 为载体，负载 CoO 和 MoO_3，亦称钴钼加氢脱硫剂。使用时需预先用 H_2S 或 CS_2 硫化变成 Co_9S_8 和 MoS_2 才有活性。有机硫的氢解反应举例如下。

$$COS + H_2 \Longrightarrow CO + H_2S \tag{5-61}$$

$$C_2H_5SH + H_2 \Longrightarrow C_2H_6 + H_2S \tag{5-62}$$

$$CH_3SC_2H_5 + 2H_2 \Longrightarrow CH_4 + C_2H_6 + H_2S \tag{5-63}$$

$$C_2H_5SC_2H_5+2H_2 \Longrightarrow 2C_2H_6+H_2S \qquad (5\text{-}64)$$

$$C_4H_4S+4H_2 \Longrightarrow C_4H_{10}+H_2S \qquad (5\text{-}65)$$

以上均为可逆反应。钴钼加氢脱硫剂的使用条件是 $320\sim400℃$、$3.0\sim4.0MPa$。气烃为原料时，气体空速为 $1000\sim3000h^{-1}$，加氢量 $2\%\sim5\%$（体积分数）；液烃为原料时，液空速为 $1\sim6h^{-1}$，氢/油为 $80\sim100$（体积比）。入口总有机硫的体积分数约 $(100\sim200)\times10^{-6}$，出口有机硫体积分数 $\leqslant0.1\times10^{-6}$。

钴钼加氢转化后用氧化锌脱除生成的 H_2S。因此，用氧化锌-钴钼加氢转化-氧化锌组合，可达到精脱硫的目的。

5.6.1.2 湿法脱硫

湿法脱硫剂为液体，一般用于含硫高、处理量大的气体的脱硫。按其脱硫机理的不同又分为化学吸收法、物理吸收法、物理-化学吸收法和湿式氧化法。

化学吸收法 是常用的湿式脱硫工艺。有一乙醇胺法（MEA）、二乙醇胺法（DEA）、二甘醇胺法（DGA）、二异丙醇胺法（DIPA）以及近年来发展很快的改良甲基二乙醇胺法（MDEA）。MDEA 添加有促进剂，净化度很高。以上几种统称为烷醇胺法或醇胺法。醇胺吸收剂与 H_2S 反应并放出热量，例如一乙醇胺和二乙醇胺吸收 H_2S 反应如下。

$$HO-CH_2-CH_2-NH_2+H_2S \Longrightarrow (HO-CH_2-CH_2-NH_3)HS \qquad (5\text{-}66)$$

$$(HO-CH_2-CH_2)_2 \cdot NH + H_2S \Longrightarrow [(HO-CH_2-CH_2)_2 \cdot NH_2]HS \qquad (5\text{-}67)$$

低温有利于吸收，一般为 $20\sim40℃$。因上述反应是可逆的，将溶液加热到 $105℃$ 或更高些，生成的化合物分解析出 H_2S 气体，可将吸收剂再生，循环使用。

如果待净化的气体含有 COS 和 CS_2，它们与乙醇胺生成降解产物，不能再生，所以必须预先将 COS 和 CS_2 经催化水解或催化加氢转化为 H_2S 后，才能用醇胺法脱除。氧的存在也会引起乙醇胺的降解，故含氧气体的脱硫不宜用乙醇胺法。

物理吸收法 是利用有机溶剂在一定压力下进行物理吸收脱硫，然后减压而释放出硫化物气体，溶剂得以再生。主要有冷甲醇法（Rectisol），此外还有碳酸丙烯酯法（Fluar）和 N-甲基吡啶烷酮法（Purisol）等。

冷甲醇法可以同时或分段脱除 H_2S、CO_2 和各种有机硫，还可以脱除 HCN、C_2H_2、C_3 及 C_3 以上气态烃、水蒸气等，能达到很高的净化度，总硫的体积分数可降低至小于 0.2×10^{-6}，CO_2 降至 $10\times10^{-6}\sim20\times10^{-6}$。甲醇对氢、一氧化碳、氮等气体的溶解度相当小，所以在净化过程中有效成分损失最少，是一种经济的优良净化方法。其工业装置最初是由德国的林德（Linde）公司和鲁奇（Lurgi）公司研制开发的，现在常用于以煤或重烃为原料制造的合成气净化过程。甲醇吸收硫化物和二氧化碳的温度为 $-54\sim-40℃$，压力 $5.3\sim5.4MPa$，吸收后，甲醇经减压放出 H_2S 和 CO_2，再生甲醇经加压再循环使用。

物理-化学吸收法 是将具有物理吸收性能和化学吸收性能的两类溶液混合在一起，脱硫效率较高。常用的吸收剂为环丁砜-烷基醇胺（例如甲基二乙醇胺）混合液，前者对硫化物是物理吸收，后者是化学吸收。

湿式氧化法 其脱硫的基本原理是利用含催化剂的碱性溶液吸收 H_2S，以催化剂作为载氧体，使 H_2S 氧化成单质硫，催化剂本身被还原。再生时通入空气将还原态的催化剂氧化复原，如此循环使用。总反应式为

$$H_2S+\frac{1}{2}O_2 \Longrightarrow H_2O+S \qquad (5\text{-}68)$$

湿式氧化法一般只能脱除硫化氢，不能或只能少量脱除有机硫。最常用的湿式氧化法有蒽醌法（ADA 法），吸收剂为碳酸钠水溶液并添加蒽醌二磺酸钠（催化剂）和适量的偏

钒酸钠（缓腐剂）及酒石酸钾钠，硫容量较低，只适合于脱除低 H_2S 气体。其他有萘醌法（Na_2CO_3 加萘醌磺酸钠）、配位铁盐法（EDTA 法）、费麦克斯-罗达克斯法（Na_2CO_3 加三间硝基苯酚）等。过去曾用砷碱法脱硫，因有毒已被淘汰。

5.6.1.3　硫化氢的回收

湿法脱硫后，在吸收剂再生时释放的气体含有大量硫化氢，为了保护环境和充分利用硫资源，应予以回收。工业上成熟的技术是克劳斯工艺，克劳斯法的基本原理是首先在燃烧炉内使 1/3 的 H_2S 和 O_2 反应，生成 SO_2，剩余 2/3 的 H_2S 与此 SO_2 在催化剂作用下发生克劳斯反应，生成单质硫。反应式为

$$H_2S + \frac{3}{2}O_2 =\!=\!= H_2O + SO_2 + Q_1 \tag{5-69}$$

$$2H_2S + SO_2 =\!=\!= 2H_2O + 3S + Q_2 \tag{5-70}$$

燃烧炉内温度为 1200～1250℃，克劳斯催化反应器内为 200～350℃，操作压力 0.1～0.2MPa。克劳斯催化剂主要是氧化铝，添加少量 Ni、Mn 等金属氧化物，有的催化剂还兼有水解有机硫的作用。近年来出现了许多改进的克劳斯工艺和催化剂，使硫的回收率提高至 99% 以上。

5.6.2　脱除二氧化碳的方法和工艺

脱除 CO_2 要根据不同的具体情况来选择适宜的方法。目前国内外各种脱碳方法多采用溶液吸收剂来吸收 CO_2，根据吸收机理可分为化学吸收和物理吸收两大类。近年来出现了变压吸附法、膜分离等固体脱除二氧化碳法。

5.6.2.1　化学吸收法

化学吸收方法在早期曾有过一乙醇胺法（MEA）和氨水法，现已少用。目前常用的化学吸收法是改良的热钾碱法，即在碳酸钾溶液中添加少量活化剂，以加快吸收 CO_2 的速率和解吸速率，活化剂作用类似于催化剂。在吸收阶段，碳酸钾与 CO_2 生成碳酸氢钾，在再生阶段，碳酸氢钾受热分解，析出 CO_2，溶液复原，循环使用。根据活化剂种类不同，改良热钾碱法又分为以下几种。

（1）本菲尔（Benfild）法　吸收剂为 25%～40%（质量）碳酸钾溶液中添加二乙醇胺活化剂（含量为 2.5%～3%），还加有缓冲剂（KVO_3 含量为 0.6%～0.7%）、消泡剂（聚醚或硅酮乳液等，浓度约几十毫克/千克）。该工艺技术成熟，应用广泛。凯洛格公司推出了本菲尔法节能流程，见图 5-23。在吸收塔 1 中脱碳时的操作压力约 2.5～2.8MPa，塔顶温度 70～75℃，塔底吸收液温度 110～118℃，净化气中残余 CO_2 含量低于 0.1%（体积分数），溶液吸收 CO_2 的能力为 23～24m^3CO_2/(h·m^3)。吸收后的富（CO_2）液用泵 3 输送至再生塔 9，在再生塔中部取出半贫液经减压闪蒸器 6，产生水蒸气并析出 CO_2，使溶液本身降温，然后送其至吸收塔中部，这样可节省能源，蒸汽和 CO_2 送回再生塔。闪蒸方式有蒸汽喷射器法（见图 5-23 中闪蒸器 6 和蒸汽喷射器 7）和热泵法。再生塔底部出来的是 CO_2 含量非常低的贫液，将其送至吸收塔顶，可保证净化气的高净化度。再生塔温度 120℃，由再沸器 10 加热。贫液和半贫液需降温后才能送至吸收塔，降温的传统方法是经过热交换器把热量传给其他物料。节能流程比原来的本菲尔法节约能量 25%～50%。

（2）复合催化法　实际上是在碳酸钾溶液中加入了双活化剂，这是中国的专利，其催化吸收速率、吸收能力和能耗与改进的本菲尔法相近，而再生速率比后者快，已在国内推广。

（3）空间位阻胺促进法　在碳酸钾溶液中添加有侧基的胺化合物（空间位阻胺）。

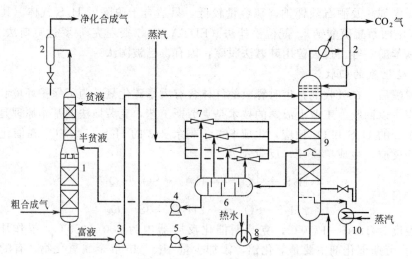

图 5-23 节能型本菲尔法脱碳流程示意图

1—吸收塔；2—气液分离器；3—富液泵；4—半贫液泵；5—贫液泵；6—闪蒸器；

7—蒸汽喷射器；8—锅炉给水预热器；9—再生塔；10—再沸器

它们在溶液中可促进吸收和再生速率，吸收能力和净化度高，而且再生能耗较低，是一种较优的脱碳工艺，但溶剂价格稍贵。

（4）氨基乙酸法　在碳酸钾溶液中添加氨基乙酸，溶液价格较便宜，但吸收能力较差，净化度不够高，CO_2 净化指标达不到低于 0.1% 的要求。

5.6.2.2　物理吸收法

目前国内外使用的物理吸收法主要有冷甲醇法、聚乙二醇二甲醚法和碳酸丙烯酯法。物理吸收法在加压（$2\sim5MPa$）和较低温度条件下吸收 CO_2，溶液的再生靠减压解吸，而不是加热分解，属于冷法，能耗较低。

（1）低温甲醇洗涤法（Rectisol Process）　低温（$-54℃$）甲醇洗工艺是以工业甲醇为吸收剂的气体净化方法。甲醇对 CO_2 的吸收能力大，温度越低，CO_2 溶解度越大。$20℃$时，在甲醇中的溶解度为在水中的 5 倍；$-35℃$时，为 25 倍；$-60℃$时，超过 75 倍；而且可同时脱除 H_2S 和各种有机硫等杂质，净化度很高，可使总硫脱至 0.2×10^{-6}（体积分数）以下，使 CO_2 脱至 $10\times10^{-6}\sim20\times10^{-6}$（体积分数），甲醇对 H_2、N_2、CO 等有效成分的溶解度相当小。目前冷甲醇法常用于以煤、重油或渣油为原料制造合成气的气体净化过程。

（2）聚乙二醇二甲醚法（Selexol Process）　聚乙二醇二甲醚能选择性脱除气体中的 CO_2 和 H_2S，无毒，能耗较低。美国于 20 世纪 80 年代初将此法用于以天然气为原料的大型合成氨厂，至今世界上已有许多工厂采用。我国原南京化学工业公司研究院开发出的同类脱碳工艺，称为 NHD 净化技术，在中型氨厂试验成功。NHD 溶液吸收 CO_2 和 H_2S 的能力均优于国外的 Selexol 溶液，价格却较之便宜，技术与设备全部国产化，目前正在国内推广使用。

Selexol 法脱 CO_2 流程见图 5-24。粗合成气进入吸收塔 1 下部，由塔顶出来的净化气中 $CO_2\leqslant0.1\%$。从吸收塔底流出之富液先经过低温冷却器 2 降至低温，接着通过水力涡轮机 3 回收动力，再进入多级降压闪蒸罐 5 逐级降压，首先析出的是 H_2、CO、N_2 等气

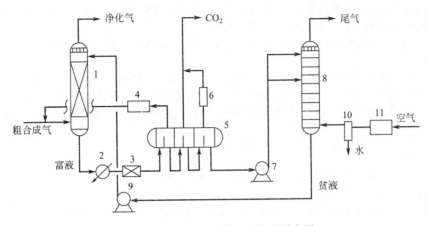

图 5-24　Selexol 法脱 CO_2 流程示意图

1—吸收塔；2—低温冷却器；3—水力涡轮机；4—循环压缩机；5—多级闪蒸罐；6—真空泵；
7—汽提塔给料泵；8—CO_2 汽提塔；9—贫液泵；10—分离器；11—鼓风机

体，将其送回吸收塔。后几级解吸出来的 CO_2，其纯度达 99%。从最后一级闪蒸罐流出来的聚乙二醇二甲醚溶液送至汽提塔 8 顶部，在塔底部通入空气以吹出溶液中 CO_2，贫液由汽提塔底流出，温度为 2℃，吸收能力 22.4$m^3 CO_2/m^3$（溶液）。贫液由泵打至吸收塔顶部入塔。

（3）碳酸丙烯酯法　简称碳丙法（PC），该法适合于气体中 CO_2 分压高于 0.5MPa，温度较低，同时对净化度要求不高的场合。吸收温度低于 38℃，出口气中 CO_2 ＞1%。

5.6.2.3　物理-化学吸收法

物理-化学吸收法是将物理吸收剂与化学吸收剂结合起来的气体净化法，例如 MDEA 法中用甲基二乙醇胺-环丁砜混合液作吸收剂，能同时脱硫和脱碳，可与改良热钾碱法相竞争，但溶剂较贵。

5.6.2.4　变压吸附法（PSA）

变压吸附技术是利用固体吸附剂在加压下吸附 CO_2，使气体得到净化。吸附剂再生时减压脱附析出 CO_2。一般在常温下进行，能耗小、操作简便、无环境污染，PSA 法还可用于分离提纯 H_2、N_2、CH_4、CO、C_2H_4 等气体。我国已有国产化的 PSA 装置，规模和技术均达到国际先进水平。

思　考　题

5-1　有哪些原料可生产合成气？合成气的生产方法有哪些？近年来出现那些生产合成气的新方法？它们与原有生产方法相比有什么优点？

5-2　合成气可用来制造什么化工产品？为什么近年来合成气的生产和应用受到重视？

5-3　以天然气为原料生产合成气的过程有哪些主要反应？从热力学角度考虑，对反应条件有哪些要求？从动力学角度考虑又有哪些要求？

5-4　如何根据化学热力学、化学动力学原理和工程实际来优化天然气-水蒸气转化制合成气的工艺条件？

5-5　天然气-水蒸气转化法制合成气过程有哪些步骤？为什么天然气要预先脱硫才能进行转化？用哪些脱硫方法较好？

5-6　为什么天然气-水蒸气转化过程需要供热？供热形式是什么？一段转化炉有哪些型式？

5-7　为什么说一段转化管属于变温反应器？为什么天然气-水蒸气转化要用变温反应器？

5-8　为什么转化炉的对流室内要设置许多热交换器？转化起的显热是如何回收利用的？

5-9　由煤制合成气有哪些生产方法？这些方法相比较各有什么优点？较先进的方法是什么？

185

5-10　一氧化碳变换的反应是什么？影响该反应的平衡和速度的因素有哪些？如何影响？为什么该反应存在最佳反应温度？最佳反应温度与哪些常数有关？

5-11　为什么一氧化碳变换过程要分段进行，要用多段反应器？段数的选定依据是什么？有哪些形式的反应器？

5-12　一氧化碳变换催化剂有哪些类型？各适用于什么场合？使用中注意哪些事项？

5-13　由渣油制合成气过程包括哪几个步骤？渣油气化的主要设备是什么，有何结构特点？

5-14　在合成气制造过程中，为什么要有脱碳（CO_2）步骤？通常有哪些脱碳方法，各适用于什么场合？

5-15　工业上气体脱硫有哪些方法，各适用于什么场合？

参 考 文 献

1　化工百科全书编委会．化工百科全书・第 6 卷．北京：化学工业出版社，1994
2　杨光启．中国大百科全书・化工卷．北京：中国大百科全书出版社，1987
3　刘镜远主编．合成气工艺技术与设计手册．北京：化学工业出版社，2002
4　[美] 罗杰 A・谢尔登著．从合成气生产化学品．梁育德等译．北京：化学工业出版社，1991
5　蔡德瑞，彭少逸等编著．碳一化学中的催化作用．北京：化学工业出版社，1995
6　陈五平主编．无机化学工艺学（一）合成氨．北京：化学工业出版社，1981
7　于遵宏，朱炳辰，沈才大等编著．大型合成氨厂工艺过程分析．北京：石油工业出版社，1993
8　Ondrey G. Chem. Eng. 1997，**104**（11）：24 & 1998，**105**（1）：27
9　Parkinson G. Chem. Eng. 1997，**104**（6）：19
10　陈赓良．天然气化工．1996，**21**（6）：45～50
11　丁荣刚，阎子峰，钱岭．天然气化工．1999，**24**（1）：50～54
12　Lu G. Q.，Wang S. CHEMTECH. 1999，**29**（1）：37～43
13　向德辉，刘惠云主编．化肥催化剂实用手册．北京：化学工业出版社，1992
14　[美] L. D. 斯穆特，P. J. 史密斯著．煤的燃烧与气化．傅维标，卫景彬，张燕屏译．北京：科学出版社，1992
15　寇公主编．煤炭气化工程．北京：机械工业出版社，1992
16　加藤顺，小林博行，村田义夫编著．碳一化学工业生产技术．金革等译．北京：化学工业出版社，1990

第6章 加氢与脱氢过程

6.1 概 述[1,2]

通常，催化加氢系指有机化合物中一个或几个不饱和的官能团在催化剂作用下与氢气加成。H_2 和 N_2 反应生成合成氨以及 CO 和 H_2 反应合成甲醇及烃类亦为加氢反应。而在催化剂作用下，烃类脱氢生成两种或两种以上的新物质称为催化脱氢。催化加氢和催化脱氢在有机化工生产中得到广泛应用，如合成氨、合成甲醇、丁二烯，苯乙烯的制取等都是极为重要的化工过程。催化加氢反应分为多相催化加氢和均相催化加氢两种，相比之下，多相催化加氢的选择性较低，反应方向不易控制，而均相催化加氢采用可溶性催化剂，选择性较高，反应条件较温和。

加氢反应又可细分为加氢（hydrogenation）和氢解（hydrogenolysis）两大类，前者氢分子进入化合物内，使化合物还原，或提高不饱和化合物的饱和度，例如烯烃的加氢合成烷烃，棉子油经加氢可变为饱和的硬化油；后者又称为破坏加氢，在加氢的同时有机化合物分子发生分解，此时氢分子一部分进入生成物大分子中，另一部分进入裂解所得的小分子中，例如重质石油馏分经氢解变为轻质油料，含硫、氧、氮的有机化合物变为烃类、硫化物、水和氨等。

催化加氢除了合成有机产品外，还用于许多化工产品精制过程，如烃类裂解制得的乙烯和丙烯产物中，含有少量乙炔、丙炔和丙二烯等杂质，可采用催化加氢的方法进行选择加氢，将炔类和二烯烃类转化为相应的烯烃而除去。再如氢气的精制，氢气中含有极少量的一氧化碳、二氧化碳，这些杂质对后工序的催化剂有中毒作用，通过催化加氢生成甲烷而得到了精制。此外，还有苯的精制、裂解汽油的加氢精制等。

利用催化脱氢反应，可将低级烷烃、烯烃及烷基芳烃转化为相应的烯烃、二烯烃及烯基芳烃，这些都是高分子材料的重要单体，其中苯乙烯和丁二烯是最重要的两个产量大、用途广的化工产品。

加氢与脱氢过程在反应机理、所用催化剂等方面有很多共同之处，本章将它们合并在一起介绍。

6.1.1 加氢反应的类型

（1）不饱和炔烃、烯烃双键的加氢

$$-C \equiv C- + H_2 \longrightarrow \quad \diagup C = C \diagdown \qquad (6-1)$$

$$\diagup C = C \diagdown + H_2 \longrightarrow -\overset{|}{\underset{|}{C}}-\overset{|}{\underset{|}{C}}- \qquad (6-2)$$

$$\square + H_2 \longrightarrow \square \qquad (6-3)$$

又如乙炔催化加氢生成乙烯，乙烯加氢生成乙烷等。

$$HC \equiv CH + H_2 \longrightarrow H_2C = CH_2 \qquad (6-4)$$

$$H_2C = CH_2 + H_2 \longrightarrow H_3C - CH_3 \qquad (6-5)$$

（2）芳烃加氢 可以对苯核直接加氢，也可以对苯核外的双键加氢，或两者兼有，不同的催化剂有不同的选择。如苯加氢生成环己烷，苯乙烯在 Ni 催化剂下生成乙基环己烷，而在 Cu 催化剂下则生成乙苯。

$$C_6H_6 + 3H_2 \longrightarrow C_6H_{12} \tag{6-6}$$

$$\underset{}{\text{⬡}}\!-\!CH\!=\!CH_2 + H_2 \longrightarrow \underset{}{\text{⬡}}\!-\!C_2H_5 \tag{6-7}$$

$$\underset{}{\text{⬡}}\!-\!CH\!=\!CH_2 + 4H_2 \longrightarrow \underset{}{\text{⬡}}\!-\!C_2H_5 \tag{6-8}$$

（3）含氧化合物加氢　对带有 $\diagdown\!\!\!\!\!\diagup C\!=\!O$ 基的化合物经催化加氢后可转化为相应的醇类。如一氧化碳加氢在铜催化剂作用下生成甲醇，丙酮在铜催化剂作用生成异丙醇，羧酸加氢生成相应的醇。

$$CO + 2H_2 \longrightarrow CH_3OH \tag{6-9}$$

$$(CH_3)_2CO + H_2 \longrightarrow (CH_3)_2CHOH \tag{6-10}$$

$$RCOOH + 2H_2 \longrightarrow RCH_2OH + H_2O \tag{6-11}$$

（4）含氮化合物加氢　N_2 和 H_2 合成氨是目前产量最大的化工产品之一。对于含有 —CN 、—NO$_2$ 等官能团的化合物，加氢后得到相应的胺类。如己二腈在 Ni 催化剂作用下加氢合成己二胺，硝基苯催化加氢合成苯胺等。

$$N_2 + 3H_2 \Longleftrightarrow 2NH_3 \tag{6-12}$$

$$N\!\equiv\!C(CH_2)_4C\!\equiv\!N + 4H_2 \longrightarrow H_2N(CH_2)_6NH_2 \tag{6-13}$$

$$\underset{}{\text{⬡}}\!-\!NO_2 + 3H_2 \longrightarrow \underset{}{\text{⬡}}\!-\!NH_2 + 2H_2O \tag{6-14}$$

（5）氢解　在加氢反应过程中，有些原子或官能团被氢气所置换，生成相对分子量较小的一种或两种产物。如甲苯加氢脱烷基生成苯和甲烷，硫醇氢解生成烷烃和硫化氢气体。吡啶氢解生成烷烃和氨。

$$C_6H_5CH_3 + H_2 \longrightarrow C_6H_6 + CH_4 \tag{6-15}$$

$$C_2H_5SH + H_2 \longrightarrow C_2H_6 + H_2S \tag{6-16}$$

$$C_5H_5N + 5H_2 \longrightarrow C_5H_{12} + NH_3 \tag{6-17}$$

6.1.2　脱氢反应的类型

（1）烷烃脱氢生成烯烃、二烯烃及芳烃

$$n\text{-}C_4H_{10} \longrightarrow n\text{-}C_4H_8 \longrightarrow CH_2\!=\!CH\!-\!CH\!=\!CH_2 \tag{6-18}$$

$$C_{12}H_{26} \longrightarrow n\text{-}C_{12}H_{24} + H_2 \tag{6-19}$$

$$n\text{-}C_6H_{14} \longrightarrow C_6H_6 + 4H_2 \tag{6-20}$$

（2）烯烃脱氢生成二烯烃

$$i\text{-}C_5H_{10} \longrightarrow CH_2\!=\!CH\!-\!C(CH_3)\!=\!CH_2 + H_2 \tag{6-21}$$

（3）烷基芳烃脱氢生成烯基芳烃

$$C_6H_5\!-\!C_2H_5 \longrightarrow C_6H_5\!-\!CH\!=\!CH_2 + H_2 \tag{6-22}$$

$$C_2H_5C_6H_4C_2H_5 \longrightarrow CH_2\!=\!CH\!-\!C_6H_4\!-\!CH\!=\!CH_2 + 2H_2 \tag{6-23}$$

（4）醇类脱氢可制得醛和酮类

$$CH_3CH_2OH \longrightarrow CH_3CHO + H_2 \tag{6-24}$$

$$CH_3CHOHCH_3 \longrightarrow CH_3COCH_3 + H_2 \tag{6-25}$$

6.2　加氢、脱氢反应的一般规律[1~4]

6.2.1　催化加氢反应的一般规律

6.2.1.1　热力学分析

催化加氢反应是放热反应过程，由于有机化合物的官能团结构不同，加氢时放出的热

188

量也不尽相同，表 6-1 是 25℃时某些烃类气相加氢热效应的 $\Delta H^{\ominus}$ 绝对值。

表 6-1　25℃时加氢反应的热效应值

反　应　式	$\Delta H^{\ominus}/(\mathrm{kJ/mol})$
$C_2H_2 + H_2 \longrightarrow C_2H_4$	174.3
$C_2H_4 + H_2 \longrightarrow C_2H_6$	132.7
$CO + 2H_2 \longrightarrow CH_3OH$	90.8
$CO + 3H_2 \longrightarrow CH_4 + H_2O$	176.9
$CH_3{-}CO{-}CH_3 + H_2 \longrightarrow (CH_3)_2CHOH$	56.2
$CH_3CH_2CH_2{-}CHO + H_2 \longrightarrow CH_3(CH_2)_3OH$	69.1
$C_6H_6 + 3H_2 \longrightarrow C_6H_{12}$	208.1
$C_6H_5CH_3 + H_2 \longrightarrow C_6H_6 + CH_4$	42.0
$C_5H_6 + H_2 \longrightarrow C_5H_8$	101.2

影响加氢反应的因素有温度、压力及反应物中氢的用量。

（1）温度影响　当加氢反应的温度低于 100℃时，绝大多数的加氢反应平衡常数值都非常大，可看作为不可逆反应。由于加氢反应是放热反应，其热效应 $\Delta H^{\ominus} < 0$，所以加氢反应的平衡常数 K_p 随温度的升高而减小。

从热力学分析可知，加氢反应有三种类型。

第一类是加氢反应在热力学上是很有利的，即使是在高温条件下，平衡常数仍很大。如乙炔加氢反应，当温度为 127℃时，K_p 值为 7.63×10^{16}，而温度为 427℃时，K_p 值仍为 6.5×10^6。一氧化碳加氢甲烷化反应也属这一类。

第二类是加氢反应的平衡常数随温度变化较大，当反应温度较低时，平衡常数甚大，而当反应温度较高时，平衡常数降低，但数值仍很大。为了达到较高的转化率，需要采用适当加压或氢过量的办法。如苯加氢制取环己烷，当反应温度从 127℃升到 227℃时，K_p 值由 7×10^7 降到 1.86×10^2，平衡常数下降 3.70×10^5 倍。第三类是加氢反应在热力学上是不利的，很低温度下才具有较大的平衡常数值，温度稍高，平衡常数变得很小，这类反应的关键是化学平衡问题，常采用高压方法来提高平衡转化率。如一氧化碳加氢合成甲醇反应，K_p 值随反应温度变化如表 6-2 所示。

表 6-2　$CO + H_2$ 合成甲醇平衡常数与温度关系

温度/℃	0	100	200	300	400
K_p	6.77×10^5	12.92	1.909×10^{-2}	2.40×10^{-4}	1.08×10^{-5}

（2）压力影响　加氢是分子数减少的反应，因此，增大反应压力，可以提高 K_p 值，从而提高加氢反应的平衡产率，如提高反应压力，可以提高氨合成产率，甲醇合成产率等。

（3）氢用量比　从化学平衡分析，提高反应物 H_2 的用量，可以有利反应向右进行，以提高其平衡转化率，同时氢作为良好的载热体，可及时移走反应热，有利于反应的进行。但氢用量比也不能过大，以免造成产物浓度降低，大量氢气的循环，既消耗了动力，又增加了产物分离的困难。

6.2.1.2　动力学分析

有关加氢反应的机理，许多研究者提出不同的看法，如氢气是否发生化学吸附；催化剂表面活性中心是单位吸附还是多位吸附；吸附在催化剂活性表面的分子是如何反应生成产物，是否有中间产物的生成等。一般认为催化剂的活性中心对氢分子进行化学吸附，并解离为氢原子，同时催化剂又使不饱和的双键或三键的 π 键打开，形成了活泼的吸附化合物，活性氢原子与不饱和化合物 C=C 双键碳原子结合，形成加氢产物。

影响反映速率的因素有温度、压力和氢的用量比及加氢物质的结构。

（1）反应温度的影响　对于热力学上十分有利的加氢反应，可视为不可逆反应，温度升高反应速率常数 k 也升高，反应速率加快。但温度升高会影响加氢反应的选择性，增加副产物的生成，加重产物分离的难度，甚至催化剂表面积碳，活性下降。对于可逆加氢反应，反应速率常数 k 随温度升高而升高，但平衡常数则随温度的升高而下降，其反应速率与温度的变化是：当温度较低时，反应速率随温度的升高而加快，而在较高的温度下，平衡常数变得很小，反应速率随温度的升高反而下降，故有一个最适宜的温度，在该温度下反应速率最大。

（2）反应压力的影响　一般而言，提高氢分压和被加氢物质的分压均有利于反应速率的增加。但当被加氢物质的级数是负值时，反应速率反而下降。若产物在催化剂上是强吸附就会占据一部分催化剂的活性中心，抑制加氢反应的进行，此时产物分压越高，加氢反应速率就越慢。

对于液相加氢反应，一般来讲，液相加氢反应的反应速率与液相中氢的浓度成正比，故增加氢的分压，有利于增大氢气的溶解度，提高加氢反应速率。

（3）氢用量比的影响　一般采用氢过量。氢过量不仅可以提高被加氢物质平衡转化率和加快反应速率，且可提高传热系数，有利于导出反应热和延长催化剂的寿命。但氢过量太多，导致产物浓度下降增加分离难度。

此外在液相加氢时溶剂的作用是：当原料或产物是固体时，采用溶剂可将固体物料溶解在溶剂中，以利于反应的进行和产物的分离，其次可作为某些加氢反应的稀释剂，以便带走反应热。一般常用的溶剂有甲醇、乙醇、醋酸、环己烷、乙醚、四氢呋喃、乙酸乙酯等。由于溶剂效应，同时注意不同的溶剂对加氢反应速率和选择性的影响也是不同的。

（4）加氢物质结构的影响　主要是加氢物质在催化剂表面的吸附能力不同，难易程度不同，加氢时受到空间障碍的影响以及催化剂活性组分的差异等都影响到加氢反应速率。

① 烯烃加氢　乙烯加氢反应速率最快，丙烯次之，随着取代基的增加，反应速率下降。烯烃加氢反应速率顺序如下。

$$R-CH=CH_2 > \begin{matrix} R-CH=CH_2-R' \\ R \\ C=CH_2 \\ R \end{matrix} > \begin{matrix} R \\ C=CH-R'' \\ R' \end{matrix} > \begin{matrix} R \quad R' \\ C=C \\ R' \quad R \end{matrix}$$

对非共轭的二烯烃加氢，无取代基双键首先加氢。而共轭双烯烃则先加一分子氢后，双烯烃变成单烯烃，然后再加一分子氢转化为相应的烷烃。

② 芳烃加氢　苯环上取代基愈多，加氢反应速率愈慢。苯及甲基苯的加氢顺序如下：

$$C_6H_6 > C_6H_5CH_3 > C_6H_4(CH_3)_2 > C_6H_6(CH_3)_3$$

③ 不同烃类加氢　当上述化合物在同一催化剂上单独加氢时，其反应速率快慢大致为：

$$r_{烯烃} > r_{炔烃}，r_{烯烃} > r_{芳烃}，r_{二烯烃} > r_{烯烃}$$

而当这些化合物同时在一块加氢时，其反应速率顺序为

$$r_{炔烃} > r_{二烯烃} > r_{烯烃} > r_{芳烃}$$

④ 含氧化合物加氢　醛、酮、酸、酯的加氢产物都是醇。但其加氢难易程度不同，通常醛比酮易加氢，酯类比酸类易加氢。而醇和酚氢解为烃类和水则较难，需要更高的反应温度才能满足要求。

190

⑤ 有机硫化物的氢解　研究表明有机硫化物在钼酸钴催化剂作用下因其硫化物的结构不同其氢解速率有显著的差异，其顺序为：

$$R—S—S—R>R—SH>R—S—R>C_4H_8S>C_4H_4S$$

6.2.1.3　加氢催化剂

为了提高加氢反应速率和选择性，一般都要使用催化剂。当然不同类型的加氢反应所选用的催化剂也不同，即使是同一类型的反应因选用不同的催化剂，其反应条件也不尽相同。

加氢催化剂种类很多，其活性组分主要是第Ⅵ族和第Ⅷ族的过渡元素，这些元素对氢有较强的亲和力。最常采用的元素有铁、钴、镍、铂、钯和铑，其次是铜、钼、锌、铬、钨等，其氧化物或硫化物也可作加氢催化剂。Pt-Rh、Pt-Pd、Pd-Ag、Ni-Cu 等都是很有前途的新型加氢催化剂。

（1）金属催化剂　金属催化剂是把活性组分如 Ni、Pd、Pt 等载于载体上，以提高活性组分的分散性和均匀性，增加催化剂的强度和耐热性。载体是多孔性的惰性物质，常用的载体有氧化铝、硅胶和硅藻土等。在这类催化剂中 Ni 催化剂最常使用，其价格相对较便宜。

金属催化剂的优点是活性高，在低温下也可以进行加氢反应，适用于大多数官能团的加氢反应。其缺点是容易中毒。如 S、As、Cl 等化合物都是催化剂的毒物，故对原料中的杂质要求严格，一般在体积分数 10^{-6} 以下。

（2）骨架催化剂　骨架催化剂是将金属活性组分和载体铝或硅制成合金形式，然后将制成的催化剂再用氢氧化钠溶液熔解合金中的硅或铝，得到由活性组分构成的骨架状物质，称之为骨架催化剂。如最常用的催化剂有骨架镍催化剂，其中镍含量占合金的40%～50%，该催化剂的特点是具有很高的活性，足够的机械强度。此外还有骨架铜催化剂、骨架钴催化剂等，在加氢反应中也得到应用。

（3）金属氧化物催化剂　用于加氢反应的金属氧化物催化剂主要有 MoO_3、Cr_2O_3、ZnO、CuO、NiO 等，这些氧化物既可以单独使用，也可以混合使用。如 ZnO-Cr_2O_3、CuO-ZnO-Al_2O_3、Co-Mo-On。这类加氢催化剂的活性较低，故需要有较高的反应温度与压力，以弥补活性差的缺陷。为此在催化剂中常加入 Cr_2O_3、MoO_3 等高熔点的组分，以提高其耐热性能。

（4）金属硫化物催化剂　金属硫化物催化剂主要是用于含硫化合物的氢解反应，也用于加氢精制过程，被加氢原料气中不必预先进行脱硫处理。这类金属硫化物主要有 MoS_2，NiS_2，Co-Mo-S 等。该类催化剂活性较低，需要较高的反应温度。

（5）金属配位催化剂　用于加氢反应的配位催化剂除了采用贵金属 Ru、Rh、Pd 之外，还有 Ni、Co、Fe、Cu 等为中心原子，该类催化剂的优点是：活性较高，选择性好，反应条件温和；其不足是催化剂和产物同一相，分离困难，特别是采用贵金属时，催化剂回收显得非常重要。

6.2.2　催化脱氢反应的一般规律

6.2.2.1　热力学分析

（1）温度影响　与烃类加氢反应相反，烃类脱氢反应是吸热反应，$\Delta H>0$，其吸热量与烃类的结构有关，大多数脱氢反应在低温下平衡常数很小，由于 $\Delta H>0$，随着反应温度升高而平衡常数增大，平衡转化率也升高。图 6-1 是几种烃类脱氢的平衡转化率与温度关系曲线。

（2）压力影响　脱氢反应是分子数增加的反应，从热力学分析可知，降低总压力，可使产物的平衡浓度增大，表 6-3 是脱氢反应平衡转化率与压力的关系。

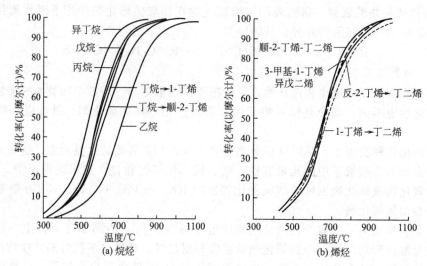

图 6-1 烃类脱氢平衡曲线

表 6-3 平衡转化率与压力的关系

脱氢反应	正丁烷→丁烯		丁烯→1,3-丁二烯		乙苯→苯乙烯	
压力/kPa	101.3	10.1	101.3	10.1	101.3	10.1
	温度/K					
平衡转化率/% 　　10	460	390	540	440	465	390
30	545	445	615	505	565	455
50	600	500	660	545	620	505
70	670	555	700	585	675	565
90	753	625	710	620	780	630

从表 6-3 中可以看出,为了达到相同的平衡转化率,操作压力从 101.3kPa 降到 10.1kPa,则反应温度可降到 100℃ 左右,使得反应条件较为温和。但工业上,在高温下进行减压操作是不安全的,为此常采用惰性气体作稀释剂以降低烃的分压。工业上常用水蒸气作为稀释剂,其优点是:产物易分离;热容量大;既可提高脱氢反应的平衡转化率,又可消除催化剂表面的积碳或结焦。当然,水蒸气用量也不能过大,以免造成能耗增大。

6.2.2.2 脱氢催化剂

由于脱氢反应是吸热反应,要求在较高的温度条件下进行反应,伴随的副反应较多,要求脱氢催化剂有较好的选择性和耐热性,而金属氧化物催化剂的耐热性好于金属催化剂,所以该催化剂在脱氢反应中受到重视。

脱氢催化剂应满足下列要求:首先是具有良好的活性和选择性,能够尽量在较低的温度条件下进行反应;其次催化剂的热稳定性好,能耐较高的操作温度而不失活;第三是化学稳定性好,金属氧化物在氢气的存在下不被还原成金属态,同时在大量的水蒸气下催化剂颗粒能长期运转而不粉碎,保持足够的机械强度;第四是有良好的抗结焦性和易再生性能。

工业生产中常用的脱氢催化剂有 Cr_2O_3-Al_2O_3 系列,活性组分是氧化铬,氧化铝作载体,助催化剂是少量的碱金属或碱土金属。大致组成:Cr_2O_3 18%~20%。水蒸气对此类催化剂有中毒作用,故不能采用水蒸气稀释法,直接用减压法,该催化剂易结焦,再生频繁。

氧化铁系列催化剂。其活性组分是氧化铁(Fe_2O_3),助催化剂是 Cr_2O_3 和 K_2O,氧化铬可以提高催化剂的热稳定性，还可以起着稳定铁的价态作用。氧化钾可以改变催化剂表面的酸度，以减少裂解反应的进行，同时提高催化剂的抗结焦性。据研究，脱氢反应起催化作用的可能是 Fe_3O_4，这类催化剂有较高的活性和选择性。但在氢的还原气氛中，其选择性很快下降，这可能是二价铁、三价铁和四价铁之间的相互转化而引起的，为此需在大量 Cr_2O_3 和水蒸气存在下，阻止氧化铁被过度还原。所以氧化铁系列脱氢催化剂必须用水蒸气作稀释剂。由于 Cr_2O_3 毒性较大，已采用 Mo 和 Ce 来代替制成无铬的氧化铁系列催化剂。

6.2.2.3 脱氢反应动力学

有许多学者对烃类在固体催化剂上脱氢反应进行了研究，结果表明：无论是丁烷、丁烯、乙苯或二乙苯其脱氢反应速率的控制步骤是表面化学反应，都可按双位吸附理论来描述其动力学方程，其速率方程可用双曲模型表示。

$$r = r_正 - r_逆 = \frac{(动力学项)(推动力)}{(吸附项)^2} \tag{6-26}$$

铁系催化剂脱氢反应时，催化剂颗粒大小对反应速率和选择性都有影响，图 6-2 是催化剂颗粒度对反应速率的影响，图 6-3 是催化剂颗粒度对选择性的影响。从图中可以看出，小颗粒催化剂不仅可以提高脱氢反应速率，而且还可以提高选择性。可见内扩散是主要的影响因素，减少微孔有利改善内扩散的性能。

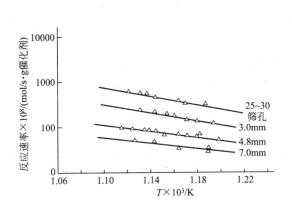

图 6-2 催化剂颗粒度对乙苯脱氢反应速率影响

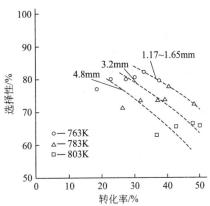

图 6-3 催化剂颗粒度对丁烯脱氢转化率和选择性影响

对于烃类脱氢反应，正丁烯脱氢速率大于正丁烷而烷基芳烃脱氢速率一般侧链上 α-碳原子上的取代基增多，或链的增长或苯环上的甲基数目增多时，其脱氢反应速率加快，而乙苯的脱氢反应速率最慢。

在工业生产中，操作参数也直接影响脱氢反应的转化率和选择性，提高温度有利于脱氢反应的进行，既可加快脱氢反应速率，又可提高转化率，但是温度越高则副反应必然加快，导致选择性下降，同时催化剂表面聚合生焦，使催化剂的失活速度加快。故脱氢反应有一个较为适宜的温度。从热力学因素考虑，降低操作压力和减小压力对脱氢反应是有利的，除少数脱氢反应之外，大部分脱氢反应采用水蒸气来稀释，以达到低压操作的目的。

6.3 氮加氢制合成氨[4~11]

合成氨用氢气约占氢气生产量的 50%，主要用作制氮肥，还可用来制造硝酸、纯碱、氨基塑料、聚酰胺纤维、丁腈橡胶、磺胺类药物及其他含氮的无机和有机化合物。在国防部门，用氨制备的硝酸是制造硝化甘油、硝化纤维、三硝基甲苯（TNT）、三硝基苯酚等炸药及导弹火箭推进剂的重要原料。氨还是常用的冷冻剂之一。由于氨在农业生产中的特殊地位，故在国民经济中占有重要地位。

6.3.1 反应原理

6.3.1.1 氨合成反应热力学

氢与氮合成氨的化学反应式为：

$$\frac{1}{2}N_2 + \frac{3}{2}H_2 \Longrightarrow NH_3 \tag{6-27}$$

式（6-27）是可逆放热反应，反应热与温度、压力有关。高压下反应热效应与温度、压力的关系为

$$\Delta H_R = -\left[\left(0.54526 + \frac{846.609}{T} + \frac{459.734 \times 10^6}{T^3}\right) \times 98.692p - 5.34685T - \right.$$
$$\left. 0.2525 \times 10^{-3}T^2 + 1.69167 \times 10^{-6}T^3 - 9157.09\right] \times 4.184 \tag{6-28}$$

式中　T——反应温度，K；

　　　p——合成压力，MPa；

　　ΔH_R——反应热，J/mol。

由式（6-28）可知，压力增高反应热增大，当压力一定的情况下，随着温度的升高反应热增高。例如，当压力为 15MPa、300℃ 时，ΔH_R 为 -52.98kJ/mol，450℃ 时为 -54.24kJ/mol，600℃ 时为 -55.36kJ/mol。

H_2-N_2-NH_3 体系在高压下是非理想气体体系，高压下的反应平衡常数不仅与温度和压力有关，而且与气体组成有关，用各组分的逸度来代替其分压，可得到用逸度表示的平衡常数式。

$$K_f = \frac{f(NH_3)}{f^{0.5}(N_2)f^{1.5}(H_2)} \tag{6-29}$$

式中　$f(NH_3)$、$f(N_2)$、$f(H_2)$——为 NH_3、N_2、H_2 在纯态时和平衡温度及总压下的逸度。

$$f_i = \gamma_i p_i \tag{6-30}$$

式中　f_i——气体组分 i 的逸度；

　　　γ_i——气体组分 i 的逸度系数；

　　　p_i——气体组分 i 的分压。

可将式（6-29）写成

$$K_f = \frac{\gamma(NH_3)}{\gamma^{0.5}(N_2)\gamma^{1.5}(H_2)} \times \frac{p(NH_3)}{p^{0.5}(N_2)p^{1.5}(H_2)} = K_\gamma K_p \tag{6-31}$$

K_f 仅与温度有关，与压力无关，其函数关系式为

$$\lg K_f = \frac{2250.322}{T} - 0.8534 - 1.5105\lg T - 25.8987 \times 10^{-5}T + 14.8961 \times 10^{-8}T^2 \tag{6-32}$$

K_f 的值列于表 6-4 中。

表 6-4　不同温度下的 K_f 值

温度/K	298	300	400	500	600	700	800	900	1000
K_f	677	606	5.682	0.300	0.040	0.009	0.0029	0.0012	0.0006

各组分的逸度系数 γ_i 以及不同温度和压力下的 K_γ 值可由有关图表查得，再由式（6-

32）和表 6-4 的 K_f 值求得高压下的平衡常数 K_p，继而可求各组分的平衡分压或平衡浓度。

6.3.1.2 平衡氨浓度计算和影响平衡氨浓度的因素

浓度计算 合成氨混合原料中的 H_2、N_2、NH_3 及惰性气体（CH_4 和 Ar）的摩尔分数分别为 $y(H_2)$、$y(N_2)$、$y(NH_3)$ 和 y_i，则有

$$y(H_2) + y(N_2) + y(NH_3) + y_i = 1 \tag{6-33}$$

设 $y(H_2)/y(N_2) = m$，当总压为 p 时，各分压为

$$p(NH_3) = y(NH_3)p$$

$$p(H_2) = y(H_2)p = \frac{m}{1+m}[1 - y(NH_3) - y_i]p$$

$$p(N_2) = y(N_2)p = \frac{1}{1+m}[1 - y(NH_3) - y_i]p$$

当反应达到平衡时，各组分浓度也达到平衡，即

$$y(NH_3) = y^*(NH_3)，y_i = y_i^*，m = m^*$$

将上述关系式代入下式，

$$K_p = \frac{p(NH_3)}{p^{0.5}(N_2)p^{1.5}(H_2)}$$

整理得

$$\frac{y^*(NH_3)}{[1 - y^*(NH_3) - y_i^*]^2} = K_p p \frac{m^{*1.5}}{(1+m^*)^2} \tag{6-34}$$

由式（6-34）即可求平衡氨含量 $y^*(NH_3)$。式中 K_p 在高压下与压力和温度有关，所以，平衡氨含量与温度、压力、氢氮比和惰性气体含量有关。

影响因素

（1）温度和压力的影响 由表 6-5 给出温度和压力对 K_p 值的影响，由式（6-32）和式（6-34）可知，当温度降低，或压力增高时，都能使平衡常数及相应的平衡氨含量增大。如当压力为 10MPa，平衡氨含量 10.6% 时，若压力提高到 30MPa 时，其平衡氨含量可升至 26.4%。

表 6-5　不同压力和温度下的氨合成反应平衡常数 K_p

温度/℃	压力/MPa			
	1.013	10.13	30.4	101.3
300	0.06238	0.06966	0.08667	0.51340
400	0.01282	0.01379	0.01717	0.06035
500	0.00378	0.00409	0.00501	0.00918
600	0.00152	0.00153	0.00190	0.00206

（2）氢氮比的影响 当温度、压力和惰性气体一定，求平衡氨含量 $y^*(NH_3)$ 的最大值时，可将式（6-34）对 m^* 求导并令等于零即可。

当忽略 m^* 对 K_p 的影响，则可解出 $m^* = 3$，即平衡时，当氢氮比为 3 时 $y^*(NH_3)$ 最大。实际上因气体在高压下的非理想性质，K_p 受氢氮比影响，所以随着压力的变化，最佳 m^* 在 $2.68 \sim 2.90$ 之间变动，但对应的 $y^*(NH_3)$ 变化不大，例如在 450℃ 及 30MPa 下，最佳 $m^* = 2.92$，然而对应的 $y^*(NH_3)$ 仅比 m^* 为 3 时的 $y^*(NH_3)$ 大 0.1%。

（3）惰性气体的影响 惰性气体的存在，会使平衡氨含量明显下降，见图 6-4。例如在 500℃ 及 20MPa 及 $m = 3$ 时，当 $y^* = 0.095$ 时，$y^*(NH_3)$ 为无惰性气体时的 82%，当 $y^* = 0.2$ 时，$y^*(NH_3)$ 只为无惰性气体时的 64.5%。可见，惰性气体虽然不参加反应，也不毒害催化剂，但其量仍不能太高，否则会影响氨的合成率，降低氨产量。

6.3.1.3　氨合成反应动力学

上述平衡氨浓度是反应所能达到的最高浓度，是个极限值。实际上，要真正达到反应平衡，则需要相当长时间。该反应是可逆反应，净速率是正逆反应速率之差，达到平衡时，正、逆反应速率相等，净速率为零。反应越接近平衡，净速率越低。在实际生产中，为保持足够高的反应速率，离平衡有一定的距离，所以实际所得的氨浓度总是小于平衡值。

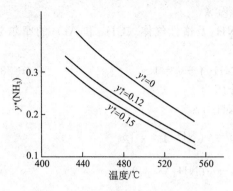

图 6-4　惰性气体对平衡氨含量影响

从动力学角度分析，提高温度可以加快反应速率，但温度升高平衡常数 K_p 则下降，影响到平衡氨浓度，实际氨浓度也下降，故不能采用过高的反应温度。最有效的方法是改进催化剂性能，提高反应速率，以实现氨产量的增加。

许多学者对合成氨的动力学进行研究，多数人认为氮气在催化剂表面上的吸附是反应速率的控制步骤。其反应步骤如下。

① $N_2 + 2\sigma \Longleftrightarrow 2N\sigma$

② $H_2 + 2\sigma \Longleftrightarrow 2H\sigma$

③ $N\sigma + H\sigma \Longleftrightarrow NH\sigma + \sigma$

④ $NH\sigma + H\sigma \Longleftrightarrow NH_2\sigma + \sigma$

⑤ $NH_2\sigma + H\sigma \Longleftrightarrow NH_3\sigma + \sigma$

⑥ $NH_3\sigma \Longleftrightarrow NH_3 + \sigma$

式中 σ 为催化剂活性中心。其第①步和第②步是氮气和氢气的解离吸附，第③、④、⑤步为表面化学反应，第⑥步是产物的脱附过程。由此推导出动力学方程

$$r = \frac{d[NH_3]}{dt} = k_1 p(N_2) \left[\frac{p^3(H_2)}{p^2(NH_3)} \right]^\alpha - k_2 \left[\frac{p^2(NH_3)}{P^3(H_2)} \right]^\beta \tag{6-35}$$

式中　　　　　　　　　r——氨的生成速率；

　　　　　k_1、k_2——分别为正逆反应速率常数；

　　　　　α、β——常数 $\alpha + \beta = 1$，由实验测定。对于铁催化剂而言，$\alpha = \beta = 0.5$；

$p(N_2)$、$p(H_2)$、$p(NH_3)$——为 N_2、H_2 和 NH_3 的瞬时分压，MPa。

下面讨论各因素对反应速率的影响。

（1）压力的影响　当压力增高时，正反应速率加快，而逆反应速率减慢，所以净反应速率提高。

（2）温度的影响　合成氨的反应是可逆反应，温度对正逆反应速率常数都有影响，存在最适宜温度，具体值由气体组成、压力和催化剂活性而定。

（3）氢氮比的影响　前面已分析过，反应达到平衡时氨浓度在氢氮比为 3 时最大，然而在此值时反应速率并不是最快的。在反应初期，由动力学方程式求极值的方法，可求出氢氮比为 1.5 时速率最大，随着反应的继续进行，要求氢氮比随之变化。所以说，对于氢氮比的要求，热力学和动力学上是有不同的，要统筹考虑。

（4）惰性气体的影响　惰性气体含量对平衡氨浓度有影响，对反应速率也有影响，而且对两方面的影响是一致的，即惰气含量增加，会使反应速率下降，也使平衡氨浓度降低。

上述讨论是针对动力学为速率控制步骤，即内外扩散阻力很小，对氨合成速率的影响

可以忽略不计。在实际工业生产过程中，由于气流速度大，一般可以忽略外扩散对氨合成速率的影响，而内扩散的影响则应予重视。

影响内表面利用率因素很多，主要有催化剂内微孔的孔径、孔长和孔结构，反应组分的扩散系数，温度，压力以及气相主流体的浓度与平衡浓度的差距等。对于反应器而言，由于其轴向的温度分布、浓度分布不同，故其内表面利用率也不同。如何提高内表面利用率，要综合考虑，单纯的提高反应温度，虽可以提高反应速率常数，若不能加快扩散速率，则不可能提高催化剂的内表面利用率。压力的影响效果同温度一样，在反应接近平衡时，反应物即使及时扩散到孔内，但化学反应速率很慢，总的速率取决于最慢的一步。

减小催化剂颗粒的粒度，可以缩短微孔的长度，能有效地提高催化剂内表面的利用率，但催化剂颗粒度不能太小，否则床层阻力增大，动力消耗增加。采用径向反应器，在保持相同压力降的情况下，减小催化剂的颗粒度，可以提高催化剂内表面的利用率。但流经催化剂床层的流体速度下降，存在外扩散对反应速率的影响。表 6-6 是工业催化剂内表面利用率的数据。

表 6-6　生产条件下合成氨催化剂的内表面利用率

压力/MPa	温度/℃	空速/h^{-1}	$y(NH_3)/$ $y^*(NH_3)$	催化剂颗粒度/mm		
				1.2~2.3	5	10
33.43	450	71000	0.43	0.89	0.41	0.15
33.43	450	3000	0.57	0.93	0.59	0.23
33.43	450	15000	0.54	0.98	0.76	0.40

从表中可见，当催化剂粒度在 10mm 左右时，内表面利用率不到 50%，即有一半以上的催化剂活性中心没有利用，而颗粒度在 1~2mm 时则基本上发挥了催化剂的全部作用，即消除了内扩散对反应速率的影响。

6.3.1.4　氨合成催化剂

氨合成催化剂经过 80 多年的研究与使用，现在仍然是以熔铁为主，还原前主要成分是四氧化三铁，有磁性，另外添加 Al_2O_3、K_2O 等助催化剂。20 世纪 70 年代末期，为了降低温度和压力，在催化剂中加入钴和稀土元素。用电炉将它们熔融生成固熔体，制成不规则的催化剂。其中二价铁和三价铁的比例对活性影响很大，最适宜的 FeO 含量在 24%~38% 的范围内。

活性组分 Fe_3O_4 经还原后生成 α-Fe，活性中心的功能是化学吸附氮原子，使氮氮之间的三键削弱，以利于加氢形成氨。

Al_2O_3 是结构型助催化剂，它均匀地分散在 α-Fe 晶格内和晶格间，能增加催化剂的比表面，并防止还原后的铁微晶长大，从而提高催化剂的活性和稳定性。

K_2O 是电子型助催化剂，能促进电子转移过程，有利于氮分子的吸附和活化，也促进生成物氨的脱附，但 K_2O 是在有 Al_2O_3 为助剂的基础上才起到进一步提高活性的作用。

SiO_2 的加入虽然有削弱催化剂碱性作用，但起到稳定铁晶粒作用，增加催化剂的抗毒性和耐热性等。

此外，加入 MgO 能提高耐热性能和耐硫性，加入 CaO 能起助熔作用，使催化剂各组分易于熔融而形成均匀分布的高活性状态。图 6-5 是助剂含量对催化剂活性的影响。

氨合成催化剂在还原之前没有活性，使用前必须经过还原，使 Fe_3O_4 变成 α-Fe 的微晶粒才具有活性。还原反应如下：

$$3Fe_2O_3 + H_2 \Longrightarrow 2Fe_3O_4 + H_2O \tag{6-36}$$

$$Fe_3O_4 + 4H_2 \Longrightarrow 3Fe + 4H_2O \tag{6-37}$$

$$FeO + H_2 \rightleftharpoons Fe + H_2O \qquad (6-38)$$

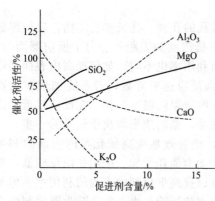

图 6-5　助剂含量对催化剂活性的影响

上述三式为吸热反应，提高温度有利还原反应完成，但温度过高会导致还原出来的 α-Fe 微晶长大甚至烧结成大晶粒，或转变为其他晶相，影响催化剂活性。催化剂最高还原温度应低于或接近氨合成操作温度。升温还原可分为初、中、末三个阶段，关键是尽可能使同一截面的温度均匀，并注意床层中最高温度（热点）不超过允许温度，还原末期温度为 500℃ 左右。

还原反应有水蒸气生成，系统中水蒸气含量是控制的主要指标。系统中水蒸气含量高时，会阻滞还原的继续进行，而且促使 α-Fe 微晶长大，降低活性，所以要用较高的还原空速（15000～30000h^{-1}），以达到及时排走水蒸气的目的。任何时候出口气中水含量不得超过 0.5～1.0g/m^3，否则应降低还原温度，以控制还原反应速率。

预还原催化剂是一种新型的氨合成催化剂，是催化剂生产厂家在合成塔外预先进行处理，保证催化剂还原完全。预还原催化剂不但可以缩短还原时间（1/4）～（1/2），提前产氨，而且保证催化剂还原彻底，延长催化剂寿命。

氨合成催化剂一般寿命较长，在正常操作条件下，预期寿命 6～10 年。催化剂经常使用后活性会降低，氨合成率降低，这种现象称为催化剂衰老。衰老的主要原因是 α-Fe 微晶逐渐长大，催化剂内表面变小，催化剂粉碎及长期慢性中毒所致。

氨合成催化剂的毒物有多种，如硫、磷、砷、卤素与催化剂形成稳定的表面化合物，造成永久中毒。某些氧化物，如 CO、CO_2、H_2O 和 O_2 等都会影响氨合成催化剂的活性，此外还有油类，某些重金属 Cu、Ni、Pb 等也都是氨合成催化剂的毒物。氨合成催化剂的中毒与压力、温度和催化剂活性有关，压力越高，毒物浓度也越高，中毒越明显。温度增高，中毒可降低一些，但永久性中毒趋势加强。催化剂活性愈高，对毒物愈敏感。

6.3.2　工艺条件选择

氨合成操作条件一般包括合成压力、温度、气体组成、空间速度等。优化这些条件能充分发挥催化剂效能，使生产强度最大而消耗定额最低。此外还可以使工艺流程简化，操作控制方便，生产安全可靠。操作条件的选择要以前面所述的反应热力学和动力学分析为依据，并结合具体的催化剂而定。

（1）操作压力　压力对氨合成反应是非常重要的，因为就现有的催化剂而言，反应温度不能太低，受平衡限制，氨的合成率不高。从热力学分析可知，提高压力对反应平衡及反应速率均有利，因此，在高压下进行，压力越高，反应速率越快，氨平衡含量增加，反应器生产能力越高。如 13.73MPa 压力时，氨净增值为 7％；17.65MPa 时，氨净增值为 8.7％；当压力提高到 29.42MPa 时，氨净增值可达 12.8％。

压力高可使设备体积减小，但压力过高，压缩功增加，且对设备的材质、制造技术等要求过高。实际上氨合成的最佳压力由原料气的压缩功、循环压缩功、冷冻功来权衡决定，选择适当的高压可使总功降低。

（2）操作温度　氨合成反应是可逆放热反应，因此存在最适宜反应温度 T_{OP}。在反应初期（即反应器催化剂床层入口处），由于反应物温度高，反应速率是很快的，而到反应末期（催化剂出口端），反应物温度降低而产物浓度增高，致使反应速率较慢，对床层的每一区间来说，都存在一个最适宜温度，在此温度下的反应速率比其他温度下快。所有最适宜温度点的连线称为最适宜温度曲线。根据最适宜温度曲线随原料转化率变化趋势来看，反应初期最适宜温度高，反应后期最适宜温度低。反应器的设计应满足这个要求。

最适宜温度曲线的位置除了受平衡温度和催化剂性能影响外，还受压力和惰性气体含量的影响。当内扩散影响明显时，由于表观活化能小于本征活化能，致使最适宜温度降低。

此外，反应温度还受催化剂活性温度范围的影响，床层进口温度不低于催化剂的活性起始温度，而床层最高温度不得超过催化剂的耐热温度。

反应沿着最适宜温度进行，催化剂用量最少，氨合成率最高，生产能力最大。但是在实际工业生产中，不可能完全按这个曲线操作。首先，在催化剂的入口端，进入反应器的气体中氨含量4%，对应的最适宜温度为653℃，这个温度显然已超过了催化剂的耐热温度（550℃），是不可能采用的。实际入口温度略高于催化剂活性起始温度（400℃），此温度虽然远低于最适宜温度，但因是反应初期，反应物浓度高，反应速率很高，能很快放出反应热量，使温度迅速上升至最适宜温度，再继续反应，则将超过 T_{OP}，故需边反应边冷却，采用间接换热式或直接的冷激式方法，但都不能完全满足最适宜温度冷却曲线，只是尽可能地接近而已。

（3）合成气体的初始组成 由热力学和动力学分析可知，对其氢氮比的要求是不一致的，就反应速率而言，不同氨含量下，有一个最大的瞬时速率，存在一个最佳的氢氮比。实验证明，循环气体中的氢氮比为2.5：1时，可以获得最大的出口氨含量，即使在高压下，最佳氢氮比也明显地偏离化学计量值。实际上，从反应初期到快接近平衡，其氢氮比的最佳值都是在变化的，而在生产操作中不可能随时补充氢气。而采用化学计量值作为初始进料的氢氮比，对化学反应速率的影响并不大，与最佳氢氮比时的反应速率相差不很大，又能满足接近平衡对氢氮比的要求。故一般认为当压力在9.8～98MPa下，最佳平衡氨含量时的氢氮比是3：1左右。

合成气体中惰性气体含量较高时对平衡和反应速率都有不利影响，会降低氨的合成率。新鲜气中惰性气体含量仅0.5%～1%，但因为合成率只有百分之十几，未反应的氢氮气体要循环使用，因而循环气中会积累一定量的惰性气体。对中压合成系统，其含量应控制在16%～20%，低压合成系统控制在8%～15%。循环气体中的氨含量，即合成塔进口氨含量，在一定的条件下，其值越高，氨净增值越小，合成效率越低。循环气体中氨含量的高低，取决于分离系统的效率。在工业生产中用冷凝温度来控制气体中氨含量，一般低压法为2%～3%，中压法为2.8%～3.8%。

（4）空间速度 空间速度直接影响合成系统的生产能力，空速太小，生产能力低；不能完成生产任务。空速过高，减少了气体在催化剂床层的停留时间，合成率降低，循环气量要增大，能耗增加，同时气体中氨含量下降，增加了分离产物的困难。过大的空速对催化剂床层稳定操作不利，导致温度下降，影响正常生产。故空速的选择一般根据合成压力、反应器的结构和动力价格综合考虑。低压法常取 5000～10000h^{-1}，中压法取15000～30000h^{-1}，而高压法可达 60000h^{-1}。

（5）催化剂颗粒度 在工业条件下，催化剂的内扩散对氨合成的影响十分显著。减少催化剂的粒径，可提高其内表面利用率，但床层阻力降增大，对于轴向流动的合成塔，由于床层高，阻力大，应采用较大的颗粒，而对于径向流动的合成塔，气体阻力较小，可采用较小颗粒的催化剂，以提高其内表面利用率。当然采用球形催化剂最好，其效果会显著提高。

6.3.3 工艺流程和合成塔

6.3.3.1 氨合成的工艺流程

尽管世界各国的氨合成工艺流程各不相同，但又有许多相同之处，它是由氨合成本身特性所决定的。

① 由于受平衡条件限制，合成率不高，有大量的 N_2、H_2 气体未反应，需循环使用。故氨合成本身是带循环的系统。

② 合成反应的平衡氨含量取决于反应温度、压力、氢氮比及惰性气体含量，当这些条件一定时，平衡氨含量就是一个定值，即不论进口气体中有无氨存在，出口气体中氨含量总是一个定值。因此反应后气体中所含的氨必须进行冷凝分离，使循环回合成塔入口的混合气体中氨含量尽量少，以提高氨净增值。

③ 由于循环，新鲜气体中带入的惰性气体在系统中不断积累，当其浓度达到一定值时，会影响反应的正常进行，即降低合成率和平衡氨含量。因此必须将惰性气体的含量稳定在要求的范围内，这就需定期或连续的放空一些循环气体，称为弛放气。

④ 整个合成氨系统是在高压下进行，必须用压缩机加压。除了管道、设备及合成塔床层压力降，还有氨冷凝等，使得循环气与合成塔进口气产生压力差，需采用循环压缩机来弥补压力降的损失。

氨合成工艺的原则流程方框图如下。

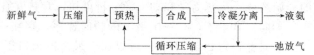

大型合成氨厂（单机产量为 1000t/d）流程如图 6-6 所示。

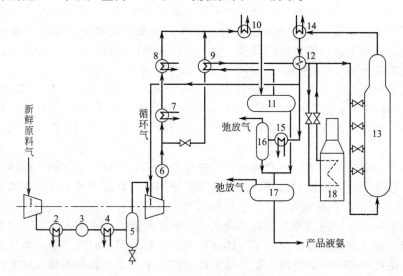

图 6-6　大型合成氨厂流程

1—离心式合成气压缩机；2，9，12—换热器；4，7，8，10，15—氨冷器；5—水分离器；
11—高压氨分离器；13—氨合成塔；14—锅炉给水的加热器；16—氨分离器；
17—低压氨分离器；18—开工炉

净化后的新鲜合成气在 30℃ 和 2.5MPa 条件下进入合成压缩机 1，经由蒸汽透平机驱动的二缸离心式压缩机压缩，在离开第一缸进入第二缸之前，气体先经热交换器 2 与原料气交换热量而得到到冷却，再经中间水冷却器 3 和氨冷却器 4 除去水分，在水分离器 5 中将冷凝分离出水排掉。干燥的新鲜原料气进入压缩机第二缸继续提高压力，并在最后一段压缩时与循环气混合。由于循环气与新鲜气的混合，使循环气中含氨由 12% 降至 9.9%，由压缩机出来之混合气先经水冷器 6 冷却，然后分成平行的两路，一路进入两串联的氨冷

200

器 7 和 8，得以冷却降温；另一路与高压氨分离器 11 出来的冷气体在换热器 9 中换热，以回收冷量。此后两路平行气混合。在第三个氨冷器 10 中进一步冷却至 -23℃，其中的氨气被冷凝成液氨，气-液混合物进入高压分离器 11，将液氨分离。由新鲜原料气带入的微量水分、二氧化碳、一氧化碳在低温下也同时除去，由高压分离器出来的气体中氨含量降至 2% 左右，该气体进入换热器 9 和 12，被压缩机出口气体和合成塔出口气体加热到 140℃ 左右，再进入合成塔 13。合成塔中有四层催化剂，每层催化剂出口气体都用冷原料气冷却，所以该合成塔是四段激冷式。合成压力为 15MPa，出口气中氨含量为 12% 左右。合成塔出口气在锅炉给水加热器 14 中由 280℃ 冷却至 165℃，再经换热器 12 降至 43℃ 左右，其中绝大部分送至压缩机第二缸的中间段补充压力，这就是循环回路，循环气在二缸最后一段与新鲜原料气混合。另一小部分作为弛放气引出合成系统，以避免系统中惰性气体积累，因为这一部分混合气中的氨含量较高（约 12%），故不能直接排放，而是先通过氨冷器 15 和氨分离器 16，将液氨回收后排放。所有冷凝的液氨都流入低压氨分离器 17，将溶解在液氨中的其他气体释放后成为较纯产物液氨。

流程中需要注意的是：气体放空位置，循环压缩机的位置，补充新鲜气体的位置以及氨的一级水冷和二级氨冷。

国外比较典型的合成氨工艺流程特点是：日本 NEC 流程采用较高的合成压力，往复式压缩机，反应热除了预热反应气外，还副产蒸汽；美国 Kellogg 流程采用离心式压缩机，用汽轮机驱动，副产高压蒸汽。还采用多级氨冷，多级闪蒸，设有弛放气的氢回收装置，此流程能耗低；丹麦 TopsΦe 流程，合成压力较高，采用径向合成塔；英国 ICI AMV 流程采用含钴的铁系催化剂，可将合成压力降至 8～10MPa。它们的技术参数见表 6-7。

表 6-7　国外几种典型工艺流程主要技术参数

流程类型	NEC	Kellogg	Braun	TopsΦe	ICIAMV
压力/MPa	31.38	14.0	15.0	26.0	10.0
氨净增值	8%～10%	10%	17%	10%～12.5%	13%
反应器出口温度/℃	300	280	420	325	414
催化剂颗粒/mm	6～9	6～9	6～10	3～6	1.3～3
氨冷冻温度/℃	-10～-8	-23	1～2	0	-10
空速/h^{-1}	30000	10000	7600	12000	8000

6.3.3.2　氨合成塔

氨的合成过程是在高压（≥10MPa）、高温（400～450℃）下进行，因此合成塔的结构一是耐高压，二是耐高温。不仅对其结构和材质要求较高，而且特别要求在高温下强度、塑性和冲击韧性好，具有抗蠕变和松弛的能力。

在高温下，吸附在钢材表面的氢分子会向钢体内扩散，结果造成钢材的氢腐蚀和氢脆，结构破坏，机械强度降低。温度愈高，时间愈长，损害愈严重。

氮气和氨气在高温高压下也会腐蚀钢材，使其疏松变脆，但损害程度不如氢气。

高压容器使用的钢材随着温度的升高，相应要采用优质碳素钢，铬-钼低合金钢，中合金钢和高合金钢等。

高压反应器具有如下几个特点。

① 承受高压的部位不承受高温，而承受高温的部位不承受高压。所以任何型式的合成塔均由外筒和内筒两个主要部件构成。外筒是承受高压的，壁很厚，机械强度高，但不能接触高温，避免了钢材的脆化，可以用低合金钢。而内筒虽然接触高温，但不承受压

力，因而较安全，可用合金钢。

② 单位空间利用率高，以节省钢材。因此，内筒应尽可能多装催化剂，其结构要满足阻力尽可能小的要求。

③ 开孔少，保证筒体的强度，只留必要的开孔，以便安装和维修。

合成塔内筒主要包括催化剂筐、器内换热器和加热器。大型合成氨采用了器外加热炉代替内加热器，新开发的合成塔还把加热器移到了器外，简化了合成塔结构，也便于维修。

对合成塔的基本要求：①满足氨合成工艺要求，达到最大生产强度；②气体在催化剂床层中分布均匀，阻力最小；③生产稳定，调节灵活，操作弹性大；④结构可靠，高压的空间利用率高；⑤反应热利用合理。

反应器的型式按气流方向分，有轴向流型，径向流型，以及两者相结合的轴径向流型。轴向流型过去广为应用，现在规模较小的合成氨厂占有重要的地位。径向流型是20世纪60年代中期开发的，80年代中后期又开发了以径向流型为主、轴径混合流的新型反应器，成为当今大型反应器的主流，并逐步应用于小型氨合成反应器。

按移走反应热的方式可分为连续换热式和间歇换热式两种。连续换热式是在连续的催化剂床层中，设置换热单元，连续地移走反应放出的热量。间歇换热式是指反应过程与换热过程交替进行。此类换热又分为直接冷激式和间接换热式两种。

(1) 多层轴向激冷式氨合成塔　图6-7是典型的多层轴向激冷式合成塔。它上部较小的圆筒内设置列管式换热器，下部大圆筒内装四层催化剂，催化剂床层间有气体冷激混合装置。

反应气体由合成塔底部进入塔内，随即向上经过内筒与外筒间的环隙，以冷却塔壁和内筒筒壁，然后折返向下，穿过换热器的管间流入催化剂床层。气体在每层催化剂床中进行绝热反应，而在层与层之间与由冷激环管孔眼喷出的冷激气（冷原料气）混合，使之降温。反应后的气体由第四层催化剂床底部流出后折流进入中心管，向上流过热交换器管内，将热量传递给原料气后流出塔外。

这种型式的内件结构简单，没有复杂的内冷装置，催化剂床径向温度和气体分布较均匀，温度调节方便，操作平稳，流体阻力较小，由于采用冷激气降温，降低了氨的含量，催化剂生产强度较低，塔容积利用率不高。

(2) 径向多段冷激式氨合成塔　径向冷激式合成塔是近年来出现的新塔型。气体沿合成塔的半径方向流过催化剂床层。径向式内件较典型的和成熟的是托普索（丹麦）公司的双层径向合成塔（如图6-8所示），20世纪80年代又开发了三层催化剂两端换热式径向氨合成塔。

托普索径向合成塔包括上下两个催化剂床，是由两个多孔的同心管组成，催化剂装填在套筒的环形空间内，催化剂下面为热交换器。气体分三路进入合成塔，气体主体和冷激气体由合成塔顶部进入，而副线冷气体（为控制第一层催化剂床层进口温度用）则从合成塔底部进入。预热后的气体经中心管进入第一层催化剂，由内向外径向流过催化剂床层，在外环隙与冷激气混合后进入第二层催化剂，由外向内流过催化剂床层后进入热交换器。

托普索双层径向合成塔的内部结构简单，牢固，控制方便，催化剂生产强度大，压力降小，最大单塔生产能力已达1500t/d。

由于近年来合成氨生产向单系列大型化发展，氨合成塔的直径和重量随之不断增大，制造超大型的容器比较困难。又由于径向合成塔气体的流速随着径向位置不断变化，催化剂不能充分利用，故开发了卧式合成塔，解决了制造、安装和维修等方面的问题，并克服

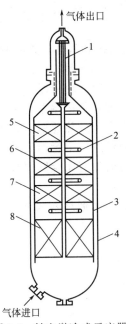

图 6-7 轴向激冷式反应器

1—热交换器；2—冷激气分布管；3—催化剂筒；

4—外壳；5，6，7，8—催化剂床层

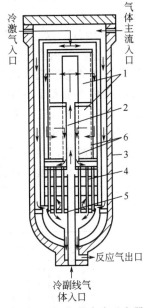

图 6-8 径向激冷式反应器

1—径向催化剂；2—中心管；3—外筒；

4—热交换器；5—冷副线管；6—多孔套筒

了径向反应气流速度变化的缺点，其生产能力为 1550t/d，操作压力为 21MPa，塔长 25.9m，内径 2440mm，热交换器长 8.5m，内径 1300mm，合成塔总重量为 300t。

卧式合成塔的特点是流体截面积大，催化剂层薄，压力降小，可使用小颗粒催化剂，合成塔的造价低，但占地面积大。

Casale 公司在研究轴向流型和径向流型反应器的优缺点后，开发了一种轴向流和径向流并存的轴径向混合型反应器，如图 6-9 所示。该反应器上部催化剂床层为轴向流型，下部催化剂床层为径向流型，并有独特的分布器，保证了 90%～95% 的气体沿径向方向流动，既保持了径向流型阻力小的优点，又无需在各催化剂床层间设封闭装置，提高了容积空间的利用率，而且结构较简单，效果好。

（3）内部间接连续换热式氨合成塔 是轴向流动型，其内部结构是换热管设置在催化剂床层中，反应产生的一部分热量能及时地被冷却管内的冷流体带走。单层轴向内件的型式，按气体在催化剂床层和冷管中流动方向来分，有逆流、并流和折流三种，按冷管元件的结构来分，有单管、双套管和三套管三种，而单管按其管形又有圆管、扁平管、翅片管和 U 形管之分。常见的型式有单管逆流、单管并流、双套管并流等。

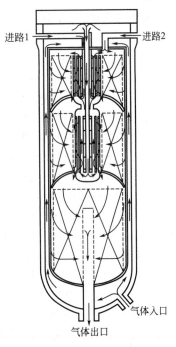

图 6-9 轴向径向混合型氨合成塔

这类内件的催化剂床层温度分布一般较接近最适宜温度曲线，催化剂床层的热稳定性比较好，能适应操作条件的变化，由于催化剂床层内设有换热部件，使热交换器的负荷减轻，缩小了热交换器的尺寸。但这类内件结构复杂，部件连接处易漏气，催化剂装填不均匀，同一截面上温差较大，影响催化剂的寿命，冷管也占了一大部分容积，增加了床层的阻力，装卸催化剂及维修较困难。

① 单管逆流式内件 这是较早采用的一种内件，其结构和气体流向均比较简单，操作也简便。冷气体在冷管内自下而上流动时，吸收催化剂层的热量，气温一直上升，而催化剂床层中反应气体的温度随气流自上而下分为两个阶段：第一个阶段是反应初期，反应速率很高，反应放热速率大于冷气体的吸热速率，因此，催化剂床层温度和气体温度均逐渐上升；第二阶段反应速率逐渐降低，冷气体的吸热速率大于放热速率，故床层和气体温度逐渐下降。因此轴向温度分布存在一个最高点，称之为热点。单管逆流式操作应注意的是床层的上端易产生过热，而床层底部因温度较低而催化剂没有完全发挥效能，故催化剂床层两端偏离最适宜温度较远。这是其不足之处。

② 双套管并流式内件 双套管并流式内件结构和催化剂床层温度分布如图 6-10 所示。

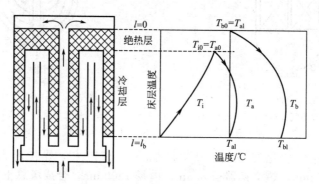

图 6-10 双套管并流式催化剂床层及其温度分布

双套管由内冷管和外冷管组成，气体由下方进入后，先进入床层中的内冷管，自下而上流动，管内温度 T_i 不断上升，由于有外冷管的隔离，热量由催化剂层传至内冷管的速度不及单管式快，故到达管顶端的温度 T_{io} 不及单管的高。气体由内冷管折向外冷管后，温度 T_a 继续升高，至某一点达最高点后再缓慢下降，也有可能维持不降，由催化剂床层向外冷管中气体传递的热量与外冷管中气体向内冷管中气体传递热量的相对大小而定。气体由外冷管向中心管汇总后，温度略有上升，然后流入催化剂床层，在顶部一段催化剂内没有冷管，是绝热层，因此气体温度迅速上升，很快接近最适宜温度。气体进入冷却段（设有冷管）后，温度 T_b 先升后降，也有热点存在，情况与单管逆流相近。

双套管并流内件可使催化剂床层下部维持较合适的温度而不至于像单管逆流那样过冷，发挥了下部催化剂的作用。热点以后较符合最适宜温度曲线。但此内件结构较复杂，冷管容积大，热点位置偏低，生产强度低，适用于中、小型合成氨厂。

③ 三套管并流式内件 即在双套管的内冷管外衬一根薄壁的内套管，其下端与内冷管之间形成一个内环隙，内环隙充满着几乎不流动的气体，形成了一滞流层，因气体的导热系数小，而起到了隔热的作用。

三套管并流式内件改善了床层上下各部分的传热情况，使进入催化剂床层上端温度提高，而催化剂床层底部气体温度仍然接近最适宜温度，克服了催化剂床层局部过热或过冷的现象，基本上符合最适宜温度曲线，充分发挥了全部催化剂的效能，提高了催化剂的生产强度，氨产量有所增加。但是三套管内件的结构较复杂，加工、安装和维修比较困难，催化剂的升温和还原麻烦，适用于中型合成氨厂。

④ 单管并流式内件 单管并流式内件是我国中、小型合成氨厂广泛采用的合成塔。

气体自上端入口进入合成塔，沿壁向下流过外筒与内件的环隙，进入下部螺旋板热交换器的冷气通道，受到反应后的热气加热。然后经螺旋板热交换器下中心管进入两根升气管至催化剂上部的分气环内，由分气环分气到各冷管。气体在冷气管自上而下流动时与催化剂床层进行换热，再由冷管汇聚至埋在催化剂床层中的下集气环，经由中心管引至催化剂床上部进入反应床层。反应后的气体进入螺旋板热交换器通道，经降温后引出合成塔。

单管并流式内件中的气体的温度分布，与三套管并流内件相似，催化剂床层和反应气体的温度变化缓和，平稳，热点以后的温度分布较接近最适宜温度分布曲线。但内件结构中的许多部件全需焊接，易受温差压力作用发生焊缝拉裂，结构牢固性较差，维修困难。

6.4 甲醇的合成[2,12~14]

甲醇作为化工原料，主要用于制备甲醛、对苯二甲酸二甲酯、卤甲烷、炸药、医药、染料、农药及其他有机化工产品。随着世界能源的消耗日益增加，天然气和石油资源日趋紧张，在甲醇的应用方面开发了许多新的领域，如甲醇作为非石油基燃料迅速进入燃料市场，成为汽油的代用燃料与汽油渗烧得到迅速发展；甲醇直接合成汽油；甲醇也可合成甲基叔丁基醚（MTBE）作为无铅汽油的优质添加剂，具有重要的经济效益和社会效益；此外甲醇还可作为合成蛋白质的碳来源，也具有广阔的前途。

合成甲醇的工业化始于 1923 年（在德国），用高压合成（温度 300~400℃，压力30MPa），一直沿用至 20 世纪 60 年代中期。1966 年，英国开发了 ICI 低压法（温度230~270℃，压力 5~10MPa）。1971 年，德国开发了鲁奇低压法；1973 年，意大利开发成功氨-甲醇联合生产方法（联醇法）。自 20 世纪 70 年代中期以后，世界上新建和扩建的甲醇均为低压法。

近年来，C₁ 化工得到了迅速的发展，开发了以甲醇为原料的一系列有机化工产品，如在铑催化剂作用下合成醋酐；在 γ-Al$_2$O$_3$ 催化剂作用下进行脱水反应，再在 ZSM-5 分子筛作用下一步合成高辛烷值汽油；通过系列硫化、氨化等合成蛋氨酸；甲醇氧化羰基合成绿色化学品碳酸二甲酯等。

甲醇合成的原料气为 CO 和 H₂，可由煤、天然气、轻油、重油、裂解气及焦炉气来制取。近年的发展可以看出，从天然气出发生产甲醇的原料路线备受重视，其投资费用和消耗指标都低于煤和石油，而天然气储量较石油丰富。目前世界上以天然气作原料合成甲醇的能力占总能力的 80% 以上。

6.4.1 合成甲醇的基本原理

6.4.1.1 合成甲醇的反应热力学

一氧化碳加氢合成甲醇的反应式如下

$$CO + 2H_2 \rightleftharpoons CH_3OH \text{（g）}$$

这是一个可逆放热反应，热效应 $\Delta H_{298}^{\ominus} = -90.8kJ/mol$。

当合成气中有 CO_2 时，也可合成甲醇。

$$CO_2 + 3H_2 \rightleftharpoons CH_3OH \text{（g）} + H_2O \qquad (6-39)$$

式（6-39）是一个可逆放热反应，热效应 $\Delta H_{298}^{\ominus} = -58.6kJ/mol$。

必须注意的是，甲醇合成反应的反应热是随温度和压力而变化，它们之间的关系如图6-11 所示。从图中可以看出，当温度越低，压力越高时，反应热越大。当反应温度低于200℃时，反应热随压力变化的幅度比高温时（大于 300℃）更大，所以合成甲醇温度低于 300℃时，要严格控制压力和温度的变化，以免造成温度的失控。从图中还可以看出，

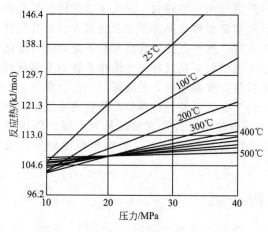

图 6-11 反应热与温度和压力关系

当压力 20MPa 时，反应温度在 300℃ 以上，此时的反应热变化最小，易于控制。所以合成甲醇的反应若采用高压，则同时采用高温，反之采用低温、低压操作。由于低温下反应速率不高，故需选择活性好的催化剂，即低温高活性催化剂，使得低压合成甲醇法逐渐取代高压合成甲醇法。

由于合成甲醇的反应条件是高温高压，故反应气体的物理化学性质不能按理想气体来处理，与合成氨相似，只能用各组分的逸度来表示其分压，用逸度表示的平衡常数为 K_f，而 K_f 只与温度有关，与压力无关，其关系式为

$$K_f = \exp\ (13.1652 + 9263.26/T - 5.92839\ln T - 0.352404 \times 10^{-2}T + 0.102264 \times 10^{-4}T^2$$
$$- 0.769446 \times 10^{-8}T^3 + 0.23853 \times 10^{-11}T^4)\ \times 0.101325^{-2} \tag{6-40}$$

用各组分的分压 p、摩尔分数 y、逸度系数 γ 表示的平衡常数表达式为

$$K_p = \frac{p(CH_3OH)}{p(CO)p^2(H_2)} \tag{6-41}$$

$$K_N = \frac{y(CH_3OH)}{y(CO)y^2(H_2)} \tag{6-42}$$

$$K_\gamma = \frac{\gamma(CH_3OH)}{\gamma(CO)\gamma^2(H_2)} \tag{6-43}$$

K_f、K_γ、K_p 与 K_N 之间的关系为

$$K_f = K_\gamma K_p = K_\gamma K_N p^{-2} \tag{6-44}$$

表 6-8 给出了各温度及压力下的 K_f、K_p、K_N 值。从表中可以看出，温度低，压力高时，K_p、K_N 值提高，在此条件下可提高合成甲醇的平衡产率。低压合成甲醇的压力为 5～10MPa。

表 6-8　合成甲醇反应的各种平衡常数

温度/℃	压力/MPa	$\gamma(CH_3OH)$	$\gamma(CO)$	$\gamma(H_2)$	K_f	K_γ	K_p	K_N
200	10.0	0.52	1.04	1.05	1.909×10^{-2}	0.453	4.21×10^{-2}	4.20
	20.0	0.34	1.09	1.08		0.292	6.53×10^{-2}	26
	30.0	0.26	1.15	1.13		0.177	10.80×10^{-2}	97
	40.0	0.22	1.29	1.18		0.130	14.67×10^{-2}	234
300	10.0	0.76	1.04	1.04	2.42×10^{-4}	0.676	3.58×10^{-4}	3.58
	20.0	0.60	1.08	1.07		0.486	4.97×10^{-4}	19.0
	30.0	0.47	1.13	1.11		0.338	7.15×10^{-4}	64.4
	40.0	0.40	1.20	1.15		0.252	9.60×10^{-4}	153.6
400	10.0	0.88	1.04	1.04	1.079×10^{-5}	0.782	1.378×10^{-5}	0.14
	20.0	0.77	1.08	1.07		0.625	1.726×10^{-5}	0.69
	30.0	0.68	1.12	1.10		0.502	2.075×10^{-5}	1.87
	40.0	0.62	1.19	1.14		0.400	2.695×10^{-5}	4.18

CO 加氢反应除了生成甲醇外，还有许多副反应发生，例如

$$2CO + 4H_2 \Longrightarrow (CH_3)_2O + H_2O \tag{6-45}$$

206

$$CO+3H_2 \rightleftharpoons CH_4+H_2O \tag{6-46}$$

$$4CO+8H_2 \rightleftharpoons C_4H_9OH+3H_2O \tag{6-47}$$

$$CO_2+H_2 \rightleftharpoons CO+H_2O \tag{6-48}$$

生成的副产物主要是二甲醚、异丁醇及甲烷气体，此外还有少量的乙醇及微量的醛、酮、醚及酯等。因此，冷凝得到的产物是含有杂质的粗甲醇，需有精制过程。

6.4.1.2 合成甲醇反应动力学

有关合成甲醇的反应机理有许多学者进行了研究，也有很多报道，归结起来有三种假定。

第一种假定认为，甲醇是由 CO 直接加氢生成的，CO_2 通过逆变换生成 CO 后再合成甲醇；

第二种假定认为，甲醇是由 CO_2 直接合成的，而 CO 通过变换反应后合成甲醇；

第三种假定认为，甲醇是由 CO 和 CO_2 同时直接生成。

第一、二种假定认为合成甲醇是连串反应，第三种假定则认为是平行反应。各种假定都有一定的实验数据作为依据，有待进一步研究和探索。至于活性中心和吸附类型，仍然是众说纷纭，尚无一致的看法。对于铜基催化剂而言，有几种看法：表面零价金属铜 Cu^0 是活性中心；溶解在 ZnO 中的 Cu^+ 是活性中心；Cu^0-Cu^+ 构成活性中心，CO、CO_2 的吸附中心与 Cu 有关，而 H_2 和 H_2O 的吸附中心与 ZnO 无关。

合成甲醇的反应动力学方程可用双曲函数模型，也可用幂函数模型，不同的研究者得到不同的形式，这里不再列举。

6.4.2 合成甲醇催化剂

目前工业生产上采用的催化剂大致可分为锌-铬系和铜-锌（或铝）系两大类。不同类型的催化剂其性能不同，要求的反应条件也不同。

（1）锌-铬系催化剂 是早期的合成甲醇催化剂，该催化剂活性较低，需要较高的反应温度（380～400℃），由于高温下受平衡转化率的限制，必须提高压力（30MPa）才能满足。故该催化剂的特点是要求高温高压。其次该催化剂的机械强度和耐热性能较好，使用寿命长，一般 2～3 年。

（2）铜基催化剂 活性组分是 Cu 和 ZnO，还需添加一些助催化剂，促进该催化剂的活性，各种助剂对活性的影响可参看表 6-9 的数据。从表中可知，加入铝和铬时活性较高。Cr_2O_3 的添加可以提高铜在催化剂中的分散度，同时又能阻止分散的铜晶粒在受热时被烧结、长大，可延长催化剂的寿命。添加 Al_2O_3 助催化剂使催化剂活性更高，而且 Al_2O_3 价廉、无毒，用 Al_2O_3 代替 Cr_2O_3 的铜基催化剂更好。

表 6-9　不同助剂对铜基催化剂活性的影响

助剂	温度/℃	空速/h^{-1}	压力/MPa	$CO:CO_2:H_2$	活性/mol·L^{-1}·h^{-1}
Al_2O_3	260	29000	6.87	23:3:70	108～109
Ag	275	196000	5.27	33:3:70	13.4
Mn	180	20000	5.07	22.5:5.5:67	23.4
Co	250	5000	7.58	24:6:70	4.9
W	260	10000	5.07	30:0:70	31.2
Cr	260	10000	5.07	30:0:70	55.5
V	230	3500	2.86	11.4:5.7:82.9	31.2
Mg	270	10000	——	8.7:5.7:85.6	25.4

铜基催化剂是 20 世纪 60 年代中期以后开发成功的，其特点是：活性高，反应温度低（230～270℃），操作压力较低（5～10MPa），广泛用于合成甲醇；其缺点是该催化剂对合

成原料气中杂质要求严格，特别是原料气中的 S、As 能对催化剂产生中毒作用，故要求原料气中硫含量$<0.1cm^3/m^3$，必须精制脱硫。

铜基催化剂在使用前必须进行还原活化，使 CuO 变成金属铜或低价铜才有活性。活化过程中必须严格控制活化条件，才能得到稳定、高效的催化活性。

6.4.3 合成甲醇工艺条件

合成甲醇反应是多个反应同时进行的，除主反应之外，还有生成二甲醚、异丁醇、甲烷等副反应。因此，如何提高合成甲醇反应选择性，提高甲醇收率是核心问题，它涉及到催化剂的选择以及操作条件的控制，诸如反应温度、压力、空速及原料气组成等。

（1）反应温度和压力　合成甲醇是个可逆的放热反应，平衡率与温度、压力有关。温度升高，反应速率增加，而平衡常数下降，与氨合成一样，它们之间存在一个最适宜温度。催化剂床层的温度分布要尽可能接近最适宜温度曲线，为此，反应器内部结构比较复杂，以便及时移出反应热。一般采用冷激式和间接式两种。

另一方面，反应温度与所选用催化剂有关，即 Zn-Cr 催化剂的活性温度为 380～400℃，而 Cu-Zn-Al 催化剂的活性温度为 230～270℃。从而最适宜温度也相应变化。在催化剂运转初期，由于活性高，宜采用活性温度的下限，随着催化剂的老化，相应地提高反应温度，才能充分发挥催化剂效能，并提高催化剂寿命。

从热力学分析，合成甲醇是体积缩小的反应，增加压力有利于甲醇平衡率的提高，另一方面，压力升高的程度与反应温度有关，反应温度较高时，如 Zn-Cr 催化剂，则采用的压力也较高（30MPa），当反应温度较低时，如 Cu-Zn-Al 催化剂，则压力可降低至 5～10MPa。合成甲醇从高压法转向低压法是合成甲醇技术的一次重大突破，使得合成甲醇工艺大为简化，操作条件变得温和，单程转化率也有所提高。但从整体效益看，当日产超过 2000t 时，由于处理的气体量大，设备相应庞大，不紧凑，带来制造和运输的困难，能耗也相应提高。故提出中压法，操作压力为 10～15 MPa，温度在 230～350℃，其投资费和总能耗可以达到最低限度。

（2）空速　从理论上讲，空速高，反应气体与催化剂接触的时间短，转化率降低，而空速低，转化率提高。对合成甲醇来说，由于副反应多，空速过低，促进副反应增加，降低合成甲醇的选择性和生产能力。当然，空速过高也是不利的，甲醇含量太低，增加产品的分离困难，选择适当的空速是有利的，可提高生产能力，减少副反应，提高甲醇产品的纯度。对 Zn-Cr 催化剂，空速以 20000～40000h^{-1} 为宜，而对 Cu-Zn-Al 催化剂 10000h^{-1} 为宜。

（3）合成甲醇原料气配比　H_2/CO 的化学计量比（摩尔比）为 2:1，而工业生产原料气除 H_2 和 CO 外，还有一定量的 CO_2，常用 $H_2-CO_2/(CO+CO_2)=2.1\pm0.1$ 作为合成甲醇新鲜原料气组成，实际上进入合成塔的混合气中 H_2/CO 之值总是大于 2。而实际进入合成塔的混合气中 $H_2/CO\gg2$。其原因是，氢含量高可提高反应速率，降低副反应的生成，而且氢气的热导率（导热系数）大，有利于反应热的导出，易于反应温度的控制。

此外，原料气中含有一定量的 CO_2，可以减少反应热量的放出，利于床测温度控制，同时还能抑制二甲醚的生成。

原料气中除 H_2、CO 和 CO_2 外，还有 CH_4 和 Ar 等惰性气体，虽然新鲜气体中它们的含量很少，由于循环积累的结果，其总量可达 15%～20%。使 H_2 和 CO 的分压降低，导致合成甲醇转化率降低，为避免惰性气体含量过高，需排放一定量的循环气，这造成原料气的浪费。

6.4.4 合成甲醇工艺流程及反应器

合成甲醇的工艺流程与氨合成工艺流程相似，由于合成率低，未反应的合成气必须循环使用，采用循环压缩机升压，产物甲醇必须从反应尾气中分离出来，由于甲醇的沸点较高，在合成压力下用水冷却即可将甲醇冷凝下来。为了使惰性气体含量保持在一定范围，循环气需要放空一部分。由于合成甲醇的副反应较多，粗甲醇必须经过精制，才能符合产品要求。

早期的高压合成甲醇工艺流程存在很多缺陷，由于低压法技术经济指标先进，动力消耗仅为高压法的 60% 左右，故高压法逐渐被低压法所代替。

低压合成甲醇工艺流程如图 6-12 所示。合成气经循环压缩机 1 至 10 MPa（或 5 MPa），与循环气混合后经循环压缩机 2 送至合成塔 3。反应后的气中含甲醇 5% 左右，经水冷却器 5 冷却后甲醇被冷凝成液态，从分离器 6 中将粗甲醇分出，而未反应的气体在返回循环压缩机前放空部分气体。粗甲醇经闪蒸后，把溶解在液体中的 H_2、CO、CO_2 和二甲醚等放出。为了充分利用合成气体，弛放气和闪蒸气可采用膜分离技术或变压吸附回收 H_2 和 CO 气体。闪蒸后的液体经轻组分脱除塔和精馏塔精馏，在精馏塔顶部排出残余轻组分，塔顶下 3～5 塔板处，引出产品甲醇，其纯度 99.85%，在加料板下 6～14 块塔板处，引出乙醚及异丁醇等，塔底排出水和杂质。

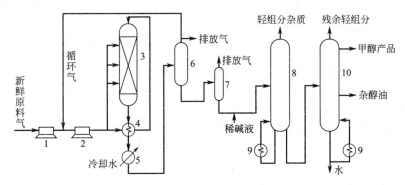

图 6-12　低压分离甲醇流程简图

1—合成压缩机；2—循环压缩机；3—合成塔；4—换热器；5—冷凝器；6—分离器；
7—闪蒸罐；8—轻组分脱除塔；9—再沸器；10—精馏塔

目前，世界上以天然气为原料合成甲醇的工艺比较成熟，如采用固定床四段式即冷激式绝热轴向流动反应器的 ICI 工艺；采用列管式等温反应器的 Lurqi 工艺；采用双套管换热器中间冷却式三菱（MGCC/MHI）工艺；采用中间冷却的径向反应器的 TopsΦe 工艺。

由于合成甲醇反应是放热反应，为了抑制副反应和防止催化剂温度过热烧结，必须严格控制反应温度。根据最适宜温度随转化率变化的规律，需要及时地、有效地将反应热移出反应器。根据反应热移出方式来分，合成塔内部构件分直接冷激式和间接换热式两大类，其结构大致和氨合成塔相似。间接换热式可以是单管式、双套管式和三套管式，也可以是列管式等。

列管式合成塔的结构类似于列管换热器，管内装填催化剂，管间是冷却介质，可直接生产高压蒸汽，调节蒸汽压力以达到控制温度的作用。水温度比气温只低几度，催化剂不会过热，而沿轴向方向温度几乎保持均匀。列管式合成塔的列管一般由管径 $\phi38mm \times 2mm$，管长达 6m 的几千根管子组成，塔径可达 6m，高 8～10m。

6.4.5　合成甲醇的技术进展

虽然开发了高活性的铜基催化剂，合成甲醇从高压法转向低压法，完成了合成甲醇技术的一次重大飞跃，但仍存在许多问题：反应器结构复杂；单程转化率低，气体压缩和循环的能耗大；反应温度不易控制，反应器热稳定性差。所有这些问题向人们揭示，在合成甲醇技术方面仍有很大的潜力，更新更高技术等待我们去开发，下面介绍 20 世纪 80 年代来所取得的新成果。

（1）气液固三相合成甲醇工艺　首先由美国化学系统公司提出，采用三相流化床，液相是惰性介质，催化剂是 ICI 的 Cu-Zn 改进型催化剂。对液相介质的要求：在甲醇合成条件下有很好的热稳定性和化学稳定性。既是催化剂的流化介质，又是反应热吸收介质，甲醇在液相介质中的溶解度越小越好，产物甲醇以气相的形式离开反应器。这类液相介质有三甲苯，液体石蜡和正十六烷等。后来 Berty 等人提出了相反的观点，采用的液相介质除了热稳定性外，要求甲醇在其中的溶解度越大越好，产物甲醇是以溶液形式离开反应器，在反应器外进行分离。实验发现四甘醇二甲醚是极理想的液相介质。CO 和 H_2 在该液相中的气液平衡常数很大，采用 Cu-Zn-Al 催化剂，其单程转化率大于相同条件下气相的平衡转化率。

气液固三相工艺的优点：反应器结构简单，投资少；由于介质的存在改善了反应器的传热性能，温度易于控制，提高了反应器的热稳定性；催化剂的颗粒小，内扩散影响易于消除；合成甲醇的单程转化率高，可达 15%～20%，循环比大为减小；能量回收利用率高，催化剂磨损少。缺点是三相反应器压降较大，液相内的扩散系数比气相小得多。

（2）液相法合成甲醇工艺　液相合成甲醇工艺的特点是采用活性更高的过渡金属配位催化剂。催化剂均匀分布在液相介质中，不存在催化剂表面不均一性和内扩散影响问题，反应温度低，一般不超过 200℃。20 世纪 80 年代中期，美国 Brookhaven 国家实验室开发了活性很高的复合型催化剂，其结构为 NaOH-RONa-M$(OAc)_2$，其中 M 代表过渡金属 Ni，Pd 或 Co，R 为低碳烷基（含 1～6 个 C 原子），当 M 为 Ni，R 为为叔戊烷基时催化剂性能最好。液相介质为四氢呋喃，反应温度为 80～120℃，压力为 2MPa 左右，合成气单程转化率高于 80%，甲醇选择性高达 96%。当该催化剂与第 Ⅵ 族金属（Cr、Mo、W）的羰基配位化合物［推荐 $Mo(CO)_6$］混合使用时，能得到更好的效果，它能激活 CO，并有较好的耐硫性，当合成气中含有 $1670×10^{-6}H_2S$ 时，其甲醇产率仍达 33%。

Mahajan 等人研制了由过渡金属配位化合物与醇盐组成的复合催化剂，如四羰基镍［$Ni(CO)_4$］和甲醇钾（CH_3OK），以四氢呋喃为液相介质，反应温度为 125℃，CO 转化率大于 90%，选择性达 99%。

目前液相合成甲醇研究仍处于实验室阶段，尚未工业化，但它是一种很有开发前景的技术。该方法的缺点是由于反应温度低，反应热不易回收利用；CO_2 和 H_2O 容易使复合催化剂中毒，因此对合成气体的要求很苛刻，不能含有 CO_2 和 H_2O。

（3）新型 GSSTFR 和 RSIPR 反应系统　该系统采用反应、吸附、和产物交换交替进行的一种新型反应装置。GSSTFR 是指气-固-固滴流流动反应系统，CO 和 H_2 在催化剂作用下，在此系统内进行反应合成甲醇，该甲醇马上被固态粉状吸附剂所吸附，并滴流带出反应系统。RSIPR 是级间产品脱除反应系统，当已吸附气态甲醇的粉状吸附剂流入该系统时，与该系统内的液相四甘醇二甲醚进行交换，气态的甲醇被液相所吸附（气态的甲醇溶于液相四甘醇二甲醚中），然后再将四甘醇二甲醚中的甲醇分离出来。这样合成甲醇反应不断向右进行，CO 的单程转化率可达 100%，气相反应物不循环。这项新工艺仍于研究之中，尚未投入工业生产，还有许多技术问题需要解决和完善。

6.5　乙苯脱氢制苯乙烯[2,15]

苯乙烯是不饱和芳烃，无色液体，沸点 145℃，难溶于水，能溶于甲醇、乙醇、四氯化碳及乙醚等溶剂中。

苯乙烯是高分子合成材料的一种重要单体，自身均聚可制得聚苯乙烯树脂，其用途十分广泛，与其他单体共聚可得到多种有价值的共聚物，如与丙烯腈共聚制得色泽光亮的

SAN 树脂，与丙烯腈、丁二烯共聚得 ABS 树脂，与丁二烯共聚可得丁苯橡胶及 SBS 塑性橡胶等。此外，苯乙烯还广泛用于制药、涂料、纺织等工业。

苯乙烯聚合物于 1827 年发现，1867 年 Berthelot 发现乙苯通过赤热瓷管时能生成苯乙烯。1930 年，美国道化学公司首创了乙苯热脱氢法生产苯乙烯过程，1945 年实现了苯乙烯工业化生产。50 年来，苯乙烯生产技术不断进步，已趋于完善。2000 年世界苯乙烯生产能力超过 2230 万吨。由于市场需求旺盛，苯乙烯生产将会高速发展。

6.5.1 制取苯乙烯的方法简介

（1）乙苯脱氢法　是目前生产苯乙烯的主要方法。乙苯的来源在工业上主要采用烷基化法，苯和乙烯在催化剂作用下生成，其次从炼油厂的重整油、烷烃裂解过程中的裂解汽油及炼焦厂的煤焦油中通过精馏分离出来。

此法分两部进行，第一步是苯和乙烯反应，生成乙苯；第二步是乙苯脱氢生成苯乙烯，其反应式为

$$\text{C}_6\text{H}_6 + \text{C}_2\text{H}_4 \longrightarrow \text{C}_6\text{H}_5\text{C}_2\text{H}_5 \tag{6-49}$$

$$\text{C}_6\text{H}_5\text{C}_2\text{H}_5 \rightleftharpoons \text{C}_6\text{H}_5\text{CH}=\text{CH}_2 + \text{H}_2 \tag{6-50}$$

（2）乙苯共氧化法　该法分三步进行，首先是生成乙苯过氧化氢，然后将乙苯过氧化氢与丙烯反应，生成 α-甲基苯甲醇和环氧丙烷，然后 α-甲基苯甲醇脱水生成苯乙烯。

$$\text{C}_6\text{H}_5\text{C}_2\text{H}_5 + \text{O}_2 \longrightarrow \text{C}_6\text{H}_5\text{CH(O-OH)CH}_3 \tag{6-51}$$

$$\text{C}_6\text{H}_5\text{CH(O-OH)CH}_3 + \text{CH}_3\text{CHCH}_2 \longrightarrow \text{C}_6\text{H}_5\text{CH(OH)CH}_3 + \text{CH}_3\text{-CH-CH}_2\text{(O)} \tag{6-52}$$

$$\text{C}_6\text{H}_5\text{CH(OH)CH}_3 \longrightarrow \text{C}_6\text{H}_5\text{CH}=\text{CH}_2 + \text{H}_2\text{O} \tag{6-53}$$

该法又称哈康法，具体内容将在第 7 章中详述。

（3）甲苯为原料合成苯乙烯　第一步采用 PbO·MgO/Al$_2$O$_3$ 催化剂，在水蒸气存在下使甲苯脱氢缩合生成苯乙烯基苯；第二步将苯乙烯基苯与乙烯在 WO·K$_2$O/SiO$_2$ 催化剂作用下生成苯乙烯

$$\text{C}_6\text{H}_5\text{CH}_3 \longrightarrow \text{C}_6\text{H}_5\text{CH}=\text{CHC}_6\text{H}_5 + 2\text{H}_2 \tag{6-54}$$

$$\text{C}_6\text{H}_5\text{CH}=\text{CHC}_6\text{H}_5 + \text{C}_2\text{H}_4 \longrightarrow 2\,\text{C}_6\text{H}_5\text{CH}=\text{CH}_2 \tag{6-55}$$

另一种方法是甲苯与甲醇直接合成苯乙烯

$$\text{CH}_3\text{OH} \longrightarrow \text{HCHO} + \text{H}_2 \tag{6-56}$$

$$\text{HCHO} + \text{C}_6\text{H}_5\text{CH}_3 \longrightarrow \text{C}_6\text{H}_5\text{CH}_2\text{CH}_2\text{OH} \tag{6-57}$$

$$\text{C}_6\text{H}_5\text{CH}_2\text{CH}_2\text{OH} \longrightarrow \text{C}_6\text{H}_5\text{CH}=\text{CH}_2 + \text{H}_2\text{O} \tag{6-58}$$

$$\text{C}_6\text{H}_5\text{CH}_2\text{CH}_2\text{OH} + \text{H}_2 \longrightarrow \text{C}_6\text{H}_5\text{C}_2\text{H}_5 + \text{H}_2\text{O} \tag{6-59}$$

此方法正在研究之中，未进行工业化生产。

（4）乙烯和苯直接合成苯乙烯

$$\text{C}_6\text{H}_6 + \text{C}_2\text{H}_4 + \frac{1}{2}\text{O}_2 \longrightarrow \text{C}_6\text{H}_5\text{CH}=\text{CH}_2 + \text{H}_2\text{O} \tag{6-60}$$

采用贵金属催化剂，可在液相，也可在气相中进行反应，副产物有乙烯、乙醛、二氧化碳等。此项技术也处于研究之中，有一定的工业前景。

（5）乙苯氧化脱氢

$$\text{C}_6\text{H}_5\text{—C}_2\text{H}_5 + \frac{1}{2}\text{O}_2 \longrightarrow \text{C}_6\text{H}_5\text{—CH}=\text{CH}_2 + \text{H}_2\text{O} \tag{6-61}$$

此方法的特点是不受乙苯脱氢平衡限制，也不采用水蒸气。目前处在研究阶段，是一个极有发展前景的路线。

6.5.2 乙苯催化脱氢的基本原理

6.5.2.1 乙苯催化脱氢的主、副反应

主反应

$$\text{C}_6\text{H}_5\text{—C}_2\text{H}_5 \rightleftharpoons \text{C}_6\text{H}_5\text{—CH}=\text{CH}_2 + \text{H}_2$$

副反应　主要有乙苯的裂解、加氢裂解、水蒸气裂解、聚合和缩合而形成焦油等。

$$\text{C}_6\text{H}_5\text{—C}_2\text{H}_5 \rightleftharpoons \text{C}_6\text{H}_6 + \text{C}_2\text{H}_4 \qquad \Delta H(873\text{K}) = -102\text{kJ/mol} \tag{6-62}$$

$$\text{C}_6\text{H}_5\text{—C}_2\text{H}_5 + \text{H}_2 \rightleftharpoons \text{C}_6\text{H}_5\text{—CH}_3 + \text{CH}_4 \qquad \Delta H(873\text{K}) = 64.4\text{kJ/mol} \tag{6-63}$$

$$\text{C}_6\text{H}_5\text{—C}_2\text{H}_5 + \text{H}_2 \rightleftharpoons \text{C}_6\text{H}_6 + \text{C}_2\text{H}_6 \qquad \Delta H(298\text{K}) = 41.8\text{kJ/mol} \tag{6-64}$$

$$\text{C}_6\text{H}_5\text{—C}_2\text{H}_5 \rightleftharpoons 8\text{C} + 5\text{H}_2 \qquad \Delta H(873\text{K}) = 1.72\text{kJ/mol} \tag{6-65}$$

$$\text{C}_6\text{H}_5\text{—C}_2\text{H}_5 + 16\text{H}_2\text{O} \rightleftharpoons 8\text{CO}_2 + 21\text{H}_2 \qquad \Delta H(873\text{K}) = 793\text{kJ/mol} \tag{6-66}$$

乙苯脱氢反应是个可逆吸热反应，在低温时平衡常数很小，平衡转化率也很低，图 6-13 和 6-14 分别是乙苯脱氢反应的平衡常数和平衡转化率与温度的关系曲线。

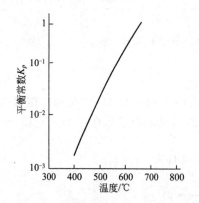

图 6-13　乙苯脱氢反应平衡常数与温度关系

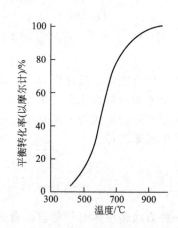

图 6-14　乙苯脱氢平衡转化率与温度关系

从热力学分析可知，平衡常数和平衡产率随反应温度的升高、压力的降低而增大。实验测定，当压力从 10^5 Pa 降至 10^4 Pa 时，达到相同转化率所需的反应温度可降低 100℃左右。但是在高温下进行负压操作是不安全的，因此，可采用加入惰性气体的方法以达到降低原料气分压的作用。为此，工业上常采用水蒸气作惰性气体稀释气。

6.5.2.2 乙苯脱氢催化剂

前面讲过乙苯脱氢反应是个复杂反应，从热力学上讲，裂解反应比脱氢反应有利，加氢裂解反应也比脱氢反应有利，即使在 700℃下，加氢裂解的平衡常数仍然很大。故乙苯在高温下、进行脱氢时，主要产物是苯，而要使主反应进行顺利，必须采用高活性、高选择性的催化剂。

除了活性和选择性外，脱氢反应是在高温、有氢和大量水蒸气存在下进行的，也要求催化剂具有良好的热稳定性和化学稳定性，此外催化剂还能抗结焦和易于再生。

脱氢催化剂的活性组分是氧化铁，助催化剂有钾、钒、钼、钨、铈等氧化物。如 $Fe_2O_3 : K_2O : Cr_2O_3 = 87 : 10 : 3$ 组成的催化剂，乙苯的转化率可达 60%，选择性为 87%。

在有氢和水蒸气存在下，氧化铁体系可能有四价铁、三价铁、二价铁和金属铁之间平衡。据研究，Fe_3O_4 可能起催化作用。在氢作用下，高价铁会还原成低价铁，甚至是金属铁。低价铁会促使烃类的完全分解反应，而水蒸气的存在可阻止低价铁的出现。

助催化剂 K_2O，能改变催化剂表面酸度，减少裂解反应的发生，并能提高催化剂的抗结焦性能和消炭作用，以及促进催化剂的再生能力，延长再生周期。

助催化剂 Cr_2O_3，是高熔点金属氧化物，可以提高催化剂的耐热性，稳定铁的价态。但氧化铬对人体及环境有毒害作用，应采用无铬催化剂，如 Fe_2O_3-Mo_2O_3-CeO-K_2O 催化剂，以及国产 XH-02 和 335 型无铬催化剂等。

6.5.3 乙苯脱氢反应条件选择

（1）温度 乙苯脱氢反应是可逆吸热反应，温度升高有利于平衡转化率的提高，也有利反应速率的提高。而温度升高同时有利乙苯的裂解和加氢裂解，结果是随着温度的升高，乙苯的转化率增加，而苯乙烯的选择性下降。而温度降低时，副反应虽然减少，有利于苯乙烯选择性的提高，但因反应速率下降，产率也不高。如采用氧化铁催化剂，500℃下进行乙苯脱氢反应，几乎没有裂解产物，选择性接近 100%，而乙苯的转化率只有 30%。故乙苯收率随温度变化存在一个最高点，其对应的温度为最适宜温度。表 6-10 是乙苯脱氢反应温度对转化率和选择性的影响情况。

表 6-10　乙苯脱氢反应温度的影响

催化剂	温度/℃	转化率/%	选择性/%	催化剂	温度/℃	转化率/%	选择性/%
XH-02	580	53.0	94.3	G4-1	580	47.0	98.0
	600	62.0	93.5		600	63.5	95.6
	620	72.5	92.0		620	76.1	95.0
	640	87.0	89.4		640	85.15	93.0

注：乙苯的液态空速为 $1h^{-1}$，乙苯/H_2O=1：1.3。

（2）压力 对反应速度而言，增加压力则反应速率会加快，但对脱氢的平衡不利。工业上采用水蒸气来稀释原料气，以降低乙苯的分压，提高乙苯的平衡转化率。如果水蒸气对催化剂性能有影响，只有采取降压操作的方法。

（3）空速 乙苯脱氢反应是个复杂反应，空速低，接触时间增加，副反应加剧，选择性下降，故需采用较高的空速，以提高选择性，虽然转化率不是很高，未反应的原料气可以循环使用，但必然造成耗能增加。因此需要综合考虑，选择最佳空速。表 6-11 是乙苯脱氢反应空速对转化率和选择性的影响情况。

表 6-11　乙苯液态空速对转化率和选择性的影响情况

反应温度/℃	乙苯液态空速/h^{-1}			
	1.0		0.6	
	转化率%	选择性%	转化率%	选择性%
580	53.0	94.3	59.8	93.6
600	62.0	93.5	72.1	92.4
620	72.5	92.0	81.4	89.3
640	87.5	89.4	87.1	84.8

注：乙苯与水蒸气之比为 1：1.3。

（4）催化剂颗粒度的影响　催化剂颗粒的大小影响乙苯脱氢反应的反应速率，脱氢反应的选择性随粒度的增加而降低。可解释为主反应受内扩散影响大，而副反应受内扩散影响小的缘故。所以，工业上常用较小颗粒度的催化剂，以减少催化剂的内扩散阻力。同时还可以将催化剂进行高温焙烧改性，以减少催化剂的微孔结构。

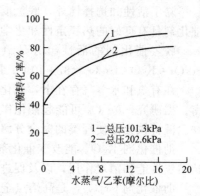

图 6-15　乙苯平衡转化率与水蒸气/乙苯用量比关系

（5）水蒸气的用量　用水蒸气作为脱氢反应的稀释剂具有下列优点：①降低了乙苯的分压，利于提高乙苯脱氢的平衡转化率；②可以抑制催化剂表面的结焦同时有消炭作用；③提供反应所需的热量，且易于产物的分离。增加水蒸气用量对上述三点有利，但水蒸气用量不是越多越好，超过一定比值以后平衡转化率的提高就不明显了，其水蒸气用量与平衡转化率关系如图 6-15 所示。

6.5.4　乙苯脱氢工艺流程和反应器

乙苯脱氢是强吸热反应，需在高温下进行，必须向反应系统提供大量的热，工业上采用两种供热方式：一种是燃烧燃料，产生高温烟道气传给反应体系，反应器采用列管式。另一种是采用过热蒸汽直接带入反应器内，这种反应器是绝热式的。下面介绍这两种工艺流程。

6.5.4.1　外加热列管式乙苯脱氢工艺

该流程主要由脱氢反应，尾气产物分离及最终产品苯乙烯的精制三部分组成。

原料乙苯和水蒸气（$H_2O/C_8＝6\sim9$）经预热后进入脱氢反应器，反应器由许多耐热合金管组成，管径 $100\sim185mm$，管长 3m，管内装填催化剂，管间是加热烟道气，反应温度为 $580\sim600℃$，乙苯的转化率为 $40\%\sim45\%$，选择性 $92\%\sim95\%$，副反应较少。由于温度沿反应管轴向变化不大，又称为等温反应器。反应尾气经热交换器后进入冷凝器冷却，冷凝液分离水分后进入粗苯乙烯贮罐。不凝气体中还有大量的 H_2 及少量的 CO_2，一般可作燃料使用，也可将其提纯作氢气来源。冷凝液经蒸馏分离出苯、甲苯、乙苯后，在经精馏塔馏出合格的苯乙烯产品。

6.5.4.2　绝热式反应器乙苯脱氢工艺

绝热式反应器乙苯脱氢工艺流程如图 6-16 所示。

原料气与反应尾气热交换后，再经预热进入脱氢绝热反应器，热量靠过热蒸汽（720℃）带入，入口温度达 $610\sim660℃$，催化剂床层分三段，段间补充过热蒸汽，全部

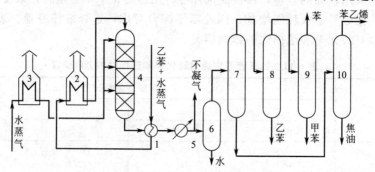

图 6-16　绝热式乙苯脱氢工艺流程

1—乙苯蒸发器；2—乙苯加热炉；3—蒸汽过热炉；4—反应器；5—冷凝器；6—油水分离器；

7—乙苯精馏塔；8—苯、甲苯精馏塔；9—苯、甲苯分离器；10—苯乙烯精馏塔

蒸汽与乙苯的摩尔比为 14。反应产物经冷凝器冷却后，气液分离，不凝气中含有大量的 H_2 及少量的 CO、CO_2，可作燃料使用。冷凝液经精馏后分离出苯、甲苯、乙苯及焦油，最后产物是苯乙烯。绝热反应器的苯乙烯收率为 $88\%\sim91\%$。

6.5.5 乙苯脱氢工艺的改进

近年来，乙苯脱氢工艺进行了多方研究改进，主要包括脱氢反应器，新型催化剂，反应条件优化等。

（1）脱氢反应器改进 改进的反应器如图 6-17 所示。其中图（a）是圆筒形辐射流动反应器，苯乙烯选择性达到 $90\%\sim91\%$ 的情况下，其乙苯的转化率达 $50\%\sim73\%$，已实现了工业化。图（b）是与图（a）相似的反应器。图（c）是双蒸汽两段绝热反应器，乙苯转化率提高 10%，水蒸气用量有所下降。图（d）是多段径向流反应器，可提高苯乙烯单程收率。图（e）是带有蒸汽再沸器的两段径向流绝热反应器。

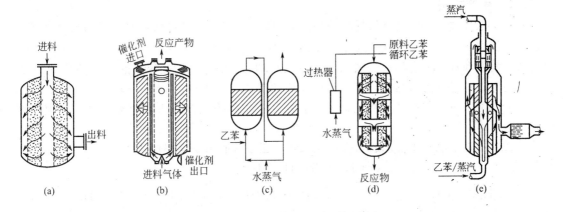

图 6-17 乙苯脱氢新型反应器示意图

（2）脱氢工艺条件的改进 乙苯脱氢反应制苯乙烯在低压下操作，如当压力为 506.6kPa 下，苯乙烯的转化率可达 70%，苯乙烯的选择性达 95%。同时在多段绝热反应器中，根据反应的需要，每段可装填不同的催化剂，以发挥催化剂的最大效能。

（3）新型催化剂研制 新型催化剂的目标是：在减少水蒸气及降低压力条件下，提高苯乙烯的选择性，沿三个方向进行。第一是选择合适的助催化剂，如 Fe_2O_3-K_2CO_3-$K_2Cr_2O_7$-V_2O_5-水泥催化剂，在水蒸气比为 $2\sim3:1$ 条件下，乙苯转化率为 $31\%\sim80\%$，苯乙烯的选择性为 90%。催化剂助剂有 K、Cr、V、Ni、Pd、Al、Ca、Mg、Mo 等。我国研制成功的 GS-01、GS-2 催化剂在水蒸气与乙苯比为 2、600℃及液态空速为 $1h^{-1}$ 条件下，乙苯转化率为 60%，苯乙烯选择性为 $95\%\sim96\%$。第二是改进催化剂颗粒的粒度和形状，小粒径，低比表面积，异形催化剂有利于选择性的提高。第三是改进催化剂的使用方法，对多层反应器可填充不同活性催化剂，各段水蒸气的加入量也可周期开停，使催化剂轮流活化，消除因温度与压力引起的波动，提高苯乙烯的选择性。

6.6 正丁烯氧化脱氢制丁二烯[2]

丁二烯是最简单的具有共轭双键的二烯烃，易发生齐聚和聚合反应，也易与其他具有双键的不饱和化合物共聚，因此是最重要的聚合物单体，主要用来生产合成橡胶，也用于合成塑料和树脂，丁二烯的主要用途见表 6-12。

表 6-12　丁二烯的主要用途

丁二烯
- 聚合 → 顺丁橡胶
- 与苯乙烯共聚 → 丁苯橡胶、丁苯胶乳
- 与丙烯腈共聚 → 丁腈橡胶
- 与苯乙烯丙烯腈共聚 → ABS 工程塑料
- 二聚 → 环辛二烯 → 尼龙-8
- 三聚 → 环辛十二三烯 → 尼龙-12
- 氯化 脱氯化氢 → 2-氯丁二烯 → 氯丁橡胶
- 与 2 分子 HCN 加成 加氢 → 己二腈 → 尼龙-66
- 乙酰氧基化 加氢、水解 → 1,4-丁二醇 → 聚酯树脂、聚氨酯等

6.6.1　生产方法

（1）从烃类热裂解制低级烯烃的副产 C_4 馏分得到　这是目前获取丁二烯的最经济和最主要的方法。C_4 馏分产量约为乙烯产量的 $30\%\sim50\%$，其中丁二烯的含量可高达 40% 左右，西欧和日本的全部、美国 80% 的丁二烯均是通过这一途径得到的。由于 C_4 馏分各组分的沸点相近（正丁烯、异丁烯和丁二烯的沸点分别为 $-6.3℃$、$-6.9℃$ 和 $-4.4℃$），工业上通常采用萃取精馏法将它们分离，所用萃取剂有：N-甲基吡咯烷酮、二甲基甲酰胺和乙腈等。

（2）由正丁烷和正丁烯脱氢生产丁二烯　正丁烷脱氢是连串可逆反应

$$CH_3CH_2CH_2CH_3 \underset{+H_2}{\overset{-H_2}{\rightleftharpoons}} \begin{cases} CH_2=CHCH_2CH_3 \\ 反- CH_3CH=CHCH_3 \\ 顺- CH_3CH=CHCH_3 \end{cases} \underset{+H_2}{\overset{-H_2}{\rightleftharpoons}} CH_2CH=CHCH_2 \qquad (6\text{-}67)$$

脱氢反应第一阶段得到三种正丁烯异构体，第二阶段三种丁烯异构体继续脱氢得到 1,3-丁二烯。两个阶段的热效分别为 $-126kJ/mol$ 和 $-113.7kJ/mol$。脱氢反应是吸热而且是物质的量（mol）增加的反应，因而采用高温和低压（甚至负压）对脱氢反应是有利的，由于高温下副反应激烈，副产物增加，故要采用催化活性高、选择性好的催化剂。如同乙苯脱氢一样，在反应第二阶段尚需添加水蒸气以降低丁烯的分压，提高反应平衡转化率，减少副反应（特别是丁烯热分解以及缩聚成焦反应），帮助清除催化表面结焦以及为脱氢反应提供热量等。由于烯烃缩聚成焦反应比较严重，为保持催化剂活性，需频繁再生。因此脱氢周期较短，一般为几小时，甚至几分钟，需要专门设置再生器或设置几台（一般为 $2\sim3$ 台）反应器切换轮流使用，为此需要复杂的自动控制系统。

（3）正丁烯氧化脱氢法制丁二烯　在脱氢反应气中加入适量的氧来迅速除去脱氢反应中产生的氢，这就是氧化脱氢法。它打破了化学平衡限制和提高了反应速率。氧化脱氢法有如下优点。

① 反应温度较低，正丁烯制丁二烯只需 $400\sim500℃$，比通常的脱氢反应低 $100\sim200℃$；

② 通常脱氢是吸热反应（约 $126kJ/mol$），需补给热量，而氧化脱氢却是放热的，可省去原先的供热设备；

③ 由于催化剂在较低温度和氧的气氛下工作，结焦极少，所以催化剂可以长期运转；

④ 在通常脱氢反应中，压力对平衡转化率有很大影响，但在氧化脱氢时，压力影响甚微，所以减压或用水蒸气稀释并非一定必要；

⑤ 由于反应温度较低，有可能让转化率及选择性都获得提高。而在通常的脱氢法中，

升高温度转化率可以提高，但选择性因副反应激烈往往是下降的。

因此，烃类的氧化脱氢工艺有着光明的前景。例如，正丁烯氧化脱氢已逐步取代脱氢法，成为制造丁二烯的重要方法。

氧化脱氢法虽具有上述优点，但已实现工业化的仅为正丁烯氧化脱氢制丁二烯、甲醇氧化脱氢制甲醛等少数几个工艺。其中最关键的问题是控制氧化深度。如果氧化过剧，不仅把脱下的氢氧化掉，而且可把原料烃和脱氢产物也氧化，生成 CO_2 和 CO，并放出大量热，使反应温度难于控制，酿成"飞温"和爆炸。所以要求催化剂不仅具有相当的脱氢能力，并且供氧活性只满足在表面上吸附氢的作用，而不会氧化产物、脱氢中间体或原料烃类。

现在，随着清洁燃料需求量的增加，生产烷基化汽油和 MTBE（甲基叔丁基醚）所需的异丁烷和异丁烯的量猛增，由石油烃热裂解获得的 C_4 馏分或丁烷脱氢馏分进行切割获取纯度较高的异丁烷和异丁烯势在必行，由此可得到的纯度较高的正丁烯作为氧化脱氢制二烯原料，实现资源的综合利用。

表 6-13 给出了催化脱氢法和氧化脱氢法的比较。由表可见，氧化脱氢法的原料和水蒸气单耗低，技术经济指标比催化脱氢法优越。

表 6-13　催化脱氢法和氧化脱氢法的比较

方　　法	正丁烯单程转化率/%	丁二烯的选择性/%	丁二烯单程收率/%	进料 n（水蒸气）生成 1mol（丁二烯）
催化脱氢法（催化剂 Shell205）	25	65	16	62.5
催化脱氢法（催化剂磷酸钙镍）	40	65	34	87.0
氧化脱氢法（催化剂铁酸盐尖晶石）	65	92	60	20.0

以下将介绍丁烯氧化脱氢制丁二烯的工艺过程。

6.6.2　工艺原理

（1）化学反应　正丁烯氧化脱氢生成丁二烯的主反应是一个放热反应。

$$C_4H_8 + \frac{1}{2}O_2 \longrightarrow CH_2{=}CHCH{=}CH_2 + H_2O（气）\quad \Delta H(773K) = 134.31 kJ/mol$$

$$(6-68)$$

其氧化脱氢反应的平衡与温度的关系式为

$$\lg K_p = \frac{13740}{T} + 2.14\lg T + 0.829 \tag{6-69}$$

由式（6-69）可知，该反应在任何温度下平衡常数均很大，实际上可视为一个不可逆反应，因此反应的进行不受热力学条件的限制。

主要的副反应有：

① 正丁烯氧化降解生成饱和及不饱和的小分子醛、酮、酸等含氧化合物，如甲醛、乙醛、丙烯醛、丙酮、饱和及不饱和低级有机酸等。

② 正丁烯氧化生成呋喃、丁烯醛和丁酮等；

③ 完全氧化生成一氧化碳、二氧化碳和水；

④ 正丁烯氧化脱氢环化生成芳烃；

⑤ 深度氧化脱氢生成乙烯基乙炔、甲基乙炔等；

⑥ 产物和副产物的聚合结焦。

上述副反应的发生，与所采用的催化剂有关。使用钼酸铋系催化剂，含氧副产物较多，尤其是有机酸的生成量较多，有机酸含量 2%～3%，使用铁酸盐尖晶石催化剂时，含氧副产物总生成率小于1%。但在该催化剂上会发生深度氧化脱氢生成炔烃，它们给丁二烯的精制带来困难。

（2）催化剂和催化机理　工业应用的正丁烯氧化脱氢催化剂主要有两大系列。

①钼酸铋系列催化剂　是以 Mo-Bi 氧化物为基础的二组分或多组分催化剂，初期用的 Mo-Bi-O 二组分和 Mo-Bi-P-O 三组分催化剂，但活性和选择性都较低，后经改进，发展为六组分、七组分或更多组分混合氧化物催化剂，例如 Mo-Bi-P-Fe-Ni-K-O，Mo-Bi-P-Fe-Co-Ni-Ti-O 等，催化活性和选择性均有明显的提高。在适宜的操作条件下，采用六组分混合氧化物催化剂，正丁烯转化率可达66%，丁二烯选择性为80%，这类催化剂中 Mo 或 Mo-Bi 氧化物是主要活性组分，其余氧化物为助催化剂，用以提高催化剂活性、选择性和稳定性（寿命）。常用的载体是硅胶。这类催化剂的主要不足之处是副产较多的含氧化合物（尤其是有机酸），经分离它们成为三废，污染环境。

②铁酸盐尖晶石系列催化剂　$ZnFe_2O_4$，$MnFe_2O_4$，$MgFe_2O_4$，$ZnCrFeO_4$ 和 $Mg_{0.1}Zn_{0.9}Fe_2O_4$（原子比）等铁酸盐是具有尖晶石型（$A^{2+}B_2^{3+}O_4$）结构的氧化物，是20世纪60年代后期开发的一类正丁烯氧化脱氢催化剂。据研究，在该类催化剂中 α-Fe_2O_3 的存在是必要的，否则催化剂活性会很快下降。铁酸盐尖晶石系列催化剂具有较高的催化活性和选择性，含氧副产物少，转化率可达70%，选择性达90%或更高。

③其他类型　主要有以 Sb 或 Sn 氧化物为基础的混合氧化物催化剂。例如 Sb_2O_3-SnO_2 等。中国兰州化学物理所研制的是 Sn-P-Li（各原子比为 2∶1∶0.6～1.0）催化剂，正丁烯转化率达95%左右。丁二烯选择性为89%～94%，丁二烯收率85%～90%，但含氧化合较高，占正丁烯总量的3%～5%。

6.6.3　工艺条件的选择

工艺条件与采用的催化剂和反应器有关，现以铁酸盐尖晶石催化剂及绝热式反应器为例讨论正丁烯氧化脱氢制取丁二烯的工艺条件选择。

（1）原料纯度的要求　正丁烯的3个异构体在铁酸盐尖晶石催化剂上的脱氢反应速率和选择性虽有所差异，但差别不大。因此，原料中3个异构体的组成分布的影响对工艺条件的选择影响不大。

原料中异丁烯的量要严格控制，因异丁烯易氧化，使氧的消耗量增加，并影响反应温度的控制。

C_3 或 C_3 以下烷烃性质稳定，不会被氧化，但其含量太高会影响反应器的生产能力，在操作条件下也有可能少量被氧化生成 CO_2 和水。

（2）氧与正丁烯的用量比　一般采用空气为氧化剂，由于丁二烯的收率与所用氧量有直接关系，故氧与正丁烯的用量比要严格控制。由表6-14看出氧/正丁烯用量比对反应转化率、选择性和收率的影响。由表可知，氧/正丁烯在一定范围内（如0.52～0.68）增加，转化率增加，选择性下降，由于转化率增加幅度较大，丁二烯收率还是增加的，但超过一定范围（如>0.68），丁二烯收率则开始下降。反应选择性下降的原因主要是随着 O_2/n-C_4H_8 的增加，生成的副产物如乙烯基乙炔、甲基乙炔、甲醛、乙醛和呋喃等含氧化合物增加，完全氧化生成 CO_2 和水的速率加快的缘故。

表 6-14　氧/正丁烯用量比的影响

O_2/n-C_4H_8	H_2O/n-C_4H_8	进口温度/℃	出口温度/℃	转化率/%	选择性/%	收率/%
0.52	16	346.7	531.7	72.2	95.0	68.5
0.60	16	345	556	77.7	93.9	72.9
0.68	16	346	584	80.7	92.2	74.4
0.72	16	344	609	79.5	91.6	72.8
0.72	16	352.8	596.5	80.6	91.4	73.7

由表 6-14 还可以看到，随着 $O_2/n\text{-}C_4H_8$ 增加，反应器进出口温度差增大（与转化率增高有关），要降低出口温度，减少进出口温差，必须提高水蒸气对正丁烯的用量比。通常为了保持催化剂的活性，氧必须过量，一般为理论需氧量的 1.5 倍。

（3）水蒸气与正丁烯的用量比　水蒸气的存在可以提高丁二烯的选择性，其反应选择性随 $H_2O/n\text{-}C_4H_8$ 的增加而增加，直至达到最大值。水蒸气的存在也加快了反应速率。对每个特定的 $O_2/n\text{-}C_4H_8$，都有一最佳 $H_2O/n\text{-}C_4H_8$。$O_2/n\text{-}C_4H_8$ 高，最佳 $H_2O/n\text{-}C_4H_8$ 也高。如上所述，$O_2/n\text{-}C_4H_8$ 也只能在一定范围内选择。表 6-15 示出了不同 $O_2/n\text{-}C_4H_8$ 为 0.52 时，$H_2O/n\text{-}C_4H_8$ 的最佳用量比为 12。

表 6-15　不同水蒸气/正丁烯的影响

$H_2O/n\text{-}C_4H_8$	进口温度/℃	出口温度/℃	转化率/%	选择性/%	收率/%
9	306	548	71.1	94.6	67.8
10	321	583	71.7	94.9	68.0
12	334.4	558	72.3	95.1	68.8
16	346.7	531.7	72.2	95.0	68.5

注：$O_2/n\text{-}C_4H_8$ 为 0.52，正丁烯液态空速为 $2.14h^{-1}$。

（4）反应温度　由于氧化脱氢是放热的，因此出口温度会明显高于进口温度，两者温差可达 220℃ 或更大。适宜的反应温度范围一般为 327～547℃。对铁酸盐尖晶石催化剂而言，由于完全氧化副反应的活化能小于主反应，可以在反应温度上限制操作，而不致严重影响反应的选择性。例如，即使出口温度高达 547℃ 以上，丁二烯选择性仍可高达 90% 以上。但反应温度太高，生成炔、醛类副产物增多，导致选择性下降。又由于高温下醛、炔等的缩聚，使催化剂失活速率加快。

（5）正丁烯的空速　正丁烯的空速在一定范围内变化，对选择性影响甚微。一般空速增加，需相应提高进口温度，以保持一定的转化率。工业上正丁烯质量空速（GHSV）为 $600h^{-1}$ 或更高。

（6）压力　反应器的进口压力虽然对转化率影响甚微，但对选择性有影响（见图 6-18）。进口压力升高，选择性下降，因而收率也下降。因此希望在较低压下操作，并要求催化剂床层的阻力降应尽可能小，为此采用径向绝热床反应器将更适宜。选择性下降的原因可能是因为原料、中间产物和丁二烯等在催化剂表面滞留时间过长，发生降解或完全氧化之故。

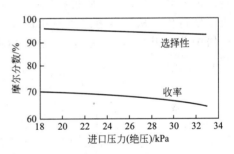

图 6-18　进口压力对选择性和收率的影响

6.6.4　工艺流程

正丁烯氧化脱氢生产丁二烯的工艺流程分为反应、丁二烯分离和精制，以及未转化的正丁烯回收三部分。图 6-19 示出了反应部分的工艺流程。由于铁酸盐尖晶石催化剂有较宽广的操作温度范围，故可采用绝热床反应器。

新鲜原料正丁烯与循环的丁烯混合后，再与预热至一定温度的空气和水蒸气混合物充分混合，使之达到预定的温度，进入绝热式反应器进行氧化脱氢反应。自反应器出来的高温反应接触气经废热锅炉回收热量，当采用铁酸盐尖晶石催化剂时，因反应接触气中不含有机酸，不易结焦，出废热锅炉接触气的温度，可比其他催化剂相对低一些，以提高热量的回收率。之后接触气进入淬冷系统，用水急冷，在进一步降温并除去高沸点副产物后，进入吸收分离工序，分离出产物丁二烯和未转化的正丁烯。为了提高吸收效率，物料在吸

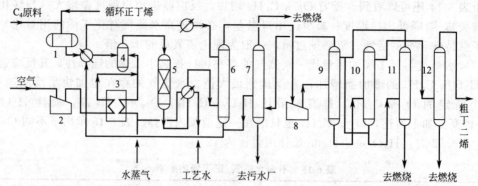

图 6-19　正丁烯氧化脱氢制丁二烯反应部分流程

1—C₄ 原料罐；2—空气压缩机；3—加热炉；4—混合器；5—反应器；6—淬冷塔；
7—吹脱塔；8—压缩机；9—吸收塔；10—解吸塔；11—油再生塔；12—脱重组分塔

收塔前先经压缩机增压得到粗丁二烯，再在脱重组分塔中脱除高沸点吸收后，在解吸塔中进行解吸，解吸塔釜液仍用作吸收剂循环使用。未被吸收的气体，主要是 N_2、CO 和 CO_2，并含有少量低沸点副产物，经吹脱塔送火炬焚烧。自淬冷塔塔底排出的水含有沸点较高的含氧副产物，一部分经热交换回收部分能量后循环作淬冷水用，其余经吹脱塔脱除低沸点副产物后，排放到污水厂处理。

丁二烯的分离和精制流程见图 6-20。来自脱重组分塔的粗丁二烯含有未反应的正丁烯、副产物炔烃和随原料正丁烯带入的丁烷等，需采用二级萃取精馏的方法分离，萃取剂通常采用乙腈、二甲基甲酰胺、N-甲基吡咯烷酮等。粗丁二烯先在一级萃取精馏塔中，分离出正丁烯和丁烷，然后再在二级萃取精馏塔中分离出炔烃。萃取剂循环使用，少量送再生塔再生。从二级蒸出塔蒸出的丁二烯含有少量甲基乙炔和顺-2-丁烯。先在脱轻组分塔中蒸出甲基乙炔，然后在丁二烯精馏塔中，分出顺-2-丁烯，最后获得聚合级丁二烯。

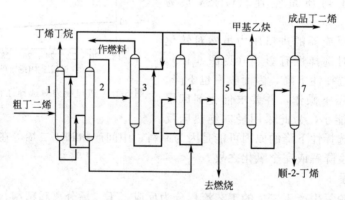

图 6-20　丁二烯分离和精制流程

1—一级萃取精馏塔；2—一级蒸出塔；3—二级萃取精馏塔；4—二级蒸出塔；
5—萃取剂再生塔；6—脱轻组分塔；7—丁二烯精馏塔

从丁二烯分离精制部分分出的正丁烯和正丁烷，为了避免正丁烷在系统中积累，需将正丁烷分离出后正丁烯才能返回系统循环。二者因沸点相近，也需采用萃取精馏法分离。

丁二烯是易燃、易爆物品，而且能与空气中的氧形成具有爆炸性的过氧化物，使蒸馏操作和贮存有危险性，为此要求在蒸馏或贮存过程中应避免与空气接触，以防生成易爆的过氧化物。

思　考　题

6-1. 加氢反应和脱氢反应对催化剂有什么要求?

6-2. 以煤为原料和以天然气为原料合成氨生产过程有什么不同之处?

6-3. 试分析比较合成气的三种精制方法。

6-4. 氨合成反应的平衡常数 K_f 随温度和压力是如何变化的?

6-5. 影响氨平衡浓度的因素有哪些?

6-6. 温度和压力对氨合成反应的平衡氨浓度及反应速率的影响。

6-7. 惰性气体对氨合成反应的平衡浓度及反应速率的影响。

6-8. 氨合成催化剂活性组分与助剂的作用。

6-9. 在氨合成工艺流程中,排放气为什么在循环压缩机前,而氨冷则在循环压缩机之后?

6-10. 从节能和提高经济效益出发,氨合成塔结构应如何改进?

6-11. 合成氨与合成甲醇有哪些相似的地方?

6-12. 高低压合成甲醇的比较。

6-13. 根据热力学分析,合成甲醇应在低温($<100℃$,K_f 值大)和高压下($>30MPa$,推动力大)更为有利,工业上为什么不采用此工艺条件?

6-14. 乙苯脱氢制苯乙烯生产过程中温度和空速对选择性的影响。

6-15. 苯乙烯生产中,外热式工艺与绝热式工艺有什么不同?

参　考　文　献

1　《化工百科全书》编委会.化工百科全书.第 8 卷.北京:化学工业出版社,1994

2　吴指南.基本有机化工工艺学.修订版.北京:化学工业出版社,1990

3　白崎高保,藤堂上之编.催化剂制造组译.催化剂制造.北京:石油工业出版社,1981

4　李绍芬主编.反应工程.北京:化学工业出版社,1990

5　于遵宏,朱炳辰,沈大才.大型合成氨厂工艺过程分析.北京:石油工业出版社,1993

6　姜圣阶等编著.合成氨工学.第 2 版.北京:化学工业出版社,1978

7　《化工百科全书》编委会.化工百科全书.第 6 卷.北京:化学工业出版社,1994

8　中国化学工业年鉴编辑部.中国化学工业年鉴.97/98.北京:中国信息中心出版社,1999

9　丁振亭,徐秋实.化肥工业.1998,**25**(4):5

10　大连工学院等合编.无机合成工艺学.三.化学肥料.北京:化学工业出版社,1990

11　《化工百科全书》编委会.化工百科全书.第 12 卷.北京:化学工业出版社,1996

12　宋维端.工业甲醇.北京:化学工业出版社,1991

13　宋维端,肖任坚,房鼎业编.甲醇工业.北京:化学工业出版社,1991

14　《化工百科全书》编委会.化工百科全书.第 8 卷.北京:化学工业出版社,1994

15　《化工百科全书》编委会.化工百科全书.第 1 卷.北京:化学工业出版社,1996

第7章　烃类选择性氧化

7.1　概　　述[1~4]

化学工业中氧化反应是一大类重要化学反应，它是生产大宗化工原料和中间体的重要反应过程。有机物氧化反应中烃类的氧化最有代表性。烃类氧化反应可分为完全氧化和部分氧化两大类型。完全氧化是指反应物中的碳原子与氧化合生成 CO_2，氢原子与氧结合生成水的反应过程；部分氧化，又称选择性氧化，是指烃类及其衍生物中少量氢原子（有时还有少量碳原子）与氧化剂（通常是氧）发生作用，而其他氢和碳原子不与氧化剂反应的过程。据统计，全球生产的主要化学品中 50％ 以上和选择性氧化过程有关。烃类选择性氧化可生成比原料价值更高的化学品，在化工生产中有广泛的应用。选择性氧化不仅能生产含氧化合物，如醇、醛、酮、酸、酸酐、环氧化物、过氧化物等，还可生产不含氧化合物，如丁烯氧化脱氢制丁二烯，丙烷（丙烯）氨氧化制丙烯腈，乙烯氧氯化制二氯乙烷等，这些产品有些是有机化工的重要原料和中间体，有些是三大合成材料的单体，有些是用途广泛的溶剂，在化学工业中占有重要地位。

7.1.1　氧化过程的特点和氧化剂的选择

7.1.1.1　氧化反应的特征

（1）反应放热量大　氧化反应是强放热反应，氧化深度越大，放出的反应热越多，完全氧化时的热效应约为部分氧化时的 8~10 倍。因此，在氧化反应过程中，反应热的及时转移非常重要，否则会造成反应温度迅速上升，促使副反应增加，反应选择性显著下降，严重时可能导致反应温度无法控制，甚至发生爆炸。利用氧化反应的反应热可副产蒸汽，一般说来，气-固相催化氧化反应温度较高，可回收得到高、中压蒸汽，气液相氧化反应温度较低，只能回收低品位的能量如低压蒸汽和热水。

（2）反应不可逆　对于烃类和其他有机化合物而言，氧化反应的 $\Delta G^{\ominus} \ll 0$，因此，为热力学不可逆反应，不受化学平衡限制，理论上可达 100％ 的单程转化率。但对许多反应，为了保证较高的选择性，转化率须控制在一定范围内，否则会造成深度氧化而降低目的产物的产率。如丁烷氧化制顺酐，一般控制丁烷的转化率在 85％~90％ 左右，以保证生成的顺酐不继续深度氧化。

（3）氧化途径复杂多样　烃类及其绝大多数衍生物均可发生氧化反应，且氧化反应多为由串联、并联或两者组合而形成的复杂网络，由于催化剂和反应条件的不同，氧化反应可经过不同的反应路径，转化为不同的反应产物。而且这些产物往往比原料的反应性更强，更不稳定，易于发生深度氧化，最终生成二氧化碳和水。因此反应条件和催化剂的选择非常重要，其中催化剂的选用是决定氧化路径的关键。

（4）过程易燃易爆　烃类与氧或空气容易形成爆炸混合物，因此氧化过程在设计和操作时应特别注意其安全性。

7.1.1.2　氧化剂的选择

要在烃类或其他化合物分子中引入氧，需采用氧化剂，比较常见的有空气和纯氧、过氧化氢和其他过氧化物等，空气和纯氧使用最为普遍。空气比纯氧便宜，但氧分压小，含大量的惰性气体，因此生产过程中动力消耗大，废气排放量大。用纯氧作氧化剂则可降低废气排放量，减小反应器体积。究竟是使用空气还是纯氧，要视技术经济分析而定。

用空气或纯氧对某些烃类及其衍生物进行氧化，生成的烃类过氧化物或过氧酸，也可用作氧化剂进行氧化反应，如乙苯经空气氧化生成过氧化氢乙苯，将其与丙烯反应，可制得环氧丙烷。

近年来，过氧化氢作为氧化剂发展迅速，使用过氧化氢氧化条件温和，操作简单，反应选择性高，不易发生深度氧化反应，对环境友好，可实现清洁生产。

7.1.2 烃类选择性氧化过程的分类

就反应类型而言，选择性氧化可分为以下三种。

① 碳链不发生断裂的氧化反应。如烷烃、烯烃、环烷烃和烷基芳烃的饱和碳原子上的氢原子与氧进行氧化反应，生成新的官能团，烯烃氧化生成二烯烃、环氧化物等。

② 碳链发生断裂的氧化反应。包括产物碳原子数比原料少的反应如异丁烷氧化生成乙醇的反应，以及产物碳原子数与原料相同的开环反应如环己烷氧化生成己二醇等。

③ 氧化缩合反应。在反应过程中，这类反应发生分子之间的缩合，如丙烯氨氧化生成丙烯腈、苯和乙烯氧化缩合生成苯乙烯等。

就反应相态而言，可分为均相催化氧化和非均相催化氧化。均相催化氧化体系中反应组分与催化剂的相态相同，而非均相催化氧化体系中反应组分与催化剂以不同相态存在。目前，化学工业中采用的主要是非均相催化氧化过程，均相催化氧化过程的应用还是少数。

7.2 均相催化氧化[1~13,36]

近 40 年来，在金属有机化学发展的推动下，均相催化氧化过程以其高活性和高选择性引起人们的关注。均相催化氧化通常指气-液相氧化反应，习惯上称为液相氧化反应。液相催化氧化一般具有以下特点：

① 反应物与催化剂同相，不存在固体表面上活性中心性质及分布不均匀的问题，作为活性中心的过渡金属活性高，选择性好；

② 反应条件不太苛刻，反应比较平稳，易于控制；

③ 反应设备简单，容积较小，生产能力较高；

④ 反应温度通常不太高，因此反应热利用率较低；

⑤ 在腐蚀性较强的体系时要采用特殊材质；

⑥ 催化剂多为贵金属，因此，必须分离回收。

如今，均相催化氧化技术在高级烷烃氧化制仲醇，环烷烃氧化制醇、酮混合物，Wacker 法制醛或酮，烃类过氧化氢的制备，烃类过氧化氢对烯烃进行的环氧化反应，芳烃氧化制芳香酸等过程中已成功地得以应用。随着化工产品向精细化方向发展，它在精细化学品合成领域中显示越来越重要的作用。用较廉价的过渡金属代替贵金属作催化剂及其催化剂的回收和固载化研究也不断地取得进展。

均相催化氧化反应有多种类型，工业上常用催化自氧化和络合催化氧化两类反应。此外，还有烯烃的液相环氧化反应。

7.2.1 催化自氧化

7.2.1.1 催化自氧化反应

自氧化反应是指具有自由基链式反应特征，能自动加速的氧化反应。非催化自氧化反应的开始阶段，由于没有足够浓度的自由基诱发链反应，因此具有较长的诱导期。催化剂能加速链的引发，促进反应物引发生成自由基，缩短或消除反应诱导期，因此可大大加速氧化反应，称为催化自氧化。工业上常用此类反应生产有机酸和过氧化物，在适宜的条件下，也可获得醇、酮、醛等中间产物。反应所用催化剂多为 Co、Mn 等过渡金属离子的盐类，如醋酸盐和环烷酸盐等，钴盐的催化效果一般较好，通常溶解在液态介质中形成均相。常见催化自氧化反应实例见表 7-1。

表 7-1　常见的催化自氧化反应实例

原　　料	主要产品	催　化　剂	反应条件
乙醛	醋酸	醋酸锰	50～60℃,常压
乙醛	醋酸、醋酐	醋酸钴、醋酸锰	45℃左右,醋酸乙酯溶剂
丙醛	丙酸	丙酸钴	100℃,0.7～0.8MPa
丁烷	醋酸、甲乙酮	醋酸钴或醋酸锰	160～180℃,5～6MPa,醋酸作溶剂
轻油	醋酸	丁酸钴或环烷酸钴	147～200℃,5MPa
环己烷	环己醇和环己酮	环烷酸钴	150～170℃,0.8～1.3MPa
环己烷	环己醇	偏硼酸	167～177℃
环己烷	己二酸	醋酸钴,引发剂甲乙酮	90～100℃,醋酸作溶剂
甲苯	苯甲酸	环烷酸钴	140～170℃,0.4～0.3MPa
对二甲苯	对苯二甲酸	醋酸钴和醋酸锰,溴化物作助催化剂	217℃,2～3MPa,醋酸作溶剂
		醋酸钴,乙醛、甲乙酮或三聚乙醛作助催化剂	120～130℃,0.3～3MPa,醋酸作溶剂
偏三甲苯	偏苯三酸	醋酸钴和醋酸锰,溴化物作助催化剂	200℃,2MPa,醋酸作溶剂
高级烷烃	高级脂肪酸	高锰酸钾	105～130℃
高级烷烃	高级脂肪醇	硼酸	150～190℃
异丁烷	叔丁基过氧化氢		125～140℃,0.5～4MPa
乙苯	乙苯过氧化氢		135～150℃
异丙苯	异丙苯过氧化氢（分解制苯酚、丙酮）		107℃,0.5～1MPa
对二异丙苯	对二异丙苯过氧化氢（分解制对苯二酚、丙酮）		80～100℃,0.1MPa
间或对甲基异丙苯	甲基异丙苯过氧化氢（分解制间或对甲酚）		110℃,0.1MPa
烷基氢蒽醌	过氧化氢		40～50℃,0.15～0.3MPa

　　在有些反应体系中，除需要催化剂外，还需要添加助催化剂，又称氧化促进剂。工业上常见的助催化剂有两类，一类是溴化物，如溴化钠、溴化铵、四溴乙烷、四溴化碳等；另一类是有机含氧化合物，如甲乙酮、乙醛、三聚乙醛等。助催化剂能缩短反应诱导期或加速反应的中间过程，如对二甲苯氧化制对苯二甲酸时，第一个甲基易氧化生成对甲基苯甲酸，但对甲基苯甲酸中的羧基的存在，会阻碍第二个甲基的氧化，加入助催化剂三聚乙醛或溴化物可显著促进反应的进行，缩短反应时间，降低反应温度。助催化剂的作用机理还不甚清楚，有人认为可能有利于产生含氧基团和加速金属离子氧化。

如果产物是烃类过氧化氢，大多数情况下不需要催化剂，只需少量引发剂使反应引发即可，常用的引发剂有异丁烷过氧化氢、偶氮二异丁腈等易分解为自由基的化合物。引发剂含量一般只需 10^{-6} 数量级即可。

低级烷烃资源丰富，本是氧化的理想原料，但由于气相氧化反应温度高，致使氧化产物不稳定，在高温下进一步分解选择性差，产物组成复杂，因此低级烷烃的气相自氧化工业应用的不多。而芳烃的苯环比较稳定，不易开环，自氧化时选择性高，因此多为工业上采用。常见的自氧化实例见表 7-1。

7.2.1.2　自氧化反应机理

经过大量实验，已确定烃类及其他有机化合物的自氧化反应是按自由基链式反应机理进行，但有些过程（例如链的引发）尚未完全弄清楚，下面以烃类的液相自氧化为例，将其自氧化的基本步骤作一简单介绍。

链的引发 $$RH + O_2 \xrightarrow{k_i} \dot{R} + \dot{H}O_2 \tag{7-1}$$

链的传递 $$\dot{R} + O_2 \xrightarrow{k_1} RO\dot{O} \tag{7-2}$$

$$RO\dot{O} + RH \xrightarrow{k_2} ROOH + \dot{R} \tag{7-3}$$

链的终止 $$\dot{R} + \dot{R} \xrightarrow{k_t} R-R \tag{7-4}$$

上述三个步骤，决定性步骤是链的引发过程，也就是烃分子发生均裂反应转化为自由基的过程，需要很大的活化能。所需能量与碳原子的结构有关。已知 C—H 键能大小为

$$叔\ C-H < 仲\ C-H < 伯\ C-H$$

故叔 C—H 键均裂的活化能最小，其次是仲 C—H。

要使键反应开始，还必须有足够的自由基浓度，因此从链引发到链反应开始，必然有一自由基浓度的积累阶段。在此阶段，观察不到氧的吸收，一般称为诱导期，需数小时或更长的时间，过诱导期后，反应很快加速而达到最大值。可以采用催化剂和引发剂以加速自由基的生成，缩短反应诱导期，例如 Co、Mn 等过渡金属离子盐类及易分解生成自由基的过氧化氢异丁烷，偶氮二异丁腈等化合物。这些物质通常是在链引发阶段发挥作用。而在链传递阶段，作为载体的是由作用物生成的自由基。

链的传递反应是自由基-分子反应，所需活化能较小。这一过程包括氧从气相到反应区域的传质过程和化学反应过程。各参数的影响甚为复杂，在氧的分压足够高时，式（7-2）反应速率很快，链传递反应速率是由反应式（7-3）所控制。

反应式（7-3）生成的产物 ROOH，性能不稳定，在温度较高或有催化剂存在下，会进一步分解而生成新的自由基，发生分支反应，生成不同氧化物。

$$ROOH \longrightarrow R\dot{O} + \dot{O}H \tag{7-5}$$

$$R\dot{O} + RH \longrightarrow ROH + \dot{R} \tag{7-6}$$

$$\dot{O}H + RH \longrightarrow H_2O + \dot{R} \tag{7-7}$$

$$2ROOH \longrightarrow RO\dot{O} + R\dot{O} + H_2O \tag{7-8}$$

$$RO\dot{O} \longrightarrow R'\dot{O} + R''CHO（或酮） \tag{7-9}$$

$$R\dot{O}（或 R'\dot{O}）+ RH \longrightarrow ROH（或 R'OH）+ \dot{R} \tag{7-10}$$

分支反应结果生成不同碳原子数醇和醛，醇和醛又可进一步氧化生成酮和酸，使产物组成甚为复杂。

7.2.1.3 自氧化反应过程的影响因素

(1) 溶剂的影响 在均相催化氧化体系中，经常要使用溶剂。溶剂的选择非常重要，它不仅能改变反应条件，还会对反应历程产生一定的影响。如烷基苯氧化时，常采用醋酸作溶剂。在对二甲苯氧化制对苯二甲酸时，如不加入溶剂，对苯二甲酸生成量只有 20%左右，主要生成物为醇、醛和酮等。当加入溶剂醋酸时，有利于特定自由基的生成，大大加快了氧化反应速率，对苯二甲酸的选择性可达 95%以上。但是，必须注意溶剂效应是复杂多样的，它既可产生正效应促进反应，也可产生负效应阻碍反应的进行。

(2) 杂质的影响 自氧化反应是自由基链式反应，体系中引发的自由基的数量和链的传递过程，对反应的影响至关重要。杂质的存在有可能使体系中的自由基失活，从而破坏了正常的链的引发和传递，导致反应速率显著下降甚至终止反应。由于自氧化反应体系的自由基浓度一般较小，因此，对杂质的影响一般非常敏感，有时即使少量杂质也会产生相当大的影响。杂质对自由基链锁反应的影响称为阻化作用，杂质则为阻化剂。不同的反应体系阻化剂不尽相同，常见的有水、硫化物、酚类等。

(3) 温度和氧气分压的影响 氧化反应伴随有大量的反应热，在自氧化反应体系中，由于自由基链式反应特点，保持体系的放热和移出热量平衡非常重要。氧化反应需要氧源，在体系供氧能力足够时，反应由动力学控制，保持较高的反应温度有利于反应的进行；但也不宜过高，以免副产物增多，选择性降低，甚至反应失去控制。当氧浓度较低，系统供氧能力不足时，反应由传质控制，此时增大氧分压，可促进氧传递，提高反应速率，但也需要根据设备耐压能力和经济核算而定。若供氧速度在两者之间时，传质和动力学因素均有影响，应综合考虑。

另外，由于氧化反应的目的产物为氧化过程的中间产物，因此，氧分压的改变，会影响反应的选择性，从而对产物的构成产生影响。

(4) 氧化剂用量和空速的影响 氧化剂空气或氧气用量的上限由反应排出的尾气中氧的爆炸极限确定，应避开爆炸范围。氧化剂用量的下限为反应所需的理论耗氧量，此时尾气中氧含量为零。在工业实践中，一般尾气中氧含量控制在 2%~6%，以 3%~5%为佳。氧化剂的空速定义为：空气或氧气的流量和反应器中液体体积之比，空速提高，有利于气液相接触，加速氧的吸收，促进反应进行，但过高的空速会使气体在反应器中停留时间缩短，氧的吸收不完全，利用率降低，导致尾气中氧含量过高，对安全和经济性都有影响。空速的大小受尾气中氧含量要求约束。

7.2.1.4 对二甲苯氧化制备对苯二甲酸

对苯二甲酸主要用于生产聚对苯二甲酸二乙酯（PET），也可生产聚对苯二甲酸二丁酯（PBT）和聚对苯二甲酸二丙酯（PPT），进一步生产聚酯纤维、薄膜和工程塑料。其中聚酯纤维占世界合成纤维产量 50%以上。除广泛用于生活中衣物外，还用于轮胎帘子布、运输带、灭火水管等。

目前，对苯二甲酸的主要生产方法是对二甲苯氧化法，这是一个典型的均相催化自氧化反应，主要包括氧化和加氢精制两部分，采用工艺多数为高温氧化法，其中，以美国 Amoco，英国 ICI 和日本三井油化三家技术有代表性，应用广泛。

(1) 氧化过程 以对二甲苯（PX）为原料，用醋酸钴、醋酸锰做催化剂，四溴乙烷作促进剂，在一定的压力和温度下，用空气于醋酸溶剂中把对二甲苯连续地氧化成粗对苯二甲酸。反应方程式如下。

主反应

$$(7\text{-}11)$$

式中 $k_1 \sim k_6$ 为各步反应速率的常数，反应总转化率约为 95% 以上。从动力学数据分析上述反应的各步反应速率，k_1，k_2，k_3，k_5，k_6 的反应速率较快，而 k_4 的反应速率最慢。因此，由对羧基苯甲醛（4-CBA）进一步氧化成对苯二甲酸的反应是整个反应的控制步骤。

除以上主反应外，还伴随着一些副反应的发生。例如，溶剂醋酸和对二甲苯会产生部分深度氧化，生成 CO 和 CO_2，氧化反应的配比不当，或原料不纯，带入某些杂质时，也会发生一些副反应。

副反应

$$(7\text{-}12)$$

$$CH_3COOH + O_2 \longrightarrow CO_x + H_2O \qquad (7\text{-}13)$$

（2）氧化机理　对二甲苯高温氧化采用（Cq-Mn-Br）三元混合催化剂，其催化剂主体是 Co 和 Mn，但仅用 Co、Mn 并不能完成其反应，这是因为对二甲苯的第二个甲基很难氧化。所以加入溴化物，利用溴离子基的强烈吸氢作用，使得对二甲苯的另一个甲基分子中的氢很容易地被取代，而使分子活化。

$$(7\text{-}14)$$

因此，对二甲苯的反应历程可用下列反应式表示。

$$R\text{—}CH_3 + Br \cdot \longrightarrow R\text{—}CH_2 \cdot + HBr$$
$$R\text{—}CH_2 \cdot + O_2 \longrightarrow R\text{—}CH_2OO \cdot$$
$$R\text{—}CH_2OO \cdot + HBr \longrightarrow R\text{—}CH_2OOH + Br \cdot$$
$$R\text{—}CH_2OOH + Me^{2+} \longrightarrow R\text{—}CH_2O \cdot + Me^{3+} + OH^-$$
$$R\text{—}CH_2O \cdot + Me^{3+} \longrightarrow R\text{—}CHO + Me^{2+} + H^+$$
$$R\text{—}CHO + Br \cdot \longrightarrow R\text{—}CO \cdot + HBr \qquad (7\text{-}15)$$
$$R\text{—}CO \cdot + O_2 \longrightarrow R\text{—}COOO \cdot$$
$$R\text{—}COOO \cdot + HBr \longrightarrow R\text{—}COOOH + Br \cdot$$
$$R\text{—}COOOH + Me^{2+} \longrightarrow R\text{—}COO \cdot + Me^{3+} + OH^-$$
$$R\text{—}COO \cdot + HBr \longrightarrow R\text{—}COOH + Br \cdot$$

式中，—R—代表 $\underset{\text{CH}_3}{\text{⟨苯环⟩}}$，$\underset{\text{CHO}}{\text{⟨苯环⟩}}$ 或 $\underset{\text{COOH}}{\text{⟨苯环⟩}}$；$Me^{2+}$ 代表 CO^{2+}，Mn^{2+}；Me^{3+} 代表 CO^{3+}，Mn^{3+}。

影响氧化反应的主要因素有温度、压力、催化剂和促进剂浓度，反应进料中水含量、溶剂比以及对二甲苯停留时间等，上述各影响因素均能使产品对苯二甲酸中杂质对羧基苯甲醛含量增加或降低，使副反应速率增加或减少。

（3）加氢精制过程　加氢精制工艺是利用氧化反应的逆反应原理，在 6.9MPa 压力和 281℃ 高温条件下，将粗对苯二甲酸充分溶解于脱盐水中，然后通过钯碳催化剂床层，进行加氢反应，使粗对苯二甲酸产品中的杂质对羧基苯甲醛（4-CBA）还原为易溶于水的对甲基苯甲酸（即 PT 酸），其他有色杂质也同时被分解。反应方程式如下。

$$\underset{\text{COOH}}{\overset{\text{CHO}}{\text{⟨苯环⟩}}} + 2H_2 \xrightarrow{\text{Pd/C}} \underset{\text{COOH}}{\overset{\text{CH}_3}{\text{⟨苯环⟩}}} + 2H_2O + Q \qquad (7\text{-}16)$$
$$\text{(4-CBA)} \qquad\qquad \text{(PT 酸)}$$

影响加氢反应的主要因素有温度、压力、配料、浆料浓度以及反应停留时间等。反应器温度和压力的突然变化容易压碎钯碳催化剂床层。工艺参数的变化可以使得产品质量受到影响。因操作不当或系统中送入有害杂质可使钯碳催化剂活性降低，严重时导致催化剂完全失活，从而影响加氢反应效率，使得产品质量下降。

生成的水溶性对甲基苯甲酸经过多级结晶从母液中分出，多次结晶的产物即为高纯度对苯二甲酸。

该工艺改进的主要目标是降低反应温度，提高反应速率和反应选择性。其途径是提高催化剂浓度，调整钴、锰、溴配比。目前反应温度已由 224℃ 降至 190℃，对二甲苯转化率由 98.58% 提高到 99.2%，溶剂醋酸的消耗明显下降，每降低 1℃，生产 1t 对苯二甲酸可节约 0.5~1kg 醋酸。由于反应温度的降低，设备腐蚀程度下降，减少了停车检修时间，提高了装置生产能力。

Amoco 公司适应氧化技术的发展，提高催化剂的浓度来降低氧化反应温度，使氧化在温和的条件下完成，其工艺条件见表 7-2。

表 7-2　Amoco 法不同氧化温度的工艺条件

项　目	高温氧化	中温氧化	低温氧化	项　目	高温氧化	中温氧化	低温氧化
温度/℃	224	199	190.8	反应物料含水/%(质量)	5.32	9.92	4.94
压力(表压)/MPa	2.45	1.57	1.24	停留时间/min	51	40	90
Mn/Co(原子比)	3	3	2.517	Br/Co(质量比)	5.43	3.36	2.72
Br/(Mn+Co)(原子比)	1	0.6	0.5811	Co/HAc(质量比)	0.00176	0.0178	0.03
溶剂比$\left(\dfrac{\text{HAc}+\text{H}_2\text{O}}{\text{PX}}\right)$(质量)	4.073	4.27	4.1				

7.2.1.5　异丙苯自氧化制过氧化异丙苯（CHP）

由异丙苯制过氧化异丙苯是生产苯酚、丙酮过程中的重要一步，异丙苯法生产苯酚、丙酮过程如图 7-1 所示。

苯酚和丙酮均为重要的基本有机原料，异丙苯由苯丙烯烷基化而得，通过均相自氧化生成过氧化异丙苯，再于酸的催化作用下分解为苯酚丙酮。

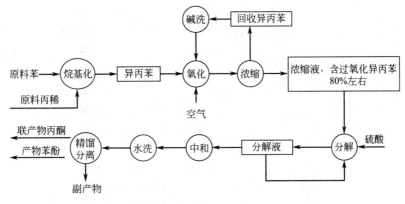

图 7-1　异丙苯法生产苯酚、丙酮的主要过程

（1）反应机理　异丙苯分子中有一易受攻击的叔 C—H 链，易自氧化生成过氧化异丙苯，由于 —OOH 基团与叔碳原子相连且受邻近苯环的影响，因此，它较通常的有机过氧化物稳定。

其反应式为

$$\text{苯}-\underset{\underset{CH_3}{|}}{\overset{\overset{CH_3}{|}}{C}}-H + O_2 \longrightarrow \text{苯}-\underset{\underset{CH_3}{|}}{\overset{\overset{CH_3}{|}}{C}}-O-O-H - \Delta H^\ominus \qquad (7\text{-}17)$$

$$\Delta H_{298}^\ominus = -116 \text{kJ/mol}$$

该反应是自由基链式反应，由三步组成。

链引发　通常以产物本身做引发剂

$$\begin{aligned} ROOH &\longrightarrow RO\cdot + HO\cdot \\ RO\cdot + RH &\longrightarrow ROH + R\cdot \\ HO\cdot + RH &\longrightarrow R\cdot + H_2O \end{aligned} \qquad (7\text{-}18)$$

链传递

$$\begin{aligned} R\cdot + O_2 &\longrightarrow R-O-O\cdot \\ ROO\cdot + RH &\longrightarrow ROOH + R\cdot \end{aligned} \qquad (7\text{-}19)$$

链终止

$$\begin{aligned} R\cdot + H\cdot &\longrightarrow R-H \\ ROO\cdot + H\cdot &\longrightarrow ROOH \\ R\cdot + R\cdot &\longrightarrow R-R \end{aligned} \qquad (7\text{-}20)$$

其中 R 为异丙苯基。

由于过氧化异丙苯是一种过氧化物，反应条件下分解的副产物必须考虑，主要副反应如下。

$$\text{苯}-\underset{\underset{CH_3}{|}}{\overset{\overset{CH_3}{|}}{C}}-O\cdot + \text{苯}-\underset{\underset{CH_3}{|}}{\overset{\overset{CH_3}{|}}{C}}-H \longrightarrow \text{苯}-\underset{\underset{CH_3}{|}}{\overset{\overset{CH_3}{|}}{C}}-OH + \text{苯}-\underset{\underset{CH_3}{|}}{\overset{\overset{CH_3}{|}}{C}}\cdot \qquad (7\text{-}21)$$

二甲基苯甲醇

$$\text{苯}-\underset{\underset{CH_3}{|}}{\overset{\overset{CH_3}{|}}{C}}-O\cdot \longrightarrow \text{苯}-\overset{\overset{O}{\|}}{C}-CH_3 + H_3C\cdot \qquad (7\text{-}22)$$

苯乙酮

229

$$\begin{array}{ccc} & \text{HCHO} \longrightarrow \text{HCOOH} \\ & \text{甲醛} \quad\quad\ \text{甲酸} \\ \text{H}_3\text{C}\cdot + \text{O}_2 & \nearrow \\ & \searrow \\ & \text{CH}_3\text{OH} \\ & \text{甲醇} \end{array} \tag{7-23}$$

$$\text{过氧化二异丙苯(DCP)} \tag{7-24}$$

$$\text{α-甲基苯乙烯(α-MS)} \tag{7-25}$$

这些分解副反应，据估计最大放热量为 302.6kJ/mol，大大超过主反应热。

(2) 反应过程影响因素　温度对反应速率影响很大，在 60℃反应速率接近于零。随着温度增加，反应速率明显加快，CHP 分解反应速率也加快。所以适宜的反应温度是由转化率、选择性和单位反应体积的生产能力所决定的，可以从反应动力学速率方程求出最佳温度。目前工业上反应温度一般控制在 95～105℃，这时反应的选择性可以达到 90%～95%。

氧化反应中有微量的有机酸生成（如甲酸、苯甲酸），这些有机酸的存在促进了 CHP 的分解，使收率下降，而且 CHP 分解所生成的苯甲酸（虽然量很少），将抑止氧化反应的进行。为了中和这些副产物中的有机酸，需要加入少量的碱性添加剂。最普遍采用的是碳酸钠的低浓度水溶液，其加入量可调，以保证反应液的 pH 值在 6～8 之间。

异丙苯氧化对原料的纯度要求严格。因为氧化反应是自由基链式反应，凡是消耗自由基的杂质均应除去。另外凡是能促进 CHP 分解或与 CHP 反应的杂质也要严格控制。除此之外，原料异丙苯中带入的少量乙苯、丁苯等烃类虽然对异丙苯氧化反应没有影响，但其自身氧化后生成的产物与苯酚很难分离（例如由丁苯氧化最后生成的 2-苯基-2-丁烯），所以也应脱除。

由于过氧化异丙苯的分解反应与过氧化异丙苯浓度有关，副反应是主反应的串连反应，实际上目的产物相当于整个反应体系中的中间产物，因此要获得高选择性，转化率应适宜，不可过高，通常控制氧化液中过氧化物含量为 25%，此时可获 95%的选择性。

为了减少产物的分解，反应器应尽量减少返混，空气通入量不能过多，要确保反应器出口尾气组成控制在爆炸极限之外。通常使用筛板式反应器，采用多塔串联（物料串联、空气并联），塔数为 2～4 个，以选用四塔居多。每台反应器控制一定的转化率，反应温度随转化率增加而逐台下降，工艺流程参见图 7-2。

7.2.2　配位催化氧化

7.2.2.1　配位催化氧化反应

均相配位催化氧化与催化自氧化反应的机理不同，在配位催化氧化反应中，催化剂由中心金属离子与配位体构成。过渡金属离子与反应物形成配位键并使其活化，使反应物氧化，而金属离子或配位体被还原，然后，还原态的催化剂再被分子氧氧化成初始状态，完成催化循环过程。而催化自氧化是通过金属离子的单电子转移引起链引发和氢化过氧化物的分解来实现氧化的过程。

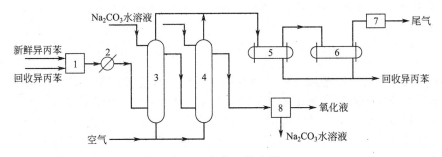

图 7-2 氧化工艺流程
1—异丙苯贮罐；2—预热器；3,4—氧化塔；5,6—冷凝器；7—尾气处理系统；8—分层罐

具有代表性的配位催化氧化反应是烯烃的液相氧化。在均相配位催化剂（PdCl$_2$＋CuCl$_2$）的作用下，烯烃可氧化生成相同碳原子数目的羰基化合物，除乙烯氧化生成乙醛外，其他均生成相应的酮，这种方法称为瓦克（Wacker）法。在通常情况下，烯烃与亲核试剂不发生反应，但当它配位于高价金属离子时，由于电子云密度的降低，就可能与亲核试剂反应。氧化最容易在最缺氢原子的碳上进行，对于乙烯，氧化后双键打开，得乙醛；对丙烯，第二个碳原子最缺氢，双键打开后得产品丙酮，而不是丙醛；对于其他的烯烃，如 1-丁烯、2-丁烯、1-戊烯等，均得到相应的酮。由于结构上的空间效应和钯催化异构化的影响，氧化反应速率随着碳原子数的增多而递减，选择性也会降低，如取乙烯反应速度为 1，丙烯则为 0.33，1-丁烯为 0.25，β-烯烃的氧化反应速率比 α-烯烃更慢。

在配位催化反应过程中，钯原子在还原态（0 价）与氧化态（＋2 价）之间变动。PdCl$_2$ 首先与烯烃形成配位化合物将其活化，使烯烃氧化，Pd^{2+} 被还原为 Pd^0 而失去活性。为使反应得以继续进行，必须使 Pd^0 重新氧化为 Pd^{2+}，但 Pd^0 直接氧化的反应速率很慢，需要具有更高氧化能力的氧化剂的介入，如 CuCl$_2$ 等，使 Pd^0 重新氧化为 Pd^{2+}，Cu^{2+} 则还原为 Cu$^+$，而 CuCl 在酸性溶液中易被氧氧化为 CuCl$_2$，从而实现了催化循环。在此反应体系中，PdCl$_2$ 是催化剂，CuCl$_2$ 是氧化剂，没有 CuCl$_2$ 的存在就不能形成催化循环。体系中氧的提供是必需的，氧能使 CuCl 重新氧化为 Cu^{2+}，使体系中 Cu^{2+} 浓度维持恒定，从而保证反应的稳定进行。催化活化烯烃的金属除了 Pd^{2+} 外，还有 Pt^{2+}、Rh^{3+}、Ir^{4+}、Ru^{3+} 和 Ti^{3+} 等，但以 Pd^{2+} 的催化活性最高。使还原了的金属再氧化的氧化剂除 CuCl$_2$ 外，还可使用 Fe^{3+}、H$_2$O$_2$、MnO$_2$、叔丁基过氧化氢和苯醌等。

在所有的反应步骤中，烯烃中双键打开后形成羰基这一步速率最慢，是反应的控制步骤。反应时，烯烃必须溶解在含催化剂的溶液中，才能得到活化，选择合适的溶剂能促进烯烃的溶解，提高氧化速率和选择性。除水外，常见的溶剂有乙醇、二甲基甲酰胺、环丁砜、3-甲基四亚甲砜、环糊精等。高级烯烃在水中的溶解度很小，可采用有机溶剂。

7.2.2.2 乙烯配位催化氧化制乙醛

（1）反应原理 Wacker 法乙烯氧化制乙醛是一个典型的配位催化氧化反应，过程包括以下三个基本化学反应。

① 烯烃的羰化反应。烯烃在氯化钯水溶液中氧化成醛，并析出金属钯。

$$CH_2{=\!=}CH_2 + PdCl_2 + H_2O \longrightarrow CH_3CHO + Pd + 2HCl \qquad (7\text{-}26)$$

在这个反应里，乙醛分子内的氧来自水分子。

② 金属钯氧化反应。式（7-26）析出的金属钯由系统内的氯化铜氧化，转变成二价钯。

$$Pd + 2CuCl_2 \Longleftrightarrow PdCl_2 + 2CuCl \qquad (7\text{-}27)$$

钯的氧化反应进行得很快，几乎可与第一步同时完成。因此，只要在催化系统内有足够量的氯化铜存在，很少量的氯化钯就能够完成烯烃的连续羰化反应。

③ 氯化亚铜的氧化。被还原的氯化亚铜，在盐酸溶液中通入氧气就可迅速氧化转变成氯化铜。

$$2CuCl + \frac{1}{2}O_2 + 2HCl \longrightarrow 2CuCl_2 + H_2O \qquad (7\text{-}28)$$

这样，第一个反应被还原的钯，通过第二个反应转变成二价钯，而后被还原的一价铜，在第三个反应中被氧气氧化成二价铜，由此构成了系统内的催化剂循环。在此，氯化钯和氯化铜称为共催化剂。虽然前两个反应不需要氧气，但系统中氧气的存在是必要的，其作用是将低价的铜氧化重新转变成高价的铜，这样就实现了乙烯氧化生产乙醛的完整过程。

$$CH_2\!=\!\!CH_2 + \frac{1}{2}O_2 \xrightarrow[\text{水溶液}]{PdCl_2\text{-}CuCl_2\text{-}HCl} CH_3CHO - \Delta H^{\ominus}_{298} \qquad (7\text{-}29)$$

$$\Delta H^{\ominus}_{298} = -243.6\,\text{kJ/mol}$$

三步反应中羰化反应速率最慢，是控制步骤。

烯烃首先溶解在催化剂溶液中，而后中心原子钯和烯烃以 σ-π 配位方式形成 σ-π 配位化合物 $[Pd(C_2H_4)Cl_3]^-$，从而使烯烃分子活化。

$$PdCl_2 + 2Cl^- \Longleftrightarrow PdCl_4^{2-}$$

$$\begin{bmatrix} Cl & Cl \\ & Pd & \\ Cl & Cl \end{bmatrix}^{2-} + C_2H_4 \Longleftrightarrow \begin{bmatrix} Cl & CH_2\!=\!\!CH_2 \\ & Pd & \\ Cl & Cl \end{bmatrix}^- + Cl^- \qquad (7\text{-}30)$$

然后进行一系列反应生成乙醛并析出钯。羰化反应的动力学方程如下。

$$-\frac{d[C_2H_4]}{dt} = kK\frac{[PdCl_4^{2-}][C_2H_4]}{[Cl^-]^2[H^+]} \qquad (7\text{-}31)$$

温度对参数 k 及 K 的影响如表 7-3 所示。

表 7-3　温度对 k 及 K 的影响

温度℃	K	$k \times 10^4 (mol/l)^2 s^{-1}$	温度℃	K	$k \times 10^4 (mol/l)^2 s^{-1}$
15	187 ± 1.4	0.53 ± 0.08	35	9.5 ± 1.5	5.8 ± 0.6
25	17.4 ± 0.4	2.0 ± 0.2			

k：反应速率常数；K：配位反应平衡常数。

(2) 工艺流程　乙烯均相氧化制乙醛的过程包括三个基本反应。三个反应在同一反应器进行的是 Hoechst 公司开发的一段法。乙烯羰化与钯的氧化在一台反应器中，Cu^+ 的氧化在另一反应器中的工艺是 Wacker-Chemie 公司开发的二段法，下面以一段法为例，予以介绍。

一段法生产乙醛的工艺流程如图 7-3 所示。

乙烯的氧化　乙烯液相氧化生产乙醛，使用带循环管的鼓泡塔式反应器，结构如图 7-4。由于乙烯配位催化氧化反应是气液相反应，气液相间传质过程对反应速率有明显影响。因此，对反应设备要求确保气液相间具有充分的接触表面，并具有良好的相间传质条件，催化剂溶液能充分混合，以确保在整个设备内获得均匀的组成。此外，还要求反应释放的热量能及时地移除。循环管式鼓泡塔反应器可较好地满足上述要求，是一种较为理想的反应器构型。

原料乙烯和循环乙烯气体的混合物与氧气分别自反应器底部送入，催化剂溶液也从底部进入反应器。两种反应物料以鼓泡形式通过反应器，在液相内进行化学反应转变为乙

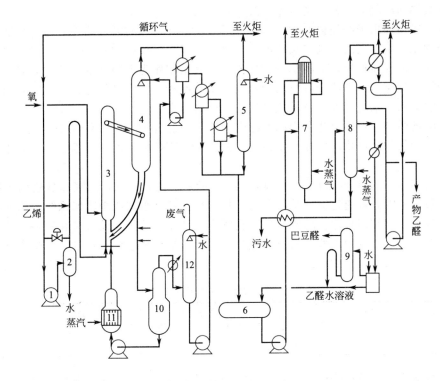

图 7-3　一段法乙烯直接氧化生产乙醛的工艺流程

1—水环压缩机；2—水分离器；3—反应器；4—除沫分离器；5—水吸收塔；6—粗乙醛贮槽；

7—脱轻组分塔；8—精馏塔；9—乙醛水溶液分离器；10—分离器；11—分解器；12—水洗涤塔

醛。由于反应进行时释放热量，将产物乙醛及部分水汽化，因此，反应器内被密度较低的气液混合物所充满。该气液混合物通过反应器上部的两根连通管流入除沫分离器。由于在除沫分离器内气速下降，气体自顶部脱除，催化剂溶液沉积在底部。这样，在除沫分离器内的催化剂溶液的密度比反应器内的气液混合物密度大得多。因此，催化剂溶液可自行通过除沫分离器底部的循环管返回到反应器内，从而实现了催化剂在反应器和除沫分离器间的循环。这种物料的循环速度很快，其线速度可达 4～7m/s，由此保证了催化剂溶液的组成均匀。同时也使反应器内的温度基本均匀。

由除沫分离器顶部出来的气体，主要含乙醛，此外还有水蒸气、未转化的乙烯、氧气及副产物氯甲烷、氯乙烷、乙酸、丁烯醛和二氧化碳。将其送入第一冷凝器，使气体中的大部分水蒸气冷凝，让凝液返回除沫分离器，再回到反应器。这部分凝液中要求乙醛的含量愈少愈好，以免让乙醛返回到反应器，引起进一步反应形成丁烯醛。这项控制通过第一冷凝器的温度调节来实现。

在第一冷凝器内未冷凝的气体送入第二和第三冷凝器，将其中的乙醛及高沸点副产物冷凝，未冷凝的气体进入水吸收塔，吸收尚未冷凝的乙醛，水吸收液与第二

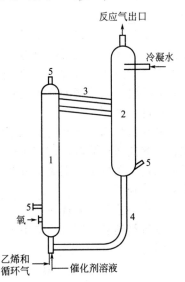

图 7-4　乙烯氧化制乙醛反应器

1—反应器；2—除沫分离器；3—连接管；

4—循环管；5—测量管

233

和第三冷凝器的冷凝液合并，送入粗乙醛贮槽。

自吸收塔顶部出来的气体，大约含有65％的乙烯和8％的氧。此外，还含有惰性气体氮；副产物氯甲烷、氯乙烷及二氧化碳。其中的乙醛含量仅有100×10^{-6}左右。为了不使循环气内的惰性气体积聚，需将部分尾气排放，其余则作为循环气返回到反应器内。

由于第一冷凝器不可能全部将反应蒸发的水分冷凝，反应操作过程中需要向泡沫分离器连续添加无离子水，从而保持催化剂溶液浓度的恒定。

粗乙醛的精制　乙烯氧化所得的粗乙醛水溶液中乙醛的含量大约在10％左右。此外，溶液中含有少量副产物，主要是氯甲烷、氯乙烷、丁烯醛、乙酸、乙烯、二氧化碳及少量高沸物。

这些需要分离的组分，其沸点数据如表7-4所示。由表可见，乙醛和这些副产物的沸点相差得较远，因此可通过普通精馏分离。粗乙醛的精制采用双塔精馏系统，第一精馏塔为脱烃组分塔，其作用是除去低沸点副产物氯甲烷和氯乙烷，以及溶解在液相中的乙烯和二氧化碳。由于氯乙烷和乙醛的沸点相差只有8℃，为了避免乙醛的损失，在该塔的上部加入吸收水，用水将蒸出的乙醛加以回收。这个塔采用加压操作，塔底以直接蒸汽加热。

表 7-4　粗乙醛溶液中各组分的沸点

组　分	沸点/℃	组　分	沸点/℃	组　分	沸点/℃
乙醛	20.8	氯乙烷	12.3	乙酸	118
氯甲烷	−24.2	丁烯醛	102.3		

第二精馏塔为成品乙醛塔，以第一精馏塔的釜液粗乙醛作为该塔加料。塔顶蒸出纯品乙醛，即最终产品；侧线采出丁烯醛与水的恒沸物，其恒沸温度为84℃，恒沸物中含水24.8％。塔釜液为含少量醋酸及其它高沸点副产物的废水。

催化剂溶液的再生　在反应过程中生成的不挥发性副产物，树脂及草酸铜留在催化剂溶液内。草酸铜不仅使催化剂溶液受到污染，而且消耗掉一部分铜，使催化剂中的铜离子浓度下降，导致催化剂活性下降。

为了使催化剂溶液维持稳定的活性，在反应过程中，连续将催化剂溶液自循环管引出一部分进行再生。

再生过程首先向催化剂溶液内加入一定量的盐酸，通入氧气，使一价铜氧化成二价铜。而后减压，并使温度降至100～105℃，在分离器内使催化剂溶液和释放出来的气体-蒸汽混合物分离。气体-蒸汽混合物先通过冷却和冷凝，使其中可以液化的物料转变成液体；而后将尚未冷凝的气体用水吸收，以捕集其中夹带的乙醛和催化剂雾沫，所余尾气排至火炬进行焚烧。

含有催化剂溶液及乙醛水溶液的物料送至除沫分离器作为补充水。分离器底部排除的催化剂溶液送至分解器，直接通入水蒸气加热到170℃，借助于催化剂溶液中的二价铜离子的氧化作用将草酸铜氧化分解，转变成一价铜并释放出二氧化碳。再生后的催化剂溶液重新返回到反应器内。

（3）工艺条件的选择

原料气纯度　原料乙烯中可能含有乙炔。乙炔能和催化剂溶液中的亚铜离子反应生成乙炔铜。

$$HC\equiv CH + Cu_2Cl_2 \longrightarrow CuC\equiv CCu + 2HCl \qquad (7\text{-}32)$$

乙炔还能和钯盐反应，生成钯炔化合物并析出金属钯。这些乙炔金属化合物都很难溶于液相，当其处于干燥状态下受热还可能爆炸。这些反应的发生改变了催化剂溶液的组成，使催化剂活性下降。

如果乙烯中含有硫化物，在酸性介质下，硫化氢可与催化剂溶液中的氯化钯反应生成硫化钯沉淀从溶液中析出。

工业上用于生产乙醛的乙烯，含量在99.5％以上，其中乙炔含量要小于30×10^{-6}，硫化氢小于3×10^{-6}。

为了避免由氧气带入过多的惰性气体，要求其纯度在99.5％以上。

转化率及反应器进气组成 乙烯氧化生产乙醛，现在工业上使用的催化剂对羰化反应具有良好的反应选择性。虽然如此，在氧气存在下，可发生一系列连串副反应。这些反应不仅降低了乙醛的产率，而且由于副产物的存在，导致催化剂活性下降。为抑制副反应并使催化剂保持足够高的活性，必须控制反应的转化率维持在较低水平，使生成的乙醛迅速离开反应系统。这就需要有大量的没有转化的乙烯进行循环。为了避免爆炸，循环气体中乙烯的含量控制在65％左右，氧含量控制在8％左右，因此反应转化率的控制除过程选择性外，还要确保反应器出口气体组成在爆炸极限之外，通常反应器进料组成为：乙烯65％，氧17％，惰性气体18％，此时乙烯转化率控制在35％。

反应温度与压力 从羰化动力学方程及温度对动力学参数k、K的影响可看出，随着温度的升高，反应速率常数k的数值变大，对反应有利；但是，温度升高参数K的数值变小，而且乙烯气体的溶解度也随着减小，对过程不利。温度升高，可使氯化钯离子$[PdCl_4]^{2-}$的浓度提高，从而使羰化反应速率加快。对于氯化亚铜的氧化反应来说，温度升高，使反应速率常数变大，但氧气在液相中的溶解度却减小。

综上分析，温度对反应速率的效应需要综合两个相反效应的相互竞争。当温度不太高时，随着温度的升高反应速率加快；温度继续升高时，不利因素的影响渐明显，副反应的速率也不断地增大。基于以上原因，工业生产温度控制在120～130℃范围内较为适宜。

为了使得反应系统的温度恒定，需要不断地移去反应系统所产生的热量。一段法生产乙醛借助水及反应产物蒸发带走反应热，反应系统中的液相处于沸腾状态。在这种情况下，反应温度和反应压力不能独立变化，当系统温度给定后，系统压力自动确定下来。

7.2.3 烯烃液相环氧化

除乙烯外，丙烯和其他高级烯烃的气相环氧化法转化率不高，选择性很低，因此，常采用液相环氧化法生产，其中环氧丙烷的生产具有代表性。环氧丙烷是重要的有机化工中间体，主要用于生产聚氨酯泡沫塑料、非离子表面活性剂、乳化剂、破乳剂等，在丙烯衍生物中，仅次于聚丙烯和丙烯腈而居第三位。目前工业上采用的生产方法有氯醇法和有机过氧化物法。

氯醇法是生产环氧丙烷的最古老的方法，基本原理是以丙烯和氯气为原料，首先丙烯经氯醇化反应生成氯丙醇，然后氯丙醇经皂化反应生成环氧丙烷。

$$CH_3CH{=}CH_2 + Cl_2 + H_2O \xrightarrow{\text{100℃左右}} CH_3CH(OH)CH_2Cl + HCl \tag{7-33}$$

$$2CH_3CH(OH)CH_2Cl + Ca(OH)_2 \longrightarrow 2CH_3CH{-}CH_2 + CaCl_2 + 2H_2O \tag{7-34}$$

氯醇法生产环氧丙烷的特点是流程短，操作负荷大，选择性好，收率高，生产比较安全，对丙烯纯度要求不高，建厂投资较少。但设备腐蚀性大，生产过程中每生产1t环氧丙烷产生含氯化钙的废水量多达40～60t，环境污染严重，并需要有充足的氯源。因此，该方法现已被有机过氧化物法逐渐取代，但对于环氧丁烷等的生产仍采用氯醇法。

有机过氧化物环氧化烯烃的方法又称共氧化法，目前共氧化法生产环氧丙烷均采用有机氢过氧化物，工业上仅采用异丁烷和乙苯的两种有机氢过氧化物。与过羧酸化物相比，有机氢过氧化物比较稳定，只有在金属离子催化剂存在下才能使丙烯环氧化，目前采用共氧化法生产环氧丙烷的专利技术为美国 ARCO 公司独家所有。其生产原理是，首先在一定的温度和压力下用氧或空气氧化异丁烷或乙苯，使之生成过氧化氢异丁烷或过氧化氢乙苯。然后，在溶于反应介质的催化剂作用下，有机过氧化物与丙烯反应生成环氧丙烷，并联产叔丁醇或 α 甲基苯甲醇，而叔丁醇脱水可得异丁烯，α 甲基苯甲醇脱水可得苯乙烯，反应方程式如下

$$CH_3-\overset{\underset{\textstyle CH_3}{|}}{\underset{\underset{\textstyle CH_3}{|}}{C}}-H + O_2 \longrightarrow CH_3-\overset{\underset{\textstyle CH_3}{|}}{\underset{\underset{\textstyle CH_3}{|}}{C}}-OOH$$

$$CH_3-\overset{\underset{\textstyle CH_3}{|}}{\underset{\underset{\textstyle CH_3}{|}}{C}}-OOH + CH_3CH=CH_2 \longrightarrow CH_3-\overset{\underset{\textstyle CH_3}{|}}{\underset{\underset{\textstyle CH_3}{|}}{C}}-OH + CH_3CH-CH_2 \qquad \xrightarrow{-H_2O} CH_3-\overset{\underset{\textstyle CH_3}{|}}{C}=CH_2 \tag{7-35}$$

$$C_6H_5C_2H_5 + O_2 \longrightarrow C_6H_5\overset{\underset{\textstyle OOH}{|}}{C}HCH_3$$

$$C_6H_5\overset{\underset{\textstyle OOH}{|}}{C}HCH_3 + CH_3CH=CH_2 \longrightarrow C_6H_5\overset{\underset{\textstyle OH}{|}}{C}HCH_3 + CH_3CH-CH_2 \qquad \xrightarrow{-H_2O} C_6H_5-CH=CH_2 \tag{7-36}$$

在共氧化法生产环氧丙烷过程中，联产物量很大，大量联产物的销路和价格是决定生产经济性的关键，因为联产物异丁烯和苯乙烯有广泛的用途，售价也较高，这也是异丁烷和乙苯法得以广泛应用的原因所在。目前正在研究的以过氧化氢异丙苯生产环氧丙烷的新技术有良好的工业前景，因为其环氧化选择性高，对丙烯而言选择性大于 95%，对过氧化氢异丙苯而言大于 90%；过氧化氢异丙苯比过氧化氢乙苯容易生产，且可用一部分来生产苯酚和丙酮；联产物二甲基苯甲醇脱水可制得 α-甲基苯乙烯。

环氧化反应催化剂常选用能溶于反应介质的过渡金属，如钼、钒、钨、钛等有机酸盐类或配位化合物，反应转化率和选择性与所用金属的氧化还原电位及 L 酸酸度有密切关系，以具有低的氧化还原电位和高的 L 酸的钼配位化合物效果最佳，如环烷酸钼、乙酰丙酮钼和六羰基钼等，催化剂通常用量为 $0.001 \sim 0.03\text{mol/mol}$（过氧化氢有机物）。

烯烃环氧化过程可以看成由过氧化氢有机物对烯烃的环氧化主反应和过氧化氢有机物自身分解为醇和氧副反应的两个平行的反应所组成。烯烃的环氧化速率 r_1 和 ROOH 分解速率 r_2 可分别表示为

主反应 $\qquad\qquad r_1 = k_1 c_{烯烃} c(\text{ROOH}) c_{催化剂} \tag{7-37}$

副反应 $\qquad\qquad r_2 = k_2 c(\text{ROOH}) \tag{7-38}$

在特定的体系中，催化剂浓度一定，则以 Y_R 表示按 ROOH 计的生成环氧化物的收率为

$$Y_R = \frac{r_1}{r_1 + r_2} = \frac{1}{1 + \dfrac{k_2}{k_1 c_{烯烃}}} \tag{7-39}$$

由上式可知，丙烯浓度和温度均对收率有影响。为提高收率，应提高丙烯的浓度；由

236

于 ROOH 分解反应的活化能一般比生成环氧化物反应的活化能大，若升高温度，则 k_2 比 k_1 增长快，从而会降低收率，故反应温度应降低，使 ROOH 分解减少，即提高了选择性；但降温也会使环氧化速率减慢，温度低于 90℃ 时，反应缓慢，高于 130℃ 时选择性显著降低，故反应温度一般控制在 100℃ 左右，收率可大于 90%～95%。

烃类过氧化物 ROOH 基团的空间位阻和电子效应是影响环氧化反应的重要因素，一般地，以过氧化氢乙苯为原料的反应速率较过氧化氢异丁烷为快，活化能也较低，但前者的稳定性比后者低，因此，有时环氧化收率要低一些。

烯烃与 ROOH 的配比也对反应的选择性有一定的影响，工业上丙烯与 ROOH 的配比一般在 2：1～10：1（摩尔比）之间。

图 7-5 为丙烯环氧化联产苯乙烯的工艺流程。由于丙烯的临界温度为 92℃，而反应温度控制在丙烯的临界温度以上，故要采用溶剂。溶剂的性质对环氧化反应速率也有明显的影响，一般认为，选用非极性溶剂比极性溶剂效果要好。为了分离上的方便，常选用反应体系中已有的烃作溶剂，在使用过氧化氢乙苯对丙烯进行环氧化时，选用乙苯作溶剂，反应温度 115℃，压力 3.74MPa，催化剂为可溶性钼盐，过氧化氢乙苯的转化率可达 99%，丙烯转化率 10% 左右，丙烯转化为环氧丙烷的选择性为 95%。生成的副产物苯乙酮在溴化铜催化剂的作用下，可加氢还原成 α-甲基苯甲醇，后者在 225℃、TiO_2-Al_2O_3 催化剂存在下，脱水生成苯乙烯。

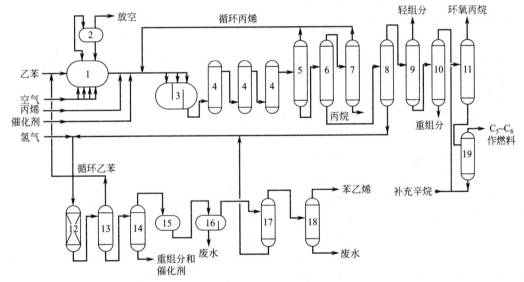

图 7-5　共氧化法生产环氧丙烷联产苯乙烯工艺流程
1—乙苯过氧化反应器；2—冷凝器；3—第一环氧化反应器；4—第二环氧化反应器；
5—高压脱 C_3 塔；6—低压脱 C_3 塔；7—C_3 分离器；8—产品粗分塔；9—脱轻组分塔；
10—脱重组分塔；11—环氧丙烷萃取塔；12—加氢反应器；13—乙苯循环塔；
14—苯乙醇塔；15—脱水反应器；16—废水分离器；17—苯乙烯塔；
18—苯乙烯精馏塔；19—辛烷塔

7.2.4　均相催化氧化过程反应器的类型

均相催化氧化反应如果使用空气或氧气作氧源，则属于气-液两相反应体系，氧气通过气液相界面进行传质，进入液相进行氧化反应。通常液相一侧的传质阻力较大，为减少该部分阻力，常用的方法是让液相在反应器内呈连续相，同时反应器必须能提供充分的氧接触表面，并具有较大的持液量，因此，多采用搅拌鼓泡釜式反应器和各种形式的鼓泡反应器如连续鼓泡床塔式反应器等。搅拌鼓泡釜式反应器使用范围较广，在搅拌桨的作用下，气泡被破碎和分散，液体高度湍动；缺点是机械搅拌的耗能和动密封问题。连续鼓泡床塔式反应器不采用机械搅拌，气体由分布器以鼓泡的方式通过液层，使液体处于湍动状态，从而达到强化相间传质和传热的目的，结构比较简单。根据反应热的大小，可设置内冷却管或外循环冷却器等来除去反应热；对于反应速率较快的体系，为避免在入口附近发生飞温，还可采用加入循环导流筒等措施来快速移走反应热。

7.3　非均相催化氧化[1~4,11,12]

通常涉及的非均相催化氧化是气-固相催化氧化，即原料和氧或空气均以气态形式通过固体催化剂床层，在固体表面发生氧化反应，近年来液-固相催化氧化反应也有所发展。与均相催化氧化相比，非均相催化氧化过程具有以下特点。

① 固体催化剂的活性温度较高，因此，气-固相催化氧化反应通常在较高的反应温度下进行，一般高于 150℃。这有利于能量的回收和节能。

② 反应物料在反应器中流速快，停留时间短，单位体积反应器的生产能力高，适于大规模连续生产。

③ 由于反应过程要经历扩散、吸附、表面反应、脱附和扩散等多个步骤，因此，反应过程的影响因素较多，反应不仅与催化剂的组成有关，还与催化剂的结构如比表面、孔结构等有关；同时，催化剂床层间传热、传质过程复杂，对目标产物的选择性和设备的正常运作有着不可忽略的影响。

④ 反应物料与空气或氧的混合物存在爆炸极限问题，因此，在工艺条件的选择和控制方面，以及在生产操作上必须特别关注生产安全。实践中已有许多措施能保证氧化过程安全地进行。

由于固体催化剂的特点，特别是近几十年来高效催化剂（高选择性、高转化率、高生产能力）的相继研制成功，非均相催化氧化在烃类选择性氧化过程中得以广泛的应用。目前工业上非均相催化氧化使用的有机原料主要有两类：一类是具有 π 电子的化合物，如烯烃和芳烃，其氧化产品占总氧化产品的 80% 以上；另一类是不具有 π 电子的化合物，如醇类和烷烃等。以前对低碳烷烃的利用较少，是因其氧化的选择性不高，但近年来，随着高选择性催化剂的开发成功、烷烃价格低廉的优势和环保意识的提高，低碳烷烃的选择性氧化已逐渐受到重视，有的已工业化，比较典型的有以丁烷代替价高且污染大的苯氧化制顺酐，以丙烷代替价格较高的丙烯为原料氨氧化制丙烯腈。另外，一些特殊的氧化反应如氨氧化、乙酰基氧化、氧氯化、氧化脱氢等也是常见的非均相催化氧化过程。

7.3.1　重要的非均相催化氧化反应

（1）烷烃的催化氧化反应　工业上成功利用的典型是正丁烷气相催化氧化制顺丁烯二酸酐（简称顺酐），可用来代替苯法制顺酐，以减少环境污染，目前该法已在顺酐生产中占主导地位。顺酐主要用于制备不饱和聚酯，还可用来生产增塑剂、杀虫剂、涂料和 1,4-丁二醇及其下游产品。

$$C_4H_{10} + \frac{7}{2}O_2 \xrightarrow[400\sim500℃]{V-P-O} \begin{matrix} CHCO \\ \| \\ CHCO \end{matrix} O + 4H_2O \quad \Delta H = -1265 \text{kJ/mol} \tag{7-40}$$

（2）烯烃的直接环氧化　工业化范例是乙烯环氧化制环氧乙烷。

$$CH_2=CH_2 + \frac{1}{2}O_2 \xrightarrow[220\sim260℃]{Ag/\alpha-Al_2O_3} C_2H_4O \tag{7-41}$$

（3）烯丙基催化氧化反应　三个碳原子以上的烯烃如丙烯、正丁烯、异丁烯等，其 α 碳原子的 C—H 键解离能比普通的 C—H 键小，易于断裂，在催化剂的作用下，可在碳原子上发生选择性氧化反应。这些氧化反应都经历烯丙基 $CH_2{=\!=}CH_2{=\!=}CH_2$ 反应历程，因此统称为烯丙基氧化反应。使用不同的原料和反应条件，利用烯丙基氧化反应，可生成 α-β 不饱和醛或酮、α-β 不饱和酸和酸酐、α-β 不饱和腈和二烯烃等诸多重要的氧化产物。这些氧化产物中仍保留有双键，具有共轭体系特性，因此易于聚合，是高分子材料的重要单体。丙烯的烯丙基催化氧化反应可简单表示如下。

$$
CH_3CH{=\!=}CH_3
\begin{cases}
\xrightarrow[+O_2]{Mo\text{-}Bi\text{-}Fe\text{-}Co\text{-}O/SiO_2} CH_2{=}CHCHO \\[2mm]
\xrightarrow[+O_2]{Co\text{-}Mo\text{-}O/SiO_2} CH_2{=}CHCOOH \xrightarrow{ROH} CH_2{=}CHCOOR \\[2mm]
\xrightarrow[+NH_3+O_2]{P\text{-}Mo\text{-}Bi\text{-}O/SiO_2} CH_2{=}CHCN
\end{cases}
\qquad (7\text{-}42)
$$

（上方 $+O_2$ $Mo\text{-}V\text{-}Cu\text{-}O/SiO_2$，中间 H_2O）

异丁烯的反应和以上丙烯的反应相似，比较典型的是异丁烯经空气两步氧化，可得甲基丙烯酸，再与甲醇酯化可制得 α-甲基丙烯酸甲酯，它是生产有机玻璃的单体。反应过程中使用的催化剂，和丙烯氧化所使用的催化剂主要元素基本相同，但由于异丁烯的碱性较强，催化剂的酸度需作适当调整。

（4）芳烃催化氧化反应　芳烃气-固相催化氧化，主要用来生产酸酐，比较典型的有：苯氧化生产顺酐，萘和邻二甲苯氧化生产邻苯二甲酸酐（简称苯酐），均四甲苯氧化生产均苯四酸酐等。尽管这些酸酐产物为固体结晶，但挥发性大，能升华，因此，可采用气-固相催化氧化来生产。

$$
\bigcirc + 4\tfrac{1}{2}O_2 \xrightarrow[400℃]{V\text{-}M\text{-}O/SiO_2} \overset{CHCO}{\underset{CHCO}{\|}}O + 2CO_2 + 2H_2O \qquad \Delta H = -1850kJ/mol \qquad (7\text{-}43)
$$

$$
\bigcirc\!\!\bigcirc + 4\tfrac{1}{2}O_2 \xrightarrow{V_2O_5\text{-}K_2SO_4/SiO_2} \overset{CO}{\underset{CO}{}}O + 2H_2O + 2CO_2 \qquad \Delta H = -1792kJ/mol
$$

$$(7\text{-}44)$$

$$
\begin{smallmatrix}CH_3\\CH_3\end{smallmatrix} + 3O_2 \xrightarrow[400℃]{V_2O_5\text{-}TiO_2/载体} \overset{CO}{\underset{CO}{}}O + 3H_2O \qquad \Delta H = -1109kJ/mol \qquad (7\text{-}45)
$$

$$
\begin{smallmatrix}CH_3\ CH_3\\CH_3\ CH_3\end{smallmatrix} + 6O_2 \xrightarrow[440℃]{V\text{-}Ti\text{-}O/载体} \overset{CO\ CO}{\underset{CO\ CO}{}}O + 6H_2O \qquad \Delta H = -2700kJ/mol
$$

$$(7\text{-}46)$$

（5）醇的催化氧化反应　醇类氧化经过不稳定的过氧化物中间体，可生产醛或酮，比较重要的是甲醇氧化制甲醛，还有乙醇氧化制乙醛，异丙醇氧化制丙酮等。甲醇氧化制甲醛可使用电解银作催化剂，620℃左右进行反应，或采用 Mo-Fe-O、Mo-Bi-O 催化剂，在 200～300℃ 进行反应。甲醛主要用来生产脲醛树脂、酚醛树脂、聚甲醛、季戊四醇等。

（6）烯烃乙酰基氧化反应　在催化剂的作用下，氧与烯烃或芳烃和有机酸反应生成酯类的过程，称之为乙酰基氧化反应。在这类反应中，以乙烯和醋酸进行乙酰基氧化反应生产醋酸乙烯最为重要，目前乙烯法已基本取代乙炔法生产醋酸乙烯。醋酸乙烯可用来生产维尼龙纤维，聚醋酸乙烯广泛用于生产聚乙烯醇、水溶性涂料和粘接剂，醋酸乙烯还可与氯乙烯、乙烯等共聚，形成共聚物。丙烯和醋酸乙酰基氧化反应生成醋酸丙烯，丁二烯的乙酰基氧化产物主要用来生产 1,4-丁二醇。

$$CH_2{=\!\!=}CH_2 + CH_3COOH + \frac{1}{2}O_2 \xrightarrow[165\sim180℃，0.8\sim1.2MPa]{Pd\text{-}Au\text{-}CH_3COOK/SiO_2}$$

$$CH_3COOCH{=\!\!=}CH_2 + H_2O \quad \Delta H = -147kJ/mol \tag{7-47}$$

$$CH_3CH{=\!\!=}CH_2 + CH_3COOH + \frac{1}{2}O_2 \xrightarrow{Pd/Al_2O_3} CH_3COOC_3H_5 + H_2O$$

$$\Delta H = -167kJ/mol \tag{7-48}$$

$$CH_2{=\!\!=}CH{-}CH{=\!\!=}CH_2 + 2CH_3COOH + \frac{1}{2}O_2 \xrightarrow{Pd/C}$$

$$CH_3COO{-}CH_2CH{=\!\!=}CHCH_2{-}OOCCH_3 + H_2O \tag{7-49}$$

（7）氧氯化反应　典型的氧氯化反应是以金属氯化物为催化剂，乙烯氧氯化制二氯乙烷，二氯乙烷高温裂解可生产重要的有机单体氯乙烯，并副产 HCl。

$$C_2H_4 + 2HCl + \frac{1}{2}O_2 \xrightarrow[240℃]{CuCl_2/载体} CH_2Cl{-}CH_2Cl + H_2O \tag{7-50}$$

$$CH_2Cl{-}CH_2Cl \xrightarrow{裂解} CH_2{=\!\!=}CHCl + HCl \tag{7-51}$$

其他氧氯化技术如甲烷氧氯化制氯甲烷、二氯乙烷氧氯化制三氯乙烯和四氯乙烯都已工业化。

$$8C_2H_4Cl_2 + 6Cl_2 + 7O_2 \xrightarrow[420℃]{CuCl_2\text{-}KCl/载体} 4C_2HCl_3 + 4C_2Cl_4 + 14H_2O \tag{7-52}$$

7.3.2　非均相催化氧化反应机理

尽管烃类的气-固相催化氧化反应过程复杂，系统内可以存在多个相互独立的反应，并以串联或并联的形式相互关联，但还是可以对过程进行简化，建立比较符合实际的反应网络，研究其反应机理。烃类气-固相催化氧化的反应机理常见的有三种。

（1）氧化还原机理　又称晶格氧作用机理。该机理认为晶格氧参与了反应，其模型描述是：反应物首先和催化剂的晶格氧结合，生成氧化产物，催化剂变成还原态；接着还原态的活性组分再与气相中氧气反应，重新成为氧化态催化剂，由此氧化还原循环构成了有机物在催化剂上的氧化过程。研究表明，当催化剂被有机物还原的速度远大于催化剂的再氧化速度时，反应为催化剂的再氧化过程控制，此时有机物的反应速率只与氧分压有关，而与有机物的分压无关；当催化剂的再氧化速率较快，整个反应为催化剂的还原速率控制，此时反应速率对有机反应物呈一级反应，即只与有机物的分压有关，而与氧分压无关。该模型适用于烯烃、芳烃和烷烃的催化氧化过程。

（2）化学吸附氧化机理　该机理以 Langmuir 化学吸附模型为基础，假定氧是以吸附态形式化学吸附在催化剂表面的活性中心上，再与烃分子反应。该模型简明并便于数学处理，因此，在气-固相催化反应中广为应用，对于具有复杂反应网络的体系也可较方便地推导出反应速率方程。

（3）混合反应机理　该机理是化学吸附和氧化还原机理的综合，假定反应物首先化学吸附在催化剂表面含晶格氧的氧化态活性中心上，然后与氧化态活性中心在表面反应生成产物，同时氧化态的活性中心变为还原态，它们再与气相中的氧发生表面氧化反应，重新转化为氧化态活性中心。

7.3.3　非均相氧化催化剂和反应器

非均相氧化催化剂的活性组分主要是具有可变价的过渡金属钼、铋、钒、钛、钴、锑等的氧化物，如 $MoO_3 \cdot BiO_3$、$Co_2O_3 \cdot MoO_3$、$V_2O_5 \cdot TiO_2$、$V_2O_5 \cdot P_2O_5$、$CoO \cdot WO_3$ 等；一些能化学吸附氧的金属如银等在环氧化反应、醇的氧化中也成功地得以应用；近年来，杂多酸和新型分子筛催化剂的开发应用也十分活跃。

在变价过渡金属氧化物作催化剂时，单一氧化物对特定的氧化反应而言，常表现为活性很高时选择性较差；而保证选择性好时活性又较低。为了使活性和选择性恰当而获得较高收率，工业催化剂常采用两种或两种以上的金属氧化物构成，以产生协同效应；这些氧化物可以形成复合氧化物、固溶体或以混合物的形式存在。同时，催化剂中变价金属离子处于氧化态和还原态的比例应保持在一合适的范围内，以保持催化剂的氧化还原能力适当，如丁烷氧化制顺酐所用的 V-P-O 催化剂，其中既有 V^{3+}，又有 V^{5+}，合适的催化剂应保持平均钒价态在 4.0～4.1 之间。

有些氧化催化剂是负载型的，常用的载体有氧化铝、硅胶、活性炭等。载体的品种和性能对催化剂的催化作用常有相当大的影响。

烃类气-固相催化氧化反应器常用的有固定床反应器、流化床反应器。由于氧化反应放热量很大，需要及时移出，故一般采用换热式反应器。

对于固定床反应器，常见的为列管式换热反应器，见图 7-6（a）。催化剂装填在管内，管间载热体循环以移出热量，载热体的类型和流量视反应温度而定。气体在床层内的流动接近平推流，返混较小，因此，特别适用于有串联式深度氧化副反应的反应过程，可抑制串联副反应的发生，提高选择性。同时，固定床反应器对催化剂的强度和耐磨性能的要求比流化床反应器低得多。固定床反应器的缺点是：结构复杂，催化剂装卸困难；空速较小，生产能力比流化床小；反应器内沿轴向温度分布都有一最高温度点，称为热点，在热点之前放热速率大于移热速率，因此轴向床层温度逐渐升高，热点之后则相反，热点的出现，使催化床层只有一小部分催化剂在最佳的温度下操作，影响了催化剂效率的充分发挥。由于催化剂的耐热温度和最佳活性温度的限制，需严格控制热点温度，工业上常采用的方法有：①在原料气中加入微量抑制剂，使催化剂部分中毒以控制活性；②在反应管进口段装填用惰性载体稀释的催化剂或部分老化的催化剂，以降低入口段的反应速率和放热速率。③采用分段冷却法。

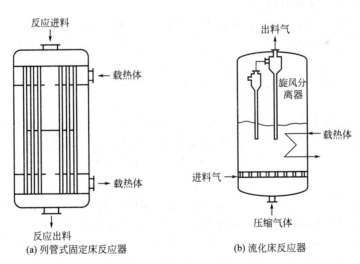

图 7-6　氧化用典型反应器

流化床反应器见图 7-6（b）所示，床层内设置冷却管，内走载热体将反应热带出。该反应器结构简单，催化剂装卸容易，空速大；具有良好的传热速率，反应器内温度均一，温差小，反应温度易于控制；因易返混，原料组成可稍高于爆炸下限，以提高反应物浓度和生产能力，这一点对氧化反应尤其有吸引力。因此，流化床反应器比较适合用于深度氧化产物主要来自平行副反应，且主、副反应的活化能相差甚大的场合。但流化床反应器内轴向返混现象严重，有些反应物在反应器内停留时间短，而有些产物停留时间又太长，串联副反应严重，不利于高转化率的获得；另外催化剂在床层中磨损严重，因此对催化剂强度要求高，系统中需配备高效率的旋风分离器以回收催化剂粉末；气体通过催化剂床层时，可能有大气泡产生，导致气-固接触不良，反应转化率下降。因此，流化床反应器的空速受催化剂密度、反应器高度和旋风分离器回收催化剂能力的限制，空速过高会造成催化剂损失量增加，还会影响反应气后处理的难度；过低则不利于流化床反应器的流化质量，影响反应效果。根据气体空床线速度和粒子粒径的不同，流化床可分为高速流化床、细颗粒流化床、粗颗粒流化床和大颗粒流化床等，应用比较广泛的是细颗粒流化床，在该类型流化床中，催化剂平均粒径为几十微米，空床线速度在 0.2～0.6m/s。

另外，由 Monsanto 与 Du Pont 公司联合开发的移动床反应器引人注目。该技术现已用于正丁烷氧化制顺酐和芳烃氨氧化制芳腈上。以正丁烷氧化制顺酐为例，正丁烷的催化氧化在反应段（提升管）中进行，使用 V-P-O 催化剂，在没有气相氧存在的情况下，由催化剂晶格氧将正丁烷氧化为顺酐，气体和催化剂粒子以近于平推流方式在提升管中自下向上移动；被还原的催化剂从提升管出来后经分离解吸送往再生段吸氧再生，然后循环回到反应段。移动床反应器的优点是反应和催化剂的再生在两个分开的反应器中进行，因此，在反应区和催化剂再生区可分别对反应温度、气体组成、停留时间和流动状态进行优化，以提高产物收率；另外，在反应段，正丁烷不与氧气混合，因此，爆炸问题被减少或不复存在，这样，可提高正丁烷的进料浓度，从而提高设备的生产能力。

一些新型反应器如膜反应器和移动床色谱反应器的研究和开发也取得了一定进展，该类反应器将反应和分离有机地结合起来。

7.4 乙烯环氧化制环氧乙烷[1~4,10~23,36]

7.4.1 环氧乙烷的性质与用途

环氧乙烷（简称 EO）是最简单最重要的环氧化物，在常温下为气体，沸点 10.4℃，可与水、醇、醚及大多数有机溶剂以任意比例混合，在空气中的爆炸极限（体积分数）为 2.6%～100%，有毒。环氧乙烷易自聚，尤其当有铁、酸、碱、醛等杂质或高温下更是如此，自聚时放出大量热，甚至发生爆炸，因此存放环氧乙烷的贮槽必须清洁，并保持在 0℃以下。

由于环氧乙烷具有含氧三元环结构，性质非常活泼，极易发生开环反应，在一定条件下，可与水、醇、氢卤酸、氨及氨的化合物等发生加成反应，其通式为：

$$
\begin{array}{c}
\mathrm{CH_2\!-\!CH_2} + \mathrm{XY} \longrightarrow \mathrm{CH_2\!-\!CH_2} \\
\diagdown\!\!\diagup \qquad\qquad\qquad\quad | \qquad\;\; | \\
\mathrm{O} \qquad\qquad\qquad\qquad \mathrm{OX}\;\;\;\; \mathrm{Y}
\end{array}
\tag{7-53}
$$

其中与水发生水合反应生成乙二醇，是制备乙二醇的主要方法。与氨反应可生成一乙醇胺、二乙醇胺和三乙醇胺。环氧乙烷本身还可开环聚合生成聚乙二醇。

环氧乙烷是以乙烯为原料产品中的第三大品种，仅次于聚乙烯和苯乙烯。环氧乙烷的主要用途是生产乙二醇，约占全球环氧乙烷总消费量的 60%，它是生产聚酯纤维的主要原料之一，其次是用于生产非离子表面活性剂以及乙醇胺类、乙二醇醚类、二甘醇、三甘醇等。

7.4.2 环氧乙烷的生产方法

环氧乙烷的工业生产采用乙烯直接氧化法。直接氧化法又分为空气氧化法和氧气氧化法。1931 年，法国催化剂公司的 Lefort 发现乙烯在银催化剂作用下可以直接氧化成环氧乙烷，经过进一步的研究与开发形成乙烯空气直接氧化法制环氧乙烷技术，1937

年，美国 UCC 公司首次采用此法建厂生产。1958 年，美国 Shell 公司首次建成了氧气直接氧化法工业装置，氧气直接氧化法技术先进，适宜大规模生产，生产成本低，产品纯度可达 99.99%，此外设备体积小，放空量少，氧气氧化法排出的废气量只相当于空气氧化法的 2%，相应的乙烯损失也少；另外，氧气氧化法流程比空气氧化法短，设备少，建厂投资可减少 15%～30%，考虑空分装置的投入，总投资会比空气氧化法高一些，但用纯氧作氧化剂可提高进料浓度和选择性，生产成本大约为空气氧化法的 90%；同时，氧气氧化法比空气氧化法反应温度低，有利于延长催化剂的使用寿命，因此，近年来新建的大型装置均采用纯氧作氧化剂，逐渐取代了空气法而成为占绝对优势的工业生产方法。

7.4.3　乙烯直接氧化法制环氧乙烷的反应

乙烯在银催化剂上的氧化反应包括选择氧化和深度氧化，除生成目的产物环氧乙烷外，还生成副产物二氧化碳和水及少量甲醛和乙醛。

主反应

$$C_2H_4 + \frac{1}{2}O_2 \longrightarrow C_2H_4O \qquad \Delta H_{298}^{\ominus} = -103.4\text{kJ/mol} \qquad (7\text{-}54)$$

平行副反应

$$C_2H_4 + 3O_2 \longrightarrow 2CO_2 + 2H_2O(g) \qquad \Delta H_{298}^{\ominus} = -1324.6\text{kJ/mol} \qquad (7\text{-}55)$$

串联副反应

$$C_2H_4O + 2\frac{1}{2}O_2 \longrightarrow 2CO_2 + 3H_2O(g) \qquad \Delta H_{298}^{\ominus} = -1221.2\text{kJ/mol} \qquad (7\text{-}56)$$

研究表明，二氧化碳和水主要由乙烯直接氧化生成，反应的选择性主要取决于平行副反应的竞争，环氧乙烷串联副反应是次要的。环氧乙烷的氧化可能是先异构化为乙醛，再氧化为二氧化碳和水，而乙醛在反应条件下易氧化，所以产物中只有少量乙醛存在。由于这些氧化反应都是强放热反应，具有较大的平衡常数，尤其是深度氧化，为选择性氧化反应放热的十余倍，因此为减少副反应的发生，提高选择性，催化剂的选择非常重要。否则会因副反应进行而引起操作条件的恶化，甚至变得无法控制，造成反应器内发生"飞温"事故。

7.4.4　乙烯直接环氧化催化剂与反应机理

7.4.4.1　催化剂

乙烯直接氧化法生产环氧乙烷的工业催化剂为银催化剂。在乙烯直接氧化制环氧乙烷生产过程中，原料乙烯消耗的费用占 EO 生产成本的 70% 左右，因此，降低乙烯单耗是提高经济效益的关键，最佳措施是开发高性能催化剂。工业上使用的银催化剂由活性组分银、载体和助催化剂组成。

（1）载体　主要功能是提高活性组分银的分散度，防止银的微小晶粒在高温下烧结。银的熔点比较低（961.93℃），银晶粒表面原子在约 500℃ 时即可具有流动性，所以银催化剂的一个显著特点是容易烧结，催化剂在使用过程中受热后银晶粒长大，活性表面减少，使催化剂活性降低，从而缩短使用寿命。而乙烯环氧化过程存在的副反应为强放热反应，因此，载体的表面结构、孔结构及导热性能，对催化剂颗粒内部的温度分布、催化剂上银晶粒的大小及分布、反应原料气体及生成气体的扩散速率等有非常大的影响，从而显著影响其活性和选择性。载体比表面积大，有利于银晶粒的分散，催化剂初始活性高，但比表面积大的催化剂孔径较小，反应产物环氧乙烷难以从小孔中扩散出来，脱离表面的速度慢，从而造成环氧乙烷深度氧化，选择性下降。因此，工业上选用比表面积小、无孔隙或粗孔隙型的惰性物质作载体，常用的有 α-氧化铝、碳化硅、刚玉-氧化铝-二氧化硅等。

一般载体比表面积在 $0.3 \sim 0.4 m^2/g$。近期专利报道，载体比表面积有提高的趋势，如 Shell、SD 等公司已试用 $0.5 \sim 2 m^2/g$ 的载体，空隙率 50％ 左右，平均孔径 $4.4 \mu m$ 左右。载体中的钠含量对载体表面酸碱性有一定影响，一般要求将钠含量控制在 0.05％～1％ 以内。

Halcon 公司研制出由无孔内核和多孔外层构成的双层结构的载体。内核使用导热性能良好的无孔材料，如 SiC 等，外壳由能形成多孔结构的小颗粒材料涂覆在核上构成，活性组分集中在外层。双层结构复合载体由于孔深度有限，反应产物在孔内停留时间短，深度氧化少，传质传热效果好，反应选择性高，还可减少活性组分用量。

载体的形状对催化剂的催化性能也有影响。早期的乙烯氧化制环氧乙烷负载型催化剂的载体为球形，尽管球形载体的流动性好，但催化剂微孔内的气体不易扩散出来，造成深度氧化，选择性降低。为了提高载体性能，尽量把载体制成传质传热性能良好的形状，如环形、马鞍型、阶梯型等。同时，载体形状选择应保证反应过程中气流在催化剂颗粒间有强烈搅动，不发生短路，床层阻力小。

(2) 助催化剂 只含活性组分银的催化剂并不是最好的，必须添加助催化剂。研究表明，碱金属、碱土金属和稀土元素等具有助催化作用，两种或两种以上的助催化剂有协同作用，效果优于单一组分。碱金属助催化剂的主要作用是使载体表面酸性中心中毒，以减少副反应的进行。碱金属的添加量 $50 \sim 750 mg/kg$（催化剂）。添加助催化剂，不仅能提高反应速率和环氧乙烷选择性，还可使最佳反应温度下降，防止银粒烧结失活，延长催化剂使用寿命。有报道在烯酮银中添加碱金属，催化剂的选择性可达 95％，ICI 公司在催化剂中加入钠，选择性可达 86％～92％。助催化剂的选择应和特定的载体及特定的催化剂制备方法相配合。Shell 公司近年来以低钠高纯氧化铝为载体，通过添加铯、铼等多元助催化剂，开发了一系列催化剂，其中 S-880 以上系列催化剂的选择性已大于 88％，但该类催化剂活性较低，寿命较短。除常见的铯、锂、铷、钾等外，近年来，见诸报道的助催化剂元素有ⅥB 过渡金属（铬、钼、钨）、硫、铼及钪、钴、锰、氟等。

此外，还可添加活性抑制剂。抑制剂的作用是使催化剂表面部分可逆中毒，使活性适当降低，减少深度氧化，提高选择性，见诸报道的有二氯乙烷、氯乙烯、氮氧化物、硝基烷烃等，有专利称在气相中添加 $2 \times 10^{-6} g/L$ 的 2-硝基甲烷或 2-硝基丙烷，反应转化率达 30％，选择性达 87％。工业生产中常添加微量二氯乙烷，二氯乙烷热分解生成乙烯和氯，氯被吸附在银表面，影响氧在催化剂表面的化学吸附，减少乙烯的深度氧化。

(3) 银含量 根据以前的研究结果，增加催化剂的银含量，可提高催化剂的活性，但会使选择性降低，因此，目前工业催化剂的银的质量含量基本在 20％ 以下。但最近的研究结果表明，只要选择合适的载体和助催化剂，高银含量的催化剂也能保证选择性基本不变，而活性明显提高。UCC 公司报道采用锰和钾作助催化剂，银含量达 33.2％ 时，仍可使选择性达 88.7％～89.6％。

(4) 催化剂制备 银催化剂的制备有两种方法，早期采用粘接法或称涂覆法，现在采用浸渍法。粘接法使用粘接剂将活性组分、助催化剂和载体粘接在一起，制得的催化剂银的分布不均匀，易剥落，催化性能差，寿命短。浸渍法一般采用水或有机溶剂溶解有机银如羧酸银及有机胺构成的银铵配位化合物作银浸渍液，该浸渍液中也可溶有助催化剂组分，将载体浸渍其中，经后处理制得催化剂。银盐的选择、银盐和助催化剂浸渍次序和方法、还原剂的选择和制备过程工艺条件等，都对银粒在载体表面上的大小和分布有影响，从而影响催化剂的催化性能。有专利认为，载体上的银粒为 $0.1 \mu m$ 左右时，催化剂的稳定性和选择性最好，银晶粒的几何形状也对催化剂的催化性能有影响。浸渍法制备的银催化剂银晶粒分布均匀，与载体结合牢固，能承受高空速，催化剂寿命长，选择性高。目前用氧气氧化法生产环氧乙烷的工业催化剂选择性已达 83%～84%，实验室阶段更高，美国 Shell、SD、UCC 三家公司的技术代表了当今环氧乙烷生产的先进水平，中国银催化剂的研究也已达国际先进水平。国内外代表性工业生产环氧乙烷用银催化剂主要性能见表 7-5。

表 7-5 环氧乙烷工业生产用银催化剂主要性能

公司	催化剂型号	银含量（质量分数）	空速/h^{-1}	时空收率①/$(kg \cdot h^{-1} \cdot kg^{-1})$	寿命/年	初始选择性	两年后选择性
Shell	S859	(14.5±0.4)%	4000	0.205	2～4	81.0%	78.2%
	S880 系列	14.0%	—	—	2	86.0%～89.0%	—
SD	S1105	8.0%～9.0%	4460	0.192	3～5	82.5%	78.7%～79.1%
UCC	1285	(13.75±0.25)%	3800	0.194	5	82.0%	78.8%
	新型号	—	—	—		84.0%	—
燕山石化	YS-5	(14.0±0.5)%	7033	0.257	—	80.81%	—
	YS-6	—	7410	0.197	—	85.0%～86.0%（单管）	—

① 时空收率系指单位时间内单体质量催化剂所获产品的质量，有时也用催化剂体积计量。

需要指出的是，制备的银催化剂必须经过活化后才具有活性，活化过程是将不同状态的银化合物分解、还原为金属银。

7.4.4.2 反应机理

乙烯在银催化剂上直接氧化制环氧乙烷的反应机理至今尚无定论。P. A. Kilty 等根据氧在银催化剂表面的吸附、乙烯和吸附氧的作用以及选择性氧化反应，提出了氧在银催化剂表面上存在两种化学吸附态，即原子吸附态和分子吸附态。当由四个相邻的银原子簇组成吸附位时，氧便解离形成原子吸附态 O^{2-}，这种吸附的活化能低，在任何温度下都有较高的吸附速度，原子态吸附氧易与乙烯发生深度氧化。

$$O_2 + 4Ag(相邻) \longrightarrow 2O^{2-}(吸附态) + 4Ag^+ \tag{7-57}$$

$$6Ag^+ + 6O^{2-}(吸附态) + C_2H_4 \longrightarrow 2CO_2 + 6Ag + 2H_2O \tag{7-58}$$

活性抑制剂的存在，可使催化剂的银表面部分被覆盖，如添加二氯乙烷时，若银表面的 1/4 被氯覆盖，则无法形成四个相邻银原子簇组成的吸附位，从而抑制氧的原子态吸附和乙烯的深度氧化。

在较高温度下，在不相邻的银原子上也可产生氧的解离形成的原子态吸附，但这种吸附需较高的活化能，因此不易形成。

$$O_2 + 4Ag(不相邻) \longrightarrow 2O^{2-}(吸附态) + 4Ag^+ \tag{7-59}$$

在没有由四个相邻银原子簇构成的吸附位时，可发生氧的分子态吸附，即氧的非解离吸附，形成活化了的离子化氧分子，乙烯与此种分子氧反应生成环氧乙烷，同时产生一个吸附的原子态氧。此原子态的氧与乙烯反应，则生成二氧化碳和水。

$$O_2 + Ag \longrightarrow Ag\text{-}O_2^-(吸附态) \tag{7-60}$$

$$C_2H_4 + Ag\text{-}O_2^-(吸附态) \longrightarrow C_2H_4O + Ag\text{-}O^-(吸附态) \tag{7-61}$$

$$C_2H_4 + 6Ag\text{-}O^-(吸附态) \longrightarrow 2CO_2 + 6Ag + 2H_2O \tag{7-62}$$

由式 (7-61)，式 (7-62) 得出总反应式

$$7C_2H_4 + 6Ag\text{-}O_2^-(吸附态) \longrightarrow 6C_2H_4O + 2CO_2 + 6Ag + 2H_2O \tag{7-63}$$

按照此机理，银催化剂表面上离子化分子态吸附氧 O_2^- 是乙烯氧化生成环氧乙烷反应

的氧种，而原子态吸附氧 O^{2-} 是完全氧化生成二氧化碳的氧种。如果在催化剂的表面没有 4 个相邻的银原子簇存在，或向反应体系中加入抑制剂，使氧的解离吸附完全被抑制，只进行非解离吸附，在不考虑其他副反应情况下，则乙烯环氧化的选择性最大为 6/7，即 85.7%。但从目前的研究结果来看，乙烯氧化生成环氧乙烷的选择性已超出 85.7% 的上限，说明此机理不完全符合实际情况。一些学者对此进行了修正，认为原子氧也可生成环氧乙烷，还有人认为催化剂表面上的原子态吸附氧可快速结合成分子态氧，再与乙烯反应生成环氧乙烷。

另一种机理认为，原子态吸附氧是乙烯银催化氧化的关键氧种，乙烯与被吸附的氧原子之间的距离不同，反应生成的产物也不同。当与被吸附的氧原子间距离较远时，为亲电性弱吸附，生成环氧乙烷；距离较近时，为亲核性强吸附，生成二氧化碳和水。氧覆盖度高产生弱吸附原子氧，氧覆盖度低产生强吸附原子氧，凡能减弱吸附态原子氧与银表面键能的措施均能提高反应选择性，根据该理论，选择性不存在 85.7% 的上限。近年来的研究表明此种机理更可能接近实际情况。

有文献报道了生成环氧乙烷的反应动力学方程

$$\frac{dc(C_2H_4O)}{dt} = k_1 c(C_2H_4)^{0.45} c(O_2)^{0.55} \tag{7-64}$$

生成二氧化碳的反应动力学方程

$$\frac{dc(CO_2)}{dt} = k_2 c(C_2H_4)^{0.3} c(O_2)^{1.1} \tag{7-65}$$

研究表明，反应动力学方程式与反应条件、催化剂组成、制备工艺等因素有关。

7.4.5 反应条件对乙烯环氧化的影响

（1）反应温度　乙烯环氧化过程中存在着平行的完全氧化副反应，反应温度是影响选择性的主要因素。尽管催化反应机理和动力学还未取得一致的认识，但研究表明环氧化反应的活化能小于完全氧化反应的活化能。反应温度升高，两个反应的速率都加快，但完全氧化反应的速率增加更快。在反应温度为 100℃ 时，反应产物几乎全是环氧乙烷，但反应速率很慢，转化率很低，无工业价值。随着温度升高，转化率增加，选择性下降，在温度超过 300℃ 时，产物几乎全是二氧化碳和水。此外，温度过高还会导致催化剂的使用寿命下降。权衡转化率和选择性之间的关系，以达到环氧乙烷的收率最高，工业上一般选择反应温度在 220～260℃。

（2）空速　是影响乙烯转化率和环氧乙烷选择性的另一因素，但与反应温度相比，该因素是次要的。空速减小，也会导致转化率提高，选择性下降，但影响不如温度显著。空速不仅影响转化率和选择性，还影响催化剂的空时收率和单位时间的放热量，应全面考虑。空速提高，可增大反应器中气体流动的线速度，减小气膜厚度，有利于传热。工业上采用的空速与选用的催化剂有关，还与反应器和传热速率有关，一般在 4000～8000h^{-1} 左右。催化剂活性高反应热可及时移出时可选择高空速，反之选择低空速。

（3）反应压力　乙烯直接氧化的主副反应在热力学上都不可逆，因此压力对主副反应的平衡和选择性影响不大。但加压可提高乙烯和氧的分压，加快反应速率，提高反应器的生产能力，也有利于采用加压吸收法回收环氧乙烷，故工业上大都采用加压氧化法。但压力也不能太高，否则设备耐压要求提高，费用增大，环氧乙烷也会在催化剂表面产生聚合和积碳，影响催化剂寿命。一般工业上采用的压力在 2.0MPa 左右。

（4）原料配比及致稳气　对于具有循环的乙烯环氧化过程，进入反应器的混合气由循环气和新鲜原料气混合形成，它的组成不仅影响过程的经济性，也与安全生产息息相关。实际生产过程中乙烯与氧的配比一定要在爆炸限以外，同时必须控制乙烯和氧的浓度在合适的范围内，过低时催化剂的生产能力小，过高时反应放出的热量大，易造成反应器的热负荷过大，产生飞温。乙烯与空气混合物的爆炸极限（体积分数）为2.7%～36%，与氧的爆炸极限（体积分数）为2.7%～80%，实际生产中因循环气带入二氧化碳等，爆炸限也有所改变。为了提高乙烯和氧的浓度，可以用加入第三种气体来改变乙烯的爆炸极限，这种气体通常称为致稳气，致稳气是惰性的，能减小混合气的爆炸极限，增加体系安全性；具有较高的比热容，能有效地移出部分反应热，增加体系稳定性。工业上曾广泛采用的致稳气是氮气，近年来采用甲烷作致稳气。在操作条件下，甲烷的比热是氮气的1.35倍，且比氮气作致稳气时更能缩小氧和乙烯的爆炸范围，使进口氧的浓度提高，还可使选择性提高1%，延长催化剂的使用寿命。生产中由于使用的氧化剂不同，反应器进口混合气的组成也不相同。用空气作氧化剂时，空气中的氮充作致稳气，乙烯的浓度为5%左右，氧浓度6%左右；以纯氧作氧化剂时，为使反应缓和进行，仍需加入致稳气，在用氮作致稳气时，乙烯浓度可达20%～30%，氧浓度7%～8%左右。

（5）原料气纯度　许多杂质对乙烯环氧化过程都有影响，必须严格控制。主要有害物质及危害如下。①催化剂中毒。如硫化物、砷化物、卤化物等能使催化剂永久中毒，乙炔会使催化剂中毒并能与银反应生成有爆炸危险的乙炔银。②增大反应热效应。氢气、乙炔、C_3 以上的烷烃和烯烃可发生燃烧反应放出大量热，使过程难以控制，乙炔、高碳烯烃的存在还会加快催化剂表面的积碳失活。③影响爆炸限。氩气和氢气是空气和氧气中带来的主要杂质，过高会改变混合气体的爆炸限，降低氧的最大容许浓度。④选择性下降。原料气及反应器管道中带入的铁离子会使环氧乙烷重排为乙醛，导致生成二氧化碳和水，使选择性下降。因此，原料乙烯要求杂质含量：乙炔$<5\times10^{-6}$ g/L，C_3 以上烃$<1\times10^{-5}$ g/L，硫化物$<1\times10^{-6}$ g/L，氯化物$<1\times10^{-6}$ g/L，氢气$<5\times10^{-6}$ g/L。

环氧乙烷在水吸收塔中要充分吸收，否则会由循环气带回反应器，对环氧化有抑制作用，使转化率明显下降。二氧化碳对环氧化反应也有抑制作用，但适宜的含量会提高反应的选择性，提高氧的爆炸极限浓度，循环气中二氧化碳允许含量$<9\%$。

（6）乙烯转化率　单程转化率的控制与氧化剂的种类有关，用纯氧作氧化剂时，单程转化率一般控制在12%～15%，选择性可达83%～84%；用空气作氧化剂时，单程转化率一般控制在30%～35%，选择性达70%左右。单程转化率过高时，由于放热量大，温度升高快，会加快深度氧化，使环氧乙烷的选择性明显降低。为了提高乙烯的利用率，工业上采用循环流程，即将环氧乙烷分离后未反应的乙烯再送回反应器，所以单程转化率也不能过低，否则因循环气量过大而导致能耗增加。同时，生产中要引出10%～15%的循环气以除去有害气体如二氧化碳、氩气等，单程转化率过低也会造成乙烯的损失增加。

7.4.6　乙烯氧气氧化法生产环氧乙烷的工艺流程

乙烯直接氧化法生产环氧乙烷，工艺流程包括反应部分和环氧乙烷回收、精制两大部分。下面介绍氧气法生产环氧乙烷的工艺流程，见图7-7所示。

7.4.6.1　氧化反应部分

新鲜原料乙烯和含抑制剂的致稳气在循环压缩机的出口与循环气混合，然后经混合器3与氧气混合。混合器的设计非常重要，要确保迅速混合，以免因混合不好造成局部氧浓度过高而超过爆炸极限浓度，进入热交换器时引起爆炸。工业上采用多孔喷射器高速喷射氧气，以使气体迅速均匀混合，并防止乙烯循环气返混回含氧气体的配管中。反应工序需安装自动分析监测系统、氧气自动切断系统和安全报警装置。混合后的气体通过气-气热交换器2与反应生成气换热后，进入反应器1。由于细粒径银催化剂易结块，磨损严重，

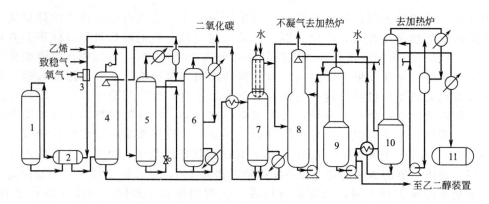

图 7-7　氧气法生产环氧乙烷工艺流程示意图

1—环氧乙烷反应器；2—热交换器；3—气体混合器；4—环氧乙烷吸收塔；5—CO₂吸收塔；
6—CO₂吸收液再生塔；7—解吸塔；8—再吸收塔；9—脱气塔；10—精馏塔；11—环氧乙烷贮槽

难以使用流化床反应器，工业上均采用列管式固定床反应器。随着技术的进步，目前已可设计使用直径大于25mm的反应管，单管年生产环氧乙烷的能力可达10t以上。列管式反应器管内充填催化剂，管间走冷却介质。冷却介质可以是有机载热体等或加压热水，用于移出大量的反应热。由于有机载热体闪点较低，如有泄漏，危险性大，同时传热系数比水小，因此，近年来多采用加压热水移热，还可副产蒸汽。在反应器出口端，如果催化剂粉末随气流带出，会促使生成的环氧乙烷进一步深度氧化和异构化为乙醛，这样既增加了环氧乙烷的分离提纯难度，又降低了环氧乙烷的选择性，而且反应放出的热量会使出口气体温度迅速升高，带来安全上的问题，这就是所谓的"尾烧"现象。目前工业上采用加冷却器或改进反应器下封头的办法来加以解决。

反应器流出的反应气中环氧乙烷（摩尔分数）含量通常小于3%，经换热器2冷却后进入环氧乙烷水吸收塔4，环氧乙烷可与水以任意比例互溶，采用水作吸收剂，可将环氧乙烷完全吸收。从环氧乙烷吸收塔排出的气体，含有未转化的乙烯、氧、二氧化碳和惰性气体，应循环使用。为了维持循环气中CO₂的含量不过高，其中90%左右的气体作循环气，剩下的10%送往二氧化碳吸收装置5，用热碳酸钾溶液吸收CO₂，生成KHCO₃溶液，该溶液送至二氧化碳解吸塔6，经加热减压解吸CO₂，再生后的碳酸钾溶液循环使用。自二氧化碳吸收塔排出的气体经冷却分离出夹带的液体后，返回至循环气系统。

7.4.6.2　环氧乙烷回收精制部分

回收和精制部分包括将环氧乙烷自水溶液中解吸出来和将解吸得到的粗环氧乙烷进一步精制两步。自环氧乙烷吸收塔塔底排出的环氧乙烷吸收液，含少量甲醛、乙醛等副产物和二氧化碳，需进一步精制。根据环氧乙烷用途的不同，提浓和精制的方法不同。

环氧乙烷吸收塔塔底排出的富环氧乙烷吸收液经热交换、减压闪蒸后进入解吸塔7顶部，在此环氧乙烷和其他气体组分被解吸。被解吸出来的环氧乙烷和水蒸气经过塔顶冷凝器，大部分水和重组分被冷凝，解吸出来的环氧乙烷进入再吸收塔8用水吸收，塔底可得质量分数为10%的环氧乙烷水溶液，塔顶排放解吸的二氧化碳和其他不凝气如甲烷、氧气、氮气等送至蒸汽加热炉作燃料。所得环氧乙烷水溶液经脱气塔9脱除二氧化碳后，一部分可直接送往乙二醇装置。剩下部分进入精馏塔10，脱除甲醛、乙醛等杂质，制得高纯度环氧乙烷。精馏塔95块塔板，在86块塔盘上液相采出环氧乙烷，纯度大于99.99%，塔顶蒸出的甲醛（含环氧乙烷）和塔下部采出的含乙醛的环氧乙烷，均返回脱气塔。

在环氧乙烷回收和精制过程中，解吸塔和精馏塔塔釜排出的水，经热交换后，作环氧乙烷吸收塔的吸收剂，闭路循环使用，以减少污水量。

以空气作氧化剂的工艺流程中与氧气法不同之处有两点：一是空气中 N_2 是致稳气；二是不用碳酸钾溶液来脱除 CO_2，因而没有 CO_2 吸收塔和再生塔。控制循环气中 CO_2 含量的方法是排放一部分循环气到系统外。故排放量比氧气法大得多，乙烯的损失亦大得多。

7.4.7 环氧乙烷生产工艺技术的新进展

近年来，环氧乙烷生产工艺有了一些新进展。在氧-烃混合方面，日本触媒公司将含氧气体在吸收塔气液接触的塔盘上与反应生成气接触混合，吸收环氧乙烷后，混合气再经净化并补充乙烯，作反应原料。由于塔盘上有大量的水存在，因此，该方法安全可靠，同时，可省去以前设置的专用混合器。

在环氧乙烷回收技术方面，Dow 化学公司采用碳酸乙烯酯代替水作吸收剂，碳酸乙烯酯与水相比，具有对环氧乙烷溶解度大、比热小等特点。因此，可减小吸收塔体积，降低解吸时的能耗。Halcon 公司采用超临界萃取技术，利用二氧化碳从环氧乙烷水溶液中萃取环氧乙烷，然后在亚临界条件下蒸馏回收环氧乙烷，与水溶液解吸法相比，可节约大量的能量。SAM 公司利用膜式等温吸收器，在 $50 \sim 60 ℃$、$0.1 \sim 3.0 MPa$ 下，等温水吸收反应生成气中的环氧乙烷，在膜式吸收器底部形成高浓度环氧乙烷水溶液，送往闪蒸器闪蒸，在其底部得不含惰性气体的环氧乙烷溶液，将其中残留的乙烯回收后，可直接送往乙二醇装置作为进料。该方法具有明显的节能效果。日本触媒化学公司使用热泵精馏技术在环氧乙烷精制过程中开发利用低位能方面取得了进展。

7.5 丙烯氨氧化制丙烯腈[1~4,8,9,11,12,24~32,36]

7.5.1 丙烯腈的性质、用途及其工艺概况

烃类的氨氧化是指用空气或氧气对烃类及氨进行共氧化生成腈或有机氮化物的过程。烃类可以是烷烃、环烷烃、烯烃、芳烃等，最有工业价值的是丙烯氨氧化。在烯丙基氧化过程中，丙烯氨氧化制丙烯腈（AN）可以作为此类过程的典型实例。

丙烯腈是重要的有机化工产品，在丙烯系列产品中居第二位，仅次于聚丙烯。在常温常压下丙烯腈是无色液体，味甜，微臭，沸点 $77.3 ℃$。丙烯腈有毒，室内允许浓度为 $0.002 mg/L$，在空气中爆炸极限（体积分数）为 $3.05\% \sim 17.5\%$，与水、苯、四氯化碳、甲醇、异丙醇等可形成二元共沸物。丙烯腈分子中含有 $C =C$ 双键和氰基，化学性质活泼，能发生聚合、加成、氰基和氰乙基等反应，制备出各种合成纤维、合成橡胶、塑料、涂料等。

20 世纪 60 年代以前，丙烯腈的生产采用环氧乙烷、乙醛、乙炔等为原料和 HCN 反应制得，但 HCN 有剧毒，生产成本高。1960 年，美国 Standard 石油公司（Sohio）（现 BP 公司）开发成功丙烯氨氧化一步合成丙烯腈新工艺，又称 Sohio 法。由于丙烯价廉易得，又不需剧毒的 HCN，从此丙烯腈的生产发生了根本的变化。迄今为止，丙烯腈的工业生产都以此方法进行。

丙烯氨氧化制丙烯腈主要有五种工艺路线，即 Sohio 法、Snam 法、Distillers-Ugine 法、Montedison-UOP 和 O.S.W 法，上述五种工艺路线的化学反应完全相同，丙烯、氨和空气通过催化剂生成丙烯腈，其中 Sohio 法和 Montedison-UOP 法采用流化床反应器，其他方法采用固定床反应器。相比较而言，Sohio 法有一定的先进性，Snam 法和 Distillers-Ugine 法丙烯的消耗定额比较高，而固定床反应器的单台生产能力远小于流化床反应器，不利于扩大生产能力，而且固定床反应温度难以实现最优化操作，因此，目前

Sohio 法应用比较普遍，约占全球总生产能力的 90％。中国引进的也是 Sohio 技术。

近年来，丙烷氨氧化生产丙烯腈的研究也取得长足进展，现已处于中试阶段。这一方面是由于价格的因素，丙烷的价格比丙烯低得多，另一方面也为惰性的丙烷开拓了新的应用领域。但就目前的技术水平来看，固定资产投资大，转化率低，选择性不高，目前报道的丙烷的转化率 67％，选择性 60％，还难以和丙烯氨氧化法相竞争，但其前景看好，根据美国斯坦福研究所 18 万吨/年丙烯腈概念设计，丙烷为原料生产丙烯腈的成本只是丙烯的 64％。研究开发的催化剂主要有 V-Sb-Al-O、V-Sb-W-Al-O、Ga-Sb-Al-O、V-Bi-Mo-O 等。

7.5.2 丙烯氨氧化制丙烯腈的化学反应

丙烯氨氧化过程中，除生成主产物丙烯腈外，还有多种副产物生成。

| 主反应 | $\Delta G^{\ominus}(700K)$ /(kJ/mol) | $\Delta H^{\ominus}(298K)$ /(kJ/mol) | |

$$C_3H_6+NH_3+\frac{3}{2}O_2 \longrightarrow CH_2=CH-CN(g)+3H_2O(g) \qquad -569.67 \qquad -514.8 \qquad (7-66)$$

副反应

$$C_3H_6+\frac{3}{2}NH_3+\frac{3}{2}O_2 \longrightarrow \frac{3}{2}CH_3CN(g)+3H_2O(g) \qquad -595.71 \qquad -543.8 \qquad (7-67)$$

$$C_3H_6+3NH_3+3O_2 \longrightarrow 3HCN+6H_2O(g) \qquad -1144.78 \qquad -942.0 \qquad (7-68)$$

$$C_3H_6+O_2 \longrightarrow CH_2=CHCHO(g)+H_2O(g) \qquad -338.73 \qquad -353.53 \qquad (7-69)$$

$$C_3H_6+\frac{3}{2}O_2 \longrightarrow CH_2=CHCOOH(g)+H_2O(g) \qquad -550.12 \qquad -613.4 \qquad (7-70)$$

$$C_3H_6+O_2 \longrightarrow CH_3CHO(g)+HCHO(g) \qquad -298.46(298K) \qquad -294.1 \qquad (7-71)$$

$$C_3H_6+\frac{1}{2}O_2 \longrightarrow CH_3COCH_3(g) \qquad -215.66(298K) \qquad -237.3 \qquad (7-72)$$

$$C_3H_6+3O_2 \longrightarrow 3CO+3H_2O(g) \qquad -1276.52 \qquad -1077.3 \qquad (7-73)$$

$$C_3H_6+\frac{9}{2}O_2 \longrightarrow 3CO_2+3H_2O(g) \qquad -1491.71 \qquad -1920.9 \qquad (7-74)$$

反应副产物可分为三类：其一是氰化物，主要有乙腈和氢氰酸，这也是主要副产物；其二类是有机含氧化物，主要是丙烯醛，还有少量丙酮、乙醛和其他含氧化合物；其三是深度氧化产物 CO_2、水和 CO。上述主副反应均是强放热反应，尤其是深度氧化，$\Delta G^{\ominus}$ 是很大的负值，因此，反应已不受热力学平衡的限制，要获得主产物丙烯腈的高选择性，改进产品组成的分布，必须使主反应在反应动力学上占优势，研制高性能的催化剂非常重要。

7.5.3 丙烯氨氧化催化剂

7.5.3.1 Mo 系催化剂

Mo 系催化剂由 Sohio 公司开发。工业上最早使用的是 P-Mo-Bi-O(C-A) 催化剂，代表组成为 $PBi_9Mo_{12}O_{52}$。活性组分为 MoO_3，但单一 MoO_3 作催化剂选择性很差，Bi_2O_3 无催化活性，它的作用是氧的传递体，加入 P 作助催化剂，可提高催化剂的选择性，P、Bi 和 Mo 的氧化物组成共催化体系，使催化剂具有较好的活性、选择性和稳定性。但该催化剂活性温度较高（460~490℃），丙烯腈收率只有 60％左右，丙烯单耗高，副产物产量大。反应时为提高选择性，在原料气中需加入大量水蒸气，在反应温度下 Mo 和 Bi 挥发损失严重，使催化剂易于失活，因此，被新的 Mo 系催化剂所取代。20 世纪 70 年代初，在 P-Mo-Bi-Fe-Co-O 五组分催化剂基础上，开发成功了 P-Mo-Bi-Fe-Co-Ni-K-O/SiO₂ 七组分催化剂 C-41，在该催化剂中，Bi 是催化活性的关键组分，不含 Bi 的催化剂，丙烯腈的收率很低（6%～15%）。适宜含量 Fe 与 Bi 的配合不但能提高丙烯腈的收率，还可减少乙腈的生成。Fe 的作用被认为是帮助 Bi 输送氧，使 $Mo^{+6} \Leftrightarrow Mo^{+5}$ 更易进行。Ni 和 Co 可抑制生成丙烯醛和乙醛的副反应。K_2O 的加入对催化剂的氨氧化性能有显著的影响，少量 K_2O 的存在可改变催化剂表面酸度，减少强酸中心数目，抑制深度氧化，使选择性提高；K_2O 过量则导致催化剂表面酸度明显降低，使氨氧化反应的活性和选择性均下降。据报道，适宜的催化剂组成为：$Fe_3Co_{4.5}Ni_{2.5}BiMo_{12}P_{0.5}K_x$（$x = 0 \sim 0.3$），目前使用的有 C-49、C-49MC、C-89 等多组分催化剂。Mo-Bi-Fe 系催化剂可用通式表示为：Mo-Bi-Fe-A-B-C-D-O，其中 A 为酸性元素，如 P、As、B、Sb 等；B 为碱金属；C 为二价金属元素，Ni、Co、Mn、Mg、Ca、Sr 等；D 为三价金属元素，如 La、Ce 等；另外，Mo 可部分被 W、V 等元素所取代。

7.5.3.2 Sb 系催化剂

锑系催化剂在 20 世纪 60 年代中期投入工业生产，其代表性的是 Sb-Fe-O 催化剂，它是由日本化学公司研制，牌号有 NS-733A、NS-733B 等。该催化剂丙烯腈收率可达 75% 左右，副产物乙腈很少，催化剂价格也比较便宜。$\alpha\text{-}Fe_2O_3$ 是活性很高的氧化催化剂，但选择性差；纯氧化锑活性很低，但选择性好，两者结合，具有良好的活性和选择性。文献报道，催化剂中 Fe∶Sb 为 1∶1（摩尔比），X 衍射表明，催化剂主体是 $FeSbO_4$，还有少量的 Sb_2O_4。Sb-Fe-O 系催化剂耐还原性较差，添加 V、Mo、W 等可改变其耐还原性。

除上述两类催化剂外，工业上还有以 MoO_3 为主的 Mo-Te-O 系催化剂等，如 Montedison-UOP 法采用的催化剂，其主体为 Mo-Te-Ce-O 的多元金属氧化物，水平相当于 C-49 和 NS-733B，丙烯腈单程收率可达 80%。中国在丙烯氨氧化催化剂的研制方面也做了大量的工作，先后开发了 M-82、M-86 等牌号的催化剂，主要技术指标已达到或超过国外同类产品的水平。表 7-6 给出了几种典型工业催化剂的技术指标。

表 7-6　典型丙烯氨氧化工业催化剂技术指标

催化剂型号	丙烯转化率/%	丙烯单耗/t	单程收率/%						
			丙烯腈	乙腈	HCN	丙烯醛	乙醛	CO	CO_2
C-41	97.0	1.25	72.5	1.6	6.5	1.3	2.0	4.9	8.2
C-49	97.0	1.15	75.0	2.0	5.9	1.3	2.0	3.8	6.6
C-89	97.9	1.15	75.1	2.1	7.5	1.2	1.1	3.6	6.4
NS-733B	97.7	1.18	75.1	0.5	6.0	0.4	0.6	3.3	10.8
MB-82	98.5	1.18	76～78	4.6	6.2	0.1	0	0.4	10.1

在这些催化剂中，按金属元素所起的作用一般可分为三类：促进 $\alpha\text{-}H$ 脱除的有 Bi^{3+}、Sb^{3+}、Te^{4+} 等，促进烯烃化学吸附和氧或氮嵌入的有 Mo^{6+}、Sb^{5+} 等，促进晶格氧在催化剂主体和表面间进行传递的氧化还原对有 Fe^{2+}/Fe^{3+} 或 Ce^{3+}/Ce^{4+} 等，利用变价金属氧化物的晶格氧完成反应区内气相氧向晶格氧转化的氧化-还原过程。

丙烯氨氧化催化剂除需要活性组分外，还需要载体，这一方面是为了提高催化剂强度，一方面是分散活性组分并降低其用量。根据采用的反应器的不同，对载体的要求也不相同。流化床对催化剂的强度和耐磨性能要求很高，一般采用粗孔微球硅胶作载体，活性组分和载体比为 1∶1（质量比），喷雾干燥成型制得。固定床反应器传热效果比流化床差，因此对催化剂载体的导热性能要求较高，一般采用导热性能良好、低比表面、无微孔结构的惰性物质作载体，如刚玉、碳化硅和石英砂等，用喷涂法或浸渍法制得。

丙烯氨氧化所采用的催化剂，也可应用于其他烯丙基氧化反应，如异丁烯氨氧化制甲基丙烯腈，丙烯氧化制丙烯醛，正丁烯氧化脱氢制丁二烯等。

7.5.4 丙烯氨氧化反应机理与动力学

对丙烯氨氧化为丙烯腈的反应途径目前尚无定论，有两种观点，一种认为丙烯首先脱氢生成烯丙基，然后与晶格氧反应生成丙烯醛，醛再进一步与吸附态氨结合转化为丙烯腈，这就是两步法机理。另一种观点认为丙烯脱氢生成烯丙基，烯丙基直接氨氧化生成丙烯腈，而不需要经过中间步骤，这是一步法机理。氨则与 O^{2-} 交换从而被活化，形成等电子的 NH^{2-} 基团，参与丙烯腈的形成

$$NH_3 + O^{2-} \longrightarrow NH^{2-} + H_2O \tag{7-75}$$

综合起来，可简单表述如下

$$
\begin{array}{c}
CH_3CH{=}CH_2 \xrightarrow[O_2, NH_3]{k_1} CH_2{=}CHCN \\
\quad\Big\downarrow k_2 \qquad\qquad \Big\uparrow k_3 \mid NH_3, O_2 \\
O_2 \longrightarrow CH_2{=}CHCHO \\
O_2 \\
\longrightarrow CO_2 + H_2O
\end{array}
\tag{7-76}
$$

有研究指出，在使用钼酸铋催化剂、430℃ 时，$k_1 = 0.195 s^{-1}$，$k_2 = 0.005 s^{-1}$，$k_1/k_2 = 39$，因此，丙烯直接氨氧化生成丙烯腈应是主要途径，而丙烯醛途径则是次要的。无论以何种途径进行反应，丙烯脱氢生成烯丙基过程速度最慢，为控制步骤。动力学研究表明，在体系中氨和氧浓度不低于丙烯氨氧化反应的理论值时，丙烯氨氧化反应对丙烯为一级反应，对氨和氧均为零级反应，即

$$r = k p_{丙烯} \tag{7-77}$$

其中

$$k = 8.0 \exp\left(-\frac{18500}{RT}\right) s^{-1} \quad (\text{Mo-Bi-0.5P-O 催化剂}) \tag{7-78}$$

$$k = 2.8 \times 10^{-5} \exp\left(-\frac{16000}{RT}\right) s^{-1} \quad (\text{Mo-Bi-O 催化剂}) \tag{7-79}$$

丙烯氨氧化遵循氧化-还原机理，首先丙烯、氨与催化剂晶格氧作用，生成产物，与此同时，催化剂失去晶格氧，形成晶格氧孔穴，催化剂中活性组分被还原为低价态，如 $Mo^{6+} \longrightarrow Mo^{5+}$。然后，在 Bi^{3+} 存在下，催化剂中失去活性的低价态组分 Mo^{5+} 能重新变成 Mo^{6+}，而 Bi^{3+} 则获得电子成为 Bi^{2+}，Bi^{2+} 迅速将获得的电子传递给吸附在催化剂表面上的氧，产生负氧离子，进入晶格氧孔穴，重新获得晶格氧，Bi^{2+} 自身则被氧化为 Bi^{3+}，从而完成了整个氧化-还原催化循环过程。催化循环过程表示如下：

$$Mo^{5+} + Bi^{3+} \longrightarrow Mo^{6+} + Bi^{2+} \tag{7-80}$$

$$2Bi^{2+} + \frac{1}{2}O_2 \longrightarrow 2Bi^{3+} + O^{2-} \tag{7-81}$$

为了保证氧化-还原循环的顺利进行，催化剂中 Mo 和 Bi 的原子比应适宜，对 P-Mo-Bi-O 催化剂，Mo：Bi＝12：9，对 P-Mo-Bi-Fe-Co-Ni-K-O/SiO₂ 七组分催化剂，由于 Fe 的协同作用，Bi 含量可大大降低，Mo：Bi＝12：1。

7.5.5 丙烯氨氧化反应的影响因素

（1）原料纯度和配比　原料丙烯来源于烃类热裂解的裂解气或催化裂化的裂化气，经分离所得的丙烯，一般纯度较高，但还含有少量 C_2 烃、丙烷、C_4 烃等杂质。这些杂质中，丁烯及更高级的烯烃化学性质比丙烯活泼，易被氧化，消耗原料氧和氨，氧的减少会使催化活性下降，而且生成的副产物增加了分离上的困难。因此，对原料丙烯中的丁烯及

更高级的烯烃必须严格控制。乙烯分子中无α-H，没有丙烯活泼，一般不会影响氨氧化反应。丙烷和其他烷烃在反应中呈惰性，只是稀释了丙烯浓度，因此含高浓度丙烷的丙烯也可作原料使用。硫化物的存在，会使催化剂活性下降，也应脱除。原料氨用合成氨厂生产的液氨，原料空气经除尘、酸-碱洗涤后使用。

丙烯氨氧化以空气为氧化剂（理论配比 C_3H_6：空气＝1：7.3），考虑到副反应要消耗一些氧，为保证催化剂活性组分处于氧化态，反应尾气中必须有剩余氧存在，一般控制尾气中氧含量在 0.1%～0.5%，因此丙烯与空气的配比应大于理论配比。如使用 P-Mo-Bi-O 催化剂，在缺氧条件下，催化剂不能进行氧化还原循环，Mo^{6+} 被还原为低价钼离子，催化剂的活性下降。尽管这种失活不是永久性的，可通入空气使低价钼重新氧化为 Mo^{6+}，但在高温下长时间缺氧操作，即使再通入空气，活性也难以完全恢复。空气过量太多也会带来如下一些问题。

① 过量的空气意味着带入大量的氮，使丙烯浓度下降，反应速率降低，导致反应器生产能力降低。

② 反应产物离开催化剂床层后，在气相继续发生深度氧化，使选择性下降。

③ 稀释了反应产物，给产物回收增添了难度。

④ 增大了动力消耗。

因此空气用量有一适宜值，这个数值与催化剂的性能有关。早期的 C-A 型催化剂 C_3H_6：空气＝1：10.5（摩尔比）左右，使用 C-41 催化剂时 C_3H_6：空气＝1：9.8（摩尔比）左右。

丙烯与氨的摩尔比理论量为 1：1，实际为 1：1.1～1.15。除氨氧化反应消耗氨外，还有副反应的消耗和氨的自身氧化分解，同时过量氨可抑制副产物丙烯醛的生成，见图 7-8 所示。但氨用量过多也不经济，不仅会增加氨的消耗定额，而且未反应的氨要用硫酸中和，从而增加了硫酸的消耗量。

（2）反应温度　反应温度对反应转化率、选择性和丙烯腈的收率都有明显影响。在温度低于 350℃ 时，氨氧化反应几乎不发生。随着温度的升高，丙烯转化率提高。图 7-9 给出了丙烯在 P-Mo-Bi-O/SiO_2 系催化剂上氨氧化反应温度对主副反应产物收率的影响情况。可以看出，有一适宜温度，使丙烯腈的收率达最大值。超过适宜温度，由于高温时深度氧化反应的加剧，丙烯腈的收率会明显下降；同时，过高的温度会缩短催化剂的使用寿命。适宜的反应温度具体值取决于催化剂的种类，C-A 型催化剂活性较低，需在 470℃ 左右进行；C-41 活性较高，适宜温度为 440～450℃ 左右，C-49 温度还可低一些。

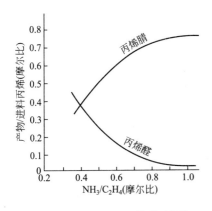

图 7-8　丙烯与氨用量比的影响[12]

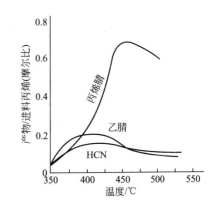

图 7-9　反应温度的影响[12]

C_3H_6：NH_3：O_2：H_2O＝1：1：1.8：1（摩尔比）

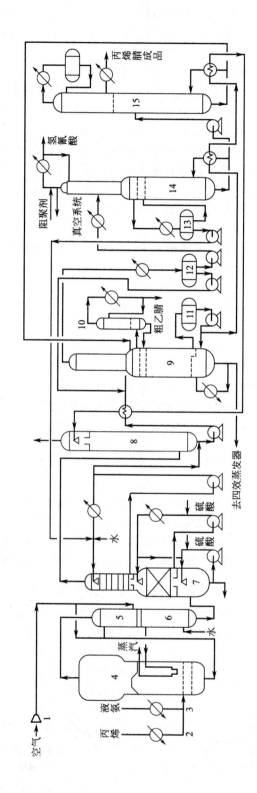

图 7-10 丙烯氨氧化生产丙烯腈工艺流程示意图

1—空气压缩机；2—丙烯蒸发器；3—氨蒸发器；4—反应器；5—热交换器；6—冷却管补给水加热器；7—氨中和塔；
8—水吸收塔；9—苯取精馏塔；10—乙腈塔；11—贮罐；12，13—分层器；14—脱氰塔；15—丙烯腈精制塔；

（3）反应压力 丙烯氨氧化反应的主、副反应平衡常数很大，因此热力学上为不可逆，压力的变化只对反应动力学产生影响。加压能提高丙烯浓度，增大反应速率，提高设备的生产能力，但研究表明，增大反应压力，会使选择性下降，导致丙烯腈收率降低，因此丙烯氨氧化反应不宜在加压下进行，反应压力接近常压。

（4）停留时间 适当增加停留时间，可提高丙烯转化率，而副产物乙腈、氢氰酸的生成量到一定温度后不再增加，因此，可相应提高丙烯腈的单程收率。但过分延长停留时间，一方面会使丙烯腈深度氧化生成 CO_2 的量增加，降低其收率；同时，由于氧的过分消耗，易于使催化剂由氧化态变为还原态，长期缺氧会降低催化剂活性和使用寿命；另外，停留时间的延长，降低了设备的生产能力。适宜的停留时间与催化剂的活性、选择性及反应器类型和反应温度有关。高活性、高选择性的催化剂，接触时间短一些，反之则长一些；反应温度高时接触时间可短一些，反之则长一些。一般工业上选用的接触时间，流化床 5～8s。

7.5.6 丙烯腈生产工艺流程

丙烯腈生产流程主要有三部分，即丙烯腈合成部分、产品和副产品的回收部分、精制部分。由于采用不同的技术，丙烯腈的生产在反应器的形式、回收和精制部分流程上有较大差异，现介绍常用的一种流程（见图 7-10）。

7.5.6.1 丙烯腈的合成部分

丙烯氨氧化是强放热反应，反应温度较高，催化剂的适宜活性温度范围又比较狭窄，固定床反应器很难满足要求，因此工业上一般采用流化床反应器，以便及时排出热。尽管近年来新型流化床反应器的研究一直在进行，以达到减少返混、提高单程收率和结构简单的目标，但目前工业上仍使用 Sohio 流化床技术。纯度为 97%～99% 的液态丙烯和 99.5%～99.9% 的液态氨，在蒸发器 2 和 3 中蒸发，从丙烯-氨混合气体分配管进入流化床反应器 4。空气经除尘、压缩，然后与反应器出口物料进行换热，预热至 300℃ 左右，从流化床底部空气分布板进入反应器。空气、丙烯和氨按一定的配比控制其流量。各原料气管路中均装有止逆阀，防止催化剂和气体倒流。

流化床反应器内设置一定数量的 U 形冷却管，通入高压热水，通过水的汽化带走反应热，从而控制反应温度。产生的高压过热蒸汽（4.0MPa 左右）作为空气压缩机和制冷机的动力，高压过热蒸汽经透平利用后成为低压蒸汽（350kPa 左右），可作回收和精制工序的热源，从而使能量得到合理利用。反应后的气体从反应器顶部出来，经热交换冷却至 200℃ 左右，送入后续工序。反应条件见表 7-7 所示。

表 7-7　采用 C-49 催化剂工业设计数据

项　　目	内　　容
生产能力	181kt/a
反应器类型	流化床（副产 4.137MPa 蒸汽）
原料	丙烯纯度≥97%；液氨纯度≥99.9%；丙烯∶氨∶空气＝1∶1∶10.2（摩尔比）
工艺条件	反应温度（出口）404℃，反应压力（出口）0.21MPa，接触时间 6s
转化率	丙烯 94%（或氨 92.8%）
选择性	丙烯腈 75%，HCN 4.76%，乙腈 1.62%，CO 2.44%，CO 28.56%，轻组分（主要是丙烯醛）0.54%，重组分（聚合物和氰醇）1.08%

7.5.6.2 回收部分

反应器流出的物料中含有少量的氨，在碱性介质中会发生一系列副反应，例如氨与丙烯腈反应生成胺类物质 $H_2NCH_2CH_2CN$、$NH(CH_2CH_2CN)_2$ 和 $N(CH_2CH_2CN)_3$，HCN 与丙烯腈加成生成丁二腈，HCN 与丙烯醛加成为氰醇，HCN 自聚，丙烯醛聚合，CO_2 和氨反应生成碳酸氢铵等。生成的聚合物会堵塞管道；生成的碳酸氢铵在吸收液加热解吸时分解为 CO_2 和氨，然后在冷凝器中又合成碳酸氢铵，造成堵塞；各种加成反应导致产物丙烯腈和 HCN 的损失，降低了回收率，因此氨必须及时除去。工业上采用硫酸中和法在氨中和塔中除去氨，硫酸质量分数 1.5%左右，一般 pH 值控制在5.5~6.0。

氨中和塔又称急冷塔，分为三段，上段为多孔筛板，中段装置填料，下段是空塔，设置液体喷淋装置。反应气从中和塔下部进入，在下段首先与酸性循环水接触，清洗夹带的催化剂粉末、高沸物和聚合物，中和大部分氨，反应气温度从 200℃左右急冷至 84℃左右，然后进入中段。在中段进一步清洗，温度从 84℃冷却至 80℃左右，此温度不宜过低，以免丙烯腈、氢氰酸、乙腈等组分冷凝较多，进入液相而造成损失，也增加了废水处理的难度。反应气在经中段酸洗后进入上段，与中性水接触，洗去夹带的硫酸溶液，温度进一步降低至 40℃左右，进入水吸收塔 8。氨中和塔上部的洗涤水含有溶解的部分主、副产物，不能作废水排放，其中一部分循环使用，一部分与水吸收塔底流出的粗丙烯腈水溶液混合，以便送往精制工序。随着氨的吸收，氨中和塔底部稀硫酸循环液中硫铵浓度逐渐升高（约 5%~30%），需抽出一部分进入结晶器回收硫酸铵。

从氨中和塔出来的反应气中，有大量惰性气体，产物丙烯腈浓度很低，工业上采用水作吸收剂来回收丙烯腈和副产物。主副产物有关物理性质见表 7-8。

表 7-8 丙烯腈主副产物有关物理性质

项 目	丙烯腈	乙 腈	氢氰酸	丙烯醛
沸点/℃	77.3	81.6	25.7	52.7
熔点/℃	−83.6	−41	−13.2	−8.7
共沸点/℃	71	76	—	52.4
共沸组成(质量比)	丙烯腈:水=88:12	乙腈:水=84:16	—	丙烯醛:水=97.4:2.6
水中溶解度(以质量计)	7.35%(25℃)	互溶	互溶	20.8%
水在该物中溶解度(以质量计)	3.1%(25℃)			6.8%

反应气进入水吸收塔 8，丙烯腈、乙腈、氢氰酸、丙烯醛、丙酮等溶于水，被水吸收；不溶于水或溶解度很小的气体如惰性气体、丙烯、氧以及 CO_2 和 CO 等和微量未被吸收的丙烯腈、氢氰酸和乙腈等从塔顶排出，经焚烧后排入大气。水吸收塔要求有足够的塔板数，以便将排出气中丙烯腈和氢氰酸含量控制在最小限度。水的用量要足够，以使丙烯腈完全吸收下来，但吸收剂也不宜过量，以免造成废水处理量过大，一般水吸收液中丙烯腈含量为 4%~5%（质量分数），其他有机物含量为 1%（质量分数）左右。吸收水应保持较低的温度，一般在 5~10℃左右。排出的水吸收液送往精制工序处理。

7.5.6.3 精制部分

精制的目的是把回收工序得到的丙烯腈与副产物的水溶液进一步分离精制，以便获得聚合级丙烯腈和较高纯度的氢氰酸。

丙烯腈与氢氰酸和水都很容易分离，丙烯腈和水能形成共沸物，冷凝后产生油水两相。丙烯腈和氢氰酸的沸点相差 51.6℃，可用普通精馏方法分离。但丙烯腈和乙腈的相对挥发度比较接近（约为 1.15），采用一般的精馏方法使它们分离开来，需要 100 块以上理论板，难以实现。工业上采用萃取精馏法来增大相对挥发度，萃取剂可采用乙二醇、丙酮和水等，由于水无毒、价廉，一般采用水作萃取剂。因为乙腈的极性比丙烯腈强，加入水可使丙烯腈对乙腈的相对挥发度大大提高，如在塔顶处水的摩尔分数为 0.8 时，相对挥发度已达 1.8，此时只需 40 块实际塔板，就可实现丙烯腈和乙腈的分离。

精制部分工艺流程主要有萃取精馏塔、乙腈塔、脱氢氰酸塔和丙烯腈精制塔等组成，见图 7-10。从水吸收塔底出来的水溶液进入萃取精馏塔 9，该塔为一复合塔，萃取剂水与进料中丙烯腈量之比，是萃取精馏塔操作的控制因数，一般萃取用水量是丙烯腈量的 8～10 倍。塔顶馏出的是氢氰酸、丙烯腈和水的共沸物，由于丙烯腈和水部分互溶，冷却后馏出液在分层器 12 中分成两相，水相回流入塔 9，油相含丙烯腈 80% 以上，氢氰酸 10% 左右，水 8% 左右和微量杂质，它们的沸点相差较大，可采用普通精馏法分离精制。油相采出后首先在脱氢氰酸塔 14 中脱除氢氰酸，脱氰塔塔顶馏出液进入氢氰酸精馏塔可制得 99.5% 的氢氰酸，塔釜液进入丙烯腈精制塔 15 除去水和高沸点杂质。萃取精馏塔中部侧线采出粗乙腈水溶液，内含有少量丙烯腈、氢氰酸以及丙烯醛等低沸点杂质，也需进一步精制，但乙腈的精制比较困难，需要物理化学方法并用。萃取精馏塔下部侧线采出一股水，经热交换后送往吸收塔 8 作吸收用水。塔釜出水送往四效蒸发系统，蒸发冷凝液作氨中和塔中性洗涤用水，浓缩液少量焚烧，大部分送往氨中和塔中部循环使用，以提高主、副产物的收率，减少含氰废水处理量。

丙烯腈精制塔塔顶蒸出的是丙烯腈和水的共沸物，经冷凝分层，油相丙烯腈作回流液，水相采出，成品丙烯腈从塔上部侧线采出，釜液循环回萃取精馏塔作萃取剂。为防止丙烯腈聚合和氰醇分解，该塔减压操作。

回收和精制部分处理的物料丙烯腈、丙烯醛、氢氰酸等都易于自聚，聚合物会堵塞塔盘和填料、管路，因此处理中需要加入阻聚剂。由于聚合机理不同，采用的阻聚剂也不相同。丙烯腈的阻聚剂可用对苯二酚、连苯三酚或其他酚类，成品中少量水的存在也对丙烯腈有阻聚作用。氢氰酸在碱性条件下易聚合，因此需加入酸性阻聚剂，由于氢氰酸在气相和液相都能聚合，因此都需加入阻聚剂，气相时采用二氧化硫作阻聚剂，液相时采用醋酸作阻聚剂。氢氰酸的贮槽也应加入少量磷酸作稳定剂。

目前，工业化水平为，丙烯转化率达 95% 以上，选择性大于 80%，以生产每吨丙烯腈计，需液氨 0.50t，硫酸 0.092t，电 164kW·h，最先进技术的丙烯消耗定额为 1.08t。氢氰酸可用来生产氰化钠，或与丙酮反应生产丙酮氰醇，后者与甲醇反应可生产有机玻璃单体甲基丙烯酸甲酯。乙腈主要用来作萃取剂、溶剂或生产乙胺。硫酸铵可作肥料。

7.5.7 丙烯腈生产过程中的废物处理

在丙烯腈生产过程中，有大量的废水和废气产生，氰化物有剧毒，必须经过处理才能排放。中国国家标准规定，工业废水中氰化物最高允许排放的质量浓度为 0.5mg/L（以游离氰根计）。

（1）废气处理　丙烯腈生产过程中的废气主要来自水吸收塔顶排放的气体。近年来，该工艺过程中的废气处理采用催化燃烧法，这是一种对含有低浓度可燃性有毒有机废气的重要处理方法。其要点是将废气和空气混合后，在低温下通过负载型金属催化剂，使废气中的可燃有毒有机物发生完全氧化，生成 CO_2、H_2O 和 N_2 等无毒物质。催化燃烧后的尾气可用于透平和发电，并进一步利用其余热，随后排入大气。催化燃烧法可避免直接燃烧法所消耗的燃料，因为在直接燃烧时，由于废气中有机物浓度较低，必须添加辅助燃料。

（2）废水处理　丙烯腈生产过程有反应生成水和工艺过程用水，因此会有废水产生。

对于量少而 HCN 和有机腈化物含量高的废水，添加辅助燃料后直接焚烧处理。在焚烧氨中和塔排出的含硫铵污水时，应先回收硫铵，以免燃烧时产生 SO_2 污染大气。

对于量较大而氰化物（包括有机腈化合物）含量较低的废水，可采用生化法处理，常用的方法是曝气池活性污泥法。微生物形成的菌胶团通过生物吸附作用吸附废水中的有机物，在酶的催化和足够氧供给的条件下，将有毒和耗氧的有机物氧化分解为无毒或毒性较低不再耗氧的物质（主要是二氧化碳和水）而除去。这一方法的主要缺陷是曝气过程中易挥发的氰化物会随空气逸出，造成二次污染。

近年来广泛采用生物转盘法，转盘上先挂好生物膜，在转盘转动过程中，空气中的氧不断溶入水膜中，在酶的催化下，有机物氧化分解，同时微生物以有机物为营养物，进行自身繁殖，老化的生物膜不断脱落，新的生物膜不断产生。本法不产生二次污染，对于总氰（以—CN计）含量在 $50\sim60mg/L$ 的丙烯腈废水，用此法处理能达到排放标准。

除上述方法以外，还可采用加压水解法、湿式氧化法和活性炭吸附法等辅助措施，来处理丙烯腈废水。

由于氨中和塔得到的硫酸铵含有一定的氰化物，且易于使土壤板结，利用价值不高。随着环境保护意识的增强，丙烯腈合成后的无氨工艺日益引人关注。为此，寻求具有更高的氨转化率的催化剂，改进反应器的结构，以期尽量减少以至消除未反应的氨，减少硫酸用量甚至不用硫酸，这样就有可能取消氨中和塔，简化工艺流程，减少三废污染，实现清洁生产。

7.6 芳烃氧化制邻苯二甲酸酐[1~4,9,10,33~36]

7.6.1 邻苯二甲酸酐的性质、用途及工艺概况

邻苯二甲酸酐简称苯酐，沸点 284.5℃，凝固点（干燥空气中）131.11℃，有刺激性。苯酐主要用来生产增塑剂邻苯二甲酸二辛酯和邻苯二甲酸二丁酯及其他酯类，还可用于制造不饱和聚酯树脂和染料、医药、农药等。

1886 年，德国 BASF 公司开发了以萘为原料，硫酸汞为催化剂，发烟硫酸为氧化剂的液相氧化法生产工艺。第一次世界大战期间，以萘为原料气相氧化制苯酐的技术问世。随着石油工业的发展，提供了大量廉价的邻二甲苯，1946 年，美国 Drouite 公司首次采用邻二甲苯空气氧化法生产苯酐。由于邻二甲苯制苯酐的理论质量收率为 139.6%，没有碳原子损失，萘则只有 115.6%，有两个碳原子被氧化成 CO_2，因此邻二甲苯制苯酐的原子利用率比萘高，再加上邻二甲苯来源丰富，价格较萘便宜。而且萘常温下是固体，难于处理，邻二甲苯为液体，容易处理。因此，自 20 世纪 60 年代开始，生产苯酐的原料逐渐从萘转向邻二甲苯，开发了一系列催化剂和生产工艺。中国在 80 年代以前，萘氧化法占主导地位，近年来新建和引进装置，均采用邻二甲苯法。

目前，国外苯酐装置向大型化方向发展，单套装置最大生产能力已达 110kt/a。中国以前苯酐装置生产能力较小，现最大已达 40kt/a。以 BASF 技术为例，吨苯酐消耗定额为邻二甲苯 920kg，电 180kW·h，燃料 45~55kg，可副产 0.7MPa 的蒸汽 3.95t。

7.6.2 邻二甲苯制苯酐反应机理

邻二甲苯气相催化氧化制苯酐，反应历程复杂，包括一系列平行和串联反应，反应均为不可逆放热过程。

主反应

$$\text{(o-}C_6H_4(CH_3)_2) +3O_2 \longrightarrow \text{(邻苯二甲酸酐)} +3H_2O+1109kJ/mol \tag{7-82}$$

副反应

$$\text{(o-}C_6H_4(CH_3)_2) +7\frac{1}{2}O_2 \longrightarrow \text{(CHCO)}_2O +4CO_2+4H_2O+3176kJ/mol \tag{7-83}$$

$$\text{(o-}C_6H_4(CH_3)_2) +O_2 \longrightarrow \text{(o-}C_6H_4(CHO)(CH_3)) +H_2O+222kJ/mol \tag{7-84}$$

258

$$\text{(邻二甲苯)} + 2O_2 \longrightarrow \text{(苯酐)} + 2H_2O + 874\text{kJ/mol} \qquad (7-85)$$

$$\text{(邻二甲苯)} + 6O_2 \longrightarrow \text{(柠康酐)} + 3CO_2 + 3H_2O \qquad (7-86)$$

$$2\ \text{(邻二甲苯)} + 6O_2 \longrightarrow 2\ \text{(苯甲酸)}{-}COOH + 2CO_2 + 4H_2O \qquad (7-87)$$

$$\text{(邻二甲苯)} + 10\frac{1}{2}O_2 \longrightarrow 8CO_2 + 5H_2O + 4380\text{kJ/mol} \qquad (7-88)$$

不同的催化剂和反应条件可得到不同的反应历程，但基本都经历上述反应的中间产物阶段，有文献认为，邻二甲苯主要通过首先氧化成邻甲基苯甲醛，然后氧化成邻甲基苯甲酸，再经过分子内脱水形成苯酐，而这些中间产物又可氧化成 CO、CO_2 和 H_2O。

7.6.3 邻苯二甲酸酐生产采用的催化剂

邻二甲苯为原料进行气相催化氧化时，催化剂一般采用 V-Ti-O 体系，可添加微量 P、K、Na、Li、Cs、Mo、Nb 等元素作为促进剂加以改性。载体有 SiC、熔融氧化铝、滑石等。比较典型的有 BASF 公司 V-Ti-O 系表面涂层催化剂。它是以滑石球块为载体，采用喷涂法制备的高负荷环型催化剂，活性组分含 V_2O_5 1%～15%，TiO_2 85%～99%，添加少量的 P、Sb、Rb、Mo、Al、Zr 的氧化物为促进剂，苯酐收率达 109%（以质量计），催化剂设计寿命 4 年。Rhone-Poulenc 公司使用熔融氧化铝球为载体的 V-Ti-O 催化剂。日本触媒化学公司开发的 V-Ti-Sn-Zr-O 系催化剂，载体为 SiC，苯酐质量收率可达 114%～116%。

7.6.4 邻苯二甲酸酐生产工艺流程

苯酐生产发展至今，工业发达国家的许多化工公司均开发了各具特色的苯酐生产工艺，其核心是氧化反应器的型式，此外尚有催化剂和工艺流程方面的改进。

早期邻二甲苯氧化制苯酐，为避免爆炸（爆炸下限为每标准立方米空气中含 44g 邻二甲苯），进料中邻二甲苯质量浓度（标准状态）只有 40g/m^3，该工艺称为 40g 工艺。由于反应物浓度太低，增加了设备投资和操作费用。20 世纪 70 年代，德国 Von Heyden、BASF 和法国 Rhone-Poulenc 等公司开发成功了 60～65g 工艺，该工艺的反应混合物组成在爆炸范围内操作，突破了固定床氧化反应长期在爆炸限以下操作的传统，这样可减少空气量，节约能源，提高产品浓度，简化回收精制过程，增大设备生产能力，减少设备投资。80 年代以来，日本触媒化学公司又开发成功 85g 生产工艺，意大利 Alusuisse 公司开发成功 LAR 法（134g 工艺）。

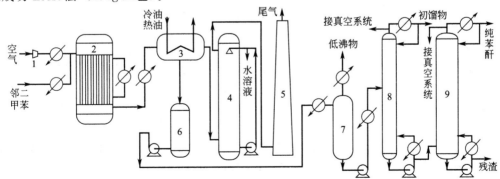

图 7-11 BASF 法邻二甲苯生产苯酐流程示意图

1—空气压缩机；2—反应器；3—转换冷凝器；4—水洗塔；5—烟囱；
6—粗苯酐贮槽；7—预分解器；8—第一精馏塔；9—第二精馏塔

BASF 公司以邻二甲苯为原料生产苯酐工艺流程见图 7-11。

空气经过净化、压缩和预热后与气化的邻二甲苯混合进入固定床列管式反应器 2，邻二甲苯氧化为苯酐。催化床层分两段装填活性不同的催化剂，以便有效控制床层热点温度，提高选择性。反应为放热反应，床层热点温度 470℃，反应管外以熔盐循环移出反应热，熔盐温度 370℃ 左右，反应热用于副产蒸汽。

从反应器出来的气体进入带翅片管的转换冷凝器 3，苯酐在翅片管上凝华成结晶，分离效率与气体中苯酐含量、冷凝器结构和排气温度有关。转换冷凝器为装有翅片管和气体分布板的箱式结构，冷凝时管内通入 50～60℃ 的冷油，可使管外气体中的苯酐 99.5% 被冷凝在翅片管上。热熔时管内通入 190℃ 的热油，使冷凝在翅片管壁上的苯酐熔融成液体。转换冷凝器的台数和传热面积随生产能力而定，一般可选 3 台，两台用于冷凝，一台用于热熔，切换周期 4～5h。转换冷凝器出来的尾气送往两段高效洗涤塔洗涤后排入大气，循环的部分洗涤液送往顺酐回收装置回收顺酐。尾气中含有苯酐、顺酐、醛类、一氧化碳、二氧化碳等，采用催化焚烧技术进行处理。

热熔后的粗苯酐需精制处理，精制分为预分解处理和精馏两部分。邻二甲苯氧化制得的粗苯酐中含有邻甲苯甲醛、苯甲酸、苯酞等杂质，它们影响苯酐的色度、酸度、热稳定性、凝固点等，必须予以除去。由于有些杂质的沸点与苯酐相差不大，很难用精馏方法分离，工业上常采用加热或加添加剂的办法，使粗苯酐中的邻苯二甲酸脱水成酐，醛类缩合，苯酞氧化成苯酐和水。加热处理是将粗苯酐在 250℃ 左右真空条件下加热 10～24h。加入添加剂处理一般在 280～285℃，真空条件下处理 8～12h，常用的添加剂有 KOH、NaOH、Na_2CO_3 等。图 7-11 中预分解器 7 采用加热处理粗苯酐。一般苯酐装置可串联设 1～3 级预分解器。加热处理后送至双塔连续减压精馏系统，第一个塔在 180～225℃、10.7～13.3kPa 下操作，塔顶馏出物为顺酐、水和苯甲酸等，塔釜物料送往第二个塔减压精馏，塔顶得纯度 99.3% 以上的精苯酐，塔底残液送往薄膜蒸发器进一步分离回收苯酐，残渣送焚烧炉。

7.7　氧化操作的安全技术[11,12,37,38]

7.7.1　爆炸极限

选择性氧化过程中，烃类及其衍生物的气体或蒸气与空气或氧气形成混合物，在一定的浓度范围内，由于引火源如明火、高温或静电火花等因素的作用，该混合物会自动迅速发生支链型连锁反应，导致极短时间内体系温度和压力急剧上升，火焰迅速传播，最终发生爆炸。该浓度范围称为爆炸极限，简称爆炸限，一般以体积分数表示，其最低浓度为爆炸下限，最高浓度为爆炸上限。爆炸限以实验方法求得，也可用一些公式进行估算。不同的体系有不同的爆炸限。常温常压下、空气中，邻二甲苯的爆炸限为 1%～6.0%，萘的爆炸限为 0.9%～7.8%，丙烯的爆炸限为 2.4%～11.0%，丙烯腈的爆炸限为 3.05%～17.5%，乙烯的爆炸限为 2.7%～36%，环氧乙烷的爆炸限为 2.6%～100%，环氧丙烷的爆炸限为 1.9%～24.0%。

必须指出的是，爆炸限并不是一成不变的，它与体系的温度、压力、组成等因素有关。一般地，初始温度越高，引起的反应越容易传播，爆炸极限范围越大，即爆炸下限降低而上限提高。压力的改变对爆炸下限的影响较小，但对爆炸上限有明显影响。压力增高，爆炸上限明显提高，反之，则下降。当压力降至某一值时，上下限重合，此时的压力为爆炸的临界压力，低于临界压力，体系不会爆炸。乙烯和丙烯在空气或氧气中的爆炸极限随温度、压力和惰性气体的变化情况见图 7-12～图 7-15。

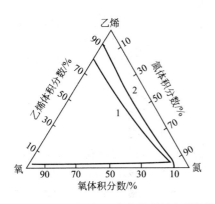

图 7-12　乙烯-氧-氮混合物的爆炸极限[12]

温度：室温

压力：1—0.1MPa；2—1MPa

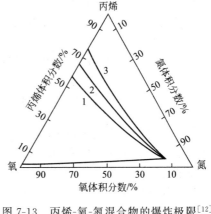

图 7-13　丙烯-氧-氮混合物的爆炸极限[12]

温度：室温

压力：1—0.1MPa；2—0.3MPa；3—1MPa

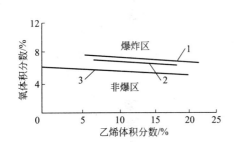

图 7-14　乙烯-氧-氮混合体系的爆炸极限[12]

温度：1—200℃；2—280℃；3—300℃

压力：2.6MPa

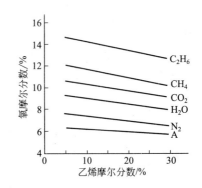

图 7-15　乙烯-氧-惰性气体体系的爆炸极限[12]

温度：250℃；

压力：2.6MPa

除了可燃气体可引起爆炸以外，可燃粉尘在一定浓度范围内也可引起爆炸。许多工业可燃粉尘的爆炸下限在 $20\sim60g/m^3$ 之间，爆炸上限在 $2\sim6kg/m^3$ 之间。

7.7.2　防止爆炸的工艺措施

爆炸极限的存在，限制了反应原料浓度的提高，对反应速率、选择性、能量利用和设备投资等都不利，但为了安全起见，在确定进料浓度和配比时，大部分工业氧化反应还是在爆炸极限以外（通常在爆炸下限以下）操作。由于惰性气体的存在可改变体系的爆炸限，对于一些爆炸威力较大的物系，不仅要在爆炸极限以外操作，工业生产中还加入惰性气体作致稳气，如乙烯为原料制环氧乙烷时，N_2、CO_2、甲烷等都有致稳作用。

反应原料和空气（尤其是氧气）在混合时最容易发生事故，因此，混合器的设计和混合顺序的选择也非常重要。混合应尽量在接近反应器入口处，氧气或空气在喷嘴出口处的速度要大大高于原料的火焰传播速度，以利于快速混合。

对于一些爆炸威力不大、爆炸极限小的物系，如邻二甲苯制苯酐系统，邻二甲苯在常压下燃爆产生的压力约为 0.6MPa，如果反应压力为 0.15MPa，燃爆压力约为 0.9MPa，这样不高的压力只要处理得当，不会造成危险，因此目前苯酐的生产工艺都是在爆炸范围内操作，但必须有有效的安全防范措施。最容易爆炸的地方是邻二甲苯与空气混合之处和进入装催化剂管之前的空间，所以要尽量缩小这部分空间。反应器壁厚略为加大，并装备防爆膜、安全阀。采用大热容催化剂，使用高线速、防静电等措施。

对于一些不稳定易聚合或分解的化合物如环氧乙烷、过氧化氢等，贮存时也必须注意安全。过氧化氢在催化杂质存在下易分解，放出氧气和热量，浓度和温度越高，分解速度越快。因此，贮存和运输时，要保持合适的浓度和温度，避免与催化杂质接触，容器应设防尘通气口，以防爆裂。商用过氧化氢中还可加入稳定剂如焦磷酸钠、锡酸钠等。

7.8 催化氧化技术进展[1~6]

近年来，均相催化氧化技术的进展主要在以下三个方面。

（1）新反应的开发　如使用 $PdCl_2$-$CuCl_2$-LiCl-CH_3COOLi 为催化剂，可使乙烯、CO 和氧直接进行羰基氧化一步合成丙烯酸；以 $PdCl_2$-$CuCl_2$ 或 $PdCl_2$-$FeCl_3$ 为催化剂，可进行一系列羰基氧化反应，如以 CO、O_2 和醇为原料生产草酸酯等；环己烷两步氧化生成尼龙-66 的主要单体己二酸，首先用环烷酸钴作催化剂，空气氧化环己烷生成环己酮和环己醇，然后再以 Cu(Ⅱ)/V(体积比)盐为催化剂，硝酸为氧化剂，可得己二酸，收率大于 90%，副产的氮化物可在系统内再氧化成硝酸。

（2）催化剂的改进　例如用较廉价的过渡金属代替贵金属作催化剂；贵金属催化剂的回收和固载化等。

（3）不对称催化氧化　此反应可用来生产光学活性物质，其中研究比较多的是不对称环氧化反应、双羟基化反应等。

目前，非均相催化氧化技术的进展除了低碳烷烃的选择性氧化和氨氧化以外，最为引人注目的是钛硅沸石的发现及其合成领域的应用。钛硅沸石是在分子筛的骨架中含有钛原子的一类杂原子分子筛，现已可合成出不同结构的钛硅沸石（TS-1 和 TS-2 型分子筛）。在以 H_2O_2 水溶液作氧化剂以及温和的反应条件下，钛硅分子筛显示出优异的选择性氧化功能，不发生深度氧化，有较高的选择性。TS-1 型钛硅沸石反应类型见表7-9，其中酮的氨氧化和芳烃的羟基化反应国外已实现工业化，烯烃环氧化反应目前已有很大进展，具有工业化价值。

表 7-9　TS-1 沸石催化的过氧化氢选择性氧化反应

反应类型	H_2O_2 转化率/%	产物选择性/%
芳烃羟基化		
苯→苯酚＋苯醌	100	76＋24
苯酚→邻苯二酚＋对苯二酚	98	90
烯烃环氧化		
丙烯→环氧丙烷	98	97.8
氯丙烯→环氧氯丙烷	98	92
丙烯醇→缩水甘油	81	72
酮氨氧化		
环己酮→环己酮肟	99.9	93.2～98.2
烷烃氧化		
戊烷→戊醇＋戊酮	80	40＋60

环己酮肟转位用来生产己内酰胺，它是生产聚酰胺的重要单体。传统的生成环己酮肟方法是环己酮和硫酸羟铵反应，副产大量的硫酸铵，由于硫酸铵的应用有限，造成资源的浪费和环境污染。新的生产路线是，以氨和 H_2O_2 为原料直接进行氨氧化生产环己酮肟，过程中无硫酸铵生成。

对苯二酚传统的生产方法是苯胺氧化法，即以苯胺为原料，硫酸和 MnO_2 作催化剂，氧化生成苯醌；然后再用铁粉还原得到产品。新的生产工艺是以苯酚为原料，以 H_2O_2 为氧化剂，在催化剂的作用下，一步生成邻、对二苯酚，工艺流程短，污染小。可以看出，以上这些新工艺对环境友好，实现了清洁生产，是今后发展的方向。

除了钛硅沸石以外，近年来对含其他元素如 Cu、V、Mg、Mn、Fe、Ga 等的新型沸石及其在化学氧化过程中的应用也进行了广泛的研究，取得了一定进展。

思 考 题

7-1 分析氧化过程的作用及其特点。

7-2 分析催化自氧化反应的特点并给出在化工应用中的实例。

7-3 分析配位催化氧化原理及其在 Wacker 反应中的应用。

7-4 共氧化法生产环氧丙烷的原理和使用的催化剂是什么？

7-5 共氧化法生产环氧丙烷过程中主反应器是什么类型？为什么这样选择？

7-6 比较分析非均相催化氧化和均相催化氧化的特点。

7-7 了重要的非均相催化氧化类型并举出实例。

7-8 非均相催化氧化反应机理有几种？各自描述的特点是什么？

7-9 典型的气-固相催化氧化常见的反应器类型有哪几种？各自的优缺点是什么？

7-10 分析就氧化反应举例说明，绿色化学与清洁生产概念。

7-11 掌握乙烯环氧化制环氧乙烷的原理、催化体系和反应主流程。

7-12 乙烯环氧化反应工艺条件选择的依据是什么？

7-13 致稳气的作用是什么？

7-14 掌握丙烯氨氧化制丙烯腈的原理、催化体系和反应主流程。

7-15 通过丙烯氨氧化 Bi-Mo-Fe 多元氧化物催化剂，了解各组分的相互作用。

7-16 丙烯氨氧化制丙烯腈工艺参数选择的依据是什么？

7-17 分析共沸精馏的原理及其在丙烯腈精制过程中的应用。

7-18 从原料的来源和价格，谈丙烷氨氧化制丙烯腈的前景。

7-19 分析苯酐生产的基本原理和催化体系的构成及工艺技术走向。

7-20 试从原子经济性的角度论述苯酐生产原料的取舍。

7-21 从苯酐的精制过程，理解精制方法选择的重要性。

7-22 为什么苯酐能在爆炸限内生产？应采取哪些安全措施？

7-23 何谓爆炸极限？其主要影响因素有哪些？

7-24 请列举一些化工生产中常用的防爆措施。

参 考 文 献

1 Sheldon R. A. , Van Santen R. A. Catalytic Oxidation：Principles and Applications. Singapore：World Scientific Publishing Co. , 1995

2 Oyama S. T. , Hightower J. W. Catalytic Selective Oxidation. Washington DC. ；American Chemical Society，1993

3 Wittcoff H. A. , Reuben B. G. Industrial Organic Chemicals. New York；John Wiley &.Sons, Inc. , 1996

4 Centi G. New Development in Selective Oxidation. Netherlands：Elsevier Sci. Publishers，1990

5 钱延龙，廖世健. 均相催化进展. 北京：化学工业出版社，1990

6 Mimoun, H. , Comprehensive Coordination Chemistry . Oxford；Pergamon press，1987

7 《化工百科全书》编辑委员会，化学工业出版社《化工百科全书》编辑部编. 化工百科全书·第7卷. 北京：化学工业出版社，1994. 513，595～613

8 张旭之，陶志华，王松汉等主编. 丙烯衍生物工学. 北京：化学工业出版社，1995

9 徐克勋主编. 精细有机化工原料及中间体手册. 北京：化学工业出版社，1998

10 洪仲苓主编. 化工有机原料深加工. 北京：化学工业出版社，1998

11 区灿琪，吕德伟. 石油化工氧化反应工程与工艺. 北京：中国石化出版社，1992

12 吴指南主编. 基本有机化工工艺学（修订版）. 北京：化学工业出版社，1990

13 赵仁殿，金彰礼，陶志华等主编，芳烃工学，北京：化学工业出版社，2001

14 Kirk-Othmer. Encyclopedia of Chemical Technology. 4th. ed，Vol. 9. New York：John Wiley &.Sons, Inc. ，1991. 915～955

15 Ullmann's. Encyclopedia of Industrial Chemistry. 5th. ed., Vol. A10. VCH, 1987. 117～130

16 张旭之，王松汉，戚以政主编. 乙烯衍生物工学. 北京：化学工业出版社，1995

17 《化工百科全书》编辑委员会，化学工业出版社《化工百科全书》编辑部编. 化工百科全书. 第 7 卷. 北京：化学工业出版社，1994. 595～613

18 吕荣先. 石化技术. 1996，3（2）：123～126

19 毛东森，卢立义. 石油化工. 1995，24（11）：821～825

20 Gerdes. William H.（Hudson，OH）. Doddato. US 5100859. 1992

21 ThorsteinsonThorsteinson. Erlind M.（Charleston，WV）. Bhasin. US 5187140. 1992

22 Khasin A V., Kinetics and Catalysis. 1993，34（1）：42

23 金积铨，张志强. 石油炼制. 1993，24（5）：1～5

24 Kirk-Othmer. Encyclopedia of Chemical Technology. 4rd. ed., Vol. 1. New York：John Wiley & Sons, Inc., 1991. 352～367

25 安炜. 石油化工. 1998，27（2）：139～146

26 杨杏生. 石油化工. 1995，24（2）：133～139

27 魏文德主编. 有机化工原料大全·第3卷. 北京：化学工业出版社，1990. 104～125

28 陈欣. 石油化工. 1994，23（10）：647

29 Suresh. Dev D.（Hudson，OH）. Friedrich. US 5175334. 1992

30 Hefner Jr., Robert E.（Lake Jackson，TX）. Earls. US 5235008. 1993

31 Belgacem J., Kress J., Oshorn J. A... J. Mol. Catal. 1994. 86（1）：267

32 《化工百科全书》编辑委员会，化学工业出版社《化工百科全书》编辑部编. 化工百科全书·第1卷. 北京：化学工业出版社，1990. 805～821

33 《化工百科全书》编辑委员会，化学工业出版社《化工百科全书》编辑部编. 化工百科全书·第1卷. 北京：化学工业出版社，1990. 370～384

34 张瑞和. 苯酐通信. 1994，1：1～8

35 Kirk-Othmer. Encyclopedia of Chemical Technology. 4th. ed., Vol. 18. New York：John Wiley & Sons, Inc., 1996. 991～1043

36 中国化学工业年鉴（1997/1998）. 1998

37 Theodore L., Reynolds J. P., Taylor F. B., Accident and Emergency Management. New York：John Wiley & Sons, Inc., 1989

38 冯肇瑞，杨有启主编. 化工安全技术手册. 北京：化学工业出版社，1993

第8章 羰基化过程

8.1 概　　述[1~4]

烯烃与合成气（CO/H₂）或一定配比的一氧化碳及氢气在过渡金属配位化合物的催化作用下发生加成反应，生成比原料烯烃多一个碳原子的醛。这个反应于 1938 年首先由德国鲁尔化学（Ruhrchime）公司的 O. Röelen 发现，被命名为羰基合成（oxo synthesis），也称作 Röelen 反应。

$$RCH{=\!=}CH_2 + CO + H_2 \longrightarrow RCH_2CH_2CHO + RCH(CHO)CH_3 \tag{8-1}$$

由于这一反应的主要工业用途是生产脂肪醇，习惯上又将由烯烃与合成气反应生成醛，然后再加氢（或醛先缩合再加氢）生产醇的过程也称作羰基合成（oxo process）。反应式（8-1）可以看作烯烃双键两端的碳原子分别加上一个氢和一个甲酰基（—HCO），因此又称作氢甲酰化（hydroformylation）。

羰基合成是一个重要的工业过程。历史发展可追溯到二战期间德国建设的第一座羰基合成厂，它以费托合成的 C₁₁~C₁₈ 烯烃为原料生产洗涤剂用醇，但由于战争原因未能开工。1948 年，美国 Esso 公司基于鲁尔技术建成一座以庚烯为原料、年产 2600t 异辛醇的羰基合成装置，并顺利投产，由此开始了羰基合成工业的历史。

20 世纪 50~60 年代，石油化工的发展提供了大宗廉价的烯烃原料；聚氯乙烯工业的持续增长又需要大量的增塑剂用醇，两方面的原因促使了羰基合成工业在世界范围内的高速发展，10 年间生产能力增加 10 倍。用羰基合成法生产醇，尤其是以丙烯为原料生产丁醇和辛醇，被认为是最经济的生产方法。20 世纪 70 年代中期，羰基合成技术经历了以羰基钴为催化剂的传统高压法向以改性铑为催化剂的低压法的转变，其工业面貌为之一新。自 20 世纪 70 年代开始，羰基合成醇一直占据着增塑剂用醇市场的垄断地位，并提供洗涤用醇的大部分。

羰基合成的初级产品是醛，在有机化合物中，醛基是最活泼的基团之一，可进行加氢成醇、氧化成酸、氨化成胺以及歧化、缩合、缩醛化等一系列反应。加之原料烯烃的多种多样和醇、酸、胺等产物的后继加工，由此构成以羰基合成为核心，内容十分丰富的产品网络，应用领域涉及化工领域的多个方面。

随着一碳化学的发展，有一氧化碳参与的反应类型逐渐增多，通常将在过渡金属配位化合物（主要是羰基配位化合物）催化剂存在下，有机化合物分子中引入羰基（$\rangle CO$）的反应均归入羰化反应的范围，其中主要有两大类，以下分述。

8.1.1 不饱和化合物的羰化反应

（1）烯烃的氢甲酰化　制备多一个碳原子的饱和醛或醇，例如

$$CH_3CH{=\!=}CH_2 + H_2 + CO \longrightarrow CH_3CH_2CH_2CHO \xrightarrow{H_2} CH_3CH_2CH_2CH_2OH \tag{8-2}$$

式（8-2）是一类很重要的羰化反应，工业化最早，应用也最广，其主要产品及用途见表 8-1 所示。

（2）烯烃衍生物的氢甲酰化　不饱和的醇、醛、酯、醚、缩醛、卤化物、含氮化合物等中的双键都能进行羰基合成反应，但官能团不参与反应。在这方面已做了相当大量的研究，在文献中有较详细的介绍。仅列举两个具有工业意义的实例如下。

表 8-1　烯烃氢甲酰化主要产品种类及用途

原　料	产　物	主　要　用　途
丙烯	丁醇	溶剂、增塑剂原料
	2-乙基己醇	增塑剂原料
庚烯(丙烯与丁烯齐聚产物)	异辛醇	同上
三聚丙烯	异癸醇	增塑剂和合成洗涤剂原料
二聚异丁烯	异壬醛	油漆和干燥剂原料
四聚丙烯	十三醇	表面活性剂
α-烯烃($C_6 \sim C_7$)(石蜡裂解产物)	$C_7 \sim C_8$ 醇	增塑剂
α-烯烃($C_{11} \sim C_{17}$)(石蜡裂解产物)	$C_{12} \sim C_{18}$ 醇	洗涤剂,表面活性剂原料

烯丙基醇在一定的条件下进行羰基合成反应生成羟基醛,加氢后得到 1,4-丁二醇,后者是一种用途广泛的有机原料。

$$HO—CH_2—CH=CH_2 + CO + H_2 \longrightarrow HO—CH_2—CH_2—CH_2CHO +$$

$$HO—CH_2—CH—(CHO)CH_3 \qquad (8\text{-}3)$$

$$HO—CH_2—CH_2—CH_2CHO + H_2 \longrightarrow HO—CH_2—CH_2—CH_2—CH_2—OH \qquad (8\text{-}4)$$

目前,由日本可乐丽公司开发的以铑膦配位化合物为催化剂,烯丙醇羰基合成法生产 1,4-丁二醇的技术,已被美国 ARCO 公司实现工业化。

另一个有工业意义的反应是丙烯腈的羰基合成。

$$NC—CH=CH_2 + CO + H_2 \longrightarrow NC—CH_2—CH_2—CHO \qquad (8\text{-}5)$$

反应产生的腈基醛经进一步加工用来生产 dl-谷氨酸。

羰基合成除可采用上述不饱和化合物为原料外,一些结构特殊的不饱和化合物,甚至某些高分子化合物也能进行羰基合成反应,如萜烯类或甾族化合物的羰基合成产物可用作香料或医药中间体。不饱和树脂的羰基合成是制备特种涂料的一种方法。

(3) 不饱和化合物的氢羧基化　不饱和化合物与 CO 和 H_2O 反应。

例如

$$CH_2=CH_2 + CO + H_2O \longrightarrow CH_3CH_2COOH \qquad (8\text{-}6)$$

$$CH\equiv CH + CO + H_2O \longrightarrow CH_2=CH—COOH \qquad (8\text{-}7)$$

由于反应结果是在双键两端或叁键两端原子上分别加上一个氢原子和一个羧基,故称氢羧基化反应,利用此反应可制得多一个碳原子的饱和酸或不饱和酸。

以乙炔为原料可制得丙烯酸,由它生产的聚丙烯酸酯广泛用作涂料。

(4) 不饱和化合物的氢酯化反应　不饱和化合物与 CO 和 ROH 反应。

例如

$$RCH=CH_2 + CO + R'OH \longrightarrow RCH_2CH_2COOR' \qquad (8\text{-}8)$$

$$CH\equiv CH + CO + ROH \longrightarrow CH_2=CHCOOR \qquad (8\text{-}9)$$

(5) 不对称合成　某些结构的烯烃进行羰基合成反应能生成含有对映异构体的醛。若使用特殊的催化剂,使生成的两种对映体含量不完全相等,理想情况下仅生成某种单一对映体,这样的反应称作不对称催化氢甲酰化反应。

不对称催化合成是在 20 世纪 60 年代末期,在配位催化剂中引入手性配体,得到旋光产物后逐渐发展起来的。作为当代有机合成的前沿领域,不对称催化羰基合成反应是重点研究的领域之一。已试验过大量手性催化剂,包括手性膦原子配体、手性碳单膦配体、手性碳双膦配体等,由于羰基合成反应的复杂性,直到近年才得到较为理想的结果。已有两种手性碳双膦配体,可使不对称氢甲酰化得到 90% 以上的单一对映体。

单一对映体在医药、香料、农药、食品添加剂等领域有着广泛的应用前景。

8.1.2　甲醇的羰化反应

(1) 甲醇羰化合成醋酸　采用孟山都法(Monsanto acetic acid process)合成醋酸:

$$CH_3OH + CO \longrightarrow CH_3COOH \tag{8-10}$$

（2）醋酸甲酯羰化合成醋酐　Tennessce eastman 法合成醋酐：

$$CH_3COOCH_3 + CO \longrightarrow (CH_3CO)_2O \tag{8-11}$$

醋酸甲酯可由甲醇羰化再酯化制得

$$CH_3OH + CO \longrightarrow CH_3COOH \xrightarrow{CH_3OH} CH_3COOCH_3 \tag{8-12}$$

故本法实际上是以甲醇为原料。醋酸甲酯对醋酐的选择性为 95%，醋酸甲酯和一氧化碳的转化率为 50%。

醋酸甲酯路线比乙烯酮路线在投资、材质选择上均优越。

（3）甲醇羰化合成甲酸

$$CH_3OH + CO \longrightarrow HCOOCH_3 \tag{8-13}$$

$$HCOOCH_3 + H_2O \longrightarrow HCOOH + CH_3OH \tag{8-14}$$

（4）甲醇羰化氧化合成碳酸二甲酯、草酸二甲酯或乙二醇

$$2CH_3OH + CO + 1/2O_2 \longrightarrow CO(OCH_3)_2 + H_2O \tag{8-15}$$

$$2CH_3OH + 2CO + 1/2O_2 \longrightarrow (COOCH_3)_2 + H_2O \tag{8-16}$$

$$(COOCH_3)_2 + 2H_2O \longrightarrow (COOH)_2 + 2CH_3OH \tag{8-17}$$

$$(COOCH_3)_2 + 4H_2 \longrightarrow (CH_2OH)_2 + 2CH_3OH \tag{8-18}$$

由上列反应可以看出，羰基化的作用物有烯、炔、酸、醇、酯和胺等。因此，羰基化反应已成为获取有机化学品的重要手段。由于参与羰基化反应的有 CO，H_2 和 CH_3OH 等，他们都是碳一化学工业的主要产品。因而，工业上羰基化往往是碳一化学工业部门开发下游产品的一个重要手段，并有不少已实现工业化。例如由甲醇合成醋酸、由二甲胺合成二甲基甲酰胺、由丙烯合成丁醛和丁醇等，其中由甲醇经羰基合成醋酸已成功地与乙醛氧化法相竞争，成为生产醋酸的重要方法。煤化工生产的大宗有机化学品能与石油化工竞争的不多，到目前为止仅醋酸一个产品。下一个能与石油化工相竞争的是通过羰基合成由甲醇、CO 和氧反应合成草酸二甲酯，进一步加氢合成乙二醇。醋酸和乙二醇都是大宗有机化学品，这一原料路线的变更对今后化学工业的发展有重要意义。

本章重点讨论烯烃的氢甲酰化和甲醇羰化合成醋酸两类反应。

8.2　羰基化反应的理论基础[2,5~9]

在催化反应中，凡催化剂以配位化合物的形式与反应分子配位使其活化，反应分子在配位化合物体内进行反应形成产物，产物自配位体中解配，最后催化剂还原，这样的催化剂称为配位（络合）催化剂，这样的催化过程被称之为配位（络合）催化过程。羰基合成反应是典型的配位催化反应。

羰基合成的催化剂往往是"原位"形成的。所谓"原位（in situ）"是指加入反应体系中的化合物或配位化合物在反应条件下就地形成催化剂，同时产生催化作用。这种加入反应体系的化合物或配位化合物称为催化剂前体或催化剂母体，而真正起作用的被称为催化剂活性结构。羰基合成催化剂的典型结构是以过渡金属（M）为中心原子的羰基氢化物，它可以被某种配位体（L）所改性，一般形式表示为 $H_x M_y(CO)_z L_n$。这类催化剂研究的主要对象是中心原子金属（M）和配位体（L）以及它们之间的相互影响和对催化过程的作用。

评价羰基合成催化剂性能优劣，包括很多方面，如对反应条件的要求和适用范围；催化剂的稳定性和寿命；耐毒化作用和再生可能性；经济方面如催化剂原料的资源和价格；加工和回收方法的难易等；当然最主要的还是催化剂的活性和选择性。羰基合成催化剂的

活性，常以单位金属浓度在单位时间内催化产生的目的产物的量来表示。选择性包括化学选择性、区域选择性（醛基的位置）、对映体选择性（不对称合成）。反应式（8-1）羰基合成反应中甲酰基可连在双键的任一端，生成正构的或异构的醛。区域选择性即表示正构醛和异构醛的摩尔比（简称正异比，表示为 n/i）。工业上一般正构物更加重要，因此提高 n/i 一直是研究开发追求的目标之一。

8.2.1 中心原子

人们最早发现金属钴具有羰基合成催化活性。它可以多种形式加入反应体系，如氧化钴、氢氧化钴、有机酸钴盐或预制成羰基钴如 $Co_2(CO)_8$。经大量研究证实催化剂活性结构是 $HCo(CO)_4$。而后研究发现，铑的羰基合成催化活性是钴的 $10^2 \sim 10^4$ 倍。基于凡能够形成羰基氢化物的金属都可能具有羰基合成催化活性的认识，对其他金属也进行系统的研究，第Ⅷ族过渡金属的羰基合成催化活性顺序如下：

$$Rh \gg Co \gg Ir, Ru > Os > Pt > Pd > Fe > Ni$$

其他研究过的金属还有 Mn、Re、Cr、Cu、Mo 甚至 Na 和 Ca，结果表明它们的羰基合成催化剂活性很低。

迄今为止，工业上采用的羰基合成催化剂，其中心原子只有钴和铑。未经改性的羰基钴作催化剂，需要苛刻的反应条件，工业上采用的反应压力高达 30MPa。经配体改性后，反应压力可以降低，但催化剂活性下降很多，反应生成醛的选择性亦发生变化，故限制了其应用范围。未改性的羰基铑同样需要较高的反应压力，并且产物的区域选择性很差，未能在工业上采用。经配体改性的羰基铑催化剂，反应条件缓和，在催化剂浓度很低的情况下，即有满意的反应速率，产物的化学选择性和区域选择性都大大优越于钴。虽然铑的自然资源稀少，价格是钴的 1000 倍以上，但它是目前应用最广的羰基合成催化剂体系。金属铂曾是研究很多的一种催化剂，当其与 $SnCl_2$ 共同加到反应系统时，显示出很高的活性和较理想的选择性。另一类受到重视的催化剂是金属簇合物，尤其是异核簇合物，希望不同金属的"协同效应"产生更加理想的效果。此类研究还处于初始阶段。

8.2.2 配位体

配位化合物中配位体和中心原子之间，以及诸配位体之间是相互影响的。改变配位体必然影响整个配位化合物的电子结构和空间结构，从而影响其催化活性。

经典的羰基合成催化剂是过渡金属的羰基氢化物，其中一个或几个 CO 基团可以被其他配位体所取代。

$$HM(CO)_m + L \longrightarrow HM(CO)_{m-1}L + CO \tag{8-19}$$

$$HM(CO)_{m-1}L + L \longrightarrow HM(CO)_{m-2}L_2 + CO \tag{8-20}$$

$$HM(CO)_{m-2}L_2 + L \longrightarrow HM(CO)_{m-3}L_3 + CO \tag{8-21}$$

用这种方法改变催化剂的性能称之为催化剂的改性，引入的新配体也叫做改性剂。显然每引入一种新的配体，便产生一种新的催化剂。这种方式为催化剂的不断创新提供了广泛的途径。因此，改变配位体的研究构成了羰基合成催化剂研究的重要方面。

迄今为止，有相当大量的改性被研究过，其中大多是第Ⅴ主族元素的三价化合物。这主要是由于它们可以提供孤对电子与配位化合物的中心原子配位。比较研究显示：三价膦（PR_3）的改性效果最为优越，已被工业采用。

三价膦改性的原理已有很多论述，其要点以改性钴催化剂为例可简单描述如下。羰基钴催化剂的主要问题是在较高的 CO 压力下才能稳定，且产物的 n/i 不高。改性目标首先是克服这两个缺点。与 CO 配体相比，三价膦是强的 σ 电子给予体，弱的 π 电子接受体，PR_3 取代 CO 与钴配位后，增大了钴原子上的负电荷密度。钴将增强的负电荷密度再通过适当轨道反馈给未取代的 CO，从而加强了钴对 CO 的配合能力，使整个分子的稳定性增加。从而使改性后的催化剂可以在较低的压力下进行反应，但同时造成的副作用是反应速率下降很多，必须以提高催化剂浓度等方法加以弥补。三价膦是一个不等性 sp^3 杂化轨道构型，配位后呈四面体结构，因此比原先直线形的 CO 配体产生更强的定向效应。大的方向位阻有利于生成正构醛，使反应的 n/i 增加。另外对于羰基钴来说，三价膦改性剂大大增加催化剂的加氢活性，一方面可以使生成的醛直接加氢为醇，省去了加氢步骤，另一方面烯烃加氢成烷烃的副反应也明显增加。

改性的羰基钴催化剂于 20 世纪 60 年代中期工业化，目前主要用来生产高碳数的洗涤剂用醇。

G. Wilkinson 等于 20 世纪 60 年开始进行膦改性羰基铑的研究工作。研究结果表明：用三苯膦改性的羰基铑催化剂可使羰基合成反应在相当缓和的条件下进行。催化剂活性和选择性大大超过钴催化剂。20 世纪 70 年代中期，由美国联碳公司首先将改性铑低压羰基合成工艺成功地推向工业化生产，由此引起了羰基合成工业技术的历史性变革。

配位体改性的另一条途径是将水溶性基团引入有机膦配体。它能使催化剂只溶于水而不溶于有机相。使用这种催化剂进行羰基合成反应，在反应完成后催化剂相（水相）和产物相（油相）可方便地完成分离，实现催化剂的循环。法国 Rhône-Poulenc 公司和德国鲁尔化学公司合作采用这种水溶性铑-膦催化体系，于 80 年代中期实现了丙烯制丁醛的工业化生产。

目前，配位体合成和相关化学的研究仍是羰基合成最活跃的研究领域，出现了一些结构新颖、性能优越的双膦配体结构，见图 8-1。其中联碳公司的双亚磷酸酯型的配位体（a），Eastman 公司双烃基膦配体（b）以及水溶性双膦配体（c）等表现出了高的催化活性和几乎是专一的区域选择性，n/i 达到 99.6/0.4。这一类催化剂的另一特点是只需要加入很少量的配位体（低的 P/Rh 比）就可有很好的催化性能。

手性配位体的发现和发展开创了不对称催化合成这一前沿领域。在不对称氢甲酰化方面，已经发现了能使对映体过量（ee）达到 90％以上的手性膦配体（d）和（e）。

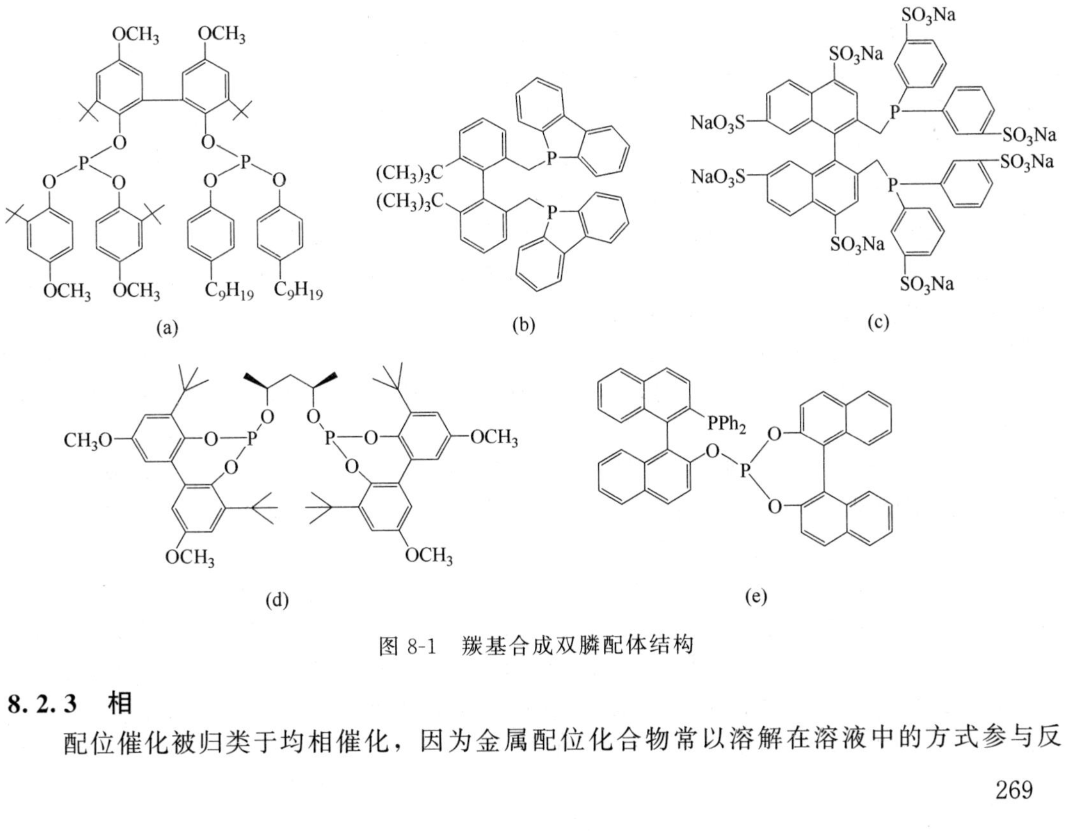

图 8-1　羰基合成双膦配体结构

8.2.3　相

配位催化被归类于均相催化，因为金属配位化合物常以溶解在溶液中的方式参与反

269

应。这种反应方式的缺点是：催化剂与反应产物处于同一相中而难以进行分离。为了克服这缺点，引出了关于催化剂"应用相"的研究。在羰基合成催化剂研究中，此类关于"相"的研究占有重要地位。

按照此类研究的特点，可大体将其分作两种类型，一类是将配位催化剂用各种物理的或化学的方法以固相形式担载在某种固相载体上，使用液体或气体原料进行多相反应，最终实现产物与催化剂分离的目的。在此类方法中，按担载催化剂的固体类型又可分为有机高分子锚定法、无机载体固定法及双重固载方法等。此类方法若在大规模羰基合成工业上使用还要解决诸如催化剂活性组分流失等一系列技术问题。另一类是设法使催化剂和反应产物处于互不相溶的两种液相之中，反应后只需进行简单的相分离，便可达到分离催化剂的目的。这种反应体系又称作两相催化体系。最有代表性的是采用水溶液膦配位体改性的水溶性铑膦催化剂，已经实现了工业化，此类方法中还有非水相的两相催化体系如 Exxon 公司的氟化物双相体系也在开发中。

除上述两类方法外，还提出了介于这两类方法之间的两种新型催化剂，担载液相催化剂（supported liquid pase catalysts，SLPC）和担载水相催化剂（supported aqueous phase catalysts，SAPC）。前者是将均相催化剂溶液担载在多孔性载体的孔隙之中，在反应条件下，催化剂仍保持液相状态，而反应原料及产物以气相状态与催化剂共存于反应器中。若担载的催化剂为水溶性催化剂便成为 SAPC，它不仅适用气/固反应，也适用于液（油相）/固反应。

8.3　甲醇羰基化合成醋酸[4,9~11]

醋酸是重要的有机原料，主要用于生产醋酸乙烯、醋酐、对苯二甲酸、聚乙烯醇、醋酸酯、氯乙酸、醋酸纤维素等。醋酸也用于医药、农药、染料、涂料、合成纤维、塑料和黏合剂等行业。

工业上醋酸的生产方法有乙醛氧化法、丁烷或轻油氧化法以及甲醇羰基化法。以甲醇为原料羰基合成醋酸工艺，不但原料价廉易得，而且生成醋酸的选择性高达 99% 以上，基本上无副产物；投资省，生产费用低，相对乙醛氧化法有明显的优势。现在世界上有近40% 的醋酸是用该工艺生产，新建生产装置多考虑采用这一生产工艺。目前世界醋酸生产向大型化、规模化方向发展，最大的单套醋酸生产装置已达 1000kt/a。

1999~2003 年间，全球醋酸生产能力、产量年均增长率分别为 3.8% 和 3.1%，2003年生产能力和产量分别达到 9562kt、8500kt。世界主要醋酸生产商为 Celanese、BP、Daicel、Acetex 和 Millennium Chemical 等五大公司，占世界总生产能力的 80%。2003 年，全球醋酸的消费量约 8600kt，醋酸乙烯占 36.0%，PTA 占 18%，醋酐占 17.7%，醋酸酯类占 12.5%。预计至 2008 年，全球醋酸的消费量将达到 10100kt，年均消费量增长率为 3.3%。

2004 年，我国醋酸生产能力近 1500kt/a，产量为 1116kt。其中甲醇羰基合成法产量678.5kt，占醋酸总产量的 60.8%；乙烯乙醛法产量 307.7kt，占醋酸总产量的 27.6%；乙醇乙醛法产量 130kt，占醋酸总产量的 11.6%。

甲醇羰基合成醋酸最初由德国 BASF 公司进行研究，成功地开发了羰基钴-碘催化剂的甲醇高压羰基化制醋酸工艺，反应条件为 250℃、70MPa，以甲醇计收率为 90%，以一氧化碳计收率为 70%。1968 年，美国 Monsanto 公司发现新的催化体系羰基铑-碘具有高催化活性与高选择性，且反应条件十分温和，在 180℃、3MPa 时，甲醇计收率可达 99%，一氧化碳计收率为 90%。1970 年，由该公司在 Texas 建成 135kt/a 生产装置，1975 年生产能力提高到 180kt/a，其后又提高到 272kt/a。低压羰基化法具有显著的经济优势，据 Monsanto 公司称，其投资为乙烯乙醛化法的 3/4，高压羰基化法的 2/3，生产成本也可降低很多。故采用此方法的醋酸生产占 1973 年以来新增生产能力的 90%。

1982 年，英国 British Petroleum（BP）公司采用 Monsanto 技术建设了一套 170kt/a 装置后，一方面致力于提高装置生产能力到 235kt/a，另一方面对工艺进行革新改进，使甲醇与醋酸甲酯一起进行羰基化反应，同时得到醋酸、醋酐两种产品。1986 年，Monsanto 公司将其专利权转让与 BP 公司，使 BP 公司成为不仅是世界最大的醋酸销售商，而且是低压羰基法生产醋酸技术的控制者。

8.3.1 甲醇羰化反应合成醋酸的基本原理

BASF 高压法与 Monsanto 低压法甲醇羰化反应合成醋酸化学原理基本相同，反应过程大同小异，也都有一个催化剂循环和一个助催化剂循环。并且都采用第Ⅷ族元素为催化剂，碘为助催化剂，但因具体金属元素不同，活性、中间体组成相异，催化效果有差别，反应动力学、反应速率控制步骤也有所不同。

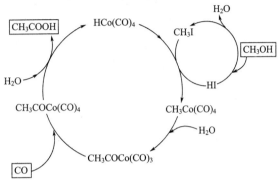

图 8-2 钴碘催化循环的甲醇高压羰基化反应过程示意图

8.3.1.1 高压法甲醇羰化反应合成醋酸基本原理

BASF 高压法采用钴碘催化循环，过程如图 8-2 所示。

整个催化反应方程式如下：

$$CH_3COOH + H_2O + CO \longrightarrow 2HCo(CO)_4 + CO_2 \tag{8-22}$$

$$CH_3OH + HI \rightleftharpoons CH_3I + H_2O \tag{8-23}$$

$$HCo(CO)_4 \rightleftharpoons H^+ + [Co(CO)_4]^- \tag{8-24}$$

$$[Co(CO)_4]^- + CH_3I \longrightarrow CH_3Co(CO)_4 + I^- \tag{8-25}$$

$$CH_3Co(CO)_4 \longrightarrow CH_3CO-Co(CO)_3 \tag{8-26}$$

$$CH_3CO-Co(CO)_3 + CO \rightleftharpoons CH_3CO-Co(CO)_4 \tag{8-27}$$

$$CH_3CO-Co(CO)_4 + HI \longrightarrow CH_3COI + H^+ + [Co(CO)_4]^- \tag{8-28}$$

$$CH_3COI + H_2O \longrightarrow CH_3COOH + HI \tag{8-29}$$

（注：8-22 式应为 $Co_2(CO)_8$）

上述一系列复杂的反应过程要求在较高的温度下才能保持合理反应速率，而为了在较高温度下稳定 $[Co(CO)_4]^-$ 配位化合物，必须提高一氧化碳分压，从而决定了高压法生产工艺的苛刻反应条件。反应副产物有甲烷、二氧化碳、乙醇、乙醛、丙酸、醋酸酯、α-乙基丁醇等。甲醇转化物中甲烷约占 3.55%，液体副产品物约 4.5%，废气约 2.0%。一氧化碳约有 10% 通过水蒸气变换反应转化为 CO_2。

为了提高高压羰基化法的经济竞争力，BASF 及 Shell 公司在钴、碘催化系统中加入 Pd、Pt、Ir、Ru 以及 Cu 的盐类或配位化合物，实现了在较低温度 80～200℃、较低的压力 7.1～30.4MPa 下进行甲醇羰基化反应。

8.3.1.2 低压法甲醇羰化反应合成醋酸基本原理

Monsanto 低压法采用铑、碘催化剂体系，主要化学反应如下。

主反应　　$CH_3OH + CO \longrightarrow CH_3COOH$　　　$\Delta H = -138.6kJ/mol$

副反应　　$CH_3COOH + CH_3OH \rightleftharpoons CH_3COOCH_3 + H_2O \tag{8-30}$

$$2CH_3OH \rightleftharpoons CH_3OCH_3 + H_2O \tag{8-31}$$

$$CO + H_2O \Longleftrightarrow CO_2 + H_2 \tag{8-32}$$

此外尚有甲烷、丙酸（由原料甲醇中所含乙醇羰化生成）等副产物。由于式（8-30）、式（8-31）是可逆反应，在低压羰化条件下，如将生成的醋酸甲酯和二甲醚循环回反应器，都能羰化生成醋酸，故使用铑催化剂进行低压羰化，副反应很少，以甲醇为基准，生成醋酸选择性可高达99%。副反应式（8-32）是CO的变换反应，在羰化条件下，此反应也能发生，尤其是在温度高、催化剂浓度高、甲醇浓度下降时。故以一氧化碳为基准，生成醋酸的选择性仅为90%。

甲醇低压羰化制醋酸所用的催化剂是由可溶性的铑配位化合物和助催化剂碘化物两部分组成，铑配位化合物是 $[Rh^{+1}(CO)_2I_2]^-$ 负离子，在反应系统中可由 Rh_2O_3 和 $RhCl_3$ 等铑化合物与CO和碘化物作用得到，已由红外光谱和元素分析证实，$[Rh^{+1}(CO)_2I_2]^-$ 存在于反应溶液中，是羰化反应催化剂活性物种。

所用的碘化物可以是HI或 CH_3I 或 I_2，常用的是HI，反应过程中HI能与 CH_3OH 作用生成 CH_3I，

$$CH_3OH + HI \longrightarrow CH_3I + H_2O$$

CH_3I 的作用是与铑配位化合物形成甲基-铑键，以促进CO生成酰基-铑键，而少生成或不生成羰基铑（参见反应机理），但关键是烷基-卤素键的强度要适宜。对同一个烷基来说，其值与碳-卤素键的键能有关，表8-2是碳-卤素键的键能数据。

表 8-2 碳-卤素键键能

化　学　键	键能/(kJ/mol)	化　学　键	键能/(kJ/mol)
C—Cl	328.6	C—I	240.3
C—Br	275.9		

可以看出C—I键最容易断裂，C—Cl键最难断裂，故 CH_3I 作助催化剂是较好的。NaI或KI不能用作催化剂，因为在反应过程中，这些碘化物不能与 CH_3OH 反应生成 CH_3I。

如在反应中HI浓度增高，催化剂活性会下降，据研究，可能是形成了 $[Rh^{+3}(CO)_2I_4]^-$ 负离子之故。

由于铑基催化剂比钴基催化剂更易与 CH_3I 反应，且由此生成的 $[CH_3\text{-}Rh(CO)_2I_3]^-$ 比 $[CH_3Co(CO_4)]$ 更不稳定，即CO插入 CH_3—Rh 键更加容易，最后由于乙酰碘可直接从中消去，而使铑基催化剂比钴基更加有利，以Rh配位化合物和HI为催化系统的甲醇低压羰基化反应循环见图8-3。

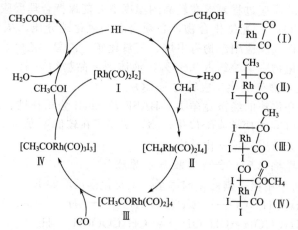

图 8-3　铑碘催化的甲醇低压羰基化反应过程

272

整个催化反应方程式如下：

$$CH_3OH + HI \longrightarrow CH_3I + H_2O$$

$$[Rh(CO)_2I_2]^- + CH_3I \longrightarrow [CH_3Rh(CO)_2I_3]^- \qquad (8\text{-}33)$$

$$[CH_3Rh(CO)_2I_3]^- \longrightarrow [CH_3CORh(CO)I_3]^- \qquad (8\text{-}34)$$

$$[CH_3CORh(CO)I_3]^- + CO \longrightarrow [CH_3CORh(CO)_2I_3]^- \qquad (8\text{-}35)$$

$$[CH_3CORh(CO)_2I_3]^- \longrightarrow CH_3COI + [Rh(CO)_2I_2]^- \qquad (8\text{-}36)$$

$$CH_3COI + H_2O \longrightarrow CH_3COOH + HI \qquad (8\text{-}37)$$

Monsanto 法在以上重要反应步骤中的有利条件，决定了其工艺生产条件要温和得多，反应效率也好得多。反应过程虽然也有副反应，生成较多的氢、二氧化碳，但其他副产品极少，生产过程的得率极高，产品也较纯。

由表 8-3 的动力学研究表明，与 BASF 高压法不同，Monsanto 低压法合成醋酸反应对甲醇与一氧化碳为零级，对铑及碘为一级，反应速率的控制步骤为碘甲烷的氧化加成。在 150～200℃反应条件下，各种铑化合物都有良好的催化作用，各种碘化物都有满意的反应速率。

表 8-3 反应动力学特征比较

反应物		反应级数	
BASF 高压法	Monsanto 低压法	BASF 高压法	Monsanto 低压法
CH_3OH	CH_3OH	1	0
CO	CO	2	0
I	I	1	1
Co	Rh	(变态)	1

按式（8-33）是控制步骤的动力学方程式如下。

$$r = \frac{dc_{CH_3COOH}}{d\tau} = kc_{CH_3I}c_{Rh配位化合物} \qquad (8\text{-}38)$$

反应速率常数为 $3.5 \times 10^6 e^{-14.7/RT}$ L/(mol·s)，式中活化能的单位是 kJ/mol。

Monsanto 法的不利条件是铑的资源稀缺，价格极昂贵。因此以其他过渡金属取代铑或改变反应方式的研究工作受到重视，但迄今无工业化报道。Monsanto 公司研究了铱配位化合物如 $Ir_4(CO)_2$、$IrCl(CO)(PPh_3)_2$，在低压下与碘共同使用时有良好的反应速率；Halcon 公司以四水合双醋酸镍、碘甲烷并加入四苯基锡或有机磷、有机胺等做第二助催化剂；Rhône-Poulenc 公司则用 KI 或 Li、Na、Cr、V 等化合物做第二助催化剂都取得了较好的效果。此外，为减轻设备腐蚀，免去催化剂的分离循环操作，减少铑的损耗，固定床铑催化剂工艺亦在研究之中。

BP 工艺在 Monsanto 法基础上作了大胆的改革，采用铑碘催化体系，使醋酸甲酯与甲醇同时进行羰基化反应而在生成醋酸的同时联产醋酐，反应如下式。

$$CH_3COOCH_3 + CO \longrightarrow (CH_3CO)_2O$$

8.3.2 甲醇羰化制醋酸的工艺流程

8.3.2.1 BASF 高压法生产工艺流程

BASF 高压法生产工艺流程如图 8-4。甲醇经尾气洗涤塔后，与一氧化碳、二甲醚及新鲜补充催化剂及循环返回的钴催化剂、碘甲烷一起连续加入高压反应器，保持反应温度 250℃、压力 70MPa。由反应器顶部引出的粗乙酸与未反应的气体经冷却后进入低压分离器，从低压分离器出来的粗酸送至精制工段。在精制工段，粗乙酸经脱气塔脱去低沸点物质，然后在催化剂分离器中脱除碘化钴，碘化钴是在乙酸水溶液中作为塔底残余物质除

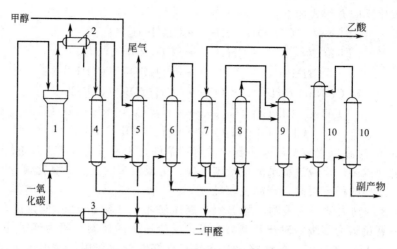

图 8-4 甲醇高压羰基合成醋酸工艺流程图（BASF 法）

1—反应器；2—冷却器；3—预热器；4—低压分离器；5—尾气洗涤塔；6—脱气塔

7—分离塔；8—催化剂分离器；9—共沸精馏塔；10—精馏塔

去。脱除催化剂后的粗乙酸在共沸蒸馏塔中脱水并精制，由塔釜得到的不含水与甲酸的乙酸再在两个精馏塔中加工成纯度为 99.8％以上的纯乙酸。以甲醇计乙酸的收率为 90％，以一氧化碳计乙酸的收率为 59％。副产 3.5％的甲烷和 4.5％的其他液体副产物。

高压羰基化反应器是用 Hastelloy C 合金钢衬里的塔式反应器，反应器内设置循环管，由上升的气体提供能量达到搅拌混合的目的，也借以保持反应器温度的均一。

8.3.2.2 Monsanto 低压法生产工艺流程

Monsanto 低压法生产流程见图 8-5。甲醇预热后与一氧化碳、返回的含催化剂母液、精制系统返回的轻馏分及含水醋酸一起加入反应器底部，在温度 175～200℃、总压 3MPa、一氧化碳分压 1～1.5MPa 下反应，反应后于上部侧线引出反应液，闪蒸压力至 200kPa 左右，使反应产物与含催化剂的母液分离，后者返回反应器，反应器排出的气体含有一氧化碳、碘甲烷、氢、甲烷送入涤气塔。精制系统共有四个塔，含粗醋酸、轻馏分的反应混合液以气相送入第一个塔脱轻塔，在 80℃左右脱出轻馏分，塔顶气含碘甲烷、醋酸甲酯、少量甲醇，进入涤气塔。脱轻塔釜液为含水粗醋酸，送第二个塔脱水塔。塔底为无水粗醋酸送入第三个塔，脱重馏分塔，于塔上部侧线引出成品酸，塔釜液含丙酸 40％及其它高级羧酸。第四个塔是废酸蒸馏塔，较小，回收脱重塔底部馏分中的醋酸。塔底排出重质废酸为产量 0.2％，可焚烧或回收。四个塔与反应器排出的气体汇总后的组成为 CO 40％～80％，其余 20％～60％为 H_2、CO_2、N_2、O_2 以及微量的醋酸、碘甲烷，一起在涤气塔用冷甲醇洗涤回收碘后焚烧放空。

为了保证成品中碘含量合格，在脱水塔中要加少量甲醇使 HI 转化为 CH_3I；在脱重塔进口添加少量 KOH 使碘离子以 KI 形式

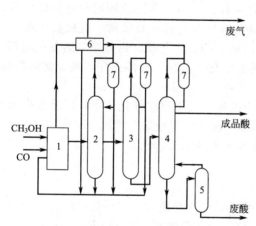

图 8-5 Monsanto 低压法羰基合成

醋酸工艺流程图

1—反应系统；2—脱轻塔；3—脱水塔；4—脱重塔

5—废酸塔；6—涤气塔；7—蒸馏冷凝液槽

从釜底移出，可得到含碘（5～40）×10⁻⁹的纯醋酸。

由于铑的昂贵与稀缺以及其配位化合物在溶液中的不稳定性，铑催化剂的配制、合理使用与再生回收是生产过程的重要部分。

三碘化铑在含碘甲烷的醋酸水溶液中与一氧化碳在 80～150℃、0.2～1MPa 反应，逐步转化而溶解，生成二碘二羰基铑配位化合物，以 ［Rh（CO）₂I₂］⁻ 阴离子形式存在于此溶液中。氧、光照或过热都能促使其分解为碘化铑而沉淀析出，造成生产系统中铑的严重流失。故催化剂循环系统内必须经常保持足够的 CO 分压与适宜的温度，反应液中的铑浓度在 10^{-4}～10^{-2} mol/L。正常操作下，每吨产品醋酸的铑消耗量在 170mg 以下。循环使用中，会有来自设备管线或原材料的其它金属离子或副反应生成的高聚物积累，使催化剂活性降低。为此使用一年后须进行再生处理，可用离子交换树脂脱除其它金属离子，或使铑配位化合物受热分解沉淀而回收铑，铑的回收率极高，保证了本工艺的经济性。助催化剂碘甲烷可从碘与甲醇制备。先将碘溶入 HI 水溶液，通入 CO 作还原剂，于一定压力、温度下使碘还原为 HI，然后在常压常温下与甲醇反应而得到碘甲烷。

提高反应温度对增加反应器生产能力有利，但限于反应介质的强腐蚀性，反应温度不得超过 190℃。反应液中配入大量醋酸作反应介质，可以调整低极性溶液的极性，也可以抑制对反应速率有影响的甲醇脱水物二甲醚的生成。还需加入适量的水抑制醋酸甲酯生成，但过多的水能导致一氧化碳变换反应。原料液起始组成为：甲醇 8%～20%（质量分数），水 10%～13%（质量分数）。由于水在副反应中的消耗，应适当予补充。

低压羰基化的反应副产物中有少量氢，对设备材料侵蚀而降低其机械强度，因此 Monsanto 工艺不但要处理具有强烈腐蚀性的含碘醋酸溶液，而且要考虑氢脆问题。反应器采用 Hastelloy 系列镍基合金钢材料，抗腐蚀性能优良，年腐蚀率在 0.1mm 以下。

8.3.3 甲醇低压羰基合成醋酸的优缺点

BASF 高压法、Monsanto 低压法及 BP 法生产每吨成品醋酸的消耗定额见表 8-4。

表 8-4　每吨醋酸消耗定额比较表

项　目	BASF 法	Monsanto 法	BP 法（折合为醋酸）	项　目	BASF 法	Monsanto 法	BP 法（折合为醋酸）
原料				能耗			
甲醇量/kg	610	560	550	电量/kW·h	350	29	60
一氧化碳量/kg	780	544	556	冷却水量/kg	1850	1560	100
				蒸汽量/kg	2750	2000	2000

由表 8-4 可见，甲醇低压羰化法制醋酸在技术经济上的优越性很大，其优点如下。

① 利用煤、天然气、重质油等为原料，原料路线多样化，不受原油供应和价格波动影响。

② 转化率和选择性高，过程能量效率高。

③ 催化系统稳定，用量少，寿命长。

④ 反应系统和精制系统合为一体，工程和控制都很巧妙，结构紧凑。

⑤ 虽然醋酸和碘化物对设备腐蚀很严重，但已找到了性能优良的耐腐蚀材料——哈氏合金 C（Hastelloy Alloy C），是一种 Ni-Mo 合金，解决了设备的材料问题。

⑥ 用计算机控制反应系统，使操作条件一直保持最佳状态。

⑦ 副产物很少，三废排放物也少，生产环境清洁。

⑧ 操作安全可靠。

主要缺点是催化剂铑的资源有限，设备用的耐腐蚀材料昂贵。

8.4 丙烯羰基化合成丁醇、辛醇[1,2,4,12]

8.4.1 烯烃氢甲酰化反应的基本原理

8.4.1.1 反应过程

烯烃氢甲酰化主反应是生成正构醛，由于原料烯烃和产物醛都具有较高的反应活性，故有连串副反应和平行副反应发生。平行副反应主要是异构醛的生成和原料烯烃的加氢，这两个反应是衡量催化剂选择性的重要指标。主要连串副反应是醛加氢生成醇和缩醛的生成。以丙烯氢甲酰化为例说明。

主反应 $CH_2=CHCH_3 + CO + H_2 \longrightarrow CH_3CH_2CH_2CHO$ （8-39）

副反应 $CH_2=CHCH_2 + CO + H_2 \longrightarrow (CH_3)_2CHCHO$ （8-40）

$CH_2=CHCH_2 + H_2 \longrightarrow CH_3CH_2CH_3$ （8-41）

$CH_3CH_2CH_2CHO + H_2 \longrightarrow CH_3CH_2CH_2CH_2OH$ （8-42）

$2CH_3CH_2CH_2CHO \longrightarrow CH_3CH_2CH_2CH(OH)CH(CHO)CH_2CH_3$ （8-43）

$CH_3CH_2CH_2CHO + (CH_3)_2CHCHO \longrightarrow CH_3CH(CH_3)CH(OH)CH(CHO)CH_2CH_3$ （8-44）

在过量丁醛存在下，在反应条件下，缩丁醛又能进一步与丁醛化合，生成环状缩醛、链状三聚物，缩醛很容易脱水生成另一种副产物烯醛

$$CH_3CH_2CH_2CH(OH)CH(CHO)CH_2CH_3 \xrightarrow{-H_2O} CH_3CH_2CH_2CH=C(C_2H_5)CHO$$

（8-45）

8.4.1.2 催化剂

各种过渡金属羰基配位化合物催化剂对氢甲酰反应均有催化作用，工业上经常采用的有羰基钴和羰基铑催化剂，现分别讨论如下。

(1) 羰基钴和膦羰基钴催化剂　各种形态的钴如粉状金属钴、雷尼钴、氧化钴、氢氧化钴和钴盐均可使用，以油溶性钴盐和水溶性钴盐用得最多，例如环烷酸钴、油酸钴、硬脂酸钴和醋酸钴等，这些钴盐比较容易溶于原料烯烃和溶剂中，使反应在均相系统内进行。

研究认为氢甲酰化反应的催化活性物种是 $HCO(CO)_4$，但 $HCO(CO)_4$ 不稳定，容易分解，故一般该活性物种都是在生产过程中用金属钴粉或上述各类钴盐直接在氢甲酰化反应器中制备。钴粉于 3~4MPa、135~150℃能迅速发生下列反应，得到 $Co_2(CO)_8$。

$$2Co + 8CO \Longrightarrow Co_2(CO)_8 \qquad \Delta H^\ominus = -462kJ/mol \qquad （8-46）$$

而 $Co_2(CO)_8$ 再进一步与氢作用，转化为 $HCo(Co)_4$。

$$Co_2(CO)_8 + H_2 \Longrightarrow 2HCo(CO)_4 \qquad （8-47）$$

若以钴盐为原料，Co^{2+} 先由 H_2 供给 2 个电子还原成零价钴，然后立即与 CO 反应转化为 $Co_2(CO)_8$。反应系统中 $Co_2(CO)_8$ 和 $HCo(CO)_4$ 的比例由反应温度和氢分压决定。

$$\frac{[HCo(CO)_4]^2}{Co_2(CO)_8} = Kp(H_2) \qquad （8-48）$$

平衡常数 K 与温度关系：

$$K = 1.365 - \frac{1900}{T} \qquad （8-49）$$

在工业上所采用的反应条件下，二者之间的比例大致相等。

在反应液中要维持一定的羰基钴浓度，必须保持足够高的一氧化碳分压。一氧化碳分压低，羰基钴会分解而析出钴。

$$Co_2(CO)_8 \Longrightarrow 2Co\downarrow + 8CO$$

这样不但降低了反应液中羰基钴的浓度，而且分解出来的钴沉积于反应器壁上，使传热条

件变坏。温度愈高，阻止 $Co_2(CO)_8$ 分解需要的 CO 分压愈高。在室温下，CO 分压为 0.05MPa 时，$Co_2(CO)_8$ 就很稳定；而温度升到 150℃时，CO 分压至少要 4MPa 才稳定。催化剂浓度增加时，为阻止 $Co_2(CO)_8$ 分解，所需的 CO 分压也增高，如 150℃时，钴含量从 0.2% 增加到 0.9% 时，CO 分压至少须相应地从 4MPa 增高到 8MPa。羰基钴含量与 CO 分压和温度之间的关系由图 8-6 所示。

原料气中二氧化碳、水、氧等杂质存在使金属钴钝化而抑制羰基钴的形成，氧含量＜1% 时即有明显的影响，但一旦羰基钴已形成并连续操作后，这些物质的影响就小了。

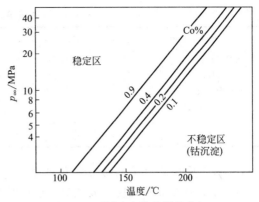

图 8-6　不同浓度羰基钴的分解
压力与温度的关系

某些硫化物如氧硫化碳、硫化氢、不饱和硫醚、硫醇、二硫化碳、元素硫等能使催化剂中毒而影响氢甲酰化反应的顺利进行，故原料烯烃中硫质量分数应小于 10×10^{-6}。

羰基钴催化剂的主要缺点是热稳定性差，容易分解析出钴而失去活性，因而必须在高的一氧化碳分压下操作，而且产品中正/异醛比例较低。为此进行了许多研究改进，以提高其稳定性和选择性，一种是改变配位基，另一种是改变中心原子。

膦羰基钴催化剂是以施主配位基膦(PR_3)、亚磷酸酯($P(OR)_3$)、胂(AsR_3)、(SbR_3)（各配位基中 R 可以是烷基、芳基、环烷基或杂环基）取代 $HCo(CO)_4$ 中的 CO 基，例如 $HCo(CO)_3 \cdot [P(n\text{-}C_4H_9)_3]$ 等。它一方面可增强催化剂的热稳定性，提高直链正构醛的选择性，同时还具有加氢活性高、醛缩合及醇醛缩合等连串副反应减少等优点，但对不同原料烯烃甲酰化反应的适应性差。

(2) 膦羰基铑催化剂　1952 年，席勒(Schiller)首次报道羰基氢铑 $HRh(CO)_4$ 催化剂可用于氢甲酰化反应。其主要优点是选择性好，产品主要是醛，副反应少，醛醛缩合和醇醛缩合等连串副反应很少发生或者根本不发生，活性也比羰基氢钴高 $10^2 \sim 10^4$ 倍，正/异醛比率也高。早期使用 $Rh_4(CO)_{12}$ 为催化剂，是由 Rh_2O_3 或 $RhCl_3$ 在合成气存在下于反应系统中形成。羰基铑催化剂的主要缺点是异构化活性很高，正/异醛比率只有 50/50。后来用有机膦配位基取代部分羰基如 $HRh(CO)(PPh_3)_3$（与铑胂羰基配位化合物作用相似），异构化反应可大大被抑制，正/异醛比率达到 15:1，催化剂性能稳定，能在较低 CO 压力下操作，并能耐受 150℃高温和 $(1.87 \times 103)Pa$ 真空蒸馏，能反复循环使用。此催化剂母体商品名叫 ROPAC，结构式如下。

$$\begin{array}{c} Ph_3P \\ \quad \diagdown \\ \quad Rh \\ \quad \diagup \\ OC \end{array} \begin{array}{c} O=C-CH_3 \\ \qquad \| \\ \qquad C \\ \qquad \diagdown \\ \qquad CH_3 \end{array}$$

在反应条件下 ROPAC 与过量的三苯基膦和 CO 反应生成一组呈平衡的配位化合物

$$HRh(CO)(PPh_3)_3 \underset{PPh_3}{\overset{CO}{\rightleftharpoons}} HRh(CO)_2(PPh_3)_2 \underset{PPh_3}{\overset{CO}{\rightleftharpoons}} HRh(CO)_3(PPh)$$

$$\underset{PPh_3}{\overset{CO}{\rightleftharpoons}} HRh(CO)_4 \tag{8-50}$$

其中 $HRh(CO)_2(PPh_3)_2$ 和 $HRh(CO)(PPh_3)_3$ 被认为是活性催化剂。三苯基膦浓度大，对活性组分生成有利。

三种催化剂性能比较如表 8-5 所示。

表 8-5　三种氢甲酰化催化剂性能比较

催 化 剂	$HCo(CO)_4$	$HCo(CO)_3P(n-C_4H_9)_3$	$HRh(CO)(PPh_3)_3$
温度/℃	140～180	160～200	90～110
压力/MPa	20～30	5～10	1～2
催化剂浓度/%	0.1～1.0	0.6	0.01～0.1
生成烷烃量	低	明显	低
产物	醛/醇	醇/醛	醛
正/异比	3～4∶1	8～9∶1	12～15∶1

8.4.1.3　反应热力学、动力学和机理

羰基合成是放热反应，放热量因原料结构的不同而有所不同，反应的平衡常数很大。以丙烯为例其热力学数据见表 8-6。

表 8-6　丙烯羰基合成反应热力学数据

温度 /K	生成正丁醛			生成异丁醛		
	$\Delta H^{\ominus}$ /(kJ/mol)	$\Delta G^{\ominus}$ /(kJ/mol)	K_p	$\Delta H^{\ominus}$ /(kJ/mol)	$\Delta G^{\ominus}$ /(kJ/mol)	K_p
298	−123.8	−48.4	2.96×10^9	−130.1	−53.7	2.52×10^9
423		−16.9	1.05×10^2		−21.4	5.40×10^2

以上数据可知烯烃的氢甲酰反应，在常温、常压下的平衡常数很大，即使在 150℃仍有较大的平衡常数值，所以氢甲酰反应在热力学上是有利的，反应主要由动力学因素控制。

影响氢甲酰化反应速率的因素很多，包括反应温度、催化剂浓度、原料烯烃种类和浓度、H_2 和 CO 压力以及配位体浓度、溶剂和所含产物的浓度等。各种反应条件对反应速率影响的研究结果，在文献中有大量记载。经常被引用的动力学研究结果是 Natta 于1955 年报道的以未改性羰基钴为催化剂，以环己烯为原料的动力学方程。

$$\frac{d[醛]}{dt}=K[烯][Co]p(H_2)p^{-1}(CO) \tag{8-51}$$

式(8-51)显示生成醛的反应速率与烯烃浓度和催化剂浓度一次方成正比，表面上看当 $p(H_2)/p(CO)=1$ 时，反应速率与反应压力无关，实际上应考虑到催化剂活性结构的稳定存在需要一定的 CO 分压，因此 $p(CO)$ 不能任意低，致使 $p(H_2)$ 也不能任意低。上述方程的温度和压力范围是 110～140℃、10～40MPa。

不同的研究者给出了相同的方程形式，采用不同原料时，有不同的速率常数，见表 8-7。

表 8-7　烯烃氢甲酰化反应速率常数

烯 烃	结 构	$k\times10^3$ /min^{-1}	烯 烃	结 构	$k\times10^3$ /min^{-1}
1-戊烯	C—C—C—C=C	68.3			
1-己烯	C—C—C—C—C=C	66.2	2,4,4-三甲基-1-戊烯		4.8
1-庚烯	C—C—C—C—C—C=C	66.8			
1-辛烯	C—C—C—C—C—C—C=C	65.6			
2-戊烯	C—C—C=C—C	21.3			
2-己烯	C—C—C—C=C—C	18.1	2-甲基-2-戊烯		4.9
2-庚烯	C—C—C—C—C=C—C	19.3			
3-庚烯	C—C—C=C—C—C—C	20.0			
2-甲基-1-戊烯	C—C—C—C=C	7.8	2,4,4-三甲基-2-戊烯		2.3

278

表 8-7 表明：①双键位置与反应速率密切有关，直链 α-烯烃反应速率最快，当链增长时，反应速率稍有减慢。直链非 α-烯烃反应速率较慢；②烯烃含支链会降低反应速率，且支链离双键愈近，反应速率减慢愈多，支链愈多，反应速率愈慢。可能是支链造成了空间障碍，使烯烃不易与催化剂作用而降低了反应速率。

另外烯烃结构也影响正/异醛的比例。一般情况下所有烯烃都能进行氢甲酰化反应，除了不因为双键迁移而异构化的烯烃如环戊烯、环己烯不产生异构醛外，其他烯烃都得到两个或多个异构体。在通常氢甲酰化条件下，双键位置不同，对正/异醛的比例并无显著影响。由于反应过程中，可能同时有异构化反应发生，所以无论是端烯还是内烯，几乎是得到相同的产品组成。带支链的烯烃，双键碳原子因受到支链的空间阻碍，醛基主要加成到 α-原子上，如异丁烯的氢甲酰化，产物中 95% 是 3-甲基丁醛。

以羰基铑和三苯基膦改性的羰基铑为催化剂测得的动力学方程，反应速率仍是与催化剂中金属浓度和烯烃浓度的一次方成正比，而 $p(H_2)$ 和 $p(CO)$ 的指数则有不同；一些以机理为基础的动力学方程也有不同的方程形式。

羰基合成反应机理的研究包括两个方面，其一是研究和证实起催化作用的活性结构；其二是提出和证实催化循环的全部历程。未改性羰基钴催化剂的反应机理是由 Heck 首先提出的。其催化剂活性结构是 $HCo(CO)_4$，主要步骤是：$Co_2(CO)_8$ 和 H_2 首先生成 $HCo(CO)_4$，然后解离成 $HCo(CO)_3$ 和 CO，氢化羰基钴与烯烃生成 π-烯烃配位化合物，再重排生成羰基烷基钴。然后 CO 插入烷基和钴离子之间形成酰基配位化合物，进一步生成四羰基配位化合物，后者即与 H_2 或 $HCoCO)_4$ 反应生成产物醛。催化剂循环如图 8-7。

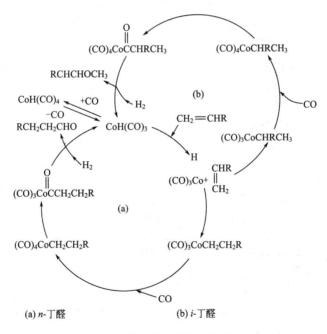

图 8-7　羰基钴催化剂反应机理

膦改性羰基铑的反应机理由 Wilkinson 提出，催化剂活性结构是一组三苯基膦羰基氢铑。其催化反应机理与羰基钴基本相同，如图 8-8 所示。其催化剂循环的缔合机理和解离机理已得到公认，并作为配位催化机理的范例被经常引用。活性结构和催化剂循环各个步骤均有很充分的实验证明。

279

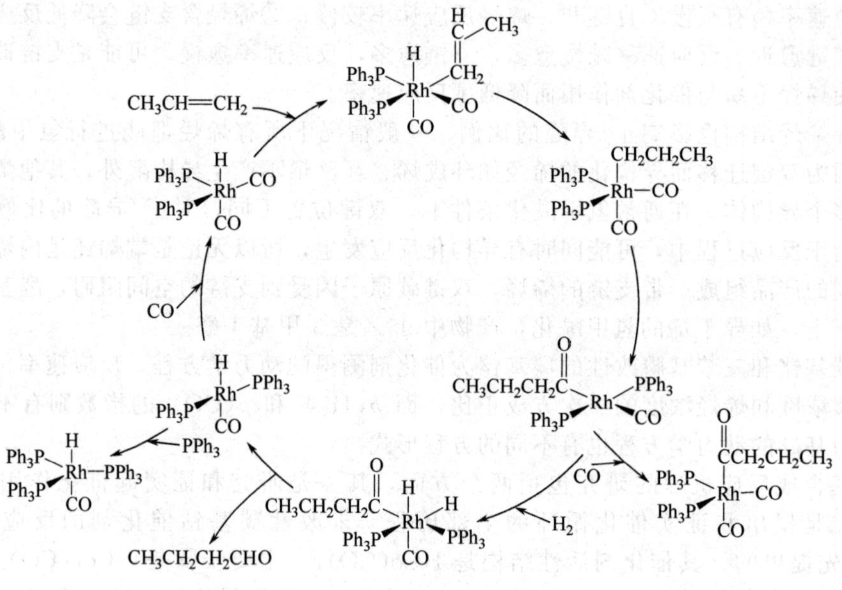

图 8-8 (a)　膦羰基铑催化剂缔合机理催化循环示意

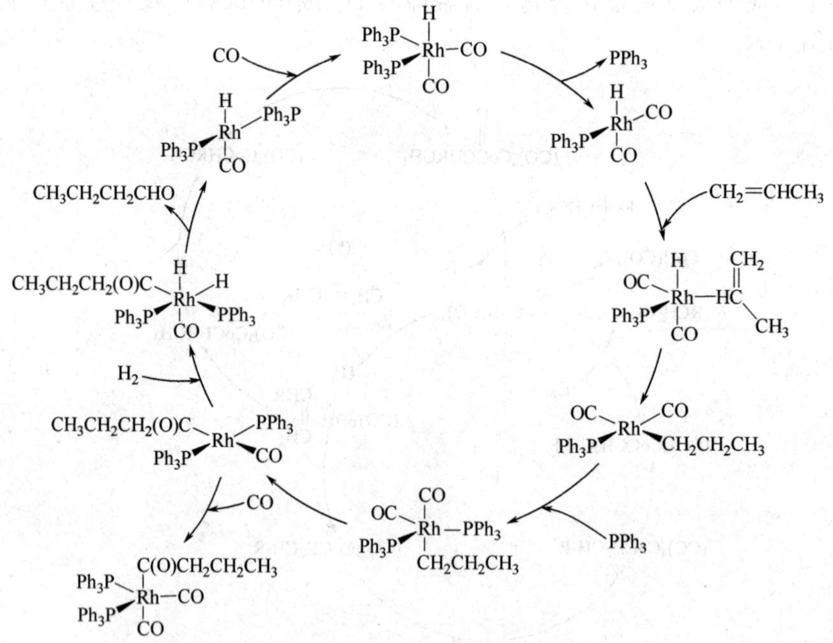

图 8-8 (b)　膦羰基铑催化剂 PPh₃ 解离机理催化循环示意

8.4.1.4　影响氢甲酰化反应的因素

（1）温度的影响　反应温度对反应速率、产物醛的正/异比率和副产物的生成量都有影响。温率升高，反应速率加快，但正/异醛的比率随之降低，重组分和醇的生成量随之增加。表 8-8 和图 8-9、图 8-10 分别为以氢羰基钴为催化剂时烯烃的氢甲酰化反应速率、正/异醛比例以及重组分和醇的生成量与温度的关系。

表 8-8　温度对相对反应速率的影响

反应温度/℃	相对反应速率	反应温度/℃	相对反应速率
90	0.01	120	0.20
100	0.04	140	1.00

注：催化剂为 $Co_2(CO)_4$，原料为正丁烯，溶剂为丁烷，压力为 24MPa，$H_2/CO=1$。

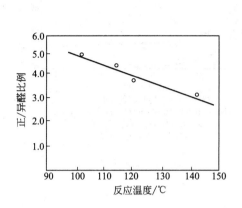

图 8-9　温度对丙烯氢甲酰化产物中
正/异醛比的影响
催化剂为 $HCo(CO)_4$

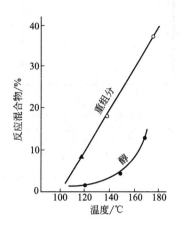

图 8-10　丙烯氢甲酰化副产物生成
量与温度关系
催化剂为 $HCo(CO)_4$

以膦羰基铑为催化剂也有相似的规律，如图 8-11 所示。

综上所述可知，氢甲酰化反应温度不宜过高，使用羰基钴催化剂时，温度一般控制在 140～180℃，使用膦羰基铑催化剂以 100～110℃ 较宜，并要求反应器有良好的传热条件。

（2）CO、H_2 分压和总压的影响
从烯烃氢甲酰化的动力学方程和反应机理可知，增高一氧化碳分压，会使反应速率减慢，但一氧化碳分压太低，对反应也不利，因为金属羰基配位化合物催化剂在一氧化碳分压低于一定值时就会分解，析出金属，而失去催化活性，所需一氧化碳分压与金属羰基配位化合物的稳定性有关，也与反应温度和催化剂的浓度有关。如用羰基钴为催化剂，反应温度为 150～160℃，催化剂含量为

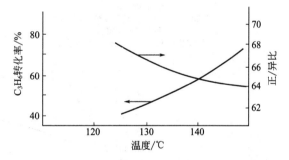

图 8-11　温度与丙烯转化率和正/异醛比的关系
催化剂为 $Rh(PPh_3)_2COCl$

0.8%（质量分数）左右时，一氧化碳分压要求达到 10MPa 左右，而用羰基铑催化剂时，反应温度在 110～120℃ 则所需一氧化碳分压为 1MPa 左右。

图 8-12 为总压不变时，一氧化碳分压对产物正/异醛比率的影响。由图 8-12 可以看出，以羰基钴为催化剂［见图（a）］和以膦羰基铑为催化剂［见图（b）］，其影响相反。以膦羰基铑为催化剂时，在总压一定时，随着一氧化碳分压的增加，正/异醛比率下降。但一氧化碳分压太低，丙烯加氢生成丙烷的量甚高，烯烃损失量增大，故一氧化碳分压有一个最适宜的范围。

氢分压增高，氢甲酰化反应速率加快，烯烃转化率提高，正/异醛比率也相应升高。图 8-13（a）、8-13（b）、8-13（c）表明了氢分压对产品中醛/醇比率、正/异醛比率和丙烯转化率的影响。

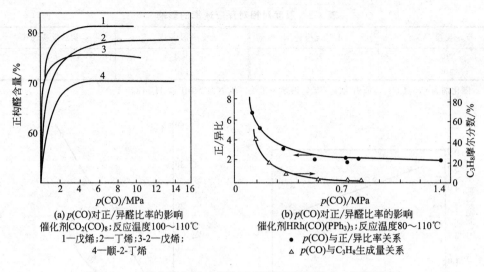

(a) $p(CO)$对正/异醛比率的影响
催化剂$CO_2(CO)_8$；反应温度100～110℃
1—戊烯；2—丁烯；3-2—戊烯；
4—顺-2-丁烯

(b) $p(CO)$对正/异醛比率的影响
催化剂$HRh(CO)(PPh_3)_3$；反应温度80～110℃
● $p(CO)$与正/异比率关系
△ $p(CO)$与C_3H_8生成量关系

图 8-12   一氧化碳分压对产物正/异醛比率的影响（总压不变）

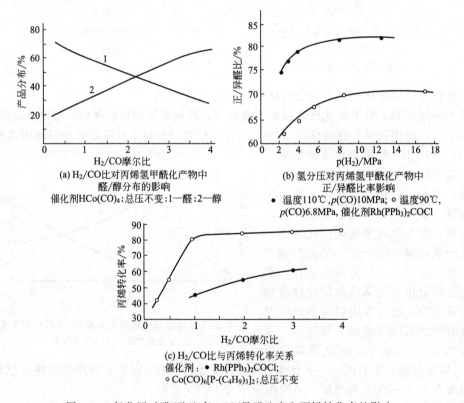

(a) H_2/CO比对丙烯氢甲酰化产物中
醛/醇分布的影响
催化剂$HCo(CO)_4$；总压不变；1—醛；2—醇

(b) 氢分压对丙烯氢甲酰化产物中
正/异醛比率影响
● 温度110℃，$p(CO)$10MPa；○ 温度90℃，
$p(CO)$6.8MPa，催化剂$Rh(PPh_3)_2COCl$

(c) H_2/CO比与丙烯转化率关系
催化剂：● $Rh(PPh_3)_2COCl$；
○ $Co(CO)_6[P-(C_4H_9)_3]_2$；总压不变

图 8-13   氢分压对醛/醇比率、正/异醛比率和丙烯转化率的影响

由图 8-13（a）、8-13（b）可知，提高氢分压，提高了正/异醛比率，但同时也增加了醛加氢生成醇和烯烃加氢生成烷烃的消耗，故在实际使用时要选用最适宜的氢分压，一般H_2/CO摩尔比为 1∶1 左右。

从动力学方程式（8-51）可知，氢分压和一氧化碳分压起着相反的作用，故当原料中$H_2/CO=1$ 时，反应速率与总压无关，但对正/异醛比率和副反应是有影响的。

图 8-14 为当 $H_2/CO=1$，总压力变化对正/异醛比率的影响。图 8-14（a）表明，使

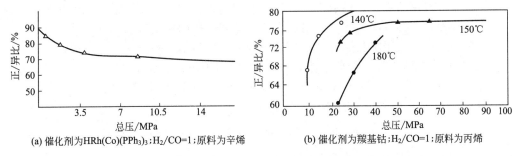

(a) 催化剂为HRh(Co)(PPh₃)₃;H₂/CO=1;原料为辛烯　　(b) 催化剂为羰基钴;H₂/CO=1;原料为丙烯

图 8-14　总压与正/异醛比率的关系

用羰基铑催化剂时，总压力升高，正/异醛比率开始降低较快，但当压力达到 4.5MPa 以后，正构醛降低幅度很缓慢。图 8-14（b）表明使用羰基钴催化剂时，总压升高，正构醛比率也提高，但总压力高，高沸点产物也增多，这是不希望的。

（3）溶剂影响　氢甲酰化反应常常要用溶剂，溶剂的主要作用是①溶解催化剂；②当原料是气态烃时，使用溶剂能使反应在液相中进行，对气-液间传质有利；③作为稀释剂可以带走反应热。脂肪烃，环烷烃，芳烃，各种醚类、酯、酮和脂肪醇等都可做溶剂。在工业生产中为方便起见常用产品本身或其高沸点副产物作溶剂或稀释剂。溶剂对反应速率和选择性都有影响，如表 8-9 所示。

表 8-9　溶剂对各种原料氢甲酰化反应速率影响

溶剂	氢甲酰化反应速率常数 $k/10^3 min^{-1}$				
	己烯	2-己烯	环己烯	丙烯酸甲酯	丙烯腈
苯	32	9.2	6.7	41.8	12
丙酮	34	9.1	6.1	59.5	23
甲醇	54	9.2	8.9	157	80
乙醇			8.7	186	128
甲乙酮			5.7	39.1	

注：温度110℃，压力28MPa，H₂：CO=1:1，催化剂 $Co_2(CO)_8$。

各种原料在极性溶剂中的反应速率大于非极性溶剂。产品醛的选择性与溶剂性质也有关。丙烯氢甲酰化反应使用非极性溶剂能提高正丁醛产量，其结果如表 8-10 所示。

表 8-10　丙烯在各种溶剂中氢甲酰化结果

溶剂	2,2,4-三甲基戊烷	苯	甲苯	乙醚	乙醇	丙酮
正/异醛比	4.6	4.5	4.4	4.4	3.8	3.6

注：温度108℃，压力23MPa，催化剂 $Co_2(CO)_8$。

8.4.2　丙烯氢甲酰化法合成丁醇、辛醇

8.4.2.1　丁醇辛醇性质、用途及合成途径

丁醇为无色透明的油状液体，有微臭，可与水形成共沸物，沸点 117.7℃，主要用途是作为树脂、油漆、胶黏剂和增塑剂的原料（如邻苯二甲酸二丁酯），此外还可用作选矿用消泡剂、洗涤剂、脱水剂和合成香料的原料。

2-乙基己醇简称辛醇，是无色透明的油状液体，有特臭，与水形成共沸物，沸点 185℃，主要用于制备增塑剂如邻苯二甲酸二辛酯，癸二酸二辛酯，磷酸三辛酯等，也是许多合成树脂和天然树脂的溶剂。其他还可做油漆颜料分散剂，润滑油的添加剂，消毒剂和杀虫剂的减缓蒸发剂以及在印染等工业中作消泡剂。

283

丁醇、辛醇可用乙炔、乙烯或丙烯和粮食为原料进行生产。以丙烯为原料的氢甲酰化法，原料价格便宜，合成路线短，是目前生产丁醇和辛醇的主要方法。

以丙烯为原料用氢甲酰化法生产丁醇、辛醇，主要包括下列三个反应过程。

① 在金属羰基配位化合物催化剂存在下，丙烯氢甲酰化合成丁醛

$$CH_3CH{=\!\!=}CH_2 + CO + H_2 \longrightarrow CH_3CH_2CH_2CHO$$

② 丁醛在碱催化剂存在下缩合为辛烯醛

$$2CH_3CH_2CH_2CHO \xrightarrow{OH^-} CH_3CH_2CH_2{=\!\!=}C(C_2H_5)CHO \qquad (8\text{-}52)$$

③ 辛烯醛加氢合成 2-乙基己醇

$$CH_3CH_2CH_2{=\!\!=}C(C_2H_5)CHO + H_2 \xrightarrow{镍催化剂} CH_3CH_2CH_2CH_2CH(C_2H_5)CH_2OH$$

$$(8\text{-}53)$$

如用氢酰化法生产丁醇，则只需氢甲酰化和加氢两个过程就可以了。

上述三个过程，关键是丙烯氢甲酰化合成丁醛。当今的羰基合成工业技术已经相当成熟。传统的高压方法仍在一些装置中被采用着，主要是以 C_6 以上烯烃为原料生产高碳数醛和醇。改性钴中压方法（Shell 工艺）主要用于高碳数洗涤剂用醇的生产。而占羰基合成工业绝大部分的丁醛（丁醇、辛醇）的生产，自 20 世纪 70 年代中期以来已逐渐改用低压法。使用铑-膦配位催化剂低压羰基合成制丙醛和丁醛，至今已经发展了六种不同的工艺，它们是美国 UCC、英国 Davy 和 Johnson Matthey 三家公司联合开发的 LPO 工艺，包括气相循环和液相循环两种工艺；由德国鲁尔化学公司（属 Hoechst-Celanese 公司）和法国 Rhône Poulenc 联合开发的以水溶性铑为催化剂的 RCH/RP 工艺；由日本三菱化成公司开发的铑-三苯基膦催化体系的丁醇、辛醇工艺以及分别由 BASF 和 Eastman 两公司各自开发，用于公司内高压钴法改造为低压铑法制丁醇、辛醇的工艺。以上这些由不同公司发展的工艺，在反应条件、所用溶剂、n/i 控制、催化剂回收方式等方面有所不同，但技术经济指标是很接近的。

8.4.2.2　丙烯高压氢甲酰化法合成正丁醛

采用羰基钴为催化剂的传统高压羰基合成方法曾经是应用最广的方法，至 20 世纪 70 年代中后期，世界上仍有 40 多套采用这种方法的工业装置在运转。高压法被不同公司所采用，一度发展为十余种不同的工艺，但由于都是基于最初的鲁尔技术而发展的，除在催化剂回收方面有较大差别外这些工艺差别不大。近年用高压法生产的装置大部分已被改造为低压铑的方法。中国吉林化学工业公司于 20 世纪 70 年代后期曾引进 BASF 公司高压羰基合成技术建设了 50kt/a 丁醇、辛醇装置，目前已进行改造转为采用低压铑生产技术。

鲁尔法的主要特点是用金属钴浆作催化剂，即以金属钴和氢氧化钴的细微粒悬浮在本工艺过程产生的重组分中。因钴浆的钴浓度高，反应可在较低温度下进行，从而使产品醛的正异比高，设备的生产能力较高。鲁尔法的工艺流程见图 8-15。

钴浆催化剂悬浮溶液，丙烯和合成气汇合后送入羰基合成反应器，反应热由汽包来的冷凝水带出，可副产部分高压蒸汽。从反应器出来的物料在高压分离器中气液分离，气体回反应器循环利用（循环气约占新鲜原料合成气的 1/3）。分离出的液体进脱钴水解器。从水解器底部直接通入压力为 2.5MPa 的蒸汽。由于羰基钴配位化合物在高温、低一氧化碳分压下不稳定，进入脱钴器和通入蒸汽后，羰基钴迅速分解成金属钴沉淀。部分 HCo(CO)$_4$ 水解生成甲酸钴溶于水中。从水解器顶部流出的气体主要是合成气和有机轻组分，经冷凝、分离，不凝气送火炬，凝结物回低压分离器。水解器底部出来的液体送低压分离器，在低压下分出部分轻组分后再送入离心机。离心分离后将物料

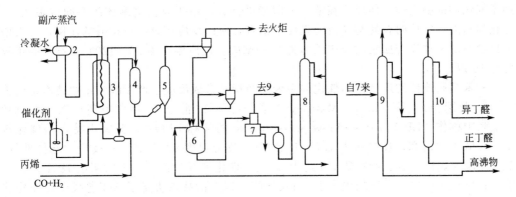

图 8-15 鲁尔法高压羰基合成制丁醛流程示意图

1—钴催化剂悬浮液储罐；2—汽包；3—羰基合成反应器；4—高压分离器；5—脱钴水解器；

6—低压分离器；7—离心机；8—有机物回收塔；9—醇醛分离塔；10—醛醛分离塔

分成三部分。顶部是油相（羰基合成液），中层是水相（含有甲酸钴），底部是钴浆。钴浆送钴回收系统。水相进有机物回收塔。塔顶蒸出少量羰基合成粗产品，送回低压分离器，塔釜得到浓缩液（甲酸钴），也送钴回收系统。离心后的油送醇醛分离塔，塔釜出醇、酯和高沸物（醛＜1％），塔顶出正丁醛和异丁醛，进入醛分离塔，塔顶得异丁醛，塔釜得正丁醛。

Ruhr 法的主要缺点是工艺流程长，设备多，能耗高，又因催化剂是含钴颗粒的悬浮液，对设备磨损较大，致使设备的清洗和维修的工作量大。

BASF 法是联邦德国 BASF 公司开发的，也是应用广泛的高压羰基合成方法之一，其工艺流程见图 8-16。

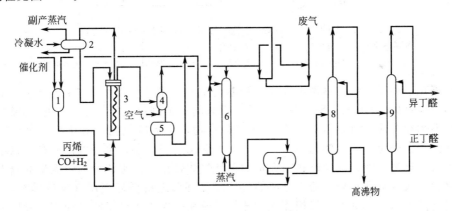

图 8-16　BASF 法高压羰基合成制丁醛流程示意图

1—钴催化剂悬浮液储罐；2—汽包；3—羰基合成反应器；4—脱钴器；5—分层器

6—脱气塔；7—分层器；8—醇醛分离塔；9—醛醛分离塔

BASF 法较 Ruhr 法工艺流程短，但因所用催化剂水溶液是一个有强烈腐蚀性的体系，所以设备材质要求高，凡与羰基液接触的设备都要用含钼不锈钢。因系统有水，为提高反应性，相应反应温度要提高，从而导致产物醛的正异比较低。

8.4.2.3　丙烯低压氢甲酰化法合成正丁醛

低压羰基合成法以铑膦配位化合物为催化剂。铑比钴原子多一个电子层，原子体积较大，因此价电子易于极化，容易形成高配位数配位化合物，也就是易于发生氧化加成反应。铑作催化剂时的氢甲酰化反应速率比钴高 102～104 倍。将有机膦配体引入羰基铑，增加了催化剂的稳定性，使反应在常压下即能进行。又由于有机膦配体的空间位阻效应，在催化剂与丙烯配位时较易与端位的碳原子结合，所以反应产物中正构醛的比例也大大增加。典型的低压羰基合成法的反应压力为 1～3MPa，反应温度为 90～120℃，产物的正异比可达 10 以上。

用三苯基膦改性的羰基铑为催化剂由丙烯烃羰基合成反应生产丁醛的工业技术是由美国 UCC、英国 Davy 及 Johnson Matthey 三家公司于 20 世纪 70 年代中期首先开发成功的。文献中称作"LPO-process (low pressure oxo 的简称 LPO)"。其突出特点是催化剂稳定，反应条件缓和，反应压力 1.7～1.8MPa，反应温度 90～110℃；反应的选择性好，表现在高沸点副产物少、产物醛 n/i 达 10 以上；催化剂寿命长，开工周期达 18 个月；流程简单；催化剂流失少，铑损失小于 50mg/t 醛。以上诸特点决定了该工艺投资和操作费用低，技术经济优越。UCC 和 Davy 公司在世界范围内出售 LPO 技术的许可证，目前有 12 个国家的近 20 套装置是采用这种工艺建设的，其中包括中国的大庆石化总厂和齐鲁石化公司的两套装置。

UCC/Davy/JMC 法有两种工艺技术，最初工业化的技术采用气相加料的方式。催化剂保留在反应器中，称为气体循环工艺。工艺流程见图 8-17。

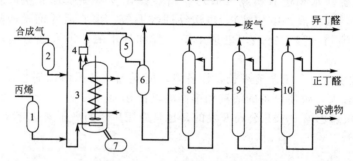

图 8-17　UCC/Davy/JMC 法低压羰基合成制丁醛流程示意图
1—丙烯净化器；2—合成气净化器；3—羰基合成反应器；4—雾沫分离器；5—冷凝器；
6—分离器；7—催化剂处理装置；8—汽提塔；9—异丁醛蒸馏塔；10—正丁醛蒸馏塔

将铑催化剂和三苯基膦的溶液全部加入羰基合成反应器中，溶剂为 Texanol®（丁醛的三聚物），也可以先采用正丁醛作溶剂，经一段时间后被副反应所产生的丁醛三聚物所置换。原料丙烯和合成气分别经过净化除去微量毒物，包括硫化物、氯化物、氰化物、氧气、羰基铁等。净化后的气体与循环气混合，由底部进反应器，再经气体分布器以小气泡的形式进入催化剂溶液。反应产物随大量的循环气体带出，经雾沫分离将夹带的铑催化剂溶液分离后进入冷凝器和分离器，分离的气体经循环压缩机循环使用（少量排空），液体进入汽提塔回收丙烯，汽提塔气相并入循环气，液相依次进入异丁醛塔和正丁醛塔，最后得到异丁醛、正丁醛和少量高沸物。生产过程中根据催化剂的活性变化情况，补加部分新催化剂。最终将全部催化剂溶液排出回收。

UCC/Davy/JMC 法气体循环工艺的原料规格、反应条件和结果见表 8-11、表 8-12。

以上气体循环工艺的特点是，催化剂不随产物流出，避免了通常均相催化工艺中较为复杂的催化剂分离循环过程，使流程得到简化。但为确保丁醛汽化，使反应的其他参数调节受到限制，给操作带来不便。而且反应器中气相空间较大，使单机设备的生产能力受到限制。

20 世纪 80 年代中后期，UCC 和 Davy 公司又推出一种液体循环工艺，即反应产物和催化剂溶液一起自反应器中排出，经两次蒸发，分离出的催化剂溶液循环使用。液体循环的工艺流程见图 8-18。

表 8-11　UCC/Davy/JMC 法气体循环工艺的原料规格

项　　　目	指　标	项　　　目	指　标
丙烯		合成气	
纯度	≥93%	NH₃(×10⁻⁶)	<5
硫(×10⁻⁶)	<0.1	羰基铁、羰基镍(×10⁻⁶)	<0.05
氯(×10⁻⁶)	<0.2	三苯基膦	
氧(×10⁻⁶)	<1	纯度/%(质量)	>99.0
其他为惰性组分		三苯氧膦/%	<1.0
合成气		铁(×10⁻⁶)	<10
H₂∶CO	1∶1	镁(×10⁻⁶)	<5
H₂S,COS(×10⁻⁶)	<0.1	氯化物(总氯)(×10⁻⁶)	<25
HCl(×10⁻⁶)	<0.1	干燥损失/%	<0.5
HCN(×10⁻⁶)	<0.1	熔点/℃	79~82
O₂(×10⁻⁶)	<1.0		

表 8-12　UCC/Davy/JMC 法气体循环工艺主要工艺条件和结果

项　　　目	指　标	项　　　目	指　标
反应温度/℃	110±10	丁醛选择性/%	>95
反应压力/MPa	1.6~1.8	丙烷选择性/%	2
催化剂铑含量(×10⁻⁶)	250~400	丁醇选择性/%	少量
三苯基膦含量/%	0.5~30	高沸物选择性/%	<3
丙烯利用率/%	91~93	丁醛正异比	10~12

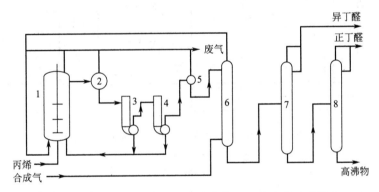

图 8-18　UCC/Davy/JMC 法液体循环工艺流程示意图

1—反应器；2—分离器；3,4—闪蒸器；5—分离器；6—汽提塔；7—异丁醛塔；8—正丁醛塔

　　据称这种新的液体循环工艺，使相同反应器体积的生产能力提高了 80%，丙烯的总利用率由 92% 提高至 97%，操作费用也相应降低，目前已有数套原采用气体循环工艺的装置被改建成液体循环工艺。

　　另外在 UCC/Davy/JMC 法工业化初期，失活的铑催化剂（活性下降到新催化剂活性的 20% 以下）是经过浓缩、焚烧回收金属铑，然后再加工成新的催化剂而循环使用。后来 UCC 公司和 Davy 公司推出一种失活催化剂的现场再生技术，即将失活催化剂用一种特殊结构的刮板薄膜蒸发器在高真空下浓缩，然后进行氧化和碱洗等处理步骤，能使催化剂活性恢复到初始活性的 70%，可继续使用，从而延长催化剂的总寿命。目前这种催化剂再生技术已被广泛采用。

8.4.2.4　Ruhr/RP 法（水溶性铑催化剂体系）

　　UCC/Davy/JMC 法的工业实践表明，采用铑催化剂的低压羰基合成法大大优越于传统的钴高压法，这促使采用高压技术的一些公司也积极寻找新铑催化技术。联邦德国的 Ruhr 化学公司和法国的 Rhone-Poulenc 公司合作于 1983 年，宣布开发成功一种以水溶性

287

铑配位化合物为催化剂的低压羰基合成新工艺。至 1989 年，Ruhr 公司已将原高压法生产能力的 80％改为这种新工艺。

采用水溶性铑催化剂，首先是基于催化剂容易与反应产物进行分离的考虑。在 Ruhr/RP 法中由 Rhône-Poulenc 公司开发的铑催化剂带有如下结构的膦配体。

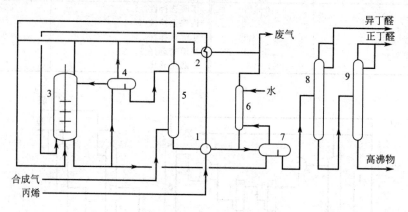

这种有磺酸基膦配体的铑配位化合物只溶于水而不溶于有机相，当反应完成后使反应液静置，催化剂水溶液与有机相中的反应产物自动分离，有机相作为产物移出，而含催化剂的水相循环使用。Ruhr/RP 法的工艺流程见图 8-19。

图 8-19　Ruhr/RP 法低压羰基合成制丁醛流程示意图
1，2—热交换器；3—反应器；4—分离器；5—汽提塔；6—洗涤器
7—分离器；8—异丁醛塔；9—正丁醛塔

反应器中装有铑催化剂的水溶液，原料丙烯经两次预热后进入反应器，合成气经汽提塔预热并带出溶解于粗产品中的烯烃后也进入反应器。反应器中强烈的搅拌作用使得油、水两相以及气体充分混合进行反应，反应后产物与催化剂溶液一起进入分离器。在分离器中反应产物与催化剂溶液分成油水两层，水相循环回反应器，油相进入汽提塔。反应器和分离器中有部分气体排出，其中大部分作为循环气，少量排空。经汽提后的粗产品降至常压，然后进入第二分离器进一步分离，分出的催化剂水溶液循环使用，气体经水洗后排空，油相依次进入异丁醛塔和正丁醛塔，最后得到正丁醛、异丁醛和少量的高沸物。

Ruhr/RP 法的特点：反应产品与催化剂的分离通过简单的相分离实现，不耗能；由于铑催化剂的水溶性极好，所以铑的损失是极小的；该法氢甲酰化反应的温度范围是 50～130℃，反应压力 1～5MPa，催化剂溶液中铑的含量为（10～1000）×10^{-6}，在此条件下丙烯利用率可达 98％，丁醛正异比为 95∶5。

关于高压钴法和低压铑法之间的技术经济对比已经有过很多评价，典型的数据见表 8-13。

用铑配位化合物为催化剂的低压氢甲酰化法生产丁醇、辛醇技术的工业化，是引人注目的重要技术革新。并对合成气化学工业的发展，有极大的推动作用，该工艺的主要优点如下。

表 8-13　丙烯羰基合成法的比较

项　目		Ruhr 公司、BASF 公司	UCC 公司
反应条件	催化剂	HCo(CO)₄	ROPAC
	催化剂含量（以金属计）	900×10^{-6}	$(200 \sim 400) \times 10^{-6}$
	空速/h⁻¹	0.5～1.5	约 1.0
	反应温度/℃	145～160	100～110
	反应压力/MPa	25～30	1.7～1.8
反应结果	丙烯转化率/%	95～97	91～93
	丁醛选择性/%	78～82	＞95
	丁醇选择性/%	10～12	少量
	丙烷选择性/%	2	2
	高聚物选择性/%	约 10	＜3
	正异比	3～4	10～12
消耗定额	丙烯量/kg	930	750
	合成气量/m³	1200	740
	能量消耗	高	低

注：消耗定额以 1t 丁醛计，丙烯纯度 94%，合成气纯度 99%。

① 由于低压法反应条件缓和，不需要特殊高压设备和特殊材质，耗电也少，操作容易控制，操作和维修费比高压法约节省 10%～20%。

② 副反应少，每生产 1000kg 正丁醛消耗丙烯 675kg，比其他方法少 35% 左右。

③ 催化剂容易分离，利用率高，损失少，故虽然铑昂贵，但仍能在工业上大规模使用。

④ 污染排放非常少，接近无公害工艺。

由于低压法有以上这些优点，故近年来以显著的优势迅速发展，有取代高压法的趋势，各国拟建和建成的丁醇、辛醇装置绝大部分是采用低压法。

低压法的主要不足之处是作为催化剂的铑资源稀少，价格十分昂贵，因此要求催化剂用量必须尽量少，寿命必须足够长，生产过程消耗量要降低到最小，1kg 铑至少能生产 $10^{6} \sim 10^{7}$ kg 醛。此外，配位体三苯基膦有毒性，对人体有一定危害性，使用时要注意安全。

8.4.2.5　丁醇和 2-乙基己醇（辛醇）的生产

由丁醛生产丁醇和 2-乙基己醇（辛醇）的流程示意图见 8-20，包括缩合与加氢两部分。

（1）正丁醛缩合制辛烯醛　正丁醛缩合脱水是在两个串联的反应器中进行，纯度为 99.86% 的正丁醛由正丁醛塔相继进入两个串联的缩合反应器，在 120℃、0.5MPa 压力下用 2% 氢氧化钠溶液为催化剂，缩合生产成缩丁醇醛，并同时脱水得辛烯醛。两个反应器间有循环泵输送物料，并保证每个反应器内各物料能充分均匀混合，使反应在接近等温条

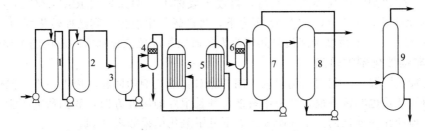

图 8-20　由丁醛生产丁醇和 2-乙基己醇（辛醇）流程示意图

1，2—缩合反应器；3—辛烯醛层析器；4—蒸发器；5—加氢转化器；6—加氢产品储槽

7—预精馏塔；8—精馏塔；9—间歇蒸馏塔

件下进行。辛烯醛水溶液进入辛烯醛层析器，在此分为有机物层和水层，有机物层是辛烯醛的饱和水溶液，直接送去加氢。

（2）辛烯醛加氢制 2-乙基己醇（辛醇）　辛烯醛加氢是采用气相加氢法。由缩合工序来的辛烯醛先进入蒸发器蒸发，气态辛烯醛与氢混合后，进入列管式加氢反应器，管内装填铜基加氢催化剂，在 180℃，0.5MPa 压力下反应，产品为 2-乙基己醇（辛醇）。

如需生产丁醇，则将丁醛直接送到蒸发器，气态丁醛在 115℃、0.5MPa 压力下加氢即可。

粗 2-乙基己醇先送入预蒸馏塔，塔顶蒸出轻组分（含水、少量未反应的辛烯醛、副产物和辛醇），送到间歇蒸馏塔回收有用组分。塔底是辛醇和重组分，送精馏塔，塔顶得到高纯度辛醇。塔底排出物为辛醇和重组分的混合物，进入间歇蒸馏塔，作进一步处理。间歇蒸馏塔根据加料组分不同可分别回收丁醇和水、辛烯醛、辛醇。剩下的重组分定期排放并作燃料使用。

预精馏塔、精馏塔和间歇蒸馏塔都在真空下操作。

粗丁醇的精制与辛醇基本相同。分别经预精馏塔和精馏塔后，从塔底得混合丁醇，再进入异构物塔，塔顶得异丁醇，塔底得正丁醇。来自预精馏塔的少量轻组分和来自精馏塔的重组分也都送到间歇蒸馏塔以回收轻组分、水和粗丁醇。

8.5　羰基化反应技术的发展趋势[4,13,14]

低压氢甲酰化法有许多优越性，但因铑价格昂贵，催化剂制备和回收复杂等因素，目前正从开发新催化体系和改进工艺两个方面加以革新。另外，使用羰基合成方法生产的工业产品已经突破了传统概念中的羰基合成醇类，可乐丽公司的烯丙醇羰基合成制 1,4-丁二醇以及羰基合成方法在精细化工中的一些应用实例代表着这方面的发展。

8.5.1　均相固相化催化剂的研究

为了克服铑膦催化剂制备和回收复杂的缺点，进一步减少其消耗量，简化产品分离步骤等，进行了均相催化剂固载化的研究，即把均相催化剂固定在有一定表面的固体上，使反应在固定的活性位上进行，催化剂兼有均相和多相催化的优点。

固相化方法主要有两种，一是通过各种化学键合把配位催化剂负载于高分子载体上，称为化学键合法。如将铑配位化合物与含膦或氨基官能团的苯乙烯和二乙烯基苯共聚物配位体进行反应，由于铑膦的配位作用，铑固定在高聚物上而成固相化催化剂，例如丙烯和己烯氢甲酰化用高分子配位的催化剂，烯烃转化率分别为 95％，醛选择性为 99％和 97％以上。

近年来对 Rh-高分子硫醇配位体；Rh-Si 置膦配位体；在一个分子中有配位键和离子键配位体；Rh-Pt 配位化合物固定在离子交换树脂上等都进行了有益的研究。

另一种是物理吸附法，把催化剂吸附于硅胶、氧化铝、活性炭、分子筛等无机载体上，也可将催化剂溶于高沸点溶剂后，再浸于载体上。例如采用 $RhCo_3(CO)_{12}$-$n(pph_3$-$SiO_2)_n$ 催化体系，于 100℃、5MPa 压力下，将己烯氢甲酰化，其己烯转化率为 93％，庚醛收率为 92％。目前活性金属流失问题成为阻碍固相配位催化剂实际应用的主要障碍。

8.5.2　非铑催化剂的研究

铑是稀贵资源，故利用受到限制。国外除对铑催化剂的回收利用进一步研究外，对非铑催化剂的开发也非常重视。其中铂系催化剂是很好的研究方向，我国研究了 Pt-Sn-P 系催化剂，烯烃在该催化剂上于 6MPa 压力下氢甲酰化结果如表 8-14。

日本研究了螯形环铂催化剂，于 0.5～10MPa、70～100℃ 条件下，反应 3h，烯烃 100％转化为醛。另外还报道了钌族离子型配位催化剂 $HRu_3(CO)_{15}$ 丙烯氢甲酰化，正/异醛比例达 21.2。

表 8-14　Pt-Sn-P 系催化剂上烯烃氢甲酰化反应结果

原　料	转化率/%	醛选择性/%	原　料	转化率/%	醛选择性/%
乙烯	>90	>95	庚烯	>85	>95
丙烯	>90	>95	辛烯	>80	>97

对钴膦催化剂也在作进一步研究，该催化剂一步可得到醇，若能找到一种合适的配位体，使之有利于醛的生成而不再进一步加氢为醇，就能与铑膦催化剂媲美了。

8.5.3　羰基合成生产 1,4-丁二醇

日本可乐丽公司开发的以烯丙醇为原料经羰基合成反应和加氢反应生产 1,4-丁二醇的工艺已由美国 ARCO 公司实现工业化。

该工艺羰基合成采用三苯基膦改性的羰基铑催化剂，以苯作溶剂，反应温度 60℃，反应压力 0.2~0.3MPa，反应转化率 98%，主产物的收率约 80%。反应后，产物用水进行连续萃取，油相含苯和催化剂循环使用，水中产物直接进行液相加氢，然后用精馏法进行产品的分离精制。工艺流程如图 8-21。

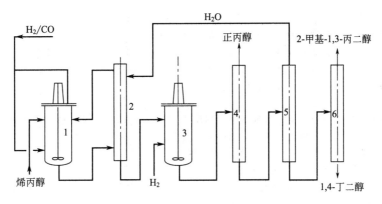

图 8-21　烯丙醇合成 1,4-丁二醇工艺流程示意图
1—羰基化反应器；2—萃取塔；3—加氢反应器；4，5，6—精馏塔

该工艺具有如下特点：投资低，即使千吨级规模亦有竞争性；副产物正丙醇和 2-甲基-1,3-丙二醇亦可作为产品；催化剂活性高，循环工艺简单；能耗较低，工业装置的经济性取决于原料烯丙醇的来源和价格。

8.5.4　羰基合成在精细化工中的应用

羰基合成在精细化工方面的应用很广。例如在香料方面，长链醛本身即可作香料，如十一醛、2-甲基十一醛、十九醛、羰基香茅醛等。醛还原为醇或氧化为酸，醇、酸再形成酯，可衍生出许多可作为香料的产品。例如：由丁烯合成的戊醛是制备二氢茉莉酮酸（酯）的原料。由双环戊二烯经羰基合成所得产品可作为定香剂及进一步合成香料的中间体。

另外，以天然的萜烯为原料羰基合成制备特殊结构的醛和醇，也是重要的香料或香料中间体。

$$(8-54)$$

291

在医药中间体方面，BASF 和 Hoffmann-La Roche 公司用改性铑催化剂进行特殊结构烯烃的羰基合成，其产物是制备维生素 A 的原料。

$$\text{（结构式）} \xrightarrow[\text{Rb 催化剂}]{\text{CO/H}_2} \text{（结构式 CHO, OAc）} \longrightarrow \text{维生素 A} \tag{8-55}$$

不对称羰基合成反应用来制备氨基酸及多种手性药物，也是很好的例证。

在天然产物合成方面，有用羰基合成方法制备类胡萝卜素中间体。

$$\text{（结构式）} \xrightarrow[\text{催化剂}]{\text{CO/H}_2} \text{（结构式 CHO）} \longrightarrow\longrightarrow \text{类胡萝卜素} \tag{8-56}$$

总之，羰基合成为人们提供了制备多种含氧化合物的渠道，提供了日益丰富的高附加值产品，因而备受广泛重视，并获得重要应用。

思 考 题

8-1 羰基合成反应有哪几类？其主要特点是什么？

8-2 羰基合成反应所使用的催化剂有哪几类？各有什么特点？

8-3 比较甲醇羰基合成醋酸低压法与高压法的工艺特点，阐述低压法的优缺点。

8-4 反应工艺条件改变对甲醇低压羰基合成醋酸反应速率控制步骤的影响。

8-5 采用羰基钴催化剂，为什么使用高压法？

8-6 影响烯烃氢甲酰化反应的因素。

8-7 根据丙烯氢甲酰化合成丁醛低压法与高压法的工艺特点，简述烯烃氢甲酰化低压法的优缺点。

8-8 简述羰基合成反应催化剂研究方面的最新进展。

8-9 了解羰基合成法生产 1,3-丙二醇的工艺特点。

8-10 可采用什么措施提高丁醛的正/异比？

8-11 简述配位催化反应的基本原理。

参 考 文 献

1 王锦惠，王蕴林，刘光宏，郭浩然. 羰基合成. 北京：化学工业出版社，1987

2 J. 法尔贝著. 一氧化碳化学. 王杰等译. 北京：化学工业出版社，1985

3 殷元骐主编. 羰基合成化学. 北京：化学工业出版社，1995

4 吴指南主编. 基本有机化工工艺学. 北京：化学工业出版社，1990

5 Pruchnik, F. P. Organometallic Chemistry of Transition Element. New York：Plenum Press，1990

6 Cornils, B.，Wiebus, E. CHEMTECH, 1995, **25**（1）：33

7 Sakai, N.，Mano, S.，Nazaki, K.，Takaya, H. J. Am. Chem. Soc. 1993，115：7033

8 袁友殊等. 高等学校化学学报. 1993，**14**（6）：863

9 魏文德，黄凤兴. 有机化工原料大全. 第二版. 中卷. 乙酸. 北京：化学工业出版社，1999

10 房鼎业，应卫勇，骆光亮. 甲醇系列产品及应用. 上海：华东理工大学出版社，1993

11 Yoneda, Noryki et al.（Chiyoda Chem Eng Construct Co.）. JP 08231463. 1996

12 王蕴林，郭浩然. 化工百科全书. 第15卷. 羰基合成. 北京：化学工业出版社，1997

13 Browstein, A. M. CHEMTECH. 1991, **21**（8）：506

14 Lin, J. J.，Kuifton, J. F. CHEMTECH. 1992, **22**（4）：248

第9章 氯化过程

9.1 概 述[1,2]

氯化过程的主要产物是氯代烃（chlorohydrocarbons），氯代烃是指烃的氯取代化合物，即脂肪烃、脂环烃和芳烃中的一个或多个，甚至全部氢原子被氯原子取代生成的化合物。由于氯原子的引入，改变了原来烃的性质。氯代烃的化学性质比较活泼，因此，在工业上有着广泛的用途。

氯代烃是科学发现和工业应用较早的化合物，重要的工业氯代脂肪烃包括氯乙烯、1,2-二氯乙烷、二氯乙烯、一氯甲烷、二氯甲烷、三氯甲烷、四氯化碳、1,1,1-三氯乙烷、三氯乙烯、四氯乙烯、氯化石蜡、氯乙烷、氯丙烯、氯丁二烯和氯乙醛、氯乙酸等。三氯甲烷是第一个成为商品的氯代脂肪烃，1831年由德国的 J. Von. Liebig 等首先通过强碱与三氯乙醛作用制得，1846年首次用作麻醉剂，1860年开始工业生产。氯乙烯是规模和产量最大的氯代烃，主要用作聚氯乙烯的单体。其它具有年产万吨以上生产能力的品种有四氯化碳、氯化石蜡、氯丙烯、三氯乙醛和氯乙酸。

氯代脂环烃和氯代芳烃主要有六氯环戊二烯、八氯环戊烯、氯代环己烷、氯苯、氯甲苯、氯二甲苯、氯化卞、氯化萘、氯化联苯等，其中最重要的是氯苯。在氯代苯类中，一氯苯约占50%。

氯代烃的主要应用领域有两个。一是用作溶剂，例如用作干洗剂、电子工业清洗剂、金属清洗剂、黏合剂及涂料的溶剂、萃取剂等，二氯甲烷、1,1,1-三氯乙烷、三氯乙烯和四氯乙烯、氯苯类等都是优良的溶剂。二是用作合成大量有机产品及精细化工产品的中间体和聚合物的单体，例如合成制冷剂、烟雾剂、农药、医药、染料、纺织助剂等的中间体、聚合物的单体。二氯乙烷绝大部分转化为氯乙烯，三氯甲烷和四氯化碳大量用作制造氟代烃的中间体，四氯乙烯是制造含氟化合物的原料，氯乙烷用于生产四乙基铅和乙基纤维素，氯丙烯用于生产环氧氯丙烷和甘油，氯丁烯用于生产氯丁橡胶，氯化石蜡可用作聚氯乙烯塑料的增塑剂和金属加工润滑剂等。氯代脂环烃及芳烃主要用来作为农药、染料和医药的中间体，其规模及产量远不及氯代脂肪烃。

9.2 氯代烃的主要生产方法[1~3,49~60]

氯代烃可用很多方法生产，反应可在气相或液相中进行，原料主要是相应的烃、醇、氯代烃等，氯化剂包括氯、氯化氢和许多有机及无机氯化物（如光气、五氯化磷）。一般使用热、光或催化剂促进反应，工业上使用的催化剂有铁、铜、溴、碘、锑、锡、砷、磷和硫的氯化物。

用于氯代烃生产过程的化学反应主要包括取代氯化、加成氯化、氢氯化、氯解、热裂解、脱氯化氢和氧氯化等，其中，取代氯化、加成氯化和氧氯化是主要方法。

9.2.1 取代氯化

以氯取代烃分子中的一个或几个氢原子生产氯代烃，是最重要的工业氯化过程。该过程可在气相或液相中进行。取代氯化反应是强放热反应，碳键结构和被取代氢原子的位置对反应热影响不大，部分烷烃和烯烃单氯取代的反应热见表9-1。

表 9-1　部分烷烃和烯烃单氯取代的反应热

取代前分子式	C—H 键能 /(kJ/mol)	Cl—Cl 键能 /(kJ/mol)	H—Cl 键能 /(kJ/mol)	C—Cl 键能 /(kJ/mol)	反应热 /(kJ/mol)
$CH_3—H$	439.3 ± 0.4	243	431	350.2 ± 1.7	-98.9 ± 2.1
$CH_3CH_2—H$	420.5 ± 1.3	243	431	352.3 ± 3.3	-119.8 ± 4.6
$CH_3(CH_2)_2—H$	422.2 ± 2.1	243	431	352.7 ± 4.2	-118.5 ± 6.3
$CH_3(CH_2)_3—H$	421.3	243	431	353.5 ± 4.2	-120.2 ± 4.2
$CH_3(CH_2)_4—H$	419.2	243	431	350.6 ± 6.3	-119.4 ± 6.3
$CH_3(CH_2)_5—H$	414.2	243	431	348.5	-122.3
$(CH_3)_2CH—H$	410.5 ± 2.9	243	431	354.0 ± 6.3	-131.5 ± 9.2
$(CH_3)(C_2H_5)CH—H$	411.1 ± 2.2	243	431	350.6 ± 6.3	-127.5 ± 8.5
$(CH_3)_3C—H$	400.4 ± 2.9	243	431	351.9 ± 6.3	-139.5 ± 9.2
$(CH_3CH_2)(CH_3)_2C—H$	400.8	243	431	352.7 ± 6.3	-139.9 ± 6.3
$CH_2=CH—H$	465.3 ± 3.3	243	431	396.5 ± 4.8	-119.2 ± 8.1
$CH_3CH=CH—H$	464.8	243	431	398.3	-121.5
$CH_2=CH—CH_2—H$	369 ± 3.0	243	431	298.3 ± 5.0	-117.3 ± 8.0
$CH_2=CH—(CH_2)_2—H$	410.5	243	431	342.7	-120.2

反应的关键是得到活泼的氯，可以通过热、光及自由基引发的方法。热氯化在气相进行，温度通常在 250℃ 以上。由于简单、经济，使用最广。光氯化反应常用波长为 $300\sim500nm$ 的紫外线作为光源。自由基引发可以采用偶氮化合物作为引发剂。光和自由基引发的取代氯化过程一般在液相进行，反应条件比热氯化温和，选择性好。

取代氯化反应按自由基机理进行，过程如下。

引发　　　　　　$Cl_2 \xrightarrow{\text{光、热、自由基}} 2Cl\cdot$

链增长　　　　　$RH+Cl\cdot \longrightarrow R\cdot + HCl$

　　　　　　　　$R\cdot + Cl_2 \longrightarrow RCl + Cl\cdot$

　　　　　　　　$RCl + Cl\cdot \longrightarrow R'CH\dot{C}l + HCl$　　　　　　　(9-1)

　　　　　　　　$R'CH\dot{C}l + Cl_2 \longrightarrow R'CH\dot{C}l_2 + Cl\cdot$

链中止　　　　　$R\cdot + Cl\cdot \longrightarrow RCl$

　　　　　　　　$Cl\cdot + Cl\cdot \longrightarrow Cl_2$

　　　　　　　　$R\cdot + R\cdot \longrightarrow R—R$

因此，取代氯化一般不可能生成单一的氯代烃，多氯代烃也同时生成。一氯代烃对多氯代烃的比例与反应原料中烃对氯的摩尔比有关，因此，工业上采用改变烃与氯的比例以及部分氯代烃循环的方法控制产物中一氯代烃和多氯代烃的含量。

取代氯化的典型例子是甲烷与氯的逐级取代氯化制取一氯甲烷、二氯甲烷、三氯甲烷和四氯化碳的反应，得到的产品是混合物。

$$CH_4 + Cl_2 \longrightarrow CH_3Cl + HCl$$
$$CH_3Cl + Cl_2 \longrightarrow CH_2Cl_2 + HCl$$
$$CH_2Cl_2 + Cl_2 \longrightarrow CHCl_3 + HCl$$ （9-2）
$$CHCl_3 + Cl_2 \longrightarrow CCl_4 + HCl$$

9.2.2　加成氯化

含有不饱和键的烃与氯进行加成氯化生成二氯化物，这类反应也是工业上制取氯代烃的重要方法之一。加成氯化也是放热反应，反应可在有催化剂或无催化剂条件下进行，$FeCl_3$、$ZnCl_2$、PCl_3 等常用作催化剂。有催化剂存在下烯烃的加成氯化可在气相或液相中进行。气相反应时，取代氯化和加成氯化同时发生，二者比例取决于操作条件，高温有利于取代氯化；增加原料中氯/烯烃的比例有利于加成氯化的进行。

典型的工业过程是乙烯与氯加成生成 1,2-二氯乙烷、乙炔与氯加成生成 1,2-二氯乙烯的反应。

$$CH_2=CH_2 + Cl_2 \longrightarrow CH_2Cl—CH_2Cl \tag{9-3}$$

$$CH\equiv CH + Cl_2 \longrightarrow CHCl=CHCl \tag{9-4}$$

研究表明，光、器壁和氧对加成氯化反应有强烈的抑制作用。

9.2.3 氢氯化反应

氢氯化是氯化氢与不饱和键发生的加成反应。这类反应按离子反应历程进行，反应一般分为两步，第一步首先形成中间产物碳阳离子及氯离子，然后氯离子再加到氢原子最少的碳阳离子上（马尔可夫-尼可夫规则），生成氯代烃。

$$RCH=CH_2 + HCl \longrightarrow RC^+H—CH_3 + Cl^- \tag{9-5}$$

$$RC^+H—CH_3 + Cl^- \longrightarrow RCHCl—CH_3 \tag{9-6}$$

重金属氯化物可作为氢氯化反应的催化剂，如 $HgCl_2$ 等。反应的选择性好，副产物少。烯烃的氢氯化反应是弱放热反应，反应热为 $4\sim21kJ/mol$。炔烃的氢氯化反应是较强的放热反应，乙炔和氯化氢反应生成氯乙烯的反应热约为 $101kJ/mol$。

典型的工业过程是乙烯与氯化氢加成生成氯乙烷，乙炔与氯化氢加成生成氯乙烯的反应。

$$CH_2=CH_2 + HCl \longrightarrow CH_2Cl—CH_3 \tag{9-7}$$

$$CH\equiv CH + HCl \longrightarrow CH_2=CHCl \tag{9-8}$$

醇分子中的羟基被氯化氢分子中的氯取代的反应亦常称作氢氯化反应，如从甲醇生产氯甲烷和从乙醇生产氯乙烷的反应。

$$CH_3OH + HCl \longrightarrow CH_3Cl + H_2O \tag{9-9}$$

$$C_2H_5OH + HCl \longrightarrow C_2H_5Cl + H_2O \tag{9-10}$$

通常以 $FeCl_3$、$ZnCl_2$、$CuCl_2$ 等金属氯化物为催化剂，该反应亦有良好的选择性。

9.2.4 脱氯化氢反应

从饱和氯代烃中除去氯化氢是生产氯代烯烃的一种方法。典型的工业过程是从二氯乙烷生产氯乙烯和从四氯乙烷生产三氯乙烯。

$$CH_2ClCH_2Cl \longrightarrow CH_2=CHCl + HCl \tag{9-11}$$

$$CHCl_2CHCl_2 \longrightarrow CHCl=CCl_2 + HCl \tag{9-12}$$

脱氯化氢反应是吸热反应，热力学计算表明：温度在 250℃ 以上对反应有利。加热、金属氯化物和无机碱等能促进反应；氯和氧对反应有促进作用；烯烃和醇则抑制反应。

9.2.5 氧氯化反应

以氯化氢为氯化剂，在氧存在下进行的氯化反应称为氧氯化反应。工业上首先应用于苯酚的生产。由于氯化过程中生成大量氯化氢副产物，价格比氯低得多，其利用对氯代烃生产的经济性有显著的影响，这促进了氧氯化工艺的开发和应用。

烃的氧氯化反应有加成氧氯化和取代氧氯化两种类型。烯烃的氧氯化为加成氧氯化，除苯氧氯化制氯苯的反应外，甲烷、乙烷等烷烃的氧氯化都为取代氧氯化。烷烃的取代氧氯化比烯烃的加成氧氯化困难，发展较迟。

典型的工业过程是乙烯氧氯化制二氯乙烷，后者大量用于氯乙烯生产。其他的氧氯化工艺还有丙烯氧氯化制 1,2-二氯丙烷、甲烷氧氯化生产甲烷氯化物、丙烷氧氯化等。

9.2.6 氯解反应

氯解反应即全氯化过程。以烃或氯代烃为原料，在高温（600～900℃）非催化及氯过量的条件下，碳-碳键断裂得到链较短的全氯代烃，该反应主要用于四氯化碳和四氯乙烯的生产。

$$C_3H_8 + 8Cl_2 \longrightarrow CCl_4 + C_2Cl_4 + 8HCl \tag{9-13}$$

$$C_3H_6 + 7Cl_2 \longrightarrow CCl_4 + C_2Cl_4 + 6HCl \tag{9-14}$$

高温下，四氯化碳和四氯乙烯间存在平衡，见式（9-15），因此可通过二者之一循环回反应器而调节产品的比例。

$$2CCl_4 \Longrightarrow C_2Cl_4 + 2Cl_2 \tag{9-15}$$

上述 6 种制备氯代烃的反应中，氧氯化反应最为重要，本章将作重点讨论。

9.3　氯　乙　烯[1~10]

9.3.1　氯乙烯的性质和用途

常温常压下，氯乙烯（vinyl chloride，$CH_2{=}CHCl$）是无色气体，具有微甜气味，微溶于水，溶于烃类、醇、醚、氯化溶剂和丙酮等有机溶剂中。氯乙烯的物理性质见表 9-2。

表 9-2　氯乙烯的物理性质

性　　　　质	数　据	性　　　　质	数　据
相对分子质量	62.5	密度/(g/cm³)	
沸点(101.325kPa)/K	259.25	−30.0℃	0.999
熔点/K	119.36	−20.0℃	0.983
比热容/[kJ/(kg·K)]		1.3℃	0.944
20℃气体	0.85	25.0℃	0.901
20℃液体	1.35	48.2℃	0.856
c_p/c_V	1.183	100.0℃	0.746
临界温度/K	432	蒸气压/kPa	
临界压力/MPa	5.67	−30℃	50.7
临界体积/(cm³/mol)	179	−20℃	78
偶极距/C·m	4.84×10^{-30}	−10℃	115
熔化潜热/(kJ/kg)	75.9	0℃	164
蒸发潜热/(kJ/kg)	321.8	10℃	243
标准生成热/(kJ/mol)	28.45	20℃	333
标准生成自由能/(kJ/mol)	41.95	30℃	451
聚合热/(kJ/mol)	71.18	40℃	600
介电常数(17.2℃)	6.26	50℃	756
闪点/℃		黏度/mPa·s	
开杯	−77.8	−40℃	0.345
闭杯	−61.1	−30℃	0.305
在水中的溶解度(质量分数)/%		−20℃	0.272
0℃	0.81	−10℃	0.244
10℃	0.57	20℃	0.19
20℃	0.29	自燃温度/℃	472
水在氯乙烯中的溶解度(25℃)(质量)/%	0.11		

氯乙烯是易燃易爆物质，与空气混合能形成爆炸性混合物，高温或遇明火能引起燃烧爆炸。在氯乙烯和空气的混合物中加入氮气或二氧化碳可使爆炸范围变窄，减少爆炸危险。氯乙烯的爆炸范围见表 9-3。

表 9-3　氯乙烯的爆炸极限

气　　氛	空　　气	氮　　气		二氧化碳	
		20%	40%	20%	30%
爆炸极限(体积分数)/%	4~22	4.2~17.1	4.8~8.2	4.5~11.8	5.0~8.2

由于光和热可引发氯乙烯单体聚合，故储存时应避免日晒，常温下长时间储存应加入阻聚剂（如对苯二酚）防止其自聚，一般以液体状态储存和运输。

氯乙烯在工业上的主要应用是生产聚氯乙烯树脂，故常称其为氯乙烯单体（vinyl chloride monomer，VCM）。所谓聚氯乙烯树脂是一类由氯乙烯单体衍生的均聚物和共聚物，其中氯乙烯占树脂组分质量的50%，因此VCM的产品质量和成本直接影响到聚氯乙烯树脂的质量和成本。目前用于制造聚氯乙烯树脂的氯乙烯约占其产量的96%，VCM的需求量和产量在很大程度上取决于聚氯乙烯树脂的需求量。聚氯乙烯为五大合成树脂之一，由于其价廉易得、应用广泛，因此需求量和产量逐年上升，表9-4列出了近年来国内聚氯乙烯的生产能力、产量和供需情况。

少量氯乙烯用于制备氯化溶剂，主要是1,1,1-三氯乙烷和1,1,2-三氯乙烷。

表 9-4　国内聚氯乙烯的生产能力和产量

年份	生产能力/万吨	产量/万吨	进口量/万吨	年份	生产能力/万吨	产量/万吨	进口量/万吨
2002	197	339	225	2005	867	620	160
2003	608.7	400.6	225	2010	1215(预计)	—	—
2004	620	480					

注：未包括台湾省。

9.3.2　氯乙烯的生产方法

氯乙烯是1835年由法国人V. Regnault首先在实验室中制成，他用氢氧化钾的乙醇溶液处理二氯乙烷得到了氯乙烯。1902年，Biltz将二氯乙烷进行热分解也制得氯乙烯。1911年，Kiatte和Rollett利用乙炔和氯化氢催化加成反应合成了氯乙烯。1913年，Griesheim-Elektron用氯化汞作催化剂，使氯乙烯合成技术进一步发展。1931年，德国首先实现了氯乙烯的工业生产，原料是乙炔和氯化氢，催化剂是氯化汞。

20世纪50年代以前，氯乙烯主要采用电石乙炔和氯化氢制造，即电石乙炔法。以后由于电力和焦炭提价，电石价格大幅度提高，严重影响到氯乙烯的生产。之后出现了原料的部分转换，产生了联合法和烯炔法。石油化工的迅速发展给氯乙烯工业带来了重大影响。1955~1958年，道化学公司首先将以电石乙炔为原料的路线转变为以乙烯为原料的工艺路线，建成一套氧氯化法生产氯乙烯的工业装置。氧氯化法的成功，不仅使制造氯乙烯的原料从乙炔完全转变为乙烯，而且为平衡氧氯化法制造氯乙烯打下了基础。下面简单介绍氯乙烯的各种生产方法。

9.3.2.1　乙炔法

$$CH{\equiv}CH + HCl \xrightarrow{\text{HgCl}_2} CH_2{=}CHCl + 124.8kJ/mol \qquad (9\text{-}16)$$

乙炔和氯化氢的反应在气相或液相中均可进行，但气相法是主要的工业方法。

虽然该反应在25~250℃范围内的平衡常数均较高，但高温易使氯化汞升华而导致催化剂流失。此外，在较高温度下，反应物中高沸物和二氯乙烯类物质明显增加。因此，尽可能使合成反应温度控制在100~180℃范围。

工业上乙炔主要是采用电石和水反应的方法生产，此外还可采用烃类高温热裂解或部分氧化法生产。因此，根据乙炔的来源分为电石乙炔法和石油（或天然气）乙炔法。

电石乙炔法的工艺流程见图9-1。

电石乙炔法是最早工业化的氯乙烯生产方法，它具有设备、工艺简单，投资低，可以小规模经营的特点。但存在耗电量大和汞污染问题。

石油乙炔法是将石油或天然气进行高温裂解得到含乙炔的裂解气，提纯裂解气得到高浓度的乙炔，与氯化氢反应合成氯乙烯，该方法已经工业化。与电石乙炔法相比，原料来

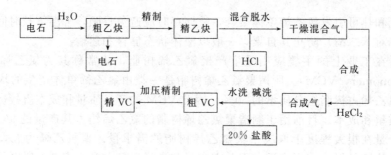

图 9-1　电石乙炔法工艺流程示意图

源容易，有利于生产大型化，缺点是基建投资费用较高。

9.3.2.2　联合法和烯炔法

用乙烯和氯气为原料合成氯乙烯，要经过两步反应。第一步是乙烯与氯气加成生成 1,2-二氯乙烷（EDC）；第二步是 EDC 裂解脱氯化氢生成氯乙烯。

$$CH_2\!\!=\!\!CH_2 + Cl_2 \xrightarrow{FeCl_3} CH_2Cl\!-\!CH_2Cl \tag{9-17}$$

$$CH_2Cl\!-\!CH_2Cl \xrightarrow{480\sim530℃} CH_2\!\!=\!\!CHCl + HCl \tag{9-18}$$

将式（9-17）和式（9-18）两式相加得物料平衡式（9-19）：

$$CH_2\!\!=\!\!CH_2 + Cl_2 \longrightarrow CH_2\!\!=\!\!CHCl + HCl \tag{9-19}$$

这表明采用上述方法生产氯乙烯，仅有一半氯气用于生成氯乙烯，另一半变成了氯化氢。虽然氯化氢有许多用途，但需求量小，消耗不了大规模氯乙烯生产所产生的氯化氢，如果排放，不仅浪费大量的氯资源，而且污染环境。因此如何利用副产物氯化氢，是氯化工业必须解决的技术经济问题。

解决副产氯化氢问题的方法有三种，即平衡氧氯化法、氯化氢转化法和联合法。

联合法是将氯化氢用于与乙炔反应，将式（9-16）与式（9-19）相加，即得联合法的物料平衡式（9-20）。

$$CH_2\!\!=\!\!CH_2 + CH\!\!\equiv\!\!CH + Cl_2 \longrightarrow 2CH_2\!\!=\!\!CHCl \tag{9-20}$$

联合法的工艺流程示意图见图 9-2。

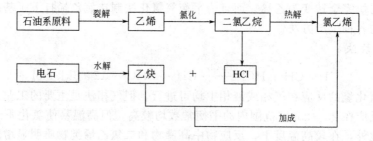

图 9-2　联合法流程示意图

此法优点是利用已有的电石资源和乙炔生产装置，迅速提高氯乙烯的生产能力，因此，在电石原料向石油系原料变换的初期，曾有不少工厂采用。但是，这种方法不能完全摆脱电石原料，因此只是一种暂时的方法。

烯炔法是由石脑油得到乙烯和乙炔裂解气，不经分离直接氯化生产氯乙烯，是对联合法的改进。这种方法摆脱了电石原料，省去了分离乙炔和乙烯的费用，但技术复杂，投资较大，成本较高。

9.3.2.3 平衡氧氯化法

在氯乙烯生产中利用氯化氢的第二种方法是将氯化氢用于与乙烯的氧氯化反应。

由乙烯氧氯化合成二氯乙烷的反应，虽早在 1922 年就已提出，但利用此反应制备氯乙烯的技术，是在 20 世纪 50 年代才开始实验室研究工作，至 60 年代初开始工业化，并逐步取代联合法。乙烯氧氯化反应的成功开发，解决了氯化氢的利用问题，使以乙烯和氯气为原料生产氯乙烯的方法显出极大的优越性。

乙烯氧氯化生产氯乙烯包括两个化学反应，第一个反应是乙烯在铜催化剂存在下与氯化氢进行氧氯化反应生成 EDC，见式 (9-21)，第二个反应是 EDC 裂解脱氯化氢生成氯乙烯，见式 (9-18)。

由乙烯氧氯化法的两个化学计量式可知，每生产 1mol 二氯乙烷需消耗 2mol 氯化氢，而 1mol 二氯乙烷裂解只产生 1mol 氯化氢，氯化氢的需要量和产生量不平衡，伴有净的氯化氢消耗。若将氧氯化法与乙烯直接氯化过程结合在一起，两个过程所生成的二氯乙烷一并进行裂解得到氯乙烯，则可平衡氯化氢，这种方法称为**平衡氧氯化法**。该法由乙烯、氯气和氧气生产氯乙烯，整个工艺过程既不产生氯化氢，也不消耗氯化氢。平衡氧氯化法包括三个反应：第一个反应是乙烯与氯气进行氯化反应生成 EDC，见式 (9-17)；第二个反应是乙烯与氯化氢和氧进行氧氯化反应生成 EDC，见式 (9-21)；第三个反应是 EDC 裂解脱氯化氢生成氯乙烯，见式 (9-18)，该方法的物料平衡式可见式 (9-22)。

$$CH_2\!=\!CH_2 + 2HCl + \frac{1}{2}O_2 \xrightarrow{220\sim240℃} CH_2Cl\!-\!CH_2Cl + H_2O \tag{9-21}$$

$$2CH_2\!=\!CH_2 + Cl_2 + \frac{1}{2}O_2 \longrightarrow 2CH_2\!=\!CHCl + H_2O \tag{9-22}$$

平衡氧氯化法的工艺流程见图 9-3。该方法是目前世界公认的技术经济较合理的方法，全世界 93% 以上的氯乙烯是采用平衡氧氯化法生产，9.4 节将对这种方法做更为详细的介绍。

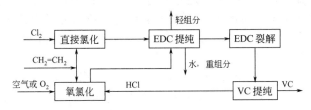

图 9-3　平衡氧氯化法流程示意图

我国由于乙烯资源匮乏，煤炭资源相对丰富，电石原料易得，为电石乙炔法的发展创造了较大的利润空间，因此氯乙烯的生产以电石乙炔法为主，氯乙烯原料路线相对比较落后。20 世纪 70 年代中期，北京化工二厂从德国伍德公司（Uhde）引进年产 8 万吨 VCM 装置，率先在国内采用乙烯氧氯化法生产氯乙烯。目前采用氧氯化法的有上海氯碱化工股份有限公司、山东齐鲁石化化工股份有限公司、北京化工二厂股份有限公司、天津大沽化工有限责任公司和锦州石油化工化工（集团）有限责任公司共 5 家企业。到 2003 年，采用乙烯路线的氯乙烯占国内总生产能力的 28.7%，电石乙炔法占总生产能力的 71.3%，从产量上看，电石乙炔法占 77.7%，乙烯路线占 22.3%。

9.4　平衡氧氯化生产氯乙烯[1~6,10~15,17~22]

平衡氧氯化法自工业化以来，已有几十年的历史，各国的专利技术及生产企业较多，在催化剂、工艺流程及主要设备、能量综合利用和三废治理等方面都有各自不同的特点，且还在不断地进行新技术的开发。本节介绍平衡氧氯化法中所涉及化学反应的基本原理。

平衡氧氯化生成氯乙烯所涉及的化学反应包括乙烯直接氯化、乙烯与氯化氢的氧氯化和1,2-二氯乙烷的裂解反应。

9.4.1 乙烯直接氯化

9.4.1.1 反应机理

乙烯直接氯化合成二氯乙烷在平衡氧氯化生产氯乙烯工艺中是一个较简单的反应单元。该反应可在常温、无催化剂条件下进行，但同时生成多种氯化副产物。如在 $0 \sim 40℃$ 范围内，一般有 $10\% \sim 20\%$ 的多氯产物。这是因为除加成反应外，还存在各种取代反应。乙烯直接氯化反应体系的主、副反应如下。

主反应

$$CH_2=CH_2 + Cl_2 \longrightarrow CH_2Cl—CH_2Cl + 201 \quad kJ/mol$$

副反应

$$CH_2=CH_2 + Cl_2 \longrightarrow CH_2=CHCl + HCl$$
$$CH_2Cl—CH_2Cl + Cl_2 \longrightarrow CH_2Cl—CH_2Cl_2 + HCl$$
$$CH_2=CH_2 + HCl \longrightarrow CH_3—CH_2Cl$$
$$CH_2=CHCl + Cl_2 \longrightarrow CH_2=CCl_2 + HCl$$
$$CH_2Cl—CH_2Cl_2 + Cl_2 \longrightarrow CHCl_2—CHCl_2 + HCl$$
$$\cdots\cdots$$

因此，除目的产物 EDC 外，产物中一般都含有氯乙烷、三氯乙烷、氯乙烯、四氯乙烯、四氯乙烷等等，只是随反应条件不同，这些副产物的含量多少不同而已。副产物不但使 EDC 的收率降低，还会影响氯乙烯的质量和氯乙烯的聚合过程。因此，应促进加成反应，抑制取代反应。

一般认为：乙烯和 Cl_2 的加成机理是亲电加成。在极性溶剂或催化剂等作用下，氯分子发生极化或解离成氯正负离子，氯正离子首先与乙烯分子中的 π 键结合，经过活化配位化合物再与氯负离子结合成二氯乙烷。以 $FeCl_3$ 催化剂为例，亲电加成反应过程如下。

$$FeCl_3 + Cl_2 \rightleftharpoons FeCl_4^- + Cl^+$$

$$Cl^+ + CH_2=CH_2 \rightleftharpoons \underset{\underset{Cl^+}{|}}{H_2C—CH_2}$$

$$\underset{\underset{Cl^+}{\diagdown\diagup}}{H_2C—CH_2} + FeCl_4^- \rightleftharpoons \underset{\underset{Cl}{|} \quad \underset{Cl}{|}}{CH_2—CH_2} + FeCl_3$$

对于乙烯，取代反应的机理是游离基取代机理。氯分子在光、热或过氧化物的作用下首先解离为两个氯原子游离基，然后 Cl· 从乙烯中置换出一个氢游离基 H·，后者再与 Cl_2 作用又生成 Cl·，形成链锁反应。

$$Cl_2 \xrightarrow{\text{光、热或过氧化物}} 2Cl\cdot$$
$$CH_2=CH_2 + Cl\cdot \longrightarrow CH_2=CHCl + H\cdot$$
$$H\cdot + Cl_2 \longrightarrow HCl + Cl\cdot$$

和乙烯类似，VC、EDC 等分子中的 H 也可以被 Cl· 取代，形成前述各种产物。可见，Cl· 是产生多氯化副产物的根源。因此，凡能阻止 Cl· 的产生，利于形成 Cl^+ 的各种因素一般都能减少副产物。

9.4.1.2 直接氯化反应的影响因素

（1）溶剂　因为在液相条件下 Cl^+ 易生成，所以在减少多氯化物方面，液相反应比气

300

相反应有利，而且，乙烯氯化反应是强放热反应，液相反应有利散热，优于气相反应。

在极性溶剂中，氯分子易发生极化，因此应选择极性溶剂，一般以产物 EDC 本身作溶剂。因为 1,2-二氯乙烷介电常数较大（10.65），可使氯原子间作用力减弱，有利于氯分子离解，促进亲电加成反应。而且，1,2-二氯乙烷具有极性，对中间活性配位化合物的溶剂化作用强，对加成反应也有利。

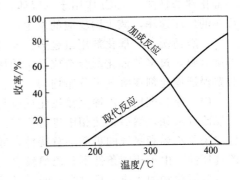

图 9-4　乙烯氯化产物的组成
与反应温度的关系

（2）温度　无论在气相还是在液相，温度越高，越有利于取代反应，多氯化物越多。这是因为温度越高，越有利于 Cl · 生成，同时使 EDC 和乙烯的取代反应活性趋同。对乙烯而言，反应温度低于 250℃，主要进行加成反应；反应温度为 250～350℃，取代反应剧烈；反应温度高于 400℃，主要发生取代反应。图 9-4 为乙烯氯化产物的组成与反应温度的关系，其他几种烯烃由加成氯化过渡到取代氯化的温度范围见表 9-5。

表 9-5　烯烃由加成氯化转入取代氯化的温度范围

烯　　烃	过渡温度范围/℃	烯　　烃	过渡温度范围/℃
乙烯	250～350	2-戊烯	125～200
丙烯	200～350	异丁烯及叔丁烯	−40 以下
2-丁烯	150～225		

需要强调的是，由于乙烯氯化为强放热反应，不仅要注意总平均温度，还要注意反应器内的温度分布和波动情况，防止局部过热，或瞬时过热，否则，也会增加多氯化物的量。

（3）催化剂　根据前面的分析，在液相条件下，为了加强加成反应的优势，一方面应抑制氯自由基的形成，另一方面可以使用能使氯分子解离为氯正离子的催化剂，常见的有 Al、Fe、P、Sb、S 的氯化物和 I_2 等，这些物质可以与 Cl_2 发生如下反应。

$$FeCl_3 + Cl_2 \rightleftharpoons FeCl_4^- + Cl^+$$

$$AlCl_3 + Cl_2 \rightleftharpoons AlCl_4^- + Cl^+$$

$$SbCl_3 + Cl_2 \rightleftharpoons SbCl_4^- + Cl^+$$

$$PCl_3 + Cl_2 \rightleftharpoons PCl_4^- + Cl^+$$

$$S_2Cl_2 + Cl_2 \rightleftharpoons 2SCl_2 \rightleftharpoons S_2Cl_3^- + Cl^+$$

$$I_2 + Cl_2 \rightleftharpoons 2ClI \rightleftharpoons 2I^- + 2Cl^+$$

非催化气相反应一般以自由基 Cl · 加成反应机理进行，Cl · 的产生靠热能，需较高温度，因而使反应产物复杂化。

例如乙烯和 Cl_2 摩尔比为 1.1：1 的混合物以 EDC 为溶剂在 40℃氯化，无催化剂时得到 85.6%EDC 和 7.7%多氯化物；加入 0.05%～0.25%$FeCl_3$（无水）则得 97.25%EDC 和 1.75%多氯化物。因此，虽然直接氯化反应可在无催化剂条件下进行，但为了促进加成反应，抑制多氯化物，采用催化剂为好，目前工业上均采用 $FeCl_3$ 催化剂。

由于二氯乙烷的作用，反应过程中氯化铁在溶剂中形成二聚体，该二聚体在铁的中心占有自由配位，使氯在催化剂上的吸附较困难，反应速率降低。添加 NaCl 助催化剂能改善催化剂的性能。NaCl 作用于二聚体，使其破裂后形成四氯化铁负离子配位体，增加主反应的反应速率，减少副反应的发生。

一般情况下，催化剂用量越多，反应速率和选择性越高。但催化剂在二氯乙烷中的溶解度有限，过多的催化剂会造成设备的堵塞。因此，保持合适的催化剂用量是必要的；同时要保证催化剂在溶剂中分布均匀。

(4) 原料配比　乙烯直接氯化反应是气液反应，反应物乙烯和氯气需由气相扩散进入二氯乙烷液相，然后在液相中进行反应。乙烯直接氯化是快速反应，因此反应速率和选择性取决于乙烯和氯气的扩散溶解特性，液相中乙烯浓度大于氯气的浓度，有利于提高反应的选择性。由于相同条件下，乙烯较氯气难溶于二氯乙烷，因此乙烯稍过量为好，有助于减少多氯化物的生成，且过量乙烯较易处理。若 Cl_2 过量，取代反应概率增加，多氯化物增多。并且，Cl_2 过量还会造成后续净化工序的设备腐蚀。一般为抑制取代反应，减少多氯化物，乙烯过量 5%～25%。

(5) 杂质　在高温氯化反应中，氧气可能与乙烯中的氢原子反应生成水，而水与三氯化铁反应产生盐酸而使催化剂浓度发生变化，并对设备造成腐蚀；硫酸根和催化组分中的阳离子反应，影响催化剂的用量和反应的选择性。因此，应严格控制原料气中氧气、水分和硫酸根的含量，要求氧气和水含量小于 5×10^{-5}、硫酸根含量小于 2×10^{-6}。

9.4.1.3　乙烯氯化反应动力学

对乙烯直接氯化生产 EDC 的动力学规律研究较多，多数学者都认为，直接氯化主要有两个反应，即：

$$CH_2\!=\!CH_2 + Cl_2 \longrightarrow C_2H_4Cl_2$$

$$CH_2\!=\!CH_2 + 2Cl_2 \longrightarrow C_2H_3Cl_3 + HCl$$

Szépvölgyi 和同事、Orejas 研究了以 $FeCl_3$ 为催化剂的乙烯氯化动力学，分别在 1978 年和 2001 年发表其研究结果，1,2-二氯乙烷和 1,1,2-三氯乙烷的生成速率如下。

$$\frac{dc_D}{dt} = 3.104\times10^{17}\exp\left(-\frac{11659}{RT}\right)c_Ec_C$$

$$\frac{dc_T}{dt} = 1.746\times10^{17}\exp\left(-\frac{12145}{RT}\right)c_Ec_C^2$$

和

$$\frac{dc_D}{dt} = 1.149\times10^{4}\exp\left(-\frac{2157}{RT}\right)c_Ec_C$$

$$\frac{dc_T}{dt} = 8.517\times10^{9}\exp\left(-\frac{7282}{RT}\right)c_Ec_C^2$$

之后，Szépvölgyi 研究了无催化剂条件下乙烯氯化反应动力学，结果表明无催化剂条件下，1,2-二氯乙烷和 1,1,2-三氯乙烷的生成速率分别为：

$$\frac{dc_D}{dt} = 7.28\times10^{11}\exp\left(-\frac{81400}{RT}\right)c_Ec_C$$

$$\frac{dc_T}{dt} = 9.18\times10^{14}\exp\left(-\frac{109100}{RT}\right)c_Ec_C^2$$

上述各式中，c_C、c_D、c_E、c_T 分别为氯气、1,2-二氯乙烷、乙烯和 1,1,2-三氯乙烷的浓度，mol/m^3；R 为气体常数，J/mol。

上述动力学方程表明，催化剂可降低反应的活化能，而且对主反应的活化能降低幅度更大，因此催化剂不仅加快反应速率，也有利于反应选择性提高；主反应对 Cl_2 浓度为一级反应，副反应对 Cl_2 浓度为二级反应，因此提高乙烯对 Cl_2 的配比有利于抑制副反应。

9.4.2 乙烯氧氯化反应

9.4.2.1 热力学分析

乙烯氧氯化体系中的主反应是生成1,2-二氯乙烷。除生成 EDC 的主反应外，还有许多可能的副反应。主要反应如下。

主反应 $\quad CH_2{=}CH_2 + 2HCl + \frac{1}{2}O_2 \longrightarrow CH_2Cl{-}CH_2Cl + H_2O$ $\qquad$ (9-21)

副反应 $\qquad CH_2{=}CH_2 + 2O_2 \longrightarrow 2CO + 2H_2O$ $\qquad$ (9-23)

$\qquad CH_2{=}CH_2 + 3O_2 \longrightarrow 2CO_2 + 2H_2O$ $\qquad$ (9-24)

$C_2H_4Cl_2 + HCl + \frac{1}{2}O_2 \longrightarrow C_2H_3Cl_3 + H_2O$ $\qquad$ (9-25)

$CH_2{=}CH_2 + HCl + \frac{1}{2}O_2 \longrightarrow CH_2{=}CHCl + H_2O$ $\qquad$ (9-26)

$C_2H_4Cl_2 \longrightarrow CH_2{=}CHCl + HCl$

$CH_2{=}CHCl + 2HCl + \frac{1}{2}O_2 \longrightarrow C_2H_3Cl_3 + H_2O$

$$\vdots$$

反应式（9-21）、式（9-23）～式（9-26）的平衡常数值列于表9-6。可见，主、副反应的平衡常数值都很大，在热力学上都是有利的，要使反应向生成1,2-二氯乙烷的方向进行，必须使主反应在动力学上占绝对优势，关键在于使用合适的催化剂和控制合适的反应条件。

表9-6 乙烯氧氯化主、副反应的平衡常数值

反应式	反应温度/℃	反应压力/MPa	平衡常数	反应式	反应温度/℃	反应压力/MPa	平衡常数
9-21	200～250	0.3～0.4	$2\times10^{16}{\sim}5\times10^{13}$	9-25	200～250	0.3～0.4	$1\times10^{19}{\sim}8\times10^{16}$
9-23	200～250	0.3～0.4	$1\times10^{91}{\sim}1\times10^{83}$	9-26	200～250	0.3～0.4	$2\times10^{15}{\sim}3\times10^{13}$
9-24	200～250	0.3～0.4	$3\times10^{144}{\sim}4\times10^{130}$				

9.4.2.2 反应机理和动力学

目前对乙烯氧氯化的反应机理主要有两种不同看法。一种认为是氧化-还原机理；另一种认为是环氧乙烷机理。

（1）氧化-还原机理 该机理的反应过程包括下列三步反应。

第一步 吸附的乙烯与催化剂氯化铜作用生成1,2-二氯乙烷，氯化铜被还原为氯化亚铜。

$$CH_2{=}CH_2 + 2CuCl_2 \longrightarrow \underset{\substack{|\\Cl}}{CH_2}{-}\underset{\substack{|\\Cl}}{CH_2} + Cu_2Cl_2$$

第二步 氯化亚铜被氧气氧化成二价铜，并形成含有氧化铜的配位化合物。

$$Cu_2Cl_2 + \frac{1}{2}O_2 \longrightarrow CuO\cdot CuCl_2$$

第三步 氧化铜的配位化合物与氯化氢作用，生成氯化铜和水。

$$CuO\cdot CuCl_2 + 2HCl \longrightarrow 2CuCl_2 + H_2O$$

提出这一机理的主要依据是：

① 乙烯单独通过氯化铜催化剂时有 EDC 生成，同时氯化铜被还原为氯化亚铜；

② 将空气或氧气通过被还原的氯化亚铜时，氯化亚铜可全部转变为氯化铜；

③ 乙烯的浓度对氧氯化反应速率的影响最大。

（2）环氧乙烷机理 该机理认为乙烯的氧氯化反应经过中间物环氧乙烷，包括以下三

303

个步骤。

第一步　反应物的吸附

乙烯在催化剂活性位 s_1 上吸附：

$$C_2H_4 + s_1 \rightleftharpoons C_2H_4 \cdot s_1$$

氧气在催化剂活性位 σ_1 上解离吸附：

$$O_2 + 2s_1 \rightleftharpoons 2O \cdot s_1$$

氯化氢在催化剂活性位 s_2 上吸附：

$$HCl + s_2 \rightleftharpoons HCl \cdot s_2$$

第二步　表面化学反应

吸附的乙烯与吸附的氧反应生成吸附的环氧乙烷中间物：

$$C_2H_4 \cdot s_1 + O \cdot s_2 \rightleftharpoons \underset{\underset{O}{\diagdown\diagup}}{CH_3\text{—}CH_2} \cdot s_1 + s_1$$

吸附的环氧乙烷中间物和吸附的氯化氢反应生成吸附的产物：

$$\underset{\underset{O}{\diagdown\diagup}}{CH_2\text{—}CH_2} \cdot s_1 + 2HCl \cdot s_2 \rightleftharpoons \underset{\underset{Cl}{|}\ \underset{Cl}{|}}{CH_2\text{—}CH_2} \cdot s_1 + H_2O \cdot s_2 + s_2$$

第三步　产物的脱附

$$\underset{\underset{Cl}{|}\ \underset{Cl}{|}}{CH_2\text{—}CH_2} \cdot s_1 \rightleftharpoons \underset{\underset{Cl}{|}\ \underset{Cl}{|}}{CH_2\text{—}CH_2} + s_1$$

$$H_2O \cdot s_2 \rightleftharpoons H_2O + s_2$$

其中控制步骤是吸附态乙烯和吸附态氧间的化学反应，即通常所说的表面反应控制。提出此机理的主要依据是，氧氯化反应速率随乙烯和氧的分压增大而增大，与氯化氢的分压无关。

对乙烯氧氯化反应的动力学国内外研究很多，但所得到的动力学方程的形式各不相同，原因是动力学方程与催化剂的制备方法、催化剂中活性组分的含量、反应条件等多个因素有关。这里介绍其中的几个。

$$r = 2.63 \times 10^6 \exp\left(-\frac{8410}{T}\right) p_e^{0.66} p_o^{0.27} \tag{9-27}$$

$$r = 1.21 \times 10^5 \exp\left(-\frac{6190}{T}\right) p_e^{1.61} \tag{9-28}$$

$$r = 1.21 \times 10^9 \exp\left(-\frac{94671}{RT}\right) p_e^{1.61} p_o^{0.25} \tag{9-29}$$

$$r = \frac{169.5 \exp(-37.8/RT) c_e c_C}{1 + 0.63 c_e} \tag{9-30}$$

式中 c_C 为催化剂中的氯化铜的含量；p_e、p_o、c_e、c_o 分别为乙烯和氧气的分压或浓度。各式的最高温度均低于 250℃。

上述四个动力学方程的共同规律：乙烯氧氯化反应速率随乙烯浓度增加而增加，与氯化氢的浓度无关。

9.4.2.3　催化剂

常用的氧氯化催化剂是金属氯化物，其中氯化铜活性最高，选择性最好。工业上普遍采用的载体是 $\gamma\text{-}Al_2O_3$，因为用它作载体的 $CuCl_2$ 型催化剂比用 SiO_2、硅藻土等载体时活性温度降低，而且对于流化床反应器，Al_2O_3 载体的流化性能好，耐磨性好，可减少催化剂粉化流失。

根据氯化铜催化剂的组成，乙烯氧氯化催化剂分为以下三种类型。

（1）单组分催化剂　也称为单铜催化剂，其活性组分为氯化铜，载体为 $\gamma\text{-Al}_2\text{O}_3$，其活性与氯化铜的含量有直接关系，如图 9-5 所示。

由图可见，活性组分铜含量增加，催化剂的活性明显提高，但副产物 CO_2 的收率也缓慢增加，表明催化剂的选择性逐渐降低。在铜含量为 $5\%\sim6\%$（质量）时，氯化氢的转化率接近 100%，催化剂的活性达到最高值。继续增加铜含量，催化剂的活性维持恒定。因此工业用 $CuCl_2/\gamma\text{-Al}_2\text{O}_3$ 的铜含量控制在 5% 左右。

除活性组分含量外，载体的结构，如焙烧温度、堆密度和孔容，以及催化剂的粒度都对 $CuCl_2/\gamma\text{-Al}_2\text{O}_3$ 催化剂的活性和选择性有较大影响。

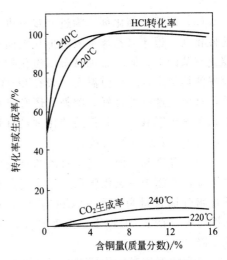

图 9-5　铜含量对催化性能的影响

$CuCl_2/\gamma\text{-Al}_2\text{O}_3$ 催化剂的缺点是：在反应条件下，活性组分氯化铜易升华流失，导致催化剂活性下降。反应温度愈高，氯化铜的升华愈快，催化剂活性下降愈迅速。

（2）双组分催化剂　为了改善单组分催化剂的热稳定性和使用寿命，在 $CuCl_2/\gamma\text{-Al}_2\text{O}_3$ 催化剂基础上添加第二组分。常用的为碱金属或碱土金属氧化物，主要是氯化钾。见图 9-6，对添加氯化钾的催化剂，在铜含量相同的条件下，达到最高活性的温度随催化剂中钾含量增加而提高。催化剂中元素钾含量对活性的影响见图 9-7。由图可见，添加少量 KCl，既能维持 $CuCl_2/\gamma\text{-Al}_2\text{O}_3$ 原有的低温高活性特点，又能抑制 CO_2 的生成。增加氯化钾用量，对选择性没有影响，但使催化剂活性迅速下降。

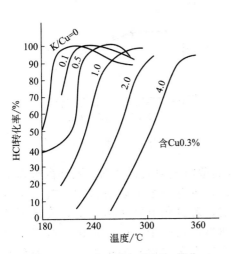

图 9-6　$CuCl_2\text{-KCl}/\gamma\text{-Al}_2\text{O}_3$ 催化剂活性与温度的关系

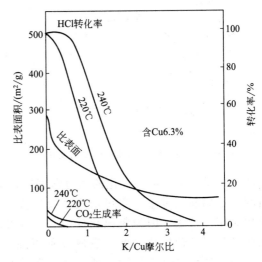

图 9-7　K/Cu 摩尔比对 $CuCl_2\text{-KCl}/\gamma\text{-Al}_2\text{O}$ 催化剂活性的影响

通过以上分析可以看出，在 $CuCl_2/\gamma\text{-Al}_2\text{O}_3$ 催化剂基础上添加氯化钾以后，催化剂的活性虽有所下降，但其热稳定性却有所提高。氯化钾的作用至今尚未完全清楚，有研究者认为，是由于氯化钾与氯化铜形成了不易挥发的复盐，也有研究者认为是二者形成了低共熔混合物，因而阻止了 $CuCl_2$ 的流失。还有研究表明，许多稀土金属元素的氯化物，如氯化铈、氯化镧等也可以稳定催化剂的活性并延长其寿命。

（3）多组分催化剂　为进一步改进催化剂性能，特别是在较低操作温度下具有高活性的催化剂，近年来乙烯氧氯化催化剂向多组分方向发展。较有希望的是在 $CuCl_2/\gamma\text{-}Al_2O_3$ 催化剂基础上，同时添加碱金属氯化物和稀土金属氯化物。这种催化剂具有较高的活性和较好的热稳定性，反应温度一般在 260℃ 左右。在此温度下，氯化铜很少挥发，没有腐蚀性，且反应选择性良好。此外，还有研究者报道：氯化铜、硫酸氢钠及硫酸氢铵复合组分负载于氧化铝载体上制得的催化剂具有较高的寿命。

9.4.2.4　反应条件的确定

（1）温度和压力　温度对乙烯氧氯化反应的选择性有很大影响。反应温度过高，选择性下降，产物中一氧化碳和二氧化碳含量升高。同时副产物三氯乙烷也会增高。图 9-8 是活性组分铜含量为 12% 的 $CuCl_2/\gamma\text{-}Al_2O_3$ 催化剂上二氯乙烷选择性随温度的变化关系。由图可见，在 250℃ 以下，温度升高，反应选择性提高；250℃ 以上，温度升高反应选择性下降。

过高的温度对催化剂也有不良影响，这是因为活性组分氯化铜的升华损失随温度升高而加剧，从而导致催化剂寿命缩短。乙烯氧氯化反应是强放热反应。从生产安全角度考虑，必须对反应过程的温度进行严格控制。综合分析结果，反应温度控制得低一些为好。最适宜的操作温度范围与使用的催化剂有关。当使用高活性的氯化铜催化剂时，最适宜的温度范围是 220～230℃ 左右。

压力对反应选择性的影响见图 9-9。由图可见，随着压力增加，反应选择性下降。因此，操作压力不宜过高，通常在 1MPa 以下，流化床反应器压力宜低，固定床反应器压力可稍高。

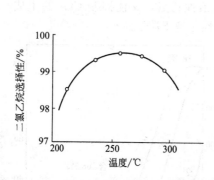

图 9-8　二氯乙烷选择性随温度的变化

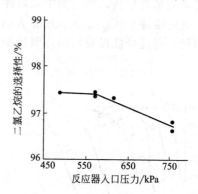

图 9-9　压力对反应选择性的影响

（2）原料配比　从氧氯化的动力学可知，提高原料气中氧，特别是乙烯的分压对反应有利。乙烯和氧过量，除可增大主反应速率外，还有一个重要的目的，就是尽可能使氯化氢完全转化，因为氧氯化反应伴有水生成，若氯化氢转化不完全，大量未反应的氯化氢和水结合生成盐酸，造成设备腐蚀，如果乙烯过量，可使氯化氢接近完全转化。另外，如果氯化氢过量，则过量的氯化氢将吸附在催化剂的表面上，使催化剂颗粒膨胀。对于流化床反应器的操作，催化剂颗粒膨胀使床层迅速升高，甚至产生节涌等不正常现象。

氧氯化的副反应主要是燃烧反应和深度氯化反应。对于深度氯化反应，乙烯过量是有利的，可抑制多氯化物的生成。但对于燃烧反应，在氯化氢高转化率区，随氯化氢浓度增大而减弱，随乙烯和氧的浓度增大而加剧，因此乙烯不可过量太多，否则将加剧燃烧反应，使尾气中碳氧化物含量增多。同理，氧气稍有过量对反应有利，过多也加剧燃烧反应。因此工业操作采用乙烯稍过量，氧气过量大约 50%，氯化氢则为限制组分。按照化

学计量式 $C_2H_4 : HCl : O_2 = 1 : 2 : 0.5$，典型工业操作的原料配比则为 $C_2H_4 : HCl : O_2 = 1.05 : 2 : 0.75$。

（3）原料的纯度　原料乙烯的纯度对氧氯化反应影响很小，因此氧氯化反应可用浓度较低的乙烯，例如使用含 70% 乙烯和 30% 惰性组分的原料，其中惰性组分可以是饱和烃也可以是氮气。氮气、烷烃等惰性气体对氧氯化反应无影响，还能带走反应热，使反应系统的温度较易控制。

但原料乙烯中的不饱和烃，如乙炔、丙烯和丁烯等的含量必须严格控制，这些烃类的存在不仅会使氧氯化反应产物二氯乙烷的纯度降低，而且会对二氯乙烷的裂解过程产生不利影响。当乙烯中含有乙炔时，乙炔也会发生氧氯化反应生成四氯乙烯、三氯乙烯等。二氯乙烷中如含有这些杂质，在加热汽化过程中就容易引起结焦。丙烯也可能发生氧氯化反应生成 1,2-二氯丙烷，而二氯丙烷对二氯乙烷的裂解有较强的抑制作用。

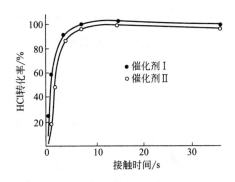

图 9-10　氯化氢转化率与接触时间的关系

原料氯化氢的纯度也很重要，当采用二氯乙烷裂解产生的氯化氢时，其中很可能含有乙炔，必须将其除掉。通常是采用加氢精制，使乙炔含量控制在 2×10^{-4} 以下。

（4）空速　空速对乙烯氧氯化反应转化率有强烈影响。图 9-10 为氯化氢转化率与接触时间的关系。由图可见，要使氯化氢接近完全转化，必须有较长的接触时间，但接触时间过长，氯化氢转化率反而下降。此现象很可能是由于接触时间过长而发生了连串副反应，产物二氯乙烷裂解为氯乙烯和氯化氢。

以上分析表明，乙烯氧氯化反应有一个适宜的空速，此适宜的空速取决于所采用的催化剂。活性低的催化剂，适宜空速较低，活性好的催化剂，适宜空速较高。一般范围为 $250 \sim 350 h^{-1}$。

9.4.3　二氯乙烷热裂解反应

9.4.3.1　反应原理

化合物的热裂解反应活性与键能大小有关，一般键能相差愈大，裂解反应选择性愈好。二氯乙烷分子中三种键的键能大小顺序是：C—H＞C—C＞C—Cl，受热后 C—Cl 最易断裂，C—H 键最难断裂。但是三种键的键能和热裂解活化能相差并不大，在 C—Cl 发生断裂的同时，C—C 键也会发生某种程度的断裂，随之发生各种副反应。除断链反应外，还有异构化、芳构化、聚合、完全分解等反应。因此裂解过程十分复杂，既包括一次反应也包括二次反应，EDC 裂解的主要反应如下。

主反应

$$CH_2Cl—CH_2Cl \Longrightarrow CH_2=CHCl + HCl$$

副反应

$$CH_2=CHCl \Longrightarrow CH\equiv CH + HCl \tag{9-31}$$

$$3CH\equiv CH \Longrightarrow C_6H_6 \tag{9-32}$$

$$2CH_2Cl—CH_2Cl \Longrightarrow H_2C=CH—CH=CH_2 + 2HCl + Cl_2 \tag{9-33}$$

$$2CH_2Cl—CH_2Cl \Longrightarrow H_2C=CCl—CH=CH_2 + 3HCl \tag{9-34}$$

$$CH_2Cl—CH_2Cl + 2H \Longrightarrow 2CH_3Cl \tag{9-35}$$

$$3CH_2Cl—CH_2Cl \Longrightarrow 2CH_2=CHCH_3 + 3Cl \tag{9-36}$$

$$CH_2Cl—CH_2Cl \Longrightarrow 2C + 2HCl + H_2 \tag{9-37}$$

上述 8 个反应的 $\Delta G_{298}^{\ominus}$ 和 $\Delta H_{873}^{\ominus}$ 见表 9-7。可见，反应式（9-18）、式（9-32）、式（9-34）、式（9-35），即生成氯乙烯、苯、氯丁二烯和氯甲烷的反应在热力学上有利，其中苯是由二次反应生成的，第一步氯乙烯断链脱氯化氢生成乙炔，第二步乙炔芳构化生成苯。第一步反应在热力学上不利，但是一旦生成乙炔，则很容易生成苯。其余反应的 $\Delta G_{298}^{\ominus}>0$，热力学不利。

表 9-7　EDC 裂解主、副反应的 $\Delta G_{298}^{\ominus}$ 和 $\Delta H_{873}^{\ominus}$

反应方程式	$\Delta G_{298}^{\ominus}/(kJ/mol)$	$\Delta H_{873}^{\ominus}/(kJ/mol)$	反应方程式	$\Delta G_{298}^{\ominus}/(kJ/mol)$	$\Delta H_{873}^{\ominus}/(kJ/mol)$
9-18	-49.4	-43.2	9-34	-85.0	-90.1
9-31	145.3	163.3	9-35	-60.1	-17.6
9-32	-497.5	-606.9	9-36	364.0	261.8
9-33	120.5	90.5	9-37	1251.3	1327.0

一般认为主反应按游离基链式机理进行：

$$ClCH_2CH_2Cl \longrightarrow ClCH_2C \cdot H_2 + Cl \cdot$$
$$Cl \cdot + ClCH_2CH_2Cl \longrightarrow ClCH_2C \cdot HCl + HCl$$
$$ClCH_2C \cdot HCl \longrightarrow CH_2 \!\!=\!\! CHCl + Cl \cdot$$
$$Cl \cdot + ClCH_2C \cdot H_2 \longrightarrow CH_2 \!\!=\!\! CHCl + HCl$$

第一步为游离基产生反应，是整个反应的控制步骤，第二、三步为链传递反应，第四步反应为游离基中止反应。无催化剂存在时，热裂解反应约于 400℃ 开始，500℃ 变得显著。工业上反应一般在 500～600℃ 进行。

温度对热裂解的选择性有很大影响，温度升高，裂解反应选择性下降。为了降低裂解温度，提高裂解选择性，可进行催化裂解。一般，催化裂解可比非催化裂解降低反应温度 50～100℃。Cr、Fe、Zn、Ag、Cu、Cd、Ba、Sr 等的氯化物、活性炭、分子筛和 SiO_2 等均有催化活性。

虽然催化裂解可降低反应温度，提高裂解选择性，从而减少析碳结焦对生产过程的影响，但应用上存在反应器结构复杂，以及催化剂装填、更换及再生等一系列问题，因此目前工业上大多采用非催化热裂解法。

采用光催化或加入少量引发剂也可加快裂解速率，降低反应温度，减轻析碳结焦，CCl_4、Cl_2、O_2、CCl_3COOH 等具有引发作用。

9.4.3.2　反应动力学

不同温度范围二氯乙烷热裂解的动力学规律不同。张濂等在温度为 250～550℃、压力为 1.0～2.5MPa 条件下，研究了 EDC 的热裂解动力学，得到裂解反应动力学方程如式（9-38）。

$$r = 4.8 \times 10^7 \exp\left(-\frac{125000}{RT}\right) p_{EDC} \tag{9-38}$$

在 450～550℃ 温度范围内动力学方程为：

$$r = 6.5 \times 10^9 \exp\left(-\frac{19900}{T}\right) p_{EDC} \tag{9-39}$$

上述动力学方程表明，裂解反应速率对 EDC 分压（浓度）是一级的；高温时反应活化能有明显下降。

9.4.3.3　反应条件的确定

（1）温度　二氯乙烷裂解生成氯乙烯和氯化氢是可逆吸热反应，提高反应温度对裂解反应的热力学和动力学都有利。图 9-11 为温度对二氯乙烷裂解反应转化率的影响规律。

当温度低于 450℃时，反应的转化率很低；当温度升高至 500℃时，转化率明显提高，温度在 500~550℃范围内，温度每升高 10℃，反应转化率可增加 3%~5%。但温度过高，二氯乙烷深度裂解、产物氯乙烯分解和聚合副反应也加速。当温度超过 600℃时，副反应速率大于主反应速率。因此确定反应温度要综合考虑二氯乙烷转化率和氯乙烯收率两个因素，通常选在 500~550℃范围内。

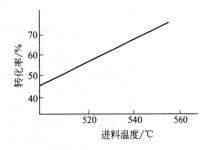

图 9-11 温度对二氯乙烷
转化率的影响

（2）压力　二氯乙烷裂解是体积增加的可逆反应，从热力学角度考虑，提高压力对反应不利。但从动力学角度考虑，增加压力可提高反应速率和设备的生产能力。并且压力提高可使气体密度增加，有利于抑制二氯乙烷分解析碳反应；改善气体的导热性能，这些均有利于提高产物氯乙烯的收率。同时，增加压力有利于产物氯乙烯和副产氯化氢的冷凝回收，因此实际生产中都是采用加压操作。目前生产中有低压法（~0.6MPa）、中压法（~1.0MPa）和高压法（>1.5MPa）三种工艺。

（3）原料纯度　原料二氯乙烷含有杂质对裂解反应有不利的影响，其中最有害的杂质是抑制剂，可减慢裂解反应速率和促进结焦。危害最大的抑制剂是 1,2-二氯丙烷，其含量为 0.1%~0.2%时即可使二氯乙烷转化率下降 4%~10%，原因是二氯丙烷分解生成的氯丙烯具有更强的抑制作用。因此要求原料中二氯丙烷的含量小于 0.3%。此外，三氯甲烷、四氯化碳等多氯代烃对二氯乙烷裂解反应也有抑制作用。铁离子也会加速二氯乙烷深度裂解副反应，故要求铁离子含量不超过 10^{-4}。为了减少物料对反应炉管的腐蚀，要求水分含量低于 5×10^{-6}。因此，工业生产中对 EDC 纯度要求很高，一般为 99%以上。

（4）空速　停留时间与裂解反应转化率的关系见图 9-12 所示。物料在反应器内的停留时间愈长，二氯乙烷的转化率愈高。但是，停留时间过长会使结焦积碳副反应迅速增加，导致氯乙烯的产量下降。

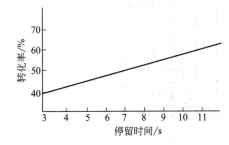

图 9-12　空速对二氯乙烷转化率的影响

9.5　乙烯氧氯化生产氯乙烯工艺[1~6,15,16,21,22,65]

平衡氧氯化法生产氯乙烯工艺主要包括直接氯化单元，氧氯化单元，二氯乙烷净化单元，二氯乙烷裂解单元和氯乙烯精制五个单元。其中，二氯乙烷精制和氯乙烯精制单元各大公司的技术基本相同，直接氯化和氧氯化两个单元各公司采用的技术则不尽相同。直接氯化单元主要有低温氯化工艺和高温氯化工艺；氧氯化单元有固定床工艺和流化床工艺，根据所采用的原料气是空气或氧气，又分为空气法和氧气法。二氯乙烷裂解单元区别不大，主要有气相进料和液相进料之别。乙烯平衡氧氯化法制氯乙烯的工艺流程见图 9-13。

9.5.1　直接氯化单元

乙烯直接氯化大多采用三氯化铁催化剂，在液相、常压下进行。为使进入反应器的氯气完全转化，控制乙烯加料量较理论量过剩 3%~5%。直接氯化工艺流程见图 9-14。

该单元包括乙烯直接氯化反应、EDC 酸洗和碱洗。酸洗的目的是除去氯化反应产物中的氯化铁，以防止碱洗时形成氢氧化铁，在 EDC 精制时堵塞轻组分和重组分塔的塔釜。

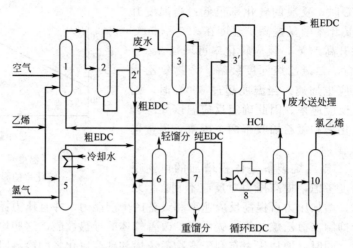

图 9-13　平衡氧氯化法制氯乙烯流程示意图

1—氧氯化反应器；2—骤冷塔；2′—分离器；3—吸收塔；3′—解吸塔；4—汽提塔；
5—直接氯化反应器；6—轻组分塔；7—重组分塔；8—裂解炉；9—氯化氢分离器；10—氯乙烯塔

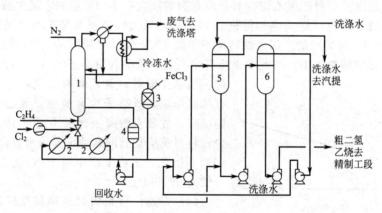

图 9-14　低温氯化法工艺流程示意图

1—氯化塔；2—循环冷却器；3—催化剂溶解罐；4—过滤器；5，6—洗涤分层器

　　碱洗主要是处理游离氯、氯化氢和三氯乙醛，防止下游设备的腐蚀，以及三氯乙醛和 EDC 在轻组分塔中形成共沸物。

　　直接氯化反应在气液塔式反应器中进行。反应器为内衬瓷砖的钢制设备，反应器中央安装套筒内件，套筒内填装铁环填料。反应器外安装两台外循环冷却器，将反应热及时移出反应区。原料乙烯、氯气与循环的二氯乙烷经喷嘴混合后从氯化反应器底部通入，补充三氯化铁催化剂用二氯乙烷溶解后送入反应器，反应器中催化剂的浓度要求控制在 2×10^{-4} 左右。随着反应的进行，产物二氯乙烷不断地从反应器的支管流出，经过滤器过滤后进入粗二氯乙烷洗涤分层器。反应产物在两级串联的洗涤分层器内经酸洗和碱洗，除去其中少量的三氯化铁催化剂和氯化氢等，得到的粗二氯乙烷送入储罐准备去精馏。洗涤废水经回收二氯乙烷后送废水处理工序，从反应器处来的惰性气体经冷凝回收二氯乙烷后送入废气处理工序。

　　根据产物的出料方式，直接氯化分为低温氯化、中温氯化和高温氯化技术。低温氯化是在 EDC 沸点（83.5℃）以下进行反应，粗 EDC 产品液相采出，前述工艺即为低温工艺。低温氯化的优点是 EDC 纯度高，副产品少。缺点是粗 EDC 需经水洗、碱洗处理，造成废水量大，EDC 损失增加；产品中夹带催化剂，需要不断补加催化剂；反应热未得到充分的利用，工艺流程复杂，冷却水和蒸汽耗量大。

中温氯化是在 EDC 沸点以上进行反应，反应温度通常为 90～100℃，生成的 EDC 以气相出料，经冷凝器冷凝后大部分回流移去反应热。中温氯化的优点是反应速率快，基本无催化剂的损耗，反应器不易腐蚀。缺点是大量反应热未能得到利用。

高温氯化也是在 EDC 沸点以上进行反应，反应温度为 120℃ 左右，压力为 $0.2～0.3MPa$。由于反应是在液相沸腾条件下进行，未转化的原料乙烯和氯气会被生成的二氯乙烷蒸气带走，而使产物收率下降。为了解决这个问题，高温氯化采用带分离器的环流反应器，其结构示意图见图 9-15。

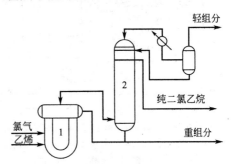

图 9-15　环流反应器结构示意图
1—环流反应器；2—精馏塔

原料乙烯和氯气混合后进入 U 形管反应器的弯管部分，溶于二氯乙烷氯化液中反应。由于液体的静压作用，处于反应器下部的产物不会沸腾。当反应液上升至 U 形管上升段的三分之二位置时，乙烯和氯气的反应已基本完成，液体的静压大大减少，此时液体开始沸腾，所形成的气液混合物上升进入分离器。气相二氯乙烷作为出料，液相二氯乙烷循环返回氯化反应器作为反应溶剂。

为进一步降低高温氯化工艺中液相二氯乙烷输送泵的能量消耗，许多公司正在研究气相热能冷凝回收技术，以减少设备尺寸和输送泵的电耗。

高温氯化工艺的优点是，借二氯乙烷从液相中蒸出移除反应热，故反应热得到充分利用；产物二氯乙烷采用气相出料，不会将催化剂三氯化铁带出，可省掉洗涤脱除催化剂的后续工序，且不需补加催化剂并减少污水排放。但因反应温度升高，取代反应速率加快，故副产物多，易产生三氯乙烷。

国外的一些公司，如德国的霍斯特公司，挪威的海德鲁公司等在直接氯化催化剂中添加一种助催化剂，使氯化反应的副产物明显降低，结果，二氯乙烷气相出料后不需精制就可达到裂解反应的原料纯度要求，而且原料乙烯与氯的配比不需过量很多，从而减少能耗并提高了设备的生产能力。

9.5.2　乙烯氧氯化制二氯乙烷

根据氧氯化采用的氧化剂是空气还是纯氧，分为空气法和氧气法，空气法和氧气法的比较见表 9-8。下面以空气法为例介绍乙烯氧氯化制二氯乙烷的工艺（参见图 9-16）。

表 9-8　空气法和氧气法的比较

项　目	空　气　法	氧　气　法
原料来源	来源丰富,价格低廉	需建空分装置,成本高
工艺流程	流程长,需吸收、解吸装置处理空气中的 EDC	不需吸收、解吸装置
催化剂用量	单位体积催化剂的反应效率低	单位体积催化剂的反应效率高,催化剂用量为空气法的 1/5～1/10
占地面积	大	小
环境污染	尾气排放量大,污染大	尾气排放量少

来自二氯乙烷裂解的氯化氢气体经加氢反应器加氢除掉炔烃后与乙烯混合进入氧氯化反应器，空气从反应器底部进入，在分布器上与乙烯、氯化氢混合后进入反应器，通过调节高压蒸汽罐的压力控制反应温度。自反应器顶部出来的反应混合气中含有二氯乙烷、水、CO、CO_2 和其他少量的氯代烃类，以及未转化的乙烯、氧、氯化氢及惰性气体。未

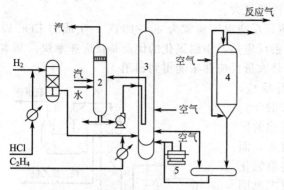

图 9-16　乙烯氧氯化制二氯乙烷流程示意图
1—加氢反应器；2—汽水分离器；3—氧氯化反应器；
4—催化剂储槽；5—压缩机

反应的混合气体和产物经骤冷塔，用水逆流喷淋以吸收其中的氯化氢，同时洗去混合物中尚余存的少量的催化剂颗粒。此时，产物二氯乙烷和其他氯的衍生物仍然存在气相中。骤冷塔顶引出的混合气经热交换器，其中冷凝成液态的二氯乙烷经碱洗水洗后进二氯乙烷储罐，未凝气进吸收塔，以煤油吸收其中尚存的二氯乙烷，尾气排出系统，吸收剂解吸后回收利用。骤冷塔塔底排出的水，其中含有盐酸及少量二氯乙烷，经碱液中和后送入汽提塔，以水蒸气汽提，回收其中的二氯乙烷，冷凝后送入分层器。

在氧氯化技术发展过程中，固定床和流化床反应器是并存的。固定床反应器的优点是转化率高，但传热较差，易产生局部温度过高而使反应的选择性下降，并使催化剂活性下降较快，寿命缩短。流化床反应器由于床内固体颗粒粒度较小，又是分散在气流中，气固相间的接触面积大，使传热传质优良，床层内温度分布均匀，因此具有不产生热点、控温容易的优点。缺点是催化剂的磨损较大，物料返混严重。在氧氯化技术开始发展时，转化率仅达 70%～80%。随着催化剂的改进和流化床技术的进步，其转化率已达到或超过固定床水平，氯化氢和乙烯转化率分别可达 99%，成为氧氯化反应器的发展方向。

（1）固定床氧氯化反应器　固定床氧氯化技术由 Stauffer 公司最先开发，为通常的列管式反应器。管程填充颗粒状固体催化剂，原料气自上而下流过催化剂床层进行反应；壳程为冷却介质。为了降低热点温度，并使反应在安全范围内进行，通常采用 3 台固定床反应器串联方式。为了控制热点，并使整个床层有一个合理的温度分布，常采用大量惰性气体稀释原料气，或用惰性固体物质稀释催化剂，或用不同活性的催化剂分段填充以及原料气分布进料等。

（2）流化床氧氯化反应器　流化床空气法氧氯化技术由古德里其公司于 1964 年首先实现工业化，同期，美国 PPG 公司实现了流化床纯氧法氧氯化技术的工业化。图 9-17 是目前较为流行的乙烯氧氯化流化床反应器。该反应器为高径比 10 倍左右的圆柱形。反应器底部水平插入空气进气管至中心处，管上方设置一个向下弯的拱型板式分布器。分布器上有多个由向下伸的短管及其下端开有下孔的盖帽组成的喷嘴，用以均匀分布进入的空气。在气体分布器的上方装有乙烯和氯化氢混合气体的进气管，该管连接一套具有同样多个喷嘴的管式分布器，其喷嘴恰好插入空气板式分布器的喷嘴内。这样的组件可使两股进料气体在进入催化剂床层之前在喷嘴内部混合均匀。采用空气与乙烯-氯化氢分别进料的方式，可防止在操作失误时有发生爆炸的危险。

由于乙烯氧氯化是强放热反应，为了能够及时将反应热移除，在反应段内设置立式冷却列管，管内通入加压热水，借助水的汽化移除反应热，同时副产一定压力的水蒸气。并通过列管的合理排布来控制气泡聚并和维持流化的稳定，改善流化质量，而不用通常的挡板。

在反应器的上部空间，安装三个互相串联的旋风分离器，用以将反应气流中夹带的细小催化剂颗粒加以分离和回收。其中第一级旋风分离器的料脚由于粒子流量大，故直接插到流化床的密相段内；第二和第三级旋风分离器的料脚伸至稀相段中，安装挡板加以密

312

封。这样的三级串联可获得高的回收率，从第三级旋风分离器出来的反应气体中已基本不含有催化剂，但是以高压降为代价。

由于氧氯化反应有水产生，如果反应器的某些部位保温不良致温度过低，当达到露点温度时，水蒸气就会凝结，由此导致设备的严重腐蚀。因此，操作时必须使反应器各部位的温度保持在水的露点温度以上。

流化床内装填细颗粒的 $CuCl_2/\alpha\text{-}Al_2O_3$ 催化剂。为补充催化剂的磨损消耗，自气体分布器上方用压缩空气向设备内补充新鲜催化剂。

针对流化床反应器内冷却蛇管易腐蚀问题，国外公司积极采取改进措施，如霍斯特公司开发的新型流化床氧氯化反应器，其内部无挡板，冷却蛇管材料为碳钢，成功地解决了反应器的腐蚀问题。同时在反应器出口设袋式过滤器，用于回收系统带出的催化剂。

工业上也有采用固定床和流化床串联方式。原料气先流经流化床，再进入固定床，使乙烯和氯化氢达到充分转化。这种方式兼具两种反应器的优点，互相补充不足之处。

9.5.3 二氯乙烷净化

作为生产氯乙烯的中间体，对二氯乙烷的质量要求是无水、无铁。工业中常用的二氯乙烷质量标准见表 9-9。

由乙烯直接氯化及氧氯化过程所得到的产物二氯乙烷中含一定数量的杂质，裂解前需除去。二氯乙烷精制流程有三塔、四塔和五塔 3 种方案。其中四塔流程是最常规的流程（见图 9-18），由脱水塔、低沸塔、高沸塔和回收塔组成。脱水塔是利用少量 EDC 和水形成共沸物的原理将水从液体中脱除。低沸塔和高沸塔分别将 EDC 中的轻、重组分分离，回收塔是进一步将高沸物中的 EDC 回收。

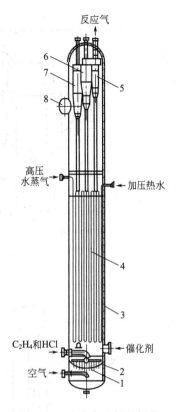

图 9-17　流化床乙烯氧氯化
反应器结构示意图

1—板式分布器；2—管式分布器；
3—反应器外壳；4—冷却管组；5、
6、7—第三、第二、第一级旋风分离
器；8—人孔

表 9-9　二氯乙烷的质量标准

组　分	含量(质量分数)/%	组　分	含量(质量分数)/%	组　分	含量(质量分数)/%
二氯乙烷	99.5	1,1,2-三氯乙烷	$<10^{-4}$	苯	$<2\times10^{-3}$
水	$<10^{-5}$	三氯乙烯	$<10^{-4}$		
铁	$<3\times10^{-7}$	1,3-丁二烯	$<5\times10^{-5}$		

三塔流程是将脱水塔与低沸塔合并为一个塔操作（见图 9-19）。由乙烯直接氯化及氧氯化过程得到的粗二氯乙烷进入脱水塔。塔顶为二氯乙烷和水的共沸物，经冷凝后进入分层罐，上层水除去，下层的二氯乙烷回流入脱水塔。脱水塔塔釜采出送入高沸塔，塔顶得到精二氯乙烷，塔釜高沸物送入回收塔（真空操作）。真空塔塔顶蒸气冷凝后入回流罐，部分回流，其余返回高沸塔。

五塔流程也是四塔流程的改进型，即将脱重组分塔由一塔改为两塔操作（见图 9-20）。脱重组分塔 A 加压操作，脱重组分塔 B 真空操作，并采用耦合技术，将两脱重组分塔组合为双效节能的热泵系统，即利用脱重组分塔 A 的气相出料作为脱重组分塔 B 再沸器的加热介质。改进后两塔的回流比均可减少，后一塔用前一塔 EDC 精制气换热加热。

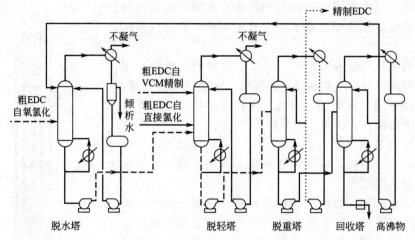

图 9-18　二氯乙烷精制四塔流程示意图

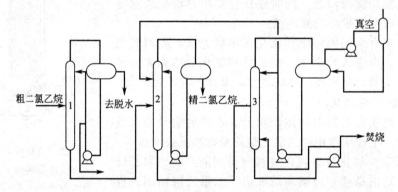

图 9-19　二氯乙烷精制三塔流程示意图
1—脱水塔；2—高沸塔；3—真空塔

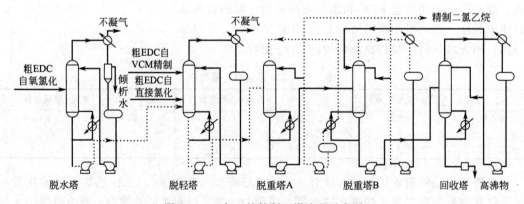

图 9-20　二氯乙烷精制五塔流程示意图

若设计恰当，五塔流程可分别节约热能和冷却水用量 50%。

9.5.4　二氯乙烷裂解

裂解是将 EDC 转化为 VCM 和氯化氢的过程，有气相法和液相法两种，工业上采用气相法。由于热裂解的反应器结构简单，又不需要催化剂，且 EDC 转化率和氯乙烯收率与催化裂解法基本相同，因此受到普遍采用。二氯乙烷热裂解在管式炉内进行，炉型构造与烃类热裂解所用管式炉构造相似（参见图 9-21）。炉体由对流段和辐射段组成，在对流

314

段设置原料预热管，反应管设置在辐射段。二氯乙烷裂解反应是强吸热反应，靠管外燃料燃烧加热提供反应所需的热量。

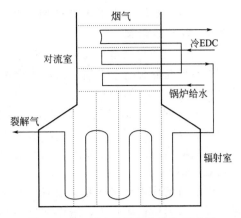

图 9-21　二氯乙烷裂解炉结构示意图

EDC 裂解流程示意图见图 9-22。用定量泵将精二氯乙烷送入裂解炉的预热段，借助裂解炉烟气加热到 220℃ 左右，部分二氯乙烷气化。将所形成的气液混合物送入分离器，自分离器底部引出未气化的二氯乙烷，经过滤器进蒸发炉进行汽化，汽化后的二氯乙烷再经过分离器分出其中所夹带的液滴。分离器顶部引出的气相二氯乙烷进入裂解炉的辐射段，于 500～550℃ 进行裂解反应生成氯乙烯和氯化氢。为了减少裂解过程的副反应，一般控制裂解转化率为 50%～55%，最高可达 60%。

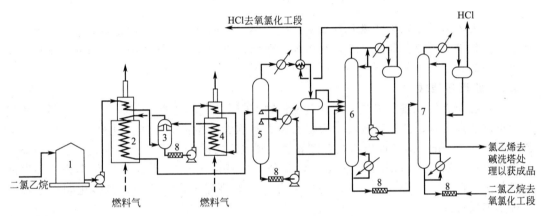

图 9-22　二氯乙烷裂解流程示意图

1—二氯乙烷储罐；2—裂解炉；3—气液分离器；4—二氯乙烷蒸发器；
5—骤冷塔；6—氯化氢塔；7—氯乙烯塔；8—过滤器

温度为 500℃ 的裂解气进骤冷塔迅速降温，其中未反应的二氯乙烷部分冷凝。为了防止盐酸对设备的腐蚀，急冷剂用液态二氯乙烷而不用水。出骤冷塔的裂解气温度为 89～90℃，主要为氯乙烯和氯化氢，并含有少量二氯乙烷，再经水冷和深冷将氯乙烯冷凝，未凝气主要是氯化氢，送氯化氢塔分离出氯化氢作为氧氯化反应的原料。

骤冷塔塔底液相主要为二氯乙烷，它来自于骤冷塔的喷淋液和裂解气中未转化的原料。此外，还含有少量冷凝的氯乙烯和溶解的氯化氢。这股物料自塔底引出经冷却后进氯化氢塔，分出氯化氢作为氧氯化反应的原料，其余返回骤冷塔作为急冷剂。

氯化氢塔的进料有三股，即出骤冷塔的冷凝液（富氯乙烯）和未凝气体（富氯化氢）及骤冷塔塔底液（富二氯乙烷）。该塔顶压力为 1.2MPa，温度为 -24℃。塔顶采出为氯化氢，经氟里昂-12 或其它制冷剂冷凝后得到 99.8% 的氯化氢，作为氧氯化反应的原料。该塔的塔釜出料，主要组分为氯乙烯和二氯乙烷，其中含约 10^{-4} 的氯化氢，经过滤后送氯乙烯精馏单元。

早期的裂解工艺无裂解气热能回收过程，后来利用裂解气发生水蒸气，回收部分热量，例如直接用 500℃ 的裂解气预热汽化液态二氯乙烷，可减少裂解燃料 25% 以上，并减少了结焦。目前，具有代表性技术的 EDC 裂解炉是霍斯特技术和三井东亚技术（Mitsui

315

Toatsu Chemicals)，均带有热能回收器。

9.5.5　氯乙烯精制

来自二氯乙烷裂解单元的氯乙烯中含有少量未转化的二氯乙烷和产物氯化氢，氯乙烯精制的目的是除掉这些杂质，得到聚合级的氯乙烯单体。氯乙烯精馏工艺有 5 种，最常用的是两塔流程和三塔流程。

三塔流程中包括氯乙烯精馏塔、气提塔和氯化氢塔。氯乙烯精馏塔的塔顶压力为 0.5MPa，塔顶温度为 40℃，塔顶采出为氯乙烯，其中含少量氯化氢，经冷凝后进汽提塔。精馏塔塔釜液组成主要为二氯乙烷，送二氯乙烷净化单元作为高沸塔进料，进一步回收二氯乙烷。

汽提塔的作用是将产品氯乙烯中所含的少量氯化氢汽提出来。该塔塔釜出料为氯乙烯，其中仅含微量氯化氢，进中和塔中和后氯化氢含量降至 10^{-6} 以下，作为生产聚氯乙烯的原料。汽提塔的塔顶采出为含氯化氢的氯乙烯，进氯化氢塔回收其中的氯化氢。

9.6　平衡氧氯化法技术进展[2,25~48,61~64]

尽管平衡氧氯化法生产氯乙烯技术已趋成熟，但各公司为了保持竞争能力，在新工艺技术、催化剂、反应器和能量综合利用等方面仍在进行广泛的技术探索和研究，竞相开发先进独特的技术。本节就研究现状作一简要介绍。

9.6.1　新反应路线

（1）乙烷直接氧氯化工艺　乙烷氧氯化制 VCM 工艺将乙烷直接转化为氯乙烯，乙烷的价格比乙烯便宜，乙烷直接转化为氯乙烯具有强大的生命力和工业化价值。自 1971 年鲁姆斯公司（Lummus）提出乙烷直接氧氯化制氯乙烯的研究后，世界各大化学公司如古德里奇公司（B.F Goodrich）、孟山都化学公司（Monsanto）、英国帝国化学公司和欧洲乙烯公司（EVC）等都投入了大量的技术力量开展研究工作。乙烷直接转化制氯乙烯的三种基本反应如下。

$$C_2H_6 + HCl + O_2 \longrightarrow C_2H_3Cl + 2H_2O \tag{9-40}$$

$$C_2H_6 + Cl_2 + \frac{1}{2}O_2 \longrightarrow C_2H_3Cl + HCl + H_2O \tag{9-41}$$

$$C_2H_6 + 2Cl_2 \longrightarrow C_2H_3Cl + 3HCl \tag{9-42}$$

式（9-40）即乙烷的氧氯化反应，与式（9-41）和式（9-42）相比，不产生难以利用的氯化氢，是最具吸引力的替代方法。式（9-41）虽然产生氯化氢，但可以将生成的氯化氢循环返回反应器，消耗于乙烷的氧氯化反应中。故近年来，各公司均转向式（9-40）和式（9-41）的研究。由于活化乙烷需要高温，导致反应选择性下降，并使设备腐蚀严重。因此，乙烷氧氯化制氯乙烯的技术关键是开发高活性和高选择性的催化剂。

据报道，欧洲乙烯公司与美国的贝克泰尔（Bechtel）公司已开发出乙烷氧氯化一步制氯乙烯单体的催化剂和技术，乙烷转化率≥97%，并解决了催化剂稳定性差、反应温度高及设备腐蚀等问题。该技术采用高 7m、直径为 1m 的流化床反应器。氧氯化反应温度为 450~470℃，生成的氯乙烯在 50℃冷凝，经氯乙烯精馏净化单元，未反应的氯代烃返回氧氯化反应器作为氯化原料使用。

该装置于 1998 年建成，规模为 1kt/a，连续运转结果表明，氧气转化率为 99%，乙烷转化率为 92%~95%，氯转化率为 100%。该公司一套规模为 10kt/a 的装置也已在 2003 年建成正式投入运转。

孟山都公司的催化剂采用氯化铜和磷酸钾及氧化铝载体，制成的催化剂含铜 6%，钾

9%。反应器为流化床，反应温度为550℃左右。乙烷的单程转化率可达97%，氯乙烯和二氯乙烷的选择性分别为87.3%和6.4%，分离出的二氯乙烷返回反应器或送裂解单元转化为氯乙烯。

道化学公司的催化剂含有稀土金属氧氯化物（MOCl），反应温度低（400～420℃），多氯副产物少。未反应的乙烷、氯化氢均可循环利用，且可以氯代烃作为氯源。

国内吉林大学化学学院和大庆油田有限责任公司天然气利用研究所合作研究了一种乙烷氧氯化催化剂。该催化剂的活性组分为$CuCl_2$，助催化剂为KCl，载体为$\gamma-Al_2O_3$。在铜含量为7%、钾含量为6%时乙烷转化率可达94%，氯乙烯选择性超过62%。

用乙烷作原料的缺点是：乙烷分子的反应能力弱，乙烷在发生取代反应的同时，发生一系列的副反应，产生许多副产物，氯乙烯收率低。

（2）乙烯直接氯化/氯化氢氧化　除联合法和平衡氧氯化法外，在氯乙烯生产中，平衡利用氯化氢的第三种方法是将氯化氢催化氧化转化为氯气，再将产生的氯气返回到直接氯化单元用于乙烯的氯化，整个工艺中无乙烯氧氯化单元。

孟山都和凯洛格公司于20世纪90年代初共同开发了基于氯化氢氧化的氯乙烯生产新工艺，取消了平衡氧氯化法中的氧氯化工艺过程，新流程见图9-23。

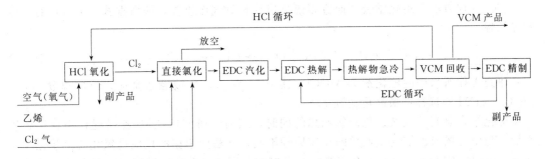

图9-23　乙烯氯化/氯化氢氧化法生产VCM流程示意图

新工艺中，乙烯直接氯化生成EDC；EDC热裂解生成氯乙烯和氯化氢；氯化氢经空气或氧气氧化为氯气，氯气用于乙烯的直接氯化，整个工艺不副产氯化氢。由于EDC都是在直接氯化反应段生成，氯乙烯总收率高，产品纯度高，不需碱洗和精制就可进行热裂解，且反应过程不产生水，避免了设备的腐蚀问题。该工艺与平衡氧氯化法的技术比较见表9-10。

表9-10　孟山都-凯洛格技术与平衡氧氯化法技术比较

	VC收率	能耗	投资费用	操作难易	安全性	环境性
孟山都-凯洛格法	高	较高	低10%	易操作 低腐蚀	好	无有机废物和废水
平衡氧氯化法	低	较低	较高	较复杂	差，乙烯、O_2混合	有机废物和废水多

近年来，氯化氢氧化法取得重大进展。南加利福尼亚大学在雷通公司（Raytheon Co.）的支持下合作开发了一种氯化氢两段催化氧化工艺，并建成了一套半工业化生成装置。该工艺在催化剂和反应器方面均有独到之处。在催化剂方面，以分子筛为载体、氯化铜和氧化铜为活性组分，提高了催化剂的活性和寿命；在反应器方面，采用两段沸腾床反应器。该工艺的特点是反应温度低，为380℃；氯化氢转化率高，可达99%；产品成本低，比单段法低31.5%，比液相电解法低46.4%，比干电解法低27%。

清华大学反应工程实验室开发了氯化氢两段催化氧化的挡板流化床工艺。该工艺在流化床提升管中设置气固分布板，形成两段流化床反应器，上段进行氯化反应，下段进行氧化反应。这样的结构使反应器内形成两个密相区，创造了反应所需的温度和浓度条件，并限制了气体的轴向返混，对提高转化率有较好的效果。该工艺的特点是氯化氢转化率高、流程短、操作平稳。

采用催化氧化法转化氯化氢为氯气，其转化成本对氯乙烯过程的经济性有直接的影响，也就决定了乙烯直接氯化/氯化氢氧化法制氯乙烯的生命力。

（3）乙烯直接取代氯化　乙烯也能够与氯气发生取代反应直接生成氯乙烯，反应计量式为：

$$C_2H_4 + Cl_2 \longrightarrow C_2H_3Cl + HCl + 112.9kJ/mol \qquad (9-43)$$

分子轨道理论分析结果表明，乙烯 C—H 键的活化对乙烯的取代氯化反应非常重要，凡能活化乙烯 C—H 的物质均对乙烯直接取代氯化反应有催化作用，溶剂对催化剂的活性也有很大影响。乙烯取代氯化合成氯乙烯的主催化剂为氯化钯，助催化剂为四氯苯醌，在 100℃、2.0MPa、乙烯过量条件下，转化率可达 80%，但选择性不高。该法的优点是反应步骤较加成氯化少，不需要二氯乙烷的裂解反应，直接可得氯乙烯。但需提高转化率和选择性，才能具有工业利用价值。另外，该法也存在氯化氢的平衡利用问题，需要与乙烯氧氯化工艺或氯化氢氧化工艺相结合。

（4）其他方法　道化学公司研究以氯化氢代替氯气作氯源，即根据式（9-44）的反应制氯乙烯。

$$CH_2{=}CH_2 + HCl + \frac{1}{2}O_2 \longrightarrow CH_2{=}CHCl + H_2O \qquad (9-44)$$

研究工作所采用的催化剂为 MOCl，其中 M 为 Sc、Y 或镧系金属，反应温度 400～420℃，VCM 的选择性最高可达到 77%。

道化学在研究乙烷氧氯化制氯乙烯的同时，致力于研究用乙烷/乙烯混合物直接制氯乙烯。与由乙烯或乙烷制氯乙烯的反应原理不同，该法所依据的反应是氧化脱氢氯化反应（Oxydehydro-Chlorination），其与氧氯化反应的区别是，在反应过程中，中心碳原子的价态不变或减少（如仍为 sp^3 杂化，或由 sp^3 杂化变为 sp^2，以及由 sp^2 杂化变为 sp），而在氧氯化反应中则是增加的。

烷/烯法所用的催化剂也为 MOCl，反应温度 400～420℃，产物 VCM 的选择性约为 68%，除目的产物外，还有二氯乙烷及少量高氯副产物。

日本学者曾提出，将放热的乙烯加成氯化反应与吸热的二氯乙烷裂解反应合并在一个反应器中进行，即氯化裂解反应，从而缩短工艺流程，合理利用反应热。但氯化裂解反应需在 410～480℃下进行，高的反应温度使结焦等副反应增加，VCM 收率下降。

9.6.2　平衡氧氯化法

（1）乙烯氧氯化催化剂　乙烯氧氯化制二氯乙烷是平衡氧氯化法生产 VCM 的关键步骤，其核心是催化剂，因此，有关固定床和流化床氧氯化催化剂的研究从未间断。

Geon 公司是美国第一、世界第六的 PVC 生产公司。近年来，该公司对添加助催化剂的多组分乙烯氧氯化催化剂进行了大量研究，研制出含 Cu、K、Mg 的三组分和含 Cu、K、Mg、Ce 的四组分 γ-Al_2O_3 负载催化剂。实验室流化床反应器评价表明（参见图 9-24），添加 Mg 和 Ce 的多组分催化剂，氯化氢转化率、EDC 选择性和热稳定性均高于通常的单组分和双组分催化剂。一般的催化剂往往难以兼顾乙烯转化率和氯化氢转化率及 EDC 选择性，这种新型催化剂却可以在高乙烯转化率下同时获得高的氯化氢转化率和 EDC 选择性。

意大利 Montecatini 公司是欧洲生产和研制乙烯氧氯化催化剂的主要公司之一，近年来该公司固定床乙烯氧氯化催化剂的研制有不少突破。其研制的中空圆柱状催化剂和三通道中空圆柱状催化剂均具有较好的反应性能。

欧洲乙烯公司是世界第四大 PVC 生产公司，近年来，该公司开发了新型固定床氧氯化催化剂。新型催化剂由铜、碱金属、碱土金属、ⅢB族金属和镧系元素组成，采用特殊技术（浇铸）制成空心圆柱形。具有传热性能好、流动阻力低的特点。

德古赛（Degussa）公司开发了一种乙烯氧氯化制 EDC 的催化剂，该催化剂含有 Cu^{2+} 化合物、一种或多种碱金属化合物、原子序数为 57~62 的稀土金属氧

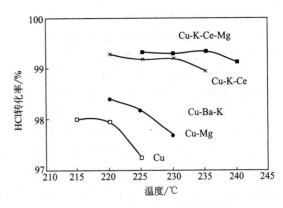

图 9-24　多组分铜催化剂的氯化氢转化率与温度的关系

化物和氧化锆四组分，载体为 γ-Al_2O_3，具有热稳定性好、低温活性高、选择性好和机械强度高的特点。

国内石油化工科学研究院、北京化工研究院、上海氯碱公司等多家单位也在研究乙烯氧氯化单铜和多组分催化剂，其中一些催化剂的性能与国外水平相近。

（2）氧氯化反应器　国外采用固定床氧氯化工艺的有 EVC 公司、Dow 公司和 BASF 公司等，目前固定床氧氯化体系正由三级串联向双级串联和单反应器型式发展。天津大沽化工厂新建的一套 20 万吨 VCM 装置，即采用单个固定床反应器。

一般，氧氯化反应的温度不得超过 285℃，否则催化剂的活性和反应的选择性均下降，因此采用两级串联或单个固定床反应器的最大难点是如何控制反应器的热点温度。EVC 公司采用新型催化剂填充方式，在总物料配比相同的条件下调整每级反应器进料气中氧气浓度和加入惰性气体的方法，实现了两级固定床串联和单个固定床反应器氧氯化反应工艺。在两级串联工艺中，每级反应器的催化剂分三段装填：第一段为高活性层；第二段为低活性层；第三段中催化剂的活性沿反应物流动方向而增加。第一段的目的是获得较高的反应速率；第二段的目的是控制热点温度，即在第一段反应温度接近允许值时转入低活性层，使反应速率减小，控制反应温度；物料进入第三段时分压较低，此时采用高活

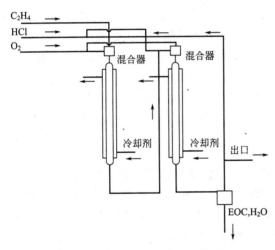

图 9-25　两级串联反应器示意图

性催化剂可获得高的反应总转化率。因此，三层催化剂的高度需严格控制，以保证每个反应器的热点温度均不超过允许值。图 9-25 为两级串联反应器示意图。

采用单个固定床进行氧氯化反应，除催化剂活性需沿物流方向合理分布外，还需调整原料配比，使乙烯相对于氯化氢大大过量，这样有利于移除反应热和提高反应选择性。过量的乙烯可循环利用或用于直接氯化反应。

流化床反应器的操作弹性大，床层内反应温度均匀，但催化剂易产生"黏性"而影响其流化质量和活性；反应段内设置的冷却列管加剧催化剂的磨损，严重影响其寿命。伍德

公司研究了一种新型流化床反应器，其反应段分为两部分，下段为绝热反应段，上段是换热反应段。这样的结构既可满足换热需要，又可减少催化剂的结垢和磨损。同时，换热反应段内的特殊结构还可改善气泡尺寸。

（3）直接氯化工艺和反应器　最近，伍德公司开发带循环回路的沸腾反应器技术用于乙烯直接氯化生产二氯乙烷，在新型反应器中，氯化反应主要发生在 U 形外循环回路的提升段。由于乙烯的溶解特性对直接氯化反应有较大的影响，而现有工艺是先将氯气溶解在溶剂 EDC 中，然后与乙烯混合进行反应，这样容易造成局部氯过量，增加高氯副产物，对反应选择性不利。该工艺的改进之一是将乙烯和氯气分别溶于 EDC 后，在 80～120℃、0.1～0.25MPa、无机铁配位化合物催化剂作用下进行反应。另一个改进是增加了乙烯在提升段下部的循环回路，以提高 EDC 中乙烯的浓度。同时，将产品回收器中的 EDC 进行二次冷却后溶解氯气，以增加其溶解度。新工艺的特点是，副产物少，EDC 的纯度可达99.93%，不需精馏精制即可直接用作裂解原料。

（4）EDC 裂解工艺　Borsa 等利用各种仪器分析手段研究了 EDC 裂解过程中焦体的生成机理，发现 EDC 裂解结焦是由于 EDC 汽化过程中在气相主体中形成了高沸点的结焦前驱体和焦油液滴，这些高沸点物质凝结并碰撞到炉管壁面造成结焦。同时，由于 EDC 的部分汽化，使液相 EDC 中杂质浓度增加，也加速结焦。就是说，如果在 EDC 裂解过程中不形成气相 EDC，则可有效地减少结焦。伍德公司开发了一种新的 EDC 裂解工艺，与传统工艺不同的是，先将 EDC 加压到临界压力（5.36MPa），然后在临界压力下将 EDC 加热到临界温度（288℃），这样在整个 EDC 预热过程中，始终未产生相变，且液相中溶解的杂质浓度没有变化，有效地避免了结焦的生成。

（5）其他　在平衡氧氯化法中，直接氯化和氧氯化都是强放热反应，因此采用热耦合技术合理利用反应热是平衡氧氯化法的一个研究热点。低温氯化的优点是副反应少、EDC 纯度高，但反应热无法利用。为解决这一矛盾，伍德公司开发低温氯化利用反应热的技术。在该技术中，靠 EDC 的汽化移出反应热，气相 EDC 压缩后用于轻组分塔、重组分塔和真空塔再沸器的热源。

该公司在乙烯氧氯化单元中的另一个热耦合技术是，在氧氯化反应器和急冷塔间设换热器，用反应器出口气体预热原料气，这样不仅可回收反应热，同时还可减少急冷塔顶冷凝系统的负荷。

国内对二氯乙烷精制过程的热耦合技术研究较多，例如在五塔流程基础上，将脱水塔和脱轻组分塔合并，回收塔和脱重组分塔 B 合并，形成节能型的新三塔精制工艺流程。流程中包括一个脱水、脱轻组分塔、一个 A 脱重组分塔和一个 B 脱重组分塔。其特点是A 脱重组分塔和 B 脱重组分塔构成双效节能组合，利用 A 脱重组分塔塔顶和 B 脱重组分塔塔釜存在的温差，以 A 脱重组分塔塔顶的冷凝器作为 B 脱重组分塔塔釜的再沸器，这种双效耦合操作减少了设备投资，并降低了能耗。从理论上计算，二氯乙烷精制所需要的设备投资约为原有投资费用的 90%，水耗约为原有的 55%，蒸汽消耗约为原有的 48%。另外，将脱水塔和脱轻组分塔合并，并将传统的回收塔功能并入 B 脱重组分塔，简化了工艺流程。

思 考 题

9-1　氯代烃生产过程所涉及的化学反应有哪几种类型，它们的规律是什么？

9-2　工业上氯乙烯的生产方法有哪几种，各有什么优势和缺点。

9-3　什么是平衡氧氯化法，其原理是什么？

9-4　试分析氧氯化的反应机理及影响因素。

9-5 试分析在乙烯氯化过程中，如何控制多氯副产物以及加压对提高 EDC 选择性是否有利。

9-6 根据乙烯氧氯化的环氧乙烷机理，推导乙烯氧氯化的 Langmuir-Hinshelwood 型反应动力学方程表达式。

9-7 EDC 裂解的主、副反应可简化表示为：二氯乙烷 $\xrightarrow{k_1}$ 氯乙烯 $\xrightarrow{k_2}$ 副产物，两个反应均为一级反应，$k_1 = 4.8 \times 10^7\,\mathrm{s}^{-1}$；$k_2 = 4.6 \times 10^7\,\mathrm{s}^{-1}$；$E_1 = 125.0\,\mathrm{kJ/mol}$；$E_2 = 145.7\,\mathrm{kJ/mol}$。试分析反应条件（温度、压力…）对 EDC 裂解反应的影响。

9-8 鼓泡塔、环流反应器、固定床反应器和流化床反应器各有何特点？分别适用于哪类反应？请根据乙烯氯化、氧氯化和 EDC 裂解反应的特点，分析上述四种反应器各适用于哪个反应？

9-9 为何氯乙烯精馏塔采用真空操作？EDC 脱水塔的操作原理是什么？

参 考 文 献

1 化工百科全书编委会．化工百科全书（11）．北京：化学工业出版社，1996
2 魏文德．有机化工原料大全（上）．第二版．北京：化学工业出版社，1999
3 吴指南．基本有机化工工艺学．北京：化学工业出版社，1990
4 Gerhartz W. Ulmann's Encyclopedia of industrial chemistry（5th ed.），Vol. A13，VCHm，Weinheim，1988
5 Kirk-othmer Encyclopedia of Chemical Technology. 4th ed，New York，Wiley，1995
6 张旭之．乙烯衍生物工学．北京：化学工业出版社，1995
7 邵冰燃，张英民，郎需霞，刘士龙．国内聚氯乙烯产业现状和发展趋势分析．中国氯碱．2004，（4）：1～5
8 郧涓林．中国 PVC 工业现状与发展分析，中国氯碱，2004，（5）：1～5
9 邵威，侯克伟．加入 WTO 对我国 PVC 加工行业的影响及对策．2003，（5）：7～9
10 邓云祥．聚氯乙烯生产原理．北京：科学出版社，1982
11 Orejas J. A.，Model evaluation for an industrial process of direct chlorination of ethylene in a bubble-column reactor with external recirculation loop，Chemical Engineering Science，2001，56：513～522
12 钟本慧，赵静铨．在铜催化剂上乙烯氧氯化反应动力学．石油化工．1985，14（1）：23～28
13 陈丰秋，阳永荣，戎顺熙，陈甘棠．乙烯氧氯化反应技术的研究．Ⅱ．反应历程及动力学，石油化工，1994，23（7）：421～425
14 S. Zahrani M. A.，Aljodai A. M.，Wagialla K. M.，Modelling and simulation of 1,2-dichloroethane production by ethylene oxychlorination in fluidized-bed reactor，Chemical Engineering Science 2001，（56）：621～626
15 王喜芹，吴慧雄．EDC 裂解炉的数学模型及其仿真研究．防化研究．2002（3）：34～37
16 张新胜，张行，刘岭梅．乙烯法 VCM 工艺技术进展及创新研究．聚氯乙烯．2002，6（6）：14～20
17 罗先军．二氯乙烷（EDC）裂解法制氯乙烯的过程分析及模拟，17～26
18 阳永荣，曹彬．二氯乙烷裂解管式反应器二维模拟．化工学报，2002，53（10）：1047～1050
19 阳永荣，曹彬，詹晓力．二氯乙烷裂解过程优化与集成．石油学报（石油加工版），2004，18（2）：72～77
20 张濂，朱东海．二氯乙烷裂解过程研究．化学反应工程与工艺．1995，11（2）：160～165
21 赵洪涛，陈鹤龄，陈德钊．二氯乙烷精制流程工艺方案的研究．化工中间体，2005，（1）：15～21
22 赵洪涛，陈鹤龄，陈德钊．二氯乙烷精制流程方案的研究．化工进展，2005，24（4）：414～420
23 Korai Y.，Yamamoto K.，Tsunawaki T.，Ku C.，Structure and properties of isotropic carbon produced at 200～300℃ in heat exchangers of commercial ethylenedichloride（EDC）pyrolysis，Carbon 2001，39：1613～1616
24 Alessandro G. B.，Andrew M. H.，Thomas J. M.，Robert L. M.，Shinji Ya.，Yasunobu T.，Yukikazu N.，Characterization of Coke Formed in Vinyl Chloride Manufacture Ind. Eng. Chem. Res. 1999，38：4259～4267
25 王红霞．氯乙烯技术现状及进展．石油化工．2002，31（6）：483～487
26 吕学举，刘杰，周广栋．对乙烷氧氯化反应的催化性能．催化学报．2005，26（7）：587～590
27 吕学举，费强，程铁欣，毕颖丽，甄开吉．乙烷氧氯化制氯乙烯的研究．高等学校化学学报．2003，24（3）：522～524
28 郑进．乙烷氧氯化制备氯乙烯工艺．中国氯碱．2004，（3）：14～16
29 李红梅，吴天祥，苏保卫．乙烯直接取代氯化合成氯乙烯的研究．化学反应工程与工艺．2004，20（2）：167～173
30 Clegg I M，Hardman R，Oxychlorination process，US5763710，1998-06-09
31 Mortensen M.，Minet R. G.，Tsotsis T. T.，Benson S.，A Two-Stage Cyclic Fluidized Bed Process for Converting Hydrogen Chloride to Chlorine，Chemical Engineering Science，1996，51（10）：2031～2039
32 吴玉龙，魏飞，韩明汉，金涌．回收利用副产氯化氢制氯气的研究进展．过程工程学报．2004，4（3）：269～275
33 Mark E J，Michael M O，Daniel A H，Process for the conversion of ethylene to vinyl chloride and novel catalyst compositions useful for such process，US6909024，2005-01-21
34 Young G H. Cowfer J A.，Johnston V J，Catalyst and process for oxychlorination of ethylene to EDC，US5382726，

1995-01-17

35　Victor J J，Silver L J，Joseph A C，Oxychlorination process，US5600043，1997-02-04

36　Marsella A，Fatutto P，Carmello D，Catalyst and oxychlorination process using it，US6465701，2002-10-15

37　Muller H，Bosing S，Schmidhammer L，Frank A，Haselwarter K，Supported catalyst，process for its production as well as its use in the oxychlorination of ethylene，US5986152，1999-11-16

38　唐亮．乙烯氧氯化法制二氯乙烷催化剂的研究．聚氯乙烯．2005，（1）：22～30

39　王红霞．新型氧气法乙烯氧氯化催化剂研究．工业催化．2002，**10**（1）：38～41

40　Carmello D，Fatutto P，Marsella A. Oxychlorination of ethylene in two stage fixed-bed reactor. US5841009，1998-11-24

41　Fatutto P，Marsella A，Vio D. Single stage fixed bed oxychlorination of ethylene. US6180841，2001-01-30

42　顾约伦．EDC 沸腾反应器．高桥石化．2005（2）：43

43　Borsa A. G.，Herring A. M.，M cKinnon T.，Ind. Eng. Chem. Res.，1999，38：4259～4267

44　Friedrich S，Process for evaporating 1,2-dichloroethane（EDC），US6166277，2000-12-26

45　Motz J，Method and device for utilizing heat in the production of 1,2-dichloroethane，US6693224，2004-02-17

46　Michael B，Process for specific energy saving，especially in the oxychlorination of ethylene，US6191329，2001-02-20

47　陈鹤龄，段心一，顾晓，赵洪涛．氯乙烯生产过程中二氯乙烷的三塔精制方法．CN 02136335.8，2003-02-05

48　蓝凤祥．世界聚氯乙烯工业技术进展．聚氯乙烯．2001，（3）：1～17

49　Sheng L，Qi F，Tao L，Zhang Y，Yu S，Wong C K，Li W K.，Experimental and theoretical studies of the photoionization and dissociative photoionizations of vinyl chloride. Int J Mass Spectrom Ion Proc，1995，148：179～189

50　Schultz J C，Houle F A，Beauchamp J L，Photoelectron spectroscopy of isomeric C4H7 radicals. Implications for thermochemistry and structures of the radicals and their corresponding carbonium ions. J Am Chem Soc，1984，106：7336～7347

51　Berkowitz J，Ellison G B，Gutman D，Three methods to measure RH bond energies. J Phys Chem，1994，98：2744～2765

52　Kromkin EA，Tumanov VE，Denisov，ET，Evaluation of the energies of dissociation of C-X bonds in monohaloalkyls according to kinetic data. Khimicheskaya Fizika，2003，**22**（11）：30～36

53　Tsang W，Scock tube on the stability of polyatomic molecules and the determination of bond energier. In：Energetics of Stable Molecules and reactive Intermediates，NATO Sci Ser C，1999，535：323～352

54　Seaking PW，Pilling M J，Nirann J T，Gutman D，Krasnoperov L N，Kinetics and thermochemistry of R+HBr= RH+Br reactions：Determinations of the heat of formation of C2H5，i-C$_3$H$_7$，sec-C$_4$H$_9$，and t-C$_4$H$_9$. J Phys Chem，1992，96：9847～9855

55　Russell J J，Seetual J A，Gutman D，Kinetics and thermochemistry of CH$_3$，C$_2$H$_5$，1988，110：3092～3099

56　Pedley J B，Naylor R D，Kirby S P，Thermochemical data of organic compounds，2nd ed. New York：Chapman and Hall，1986

57　Walker J A，Tsang W，Single-pulse shock tube studies on the thermal decomposition of n-butyl phenyl ether，n-pentylbenzene，and phenetole and the heat of formation of phenoxy and benzyl radicals. J Phys Chem，1990，94：3324～3327

58　Tsang W，Heats of organic free radicals by kinetic methods. In：Energetics of Organic Free Radicals，Simoes J A M，Greenberg A，Liebman J F eds. New York：Blackie Academic & Professional，1996，22～58

59　Dobis O，Benson S W，Temperature coefficients of rate of ethyl radical reactions with HBr and Br and Br in the 228～368K temperature range at millitorr pressures. J Phys Chem Soc，1997，119：8485～8491

60　Dobid O，Benson S W，Analysis of flow dynamics in a new，very low-pressure reactors. Application to the reaction Cl+CH$_4$══HCl+CH$_3$. Int J Chem Kinet，1987，19：691～708

61　Michael B，Thomas S. Hartmut S，Process for the VCM production，USP 6437204，2002-8-20

62　Daniel A H，John P H，Mark E J et al.，Process for vinyl chloride manufacture from ethane and ethylene with immediate hcl recovery from reactor effluent，USP 6797845，2004-09-28

63　Michael B. Method of production ethylene（di）chloride（EDC）. USP 6841708，2005-01-11

64　卡尔梅罗 D，法吐托 P，马尔色拉 A. 乙烯在两级固定床反应器中的氧氯化反应．CN1175938，1998-03-11

65　严福英．聚氯乙烯工艺学．北京：化学工业出版社，1990

第10章 聚合物生产工艺基础

聚合物是指一类分子尺寸非常大的线型大分子化合物，亦称高分子化合物。聚合物生产工艺是以高分子化学、高分子物理与化学工程学为理论基础的化工生产技术。其生产加工对象包括人工合成高分子化合物的工业化生产及天然高分子材料的改性加工处理。本章是以小分子化合物为原料，以人工合成高分子化合物的基本原理及生产工艺为重点。

人类在长期的生活实践中获得了利用天然高分子材料的丰富知识，如人们日常使用的棉麻、蚕丝、毛皮、木材及天然橡胶等，它们都是天然高分子。随着科学技术的发展和生产的进步，人工合成了大量的品种繁多、性能优异的高分子化合物。这些聚合物具有成纤性、成膜性、黏附性、可塑性、高弹性及优良的力学性能和电性能等。人们利用聚合物的某些独特性能通过适当的加工方法，分别可制成纤维、塑料、橡胶及其制品，还可制成涂料、黏合剂、离子交换树脂等材料。这些材料均以合成的聚合物为基础并统称为合成材料。其中以塑料、合成纤维、合成橡胶产量最大，通称为三大合成材料，广泛应用于国民经济的各个领域。

随着石油化学工业的蓬勃发展，为高分子合成工业的发展提供了充足的原料基础。石油化工的七大基础原料（乙烯、丙烯、丁二烯；苯、甲苯、二甲苯；甲醇）总量的一半用于生产高分子材料。因此，高分子材料合成是石油化工发展的最重要的领域，它也是材料工业中发展速度最快的领域，超过了标志性材料——钢铁的发展。与金属、竹木、陶瓷及玻璃等传统材料相比，合成高分子材料是一类新型材料，由于它原料来源丰富，制造方便，加工成型简单，性能优异变化万千，在许多应用领域成为不可替代的必需品。高分子材料的发展，直接关系到国民经济几乎所有领域，包括电子信息技术，生物技术，空间技术，新能源等新兴技术领域以及与人们日常生活相关的交通、运输、农业、建筑、环保、纺织、日用品及食品等技术领域。为满足人类生活和医疗水平的迅速提高以及新的技术革命的需要，为许多新兴技术领域提供材料保障。今后高分子合成材料的发展趋势必然是在现有基础上"提高性能，发展功能"，从"量的发展"到"质的提高"。高性能、高功能、复合化、精细化、智能化的高分子合成材料，必将不断促进人类文明的发展。

10.1 聚合物的基本概念

10.1.1 聚合物及其表征

在高分子化学中，大分子也是由共价键结合的原子所组成，通常构成一个大分子的原子数多达 10^3 和 10^5，其相对分子质量大都处于 10^4 和 10^6 之间，其特点是在大分子中由许多相同的、简单的结构单元连接而成，像一条长长的锁链，故也称大分子链。由重复的结构单元所组成的大分子化合物，通称为聚合物。更确切说聚合物是由具有一种或数种原子或原子团，经过多次相互重复连接为特征的分子所构成的物质。若其一系列的物理性质不再随原子或原子团的重复次数的增加或减少而改变时，则又可称为高聚物，否则为低聚物。广而言之，聚合物是总称，包括高聚物和低聚物。高聚物又形象地称为高分子化合物。

最简单的聚合物是由一种结构单元重复多次连接形成的，可以用下式表示：

$$X\text{-}M\text{-}M\text{-}M\text{-}M\text{-}M\cdots\cdots M\text{-}M\text{-}M\text{-}Y$$

简化为

$$X\text{---}[M]_n\text{---}Y \quad \text{或} \quad \text{---}[M]_n\text{---}$$

式中 M 为结构单元，又叫重复单元或链节，n 重复连接数目，X、Y 为端基。聚合物的端基只占聚合物总重的很小一部分，因此常简化不计，但在某些特殊情况，端基基团又不可忽视，若为已知时，则须标出。

聚合物分子链的结构单元，常与制备时所用的小分子原料的结构密切相关，例如聚氯乙烯分子，由许多氯乙烯结构单元重复连接而成。

$$\sim\sim\sim CH_2\text{---}CH\text{---}CH_2\text{---}CH\text{---}\sim\sim\sim CH_2\text{---}CH\text{---}CH_2\text{---}CH\sim\sim\sim$$
$$\qquad\qquad | \qquad\qquad | \qquad\qquad\qquad | \qquad\qquad |$$
$$\qquad\quad Cl \qquad\quad Cl \qquad\qquad\quad Cl \qquad\quad Cl$$

上式可缩写为

$$\left[\begin{array}{c} CH_2\text{---}CH \\ | \\ Cl \end{array}\right]_n \tag{10-1}$$

$$\leftarrow\text{结构单元}\rightarrow$$
$$\leftarrow\text{重复单元}\rightarrow$$

式（10-1）中 n 为重复单元数或链节数，端基已略去不计，其中 —CH$_2$—CH— 是结构单元
$\qquad\qquad\qquad\qquad\qquad\qquad\qquad\qquad\qquad\qquad\qquad\qquad\qquad\qquad\qquad\qquad\qquad$|
$\qquad\qquad\qquad\qquad\qquad\qquad\qquad\qquad\qquad\qquad\qquad\qquad\qquad\qquad\qquad\qquad\quad$Cl
或称重复单元，它是由小分子氯乙烯打开双键后形成的，所以把能够形成结构单元的小分子化合物即合成聚合物的原料称作单体。式（10-1）中的方括号表示重复连接的意思，n 代表结构单元重复连接的数目，称聚合度。重复单元的结构式可以代表高分子的化学结构，聚合度则是衡量高分子大小的一项指标。根据式（10-1），很容易看出，聚合物的相对分子质量 M，是重复单元的相对分子质量 M_0 与聚合度 $\overline{DP}$（或重复单元数 n）的乘积。

$$M = \overline{DP} \times M_0$$

如上述聚氯乙烯的重复单元的相对分子质量为 62.5（即氯乙烯单体的相对分子质量）。若聚合度 $\overline{DP}$ 为 2000 时，则聚氯乙烯的相对分子质量 $M = 2000 \times 62.5 = 125000$。

由一种单体聚合而成的聚合物称均聚物，如上述聚氯乙烯。由两种以上单体共聚而成的聚合物，则叫共聚物，如氯乙烯-醋酸乙烯酯共聚物。

$$\left[(CH_2\text{---}CH)_x\ CH_2\text{---}CH\right]_n$$
$$\qquad\quad | \qquad\qquad\qquad\quad |$$
$$\qquad\quad Cl \qquad\qquad\qquad OCOCH_3$$

值得注意，大部分共聚物中的单体单元往往无规律排列，很难指出正确的重复单元，如不加特别说明上式只能说明该共聚物是由两种单体共聚而成，并不说明它们的组成比例。

另一种通过官能团间的化学反应生成的高分子化合物，如聚酰胺、聚酯一类的结构式另有不同，如尼龙-66。

$$\text{---}[NH(CH_2)_6NH\text{---}CO(CH_2)_4CO]_n\text{---}$$
$$\leftarrow\text{结构单元}\rightarrow\ \leftarrow\text{结构单元}\rightarrow \tag{10-2}$$
$$\leftarrow\qquad\text{重复单元}\qquad\rightarrow$$

式（10-2）的重复单元由 —NH(CH$_2$)$_6$NH— 和 —CO(CH$_2$)$_4$CO— 两种结构单元组成，这两种单元比其单体己二胺和己二酸要少一些原子，原因是聚合反应过程中缩合脱水的结果。如果要用己二酰氯代替己二酸反应也可以得到式（10-2）的同样结果，所以这种结构单元与单体不是唯一对应关系，不宜再称单体单元。有些书刊把聚酰胺一类的聚合物的两种结构单元总数称作聚合度 $\overline{X_n}$，这样式（10-2）中的聚合度将是重复单元数的二倍，即
$\overline{X_n} = 2n = 2DP$。

总之，高聚物相对分子质量、链节数和聚合度等都是作为表征聚合物分子大小的重要参数。

10.1.2　聚合物大分子及其结构特性

10.1.2.1　相对分子质量大是聚合物的根本特性

高聚物具有的许多特殊性能都与相对分子质量有关，如高聚物溶液的一系列性质都区别于低分子物，它比较难溶，甚至不溶，溶解过程有溶胀阶段，溶液的黏度比相同质量的低分子物质的溶液黏度高很多。由于相对分子质量大，分子链长，分子间的作用力大，高聚物分子不能汽化，因而不能用蒸馏方法纯化，常温下多为固体，具有机械强度，可抽丝，能成膜，有弹性。所有这些特性是大分子链状结构的宏观表现，以至于形成高聚物分子链的原子化学特征只起第二位作用。反映了在高聚物中巨大的相对分子质量对其性能影响的重要性。

10.1.2.2　聚合物相对分子质量的多分散性

结构一定的低分子化合物，组成它的所有分子的相对质量是相同的，然而在聚合物中相对分子质量的概念却有新意，因为即使是一种"纯粹"的聚合物，也是由化学组成相同、而相对分子质量不等的分子链大小不一的同系分子的混合物组成，这一特性是聚合反应过程中，形成分子链的或然性所决定的。聚合物样品中，每一个分子的相对分子质量都不相同，最小的分子可以为单体大小，大的则可达到数百万的规模，而中间大小的分子所占的比例最大，两头的比例要小。这个特性就称为聚合物相对分子质量的多分散性。由于聚合物具有这种特性，所以一般测得的聚合物的相对分子质量都是平均相对分子质量。并且由于平均方法不同，又有数均相对分子质量 M_n，重均相对分子质量 M_w，黏均相对分子质量 M_η 等表征聚合物的相对分子质量的多分散性，通常用"相对分子质量分布"表示，聚合物的相对分子质量分布曲线是聚合物多分散性的体现。图 10-1 表示了聚合物相对分子质量分布情况，纵坐标表示聚合物中某一种相对分子质量的分子在样品中所占的质量分数（M_x），横坐标表示聚合度 X，曲线 a 表示聚合物的相对分子质量较集中的分布在某一范围内，即分布较窄。曲线 b 表示聚合物的相对分子质量分布较为分散，即相对分子质量分布较宽。

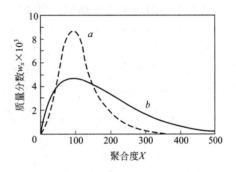

图 10-1　聚合物相对分子质量分布

相对分子质量分布对高分子材料的加工性能有重要影响，具有相同相对分子质量的样品，分布宽的流动性好，分布窄的有较好的耐冲击性。

10.1.2.3　聚合物分子链结构多样性

应当指出，高分子化合物以重复单元表示的化学结构式只是整个高分子的一个标志而已，它并没有真实反映高分子的结构。因为在高分子的形成过程，总有副反应，与小分子反应不同，这种副反应都保留在高分子的分子链上，导致了分子链结构的多样性，形成分离不出去性质又相似的链状大分子。例如在共轭双烯的聚合中就有 1,4-和 1,2-加成结构混杂在同一分子链上以及顺式 1,4-和反式 1,4-结构以不同比例同时出现在聚合物分子上。参见图 10-2。同样，对乙烯基化合物的聚合反应在形成的大分子链上，重复单元的连接方式，除正常的头-尾结构外，也能形成头-头和尾-尾结构的混合物，序列结构的不规则影响大分子链的规整性及聚合物性能。参见图 10-2 和图 10-3。

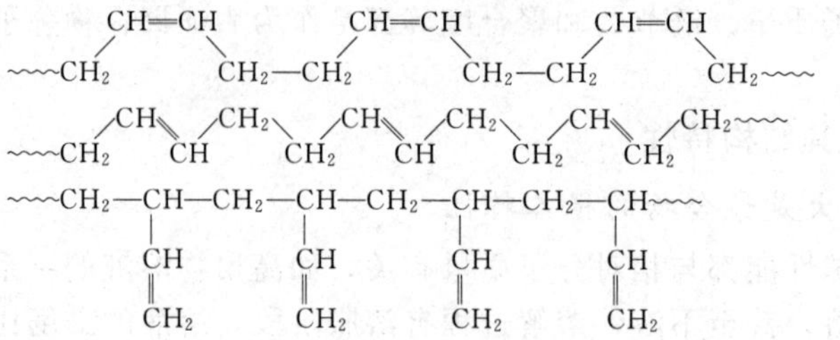

图中顶部化学结构图

顺式-1,4-聚丁二烯

反式-1,4-聚丁二烯

1,2-聚丁二烯

图 10-2　聚丁二烯分子异构体

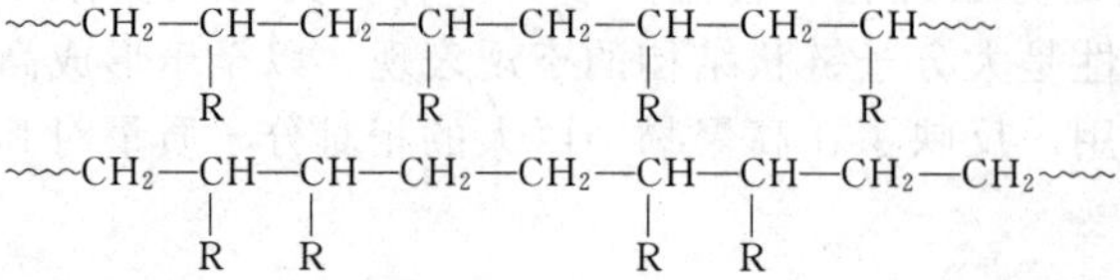

头-头尾结构（取代基 R 尾 1,3 位置）

头-头尾结构（取代基 R 尾 1,2 位置）

图 10-3　聚烯烃分子序列结构

和小分子化合物一样，高分子也有旋光异构体，如果在聚烯烃分子链的结构单元中 $\text{---CH}_2\text{CHR---}_n$ 有一个不对称碳原子，就应有左旋和右旋两种旋光异构单元，它们在高分子链中有三种存在方式。为了便于说明，假定把主链上的碳原子拉伸成锯齿状固定在平面上，当 R 取代基全处于主链平面一边时，即全部由一种旋光异构单元键接而成的高分子称等规立构或称全同立构，见图 10-4（a）。当 R 取代基交替地处于平面两侧时，即由两种旋光异构单元交替键接成的高分子称为间规立构或称间同立构，见图 10-4（b）。当 R 取代基在平面两边不规则排列，即两种旋光异构单元完全无规则键接成的高分子称无规立构，见图 10-4（c）。等规立构聚合物具有特别大的结晶倾向，一般只能用定向聚合方法才有可能制备等规度较高的聚合物。间规立构聚合物可以通过离子型聚合，也可以通过自由基聚合的方法在低温下制备。因为在聚合物链中有 R 取代基的不对称碳原子，有内消旋作用，不被认为是真正的不对称碳原子，所以此类聚合物不具有旋光性。

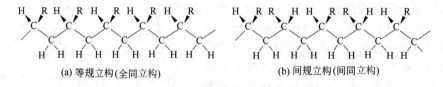

(a) 等规立构(全同立构)　　　　　(b) 间规立构(间同立构)

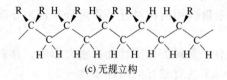

(c) 无规立构

图 10-4　聚烯烃分子的立体异构体

10.1.2.4　高分子链结构成分的多样性

在合成高分子时，如果使用两种或多种单体，所得聚合物称为共聚物。对 A 和 B 两种单体而言，共聚物有如下几种结构。

① 两种不同的结构单元按一定比例无规则的链接起来，称为无规共聚物。

　　　　～～～A—B—B—A—B—A—A—A—B—A—A—B—A～～～

② 如两种结构单元成有规则的交替链接起来的结构，称为交替共聚物。

　　　　～～～A—B—A—B—A—B—A—B—A—B—A—B～～～

③ 两种不同成分的均聚链段彼此无规则的链接起来的结构，称为嵌段共聚物。

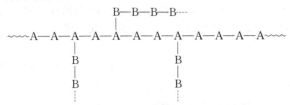

～～A—A—A—A—A—A—A—B—B—B—B—B—B—B—A—A—A—A—A～～

④ 在一种成分构成的高分子主链上，链接另一种成分的侧链，构成一种主侧成分不同的带支链的结构，称为接枝共聚物。

B—B—B—B····
      |
～～A—A—A—A—A—A—A—A—A—A—A—A～～
            | |
            B   B
            | |
            B   B

以上四种为一般共聚物中的典型结构。尽管都是 A、B 两种成分或结构单元所组成的物质，由于其结构成分分布不同，改变了分子之间的相互作用，使不同结构类型的聚合物性能差别明显。对同一种共聚物，如无规共聚物即使 A、B 相对组成不变，若其在大分子链上分布不同，也会使聚合物的性能发生变化。所以对共聚反应来说，如何实现预定组成的共聚物，以及预定组成在分子链上均衡的实现，都是共聚物研究的重要内容，一切都应保证聚合产物作为材料使用时的最佳性能。组成、结构、性能之间相互关系的深入研究，为实现合成材料的分子设计打下基础。

10.1.2.5 聚合物大分子链几何形状的多样性

不同于有机化学，高分子化学是合成长链大分子化合物的化学，是大分子的长链结构决定了诸如橡胶的高弹性，溶液的高黏度以及凝胶的形成等高分子化合物的物理特性。而参与构成大分子的原子的化学特性，对此等行为的作用则比较小，所以在研究高分子链的结构对高分子化合物的物理性能的影响时，用大分子链几何形状淡化链的化学组成，就成为一种重要的研究思路。事实上，在高聚物的合成中，一方面可以制造出化学组成完全不同但物理性能却很相近的化合物，例如具有聚酯链、饱和碳-碳链及不饱和碳-碳链等化学组成不同的高弹性橡胶产品；另一方面，可以制造出化学组成相同，但物理特性完全不同的化合物，如聚酯纤维和以聚酯链为主的聚氨酯弹性体。

聚合物的几何形状，即链的结构形象有线型、支链型和体型三种，如图 10-5 所示。

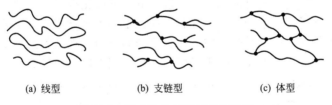

(a) 线型   (b) 支链型   (c) 体型

图 10-5　聚合物分子链的几何形状

线型聚合物链是线状长链的大分子。在不同的介质和力场下，其形状可以是伸展状态，也可以是卷曲状态，如未硫化橡胶，聚丙烯，涤纶树脂等，基本上都属线型聚合物。支链型聚合物是聚合物链上带有侧枝，支链的长短和数量可以不同，甚至有的支链上还有支链，如高压聚乙烯和接枝型 ABS 树脂等。

近年来合成了一系列新的支链型聚合物，如星型、梳型、梯型聚合物等，见图 10-6。体型聚合物是线型或支链型聚合物分子间以化学键交联形成的，它具有空间网状结

(a) 星型   (b) 梳型   (c) 梯型

图 10-6　一些新型支链聚合物示意图

构，其工业产品如酚醛塑料、硫化橡胶及离子交换树脂等。

线型和支链型聚合物，由于分子链形状不同，影响分子间排列和相互作用，既使两种相同的化学组成和相同的相对分子质量，物性也不相同。支链型聚合物分子间排列较松。分子间作用力较弱，它的溶解度较大，而密度、熔点和机械强度则较小。通常线型聚合物可以为某些溶剂溶解和熔融，体型聚合物则不能溶解也不熔融。

10.1.2.6 聚合物结构的多层次

聚合物由于它们的相对分子质量特别高，同时在形成大分子反应过程中受到各种复杂条件的影响，存在着相对分子质量的多分散性，其中包括了链结构、成分、几何形状的多样性。聚合物分子通过分子间相互作用力的影响，由微观的大分子个体聚集而成宏观的聚合物。这其中经过了不同结构层次有规律地排列，堆砌，聚集而构成。聚合物所表现出来的各种性能是聚合物本身内部结构的反映。人类认识聚合物的结构，花了近一个世纪的时间。我们要认识聚合物的全貌，不仅要认识大分子的结构单元，也要认识大分子个体的微观结构，还要认识从微观结构发展到宏观聚合物的各个结构层次，是怎样构成统一整体。

(1) **聚合物的一次结构**　是构成聚合物的最基本的微观结构，它是单个大分子内组成链分子的结构单元的种类、结构单元之间结合的种类和方式以及各相邻结构单元的空间排布（顺式、反式、等规、间规立构等）亦即通常所指的化学结构。聚合物的一次结构是反映高分子各种特性的最主要结构层次，它直接影响着聚合物的某些性能，如熔点、密度、溶解性、黏度、黏附性等。

前面所述聚合物化学结构的多样性，皆属一次结构的研究范围，从高聚物生产工艺和对一个大分子的生产过程的控制，即对一个大分子的一次结构的形成过程控制，对作为材料使用的高聚物性能影响是基础性的是十分重要的。

(2) **聚合物的二次结构**　是指单个大分子在空间存在的各种形状，也称高分子的构象。一个大分子链因为 C—C 键，C—O 键，Si—O 键等单键的内旋转和分子链的热运动，常常存在着一系列不同的形状，如一根完全伸展的大分子链、一个卷曲的无规线团或螺旋形链等等，见图 10-7。高分子的二次结构单元不再是指单个重复单元，而是由若干重复单元组成的链段，一个大分子链由若干个链段组成，链段相当于一个独立的运动单元。在拉伸聚合物时，大分子链基本处于伸展状态；在无定型聚合物和高分子溶液中，大分子链常以无规线团的构象存在；结晶聚合物往往由等周期折曲的规则的大分子组成；螺旋形结构在蛋白质、核酸中占主要地位，由于氢键的作用，使螺旋形结构稳定。

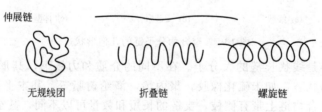

图 10-7　单个高分子的几种构像示意图

(3) **聚合物的三次结构（又称高分子的聚集态结构）**　是在单个大分子的二次结构的基础上，由许多个大分子集聚成聚合物材料，产生了所谓三次结构，见图 10-8。

通过聚合反应由小分子原料生成相同或不同结构单元并依照一定顺序和空间构型键接而成的高分子链，即高分子链的一次结构。这些高分子链，因单键的旋转而构成大分子链在一定条件下势能最低的构象形态，即大分子链的二次结构。具有一定构象的许多大分子链再通过次价力或氢键力的作用，聚集成有一定规律排列的高分子聚集体即聚合物的三次结构。这些仍然是微观状态的高分子聚集体，通过一定的加工成型方法，达到更高一级的

  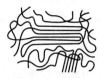

无规线团细胞状结构　　　　线粉状结构　　　　　缨状胶束

 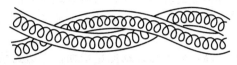

折叠链聚合物晶体　　　　　　　双重螺旋

图 10-8　高分子三次结构示意图

宏观聚集态层次而成为聚合物产品。可称为高次结构宏观高分子聚合物，其所显示的性能应为各个结构层次对性能做出贡献的综合反映。

10.1.2.7　高分子的聚集态结构

高分子的聚集态结构可概括为结晶结构，无定形结构和取向结构。

结晶结构　一次结构若是简单规整的大分子，容易折叠成规则的二次结构，再进一步有序排列聚集成三次结构，从而形成各种结晶聚合物，如聚乙烯、定向聚丙烯、聚四氟乙烯、聚甲醛等。但长链大分子在折叠排列过程中，总会有缺陷。因此结晶程度总不如小分子结晶完整，反映在聚合物结晶无敏锐的熔点，而只是熔融温度范围。为此规定把晶体全部熔化的温度称为聚合物熔点 T_m。结晶聚合物熔点高，强度大，耐溶剂，从而可提高作为材料的使用性能。

无定形结构　一次结构如是比较复杂而不规则的线型大分子，其二次结构往往是无规线团。最后形成的三次结构是无定形聚合物，如聚苯乙烯，聚氯乙烯，聚甲基丙烯酸甲酯等。

取向结构　它是指高分子聚集体中大分子链或链段朝着一定的方向占优势排列的现象，这种取向是在一定条件下形成的，如将高分子溶液或熔体通过小孔或窄缝挤出时，由于大分子在流动过程受到剪切力作用，很容易使链段或大分子链沿挤出的方向取向，由于温度降低而把这种分子的特征取向固定下来，形成一种高分子聚集态的取向结构。聚合物发生分子取向时，沿着取向方向机械强度增加。实际生产中将纤维进行单轴拉伸和将薄膜进行双轴拉伸的目的就在于进行分子取向以提高它们的强度。但取向结构有时也会在制品中产生预应力，使性能变坏。总之，材料取向后，在力学性能，热学性能和光学性能等方向产生很大变化。正确认识利用材料的取向效应也是一个相当重要的问题。

10.1.2.8　高分子运动单元的多重性

对高分子链而言，它的热运动单元可以是侧基、支链、链节、链段、整个分子链等，这些运动单元是受条件而定的，特别是温度的影响。它们运动所需能量依次提高，当温度升高使分子热运动的能量增加，积聚到以一定方式运动所需的势垒时，运动单元处于活化状态，开始以一定的方式进行热运动。

温度一定，当一块橡皮用外力拉长，然后除去外力，这时橡皮不会立即缩短恢复到拉伸前的状态。开始，回缩很快，然后回缩的速度越来越慢，需很长时间才能完成。这是因为拉伸时，橡胶分子从卷曲状态被拉成伸展状态，当外力消除后，分子链要从伸展状态回复到卷曲状态是要通过各种运动单元的热运动来实现的。由于运动单元的运动所需能量不同，恢复原有状态所需时间不一样。把某运动单元恢复原状态所需的时间称为松弛时间。

不同的运动单元，松弛时间的长短也就不一样，所以松弛时间是一个分布，整个恢复过程是个松弛过程。温度升高，可增加分子链上各运动单元的能量，从而加快了松弛过程，亦即缩短了松弛时间。

当外力一定，无定形聚合物在很低的温度下如 $4\sim150\text{K}$ 之间，分子的能量很低，已不能克服主链分子内旋转的势能，因此不能激发起链段的运动，链段被"冻结"，只有较小的运动单元如侧基、支链和较小的链节可运动。在这种温度范围，高分子链不能实现从一种构象到另一种构象的转变。聚合物所表现出来的力学性能和小分子的玻璃相似，一定的外力作用，只有很小的形变，除掉外力，形变立即回复，此时无定形聚合物所处状态称为**玻璃态**。

随着温度的升高，分子热运动能量增加，当达到某一温度时，分子热运动能量达到足以克服内旋转的能位，这时，链段的运动受到激发，可以观察到由于链段运动所引起的各种物理性质的变化。在同样外力作用下，分子链可以通过主链上单键的内旋转和链段运动来改变构象以适应外力作用。此时分子链沿着力场方向被拉直了，外力解除后，被拉直的分子链由于热运动又回复到原来的卷曲状态。高分子链由卷曲到拉直，变形是很大的。我们把这种受力后形变很大，除掉外力后又能回复的力学性质称为高弹性。当无定形聚合物在一定温度范围内具有高弹性的状态时，即称**高弹态**。

当温度继续升高时，不仅链段运动，整个分子链都能运动。由于温度的升高，链段运动的松弛时间缩短，整个分子链移动的松弛时间也缩短到可以测量的范围，此时聚合物在外力作用下，表现出黏性流动，即整个大分子与大分子间发生相对移动。这种流动形变是不可逆的。当外力解除后，形变不能回复。在此温度范围内，聚合物所表现的黏性流动状态称为**黏流态**。

在一定外力作用下，随着温度的升高，聚合物发生由玻璃态向高弹态的转变，其转变的温度称为玻璃化温度，用 T_g 表示，温度再升高，聚合物发生由高弹态向黏流态的转变，这个转变温度称为黏流温度，用 T_f 表示。在一定外力作用下不断升高温度，以形变对温度作图可以得到温度形变曲线，如图 10-9 所示。

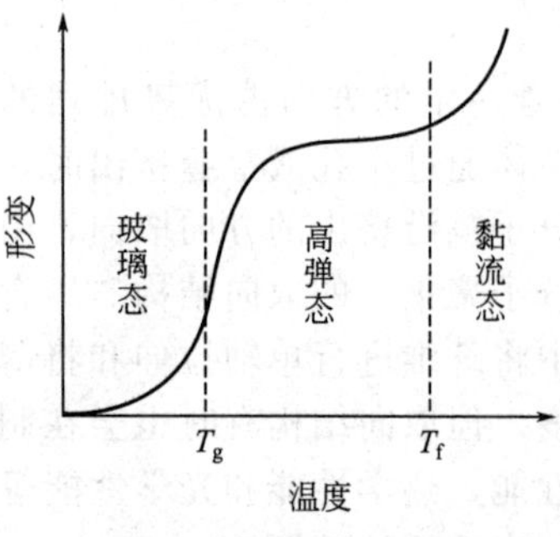

玻璃化温度 T_g 是无定形塑料使用的上限温度，橡胶使用的下限温度。黏流温度 T_f 是聚合物加工成型的重要参数。

玻璃态、高弹态、黏流态称为无定聚合物的三种力学状态，它是以力学性质来区分的。

10.1.3 聚合物的命名

10.1.3.1 习惯命名法

聚合物的习惯命名，具有简单明了又反映了聚合物主要特征的一种命名法，是从产量大，用途广，生产历史久的聚合物产品名称中逐步形成，并被广泛认同。从科学的角度看，其不足点：不严格，不系统，特例较多。

对以一种单体为原料的聚合物，多以单体或假想单体名称为基础命名，前面冠以"聚"字，如氯乙烯的聚合物称为聚氯乙烯。甲醛的聚合物称为聚甲醛。聚苯乙烯是苯乙烯为原料的聚合物。聚乙烯醇则是其假想单体"乙烯醇"的聚合物。表 10-1、表 10-2 中的聚合物均按这种方法命名。

由两种单体聚合而成的产物，常摘取两种单体的简名，后缀"树脂"两字来命名。如苯酚和甲醛的缩聚产物形似天然树脂，故称酚醛树脂。对称脲醛树脂的聚合物则可想到它

图 10-9　无定型聚合物
温度形变曲线

表 10-1 某些碳链聚合物

聚合物结构	名称	符号	聚合物结构	名称	符号
$\math{-\!\!\!\left[CH_2\!-\!CH_2\right]_{\overline{n}}}$ 聚乙烯	聚乙烯	PE	$\left[CH_2\!-\!CH\right]_{\overline{n}}$ 丨 OH	聚乙烯醇	PVA
$\left[CH_2\!-\!CH\right]_{\overline{n}}$ 丨 OOCCH_3	聚乙酸乙烯酯	PVAc		聚乙烯醇	PVA
$\left[CH_2\!-\!CH\right]_{\overline{n}}$ 丨 COOCH_3	聚丙烯酸甲酯	PMA	$\left[CH_2\!-\!C\right]_{\overline{n}}$ CH_3 丨 COOCH_3	聚甲基丙烯酸甲酯	PMMA
$\left[CF_2\!-\!CF_2\right]_{\overline{n}}$	聚四氟乙烯	PTFE	$\left[CH_2\!-\!CH\right]_{\overline{n}}$ 丨 Cl	聚氯乙烯	PVC
$\left[CH_2\!-\!CH\right]_{\overline{n}}$ 丨 CN	聚丙烯腈	PAN		聚氯乙烯	PVC
$\left[CH_2\!-\!CH=CH\!-\!CH_2\right]_{\overline{n}}$	聚丁二烯	PB	$\left[CH_2\!-\!CH\right]_{\overline{n}}$ 丨 CONH_2	聚丙烯酰胺	PAM
$\left[CH_2\!-\!CH\right]_{\overline{n}}$ 丨 苯环	聚苯乙烯	PS	$\left[CH_2\!-\!CH=CH\!-\!CH_2\right]_{\overline{n}}$ 丨 CH_3	聚异戊二烯	PI

表 10-2 某些杂链聚合物

主链含有的特征链型	聚合物结构	通俗名称
—C—O—C—	$\left[R\!-\!O\right]_{\overline{n}}$	聚醚
—C—O— (O)	$\left[C\!-\!R\!-\!C\!-\!O\!-\!R'\!-\!O\right]_{\overline{n}}$ (O,O)	聚酯
—C—NH— (O)	$\left[C\!-\!R\!-\!C\!-\!NH\!-\!R'\!-\!NH\right]_{\overline{n}}$ (O,O)	聚酰胺
—O—C—NH— (O)	$\left[O\!-\!R\!-\!O\!-\!C\!-\!NH\!-\!R'\!-\!NH\!-\!C\right]_{\overline{n}}$ (O,O)	聚氨酯
—C—(S)_n—C—	$\left[R\!-\!(S)_n\right]_{\overline{n}}$	聚硫醚
—C—S—C— (O,O)	$\left[R\!-\!O\!-\!R'\!-\!S\!-\!R''\right]_{\overline{n}}$ (O,O)	聚砜

可能的两种单体是脲素和甲醛经缩聚而成。许多合成橡胶是共聚物，往往从共聚单体中各取一字后加"橡胶"二字来命，如丁（二烯）苯（乙烯）橡胶称丁苯橡胶，丁（二烯）（丙烯）腈橡胶称丁腈橡胶，乙（烯）丙（烯）橡胶称乙丙橡胶等。

也有以聚合物的重复单元中有机官能团的结构特征名称来命名的，如 $\left[C\!-\!O\right]_{\overline{n}}$ （O），

$\left[C\!-\!HN\right]_{\overline{n}}$ （O），则分别称为聚酰胺，聚酯。此外还有如聚碳酸酯，聚醚，聚砜等等。这些名称都代表了一类聚合物，具体品种另有更详细的名称。如己二胺和己二酸两种单体反应产物的命名是聚己二酰己二胺（属聚酰胺），这样的名称稍嫌庸长，商业上往往称为尼龙-66，尼龙代表聚酰胺一大类，后面数字则分别表示两种单体碳原子数目，前边的是胺的碳原子数，大多是一位数；后边的是酸的碳原子数，有时是两位数，如尼龙-610，就是己二

胺和癸二酸合成的聚酰胺产物。尼龙后面只附一个数字则代表氨基酸或内酰胺一种单体的聚合物，数字仍代表碳原子数，如尼龙-6。在纺织行业，则习惯以"纶"字作为合成纤维商品的后缀字，如涤纶代表聚对苯二甲酸乙二酯，锦纶代表聚己内酰胺，腈纶代表聚丙烯腈等等。

10.1.3.2　系统命名

系统命名是《纯化学和应用化学国际联合会（IUPAC）》对线性有机聚合物提出的一种以结构为基础的系统命名法。命名时须首先确定重复单元结构，再排好重复单元中次级单元的次序给重复单元命名，最后在重复单元名称前加"聚"字，即成为聚合物的名称。如乙烯基聚合物，书写重复单元时，应先写有取代基的部分，如聚氯乙烯的重复单元应写成 $\left[\begin{array}{c} CH-CH_2 \\ | \\ Cl \end{array}\right]_n$，故其学名应称作聚（1-氯代乙烯），同理，聚苯乙烯应称作聚（1-苯基乙烯）等。按 IUPAC 系统命名，比较严谨，但也十分烦琐。所以 IUPAC 并不反对继续使用以原料来源为基础的比较简单清楚的习惯命名法。

10.1.4　聚合物分类

聚合物的种类繁多，可以从不同的角度加以分类，主要有两种方法。

10.1.4.1　按聚合物主链结构分类

（1）碳链聚合物　大分子主链完全由碳原子组成，大部分烯类和二烯类聚合物属于此类，如聚乙烯、聚苯乙烯、聚氯乙烯等。

（2）杂链聚合物　大分子主链中除碳原子外还有氧、氮、硫等原子掺杂其中，如聚醚、聚酯、基酰胺等，这类大分子中都有特征基团。

（3）元素有机聚合物　大分子主链中没有碳原子，主要有硅、硼、铝和氧、氮、硫、磷等原子组成，但侧基却由有机基团组成。

（4）无机聚合物　大分子主链和侧链均无碳原子，如聚硫、聚氯化磷腈等。

10.1.4.2　按聚合物性能用途分类

聚合物主要作为合成材料应用，按材料的性能、用途可将聚合物分为塑料，橡胶，纤维，涂料，黏合剂及功能高分子等，这里只重点介绍塑料，橡胶，纤维三大合成材料。

（1）塑料（Plastic）　塑料是以天然或合成聚合物为基本成分，辅以填充剂、稳定剂、着色剂、润滑剂、增塑剂和其他助剂在一定温度和压力下加工成一定形状，最后产品为能保持形状不变的材料或制品。聚合物常称作树脂，可为晶态和非晶态。非晶态聚合物的玻璃化转变温度（T_g）必须高于使用温度，它们的熔融温度（T_m）和 T_g 可在很宽范围内变化，塑料的弹性模量一般在 $10^{-1}\sim10^3$ MPa。它具有质轻、绝缘、耐腐蚀、美观、制品形式多样化的特点。

根据受热后的情况，塑料可分为热塑性塑料与热固性塑料两大类；前者是线型或支链型聚合物，可反复受热软化或熔化，如聚乙烯、聚氯乙烯、聚碳酸酯等；后者是交联聚合物，经固化成型后，再受热则不能熔化，强热则分解，如酚醛塑料、氨基塑料。

根据塑料制品的形成可分为模塑塑料、增强塑料、泡沫塑料、薄膜、人造革等。

根据化学组成分类，塑料品种繁多。但是根据生产量与使用情况可以分为通用塑料和工程塑料。

通用塑料产量大，生产成本低，性能多样化，应用面广。此类塑料有聚乙烯塑料、聚丙烯塑料、聚氯乙烯塑料、聚苯乙烯塑料、酚醛塑料等。主要用来生产日用品或一般工农业用材料。例如聚氯乙烯塑料可制成人造革、塑料薄膜、泡沫塑料、耐化学腐蚀用板材、电缆绝缘层等。

工程塑料，产量不大，成本较高，但具有优良的机械强度或耐摩擦、耐热、耐化学腐蚀等特性。可作为工程材料，制成轴承、齿轮等机械零件以代替金属、陶瓷等。此类塑料有聚酰胺塑料、聚碳酸酯塑料、聚甲醛塑料、ABS塑料（丙烯腈-丁二烯-苯乙烯三元共聚物）、聚四氟乙烯塑料、聚砜塑料、聚酰亚胺塑料、高密度聚乙烯、玻璃纤维增强塑料等。

在塑料中常以多种聚合物并用，以获得更好的综合性能。通过与橡胶和塑料共混可得到增韧塑料。在塑料中加入增强剂，如玻璃纤维、碳纤维、芳香族聚酰胺纤维等制得的增强塑料可显著提高强度、模量和其他性能。

塑料可通过挤塑、注塑、压延、模塑、吹塑、层压、浇注等方法成型加工。

塑料作为材料主要从以下几方面进行评价。

① 物理性能：密度、硬度、吸水性、透气性等；

② 力学性能：抗张强度、抗弯强度、伸张率、弹性模量等；

③ 电性能：介电常数、表面电阻、体积电阻、介电损耗、击穿电压等；

④ 热性能：按规定条件测定的热变形温度、长期使用时的最高温度等；

⑤ 耐化学腐蚀性能：耐酸性能、耐碱性能、耐有机溶剂性能等。

此外，尚有根据特殊需要而测定的光学性能、耐火焰性等。

塑料是有机材料，因此其主要缺点是绝大多数塑料制品都可燃烧，在长期使用过程中由于光线、空气中的氧的作用以及环境条件和热的影响，其制品的性能可能逐渐变坏，甚至损坏到不能使用，即发生老化现象。

（2）橡胶（Rubber） 橡胶通常是一类线型柔性高相对分子质量聚合物，具有典型的高弹性，在应力作用下弹性形变可高达1000%，弹性模量小（0.1～1MPa），但随形变增大，模量亦增大。性能优良的橡胶应在外力作用时间短、速度快的情况下仍显示出良好弹性，玻璃化转变温度远低于室温（$T_g = -40 \sim -120℃$），在使用温度下或无应力作用时为非晶态，在拉伸时晶区熔融温度应低于使用温度。

合成橡胶是用化学合成方法生产的高弹性体。经适度交联（硫化）加工可制成各种橡胶制品。交联可以防止大分子链相互滑移，增大弹性形变。合成橡胶通常与天然橡胶混合使用。某些种类的合成橡胶具有较天然橡胶更为优良的耐热、耐磨、耐老化、耐腐蚀或耐油等性能。

根据产量和使用情况合成橡胶可分为通用合成橡胶和特种合成橡胶两大类。

通用合成橡胶的性能与天然橡胶相近，力学性能和加工性能较好，主要用来代替部分天然橡胶生产轮胎、胶鞋、橡胶管、带等橡胶制品，包括丁苯橡胶、顺丁橡胶（顺式聚丁二烯橡胶）、丁基橡胶、乙丙橡胶、异戊橡胶等品种。

特种合成橡胶具有特殊的性能，主要制造耐热、耐寒、耐溶剂、耐辐射、耐油或耐化学腐蚀、耐老化等特殊用途的橡胶制品，包括氟橡胶、有机硅橡胶、丁腈橡胶、聚氨酯橡胶、氯丁橡胶、氯醇橡胶等。

按受热行为橡胶可分为热塑性橡胶和硫化橡胶。热塑性橡胶又称热塑性弹性体，如苯乙烯-丁二烯-苯乙烯嵌断共聚物。硫化橡胶不具有热塑性，如硫化丁苯橡胶。

对合成橡胶的性能可从以下各方面进行评价。

① 物理性能：挥发组分含量、灰分含量等；

② 门尼黏度（Mooney viscosity）又称转动（门尼）黏度：用门尼黏度计测定的数值，大体上可以反映合成橡胶的聚合度与相对分子质量；

③ 硫化橡胶的力学性能：拉伸强度、伸长率、定伸强度、耐磨性能、疲劳性能、脆性温度等；

④ 硫化橡胶的耐化学腐蚀性、耐油性、耐老化性等。

合成橡胶主要用来制造具有弹性的橡胶制品，其次用来制造黏合剂、塑料改性等，所以其生产量和需要量低于塑料。发生老化现象时，橡胶的弹性受到严重影响甚至消失，因此合成橡胶中必须加有防老剂。

(3) 合成纤维（Fibre） 线型结构的高相对分子质量合成树脂，经过适当方法纺丝得到的纤维称为合成纤维。理论上生产热塑性塑料的各种线型高相对分子质量合成树脂都可以经过纺丝过程制得合成纤维。但有些品种的合成纤维强度太低或软化温度太低，或者由于相对分子质量范围不适于加工为纤维而不具备实用价值。因此工业生产的合成纤维品种远少于热塑性塑料品种。一般来说，生产合成纤维用的合成树脂是线型结晶结构聚合物，平均相对分子质量低于橡胶和塑料，弹性模量为 $10^3 \sim 10^4$ MPa。

合成纤维可采用熔融、干法和湿法纺丝制得。聚合物纤维经过一定程度的拉伸，大分子链和链段单轴取向能显著提高合成纤维的力学强度和韧性。

工业生产的合成纤维品种有：聚酯纤维（涤纶纤维）、聚丙烯腈纤维（腈纶纤维）、聚酰胺纤维（锦纶纤维或尼龙纤维如尼龙-6、尼龙-66）、聚乙烯醇缩甲醛纤维（维纶纤维）、聚丙烯纤维（丙纶纤维）、聚氯乙烯纤维（氯纶纤维）等。

合成纤维与天然纤维相比较，它具有强度高、耐磨擦、不被虫蛀、耐化学腐蚀等优点。缺点是不易着色，未经处理时易产生静电，多数合成纤维的吸湿性差。因此制成的衣物易污染，不吸汗，夏天穿着时易感到闷热。

合成纤维的性能主要从拉伸断裂强度、断裂伸长率、回弹性、光脆劳度、吸湿率、回潮性等方面进行评价。

10.1.5 聚合反应的分类

10.1.5.1 按单体和聚合反应前后在组成和结构上发生的变化分类

由单体合成聚合物的化学反应称聚合反应，按单体和聚合反应前后在组成和结构上发生的变化，分成加成聚合反应（简称加聚反应）和缩合聚合反应（简称缩聚反应）两大类。

含双键的低分子化合物作单体，在光照、引发剂或催化剂等作用下，打开双键而相互加成聚合成高分子化合物的反应称作加聚反应，其产物称加聚物。加聚物的元素组成与单体相同，加聚物的相对分子质量是单体相对分子质量的整数倍。烯类聚合物大多是烯类单体通过加聚反应合成的，氯乙烯加聚成聚氯乙烯就是例子。

缩聚反应是以具有两个或两个以上官能团的低分子化合物作为单体，通过这些官能团间的反应逐步缩合形成高分子化合物，称缩聚物。除生成缩聚物外，根据官能团的种类不同，还有水、醇、氨或氯化氢等小分子产生，因此缩聚物重复单元的元素组成与单体不同。

随着高分子化学的发展，陆续出现了许多新的聚合反应如开环聚合、异构化聚合、氢转移聚合、成环聚合、旋光活性聚合、相转移聚合……，这些反应从组成和结构的变化上看，应归属于加聚反应；但从产物中官能团的结构特征看，又类似缩聚反应产物，因此在传统的分类中，出现了许多例外，但人们有时仍习用这种分类法表述。

10.1.5.2 按聚合反应机理或动力学分类

20 世纪 50 年代后，随着高分子化学的发展，把聚合反应分为连锁聚合和逐步聚合两大类。按聚合机理分类颇为重要，因为它涉及聚合反应本质，根据这两类反应机理的各自特征，就可能按照同一机理的共性规律明了某类聚合反应的特性，易于控制聚合速率、相对分子质量等重要指标。

10.2 聚合反应的理论基础和聚合方法

10.2.1 连锁聚合反应

烯类及双烯类化合物的聚合反应多是链式化学反应。与小分子连锁反应相比，连锁聚合反应的特点是在链式反应中链传递过程的每一步，都是单体形成大分子链的一步增长，链的传递结束了，一个由单体单元组成的大分子链也形成了。连锁聚合反应机理也分为链的引发、链的增长、链的终止。结合聚合反应特点还有链的转移。

连锁反应需要活性中心。在化学反应的适当条件下，活性中心的产生是化合物弱键的裂解，共价弱键的裂解有均裂和异裂两种形式。均裂时，共价键上一对电子断开后分属于两个基团或原子，如 $R:R \longrightarrow 2R\cdot$。这种带单个电子的基团或原子呈中性，称自由基。异裂时，共价键上一对电子全部归属于某一基团或原子，形成阴离子或负离子；另一缺电子的基团或原子，成为阳离子或正离子，如 $A:B \longrightarrow A^{\oplus} + :B^{\ominus}$ 自由基、阳离子、阴离子都可能成为活性中心，打开烯类单体的 π 键，使链引发和链增长，分别成为自由基聚合、阳离子聚合和阴离子聚合。

10.2.1.1 自由基聚合

自由基聚合产物约占聚合物总产量的 60% 以上，可见其重要性。如高压聚乙烯、聚氯乙烯、聚苯乙烯、聚四氟乙烯、聚醋酸乙烯酯、聚丙烯酸酯类、聚丙烯腈、丁苯橡胶、丁腈橡胶、氯丁橡胶等聚合物都是通过自由基聚合来生产。归纳更多的上述自由基聚合产物之后，可能注意到，凡是在烯类单体中有吸电取代基的，如丙烯酸酯类，丙烯腈等；有能与双键共轭的取代基，如苯乙烯，丁二烯等；没有取代基或取代原子较小的如乙烯，四氟乙烯等烯类单体都能进自由基聚合反应。

10.2.1.1.1 自由基聚合反应的各基元反应及主要特征

（1）链引发 此过程是形成单体自由基活性中心的反应，单体自由基可以由引发剂、热、光、辐射等的作用下产生。通常是用引发剂引发反应，引发剂 I 分解形成初级自由基：

$$I \longrightarrow 2R\cdot$$

初级自由基 $R\cdot$ 活性很大，有副反应，并非 100% 的初级自由基都能与单体反应，所以有引发效率问题。

初级自由基只有与单体反应，形成单体自由基：

$$R\cdot + M \longrightarrow RM\cdot$$

这样才算完成了链的引发过程。上述两步反应中，引发剂分解是吸热反应，反应活化能较高，约 $105 \sim 150 kJ/mol$，分解速率小。而第二步形成单体自由基的反应是单体由高能态双键变成低能态单键的过程，是放热反应，反应很快，活化能仅为 $20 \sim 34 kJ/mol$，明显低于引发剂分解活化能。另外，可以想到引发剂的残片将留在大分子的链端。也正因此引发剂不能叫催化剂。

（2）链增长 在链引发阶段生成的单体自由基连续不断的与单体反应，形成新的自由基，

$$RM\cdot + M \longrightarrow RMM\cdot + M \longrightarrow RMMM\cdot + \cdots \longrightarrow RM_n\cdot + M \longrightarrow RM_{n+1}$$

与链引发相比有两个特点：一是放热反应，由单体双键变为单键所放出的能量约为 $55 \sim 95 kJ/mol$；二是增长活化能低，约为 $20 \sim 34 kJ/mol$。由于活化能低，链增长过程对温度的依赖性不大。活性链增长速率极快，在 0.01 秒到几秒钟内完成聚合度达数千，甚至上万的大分子。由于活性链存活时间不同，聚合体系内往往有相对分子质量大小不同的聚合

335

物存在。此外链增长过程对大分子的微观结构有影响，如头尾结构，双烯类单体的 1,4 结构，顺反异构等都有影响。

(3) 链终止　链自由基消失形成稳定聚合物大分子的基元反应称为链终止，有两种方式。

偶合终止 $$M_x \cdot + \cdot M_y \longrightarrow M_{x+y}$$

两链自由基的单电子相互结合成稳定的共价键，其结果是两个自由基活性中心消失，形成一个聚合物大分子，其聚合度为两个链自由基的单体单元数之和，大分子的两端均为引发剂残基。偶合终止反应所需活化能很低，实际上不需要活化能，其反应速率不随温度变化，受扩散控制。

歧化终止 $$M_x \cdot + \cdot M_y \longrightarrow M_x + M_y$$

某链自由基夺取另一链自由基的氢原子使两个活性中心消失，同时形成两个聚合物大分子的基元反应称歧化终止。其结果是两个聚合物大分子的聚合度分别为链自由基中的单体单元数，每个大分子只有一端为引发剂残基，另一端为饱和或不饱和基团，两者各半。歧化反应中，因有氢原子的转移，或多或少也有氢转移活化能。因此，歧化反应与温度有关，聚合温度高，产生歧化终止的可能性越大。实验证明，苯乙烯聚合时在 60～70℃ 下不发生歧化终止，主要是偶合终止，但甲基丙烯酸甲酯在 60℃ 以上聚合，则以歧化终止为主。

此外，还有很多链终止的可能性，有些是聚合时无意引进的物质，如单体、溶剂、皂液杂质以及工业聚合时的釜壁屑末或润滑液以及空气中的氧等。所以，进行自由基聚合反应时要有氮气保护以及对原材料纯度都有严格要求。有些是产品性能要求，控制一定的分子链长度，有意实施链终止或链转移，对形成所需要聚合物的结构组成和分子大小是有利的。

以上是自由基连锁聚合反应中三个基元反应，其中引发速率最小，成为控制整个聚合速率的关键。

(4) 链转移　在自由基聚合过程中一个增长着的链自由基完全有可能夺取某分子上的一个活泼原子，例如氢、氯等原子，从而自身得到饱和，形成一个没有活性的分子链。而失去原子的分子则转化成新的自由基，一般情况可以引发出一个新的链。与链终止反应相比，它的特点是，一个活性分子链获取一个原子后，终止了活性。但链反应却在另一个分子上继续进行，相当于链自由基转移到另一分子上去，又开始了一个新的链自由基。因此，对这类基元反应称之为链转移反应或链转移。

可能发生链转移的分子有：

① 引发剂分子　因为引发剂浓度很低，所以这一转移有效作用很小。

② 单体分子　经验证明大部分单体仅有很小的转移倾向，主要看单体分子中有没有活性原子。

③ 溶剂或为了促使产生链转移而加入的物质　链转移剂（调聚剂），如十二碳硫醇。向调聚剂转移的结果使聚合产物相对分子质量降低。

④ 大分子链　向大分子转移的结果使聚合物产生支链。对聚合反应物有实际意义的是后两种转移反应。

10.2.1.1.2　自由基聚合的微观动力学分析

以上是自由基聚合的四个基元反应，清晰准确的基元反应的确定是多年大量聚合动力学研究的结果。根据基元反应，可以写出各基元反应的动力学方程。

链引发反应（引发剂受热引发）

$$I \xrightarrow{k_d} 2R \cdot$$

初级自由基生成速率
$$\frac{\mathrm{d}R\cdot}{\mathrm{d}t}=2k_\mathrm{d}[\mathrm{I}] \tag{10-3}$$

式中 k_d——引发剂分解速率常数；

[I]——引发剂浓度。

$$\mathrm{R}\cdot+\mathrm{M}\xrightarrow{k_\mathrm{i}}\mathrm{RM}\cdot$$

单体的引发速率（R_i）受控于初级自由基生成速率，所以

$$R_\mathrm{i}=\frac{\mathrm{d}R\cdot}{\mathrm{d}t}=2fk_\mathrm{d}[\mathrm{I}] \tag{10-4}$$

式中 f——引发效率，意为不是所有的初级自由基 $\mathrm{R}\cdot$ 全部与单体反应生成单体自由基，其值一般为 0.6~0.8。

链增长反应

$$\mathrm{RM}\cdot+\mathrm{M}\longrightarrow\mathrm{RM}_2\cdot+\mathrm{M}\longrightarrow\mathrm{RM}_3\cdot+\mathrm{M}\longrightarrow\cdots\longrightarrow\mathrm{RM}_x\cdot$$

要写出增长速率（R_p）方程，须设定每一步增长速率常数都相等，即自由基活性不受链长的影响，概括为等活性理论。不同链长的自由基浓度总和用 [$\mathrm{M}\cdot$] 表示，则链增长速率方程为：

$$R_\mathrm{p}=-\frac{\mathrm{d}[\mathrm{M}]}{\mathrm{d}t}=k_\mathrm{p}[\mathrm{M}][\mathrm{M}\cdot] \tag{10-5}$$

式中 k_p——增长速率常数；

[M]——单体浓度。

链终止反应

偶合终止
$$\mathrm{M}_x\cdot+\cdot\mathrm{M}_y\xrightarrow{k_\mathrm{tc}}\mathrm{M}_{(x+y)}$$

偶合终止速率
$$R_\mathrm{tc}=2k_\mathrm{tc}[\mathrm{M}\cdot]^2 \tag{10-6}$$

歧化终止
$$\mathrm{M}_x\cdot+\cdot\mathrm{M}_y\xrightarrow{k_\mathrm{td}}\mathrm{M}_x+\mathrm{M}_y$$

歧化终止速
$$R_\mathrm{td}=2k_\mathrm{td}[\mathrm{M}\cdot]^2 \tag{10-7}$$

终止总速率
$$R_\mathrm{t}=R_\mathrm{tc}+R_\mathrm{td}=-\frac{\mathrm{d}[\mathrm{M}\cdot]}{\mathrm{d}t}=2k_\mathrm{t}[\mathrm{M}\cdot]^2 \tag{10-8}$$

聚合反应速率等于增长反应消耗单体的速率与引发反应消耗单体的速率之和，又因两者相比 $R_\mathrm{p}\gg R_\mathrm{i}$，引发反应消耗单体很少，可略而不计，所以聚合反应速率 R 就等于链增长速率：

$$R=R_\mathrm{p}=k_\mathrm{p}[\mathrm{M}][\mathrm{M}\cdot] \tag{10-9}$$

该速率方程有很难测定的参数 [$\mathrm{M}\cdot$]。研究者用稳态假定成功地解决了这一问题。如聚合反应开始后，经很短一段时间，体系中自由基的浓度开始保持不变，即达到自由基生成速率与自由基消失速率相等，即 $R_\mathrm{i}=R_\mathrm{t}$，自由基构成动平衡，进入在一定浓度下的稳定状态。

因为
$$R_\mathrm{i}=R_\mathrm{t}=2k_\mathrm{t}[\mathrm{M}\cdot]^2$$

所以
$$[\mathrm{M}\cdot]=\left(\frac{R_\mathrm{i}}{2k_\mathrm{t}}\right)^{\frac{1}{2}} \tag{10-10}$$

将 [$\mathrm{M}\cdot$] 代入聚合速率方程（10-9）中，得

$$R=R_\mathrm{p}=k_\mathrm{p}[\mathrm{M}]\left(\frac{R_\mathrm{i}}{2k_\mathrm{t}}\right)^{\frac{1}{2}} \tag{10-11}$$

式（10-11）是自由基聚合速率的普适方程，对引发剂引发的聚合反应，其引发速率为

$$R_\mathrm{i}=2fk_\mathrm{d}[\mathrm{I}]$$

代入式（10-11）则得：

$$R = k_p \left(\frac{fk_d}{k_t} \right)^{\frac{1}{2}} [1]^{\frac{1}{2}} [M] \tag{10-12}$$

式（10-12）表示聚合速率与引发剂浓度的平方根和单体浓度一次方成正比，其正确性得到很多实验验证。

上述微观动力学方程是在等活性理论、稳态假定（$R_i = R_t$）及聚合度很大（$R_p \gg R_i$）等三个基本假定下推导出来的，实验结果证明上述动力学关系的客观正确性，说明自由基连锁聚合机理的真实性，三种假定在一定条件下的正确性。所谓一定条件是指当聚合反应单体的转化率较高时，体系的黏度增加很快，链自由基的双基终止速率受扩散控制，终止速率变慢，必然造成体系的自由基活性中心浓度的增加破坏稳态假定，使聚合速率加快，偏离动力学方程的关系。从理论研究考虑，该方程只适用于自由基聚合反应的初期。尽管如此，该成果对连锁聚合反应的理论与实践的指导意义重大。

10.2.1.1.3　自由基聚合的相对分子质量

对以生产材料为目的的聚合反应，只研究聚合反应速率关系并不全面，还应当研究聚合过程中对大分子相对分子质量的影响和控制因素。理论上把链引发所形成的任一活性中心，经过链增长直到链终止所消耗的单体分子数，定义为动力学链长 γ。若无链转移发生，下式满足定义要求：

$$\gamma = \frac{R_p}{R_i} \tag{10-13}$$

根据稳态假定：$R_i = R_t$

$$\gamma = \frac{R_p}{R_i} = \frac{k_p [M]}{2 k_t [M \cdot]} \tag{10-14}$$

按式（10-10）有

$$[M \cdot] = \left(\frac{R_i}{2k_t} \right)^{\frac{1}{2}}$$

$$\gamma = \frac{k_p [M]}{(2k_t)^{\frac{1}{2}} R_i^{\frac{1}{2}}} \tag{10-15}$$

式（10-15）说明动力学链长与单体浓度 $[M]$ 的一次方成正比，即单体浓度大，聚合分子链愈长，与引发速率 R_i 的平方根成反比。若引发剂引发时，引发速率 $R_i = 2fk_d [I]$

则

$$\gamma = \frac{k_p}{2(fk_d k_t)^{\frac{1}{2}}} \times \frac{[M]}{[I]^{\frac{1}{2}}} \tag{10-16}$$

式（10-16）进一步表明，动力学链长与引发剂浓度平方根成反比，即引发剂浓度越大，聚合物分子链越短。许多实验证明了，低转化率下，以上结论的正确性。运用在聚合反应中，作为控制、判断聚合反应的相对分子质量与单体浓度、引发剂浓度以及温度等的相互影响关系。动力学链长是活性链终止前一步的大分子链长，它与聚合度的关系，与两个大分子链自由基双基终止的方式有关。

若偶合终止时：$\qquad\qquad M_x \cdot + \cdot M_y \longrightarrow M_{x+y}$
其平均聚合度 $\overline{X_n} = 2\gamma$，即平均聚合度为二倍动力学链长。

若歧化终止时：$\qquad\qquad M_x \cdot + \cdot M_y \longrightarrow M_x + M_y$
其平均聚合度 $\overline{X_n} = \gamma$，即平均聚合度等于动力学链长。

若兼有两种方式终止时，则 $\qquad\qquad \gamma < \overline{X_n} < 2\gamma$

若聚合反应中有链转移反应时，正常的链转移不影响聚合速率，但明显减小聚合物的相对分子质量。有时利用链转移反应，在聚合体系中常加入适量链转移剂（调解剂），不使产物相对分子质量过大，以使产品性能达到预期要求。

10.2.1.2　自由基共聚合

把两种或两种以上不同单体放在一起进行聚合，形成分子链中有两种或两种以上单体结构单元的聚合物称共聚物。如反应的活性中心是自由基，则称自由基共聚。共聚反应为合成高分子材料开辟了一条新的途径。有不少性能较好的合成橡胶、塑料、纤维都是共聚物。如丁二烯与苯乙烯共聚就可以获得机械强度较高的丁苯橡胶，可制造轮胎。若丁二烯与丙烯腈共聚，可获得耐油性较好的丁腈橡胶。丙烯腈与少量丙烯酸酯共聚后就可增加腈纶纤维的染色性等等。因此，人们常把共聚反应作为获得综合性能较好聚合物材料的手段，对均聚物性能进行改性。

在共聚合反应中两种单体的组成与共聚物组成的关系，以及共聚物组成与单体链节在共聚物中的排列情况是决定共聚物性能的主要因素，这类问题可以通过共聚组成方程解决。

自由基共聚反应与均聚反应一样，均为自由基链锁反应机理。形成共聚物的过程主要是链增长反应。对两种共聚单体而言，其增长过程可列出下面四个基元反应：

$$\sim\sim\sim M_1\cdot + M_1\xrightarrow{k_{11}}\sim\sim\sim M_1\cdot \qquad R_{11}=k_{11}[M_1\cdot][M_1] \qquad (1)$$

$$\sim\sim\sim M_1\cdot + M_2\xrightarrow{k_{12}}\sim\sim\sim M_2\cdot \qquad R_{12}=k_{12}[M_1\cdot][M_2] \qquad (2)$$

$$\sim\sim\sim M_2\cdot + M_1\xrightarrow{k_{21}}\sim\sim\sim M_1\cdot \qquad R_{21}=k_{21}[M_2\cdot][M_1] \qquad (3)$$

$$\sim\sim\sim M_2\cdot + M_2\xrightarrow{k_{22}}\sim\sim\sim M_2\cdot \qquad R_{22}=k_{22}[M_2\cdot][M_2] \qquad (4)$$

上式中 R_{11}、k_{11} 分别代表自由基和单体反应的增长速率和增长速率常数，其余类推。

反应过程中，两种单体的消失速率各为：

$$-\frac{d[M_1]}{dt}=k_{11}[M_1\cdot][M_1]+k_{21}[M_2\cdot][M_1]$$

$$-\frac{d[M_2]}{dt}=k_{12}[M_1\cdot][M_2]+k_{22}[M_2\cdot][M_2]$$

两种单体消失的速率的比为：

$$\frac{d[M_1]}{d[M_2]}=\frac{k_{11}[M_1\cdot][M_1]+k_{21}[M_2\cdot][M_1]}{k_{12}[M_1\cdot][M_2]+k_{22}[M_2\cdot][M_2]} \qquad (10\text{-}17)$$

式（10-17）表示在同一时刻下，两种单体进入大分子链的单体结构单元的比，反映了瞬时共聚组成的比。方程中 $[M_1\cdot][M_2\cdot]$ 的浓度是未知的，用稳态假定即自由基 $M_1\cdot$ 变为自由基 $M_2\cdot$ 的速率与自由基 $M_2\cdot$ 变为自由基 $M_1\cdot$ 的速率相等。

$$k_{12}[M_1\cdot][M_2]=k_{21}[M_2\cdot][M_1] \qquad (10\text{-}18)$$

$$[M_2\cdot]=\frac{k_{12}[M_1\cdot][M_2]}{k_{21}[M_1]} \qquad (10\text{-}19)$$

将式（10-19）代入式（10-17）中，并令 $r_1=\dfrac{k_{11}}{k_{12}}$ 　$r_2=\dfrac{k_{22}}{k_{21}}$

则得

$$\frac{d[M_1]}{d[M_2]}=\frac{M_1}{M_2}\times\frac{r_1[M_1]+[M_2]}{r_2[M_2]+[M_1]} \qquad (10\text{-}20)$$

式（10-20）称为共聚组成方程，它反映了某一瞬间共聚物中两种单体单元浓度比与同一时刻下两种单体浓度比的关系。

r_1 和 r_2 称为竞聚率，按定义 $r_1=\dfrac{k_{11}}{k_{12}}$，$r_2=\dfrac{k_{22}}{k_{21}}$。$r_1$ 为单体 M_1 的竞聚率，r_2 为单体 M_2 的竞聚率，它表示某一自由基与其相应单体进行均聚反应的链增长速率常数（k_{11} 或

k_{22}）对另一单体进行共聚反应的链增长速率常数（k_{12}或k_{21}）的比值。由此不难想像，$r_1 > 1$ 时，$M_1 \cdot$ 自由基主要向 M_1 单体进行均聚反应，当 $r_1 < 1$ 时，$M_1 \cdot$ 自由基主要向 M_2 单体进行共聚反应。因此，竞聚率的大小反映两种单体进入共聚物中的难易程度，其值大小可判定两种单体在共聚物组成中的走向，影响共聚物的组成。它是共聚物组成方程式中的重要参数。r_1 和 r_2 可用实验方法测定。下面介绍几种在特殊情况下竞聚率对共聚物组成的影响。

（1）$r_1 = r_2 = 1$ 从共聚物组成方程看，即使在低转化率下共聚物组成也与单体的初始配料比不同，因为还必须乘上一个因子：$\dfrac{[M_1]}{[M_2]} \times \dfrac{r_1[M_1] + [M_2]}{r_2[M_2] + [M_2]}$（见式10-20），然而在 $r_1 = r_2 = 1$ 的特殊情况下，该因子等于1，则共聚物组成方程可简化为

$$\frac{d[M_1]}{d[M_2]} = \frac{[M_1]}{[M_2]}$$

即共聚物的组成比与单体配料比相同。此时说明两种单体的反应活性完全一样，有这种特征的共聚反应称为恒比共聚。

（2）$r_1 \cdot r_2 = 1$ 即 $r_1 = \dfrac{1}{r_2}$，此时共聚组成方程式（10-20）为：

$$\frac{d[M_1]}{d[M_2]} = r_1 \frac{[M_1]}{[M_2]}$$

显然共聚物组成比与单体配料比之间有简单的比例关系，比例系数为 r_1，这种情况称"理想"共聚，不难看出"恒比"共聚不过是"理想"共聚（当 $r_1 = 1$）的特殊情况。"理想"共聚时，由于 $\dfrac{k_{11}}{k_{12}} = \dfrac{k_{21}}{k_{22}}$，即两种单体 M_1、M_2 对两种自由基 $M_1 \cdot$、$M_2 \cdot$ 的聚合活性比相同，因此两种单体链节在共聚物中的排列是杂乱无序的。

（3）$r_1 = r_2 = 0$ 即两种单体都不能与本身的自由基反应，只能发生共聚，共聚组成方程简化为：$\qquad \dfrac{d[M_1]}{d[M_2]} = 1$

说明所得共聚物是由 M_1 及 M_2 的两种单体链节在共聚物中各占一半，且交替排列，这种共聚物称"交替"共聚物。

事实上更多的情况可能是 r_1 和 r_2 远小于1，或趋近于零的情况，得到的共聚物组成近似于交替共聚物。

（4）$r_1 < 1 \, r_2 < 1$，且 $r_1 \neq r_2$ 这可能是较普遍的情况，此时为有恒比共聚点的非理想共聚。恒比共聚点的组成可由下式求得，因为从共聚组成方程式（10-20）可知，在恒比共聚点上，$\dfrac{d[M_1]}{d[M_2]} = \dfrac{[M_1]}{[M_2]}$ 也即 $\dfrac{(r_1[M_1] + [M_2])}{(r_2[M_2] + [M_1])} = 1$ 由此求得，$\dfrac{[M_1]}{[M_2]} = \dfrac{1 - r_2}{1 - r_1}$ 当 r_1、r_2 已知且都小于1时，代入上式可求得恒比共聚点的单体浓度比，按此单体浓度配比，聚合反应后聚合物的组成与单体组成相等。

（5）$r_1 < 1$，$r_2 = 0$ 两种单体中有一种单体（M_2）不能与本身所形成的自由基反应，只能与 M_1 单体发生共聚反应，共聚组成方程为：

$$\frac{d[M_1]}{d[M_2]} = 1 + r_1 \frac{[M_1]}{[M_2]}$$

当 $[M_2]$ 较大或 $[M_1]$ 较小时，则 $\dfrac{r_1[M_1]}{[M_2]} \to 0$，由此 $\dfrac{d[M_1]}{d[M_2]} = 1$。因此，也能得到交替共聚物，如苯乙烯与顺丁烯二酸酐的共聚反应。

以上是在五种典型情况下，分析了竞聚率对共聚物组成的影响。也常常用 $r_1 r_2$ 的乘

积来衡量共聚的倾向，如 $r_1 r_2 < 1$

即

$$r_1 r_2 = \frac{k_{11} k_{22}}{k_{12} k_{21}} < 1$$

式中分子 $k_{11} k_{22}$ 反映自聚倾向，分母 $k_{12} k_{21}$ 反应共聚倾向，此值小于1，说明自聚倾向小于共聚倾向。此值若大于1，说明不易共聚，$r_1 r_2$ 的乘积越小，共聚倾向越大，趋近于零时，则形成交替共聚物的倾向越大。

一些常用共聚单体的竞聚率如表10-3。

表 10-3　竞聚率

M_1	M_2	$T/℃$	r_1	r_2
丁二烯（B）	异戊二烯	5	0.75	0.85
	苯乙烯	50	1.35	0.58
		60	1.39	0.78
	丙烯腈	40	0.3	0.02
	甲基丙烯酸甲酯	90	0.75	0.25
	丙烯酸甲酯	5	0.76	0.05
	氯乙烯	50	8.8	0.035
苯乙烯（S）	异戊二烯	50	0.80	1.68
	丙烯腈	60	0.40	0.04
	甲基丙烯酸甲酯	60	0.52	0.46
	丙烯酸甲酯	60	0.75	0.20
	偏二氯乙烯	60	1.85	0.085
	氯乙烯	60	17	0.02
	醋酸乙烯酯	60	55	0.01
丙烯腈（AN）	甲基丙烯酸甲酯	80	0.15	1.224
	丙烯酸甲酯	50	1.5	0.84
	偏二氯乙烯	60	0.91	0.37
	氯乙烯	60	2.7	0.04
	醋酸乙烯酯	50	4.2	0.05
甲基丙烯酸甲酯（MMA）	丙烯酸甲酯	130	1.91	0.504
	偏二氯乙烯	60	2.35	0.24
	氯乙烯	68	10	0.1
	醋酸乙烯酯	60	20	0.015
丙烯酸甲酯（MA）	氯乙烯	45	4	0.06
	醋酸乙烯酯	60	9	0.1
氯乙烯（VC）	醋酸乙烯酯	60	1.68	0.23
	偏二氯乙烯	68	0.1	6
醋酸乙烯酯（VAc）	乙烯	130	1.02	0.97
马来酸酐	苯乙烯	50	0.04	0.015
	α-甲基苯乙烯	60	0.08	0.038
	反二苯基乙烯	60	0.03	0.03
	丙烯腈	60	0	6
	丙烯酸甲酯	75	0.02	6.7
	醋酸乙烯酯	75	0.02	2.8
		75	0.055	0.003
四氟乙烯（TFE）	三氟氯乙烯	60	1.0	1.0
	乙烯	80	0.85	0.15
	异丁烯	80	0.3	0.0

共聚组成方程是瞬时方程，随着共聚反应的进行，两种单体的消耗速率不同，则剩余单体的浓度比值总在改变，聚合物组成比也必然改变，聚合产物的性能就会跟着改变，所

341

以要制备预定组成性能的共聚物，必须研究如何控制组成分布均一的性能优良的共聚物可行性。常用的方法如下。

① 控制共聚物反应的转化率。如丁苯橡胶生产中，在原料中两单体比例为苯乙烯：丁二烯＝28：72，转化率与共聚物组成的关系如表10-4。

表 10-4　5℃下苯乙烯-丁二烯共聚的转化率与组成的关系

转化率/%	0	20	30	60	80	90	100
共聚物中苯乙烯质量含量/%	22.2	22.3	22.5	22.8	23.9	25.3	28.0

由表10-4可见，在转化率小于60%，共聚物中结合苯乙烯含量变化不大，如再提高转化率，共聚物组成变化显著。因此在丁苯橡胶生产中转化率一般控制在60%，而不是追求转化率越高越好，因为聚合反应的产品是材料，优良的使用性能是追逐点。

② 保持共聚单体组成比恒定。为此可不断往反应体系中添加反应活性较大消耗较快的单体，目的是使单体组成比保持不变。也可以采取添加与生成共聚物的组成相同的单体混合物，使之全部反应后再不断添加，这种办法每次添加量最好与反应速率相平衡。

10.2.1.3　离子型聚合

与自由基聚合一样，离子型聚合也属连锁反应，总反应由链引发、增长、终止和转移等基元反应组成。但由于活性中心的性质不同，又有各自特点，甚至明显区别于自由基聚合。

① 离子型聚合的引发反应，只需要很低的活化能。因此，即使在−50℃进行离子型聚合，多数情况下都是十分强烈的。例如苯乙烯的阴离子聚合要在−70℃于四氢呋喃中进行，异丁烯的阳离子聚合则要在−100℃下液化乙烯中进行。

② 离子型聚合不会发生双基偶合终止，因为增长的链端活性中心要么是阳离子，要么是阴离子，同性离子之间不可能进行反应。只能通过杂质或有意加入的终止剂，如水、醇类、酚类、胺类或氧才会终止。大分子链的离子活性中心与这些小分子化合物反应，一般均生成电中性或没有活性的产物。可以想象如果原料单体，非常纯净，没有这些小分子物存在。能够进行链增长的离子活性中心，将单体消耗殆尽之后，仍将保持活性，引入第二批单体后，会接续反应，形成更长的链或嵌段链。这就是所谓活性聚合反应。

离子型聚合主要是通过起酸性或碱性反应的化合物引发，所以离子型聚合的增长活性中心必然是离子或离子对，若活性中心离子的电荷为正，称阳离子聚合。

$$\text{～～～M}_n^{\oplus} + \text{M} \Longrightarrow \text{～～～M}_{n+1}^{\oplus}$$
$$\text{X}^{\ominus} \qquad\qquad\qquad \text{X}^{\ominus}$$

当活性中心离子的电荷为负，称阴离子聚合。

$$\text{～～～M}_n^{\ominus} + \text{M} \Longrightarrow \text{～～～M}_{n+1}^{\ominus}$$
$$\text{X}^{\oplus} \qquad\qquad\qquad \text{X}^{\oplus}$$

与自由基活性中心不同，离子活性中心必然是阴阳离子成对出现，阳离子活性中心必有阴离子伴随。其存在方式受环境影响较大，有以下几种形式。

$$\text{R-X} \Longrightarrow \text{R}^{\delta+}\text{-X}^{\delta-} \Longrightarrow \text{R}^{\oplus}\text{X}^{\ominus} \Longrightarrow \text{R}^{\oplus}/\text{X}^{\ominus} \Longrightarrow \text{R}^{\oplus} + \text{X}^{\ominus}$$
共价键　　　极化作用　　紧密离子对　松散离子对　　自由离子对

这些离子对的存在往往可由实验检测出来，随着各种离子对解离程度的不同，其反应活性差别也越大，这正是离子型聚合较自由基聚合更复杂，难以控制的原因。

（1）阳离子聚合　阳离子聚合可用 BF_3、$AlCl_3$、$TiCl_4$、$SnCl_4$ 与水或醇类为有效的引发剂。然而有时也可用 HCl、H_2SO_4、$KHSO_4$ 引发阳离子聚合，关键是其中阴离子的亲核性不能太强。适于阳离子聚会的单体是带有推电子取代基的烯类单体，推电子基使碳-碳双键电子云密度增加，且有亲核性，有利于阳离子活性中心的进攻反应，同时生成新的碳阳离子活性中心，异丁烯、烷基乙烯基醚、苯乙烯、丁二烯等单体适用于阳离子聚合反应。在阳离子聚合反应中，聚合产物的平均聚合度及反应速率与温度的关系都符合 Arrehnius 方程，大多数情况下它们的活化能很小，甚至是负值。因此降低反应温度有利于合成高相对分子质量的聚合物，有降低温度反应速率加快的现象。

阳离子聚合反应有如下工艺特点：

① 对聚合反应体系中空气、水分等杂质比较敏感，因此要求高度的除水，除氧，须在惰性气体保护下进行反应。

② 引发活性中心或活性链向单体、溶剂的链转移和终止反应比较明显，因此必须采取措施尽量抑制这种副反应。

③ 聚合反应呈低温高速特点，在工程上要求高效的传质和传热措施，对设备和工艺要求特别严格，传统的阳离子聚合多数为非控制聚合反应，聚合反应极快，反应热难以瞬间移出，造成局部过热的非控制反应。现在由于科技进步，对阳离子聚合过程的掌控，在理论和实践上都达到了新水平。

（2）阴离子聚合　在阴离子聚合中，单体的结构特点恰与阳离子聚合相反，具有吸电子基的烯类单体，能使双键上电子云密度减少，具有亲电性，有利于阴离子的进攻，如丙烯腈、苯乙烯、丁二烯，而带强吸电子性取代基的单体，如 α-氰基丙烯酸酯，遇到水即发生聚合。

阴离子聚合的引发剂是电子给体，属亲核试剂，常用的引发剂有碱金属及其有机化合物如氨基钠、氨基钾、苯基锂、丁基锂、苯基钠、三苯甲基钾等，它们在溶剂中都有不同程度的产生离解。碱金属是电子转移型引发剂，如钾、钠等，它们是将电子直接或间接转移给单体，生成单体自由基——阴离子，自由基很快偶合后形成双阴离子活性中心，再引发聚合。

阴离子聚合反应常常是在没有链终止反应的情况下进行的，许多增长着的碳阴离子有颜色，如果体系非常纯净没有杂质，碳阴离子的颜色在聚合过程中直到把单体消耗完保持不变。当重新加入单体时，可继续反应，相对分子质量也相应增加。阴离子聚合的链终止反应很难。根据实验结果，在聚合物分子中很少发现不饱和键，排除了 $H\colon^{\ominus}$ 向单体转移的可能性，说明很难从活性链上脱除负氢离子 $H\colon^{\ominus}$。另一方面，反离子一般是金属阳离子，而不是离子团，阴离子活性中心无法从金属离子中夺取原子或 H 而终止，因此就构成了阴离子活性中心无终止的主要原因。自 1956 年首次证实并明确提出了阴离子无终止、无链转移聚合反应，即活性聚合概念之后，几十年来无论在理论上，还是在工业生产上都得到了飞跃发展，新产品、新方法层出不穷。把这种无终止的聚合反应称为活性聚合。在聚合反应中形成的无终止活性分子链聚合物称活性聚合物。

在无终止聚合的情况下，当单体全部转化后再加入其他单体，则可形成嵌段共聚物，或者加入水、醇、酸、胺等链转移剂使活性聚合物终止。为了应用目的，常常在活性聚合末期，有目的地加入像二氧化碳、环氧乙烷、二异氰酸酯等，使形成的分子链末端带有羧基、羟基、异氰酸基等官能团的端基聚合物。并把端基带有某种有机官能团的聚合物称为遥爪聚合物。

以上将离子型聚合的要点做了说明，与自由基聚合相比，同属连锁聚合机理，由于活性中心的性质不同，其间区别也十分明显，为加深印象突出特点列表对比如下。

表 10-5 自由基聚合与阳离子、阴离子聚合的区别

聚合反应	自由基聚合	离子型聚合	
		阳离子聚合	阴离子聚合
聚合方法	本体、溶液、悬浮、乳液	本体、溶液	
聚合温度	引发剂分解温度,通常在 $50\sim80℃$ 左右	常在低温下进行,反应仍然相当激烈	
聚合机理	慢引发、快增长、有终止、多为双基终止	不能进行双基终止,多通过单分子自发终止,或向单体、溶剂等链转移终止。阴离子聚合往往是快引发,慢增长,无终止反应,需加入其他试剂使其终止	
引发剂 (催化剂)	过氧化物,偶氮化物。本体、悬浮聚合可用单体的引发剂;乳液聚合可用水溶性引发剂;溶液聚合可用溶于溶剂的引发剂	Lewis酸,质子酸,阳离子生成物,亲电试剂	碱金属,有机金属化合物,碳阴离子生成物,亲核试剂
单体聚合活性	弱电子基的烯类共轭单体	推电子取代基的烯类单体,易极化为负电性的单体	吸电子取代基的共轭单体,易极化为正电性的单体
活性中心	自由基	碳阳离子	碳阴离子
阻聚剂	生成稳定自由基和稳定化合物的试剂,如:氧、苯醌等	碱类(亲核试剂)	酸类(亲电试剂)
水、溶剂的影响	水有除去聚合热的作用,溶剂只参与链转移反应,并可影响引发剂分解速率	要防湿,溶剂的介电常数有影响。溶剂的极性和溶剂化能力,对引发和增长活性中心的形态有极大影响,使活性中心可分别处于共价键态、紧密离子对、溶剂分离的疏松离子对,直到自由离子。各种状态对聚合速率、产物相对分子质量及立体规整性均有很大影响	
聚合速率	K〔M〕〔I〕$^{1/2}$	K〔M〕^{2}〔C〕	
聚合度	K'〔M〕〔I〕$^{-1/2}$	K'〔M〕	
活化能	一般较大	小	

(3) 配位聚合 配位聚合的概念是在解释 α-烯烃用 Ziegler-Natta 引发剂得到立构规整性聚合物的聚合机理时提出的,1953 年德国化学家 K. Ziegler 用 $Al(C_2H_5)_3$-$TiCl_4$ 使乙烯在常压下聚合获得了高结晶度聚乙烯(即高密度聚乙烯)。稍后意大利化学家 G. Natta 用 $Al(C_2H_5)_3$-$TiCl_3$ 使丙烯聚合,从此开创了烯烃配位聚合研究的新领域和聚烯烃工业发展的新纪元。用配位聚合方法合成的各种聚烯烃已成为当今世界上最大份额的合成高分子产品。配位聚合仍属离子型聚合。常见的配位聚合大多属于阴离聚合。

所谓配位聚合就是单体分子与增长活性中心的空位上配位,形成配位化合物,随后单体分子相继插入过渡金属-烷基链中进行增长。示意图如下。

式中〔M_t〕为过渡金属;⸺为空位;P_n 为增长链;CHR=CH_2 为 α-烯烃。

从上式可见,活性链端带阴电荷,引发剂的过渡金属部分带阳电荷,它与活性链端配位,构成活性配位化合物,在单体分子靠近它时,进入空穴,与它发生新的配位作用,进而形成原活性链末端与活化的单体分子的另一端配位,从而形成一个四元环的过渡状态,链增长实际上就是经过这四元环过渡状态进行的。被活化的单体分子插入到活性链和引发剂的过渡金属之间,形成新的 C—C 键,活性链又增长一个单体结构单元。单体分子与过渡金属的配位能力和向活性配位化合物的加成方向,就是对单体取代基的定向能力,是由它们间的极性和空间位阻效应决定。通常随单体对过渡金属配位能力的增加,单体加成到活性链上时,立构规整的可能性增大。α-烯烃和其它不含极性取代基的烯烃,配位能力较低，如若获得高全同立构聚合物，必须选用立构规整性很强的过渡金属引发剂才行，如非均相的 Ziegler-Natta 引发剂。否则通常只能得到无规立构物。一般地说，配位阴离子聚合的立构化能力，取决于引发剂类型、特定的组合和配比、单体的种类和聚合条件。

Ziegler-Natta 引发体系由两个组分构成，主引发剂是过渡金属卤化物，如 $TiCl_3$、VCl_4、$CrCl_3$ 等。其引发剂是金属有机化合物，如 RLi、R_2Mg、AlR_3，式中 R 为 1 至 11 个碳的烷基或环烷基，其中有机铝化合物用得最多。为改善引发剂的活性和提高聚合物的立构规整性，常在 Ziegler-Natta 引发剂中加入第三组分，如胺、酯、醚类化合物及含有 N、P、O、S 的给电子体。第三组分的加入明显的改进了引发剂的定向能力和显著的提高了聚合速率。第三代载体型引发剂是 Ziegler-Natta 引发剂巨大革新，它基本上是将活性组分负载在 $MgCl_2$ 载体上。这种新的 Ti 引发体系在聚烯烃工业上显示了许多优势，其中之一就是它的高效率（活性＞2400kg/g，聚合物等规度指数＞98％），从而避免了一切后处理步骤。

属于配位聚合引发剂的还有茂金属引发剂，它是由过渡金属锆、钛或铪与两个环戊二烯或环戊二烯基取代基及两个氯原子形成的有机金属配位化合物，其典型的化学结构如图 10-10。

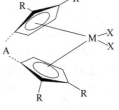

图 10-10　茂金属引发剂典型结构

非桥联茂金属引发剂中的五元环是环戊二烯基（Cp）其中五元环上的氢可以被烷基（R）取代，金属 M 为锆、钛或铪，X 为氯。双环戊二烯二氯化锆（Cp_2ZrCl_2）属非桥联茂金属引发剂，通常加入助引发剂甲基铝氧烷（MAO）能清除体系中的毒物，提高聚合活性。

在非桥联的茂金属配位化合物中引进短的桥键 A（如—CH_2—）制备出桥联二茂金属引发剂，桥基不仅使配位化合物具有主体刚性的构象，而且也可控制过渡金属与两个环戊二烯配体间的距离和夹角，由此影响引发剂的活性和主体规整性

金属茂引发剂于 20 世纪 90 年代已发展成聚烯烃的新型高效引发剂，发达国家已成功地用于工业规模合成线形低密度聚乙烯（LLDPE）、高密度聚乙烯（HDPE）、等规聚丙烯（IPP）等。

10.2.2　逐步聚合

10.2.2.1　概述

属于逐步聚合机理的反应以缩聚反应为主。缩聚反应是通过单体分子中两个或两个以上可反应的官能团相互通过缩合反应生成聚合物的反应，反应是逐步进行的。反应过程伴有小分子物质（如水、醇及卤化氢等）生成，并且很多缩合反应都是可逆平衡反应。由于在反应过程中伴有低分子物生成，因此生成聚合物的化学组成与单体的化学组成并不完全相同。

缩聚在高分子合成工业中占很重要的地位。通过这一反应已经合成了大量的有工业价值的聚合物，如涤纶、尼龙、不饱和聚酯、聚碳酸酯等。

缩聚反应是由多次重复的缩合反应形成聚合物的过程。例如，一个二元酸分子与一个二元醇分子在适当条件下缩合脱水

$$HOOC—R—COOH+HO—R'—OH \rightleftharpoons HOOC—R—COO—R'—OH+H_2O$$

所得酯分子的两端，仍有未反应的羧基和羟基，可再进行反应

$$HOOC—R—COOH+HO—R'—COO—R—COOH \rightleftharpoons$$
$$HOOC—R—COO—R'—OOCRCOOH+H_2O$$

$$HO—R'—OH+HOOC—R—COO—R'—OOCRCOOH \rightleftharpoons$$
$$O—R'OOC—R—COO—R'—OOC—R—COOH+H_2O$$

生成物仍有继续反应的能力。如此反复缩合脱水，形成线型聚酯分子链，这一系列反应过程，可简化表示如下：

$$n\text{HOOC—R—COOH} + n\text{HO—R}'\text{—OH} \Longleftrightarrow \text{HO} \cancel{}\text{OC—R—COOR}'\text{O} \cancel{}_n\text{H} + (2n-1)\text{H}_2\text{O}$$

对于一般缩聚反应可简化为下式

$$n\text{a—R—a} + n\text{b—R}'\text{—b} \Longleftrightarrow \text{a} \cancel{}\text{R—R}'\cancel{}_n\text{b} + (2n-1)\text{ab}$$

式中 a、b 表示能进行缩合反应的官能团；ab 表示缩合反应的小分子产物；—R—R'—表示聚合物链中重复单元结构，当两种不同的官能团 a、b 存在于同一单体时，如 ω-氨基酸、羟基酸等，进行缩聚反应，其聚合反应过程基本相同，可表示如下：

$$n\text{a—R—b} \Longleftrightarrow \text{a} \cancel{}\text{R}\cancel{}_n\text{b} + (n-1)\text{ab}$$

此类形成线型聚合物的缩聚反应，称作线型缩聚。形成线型缩聚的条件是原料单体中必须有两个可参与反应的官能团。原料单体中若只有一个可反应的官能团，则得不到缩聚大分子。工业上有时将缩聚到预定大小的相对分子质量之后，加入一种单官能团反应物叫封端剂，使缩聚反应不能再进行下去，达到控制分子大小的目的。如在缩聚反应体系中，没有单官能团单体，但有可参与反应的三官能团或更多官能团的单体存在，反应的最终结果将形成非线型缩聚物，即支化或体形缩聚物。这种缩聚反应叫体形缩聚。在应用中常常在线型缩聚物中加入少量含多官能团的单体原料，参与反应使之形成体型结构，达到预期要求，常把这种多官能团物称为交联剂。

可供缩聚或逐步聚合反应的官能团类型很多，如—OH，—COOH，—COOR，—NH$_2$，—COCl，$\diagdown$ $(CO)_2O$，—H，—Cl，—SO$_3$H，—SO$_2$H，—SO$_2$Cl 等，相互反应的结果，构成许多类型缩聚物，根据在重复结构单元中保留官能团的结构特征，（～OCO～）称作聚酯、（～NHCO～）聚酰胺、（～O～）聚醚、（～NHOCO～）聚氨酯、（～SO$_2$～）聚砜等。可以想像只要掌握缩合反应或缩聚反应的规律，改变官能团种类，改变官能团数目，改变单体中除官能团外的分子结构，就可能合成出种类繁多，性能优异的缩聚物。

10.2.2.2 线型缩聚反应的逐步性

前边已经举例说明，利用等物质的量 mol 的二元酸与二元醇通过多步缩合反应合成线型聚酯的过程。该过程的特征是：首先，二元酸与二元醇反应生成二聚体的羟基酸；然后，二聚体与二元醇或二元酸进一步反应，形成三聚体，二聚体相互反应，形成四聚体。体系中四聚体，三聚体，二聚体和单体之间都有同等机会相互再次反应，形成多聚体。可以说，含羟基的 n-聚体和含羧基的 m-聚体都可以进行缩合反应，通式如下：

$$n\text{聚体} + m\text{聚体} \Longleftrightarrow (n+m)\text{-聚体} + \text{H}_2\text{O}$$

缩聚反应就这样逐步进行下去，聚合度随反应时间而增加。

在缩聚反应中，每一步反应都是在官能团之间进行，并且事实证明，各步反应中官能团的活性不随分子链的增大而变化，说明各步反应的速率常数和活化能基本相同。与连锁聚合不同，它无特定的增长活性中心，并不存在链引发、链的增长、链终止和转移等基元反应。

由于反应体系中所有分子间反应的或然性相同，缩聚反应初期，单体很快消失，转变成二聚体、三聚体、四聚体、低聚物等。从单体消失速率看，转化率在反应初期就接近100%，但产物聚合度都不高，以后的缩聚反应则在低聚物之间进行，此时转化率增加不大，但缩聚产物的聚合度却稳步增加。延长缩聚反应时间的主要目的在于提高缩聚物的相对分子质量。所以，在逐步聚合反应中，转化率一词已失去通常小分子化学反应中的指导意义，而改用以官能团变化为依据的反应程度来描述缩聚反应深度。

仍以等物质的量 mol 的二元酸和二元醇或羟基酸的缩聚反应为例，反应体系中起始

羧基数或羟基数 N_0 等于起始二元酸加二元醇的分子总数，也等于反应时间为 t 时酸和醇的结构单元数，t 时残留羧基数或羟基数 N 等于当时的聚酯分子数。因为每一聚酯分子两端平均含有一个羧基一个羟基。在等物质的量 mol 的前提下，如果一个聚酯分子带有两个羧端基，必然另有一个聚酯分子带有两个羟端基。反应程度 P 的定义是参加反应的官能团数目与初始官能团数目的比值。

$$P = \frac{\text{参加反应的官能团数}}{\text{初始官能团数}} = \frac{N_0 - N}{N_0} = 1 - \frac{N}{N_0} \tag{10-21}$$

如果将缩聚物大分子中结构单元定义为聚合度 $\overline{X_n}$，则

$$\overline{X_n} = \frac{\text{结构单元总数}}{\text{大分子数}} = \frac{N_0}{N} \tag{10-22}$$

式（10-21）、式（10-22）可以建立等物质的量 mol 缩聚时聚合度 $\overline{X_n}$ 与反应程度 P 的关系：

$$\overline{X_n} = \frac{1}{1-P} \tag{10-23}$$

式（10-23）表明，聚合度随反应程度的增加而增大。

工业生产中，有许多因素阻碍着反应程度的提高，如单体的相对挥发度不同；高温造成的官能团分解；设备达不到预定的真空要求以及反应处于扩散控制等。

至于聚合度 $\overline{X_n}$、反应程度 P 及平衡常数 K 三者的关系，仍以聚酯反应为例，取任意一步酯化反应为代表。

$$\sim COOH + HO \sim \underset{k_{-1}}{\overset{k_1}{\rightleftharpoons}} \sim OCO \sim + H_2O$$

式中，$\sim$ 表示与官能团连接大分子链。该反应达平衡后，其平衡常数为

$$K = \frac{k_1}{k_{-1}} = \frac{[\sim OCO \sim][H_2O]}{[\sim COOH][\sim OH]}$$

若初始官能团浓度相等，当反应程度为 P 时，其平衡方程为

$$K = \frac{[\sim OCO \sim][H_2O]}{[\sim COOH][\sim OH]} = \frac{p n_w}{(1-P)^2}$$

或

$$\frac{1}{(1-P)^2} = \frac{K}{P n_w}$$

式中 n_w 为反应体系中水分子的浓度，因为 $\overline{X_n} = \frac{1}{1-P}$

所以

$$\overline{X_n} = \frac{1}{1-P} = \sqrt{\frac{K}{P n_w}}$$

如反应在封闭体系中进行，即小分子副产物没有移出反应区，则 $P = n_w$

此时

$$\overline{X_n} = \frac{1}{n_w}\sqrt{K} = \frac{1}{P}\sqrt{K}$$

对平衡缩聚，达到反应平衡后，小分子副产物的浓度不再改变，此时的反应程度 P 也为常数，所以对封闭体系的缩聚反应，若温度一定 $\overline{X_n}$ 是一个常数，其值大小明显依赖于平衡常数 K 的大小。

对开放体系，即在反应过程中不断将小分子副产物移出反应区，使反应程度提高，并趋近 1 时，则

$$\overline{X_{n,p \to 1}} = \sqrt{\frac{K}{p n_w}} = \sqrt{\frac{K}{n_w}} \tag{10-24}$$

式（10-24）是平衡缩聚中平均聚合度 $\overline{X_n}$ 与平衡常数 K 及反应区内小分子含量 n_w 三

者关系的表达式，称为缩聚平衡方程。式中可见，若平衡常数一定，要求聚合物的平均聚合度越大，则在反应体系中小分子副产物浓度必须越小越好。对于不同的反应体系，由于平衡常数的差异，达到相同聚合度要求时，对反应区内小分子副产物浓度要求相差很大。根据平衡常数的大小，可将线型平衡缩聚大致分成三类。

(1) 平衡常数小　如聚酯反应，平衡常数 $K=3\sim10$，若得到高相对分子质量的聚酯，必须在高温、高真空、强传质条件下，降低反应区内小分子副产物的浓度。

(2) 平衡常数中等　如聚酰胺反应，$K=300\sim500$，没必要严格控制反应区内小分子副产物浓度。

(3) 平衡常数很大，甚至可看作不可逆反应　如聚碳酸酯、聚砜一类的缩聚反应，平衡常数在几千以上，小分子副产物在反应区的存在几乎不影响聚合度的提高。

10.2.2.3　线型缩聚物聚合度的控制

缩聚物的性质受聚合度的影响较大。控制聚合度的有效方法，往往是使一种缩聚反应的单体稍稍过量或在反应体系中加入少量单官能团物质，使聚合物端基不再有反应的可能性，使反应程度稳定在某一数值上，从而制得预定聚合度的性能稳定的聚合产物。说明如下。

① a—R—a　b—R′—b 为双官能团单体，其官能团数目各为 N_a，N_b'。两官能团数之比称摩尔系数 $r=\dfrac{N_a}{N_b'}\leqslant1$，单体分子的总数为 $\dfrac{(N_a+N_b')}{2}$ 或 $\dfrac{N_a\left(1+\dfrac{1}{r}\right)}{2}$。当官能团 a 的反应程度为 p 时，官能团 b 相应的反应程度为 rp，官能团 a 剩余的总数目为 $N_a(1-p)$，官能团 b 剩余的总数目为 $N_b(1-rp)$，大分子链端官能团总数目等于没有反应的官能团的总和，即 $N_a(1-p)+N_b(1-rp)$，缩聚物分子的数目应为剩余官能团的一半，即 $\dfrac{N_a(1-p)+N_b(1-rp)}{2}$。缩聚物的平均聚合度 $\overline{X_n}$ 等于单体分子的总数目除以缩聚物分子的数目。

$$\overline{X_n}=\frac{\dfrac{N_a\left(1+\dfrac{1}{r}\right)}{2}}{\dfrac{N_a(1-p)+N_b(1-rp)}{2}}=\frac{1+r}{1+r-2rp}=\frac{1+r}{2r(1-p)+(1-r)}$$

此式说明聚合度 $\overline{X_n}$ 与摩尔系数 r 及反应程度 p 之间的关系。

当 $r=1$、等物质的量（摩尔）时，$\overline{X_n}=\dfrac{1}{1-p}$，即与式（10-23）相同。

当 $p=1$ 时（对官能团 a 而言），$\overline{X_n}=\dfrac{1+r}{1-r}$，显然 $\overline{X_n}$ 对摩尔系数 r 的依赖很大。

当 $r\to1$，接近等摩尔比时，$\overline{X_n}\to\infty$。

若 $r=\dfrac{1}{2}$，即 $N_b=\dfrac{1}{2}N_a$ 时，$\overline{X_n}=3$。

② 在等物质的量（摩尔）a—R—a、b—R′—b 型单体的缩聚反应中，加入一种少量的单官能团物质，用以控制聚合度。上述方程仍可适用，只是摩尔系数应由下式确定。

$$r=\frac{N_a}{N_b+2N_b'}$$

式中，N_b' 为单官能团物质的分子数，系数 2 是由于一个分子的单官能团物质相当于两个 b 官能团的作用。

当 $p=1$，$N_a=N_b$ 时

则

$$\overline{X_n}=\frac{1+r}{1-r}=\frac{N_a+N_b'}{N_b'}$$

设单官能团的分子过量分数为 q,

$$q=\frac{N_b'}{N_a+N_b'}$$

则

$$\overline{X_n}=\frac{1}{q} \tag{10-25}$$

③ 对 a—R—b 型单体进行缩聚时,由于单体本身官能团保持严格等物质的量(摩尔)比,所以为了稳定聚合度,需加入单官能团物质。此时摩尔系数仍按前一种类似方法计算

$$r=\frac{N_{ab}}{N_{ab}+2N_b'}; \quad \overline{X_n}=\frac{1}{q}$$

以上三种情况,着重说明了官能团的极少过量在控制产物的最终聚合度时的显著作用,1‰分子百分数的单官能团物质,就足以把产物的平均聚合度限制在100。另外也可以看到,严格的线型缩聚单体分子间的等物质的量(摩尔)比,对保证工业产品质量的重要意义。

10.2.2.4 体型缩聚

在缩聚反应中,只要有多于两个官能团的单体,则能形成支化或交联等非线型结构产物,这种能形成交联结构的缩聚反应称为体型缩聚。如果以 B_f 表示多官能团($f>2$)化合物,那么下述类型的反应都可形成交联结构的缩聚物。

$$a—R—a+B_f \longrightarrow 交联产物$$
$$a—R—a+b—R'—b+B_f \longrightarrow 交联产物$$
$$a—R—b+b—R'—b+A_f \longrightarrow 交联产物$$
$$A_f+B_f \longrightarrow 交联产物$$

体型缩聚的特征是当反应程度到达一定值之后,体系的黏度突然增大,出现凝胶,它不溶不熔,无数的网络结构使聚合物分子形成一个巨大的分子,这种现象叫凝胶作用。出现凝胶时的反应程度称为凝胶点 p_c。形成网络结构的交联作用有很大实用意义,交联后的聚合物可用做结构材料,并有很高的耐热性、尺寸稳定性。类似这些受热后软化而不流动,不能反复塑制的聚合物称为热固性聚合物。为了便于热固性聚合物的加工,对于体型缩聚反应要在凝胶点以前终止反应,此时产物的相对分子质量还不大,便于在加工成型过程中进一步缩聚,形成体型结构产物。通常所称"预聚体"就是这种加工过程中所需要的相对分子质量较低的中间产物。分为两类:

(1)无规预聚体 早期热固性聚合物,如酚醛树脂,脲醛树脂等,一般由二官能度单体与另一官能度大于2的单体缩聚而成,反应第一阶段使反应程度低于凝胶点($p<p_c$)冷却停止反应即成预聚体,生产中控制反应在第一阶段很重要,否则容易在反应器生成凝胶,造成废料或生产事故。这类预聚物中仍有相当数量的未反应的官能团,在成型过程中,经加热,可进一步反应,当反应程度大于凝胶点即 $p>p_c$ 时,成为体型交联聚合物产品。

(2)结构预聚体 它无异于一般线型缩聚物,只是相对分子质量要控制在较低范围,并具有特定的活性端基或侧基,结构预聚体本身一般不能进一步聚合或交联,它形成网状结构之前,必须在催化剂或其他交联剂(即多官能团单体)存在下进一步反应,对这类反应,凝胶点的控制很重要,达到凝胶点时间的长短(即固化时间的长短)最终反映在聚合物的性能上。如要获得热固性泡沫材料,就要发泡后快速固化,否则泡沫就要破灭;但对增强或层压材料,如果快速固化,又将使材料的强度降低。环氧树脂,不饱和聚酯树脂,线型酚醛树脂,各类聚酯或聚醚型端基低聚物等都属于这一类。

凝胶点是控制体型缩聚的重要参数，可以通过实验测定，也可进行理论计算，下面介绍一种简单有效方法。

设 $\overline{f}$ 为缩聚反应单体的平均官能团数，称为平均官能度，可由下式计算：

$$\overline{f}=\frac{f_a N_a+f_b N_b+\cdots}{N_a+N_b+\cdots} \tag{10-26}$$

式中 N_a，N_b 为不同官能团单体的分子数目；f_a，f_b 为不同官能团单体的官能度。

若 N_0 为反应开始时单体分子总数，$N_0 f$ 则为反应物官能团总数，若反应后剩余分子总数为 N，那么反应中消耗的官能团数目为 $2(N_0-N)$，倍数 2 是因为每一步反应消耗两个官能团。根据反应程度的定义可知

$$p=\frac{2(N_0-N)}{N_0\overline{f}}=\frac{2}{\overline{f}}-\frac{2N}{N_0\overline{f}}$$

因为 $\dfrac{N_0}{N}=\overline{X_n}$，所以

$$p=\frac{2}{\overline{f}}-\frac{2N}{X_n\overline{f}} \tag{10-27}$$

当反应将要出现凝胶现象前瞬间，聚合物的相对分子质量迅速增大，在数学上可处理为 $\overline{X_n}\to\infty$，此时的反应程度即凝胶点，以 p_c 表示时，则有

$$p_c=\frac{2}{\overline{f}} \tag{10-28}$$

式（10-28）是 Carothers 方程，凝胶点可按此计算。在两个官能团反应体系中，因 $\overline{f}=2$，则 $p_c=1$，即全部官能团均参加反应，不会产生凝胶。

[例 10-1] 反应物 A 的官能度为 2，反应物 B 的官能度为 3，以等物质的量（摩尔）官能团参加反应时，计算其凝胶点。

解 先求 A，B 两反应物的平均官能度

$$\overline{f}=\frac{2\times 3+3\times 2}{3+2}=2.4$$

则凝胶点为：

$$p_c=\frac{2}{\overline{f}}=0.833$$

即反应程度达 83.3% 时，将出现凝胶。此值略大于实验值，因为凝胶时，实际上 $\overline{X_n}$ 并非无限大，式（10-27）第二项不等于零，所以有误差。

10.2.3 聚合物的化学反应

10.2.3.1 高分子化学反应式及其特征

在大分子化学反应中，虽然也用化学反应式表示，例如聚丙烯酸甲酯在碱性条件下水解，生成聚丙烯酸钠，可用下式表示：

$$\begin{array}{c}+\!\!\!\left[CH\!-\!CH_2\right]_n\!\!\!+\xrightarrow[NaOH]{H_2O}+\!\!\!\left[CH\!-\!CH_2\right]_n\!\!\!-\ +nH_3COH\\ |\qquad\qquad\qquad\qquad\quad\ \ |\\ COOCH_3\qquad\qquad\qquad\ COONa\end{array}$$

此式表示了大分子链上某一链节的水解反应，但它并没有说明有多少链节参与反应，更不能理解为所有酯基都转化成羧基。因此，往往要用百分率作官能团反应程度的补充说明。更应注意的是，对大分子化学反应，起始官能团反应后形成的官能团，连在同一个大分子链上，原料与产物同在一个分子链上，形成类似共聚物的产物。想从大分子的化学转化中，制得同一基团的纯的高分子化合物，一般条件下是极困难的。上述反应式中聚合物水解前后的重复链节数均用 n 表示，说明聚合物分子在反应过程中聚合度没发生改变，但事实并非如此。巨大的分子，在参与化学反应过程中，常常会引起不同程度的相对分子质量

的变化，但与小分子反应不同，相对分子质量的这种变化并不意味着新物质的形成或消失。凡此，均表现了大分子化学反应的某些特征。

10.2.3.2 高分子链上邻近反应基团的相互影响

在大分子链上相邻反应基团的反应，从其转化情况看，很少是完全的，有一定限度。如聚氯乙烯用锌粉处理时，将大分子中两个相邻的氯原子脱掉，并形成三元环状结构，反应最后总有一部分氯原子残留下来，一般残留约为14％。相似情况在聚乙烯醇的缩醛反应中也会出现，反应结果总有一部分羟基残留下来。按统计规律研究其残留率为13.5％。延长反应时间效果不大，常常会使产品性能变坏。这种影响叫大分子化学反应的概率效应。

在大分子链上邻近基团反应时存在静电作用。如聚丙烯酰胺的水解，在稀碱作用下，水解度只有70％，解释为水解后，羧基阴离子越来越多，形成的阴性静电场对 OH^- 排斥作用越来越大，致使水解反应难以进行完全，由于邻近基团的存在，增加或阻碍化学反应进程的现象，在大分子化学反应中并不少见，常把带电离子的这种影响称为离子的屏蔽效应。

10.2.3.3 扩散因素对大分子化学反应的影响

当聚合物进行非均相反应时，大分子反应往往只局限在非晶相区内，结晶区在化学上几乎完全是惰性的。在玻璃态时，由于分子链不能自由移动，反应也难进行。只有在高弹态或黏流态时，反应才可以正常速度进行，这种现象称为结晶效应。

在大分子反应过程中，由于高分子的结构组成的变化，反应体系的物理性质也相应变化，或者产物不溶解（发生沉析）或者黏度变化很大，因而阻碍或促进反应，将此种现象称为溶解度效应。结晶效应、溶解度效应等现象都是因为大分子反应中扩散因素所致。

10.2.3.4 聚合物的化学转化

根据大分子聚合度和反应基团的变化，可分为三类。

（1）大分子侧基官能团反应——聚合度不变的大分子反应　聚合物大分子侧基官能团的反应性，除大分子特征影响外，原则上与小分子有机反应活性相似，因此提供了充分利用现有天然和合成高分子材料进行化学改性，以获取特异性能材料的可能性。举例如下。

① 早已工业化的天然纤维素的利用，纤维素由葡萄糖单元组成，利用环上羟甲基的活性，与醋酸、硝酸等反应制成醋酸纤维素，硝酸纤维素，以致可与环氧乙烷、丙烯酸等反应进行接枝改性，并且这方面的研究仍在进行，如抗菌性纤维的制备等。

② 聚乙烯进行氯化或氯磺化反应后，破坏了其结晶性，成为性能优良的弹性体，并已工业化。应用在电绝缘、片材地板等方面。

③ 聚醋酸乙烯酯水解制得水溶性聚合物——聚乙烯醇，由于乙烯醇单体不能单独存在，所以只能由聚醋酸乙烯酯水解制备。进一步还可利用聚乙烯醇的侧羟基与甲醛、丁醛等反应制备聚乙烯醇缩丁醛，用于安全玻璃的胶黏剂和涂料；维尼纶纤维也是利用聚乙烯醇为原料，在纺丝溶液中与醛类缩合，约有30％～40％羟基反应后，聚乙烯醇就成为不溶于水的纤维。

④ 交联聚苯乙烯，经与硫酸磺化反应后，形成磺酸型阳离子交换树脂，有时也把它作为固体酸，用于催化反应，改善工艺条件。

（2）大分子链的降解反应——聚合度变小的大分子反应　分子链的降解即大分子的聚合度变小的反应，主要有以下三种可能。

① 由链端起始的降解，即聚合反应的逆反应，可使单体分子从大分子链端一个接一个地解聚下来。属于这种情况的不多，如聚甲基丙烯酸甲酯（有机玻璃），聚四氟乙烯，聚苯乙烯、聚丁二烯、聚异戊二烯等，在一定条件下加热裂解，可以有产率不等的单体分

解出来，它也可作为聚合物定性分析的一种方法。

② 大分子链上任意处的价键断裂，称为无规降解。这种降解的原因可以是热降解，氧化降解，光降解，水解等，以及在综合因素下的降解。此外还有机械降解，超声波降解等。

③ 大分子链的生物降解。天然高分子的生物降解促成了自然界碳资源的平衡。不仅如此，人类利用发酵技术等使天然高分子降解来制酒、制醋。但合成高分子对生物作用的稳定性非常突出，以致造成"白色污染"，至今人们仍把合成生物降解高分子材料作为重大研究课题。

（3）聚合物的交联——聚合度变大的化学转变　聚合物在光、热、辐射等特别是在交联剂的作用下，分子链间形成共价键，产生凝胶或不溶物，这类反应称为交联。在工业上，交联反应往往为聚合物提供了许多优异性能，如提高聚合物的强度、弹性、硬度、形变稳定性等。

① 橡胶的硫化　天然及合成橡胶的硫化是以工业规模进行的交联反应，"硫化"这一术语是用以导致塑性橡胶转化为弹性橡胶或橡胶交联反应的总称。不饱和橡胶的硫化过程是在 $2\%\sim4\%$ 的硫黄和硫化促进剂、活化剂与生胶捏炼后进行造型，然后在 $130\sim150℃$ 加热，经一定时间后得硫化产物。促进剂在橡胶分子硫化中起着非常重要的作用，少量促进剂，可大大加快硫化速度，降低硫化温度，减少硫的用量。同时还改善物理化学性能及外观质量。常用的有机促进剂有二硫代氨基甲酸盐、黄原酸盐、秋兰姆类、噻唑类等十几种。活化剂是一种能充分发挥促进剂，促进效力的化合物或混合物，对硫化有很强的活化作用，可大大提高交联度和硫化胶的耐热性，常用的活化剂为氧化锌和硬脂酸等。

② 不饱和聚酯的固化。由丁烯二酸、邻苯二甲酸和乙二醇所制成的不饱和聚酯树脂，属于低分子线型预聚物，它需要转化成体型聚合物后才有使用价值。这一转化过程即所谓固化，其实质是在分子链间产生交联，交联剂是用烯类单体，如苯乙烯，甲基丙烯酸甲酯，丙烯腈等，与聚酯分子链上的不饱和键进行共聚反应而生成体型结构。

固化后的力学性能与交联键的长度和交联键的数目有关。例如，反丁烯二酸制成的聚酯和苯乙烯共聚所得聚合物的性能，比与甲基丙烯酸甲酯共聚所得聚合物的性能强韧得多，原因是后者自聚能力较强，交联点少，交联链长；而苯乙烯的共聚能力强，所以交联点多，交联链短。所以在进行这种交联时，选择合适的共聚单体是很必要的，可用相关竞聚率进行共聚能力分析的参考。

③ 光照下的交联作用　感光树脂（即光敏塑料）系在光的作用下，使聚合物分子链交联，这种材料多用于照相、印刷制版、金属材料的精密加工等方面。如桂皮酸乙烯酯，在光敏剂 5-硝基苊存在下，在波长为 $340\mu m$ 的光照下，发生交联反应。

目前，感光树脂发展很快，类似的感光树脂有乙烯－乙烯醇共聚物的肉桂酸酯，环氧树脂的肉桂酸酯，丙烯酸系肉桂酸酯等。

10.2.4 聚合的实施方法

在聚合物生产发展史上，长期以来自由基聚合占领先地位，目前仍占较大比重。自由基聚合的实施方法主要有本体聚合、溶液聚合、悬浮聚合、乳液聚合四种。其中有些方法也可用于缩聚和离子聚合。

根据聚合物在其单体或聚合溶剂中的溶解性能，本体、溶液和悬浮聚合都有均相聚合和非均相聚合之分。

缩聚反应一般选用熔融缩聚、溶液缩聚和界面缩聚三种方法。熔融缩聚属于本体聚合。

大部分引发剂能溶于单体或溶剂中，形成均相催化体系。但许多离子和配位引发体系却是微非均相体系，有时也称作非均相聚合。

在工程上，聚合还有间歇法和连续法之分。

10.2.4.1 本体聚合

不加其他介质，只有单体本身在引发剂或催化剂、热、光、辐射的作用下进行的聚合称为本体聚合。在本体聚合体系中，除了单体和引发剂外；有时还可能加少量色料、增塑剂、润滑剂、相对分子质量调节剂等助剂。因此，本法的优点是产物纯净，生产工艺、设备简单，尤适用于制板材、型材等透明浅色制品。

自由基聚合、离子聚合、缩聚都可选用本体聚合。聚酯、聚酰胺的生产是熔融本体缩聚的例子，丁钠橡胶的合成属于阴离子本体聚合。在络合引发体系的作用下，丙烯可进行液相本体聚合。

气态、液态、固态单体均可进行本体聚合，其中液态单体的本体聚合最为重要。工业上本体聚合可用间歇法和连续法生产。

生产中关键问题是反应热的排除。烯类单体聚合热约为 $55\sim95kJ/mol$（$13\sim23kcal/mol$）。聚合初期，转化率不高，体系黏度不大时，散热当无困难。但转化率提高（如 $20\%\sim30\%$），体系黏度增大后，散热不易。加上凝胶效应，放热速率提高，如散热不良，轻则造成局部过热，使相对分子质量分布变宽，最后影响到聚合物的机械强度；严重的则温度失调，引起爆聚。绝热聚合时，体系温升可超过 $100℃$，由于这一缺点，本体聚合的工业应用受到一定限制，不如悬浮聚合和乳液聚合应用广泛。改进的方法有两种：一是在低转化率下（一般在 $40\%\sim60\%$）即停止反应，将残余单体循环使用，这样可避免由于黏度过高而造成的散热困难的问题。例如，低密度聚乙烯的生产，就是采用管式反应器，控制单体单程转化率在 $15\%\sim30\%$；二是采用两段聚合，第一阶段保持较低的转化率 $10\%\sim40\%$，这阶段体系黏度较低，散热尚无困难，聚合可在较大的聚合釜中进行。第二阶段进行薄层（如板状）聚合，或以较慢的速度进行。有机玻璃的板材、管材都是采用这种方法生产的。不同单体的本体聚合工艺差别很大，但总的看，生产出的制品纯净、宜于生产透明浅色制品，生产工艺、设备简单，适宜做板材或型材。

在逐步聚合反应中所用的熔融缩聚也属于本体聚合。

10.2.4.2 溶液聚合

单体和引发剂或催化剂溶于适当溶剂中的聚合称为溶液聚合。与本体聚合相比，溶液聚合体系黏度较低，混合和传热较易，温度容易控制，较少凝胶效应，可以避免局部过热。另一方面，溶液聚合也有若干缺点：①由于单体浓度较低，溶液聚合速率较慢，设备生产能力和利用率较低；②单体浓度低和向溶剂链转移的结果，使聚合物相对分子质量较低；③溶剂分离回收费用高，除尽聚合物中残留溶剂困难，在聚合釜内除尽溶剂后，固体聚合物出料困难。因此，工业上溶液聚合多用于直接使用聚合物溶液的场合，如涂料、胶黏剂、浸渍剂、合成纤维纺丝液等。

工业上属于自由基溶液聚合的例子有醋酸乙烯在甲醇中聚合，丙烯酸酯类在甲苯、丁酮中的溶液聚合等。属于离子和配位溶液聚合的产品有异戊橡胶、溶液丁苯、丁基橡胶、顺丁橡胶等。

大规模溶液聚合一般选用连续法，聚合后往往有凝聚、分离、洗涤、干燥等工序。

10.2.4.3 悬浮聚合

悬浮聚合是单体以小液滴状悬浮在水中进行的聚合。单体中溶有引发剂，一个小液滴就相当于本体聚合的一个单元。从单体液滴转变为聚合物粒子，中间经过聚合物-单体黏性粒子阶段。为了防止粒子相互黏结在一起，体系中须另加分散剂如聚乙烯醇、明胶、硫酸钡等，以便在粒子表面形成保护膜，提高在水中的稳定性。因此悬浮聚合体系一般由单体、引发剂、水、分散剂四个基本组分组成。

悬浮聚合机理和本体聚合相似，也有均相聚合和沉淀聚合之分。苯乙烯和甲基丙烯酸甲酯的悬浮聚合属于均相聚合，氯乙烯的悬浮聚合，则属于沉淀聚合。

悬浮聚合产物的粒径在 $0.01\sim5.0mm$ 之间，一般约 $0.05\sim2.0mm$，随搅拌强度和分散剂性质、用量而定。悬浮聚合结束后，回收未聚合的单体，聚合物经洗涤、分离、干燥，即得粒状或粉状树脂产品。悬浮均相聚合产品可制得透明珠体，如聚苯乙烯，早期曾称作珠状聚合。悬浮沉淀聚合产品则呈不透明粉状，如聚氯乙烯，可以称作粉状悬浮聚合；但这名称应用的不很普遍。

悬浮聚合的优点有：①体系黏度低，聚合热容易从粒状经水介质通过釜壁由夹套冷却水带走，散热和温度控制比本体聚合、溶液聚合容易得多，因此产品相对分子质量及其分布比较稳定。②产品相对分子质量比溶液聚合高，杂质含量比乳液聚合产品中少。③后处理工序比溶液聚合、乳液聚合简单，产品呈小颗粒状态，经过滤、洗涤、干燥即得粒状树脂，生产成本较低、粒状树脂可以直接用来加工。

悬浮聚合的主要缺点是：产品中多少附有少量分散剂残留物，要生产透明和绝缘性能高的产品，须将残留的分散剂除尽。

综合评价优缺点结果：悬浮聚合兼有本体聚合的优点，而缺点较少，因此悬浮聚合在工业上得到广泛应用。80%～85%的聚氯乙烯，全部苯乙烯型离子交换树脂母体，很大一部分聚苯乙烯、聚甲基丙烯酸甲酯等都采用悬浮法生产。悬浮聚合一般采用间歇分批进行。影响树脂颗粒大小和形态的因素很多，如搅拌强度、分散剂性质和浓度、聚合物浓度等。

10.2.4.4 乳液聚合

单体在水介质中，由乳化剂分散成乳液状态进行的聚合称为乳液聚合。乳液聚合最简单的配方由单体、水、水溶性引发剂、乳化剂四组分组成。工业上的配方则更要复杂得多。乳液聚合不同于悬浮聚合，乳液聚合物的粒径约 $0.05\sim1.0\mu m$，比悬浮聚合物常见粒径（$0.05\sim2.0mm$ 或 $50\sim2000\mu m$）要小得多；乳液聚合单体一般不溶于水或微溶于水，常用水包油型阴离子表面活性剂作乳化剂，如烷基硫酸盐、脂肪酸盐、松香酸皂等，当其用量在 CMC（临界胶束浓度）以上时，在水中会形成胶束。所用的引发剂一般是水溶性的，如过氧化氢、过硫酸盐等，或加入无机水溶性还原剂如亚硫酸钠、硫酸亚铁等，形成氧化-还原引发体系，可以在较低温度下保持较高聚合速率。

乳液聚合的主要场所是胶束，之后在被单体溶胀的胶粒中进行链增长反应，直至最后形成聚合物胶粒。

乳液聚合时，链自由基处于孤立状态，长链自由基很难彼此相遇，以致自由基寿命较长，终止速率较小，因此聚合速率较高，且可获得较高的相对分子质量。

354

在本体、溶液和悬浮聚合中，使聚合速率提高的一些因素，往往使相对分子质量降低。但是乳液聚合中速率和相对分子质量都可以同时提高。显然，乳液聚合存在着另外一种机理。控制产品质量的因素也有所不同。在不改变聚合速率的前提下，各种聚合方法都可以采用链转移剂来降低相对分子质量；而欲提高相对分子质量则只有采用乳液聚合的方法。

乳液聚合的优点：①以水作分散介质，价廉安全。乳液的黏度与聚合物相对分子质量及聚合物含量无关，这有利于搅拌、传热和管道输送，便于连续操作。②聚合速率快，同时产物相对分子质量高，可以在较低温度下聚合。③直接应用乳胶的场合，如水乳漆，胶黏剂、纸张、皮革、织物的处理剂，以及乳液泡沫橡胶，更宜采用乳液聚合。

乳液聚合的缺点：①需要固体聚合物时，乳液须经凝聚（破乳）、洗涤、脱水、干燥等工序，生产成本较悬浮法高。②产品中留有乳化剂等，难以完全除尽，有损电性能。

乳液聚合在工业上应用广泛。合成橡胶中产量最大的丁苯橡胶和丁腈橡胶采用连续乳液法生产，聚醋酸乙烯酯胶乳、丙烯酸酯类涂料和胶黏剂、糊用聚氯乙烯树脂则用间歇乳液法生产。

近年来出现了许多新的乳液聚合法，例如乳液定向聚合、辐射乳液聚合、反乳液聚合及非水介质的乳液聚合、核壳结构的乳液聚合等。

虽然不少单体可选用上述四种方法中的任何一种进行聚合，但实际上，往往根据单体形成聚合物的反应类型（机理、催化剂）、产品性能的要求和经济效益等多方面因素，只选用某一种或某几种方法来进行工业生产。烯类单体进行自由基聚合，采用上述四种方法时的配方，聚合机理、生产特征、产物特性等的比较如表10-6。

表 10-6　四种自由基聚合方法的比较和工艺特征

聚合方法	本体聚合	溶液聚合	悬浮聚合	乳液聚合
配方主要成分	单体、引发剂	单体、引发剂、溶剂	单体、引发剂、水、分散剂	单体、水溶性引发剂、水、乳化剂
聚合场所	本体内	溶液内	液滴内	胶束和胶粒内
聚合机理	遵循自由基聚合一般机理，提高速率的因素往往使相对分子质量降低	伴有向溶剂的链转移反应，一般相对分子质量较低，速率也较低	与本体聚合相同	能同时提高相对分子质量和聚合速率
生产特征	热不易散出，间歇生产（有些也可连续生产），设备简单，宜于生产透明浅色制品，相对分子质量分布宽	散热容易，可连续生产，不宜制成干燥粉料或粒状树脂	散热容易，间歇生产，须有分离、洗涤、干燥等工序	散热容易，可连续生产。制成固体树脂时，须经凝聚、洗涤、干燥等工序
产品纯度与形态	纯度高，颗粒状或粉粒状	纯度低，聚合物溶液或颗粒状	比较纯净，可能留有分散剂，粉粒状或珠粒状	留有少量乳化剂和其他助剂，乳液、胶粒或粉状
三废	很少	溶剂废水	废水	胶乳废水
产品品种	高压聚乙烯、聚苯乙烯、聚氯乙烯等	聚丙烯腈、聚醋酸乙烯酯等	聚氯乙烯、聚苯乙烯等	聚氯乙烯、丁苯橡胶、丁腈橡胶、氯丁橡胶等

10.3　聚合物生产工艺

10.3.1　聚合物的生产过程

由最基本的原料：石油、天然气、煤炭等制造高分子合成材料制品的主要过程见图10-11。

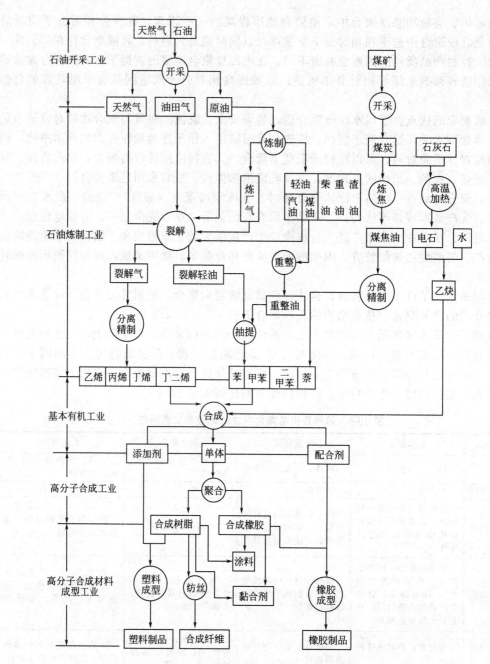

图 10-11　制造高分子合成材料制品的主要过程

由图 10-11 可知由天然气和石油为原料到制成高分子合成材料制品，需经过石油开采、石油炼制、基本有机合成、高分子合成、高分子合成材料成型等工业部门。基本有机合成工业不仅为高分子合成工业提供最主要的原料——单体，而且提供溶剂、塑料添加剂以橡胶配合剂等辅助原料。高分子合成工业的任务是将基本有机合成工业生产的单体（小分子化合物），经过聚合反应（包括缩聚反应等）合成为聚合物，从而为高分子合成材料成型工业提供基本原料。

10.3.1.1　聚合物的生产工序

高分子合成工业的生产工艺流程可概括如图 10-12 所示，是由以下各工序组合而成。

（1）原料的准备和精制工序　原料工序中包括有单体、溶剂或去离子水等原料的贮存与净化、精制、干燥以及配置等过程和设备。

（2）催化剂（引发剂）的配制工序由聚合用催化剂、引发剂和助剂的制造、溶解、贮存、配制等过程和设备组成。

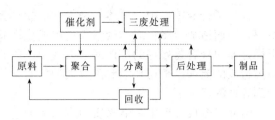

图 10-12　聚合物的生产工艺

（3）聚合工序　聚合反应场所，以聚合反应釜为中心，附设有冷却、加热以及输送过程与设备等。

（4）分离工序　在此工序将未反应的单体回收，溶剂、催化剂脱除，低聚物分离除去并将生成的聚合物从反应系统中分离出来。

（5）回收工序　未反应的单体及溶剂经精制处理后可回收再用，为此设有一系列精馏塔及贮槽等。

（6）后处理工序　将分离出来的聚合物进行输送、干燥、造粒、均匀化以及贮存和包装出厂。如上述，制造聚合物工艺流程基本上由六个工序组成。除此以外，整个工艺流程之中，尚需另设废水、废气和废渣处理等所谓三废处理工程和公用工程如供电、供水、供气等项目。

上述工序分类，并非按物理化学的角度进行，而是将现实的流程按生产现场进行划分的。例如：聚合产物的干燥是流程中重要工序之一，如从物理化学角度看属于一种分离操作，但在这里是把它划作为后处理加工工序之一，这样就能够如实地反映出工艺流程的实际情况而且也容易被人们所理解。

在组织工艺流程时，要根据单体、催化剂的性质、聚合方法以及聚合物的性质、市场所要求的制品形状、性能等因素来确定工序的内容以及整个工艺流程。例如，从乙烯制备聚乙烯的流程中，使用氧或过氧化物作为引发剂时，如要制备高相对分子质量的聚乙烯，聚合反应必须在高温高压下进行。因此就需要考虑特殊的聚合方法、分离方法、回收方法、后处理方法等。但是，若聚合时使用配位离子型齐格勒催化剂，则只需在常压下就能得到有用的聚合物，这种方法的工艺就和高压法不同。即使使用同样的催化体系，具体的工艺流程也可不同。例如，以氧作催化剂在高压下进行聚合时，其可供选择的聚合方式就有单纯用乙烯的本体聚合法和用溶剂的溶剂淤浆法或者水乳液聚合法等。再如，同为本体聚合，但由于反应时使用的装置不同（管式聚合或釜式聚合），其工艺流程内容也有所差别。

根据所选择的工艺不同，要求什么样的流程和工序组合，均与进行工业化的时间、地点、技术条件密切相关。与此同时，也应考虑到工艺的安全性、生产经济性等，这才能最后确定一个工艺流程的具体内容。然而，可以认为，决定工艺流程的各种因果关系中，最主要的因素是催化剂的性质即聚合反应的性质，依此来选择聚合方式，这对决定工艺流程起着重要作用。

10.3.1.2　高分子合成工业的三废处理与安全

高分子合成工业所用的主要原料——单体和有机溶剂，许多是易燃、易挥发且有毒的，甚至是剧毒的。生产中也存在着三废处理与安全问题。

高分子合成工业的废气主要来自气态和易挥发单体和有机溶剂或单体合成过程中使用的气体。例如氯乙烯单体、丙烯腈单体以及氰化氢气体可能是有毒，甚至是剧毒化学品，另外有些气态单体可能对人体健康没有明显的危害，但对于植物的生长却有不良影响，例如乙烯气体可使农作物过早成熟。

高分子合成工厂中，单体污染大气的途径大致有以下几方面：一是生产装置的密闭性不够，因而造成泄漏；二是清釜操作中或生产间歇中聚合釜内残存的单体浓度过高；三是干燥过程中聚合物残存的单体逸入大气中。因此生产过程中应当严格避免设备和操作不善原因造成的泄漏。密切加强监测仪表的精密度，以便及早察觉并采取相应措施，使废气减少到容许浓度之下。

高分子合成工厂中污染水质的废水和废渣，主要来源于聚合物分离和洗涤操作排放的废水和清洗设备产生的废水。聚合物分离和洗涤排出的废水中可能有催化剂残渣、溶解的有机物质和混入的有机物质以及悬浮的固体微粒。这些废水如果不经处理排入河流中，将污染水质。此外，生产设备中的聚合物结垢和某些副产物，例如聚丙烯的无规聚合物会形成残渣。合成树脂生产中悬浮聚合法有大量废水排放出来，其中可能含有悬浮的聚合物微粒和分散剂。合成纤维湿法纺丝过程中，用水溶液为沉降液时，虽然可以回收一部分沉降液循环使用，但仍有相当数量的废水排放出来。在合成橡胶生产过程中，橡胶胶粒经破乳凝聚析出（溶液聚合法）或热水凝聚（配位聚合溶液法）都有大量废水排出，其中可能含有具不适气味的防老剂、残存的单体，而乳液凝聚废水中尚含有废酸和食盐等杂质；热水凝聚废水中则含有催化剂残渣。

对于高分子合成工业的三废处理，首先，在进行工厂设计时应当考虑将三废消除在生产过程中，例如工业上采用先进的不使用溶剂的聚合方法，或采用密闭循环系统的洁净工艺。不得已时则考虑三废的利用，尽可能减少三废的排放量，必须进行排放时应当了解三废中所含各种物质的种类和数量，有针对性地进行回收和处理，最后再排放到综合废水处理场所。不能用清水冲淡废水的方法来降低废水中有害物质的浓度。

加强防火安全教育和化学品防范知识的教育是工厂生产中的重要环节。安全检查和自动监控是生产中不可或缺的措施。高分子合成工厂中最易发生的安全事故是引发剂分解爆炸、催化剂引起的燃烧与爆炸以及易燃单体、有机溶剂的燃烧与爆炸事故。可燃气体或可燃液体的蒸发或有机固体粉尘和空气的混合物发生爆炸事故的问题，应引起高度重视。因此，应加强操作地区的通风、排风，甚至实施局部的封闭。在可燃性物质的贮存、运输和使用时，注意其爆炸极限（发生爆炸的浓度范围）。

高分子合成工业所用的单体、溶剂、聚合用助剂、加工助剂等，许多为有毒、腐蚀、致癌物质。这些物质可以通过呼吸道、黏膜、皮肤接触渗透进入人体影响人体的健康。为此，要保证监控装置正常运行，采取措施防止生产装置泄漏，加强通风、排风；工作人员应穿工作服，配带防护眼镜、防毒口罩、防护手套等防护用品；更重要的是杜绝违规操作。

10.3.2 聚烯烃的生产过程

10.3.2.1 聚烯烃生产概况

聚烯烃，又称烯烃聚合物（olefin polymers），是世界上聚合物中产量最大的一类产品。一般认为，聚烯烃是脂肪族单烯烃的均聚物和它与其他烯烃的共聚物的一个总称。通常还将它局限在固体聚合物内而不包括液体或蜡状聚合物。聚烯烃也可再细分为聚烯烃树脂（或聚烯烃塑料）和聚烯烃弹性体，但是通常所说的"聚烯烃"仅指聚烯烃树脂（或聚烯烃塑料）。

按照上述定义，高压低密度聚乙烯（HP-LDPE）、线型低密度聚乙烯（LLDPE）、高密度聚乙烯（HDPE）、极低密度聚乙烯（VLDPE）、超低密度聚乙烯（ULDPE）、超高相对分子质量聚乙烯（UHMNPE）和聚烯烃树脂的化学改性产品如氯化聚乙烯等，以及聚丙烯（PP）、聚1-丁烯（PB-1）和聚4-甲基戊烯（PMP）等均属于聚烯烃。而芳香族烯烃、双烯烃或环烯烃所生产的聚合物，诸如聚苯乙烯（PS）、聚丁二烯（PB）或聚环戊二烯（PCP）等，以及烯烃与含氧化合物的共聚物，如乙烯与醋酸乙烯酯的共聚物（EVA），或乙烯与丙烯酸酯的共聚物（EA）等，则不属于聚烯烃。

有关统计数据表明，1995 年世界塑料产量为 1.29 亿吨，2000 年世界塑料产量为 1.78 亿吨，2004 年世界塑料产量为 2.12 亿吨，年增长率约为 6%。美国塑料（原料）的产量多年来一直雄居各国之首。2001 年美国塑料产量为 4170 万吨，其中以聚乙烯为最多，为 1500 多万吨，其次分别是聚丙烯 720 万吨、氯乙烯 650 万吨、聚酯（PET）320 万吨、聚苯乙烯 280 万吨。聚乙烯和聚丙烯不仅在整个塑料生产中遥遥领先，而且在整合石油化工下游产品中占举足轻重的份额。

聚乙烯于 1939 年首先在英国实现工业化，生产的聚乙烯是高压自由基聚合工艺。1955 年相继工业化的是低压钛系催化剂工艺，1960 年又开发成功了中压铬系催化剂聚合工艺。在不同的聚合压力下和用不同的工艺过程都可制造出结构和性能相近的聚乙烯，而采用同一种工艺，又在同一套装置上，可以生产出全密度范围的各种聚乙烯，因此聚乙烯有不同的分类和命名，见表 10-7。

表 10-7　聚乙烯的分类和命名

分 类 方 法	聚 乙 烯 类 别 与 命 名
按聚合压力分类	高压法，低压法，中压法
按工艺过程分类	高压法，淤浆法，溶液法，气相法
按相对分子质量分类	低相对分子质量（<1 万），普通相对分子质量，高相对分子质量（>50 万），超高相对分子质量（>100 万）
按分子结构分类	线型（高密度聚乙烯、低密度聚乙烯），非线型（高压低密度聚乙烯）
按密度分类	极低密度，低密度，中密度，高密度

各种聚乙烯的结构不尽相同，主要的区别是支链的数目、类别和分布。高压低密度聚乙烯是既有长支链又有短支链的聚乙烯；高密度聚乙烯没有长支链，只有很少的短支链；线型低密度聚乙烯与高密度聚乙烯均没有长支链，但它的短支链比高密度聚乙烯的既多又长。影响聚乙烯性能的主要因素是支链的数目、类别和分布，以及相对分子质量和相对分子质量分布。其中尤以支链的数目和类别对性能的影响更甚。

聚乙烯是中国产量最大的合成树脂，近十年来聚乙烯的品种结构比例也有较大变化。高压聚乙烯 1985 年占聚乙烯总产量的 86.5%，到 1996 年已下降到 27.6%。线型低密度/全密度聚乙烯 1987 年时还是空白，但到 1996 年所占份额已达 33.2%。中国 1996 年线型低密度聚乙烯的实际产量比例为 21%，聚乙烯中高、低密度聚乙烯的产量大致各占一半。到 1997 年底，中国乙烯生产能力已达 397 万吨/年，与之配套相继建成了多套合成树脂生产装置。目前，中国 5 大通用树脂生产能力已达 600 万吨/年，其中聚乙烯生产能力已达 200 万吨/年，聚丙烯生产能力已达 170 万吨/年，聚氯乙烯的生产能力已达 135 万吨/年，聚苯乙烯生产能力已达到 35 万吨/年以上。具体情况见表 10-8。

10.3.2.2　乙烯高压聚合工艺

高压聚乙烯是目前世界上产量大，价格较低，用途广泛的通用塑料之一。其薄膜制品、电器绝缘材料、注塑和吹塑制品、涂层、板材、管材在工农业生产和日常生活中普遍应用。

高压聚乙烯是将乙烯压缩到 98～294MPa 的高压条件下，用氧或过氧化物为引发剂，在 100～200℃（用氧引则高于 200℃）范围的温度经自由基聚合反应转变为聚乙烯。所得聚乙烯的密度为 0.91～0.935g/cm³，工业上称为高压（法）聚乙烯或低密度聚乙烯（LDPE）。而乙烯的离子聚合和配位聚合反应则是在几个兆帕以下的低压条件下进行的，

表 10-8　我国聚乙烯生产装置及其工艺技术概况

产品	生产装置/套	生产规模/(万吨/年)	工艺技术	主要生产厂及其生产规模/(万吨/年)
HDPE	9	90	三井油化淤浆法釜式聚合工艺	大庆石化(24)、扬子石化(16)、燕山石化(14)、兰化公司(7)
			UCC气相法工艺	齐鲁石化(14)
			淤浆法环管高密度聚乙烯技术	金-菲公司(10)(上海石化-Phillips)
			德国Hoechst淤浆法釜式聚合工艺	辽化公司(3.5)
LLDPE	11	102	Unipol气相法生产技术	大庆石化(6)、齐鲁石化(6)、茂名石化(14)、天津联合乙烯(6)、广州乙烯(10)、中原石化(12)、吉林公司(10)
			BP公司气相法生产技术	兰化公司(6)、新疆独山子乙烯(12)、盘锦天然气化工(12.5)
			Dupont溶剂(环己烷)法生产技术	抚顺石化公司(8)
LDPE	5	54	英国ICI公司釜式法生产技术	兰化公司(4.3)
			日本住友釜式法生产技术	燕山石化(18)
			德国Imhausen管式法生产技术	大庆石化(6)
			日本三菱油化管式法生产技术	上海石化(15.5)
			美国Quantum管式法生产技术(目前最新的工艺)	茂名石化(10)

所得聚乙烯密度约为 $0.94 \sim 0.96 \text{g/cm}^3$，称为低压（法）聚乙烯或高密度聚乙烯（HDPE）。密度不同的原因在于结晶度不同，结晶度越高其密度越大。聚乙烯结晶度的高低取决于分子中支链的多少，支链多则结晶度低，因而密度低。高压法生产的聚乙烯平均每 1000 个碳原子的主链上有 20～30 个支链。

乙烯高压聚合生产流程见图 10-13 [反应器可采用釜式聚合反应器或管式聚合反应器（虚线部分）]。聚合实施方法为本体聚合。

管式法的反应器是一组带夹套的厚壁管，长度可达 2000m，停留时间 35～50s，单程转化率 20％～30％；釜式法的反应器是带搅拌的釜，一般停留时间 25～40s，单程转化率 15％～20％，如多釜串联组成双区或多区反应器时，转化率将超过 20％。管式法可以沿着反应器在不同位置注入不同的引发剂；釜式法可以在各区采用不同的引发剂。

来自乙烯精制车间的新鲜乙烯原料和来自低压分离器的循环乙烯，与相对分子质量调节剂混合后进入一次压缩机 1，被压缩至 25.5MPa 左右。然后与来自高压分离器的循环乙烯混合后进入二次压缩机 3，经二次压缩达到反应压力的乙烯经冷却后进入聚合反应器 4（a）。二次压缩机的最高压力因聚合设备的要求而不同。管式反应器要求最高压力达 300MPa 左右或更高些；釜式反应器要求最高压力为 250MPa 左右。引发剂则用高压泵送入乙烯进料口，或直接注入聚合设备。反应物料经适当冷却后进入高压分离器 7，减压至 25MPa 左右。未反应的乙烯与聚乙烯分离并经冷却脱去蜡状低聚物以后，回到二次压缩机 3 吸入口，经加压后循环使用。聚乙烯则进入低压分离器 9（a），减压到 0.1MPa 以下，使残存的乙烯进一步分离。乙烯循环使用。聚乙烯树脂在低压分离器 9（b）中与抗氧化剂等添加剂混合后进入挤出切粒机 10 挤出切粒，得到粒状聚乙烯，被水流送往脱水振动筛，与大部分水分离后，进入离心干燥器 11，以脱除表面附着的水分，然后经振动筛分去不合格的粒料后，成品用气流输送至计量设备计量，混合后得一次成品。然后再次

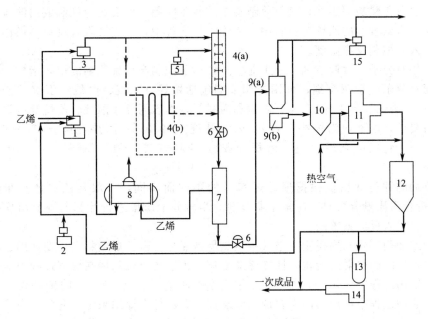

图 10-13　乙烯高压聚合生产流程[4]

1—一次压缩机；2—相对分子质量调节剂泵；3—二次高压压缩机；4(a)—釜式聚合反应器；4(b)—管式反应器；
5—催化剂泵；6—减压阀；7—高压分离器；8—废热锅炉；9(a),9(b)—低压分离器；10—挤出切粒机；
11—干燥器；12—密炼机；13—混合机；14—混合物造粒机；15—压缩机

进行挤出、切粒、离心干燥，得到二次成品。二次成品经包装出厂为商品聚乙烯。

10.3.2.2.1　原料准备

（1）乙烯　乙烯高压聚合过程中单程转化率仅为 15％～30％，所以大量的单体乙烯（70％～85％）要循环使用。因此所用原料乙烯一部分是新鲜乙烯，一部分是回收的循环乙烯。对于乙烯的纯度要求应超过 99.95％。新鲜乙烯的杂质含量应低于下列指标（体积分数）。

甲烷、乙烷	$<5\times10^{-6}$	CO_2	$<5\times10^{-6}$
C_3 以上重馏分	$<10\times10^{-6}$	H_2	$<5\times10^{-6}$
乙炔	$<5\times10^{-6}$	S	$<1\times10^{-6}$
O_2	$<1\times10^{-6}$	H_2O	$<1\times10^{-6}$
CO	$<5\times10^{-6}$		

乙烯常压下为气体，临界压力 5.74MPa（50.7 大气压）；临界温度 9.90℃；爆炸极限 2.75％～28.6％，纯乙烯在 350℃ 以下稳定，更高的温度则分解为 C、CH_4、H_2。

回收的循环乙烯，多次循环使用时，甲烷、乙烷等惰性杂质的含量可能积累，此时应采取一部分气体放空或送回乙烯精制车间精制。

（2）催化剂配制　乙烯高压聚合需加入自由基引发剂，工业上常称为催化剂。所用的引发剂主要是氧和过氧化物，早期工业生产中主要用氧作为引发剂。其优点在于：价格低，可直接加于乙烯进料中，而且在 200℃ 以下时，氧是乙烯聚合的阻聚剂，不会在压缩机系统中或乙烯回收系统中引发聚合。其缺点是氧的引发温度在 230℃ 以上，因此反应温度必须高于 200℃。由于氧在一次压缩机进口处加入，所以不能迅速的用改变引发剂用量的办法控制反应温度。目前除管式反应器中还可用氧作引发剂以外，釜式反应器全部改为过氧化物引发剂。

工业上常用的过氧化物引发剂为：过氧化癸醇，过氧化特戊酸叔丁酯，过氧化苯甲酸叔丁酯，过氧化醋酸叔丁酯，过氧化新葵二酸叔丁酯等。引发剂应配制成白油溶液或直接用计量泵注入聚合釜的乙烯进料管中，或注入聚合釜中，在釜式聚合反应器操作中依靠引发剂的注入量控制反应温度。

（3）相对分子质量调节剂　在工业生产中为了控制产品聚乙烯的熔融指数，必须加适当量的相对分子质量调节剂，可用的调节剂包括烷烃（乙烷、丙烷、丁烷、己烷、环己烷）、烯烃（丙烯、异丁烯）、氢、丙酮和丙醛等，而以丙烯、丙烷、乙烷等最常应用。

规格要求（以下均为体积分数）：丙烯纯度＞99.0%；丙烷纯度＞97.0%；乙烷纯度＞95.0%。它们的杂质含量（体积分数）：炔烃＜400×10^{-6}；S＜30×10^{-6}；O_2＜20×10^{-6}。

调节剂的种类和用量根据聚乙烯牌号的不同而不同，一般是乙烯体积量的1%～6.5%，折合为质量分数时，应根据调节剂的相对分子质量进行计算。调节剂是由一次压缩机的进口进入反应系统的。

（4）添加剂　聚乙烯树脂在空气中受热易被氧化。聚乙烯塑料在长期使用过程中，由于日光中紫外线的照射而老化，性能逐渐变坏。为了防止聚乙烯在成型过程中受热时被氧化，防止使用过程中老化，聚乙烯树脂中应添加防老剂（抗氧剂）、防紫外线剂等，此外为了防止成型过程中粘模具而需要加入润滑剂。聚乙烯主要用来生产薄膜，为了使吹塑制成的聚乙烯塑料袋易于开口而需要添加开口剂。为了防止表面积累静电，有时需要添加防静电剂。

工业上应用的聚乙烯添加剂主要有以下品种。

① 抗氧剂。4-甲基-2,6-二叔丁基苯酚是稳定的白色结晶粉末。熔点约70℃，易溶于烃、酮和酯等有机溶剂中，而不溶于水。可用作仪器包装薄膜的抗氧剂。4,4′-硫代双（6-叔丁基间甲酚）是熔点＞150℃的淡色粉末，可溶于酮、醇有机溶剂中，与聚乙烯混溶后不易被油脂所抽提，可用作食品包装薄膜的抗氧剂。

② 润滑剂。可用油酸酰胺或硬脂酸铵、油酸铵、亚麻仁酸铵三者的混合物作为聚乙烯的润滑剂。

③ 开口剂。用高分散性的硅胶（SiO_2）、铝胶（Al_2O_3）或其混合物为开口剂。

④ 抗静电剂。用含有氨基或羟基等极性基团又可溶于聚乙烯中，不挥发的聚合物为抗静电剂。例如环氧乙烷与长链脂肪胺或脂肪醇的聚合物。

以上添加剂的种类和用量根据生产的聚乙烯牌号和用途加于聚乙烯树脂低压分离器中，为了便于计量和易与聚乙烯充分混合起见，通常是将添加剂配制成浓度约为10%左右的白油（脂肪族烷烃）溶液或分散液，用泵计量送入低压分离器或于二次造粒时加入。

10.3.2.2.2　聚合

乙烯的高压聚合反应历程分为链引发、链增长、链终止和链转移。

乙烯在高压条件下虽仍是气体状态，但其密度达 $0.5g/cm^3$，已接近液态烃的密度，近似于不能再被压缩的液体，称气密相状态。此时乙烯分子间的距离显著缩短，从而增加了自由基与烯分子的碰撞概率，故易于发生聚合反应。

（1）聚合反应条件　反应温度一般在130～280℃范围；反应温度提高时，聚合反应速率加大，但聚乙烯的相对分子质量降低，而且支链较多，所以其密度稍有降低。还应注意，由于每千克乙烯聚合时可产生 3350～3765kJ 热量，而在140MPa 压力下，150～300℃ 范围，乙烯的比热容为 2.51～2.85J/(g·K)，所以乙烯聚合转化率升高1%，则反应物料温度将升高 12～13℃，如果热量不能及时移出，温度上升到350℃以上则发生爆炸性分解。因此在乙烯高压聚合过程中应防止局部过热，防止聚合反应器内产生过热点。

反应压力一般为 110～250MPa，或更高些达 300MPa。聚合停留时间为 15s～2min，

362

取决于反应器的类型。因产品牌号的不同而采用不同的反应条件。

反应条件的变化不仅影响聚合反应速率，而且对于产品聚乙烯的相对分子质量也发生影响。当反应压力提高时，聚合反应速率加大，聚乙烯的相对分子质量升高，而且支链较少，所以其密度稍有提高。

（2）聚合反应设备　目前世界上高压聚乙烯的生产方法不下 10 余种，按反应器的形式可分为管式法和釜式法两种类型。

① 管式反应器。主要特点是物料在管内呈柱塞状流动，返混现象少；反应温度沿反应管的长度而有变化，因此反应温度有最高峰，所得聚乙烯的相对分子质量分布较宽（适宜制造薄膜和共聚物）。单程转化率高，但存在器内粘壁、堵塞等问题。管式聚合反应器是内径为 2.5～7.5cm 的细长形高压合金钢管。直径与长度比为 $\frac{1}{250} \sim \frac{1}{40000}$，目前最长的管式反应器长达 900m 以上。

② 釜式反应器。物料可以充分混合，所以反应温度均匀，还可以分区操作，以使各反应区具有不同的温度，从而获得相对分子质量分布较宽的聚乙烯。为了提高乙烯的单程转化率，有的生产装置采用多釜串联的方式。

据统计，目前全世界高压法聚乙烯中 55％ 是用管式反应器生产的，其余 45％ 是釜式反应器生产的。目前两种反应器各有其特点，而且基建投资相近。当前无论管式反应器，还是釜式反应器难以占绝对优势。

10.3.2.2.3　单体回收与聚乙烯后处理

自聚合反应器中流出的物料，大部分未反应的乙烯与聚乙烯经减压装置进入高压分离器分离，乙烯经冷却，脱除蜡状的低聚物后回收循环使用。聚乙烯进入低压分离器与熔融的聚乙烯树脂充分混合后进行造粒。值得指出的是，聚乙烯与其他品种的塑料不同，需要经过二次造粒，其目的是增加聚乙烯塑料的透明性，并且减少塑料中的凝胶微粒。

10.3.2.3　聚乙烯生产工艺的技术经济比较

生产聚乙烯的工艺方法有气相法、淤浆法、溶液法和高压法，见表 10-9。长期以来，多种工艺并存，各具特色，见表 10-10。近年来，气相法由于流程较短、投资较低等特点发展较快，目前的生产能力约占世界聚乙烯总生产能力的 34％，新建的 LLDPE 装置近70％采用气相法技术。

表 10-9　各种聚乙烯装置的投资和成本比较

工 艺 方 法	相对投资	相对价格	工 艺 方 法	相对投资	相对价格
UCC 公司 Unipol 气相法（粉料）	1.00	1.00	Dow 公司低压冷却溶液法（粒料）	1.18	1.12
UCC 公司 Unipol 气相法（粒料）	1.55	1.00	Dupont 公司中压绝热溶液法（粒料）	1.49	1.03
BP 公司 Innovene 气相法（粒料）	1.64	1.12	DSM 公司低压绝热溶液法（粒料）	1.63	1.13
Phillips 轻稀释剂淤浆法（粒料）	1.57	1.17	高压釜法均聚物和 EVA 共聚物	2.76	1.43
Solvay 重稀释剂淤浆法（粒料）	1.59	1.19	高压管式法均聚物，EVA 和 EBA	2.76	1.57
三井油化 Hoechst 重稀释剂淤浆法	1.69	1.15			

10.3.2.4　聚丙烯生产工艺简介

聚丙烯（PP）具有比重轻，易加工，抗张强度较高，耐化学腐蚀，抗挠曲性、电绝缘性好等优良性能，广泛用于制作注射制品（汽车及工业零部件，家用电器的壳，包装箱及容器，医疗器械，家具，日用品等）、薄膜制品、管材与板材、纤维与无纺布、中空制品以及涂料等。目前世界上有 40 多个国家 100 多个公司生产聚丙烯，其中最大的是 Himont 和 Spheripol Unipol。聚丙烯的生产工艺按聚合形式可分为：溶剂法、本体法、气相法、本体-气相法。其中溶剂法为第一代，本体法横跨第二和第三代，本体-气相法和气相

表 10-10　各种生产工艺的特点

项　目	德国 IMHAUSEN 工艺	日本三井油化工艺	美国 UCC/Unipol 工艺
聚乙烯类型	LDPE	HDPE	LLDPE
聚合工艺	气相法，管式反应器，工艺流程短，投资少，开停车简便	淤浆法，两台液相釜式反应器，无脱灰工序，工艺流程较长，开车需时长	气相法，一台气相流化床，无脱灰工序，工艺流程短，投资少
原料条件	无原料精制，与 HDPE 和 LLDPE 相比，对原料要求条件不高	无原料精制，对原料中的 CO、CO_2、醇、硫的含量、系统中的水含量要求严格，杂质超标将影响聚合，甚至结块爆聚或不反应	对原料和辅助料要求严格，需乙烯脱炔、CO、CO_2 和 H_2O，1-丁烯脱水，N_2 脱 O_2、H_2O。微量杂质将导致结块，工艺本身存在结块的潜在危险
催化剂	氧为引发剂，无溶剂，产品纯净，可生产绝缘性最好的电缆用塑料，以反应压力调节产品密度，以丙烯和丙烷作链转移剂	钛系高效催化剂，同一催化剂可生产多种牌号，可调节产品密度、相对分子质量及其分布	高效催化剂分 3 种，每种牌号产品对应一组催化剂组成和配制方法
分离干燥	无	离心机，干燥机各一台	气/固分离系统
添加剂	有母料配制	无母料配制，有固/液添加剂系统	有母料配制、固态添加剂系统
溶剂回收	无	己烷回收：一台汽提塔，一台精馏塔	无
造粒方式	挤出机与造粒机	混炼机、挤出机和造粒机	混炼机、造粒机与熔融泵
产品牌号切换	容易，一般可在 0.5～2h 内完成；过渡料约为 20～30t/批	可直接过渡和停车切换，直接过渡用料较多，约 50～70t/批，停车切换 24h	切换牌号灵活，但过渡料很多，约为 80～130t/批

表 10-11　聚丙烯生产工艺的比较

项　目	溶剂法（三井油化）	本体法（住友化学、Phillip）	气相法（Amoco，Shell/UCC）	本体-气相法（Himont，宇部兴产）
反应器形式	釜式串联	釜式串联双环管式串联	釜式串联流化床	釜式串联双环管-釜式串联
工艺特点	溶剂为传热介质，反应平稳	液体丙烯逆流脱灰，产品质量高；聚合速率快，无三废，流程短	产品相对分子质量易调节；产品切换时间短，生产能耗低，安全可靠	操作弹性大；产品质量高；催化效率最高；产品粉末粒径大，尺寸均匀
存在问题	工艺流程长，溶剂回收费用高，产品切换时间长	产品等规度稍低	反应温度不易控制，易挂壁，结块，堵塞	

法均为第三代，气相法是 20 世纪 80 年代初发展的新工艺，本体-气相法集中了本体法和气相法的优点。各种方法对原料丙烯的质量要求相差不大，各种生产方法的工艺特点比较如表 10-11。

中国聚丙烯是 20 世纪 50 年代开始起步，20 世纪 60 年代引进装置的，尽管近年来装置建了许多，产量增长很快，但是产品牌号少，尤其是专用料，高档料更少，满足不了市场的需求，仍然大量进口。我国目前共有聚丙烯生产能力约 170 万吨/年，主要工艺有两种：一种为 Himont 环管工艺技术；另一种为日本三井油化釜式法工艺技术，其他工艺技术的生产能力较小。中国聚丙烯生产技术概况见表 10-12。

表 10-12　中国聚丙烯生产技术概况

工艺技术	生产装置/套	生产厂及其规模/(万吨/年)	产品
液相本体法 Himont 环管工艺技术	10	上海石化(17)、抚顺石化(6)、茂名石化(14)、齐鲁石化(7)、大连西太平洋公司(6)、独山子乙烯(7)、中原乙烯(4)	均聚、无规共聚和抗冲共聚产品
液相本体法日本三井油化公司釜式生产工艺	8	扬子石化(14)、燕山石化(4)、大连石化(4)、洛阳石化(5)、兰化(4)、广州石化(4)、广州乙烯(7)	共聚、均聚产品

此外还有间歇本体法聚丙烯工艺，它是我国自行开发的，采用炼油厂催化裂化装置中的丙烯为原料，间歇操作。1987 年第一套 2000t/a 间歇本体法聚丙烯装置在江苏丹阳建成投产，总生产能力约 40～50 万吨/年。由于间歇方式生产，开停车容易，生产灵活，但产品质量控制较连续法难，大部分装置没有氢调节手段，因此只能生产最简单的拉丝级牌号产品，有氢调节手段的装置也可以生产不同融体流动速率的牌号。这些装置中的大部分已应用了第三代高效催化剂，但还有相当部分的装置仍在使用络合型催化剂，由于使用较为廉价的炼厂气中的丙烯为原料，故聚丙烯的生产成本较低。

10.3.2.5　聚烯烃的技术发展趋势

聚烯烃大约占合成树脂总消费量的 45%，聚烯烃的发展动向对合成树脂工业发展影响极大。进入 20 世纪 90 年代，世界各地特别是亚太地区建设了一大批新的聚烯烃装置。

目前一般将茂金属催化剂、"双峰"、宽相对分子质量分布的 LLDPE、"超己烯"（即性能相当辛烯共聚 LLDPE 己烯共聚 LLDPE）及 Montell 的球形粒子聚烯烃技术称为第二代聚烯烃技术；美国斯坦福公司将超冷凝态进料流化床技术、超临界浆液法烯烃聚合技术及新一代具有高温性能的聚丙烯催化剂技术称为第三代聚烯烃技术。

（1）聚合催化剂的进展　聚烯烃技术进步的关键是催化剂。茂金属催化剂是由过渡金属的环戊二烯基配位化合物（用 $(C_5H_5)_nM$ 表示，M 代表金属原子）和铝氧烷组成的，是近年来聚烯烃工业最重要的技术进展之一。

Himont 等公司曾开发了最好的齐格勒-纳塔（Z/N）催化剂（由 Ti、V、Cr、Mo、Co 等的卤化物与 Al、Mg 等的烷基或芳基化合物组成），可以限制不需要的分子形成，但茂金属催化剂控制聚合物结构的能力要比现在最好的齐格勒-纳塔催化剂好得多。这种精密的控制可以通过单一的茂结构，也可以通过混合的茂结构来实现。

杜邦-道在 1997 年 5 月宣布在 Plaquemine.L.A 建第一套使用茂金属催化剂技术 9 万吨/年的乙丙三元共聚物（EPDM）弹性体装置。1997 年 Phlipps 和 Borealis 公司均宣布用各自的浆液法技术实现了茂-LLDPE 的工业化生产；UCC 和 EXXON 成立 Univation Technologies 公司，结合了 Unipol 气相流化床工艺、Exxpol 茂金属催化剂和超冷凝态操作技术。茂金属催化剂技术在不断改进，如 BASF 开发了非甲基铝氧烷类阳离子活化剂（如用硼助催化剂）进一步降低了催化剂的成本。

最近，杜邦公司披露了称之为 Versipol 的新一代过渡金属催化剂即镍-钯催化剂。此新催化剂也可以根据需要精确地定制聚合物链，可以将氧和其他官能团，包括如丙烯酸酯类的极性单体并入到乙烯的主链中，从而可合成出新一类的乙烯共聚物。用这种催化剂制备高度支化的聚乙烯，不需要共聚单体，成本明显降低。

Lyondell 石化公司也正在研究新一代单中心催化剂。1998 年 3 月报道，BP 化学公司开发了以分散的铁、钴配位化合物为基础的低成本烯烃聚合催化剂。

普通的 Z/N 催化剂的温度极限一般为 80℃，用新一代的 Z/N 催化剂并结合使用甲基铝氧烷助催化剂可以将聚丙烯的操作极限增加到 170℃ 以上，催化剂的活性提高 2～4 个数量级，生产能力提高近 3 倍。UCC 公司的催化剂可到 150℃，三井的催化剂可达 150～300℃。

我国聚乙烯和聚丙烯用催化剂都具有一定的研究基础，研制的催化剂水平与国外先进水平接近或相当，有些甚至超过国外的进口催化剂。我国聚烯烃催化剂的研制开发工作包括继续提高 Z/N 催化剂和铬基催化剂的水平，提高产品灵活性的催化剂，研制可在聚合反应器中同时使乙烯齐聚生成 α-烯烃共聚单体的双功能催化剂，在一个反应器中聚合生产"双峰"相对分子质量分布的高相对分子质量聚乙烯的双金属催化剂及生产高结晶度聚丙烯的催化剂等。

我国茂金属催化剂的研究已有可喜进展。

（2）工艺技术的发展　20 世纪 90 年代，冷凝态进料技术有了明显进展。1995 年 2 月美国 EXXON 公司披露了超冷凝态进料技术，该技术的关键是加大冷凝程度，把含液量高达 50% 的反应气体从流化床底部送入反应器，从而可排除更多的热量。采用超冷凝态操作可使反应器的生产能力提高 400%。EXXON 公司正在用茂金属催化剂和超冷凝态进料技术改造其在法国的装置，生产己烯共聚 LLDPE。

芬兰 Nest 的研究人员提出了超临界浆液法聚烯烃工艺，该工艺有充分的灵活性，生产具有"双峰"相对分子质量分布的树脂。这种以超临界流体作稀释剂的环管工艺，产品范围宽，有提高反应器效率的潜力，改善装置的操作。

"双峰"、宽相对分子质量分布 LLDPE 和 Montell 的 Spherilene 球形粒子聚烯烃等均在相当程度上改善了 HDPE 和 LLDPE 的加工性能。

北欧 Borealis，用其专利 Z/N 催化剂，用环管反应器和气相反应器相结合，生产"双峰" HDPE 和 LLDPE，其中环管反应器采用超临界丙烷作稀释剂。1995 年 11 月在芬兰建成世界上第一套生产"双峰" LLDPE 树脂的工业化装置。最近报道，Quantum 正在用混合的 Z/N 催化剂和茂金属催化剂开发生产高强度"双峰" LLDPE 树脂。该公司还开发了双中心的 Z/N 催化剂，不需要用串联反应器就可以生产"双峰" HDPE 树脂。BP 化学公司也用混合的催化剂在一个反应器中生产"双峰" HDPE 树脂，比一般的两个反应器生产的树脂有更好的性能。

Montell 公司利用聚丙烯球形催化剂技术的经验，开发了生产聚乙烯的 Spherilene 技术。并已在美国的 Lake Charles 工厂中应用。该工艺可生产的聚合物 95% 粒子呈球形且粒径为 1.4～3.0mm，该催化剂效率高，反应停留时间短，牌号转换容易，不存在钛和铬催化剂的相互中毒问题。

Mobil 公司近来开发出一系列新的用己烯作共聚单体的 LLDPE 树脂。其性能相当于辛烯共聚的 LLDPE。

Amoco 公司生产的"高刚性 PP"，Solvey 的"高等规 PP"以及在 LLDPE 反应器中就地生产共聚单体技术，气相法生产碳 8 烯烃共聚 LLDPE 技术、催化合金技术（Catalloy）、反应器后对聚丙烯改性的 Hivalloy 技术以及环状烯烃共聚物技术都是对聚烯烃发展影响较大的新技术。

我国冷凝态进料技术已有工业化的实践（齐鲁的 LLDPE 装置已引进了 UCC 的冷凝态进料技术生产己烯共聚物）。"双峰"技术、球形粒子树脂技术等其他第二代聚烯烃技术也应成为我们今后研究开发的重点。我国近一半聚乙烯树脂用于制薄膜，生产适宜作薄膜的树脂，提高薄膜级数值的性能有较大的现实意义。从这一点看，着重开发"双峰"树脂和宽相对分子质量分布的树脂更适合我国国情。

366

10.3.3 聚酯的生产过程

10.3.3.1 聚酯的生产概述

聚酯是由二元或多元醇和二元或多元酸（或酸酐）缩聚而成的高分子化合物的总称。聚酯的主要用途是制备聚酯纤维，在聚酯的应用分配中约占 60%。按用途可分为聚酯树脂、聚酯纤维、聚酯橡胶等。按所用酸的不同（饱和酸和不饱和酸），又可分为饱和聚酯和不饱和聚酯。

自 1953 年杜邦公司应用酯交换法实现聚酯纤维工业生产以来，聚酯的产量和生产能力增长很快，到 1998 年，世界聚酯装置的生产能力增加到 2875.5 万吨/年。经 40 多年的发展，先后形成了多种生产工艺。20 世纪 80 年代以来，大型聚酯及其纤维工艺技术已趋成熟，当前的热点是降低成本。因此最主要的发展方向是不断扩大规模，提高单线的生产能力。国内现已拥有各种国外的工艺路线，但尚未形成自己的工艺技术，主要以生产聚酯纤维为主，也有少量的瓶用高黏度切片。国外特殊性能聚酯研究开发较多，如用液晶高分子技术生产特种纤维。国内则主要在纺丝技术及纤维改性方面研究的较多。到 1996 年全国聚酯产量达 174 万吨，1998 年聚酯生产能力在 300 万吨左右。但受韩国及台湾和日本产品的冲击较大，与他们的产品相比，在品质和成本上存在较大差距。

聚酯的制备方法很多，目前聚酯的起始原料是对二甲苯，由对二甲苯生产对苯二甲酸（PTA），然后再与多元醇（常用乙二醇）缩聚。具体的生产方法有精对苯二甲酸直接酯化缩聚法（简称直缩法）和对苯二甲酸二甲酯（DMT）先经酯交换再进行缩聚的间接酯交换缩聚法（简称间缩法），目前前者已占绝对优势。这两种方法按生产过程划分又有连续法、间歇法及介于连续法和间歇法之间的半连续法。

直缩法（即 PTA 法）与间缩法（即 DMT 法）相比有如下优点。

① PTA 法单耗低、成本低。因 DMT 分子中有两个甲酯基在酯交换过程中析出，因此 PTA 单耗比 DMT 低近 15%，而 PTA 价格通常比 DMT 低，因而聚酯的原料成本比较低。

② PTA 法无甲醇生成，因而可省去甲醇回收工序，流程简短并节省投资，而且不存在甲醇的防爆问题，可降低消防和安全要求。

③ PTA 法的乙二醇（EG）/PTA 配比通常低于 EG/DMT 配比，因而乙二醇精制工序处理量小，有利于减少投资。近年已解决 PTA 法中 EG 的直接循环利用问题，省去了 EG 精制工序。

④ PTA 法可利用 PTA 酸性自催化，省去了酯化剂，不会有催化剂沉积等问题。

直缩法的连续工艺有如下优点。

① 在自控条件下，过程和设备长期处于稳定运行状态，产品质量好，没有工艺各批产品的差别问题。

② 产品聚酯熔体可直接纺丝，省去了熔体冷却、切粒以及再干燥、熔融等工序，保证质量、降低成本，特别适用于高强工业丝的生产。

③ 适用于大品种大批量生产。随着柔性生产体系的建立和完善，近年大型连续工艺已解决了多品种生产问题。

④ 可节省投资。日产 30t 和 60t 的连续装置，投资比间歇法节省 30% 和 60%。

因而目前直接缩法工艺中，连续工艺中占了明显优势，间歇法的优点是可随时改变品种以适应市场要求，切片易贮存和远程运输，开停车影响较小等，因而仍占有一定地位。

从工艺路线上看，直缩法（PTA 法）又有五釜和三釜流程之分。五釜流程的典型代表有吉玛技术、钟纺技术、伊文达技术；三釜流程的典型代表是杜邦技术。两种流程的缩聚工艺条件相仿，而酯化工艺条件有较大差别，但两种流程的基本原理是相似的。

10.3.3.2 精对苯二甲酸（PTA）直缩法工艺

10.3.3.2.1 化学反应及其影响因素

用PTA与乙二醇（EG）直接缩聚成聚酯的化学反应，除副反应外，主反应包括酯化反应和缩聚反应。

（1）酯化反应 酯化反应是直缩过程中的起始反应，PTA与EG反应首先转化成对苯二甲酸双 β-羟乙酯（DGT）单体。化学反应如下所示。

$$\underset{\text{COOH}}{\overset{\text{COOH}}{\bigcirc}} +2\ \begin{matrix}\text{CH}_2\text{OH}\\|\\\text{CH}_2\text{OH}\end{matrix} \longrightarrow \text{HOCH}_2\text{CH}_2-O-\overset{O}{\overset{\|}{C}}-\bigcirc-\overset{O}{\overset{\|}{C}}-O-\text{CH}_2\text{CH}_2\text{OH} +2\text{H}_2\text{O}$$

在温度为220~300℃和EG/PTA(摩尔比)为1.0~2.0的生产条件下，PTA仅能部分溶解，所以PTA与EG的酯化反应不完全是均相反应，还伴有多相反应。

对于多相反应来说，因为PTA是从固相溶解得来，它在液相中总保持着固定的浓度，故PTA粒子形状对反应速率没有多大影响。EG浓度如果比溶解的PTA浓度高，也同样地由于PTA浓度固定不变而对反应速率没有影响，可粗略地表示为零级反应，反应速率仅依赖于温度。

但是，对于均相酯化反应来说，PTA与EG浓度对反应速率的影响比较显著。随着反应的进行，PTA在反应混合物中的溶解度远比在纯EG中高，PTA粒子溶解速度逐渐增加，不久就能达到"清晰点"。达到"清晰点"以后，反应速率随PTA与EG浓度而改变。然而，对于对该反应级数至今尚未弄清。一般认为在均相反应阶段，反应速率随酸基浓度下降而降低；反应速率与EG浓度之间也存在着正比关系，EG浓度增高时，反应速率增大。

（2）缩聚反应 缩聚反应是聚酯合成过程中的链增长反应。通过这一反应，单体与单体，单体与低聚物，低聚物与低聚物将逐步缩聚成聚酯。

实际生产中，酯化反应和缩聚反应并不是截然分开的，而是当酯化反应进行到一定阶段，即乙二醇酯基生成一定量时，两种反应同时进行。所以聚酯（即聚对苯二甲酸乙二醇酯）合成反应通常用总反应式表示。

$$n\ \underset{\text{COOH}}{\overset{\text{COOH}}{\bigcirc}} +n\ \begin{matrix}\text{CH}_2\text{OH}\\|\\\text{CH}_2\text{OH}\end{matrix} \longrightarrow \text{H}\!\!\left[\!O-\overset{O}{\overset{\|}{C}}-\bigcirc-\overset{O}{\overset{\|}{C}}-O-\text{CH}_2\text{CH}_2\right]_{\!n}\!\!\text{OH} +(2n-1)\text{H}_2\text{O}$$

从总反应式可以看出，合成聚酯的缩聚反应与聚合反应相比是两种完全不同的反应过程，聚合反应是不可逆反应过程，缩聚反应则是逐步完成的可逆平衡反应过程，而且各步反应都具有相同的反应机理。为了进一步了解有关缩聚反应的过程和特点，可以把整个缩聚反应分成三个阶段即：初期阶段、中期阶段和终期阶段。

初期阶段是缩聚物分子链开始形成的初始阶段；中期阶段是聚酯分子链增长阶段；终期阶段是反应进行到缩聚物的相对分子质量已达到规定要求需要把反应及时终止的阶段。

工业上应用较多的终止方法有：（a）降低缩聚反应温度；（b）添加单官能团物相对分子质量调节剂；（c）改变原料配料比。

第一种方法虽能终止反应，但不能使端基官能团的活性彻底消除，待以后再加工时，端基官能团会因受热而重新复活，从而影响相对分子质量分布。第二种方法在生产中曾一度普遍应用，但因添加单官能团物会影响产品纯度。现在多用第三种方法，它不但能有效地终止反应，而且对产品质量无任何影响。

由二元羧酸与二元醇进行缩聚反应时，除因自身分子结构的影响有发生环化作用的倾向外，还可能产生其他一些副反应。对于对苯二甲酸和乙二醇缩聚来说，副反应主要是裂解作用、链交换反应和熔体的热降解。

10.3.3.2.2　典型的PTA直缩工艺

最具代表性的是吉玛PTA连续直缩工艺，该工艺过程按所发生的化学反应一般分为三个工艺段。

（1）酯化段（ES）　在PTA与EG在压力≥0.1MPa、温度为257～269℃的条件下，是完成酯化反应的主要阶段。PTA与EG的酯化率约可达到96.5%～97%。采用连续酯化流程，PTA原料先入料仓，溶解了催化剂的EG加入批量缓冲槽，然后以准确的配料比恒速加入混合槽。搅拌均匀后，用泵以恒定流量连续而自动地送入一段酯化，部分原料进行酯化反应，再自流到二段酯化和三段酯化。自最后一段酯化流出的酯化液，原料已基本上完全转化为对苯二甲酸双β-羟乙酯（DGT）单体。

（2）预缩聚段（PP）　在27.5～5.07kPa或5.47kPa的真空条件下，将酯化段送来的酯化物进行预缩聚反应，单体DGT将转化成低分子缩聚物。预缩聚反应的段数一般采用两段，最多不超过三段。各段均有搅拌和加热装置，热源使用导生蒸汽。

（3）后缩聚段（PC）　预缩聚段流出的低分子缩聚物在此阶段继续进行熔融缩聚。要求的工艺条件比较严格，温度需要升高到280～285℃，压力需要降至0.2kPa（1.5mmHg），停留时间约为3.5～4.0h。经过熔融缩聚后的高分子缩聚物，其特性黏度通常根据产品用途而定。如果生产特性黏度η为0.42～0.72的中黏度聚酯，只需要通过一段后缩聚（PC$_1$）即可实现。如果需要生产高黏度聚酯，还必须再经过第二段后缩聚（PC$_2$），才能保证η达到0.9～1.0。

要想达到如此苛刻的工艺条件，必需使用具有特殊结构的后缩聚釜。这种缩聚釜应能够满足下列要求。

①　缩聚釜内具有大的、不断更新的物料蒸发表面，以保证物料中残存的EG能够迅速地从黏稠物料中蒸发出去。否则会因反应时间过长而产生热降解作用，造成设备生产能力降低，产品质量恶化。

②　缩聚釜内结构能使物料保持柱塞流。否则会产生物料返混，降低产品质量。

③　缩聚釜内的物料通道不能有死角。如果有死角，缩聚物会因长时间滞留在死角内，受热变质，混入产品中使产品质量下降。

④　缩聚釜的搅拌轴在高温下要有可靠的真空密封结构，防止空气渗入。否则不但聚酯黏度不能提高，而且还会产生缩聚物的热氧化降解。另外，空气渗入釜内能造成真空系统堵塞，影响设备的连续运转。

⑤　从缩聚釜蒸出的EG夹带缩聚物的量要少，并且不要积存到釜壁上。如果夹带量多，会堵塞真空系统。积存到器壁上，会因长期受热而结垢，落入产品中必然影响产品质量。

⑥　缩聚釜的机械设计要合理解决在高温下各部件如搅拌轴、筒体等的热膨胀问题和轴承、轴封的冷却问题。

⑦　缩聚釜的结构既要满足反应要求，又要简单，便于制造、安装和维修。

吉玛公司开发的后缩聚釜（圆盘反应器）能充分满足上述要求。

10.3.3.2.3　连续直缩工艺流程和特点

吉玛连续直缩工艺是目前聚酯生产中比较先进的工艺。图10-14所示为吉玛工艺流程。

EG/PTA按摩尔比1.138加入打浆罐D-13，并同时计量加入催化剂Sb(OAc)$_3$及酯化

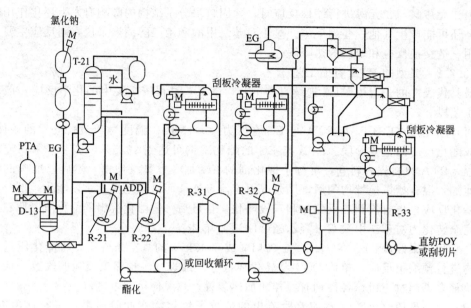

图 10-14　吉玛工艺流程

D-13—浆料制备器；R-21, R-22—酯化反应器；R-31, R-32—预缩聚反应器；

R-33—圆盘反应器；T-21—EG（乙二醇）回收塔

和缩聚过程回收精制后的 EG。配制好的浆料以螺杆泵连续计量送入第一酯化釜 R-21，在压力 0.11MPa、温度 257℃ 和搅拌下进行酯化，酯化率达 93%。以压差送入第二酯化釜 R-22，在压力 0.1～0.105MPa、温度 265℃ 和搅拌下继续进行酯化，可达酯化率 97% 左右。然后酯化产物以压差送入预缩聚釜 R-31，在压力 0.025MPa、温度 273℃ 下进行预缩聚；预缩聚物再送入缩聚釜 R-32，在压力 0.01MPa、温度 278℃ 和搅拌下继续缩聚。缩聚产物经齿轮泵送入卧式终缩聚釜 R-33，在压力 100Pa、温度 285℃，搅拌进行到缩聚终点(通常聚合度 100 左右)。PET 熔体可直接纺丝或铸条冷却切粒。预缩聚采用水环泵抽真空，缩聚和终缩聚采用 EG 蒸气喷射泵抽真空。为防止排气系统被低聚物堵塞，各段 EG 喷淋中均采用自动刮板式冷凝器。

吉玛工艺的特点：①选用单一催化剂 Sb(OAc)₃，因不加通常的酯化催化剂醋酸钴、醋酸锰等，故不需添加稳定剂来抑制其对产品产生的副反应；②酯化升温慢，反应温度较低，停留时间较长，但操作稳定，产品中 DEG 含量较低，质量较好；③采用了刮板冷凝器，解决了缩聚真空系统低聚物堵塞难题；④单系列生产能力可达 250t/d，可满足大规模生产要求。同时又引入柔性生产体系（FMS），使大型化连续生产线可同时具有适应多品种生产的灵活性。

PTA 连续工艺法中吉玛、钟纺、伊文达技术各有其不同的特点。

钟纺工艺的特点：①PTA 采用高压密相气送，气速低，晶体破碎少，成浆性好，输送耗能较低；②EG/PTA 浆料摩尔配比低，酯化过程反应体系中过量的 EG 少，从而可使产品 PET 中 DEG 含量保持在低水平，EG 单耗低；③缩聚过程产生的 EG，可直接回收作为原料 EG 使用，省去了 EG 精制工序，从而降低 EG 和能量消耗；④生产过程采用计算机控制，自动化程度高，运转稳定，产品质量高。

伊文达工艺的特点：①PTA 采用高压密相气送，气速低，晶体破碎少，成浆性好，输送耗能较低；②酯化、缩聚等主要工艺过程充分利用压差和位差作为物料搅拌和输送动力，减少用泵、能耗低；③反应器结构合理，有利于传质、传热和反应的需要；④缩聚过程的喷淋冷凝器均设有自动刮板,解决了真空系统的堵塞问题;⑤PET熔体可分流直接纺长丝和冷却切粒,并可进行有效的调节和控制。

PTA法连续工艺法中吉玛、钟纺、伊文达技术都是五釜流程,杜邦技术是三釜流程。虽然五釜流程和三釜流程的缩聚工艺条件基本相似,但酯化工艺条件差别较大。五釜流程采用较低温度和较低压力,而三釜流程则采用高EG/PTA(mol)比和较高的酯化温度,强化反应条件,加快反应速度,缩短了反应停留时间。总的反应时间五釜流程约为10h(其中酯化时间为5.5h),三釜流程为3.5h(其中酯化时间为1.5h)。

10.3.3.3 酯交换(间缩)法工艺简介

对苯二甲酸二甲酯(DMT)先与乙二醇进行酯交换再进行缩聚的方法称为间接酯交换缩聚法(简称间缩法)。随着直缩法工艺的不断完善,其优点更为明显,因而间缩法的多数工艺已不再采用。目前主要有罗纳普朗酯交换工艺。其特点如下。

① 选用 $Mn(OAc)_2$-Sb_2O_3-H_3PO_3 催化稳定体系,组分少,用量少,并具有较高活性,产品质量较好;

② 酯交换、预缩聚、缩聚和后缩聚连续反应器均为活塞流型,结构先进,停留时间短,效率高;

③ 缩聚和后缩聚选用同类反应器,便于维修和保养;

④ 适当调整工艺和操作条件,即可用于生产改性聚酯和薄膜级聚酯。

10.3.3.4 聚酯工艺进展

(1) 工艺设备的进展 为避免物料返混,预缩聚釜设计了多层环形串联反应室,并使用了特殊结构的液滴分离器,以防止单体和预缩聚物逸出。

缩聚反应器是新开发的无传动轴盘-环-笼式反应器。此种新结构的开式盘环解决了传统封闭式盘环难以轴流输送的缺点,并且具有刮板式螺杆螺旋输送作用,由于环上有多个孔,所以不是强制输送,而且能够安装固定溢流板,以避免通过反应器的聚合物返混合短路。

(2) 工艺流程的进展 德国 Aquafil 公司在杜邦的"三釜"连续酯化缩聚工艺的基础上开发了一种低成本连续缩聚工艺简称 LCCP 工艺。该工艺采用了高效多功能酯化和缩聚连续反应器,简化了生产流程并强化了工艺,适用于日产 100t 的 PET 中型生产装置。

LCCP 工艺仅有酯化、预缩聚和缩聚反应器三台主体设备,流程短、设备少。酯化釜为双室反应器,酯化率可达 96%。双室酯化反应器可避免返混现象,酯化产物借助压力差导入缩聚釜。

LCCP 工艺较好地解决了传统工艺中低聚物堵塞和 EG 直接返回利用等问题。由于它使用了低聚物粉尘控制器,预缩聚和缩聚系统的真空条件可利用液环泵和机械泵来完成,既可降低能耗,又可减少环境污染。

意大利 NOY 公司近又推出两釜流程——预反应器和终聚釜。预反应器分隔成下、中、上三部分,分别相当于第一酯化釜、第二酯化釜和预缩聚釜。物料完全靠压差传递,从下釜进、上釜底出。这种装置流程短、设备少、节能、占地小,节省了建设投资。但反应器之间完全是刚性连接,没有缓冲余地,若某个环节不正常就会涉及到全装置。

聚酯生产的大型化连续化生产线与产品多品种差别化需求的矛盾,促进了聚酯柔性生产体系的发展。柔性生产体系,通常是在最后的终缩聚釜后增加小型容器,用以混入各种改性剂和添加剂,或者在釜的出口进行分流。分流线可根据需要生产改性、增粘等聚酯品种。柔性生产体系的开发缩短了聚酯生产线改换品种的时间,减少了设备清洗和过度料等问题,适应性很强。

10.3.4 合成橡胶的生产过程

10.3.4.1 合成橡胶的生产概况

合成橡胶与天然橡胶均为具有高弹性的高分子,统称弹性体。

合成橡胶的品种很多,有顺丁橡胶、丁苯橡胶、乙丙橡胶、氯丁橡胶、丁腈橡胶等。国外还有丁基橡胶、聚异戊二烯橡胶、硅氟橡胶。橡胶中产量最大的是顺丁橡胶及丁苯橡胶。丁苯橡胶分为乳液丁苯橡胶(ESBR)和溶液丁苯橡胶(SSBR),乳液丁苯橡胶的产量较大,技术较成熟,但乳液丁苯橡胶的综合性能较溶液丁苯橡胶差。

1998 年世界合成橡胶总生产能力约 1409.6 万吨/年,1997 年中国合成橡胶产量为60.4 万吨,居世界第四位。合成橡胶生产能力居世界前 10 位的国家是:美国、独联体、日本、中国、韩国、法国、德国、巴西、英国和意大利。1998 年世界合成橡胶主要品种的生产能力为:丁苯橡胶 489.5 万吨/年、羧基丁苯胶乳 155.5 万吨/年、普通丁苯胶乳62.8 万吨/年、顺丁橡胶 272.1 万吨/年、异戊橡胶 138.1 万吨/年、乙丙橡胶 102.3万吨/年、丁基橡胶 82.2 万吨/年、丁腈橡胶 61.3 万吨/年、氯丁橡胶 45.7 万吨/年。合成橡胶主要品种生产能力之间的比例构成为:丁苯橡胶 34.7%、丁苯胶乳 4.5%、羧基丁苯胶乳 11.0%、顺丁橡胶 19.3%、异戊橡胶 9.8%(主要是独联体的异戊橡胶生产能力较大,约占世界异戊橡胶总生产能力的 82%)、乙丙橡胶 7.3%、丁基橡胶 5.8%、丁腈胶 4.3%、氯丁橡胶 3.2%。1998 年中国合成橡胶总生产能力 79.3 万吨/年,其中:顺丁橡胶生产能力 40 万吨/年、丁苯橡胶生产能力 20.0 万吨/年、氯丁橡胶生产能力 2.8 万吨/年、丁腈橡胶生产能力 1.4 万吨/年、SBS 生产能力 5.0 万吨/年、溶液丁苯橡胶生产能力 4.5万吨/年、乙丙橡胶 2.0 万吨/年、低顺式聚丁二烯橡胶生产能力 1.0 万吨/年、丁苯胶乳2.63 万吨/年。

世界合成橡胶主要品种生产能力过剩,总生产能力利用率平均只有 70%左右,供大于需求,特别是美国、西欧与日本等发达国家。有关资料估计,1998～2002 年亚洲丁苯橡胶平均年增长率为 4%,届时生产能力仍将过剩 20.0 万吨/年以上。1997～2002 年亚洲顺丁橡胶平均年增长率为 4%,2002 年生产能力可达 130.0 万吨/年以上,届时生产能力将过剩 40 万吨/年左右。

丁苯橡胶按聚合方法又分为乳液丁苯橡胶和溶液丁苯橡胶。中国现有 3 套丁苯橡胶生产装置,总生产能力 20.0 万吨/年,次于美国、独联体、日本、巴西、韩国,居世界第6 位。

乳液丁苯橡胶是由丁二烯和苯乙烯进行乳液聚合制得,其主要特点是综合性能好,加工性能接近天然橡胶,耐磨性、耐热性、耐老化性优于天然橡胶。丁苯橡胶主要用于轮胎、胶管、胶带、胶鞋及其他橡胶制品,是目前产量最大、用途最广、价格最便宜的合成橡胶品种。乳液丁苯橡胶因综合性好,用途较广,是轮胎不可缺少的重要合成橡胶品种,在今后相当长的时间内丁苯橡胶仍将在合成橡胶中占有主导地位,但增长速度较慢。预计1997～2002 年世界丁苯橡胶的需求量平均年增长率为 2.1%。

溶液丁苯橡胶是丁二烯和苯乙烯在引发剂丁基锂、溶剂环己烷以及无规剂四氢呋喃存在下进行溶液聚合制备的。

溶液丁苯橡胶具有适合于轮胎用途的各种优异性能,溶液丁苯橡胶滚动阻力比乳液丁苯橡胶和天然橡胶低,抗湿滑性比顺丁橡胶好,耐磨性也很好,特别是 20 世纪 80 年代开发成功的第二代溶液丁苯橡胶,其滚动阻力可比乳液丁苯橡胶减少 20%～30%,抗湿滑性优于顺丁橡胶。耐磨性能也很好,因而引起世界各国的普遍关注。目前,美国、日本、法国、德国、意大利、荷兰、比利时等十几个国家约有 20 多套溶液丁苯橡胶生产装置。溶液丁苯橡胶可以和 SBS 及使用锂系催化剂制备的其他合成橡胶,如高乙烯基聚丁二烯胶（HVBR）、中乙烯基聚丁二烯橡胶（MVBR）和低顺式聚丁二烯橡胶（LCBR）等共用一套生产装置。溶液丁苯橡胶作为胎面用胶性能明显优于乳液丁苯橡胶和顺丁橡胶，溶液丁苯橡胶将逐渐成为丁苯橡胶的发展重点。溶液丁苯橡胶的最新技术进展是新型三丁基锂引发剂的开发和新型饱和型乙烯基溶液丁苯橡胶的制备。

美国、日本、荷兰、德国的一些大公司均有各自的溶液聚合技术，中国也成功地开发了溶液丁苯橡胶成套技术，2000 年溶液丁苯橡胶生产能力达 9.0～10.0 万吨/年。

顺丁橡胶是产量和消费量仅次于丁苯橡胶的第二大合成橡胶品种，1998 年世界顺丁橡胶总生产能力约 272.1 万吨/年，其中美国 51.3 万吨/年、独联体 38.0 万吨、日本 30.6 万吨。1998 年我国顺丁橡胶总生产能力 40 万吨/年，仅次于美国，是世界顺丁橡胶第二大生产国。顺丁橡胶弹性高、耐磨性和耐低温性能好、生热低、滞后损失小，耐屈挠性及动态性能好，主要用于制造轮胎，目前轮胎与轮胎产品约占世界顺丁橡胶总消费量的 70％以上（1980 年约占 80％）。顺丁橡胶与天然橡胶或丁苯橡胶并用，可明显改善轮胎的综合性能。1998 年世界顺丁橡胶消费量估计约 178.4 万吨，1997～2002 年世界需求量平均年增长率为 2.2％，略高于丁苯橡胶。未来顺丁橡胶在合成橡胶中将继续保持第二大品种的地位。近期内，每条轮胎的顺丁橡胶用量不会有太大变化，降低滚动阻力和改进车辆燃料效率，对顺丁橡胶来说风险和机遇并存，在新的轮胎配方中顺丁橡胶用量可减少也可能增加。非轮胎用途，特别是作为聚苯乙烯和 ABS 抗冲改性剂的用途正在变得越来越重要，抗冲改性剂需要的顺丁橡胶约占世界顺丁橡胶总需求量的 20％以上，增加速度也高于轮胎用途。

中国不仅是世界顺丁橡胶的主要生产国之一，也是最早从事顺丁橡胶技术开发并使用自己技术发展顺丁橡胶的国家之一。中国顺丁橡胶在 20 世纪 70 年代开发第一套顺丁橡胶装置后，至今形成了具有中国特色的顺丁橡胶技术，从产品质量、能耗、单耗上均达到国际先进水平，目前低顺式橡胶的生产也已工业化，但产品的质量不够稳定。中国镍系顺丁橡胶的产品质量已达到国外同类产品 BR-01 水平（日本合成橡胶公司产品），有些性能还超过日本 BR-01。中国现有顺丁橡胶工业生产装置全部是使用自己开发的镍系催化剂，目前顺丁橡胶产量和表观消费量为 25～26 万吨，出口量很小。

顺丁橡胶主要用于制造轮胎，也广泛用于胶管、胶带、胶鞋、耐磨衬里以及塑料（主要是聚苯乙烯和 ABS）抗冲改性剂等用途。

10.3.4.2 乳液聚合丁苯橡胶的生产工艺

乳液聚合方法是高分子合成工业重要的生产方法之一。主要用来生产丁苯橡胶、丁腈橡胶、氯丁橡胶等合成橡胶及其胶乳；生产高分散性聚氯乙烯糊树脂；生产某些胶黏剂、表面处理剂和涂料用胶乳。其中除聚氯乙烯是用种子乳液聚合方法生产（微粒粒径＜1μm）外，它们的生产过程基本相同，丁苯橡胶的生产工艺可作为乳液聚合法生产合成橡胶的典型。丁苯橡胶的加工性能和物理性能接近天然橡胶，可以与天然橡胶混合作用作为制造轮胎及其他橡胶制品的原料，它是合成橡胶中产量最大的品种。

丁苯橡胶是单体丁二烯和苯乙烯的共聚物，通用型丁苯橡胶的苯乙烯含量在 20％～30％范围，工业生产要求为 23.5％±1％。目前中国丁苯橡胶都是采用乳液聚合方法进行生产。产品分为丁苯块胶、丁苯充油块胶和丁苯胶乳三种类型，而以前两者为主。丁苯充油块胶是用烃类油增塑的丁苯橡胶，充油的目的是改善丁苯橡胶的加工性能，降低成本而不显著影响其力学性能。标准的充油量是每百份橡胶充油 27.5 份，工业上一般控制在 25％～30％。

乳液聚合法生产丁苯橡胶有热法和冷法两种。热法为早期的方法，反应温度 50℃，引发剂为过硫酸钾，生产的产品称"热丁苯"或"硬丁苯"；冷法的反应温度 5～7℃，引发剂为氧化还原体系，生产的产品称"冷丁苯"或"软丁苯"，此产品性能优良，故当前用乳液聚合冷法生产丁苯橡胶。

低温乳液聚合生产丁苯橡胶的过程是连续生产的，其流程见图 10-15。

溶有规定数量分子调节剂（叔十二烷基硫醇）的苯乙烯在管线中与丁二烯混合。丁二烯预先用 10%～15% 的氢氧化钠水溶液于 30℃ 进行淋洗以脱除所含阻聚剂（对叔丁基邻苯二酚）。然后与乳化剂混合液（包括乳化剂、电解质、脱氧剂、去离子水）等在管线混合后进入冷却器，使之冷却至 10℃。然后与活化剂溶液（包括还原剂、螯合剂）进行混合，从第一聚合釜的底部进入聚合系统。氧化剂直接从底部进入第一聚合釜。聚合系统由 8～12 个聚合釜组成，串联操作。反应物料聚合达规定转化率后，加终止剂以使聚合反应停止进行。为此，在聚合釜后面装有小型终止釜数个串联，可以根据测定的转化率数值在不同的位置添加终止剂溶液。从终止釜流出的胶乳被卸入胶乳缓冲罐。然后经过两个不同真空度的闪蒸器回收未反应的丁二烯。回收的丁二烯经压缩液化，再经冷凝除去惰性气体后循环使用。脱除了丁二烯的胶乳进入脱苯乙烯的汽提塔，经减压蒸馏脱除苯乙烯后的胶乳进入混合槽，在此与规定量的防老剂乳液进行混合，必要时添加填充油乳液，经搅拌混合均匀，达到要求浓度后送往后处理工段。混合好的胶乳用泵送到絮凝槽中，在此与浓度为 24%～26% 食盐水相遇而破乳变成浆状物，然后与 0.5% 的稀硫酸混合后连续流入胶粒化槽，剧烈搅拌下生成胶粒，溢流到转化槽以完成乳化剂转化为游离酸的过程，操作温度均为 55℃ 左右。从转化槽溢出来的胶粒和清浆液经振动筛进行过滤分离后，湿胶粒进入洗涤槽用清浆液和清水洗涤，操作温度为 40～60℃，物料再经真空回转过滤器脱除一部分水分，以使胶粒中水分低于 20%，然后进入湿粉碎机，粉碎成 5～50mm 的胶粒，用空气输送机送到干燥箱进行干燥。干燥至含水量 <0.1%。然后经称量、压块、检测金属后包装得商品丁苯橡胶。

由图 10-15 可知，低温乳液聚合生产丁苯橡胶的过程主要由原料准备、聚合过程、单体回收、聚合物分离和后处理等工序组成。

10.3.4.2.1 原料准备

包括单体脱除阻聚剂以及各种辅助用试剂溶液和乳液的配制。

（1）单体 丁二烯：纯度要求 >99%，杂质乙腈、丁二烯二聚物和乙烯基乙炔等显著影响聚合反应速率，而且乙烯基乙炔会引起交联而增高丁苯橡胶的门尼黏度；丁二烯二聚物则降低门尼黏度。阻聚剂含量高于 100×10^{-6}（即 100ppm）时，则用 10%～15% 的氢氧化钠溶液于 30℃ 进行洗涤除去。

苯乙烯：纯度要求 >99%，杂质醛类过氧化物、硫化物等含量应低于数百万分之几十，由于氧化作用可能生成醛、酮等杂质，或生产爆聚物，因此应隔绝氧气。

（2）反应介质水 水中的 Ca^{2+}、Mg^{2+} 可能与乳化剂作用生成不溶于水的盐，从而降低乳化的效能而影响反应速率。因此，应当使用去离子的软水，其不溶性盐含量（以碳酸钙计）应低于 10×10^{-6}，用量通常每百份单体用水 170～200 份。水量减少时，胶乳的黏度增大，不利于操作。水中溶解的氧在低温乳液聚合中可能产生阻聚作用，为了去除氧的影响可加入适量的保险粉（连二亚硫酸钠 $Na_2S_2O_4 \cdot 2H_2O$，具有强还原性），一般为每百份单体用量 0.04 份。

（3）乳化剂 早期的乳化剂使用烷基萘磺酸钠，后来改用价廉的脂肪酸皂和歧化松香酸皂，或用它们 1:1 的混合物为乳化剂。歧化松香皂在低温下仍具有良好的乳化效能，不会产生冻胶，但是反应速率慢。

（4）电解质 少量电解质的存在，可以增大胶乳粒径，降低胶乳液黏度。电解质用量一般为每百份单体用 0.3～0.5 份。当使用 $K_2S_2O_8$ 为引发剂时，其分解产物 $KHSO_4$

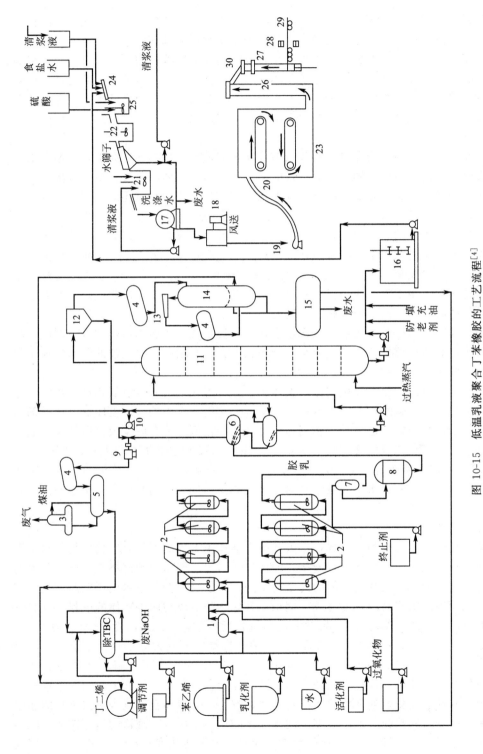

图 10-15 低温乳液聚合丁苯橡胶的工艺流程[4]

1—冷却器；2—连续聚合釜；3—洗气罐；4—冷凝器；5—丁二烯罐；6—闪蒸釜；7—终止釜；8—缓冲罐 9—压缩机；10—真空泵；11—苯乙烯汽提塔；12—气体分离器；13—喷射泵；14—升压器；15—苯乙烯罐；16—混合槽；17—真空回转过滤机；18—粉碎机；19—鼓风机；20—空气输送带；21—胶浆化槽；22—转化槽；23—干燥机；24—絮凝槽；25—胶粒化槽；26—输送器；27—成型机；28—金属检测器；29—包装机；30—自动计量器

375

是电解质，因此在热丁苯反应体系中可以不加其他电解质。在低温乳液法中用有机过氧化物为引发剂，需另加电解质，常用的电解质为：Na_3PO_4、K_3PO_4、KCl、$NaCl$、Na_2SO_4 等。

(5) 相对分子质量调节剂　丁苯橡胶生产中用正十一烷基硫醇或叔十二烷基硫醇作为链转移剂，以控制产品的相对分子质量，并且可抑制支化反应和交联反应。

以上各组分连同引发体系中的还原剂和螯合剂需配制成溶液状态加于聚合釜中，配制方法是相对分子质量调节剂溶解于苯乙烯单体中制得苯乙烯溶液。电解质、乳化剂、保险粉、还原剂与螯合剂分别溶解于适量去离子水中制得相应的溶液，用去的水量应在水的总用量中扣除。保险粉水溶液、电解质水溶液与乳化剂水溶液先后进行混合以得水相混合液。

(6) 终止剂　早期高温聚合时用对苯二酚为终止剂，它对于氧化还原引发体系效果不佳，后来发现二硫代氨基甲酸钠可作为有效的终止剂，但在单体回收过程中仍有聚合现象发生，为此添加了多硫化钠和亚硝酸钠以及多乙烯胺。多硫化钠具有还原作用，可以与残存的氧化剂反应以消除其引发聚合作用。亚硝酸钠还有防止产生菜花状爆聚物的作用。

终止剂用无离子水配制成溶液，在反应物料流出聚合反应器以后连续加于管线中。

(7) 防老剂　防老剂用量一般为单体进料量的 1.5% 左右，常用的防老剂是胺类防老剂如苯基-β-萘胺、芳基化对苯二胺等。它们的颜色较深，因此只可用于生产深色橡胶制品。酚类防老剂则可用于生产浅色橡胶制品。防老剂一般不溶于水，需制成防老剂乳液加于已脱除单体的胶乳中，使之与橡胶混合均匀。

(8) 填充油　合成橡胶中用液态烃作填充料，相似于合成树脂用增塑剂进行增塑，所用液态烃可为芳烃或环烷烃。为了充分与丁苯橡胶混合，必须制成填充油的乳状液加于脱除单体以后的胶乳中。

(9) 引发剂　目前主要用氧化还原引发体系。其中氧化剂为有机过氧化物或水溶性过酸盐，如过氧化氢、过硫酸钾、异丙苯过氧化氢等，它们在水中的溶解度较低。还原剂主要为亚铁盐，如硫酸亚铁。还原剂的作用是使过氧化物在低温下分解生成自由基，工业上称为活化剂。为使亚铁离子缓慢释出，工业上采用乙二胺四乙酸钠盐（EDTA-钠盐）作为螯合剂与 Fe^{2+} 生成水溶性螯合物。为了减少高价铁离子浓度高对产品色泽的影响，工业生产中使用刁白块（甲醛合次硫酸氢钠）为二级还原剂，使生成的高价铁离子还原为亚铁离子。

10.3.4.2.2　聚合

(1) 聚合反应　丁二烯与苯乙烯在自由基引发剂作用下生成了高分子共聚物。每个大分子的生成过程服从一般自由基聚合规律，即经过链引发，链增长和链终止阶段。共聚物分子中含有双键，因此与乙烯基单体的高聚物不同，如果反应控制不当则可能产生支链和交联结构。因而表现为不易溶解的凝胶。理论上共聚物的组成与两种单体的进料比和它们的竞聚率有关。丁二烯与苯乙烯于 5℃ 进行乳液共聚反应时，丁二烯的竞聚率 r_1 为 1.38，苯乙烯竞聚率 r_2 为 0.64，说明了丁二烯比苯乙烯更容易加成到大分子自由基上去。因此进料组成中苯乙烯的含量应高于共聚物中要求的含量（23%～25%）。共聚组成方程式主要适合于不复杂的均相聚合反应，而像丁苯橡胶这样的乳液共聚反应，由于两种单体在水相中的溶解度不同、乳化剂对两种单体溶解度的影响不同、单体自液滴中扩散出来的速率不同以及单体在聚合物颗粒中的溶解度不同等因素的影响，所以与理论的偏差较大。经实际研究确定，进料中丁二烯/苯乙烯比值为 72/28 时，单体转化率达到 60% 以前，共聚物中结合的苯乙烯量几乎不受转化率的影响，所得丁苯橡胶中苯乙烯含量约在 23% 左右，符合生产要求。

当单体转化率60%～70%范围时，游离的单体液滴全部消失，残存的单体全部进入聚合物胶乳粒子之中，在此情况下继续进行聚合反应则易产生交联反应，因而凝胶量增加，丁苯橡胶的性能显著下降。所以冷丁苯胶在一般情况下反应进行到单体转化率达60%时终止。

工业生产的丁苯橡胶相对分子质量约在20万左右，门尼黏度$[ML_{1+4}（100℃）]$在42～62范围，因商品牌号的不同而有更为狭窄的范围。

（2）聚合反应条件　反应温度5～7℃；操作压力（表压）0.25MPa；反应时间8～10h；转化率60%±2%。

（3）聚合装置　聚合釜多为立式圆筒形，带有搅拌系统和冷却系统，目前最大的聚合釜容积为90m³。一般由8～12台釜式反应器串联组成一条生产线，生产能力因聚合釜体积而不同，由30m³聚合釜组成的生产线年产可达4万吨。常用聚合釜有以下几种（见图10-16）。

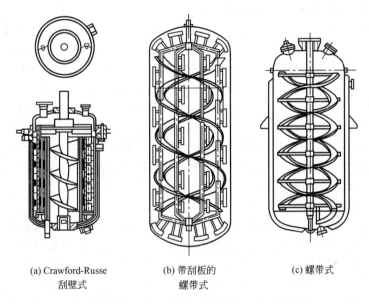

| (a) Crawford-Russe 刮壁式 | (b) 带刮板的螺带式 | (c) 螺带式 |

图 10-16　适用于高黏度体系的聚合釜[2]

为了改进连续乳液聚合的缺点，应当加多串联的聚合釜数目，减少釜内的短路，从而获得接近于间歇法操作的产品。串联的聚合釜数目增加而总的停留时间不变，则必须提高物料流动速度。生产冷丁苯橡胶的搅拌器转速一般为105～120r/min。

低温乳液聚合反应温度为5℃左右，因此对于反应釜的冷却效率要求甚高。目前主要采用在聚合釜内部安装垂直管式氨蒸发器，用液氨汽化蒸发器，即用液氨汽化的办法进行冷却。

（4）反应终点的控制　聚合反应终点取决于转化率和门尼黏度。工业上控制转化率为60%±2%，门尼黏度则根据产品牌号的不同而有所不同，如果加填充油时，则橡胶的门尼黏度应高于不充油的一倍以上。门尼黏度可用调节剂的用量来调整，而工业生产中调节剂的用量是根据转化率为60%确定的，所以工业生产中应正确控制转化率达到60%±2%时，使聚合反应终止。

为了精确地控制反应终点，终止剂应加到聚合釜后面连接的小型终止釜中。实际上终止釜可以看作聚合装置的延伸部分。可以为管式或小型细长釜式，一般为几个串联，每个终止釜都具有终止剂加料口，根据需于适当位置加终止剂以保证转化率为60%±2%。

10.3.4.2.3 单体回收过程

胶乳液中含有 40% 的未反应单体，需要回收循环使用。

（1）回收装置与操作条件 胶乳加热到 40℃进入卧式压力闪蒸槽，操作压力（表压）为 0.02MPa。进入闪蒸槽（卧式）后立即沸腾，蒸出的丁二烯回收利用。闪蒸槽中的胶乳进入真空闪蒸槽（卧式），残存的丁二烯立即汽化蒸发，经回收后循环使用。脱除了丁二烯的胶乳用泵输送到脱苯乙烯塔。塔高 10～15m，内有十多层筛板，胶乳自塔的上部进料，底部出料，塔底通入表压为 0.1MPa 的水蒸气直接加热。苯乙烯和水蒸气自塔顶排出。塔底流出的胶乳中苯乙烯含量 <0.1%。

（2）生产中注意的问题 单体回收过程中处理的物料是含有乳化剂的胶乳，处理过程会出现如下几个问题，应予恰当解决。

① 泡沫。胶乳液受热和减压沸腾时易产生大量泡沫，如不及时消除，则可携带部分胶乳进入气体回收系统。因此必须装设泡沫捕集器并采用卧式闪蒸槽，使胶乳沿壁面落入闪蒸槽，必要时加消泡剂（硅油或聚乙二醇类）。

② 凝聚物。胶乳粒子受机械力的作用或与蒸汽接触时易凝聚而黏附于器壁上，因此脱苯乙烯塔中很容易产生凝聚物而堵塞筛板，降低蒸馏效率，这是丁苯橡胶生产工艺中最为重要的问题之一。减少凝聚物生成的措施有：改进塔及塔板的结构；改进塔内表面的处理方法；改变通入蒸汽的温度与数量以及改善胶乳的稳定性等。

③ 爆聚物。在单体回收系统中有时产生爆玉米花状或菜花白色聚合物，工业上称为爆聚物。爆聚物一旦产生，便成为种子，在单体存下急剧成长，会堵塞管道甚至撑破钢铁容器。爆聚物是由丁二烯交联的聚苯乙烯。防止生成爆聚物的方法：停止生产系统，使用药剂破坏活性种子，消除已生成的爆聚物，或者将种子生长的抑制剂（亚硝酸钠、碘、硝酸等）连续不断地加到单体回收系统或反应系统中。

10.3.4.2.4 丁苯橡胶的分离与干燥

丁苯橡胶在胶乳中以能够沉降的胶体微粒状态存在。要求生产块胶时，必须进行破乳，使微粒凝聚成团粒。破乳时首先加入电解质（食盐溶液），使胶乳粒子凝集增大，此时胶乳变成浓厚的浆状物；然后加稀硫酸，使乳化剂（脂肪酸皂或松香皂）转变为相应的酸，而失去乳化作用。在搅拌下，增大的胶乳粒子聚集为多孔性颗粒，与清浆分离后，经水洗以脱除可溶杂质。分离出来的清浆液一部分用来配制稀酸，一部分用来稀释食盐溶液，多余的为废水。

当前工业生产中丁苯橡胶用两种设备进行干燥：①热风箱式干燥机；②挤压膨胀干燥机。

10.3.4.3 顺丁橡胶生产工艺简介

顺丁橡胶即顺式聚丁二烯橡胶，它是由 1,3-丁二烯在烷基铝和过渡金属化合物组成的络合催化剂存在下经配位阴离子聚合而得。

聚丁二烯橡胶的生产是典型的溶液聚合工艺。总的工序也可分为原料精制、催化剂的配制、聚合、分离、回收、后处理等步骤。

经精制、脱水的单体丁二烯和溶剂，以一定比例与催化剂混合后，连续加入经除氧脱水处理的聚合釜进行溶液聚合反应。聚合釜为装有搅拌器和冷却夹套的压力釜，通常由 2～5 台串联。反应温度因催化剂体系不同而不同，采用 Co、Ti 催化体系时为 0～50℃，采用 Ni 催化体系时为 50～80℃。压力为反应温度下单体与溶剂的蒸气压，约 10～30MPa。反应时间为 3～5h，橡胶含量常在 10%～15%。得到的聚合物溶液加入终止剂和防老剂后送入混合槽混合，然后将混合溶液喷入由蒸汽加热的热水中，蒸去溶剂，同时橡胶凝聚成小颗粒。经几个凝聚釜充分除去溶剂后，将橡胶粒淤浆送入后处理。过滤除水后挤压、膨胀、干燥、成型、包装得产品。

聚合所用的溶剂，从反应性、回收工艺的经济合理性、毒性、来源、成本等方面考虑，多采用甲苯、苯、己烷等，国外主要采用甲苯、苯。根据中国的资源条件、成本、毒性等，选择抽余油或加氢汽油作溶剂。

目前，工业上生产聚丁二烯橡胶使用的催化剂有 Li（Li 或 LiR）；Co（Co 化合物-R_2AlCl）、Ti（TiI_4-R_3Al 或 TiCl$_4$-I_4-R_3Al）、Ni-Ni 化合物-BF$_3$·O(C$_2$H$_5$)$_2$-R_3Al 系以及稀土催化剂体系。各种催化剂体系所得的聚丁二烯橡胶的微观结构略有差别，见表 10-13。

表 10-13　工业化的聚丁二烯橡胶催化剂种类及聚合物结构比例

催化剂的组成	产品类型	聚合物结构比例/%		
		顺-1,4 结构	反-1,4 结构	1,2 结构
TiI_4-R_3Al 或 TiCl$_4$-I_4-R_3Al	中顺式	90～94	3～5	3～5
Co 化合物-R_2AlCl	高顺式	96～98	1～2	1～2
Ni 化合物-BF$_3$·O(C$_2$H$_5$)$_2$-R_3Al	高顺式	96～98	1～2	1～2
LiR	低顺式	34～36	54～56	10～12

我国采用环烷酸镍、BF$_3$·O(C$_2$H$_5$)$_2$ 和三异丁基铝组成的三元催化剂体系。在配制催化剂时，催化剂各组分的混合次序、各组分的配比、浓度及混合温度、陈化方式等对催化剂的活性均有影响，其中混合次序和各组分之间的比例是最主要的。

我国曾采用过三元老化、双二元老化和硼单加等三种陈化方式。

三元老化：用溶剂将 Ni、B、Al 各自配成溶液，然后按一定次序加入；

双二元老化：将烷基铝分为两部分，分别在两个陈化釜中与烷基铝或 BF$_3$·O(C$_2$H$_5$)$_2$ 及丁二烯进行混合陈化；

硼单加：BF$_3$·O(C$_2$H$_5$)$_2$ 用溶剂配成溶液后，直接加入首釜，与 Ni—Al 混合物作用生成配位化合物。

实践证明，三元老化诱导期长，双二元老化催化剂活性差，而且催化剂有沉淀产生。目前生产上主要采用硼单加的方式。

10.3.4.4　合成橡胶的技术进展

21 世纪世界合成橡胶工业将面临着新的挑战与发展机遇，合成橡胶品种将不断向专用化和高性能化发展，在开发新技术与新品种的同时，将更加注重对现有合成橡胶品种进行改性。

市场对新的专用聚合物需求的迅速增长也正在促使合成橡胶生产者去开发新的更有效的制备技术，以使产品性能、质量与价格具有竞争性。茂金属催化剂与气相聚合技术开始进入合成橡胶工业生产领域。茂金属催化剂不仅开始在乙丙橡胶生产中应用，而且正在研究用其制备高顺式 1,4-聚丁二烯橡胶和其他二烯烃橡胶。20 世纪 90 年代初，德国、美国等国家正在开展使用稀土催化剂进行丁二烯气相聚合的研究。气相聚合工艺有利于扩大生产规模、降低能耗和降低成本。也有利于减少污染，保护环境。

最近，日本材料与化学研究所又使用在配位体上带有路易氏碱官能团的茂金属配位化合物催化剂制备出具有窄相对分子质量分布和高顺式-1,4 含量的聚丁二烯橡胶。所得产品顺式-1,4 含量在 90% 以上，相对分子质量分布≤2。这将对茂金属催化在聚丁二烯橡胶和聚异戊二烯橡胶制备方面的应用产生重大影响。

思　考　题

10-1　试说明高分子化合物基本特征？

10-2　何谓重复单元、结构单元、单体单元和聚合度？

10-3 说明在聚合物化学反应中影响官能团反应的因素？

10-4 试说明连锁聚合反应的特征？

10-5 试说明自由基聚合与离子型聚合的异同点？

10-6 为什么在缩聚反应中用"反应程度"来描述反应的进程，而不用"转化率"？

10-7 聚合反应有哪些类型？各聚合反应的聚会机理及特征？

10-8 自由基聚合的实施方法主要有哪些？试述各自的特点？

10-9 工业规模的高分子化合物生产工艺流程都包括那些工序？

10-10 高压聚乙烯聚合过程的自身特点有哪些？

10-11 高压聚乙烯是如何实现生产不同牌号的？

10-12 聚酯的生产中直缩法与间缩法的特点？

10-13 为何丁苯橡胶的生产均采用冷法生产（5℃）？

10-14 丁苯橡胶生产进料组成中苯乙烯含量与理论上共聚组成偏差较大的原因？

10-15 丁苯橡胶生产中聚合反应的终点是如何确定的？终止反应时转化率是多少？为何此时终止反应？

10-16 顺丁橡胶的生产目前有哪几种催化体系？各有何特点？

参 考 文 献

1　潘祖仁编. 高分子化学. 北京：化学工业出版社，1992，7，140，152，205，206，228～240
2　《化工百科全书》编辑部编. 化工百科全书第九卷. 北京：化学工业出版社，1995，1～23，309～338
3　应圣康，余丰年等. 共聚合原理. 北京：化学工业出版社，1984
4　赵德仁主编. 高聚物合成工艺学. 北京：化学工业出版社，1995，5，8，84，60
5　周其凤，胡汉杰主编. 高分子化学. 北京：化学工业出版社，2001，166，197.244.
6　陈乐怡. 世界合成树脂工业概况 ［报告］. 北京：中国石化集团公司信息中心，1998
7　王玉庆. 我国合成树脂现状及发展情况简介 ［报告］. 北京：中国石化集团公司技术开发中心，1988
8　关肇基. 我国合成树脂及塑料工业的现状及发展前景 ［报告］. 北京：中国石化集团公司咨询中心，1998
9　杨维榕. 聚酯生产技术现状及主要进展 ［报告］. 北京：中国石化集团公司，1999
10　鲍爱华. 世界合成橡胶工业现状、主要发展趋势及重大技术进展 ［报告］. 北京：中国石化集团公司信息中心，1999

第11章 生物技术生产大宗化学品

11.1 概　　述[1~7]

生物技术（biotechnology）是应用生物学、化学和工程学的基本原理，依靠生物催化剂的作用将物料进行加工，应用于能源、化工、制药等工业生产过程，生产有用物质的一门多学科综合性的科学技术。生物催化剂是具有催化作用的生物质细胞或酶，由于生物催化剂的高效性和高选择性，它在化学工业上的应用已经具有越来越大的吸引力。生物技术的最大特点在于能充分利用各种自然资源，节省能源，减少污染，易于清洁生产，且可以完成传统化工技术难以制备的产品。工业生物催化或生物加工就是利用生物催化剂进行物质转化，大规模生产化学品、医药、能源和材料的科学。生物催化技术既是一种可持续发展的技术，又是一种环境友好技术。随着基因重组、细胞融合、酶的固定化等技术的飞速发展，利用可再生生物质资源生产大宗化工产品，已成为解决人类面临的资源、能源及环境危机的有效途径之一。

生物技术在化学工业中的应用被认为是 21 世纪最具有发展潜力的产业之一。据美国 21 世纪发展规划中预计，到 2020 年，通过生物技术将实现化学工业原料消耗和能量消耗降低 30%，污染物的排放和污染扩散减少 30%。这将使得整个化学工业生产的面貌得以改观。而化学工程技术在生物技术中的应用又为生物技术的发展注入了新的活力。生物技术离开化学工程就很难形成大规模的生物技术产业，化学工程为生物技术提供高效率的反应器、新型分离介质、工艺控制技术和后处理技术，大大提高产品的产量和质量。利用生物技术生产大宗化工产品具有生物质原料的利用与利用生物催化剂进行生物加工双重意义。目前生物技术生产的典型化工产品主要有燃料乙醇、生物柴油、丙烯酰胺、长链二元酸、1,3-丙二醇、乳酸、己二酸及丁二酸等。

11.1.1 生物质原料

生物质（biomass）可理解为由光合作用产生的所有生物有机体的总称，包括植物、农作物、林产物、林产废物、海产物（各种海藻）和城市废物（报纸、天然纤维）等。生物质资源储量丰富且可再生。据估计，作为植物生物质的最主要成分——木质素和纤维素每年以约 1640 亿吨的速度不断再生，如以能量换算，相当于目前石油年产量的 15~20 倍。如果这部分资源得到利用，人类相当于拥有了一个取之不竭、用之不尽的资源宝库。

植物资源的利用需要将组成植物体的淀粉、纤维素、半纤维素、木质素等大分子物质转化为葡萄糖等低分子物质，以便作为燃料和有机化工原料使用。目前，将淀粉降解成葡萄糖，再以葡萄糖为原料，用细菌发酵和（或）酶进行催化，生产出所需的化学物质的方法已经具有一定的基础，如用玉米生产燃料乙醇就是典型实例。

纤维素是生物质中最丰富的有机物，因此探索如何用它们来生产廉价的化工原料，是将来用生物质代替煤和石油的关键之一。与淀粉一样，纤维素也可以用来生产葡萄糖，但是加工更困难。第一，大多数纤维素由于处于结晶态而难以水解；第二，在纤维素中葡萄糖单体是以 β-1，4 糖苷键联结的，它比淀粉中的 α-1，4 糖苷链更难水解；第三，纤维素是紧密地与半纤维素和木质素联结在一起的，这也妨碍了纤维素的降解，因而使得其水解过程更加复杂。总体上，生物质原料具有如下特点。

① 生物质的使用对环境无 CO_2 净增长。生物质燃烧或分解中放出的 CO_2 量同其生长过程中吸收自然界中的 CO_2 量相等，由于生物质的生命周期是一个封闭的碳循环，其用作原料和能源将有助于减轻温室效应。

② 生物质可被分解成多种结构的材料，所提供的具有多种结构特性的新材料，可用于开发新的合成过程。另外，同传统石油原料相比，生物质导出的结构单元具有更复杂的结构。若可将该结构复杂性转换至最终产品中，则可减少副产品的生成及废物的产生。

③ 石油炼制得到的有机原料不含氧，而许多化学品却需要含有一定量的氧。因此，需要将有机原料加氧得到相应的产品。由生物质得到的原料含有一定量的氧，可避免或减少加氧过程。

④ 化学工业若大量地使用生物质作原料，可减少其对石油等不可再生资源的依赖，从而可少受因石油供给等问题带来的影响。

⑤ 生物质的生长需要大量的土地与空间。生物质主要用于提供食品，若需要大量的生物质用作化工原料或燃料，则需更多的土地与生长空间以确保生物质的供应，这给生物质的利用带来了一定的限制。

⑥ 生物质供应的稳定性。生物质的生长具有季节性，而化工生产则是连续的、不间断的过程。因此，是否能在一年四季里都能获得足够的、相同质量的生物质将是生物质利用的又一限制性因素。

11.1.2 生物催化剂

具有催化特定反应过程作用的生物质即生物催化剂，生物催化剂是游离的或固定的细胞或酶的总称。它们在反应过程中起着催化剂的作用。生物催化剂包括生物体（微生物）和酶类。有时为了保证酶的生物活性，把整个生物体用作催化剂。由于生物催化剂的高效性和高选择性，它在化学工业上的应用已经具有越来越大的吸引力。它们易于催化得到相对较纯的产品，因此可减少废物排放且可以完成传统化学所不能胜任的位点专一性、化学专一性和立体专一性催化。正如化学催化剂在化学过程中的地位与作用那样，生物催化剂是实现生物加工生产化学产品的必要条件，发挥着不可替代的作用。

11.1.3 生物技术分类与应用

现代生物技术已成为当代生物科学研究和开发的主流，通常认为生物技术主要包括基因工程、细胞工程、酶工程和微生物发酵工程和生物化学工程。它们彼此相互渗透，相互交融。基因工程是生物技术的主导技术，细胞工程是生物技术的基础，酶工程是生物技术的条件，微生物发酵工程和生物化学工程是生物技术实现工业化，获得最终产品，转化为生产力的关键。

11.1.3.1 基因工程

基因工程技术是采用人工方法改组基因，培养新品种的生物技术。其基本原理是用限制性核酸内切酶将细胞染色体中的目的基因剪切下来，然后利用连接酶，将目的基因连接到载体的 DNA 上，并将这个 DNA 分子植入宿主细胞，在宿主细胞繁殖过程中，目的基因得到表达。由此而来的宿主细胞的子代细胞也将表现出目的基因的遗传性能，随着细胞的大量繁殖，就产生了大量的带有人们所希望特性（往往这种特性是自然界中很少存在的）的新产物。因而，基因工程现已成为生物技术中的"种子技术"，也是最重要的前提技术。利用基因工程可以创造一些新的具有特殊代谢功能的微生物菌种，通过微生物发酵或酶工程生产出多种化学品。

11.1.3.2 细胞工程

细胞工程包括细胞融合及由此衍生出来的单克隆抗体技术、动植物细胞的大规模培养技术以及植物组织培养快速繁殖技术。所谓细胞融合技术是人为地将两种不同的生物细胞用生物、化学或物理方法使之直接融合，融合后生成的新细胞将产生两代亲本细胞的有益性状，体现了杂交优势。它可以在间、属间甚至动物和植物之间进行。

11.1.3.3 酶工程

酶工程包括酶源的开发、酶的提取和纯化、酶和细胞的固定化、酶分子的改造和化学修饰、酶分子的人工设计等。所以，酶工程是生物化学的酶学原理与化工技术相结合的一门新技术。酶是存在于生物细胞中的特殊蛋白质。根据酶所催化的反应类型，可将酶分为氧化还原酶、水解酶、异构化酶、转移酶、裂解酶及合成酶六类。

生物体内的一切化学反应几乎都是在酶催化下进行的。但酶与化学催化剂不同，酶的催化效率比化学催化高得多，普通催化剂对化学反应加速一般是 $10^4 \sim 10^5$，而酶催化剂对反应加速 $10^9 \sim 10^{10}$ 倍是常见的事情。由于酶具有生物活性，其本身就是蛋白质，所以酶对反应底物的生物结构和立体结构具有高度的专一性，特别是对反应底物的手性、旋光性和异构体具有高度的识别能力。目前已发现的酶有几千种，可以在条件温和、设备简单、选择性好、副反应少、产品性质优良、环境友好的条件下生产多种化学品。

酶催化剂的催化活性对体系的物理和化学因素特别敏感，体系的酸碱性、温度、压力、某些金属离子等对酶的催化活性具有决定性影响。酶催化剂的这种不稳定性和易变性，会给酶催化反应的控制带来很大困难。另外，酶的提取和纯化，酶的固定化等，也是一项技术难度较高的工作，这给酶催化剂的工业应用带来不少困难。为了提高酶的稳定性和耐受性，一个新兴的交叉科学领域——仿酶催化技术正越来越受到重视。根据天然酶的结构和催化原理，从天然酶中挑选出起主导作用的一些因素来设计合成出既能表现酶功能、又比酶简单、稳定得多的非蛋白质分子，模拟酶对反应底物的识别、结合及催化作用，合成人工仿酶型高效催化剂来代替传统型催化剂，使反应的选择性大大提高，反应速率进一步加快，反应条件更加温和，使生产向绿色化转化。

11.1.3.4 微生物发酵工程

微生物发酵工程包括菌种的选育、菌种的生产、代谢产物的发酵及微生物的利用等；由于微生物对氧气的耐受性不同，微生物表现出好氧和厌氧两种截然不同的特性。只有在氧气充足的条件下才能正常代谢的微生物被称为好氧菌，反之被称为厌氧菌。

微生物在化工中的应用已经有相当长的历史。在古代，人们已经利用微生物的发酵作用，生产酱油、醋和酿酒。随着发酵技术的不断改进和提高以及新菌种的不断发现和培养，现在我们已经能运用微生物发酵工程来大规模生产各种不同类型的抗菌素药物、食品和化工产品。通过发酵生产的产品，一般都保留了天然物质的成分，具有生态相容性，对人体无毒无害，属于绿色产品。发酵过程对环境的污染也少，接近清洁生产要求，因此，微生物发酵工程是有广阔前景的化工生产绿色化技术。

11.1.3.5 生物化学工程

生物化学工程就是采用化学工程的技术和方法，设计和制造最优化的生物发酵设备、生化反应器以及与其配套的自动控制装置，还包括发酵产物、生化反应产物的分离提纯。生物化学工程是为基因工程、细胞工程、酶工程和微生物发酵工程服务的，是这些生物技术实现工业化生产的技术关键，其中生化反应器的设计和工艺尤其重要。目前常用的生化反应器有机械搅拌反应器、汽提式反应器、液体环流式反应器、固定床反应器、流化床反应器和膜反应器。

11.1.4 应用生物技术生产化工产品的特点

（1）原料为可再生性资源 采用生物技术生产化学品一般都以可再生资源为原料，不依赖地球上的有限资源。

（2）生产过程温和　采用生物技术生产化学品的过程一般都在常温常压下进行，它不需要很多化工产业中采用的高温、高压、强酸、强碱等激烈的条件。

（3）反应专一性　由生物酶催化的化学反应一般都有很好的专一性，不仅有底物的专一性，而且还有立体化学专一性，因此应用生物催化技术生产化学品一般都很少有副反应，选择性高。

（4）设备同一性　用生物技术生产化学品的上游设备一般都很相似，只需稍加调整即可更换生产品种，而不像一般化工厂在更换生产品种时需要重新建厂，因此生物化工生产装置的投资一般均比相似的化工生产装置要低得多。

（5）可进行高难度的化学反应　生物催化反应有很强的选择性和专一性。有很多化学反应在人工合成过程中几乎很难进行，例如在合成可的松时要在底物的第 11 位碳原子上导入一个羟基，用人工合成的办法需要 30 多步化学反应，最终收率仅为数十万分之一，而引进生物技术后只需一种微生物就能在第 11 位碳原子上定向地导入一个羟基，而且收率高达 80％以上。

（6）三废污染少　生物技术生产化学品使用的原料多为农副产品，而且酶促反应专一性和转化率都比较高，副反应较少；反应后的废料大多为生物有机物，可进一步转化使用而不污染环境。

11.1.5　生物技术在大宗化工产品生产中的应用

20 世纪末期，发达国家已经成功将生物技术应用于化工产品生产。中国也在这方面开展了很多工作，比较成功的是用微生物法生产燃料乙醇、丙烯酰胺。进入 21 世纪，世界各国均加大了利用可再生资源代替石油原料生产化学品的开发力度，并进一步加快了非食用可再生资源如农业植物秸秆和城市纤维废料等的利用研发进程。美国能源部从 1996 年开始制订了通过使用可再生农作物资源，加强美国经济可持续发展的保障，即"2020 农作物可再生资源可持续发展规划"。中国也将开发新的可再生资源替代石油项目列入了国家重点科技攻关计划。

利用取之不尽、用之不竭的可再生植物资源生产大宗石化产品是实现可持续发展的长远战略目标。典型的产品既有已工业化多年的燃料乙醇、丙烯酰胺，也有最近才工业化的聚乳酸和 1,3-丙二醇这样的大宗石油化工产品以及生物柴油等替代能源。充分证实了这条可持续发展道路的技术可行性和经济合理性。2003 年美国将绿色化学与工程方面的化学工程成就 Kirkpatrick 奖授予了 Cargill Dow 公司，表彰其成功开发从玉米葡萄糖生产一种聚乳酸热塑体，用于生产化纤和包装材料。其制造工艺包括发酵、蒸馏、聚合等步骤，能耗比化学法低 30％～50％，投资 3 亿美元的工厂已于 2002 年投产。Du Pont 公司和 Genencor 公司合作建成了由玉米生产 1,3-丙二醇（1,3-PDO）装置。利用湿磨玉米所生产的葡萄糖液，采用转基因改造的细菌和酵母经过两步转化为 1,3-PDO，生产成本比化学法低 25％。采用 1,3-PDO 所制聚合物已用于纺丝制造 Du Pont 的新品牌 Sorona 聚合物，年产 4.5 万吨 1,3-PDO 的工厂于 2003 年投产。这些产品的成功工业化对利用可再生植物资源生产大宗化工产品具有里程碑式的重要意义。

目前，美国利用可再生资源生产燃料和化工产品的长远规划已在实施。2003 年 12 月美国 Cargill 公司在其示范工厂举行记者招待会，此工厂看起来十分像一个小型炼油厂或中等规模的化工厂，但实际是一家玉米加工厂。利用附近农场的玉米生产高葡萄糖浆、乙醇和乳酸，还规划生产 3-羟基丙酸（3-hydroxypropionic acid，3-HP）、9-癸烯酸（9-docanoic acid，9-DA）、多元醇（polyols，用于生产聚氨酯）3 个系列产品。2003 年，Du Pont 与美国能源部国家可再生能源实验室合作开发"生物炼油厂（bio-refinery）"，并建立中试装置。典型的一体化生物炼油厂模型如图 11-1 所示。

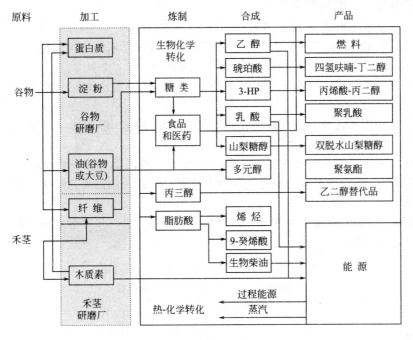

图 11-1 生物炼油厂模型

11.2 发酵法生产乙醇[8~11]

工业上生产乙醇的方法主要有发酵法和合成法。其中根据使用的原料，发酵法又分为粮食发酵法、木材水解法、亚硫酸盐法等。合成法有乙烯间接水合法、乙烯直接水合法、乙醛加氢法、CO 和 H_2 羰基合成法等。但规模较大、应用较广的则只有乙烯水合法和发酵法两大类。乙烯水合法是以烃类裂解生产的乙烯为原料，经水合制得乙醇。20 世纪 70 年代的石油危机促使人们更加重视发酵法制乙醇的开发和研究。发酵法一般采用各种含糖（双糖）、淀粉（多糖）、纤维素（多缩己糖）的农产品、农林业副产物及野生植物为原料，经过水解（即糖化）、发酵使双糖、多糖转化为单糖并进一步转化为乙醇。

我国酿酒已有约 5000 年的历史，但工业化乙醇生产是在 19 世纪末开始发展起来的，到第二次世界大战期间发酵法生产乙醇达到了高峰。发酵法是经典的乙醇生产方法。在一个相当长的时期里，它是许多国家乙醇的主要来源。目前在一些农副产品资源丰富的国家，发酵法仍然是生产乙醇的主要方法。

11.2.1 常用原料

常用的或具有潜在能力的乙醇发酵原料主要有以下几大类。

（1）淀粉质原料 包括甘薯、木薯和马铃薯等薯类原料和玉米、小麦、高粱、大米等谷物原料；

（2）糖质原料 最常用的是废糖蜜，其次是甜菜、甘蔗，具有潜在发展前途的是起源于美国的甜高粱，秸秆中含糖，高粱米含淀粉；

（3）纤维质原料 纤维原料种类非常繁多，目前用于乙醇生产或研究的有森林工业下脚料、木材工业下脚料、农作物秸秆、城市废纤维垃圾、甘蔗渣、废甜菜丝等工业下脚料等；

（4）其他原料 其他原料主要是指亚硫酸纸浆废液，各种野生植物、乳清等。

11.2.2 发酵法制乙醇生产工艺

11.2.2.1 淀粉质原料乙醇生产工艺

特点 淀粉质原料的可发酵物质主要是淀粉，而酵母是不能直接利用和发酵淀粉生产乙醇，上述原因决定了淀粉质原料乙醇生产的几个特点。

① 淀粉是以颗粒形式存在于原料的细胞中，为了使淀粉从细胞中游离出来，原料需要粉碎；

② 采用热水蒸煮处理，使淀粉糊化、液化并破坏细胞，形成均一的胶液，使它能更好的接受酶的作用并转化为可发酵性糖；

③ 糊化或液化了的淀粉只有在催化剂的作用下才能转化为葡萄糖，这种催化剂可以是硫酸等无机酸，也可以是淀粉酶这类生物催化剂。目前，国内外乙醇生产上用的均是淀粉酶系统。

工艺流程 淀粉质在微生物作用下，水解为葡萄糖，进一步发酵生成乙醇。淀粉转化为乙醇的简化反应如下。

$$(C_6H_{10}O_5)_n + nH_2O \xrightarrow{\text{酶}} nC_6H_{12}O_6 \tag{11-1}$$

$$\underset{\text{淀粉}}{} \quad \underset{\text{水}}{} \quad \underset{\text{葡萄糖}}{}$$

$$C_6H_{12}O_6 \xrightarrow{\text{酵母菌}} 2CH_3CH_2OH + 2CO_2 \uparrow \tag{11-2}$$

$$\underset{\text{葡萄糖}}{} \quad \underset{\text{乙醇（酒精）}}{} \quad \underset{\text{二氧化碳}}{}$$

其生产工艺流程如图 11-2 所示，主要过程如下。

① 原料的预处理。淀粉质原料在正式进入生产过程前，首先进行原料除杂、原料粉碎预处理，使糊化和液化过程进行的比较容易和彻底。原料的粉碎主要有干式和湿式两种方法。目前国内的乙醇工厂大多是采用干式粉碎方法。合理的干式粉碎应采用粗碎和细碎两级粉碎工艺。湿式粉碎是粉碎时将水与原料一同加到粉碎机中进行粉碎。湿式粉碎常用于粉碎湿度比较大的原料；

② 原料的水-热处理。一方面使淀粉从细胞中游离出来，转化为溶解状态，以便淀粉酶进行糖化作用。另一方面可以灭菌，防止杂菌引起其他生物化学过程影响产品的纯度和产量。为此，生产设备和原料均需灭菌处理，以提高生产效率；

③ 糖化过程。淀粉质原料蒸煮以后得到的蒸煮醪，利用糖化剂使其完全或部分转化成葡萄糖等可发酵型糖，这一淀粉转化为糖的过程称为"糖化"，糖化后的醪液称为糖化醪；

④ 乙醇的发酵。乙醇酵母进入糖化醪后，糖分被酵母细胞所吸附，并渗入细胞内，经过酵母细胞内乙醇化酶的作用，最终生成乙醇、CO_2，并放出能量。而保存下来的糖化酶也在不断地将残存的糊化淀粉转化成可发酵性糖，即后糖化过程，这样，酵母的乙醇发酵和后糖化过程互相配合，最终将醪中绝大部分的淀粉及糖转化成乙醇和二氧化碳。

由于发酵过程中进行着一系列复杂的生化反应，因此成熟的发酵醪内，除主要成分水和乙醇外，还有 40 多种发酵副产物。这些组分按其沸点高低可分成三类：

沸点低于乙醇的易挥发物质，如乙醛、乙酸乙酯等，叫头级杂质；

沸点与乙醇相近的杂质，如异丁酸乙酯、异戊酸乙酯等，叫中级杂质；

沸点高于乙醇的杂质，如各种高级醇类，叫尾级杂质。

为将乙醇与这些杂质分开，通常采用精馏法。可用的精馏塔有多种，常用的有泡罩塔、浮阀塔和填料塔，从塔体不同部位可获得不同沸点产物。

11.2.2.2 糖质原料乙醇生产工艺

糖质原料的共同特点是它所含的可发酵性物质是可以直接供酵母进行乙醇发酵的各种

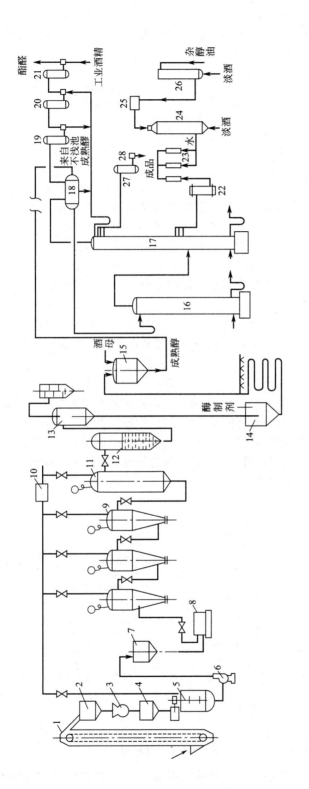

图 11-2 淀粉质发酵乙醇工艺流程示意图

1—斗式提升机;2—贮斗;3—锤式粉碎机;4—贮料斗;5—混合桶;6—输送料泵;7—加热承转桶;8—往复泵;
9—蒸煮锅;10—贮汽桶;11—后熟锅;12—蒸汽分离器;13—真空冷却器;14—糖化锅;15—发酵罐;16—醪
塔;17—精馏塔;18—预热器;19—第一冷凝器;20—第二冷凝器;21—第三冷凝器;22—冷却器;23—乳化
器;24—分层器;25—贮存罐;26—盐析罐;27—成品冷却器;28—检酒器

糖，为此，在工艺过程中不需考虑原料的酶水解或酸水解。这样就大为简化了生产过程，成本也相应降低。

糖蜜乙醇发酵的生产过程可分为稀液制备、酵母制备、稀糖液的发酵、成熟发酵醪的蒸馏四个工序。其生产工艺流程如图 11-3 所示。

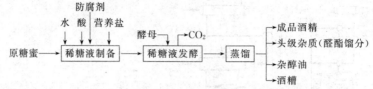

图 11-3　糖质原料发酵乙醇工艺流程示意图

糖蜜是糖厂的副产物，干物质的浓度在 $80\% \sim 90\%$ BX（白利糖度 Brix），含糖分 50% 以上。在乙醇发酵以前，首先加水稀释，降低糖蜜的浓度，使其适合干酵母的生长，同时可以加热灭菌。由于稀糖液中常常缺乏酵母所需的营养物质，因此往往加入营养盐。采用纯菌培养的酵母进行糖蜜发酵，主要有间歇和连续两种基本的糖蜜乙醇发酵方法。间歇法为一般小型工厂采用。主要分为简单间歇发酵、流加型和细胞回用型简单发酵三类；连续发酵方法分为简单型连续发酵和细胞回用型连续发酵。连续发酵过程采用细胞回用措施后可以克服细胞密度不高的缺陷。

除了糖蜜以外，能够作为工业规模生产乙醇的糖类原料主要有甘蔗和甜菜。巴西是最成功地使用甘蔗直接发酵生产乙醇的国家。乳清在西方乳品加工业发达的国家也有一定的应用前景。

11.2.2.3　纤维素原料生产乙醇工艺

纤维素原料是植物光合作用的产物。它是发酵法生产乙醇最大的潜在原料。构成纤维素的基本单位同淀粉一样也是葡萄糖，但是纤维素的水解比淀粉难得多。纤维素大分子在自然界纤维中大部分都平行排列，形成晶体结构。木质素的保护作用和高度结晶性就成为纤维素比淀粉难于水解的主要原因。这也是纤维原料生产乙醇的特点。纤维素原料生产乙醇根据其水解的工艺可分为酸水解和酶水解两种工艺流程，分别如图 11-4 和图 11-5 所示。

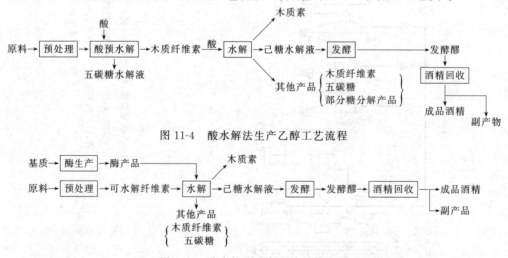

图 11-4　酸水解法生产乙醇工艺流程

图 11-5　酶水解法生产乙醇工艺流程

在用纤维素原料生产乙醇的过程中，原料预处理是一个关键问题。纤维素在发酵以前必须水解为可发酵性糖，才能添加酵母进行乙醇发酵。预处理主要有化学法、物理法和微生物处理法。以酶水解代替酸水解时用酶量太大，因此必须节省酶的用量。节酶方法有分子筛法、超滤法回收纤维素酶，或固定化酶等。近20年来，纤维素酶菌种的活性成倍的增加，连续制备纤维素酶新工艺的研究已取得成功，混合酶水解和发酵的新工艺已得到应用，连续水解的工艺研究也有了突破。

另外，在大多数天然植物纤维中，半纤维素的含量与纤维素大致相当。但由于半纤维素水解所产生的单糖中，有60%以上是木糖，而木糖却不能被普通的乙醇酵母直接发酵为乙醇。不过目前木糖的乙醇发酵问题已经解决：即用木糖异构酶（即葡萄糖异构酶）将木糖异构生成木酮糖，木酮糖就能成功地被普通的乙醇酵母发酵成乙醇。这一研究成果使得半纤维素的利用进入一个崭新的阶段。

11.2.3　乙醇发酵新技术

（1）乙醇连续发酵　是指乙醇发酵的各个阶段在各个不同的容器中进行，对于每个容器而言醪液的浓度、酵母细胞的浓度、乙醇含量、pH及温度等是一定的。乙醇连续发酵与间歇发酵工艺相比不仅造就了酵母增殖和发酵稳定的外部环境，提高了发酵能力和发酵率，而且生产过程连续化，生产操作管理方便，劳动强度低，设备利用率高。

乙醇连续发酵分为单罐连续发酵和多罐串联式连续发酵两种，生产实践中多采用多罐串联式连续发酵。淀粉质原料和糖质原料乙醇多罐串联式连续发酵工艺流程主要有顺流式连续发酵流程和全封闭式连续发酵工艺流程。

（2）固定化酵母技术　20世纪70年代以来，固定化酵母技术在乙醇发酵工业上展示了其旺盛的生命力。所谓的"固定化酵母"是将酵母细胞经物理方法或化学方法处理，束缚于某种水溶性物质（载体）上而成的，它具备酵母细胞原有的活性，具有高效、专一、经济、可反复使用和一定的机械强度等优点，有利于实现管道化、连续化、自动化、便于贮存和保管。根据固定原理，可分为吸附法、包埋法和共价键（交联）法三大类。

11.2.4　燃料乙醇的生产与应用

燃料用无水乙醇简称燃料乙醇的社会需求量巨大，是重要的燃料替代品。燃料乙醇（fuel ethanol）是指加入汽油或柴油中（通常为10%～20%）并作为混合燃料使用的无水乙醇。既可解决一次能源汽油柴油资源有限的问题，又可以提高汽油和柴油的燃烧水平，有利于环境保护。

目前，乙醇作为机动车燃料主要是掺入汽油中，与汽油混合使用，通常称为乙醇汽油。巴西大部分汽车和公共用车使用的均是乙醇汽油，乙醇已占汽油燃料消耗量的一半以上。美国环保署早已批准乙醇汽油作为无铅汽油的代用品，后来又建议用可再生能源乙醇代替具有争议的MTBE以满足新配方汽油氧含量的要求。2002年10月，巴西航空工业公司研制的世界首架乙醇燃料飞机试飞成功，极大地拓展了燃料乙醇的应用领域。乙醇用做飞机燃料的最大优势在于价格低廉，仅相当于等量航空燃油的1/4。中国近几年也已在部分省市推广使用乙醇汽油。

乙醇可作为机动车燃料已成为不争的事实。但传统的发酵工艺（以谷物为原料）原料成本高，且利用率低，能耗很大，因此乙醇产品成本较高。要想大规模用于机动车燃料还必须降低成本。降低成本的办法有二：一是利用基因工程改进酵母的性能以提高过程效率；二是采用更为廉价的纤维素原料。日本三得利公司把从酶菌中分离得到的葡萄糖淀粉酶基因克隆到酵母中，可直接发酵生产乙醇，省去了淀粉原料蒸煮糊化的传统工序及蒸煮物冷却设备，可减少60%的能耗。一些发达国家均在开发和利用固定化酵母细胞连续发酵工艺，并培育出适宜于连续发酵苛刻条件的固定化酵母，使生产效率比间歇式生产工艺提高数倍、数十倍。

燃料乙醇作为汽车燃料大规模使用已经二十多年了，但乙醇点火性差，在国外，作汽车燃料的无水乙醇主要是用在点燃式发动机上。把无水乙醇用于压燃式发动机，尤其是替代柴油燃料，仍处在研究和发展阶段。在中国目前每年柴油消费量是汽油的2倍以上，而石油炼制业的柴油汽油产量比却仅为1.2：1，两者相比柴油生产量相对不足。可见解决乙醇柴油意义重大。中国国家发展改革委员会已将乙醇柴油的研究工作列为燃料乙醇工作的方向和重点。

另外，随着石油资源供应紧张问题的出现，由生物乙醇经脱水生产乙烯进而生产各种化工产品日益受到重视，也有可能成为生产其他化工产品的可行路线。

11.3　生物柴油的生产[12~16]

根据1992年美国生物柴油协会（National Biodiesel Board，NBB）的定义，生物柴油是指以植物、动物油脂等可再生生物资源生产的可用于压燃式发动机的清洁替代燃油。其化学成分为一系列长链脂肪酸甲酯，主要是通过植物油或动物脂肪与甲醇在催化剂作用下进行酯交换反应制得。其相对分子质量约为300，与柴油接近，理化性质及燃油性能也与柴油相似。近年来，生物柴油受到各个国家的重视。美国能源部在2001年提交美国国会的立法咨询报告中提出，美国应该通过立法，将替代燃料所占份额从2002年的1.2%提高到2016年的4%，其中，生物柴油的需求量将从2002年的7300万加仑提高到2016年的8亿1千万加仑。欧盟计划2005年替代燃料比例达到2%，到2010年达到5.75%。

11.3.1　我国生物柴油的生产现状

生物柴油以其良好的可再生性得到了人们的关注。生物柴油的燃烧性能丝毫不逊于石化柴油，而且可以直接用于柴油机，被认为是石油柴油的替代品。生物柴油具有无毒可生物降解，十六烷值高，硫化物、一氧化碳排放量少等优点。与石化柴油相比，燃烧1kg生物柴油能减少相当于3.2kg的二氧化碳排放，因此生物柴油是一种可再生的环保燃料能源。我国原油供需矛盾日益突出，能源战略迫切要求开发新型能源。生物柴油与燃料乙醇一样是重要的替代能源。我国生物柴油生产与应用尚处于初级阶段，福建卓越新能源公司、四川古杉油脂化工公司和海南正和生物能源公司已分别建成产能超过10kt/a的小型生物柴油工厂。目前生物柴油的工业生产主要用化学法，采用植物或动物油脂与甲醇等低碳醇在酸或碱性催化剂作用下进行酯交换反应，生成相应的脂肪酸甲酯，与之配套的各种工业化生产工艺已相当成熟，生物柴油商业化生产的主要障碍是生产成本高于石化柴油。

11.3.2　生物柴油的生产方法

经多年研究，目前已开发出四种利用油脂制备生物柴油方法，即直接混合法、微乳液法、高温裂解法和酯交换法，其中前两者属于物理方法，后两者属于化学方法。使用物理法虽能降低油的黏度，但燃烧中积碳及润滑油污染等问题仍难解决，而高温裂解主要产品是生物汽油，相比之下，酯交换法是一种较好方法。天然油脂直接同甲醇进行酯交换是美国和欧洲使用的生物柴油的标准生产方法，天然油脂与甲醇酯交换后的混合酯经蒸馏后得到生物柴油和副产品甘油。酯交换是指在催化剂存在或超临界条件下，油料主要成分甘油三酯和甲醇发生酯交换反应过程，主要反应如下所示：

$$\begin{array}{ccc} CH_2COOR_1 & & R_1COOCH_3 & CH_2OH \\ | & & & | \\ CHCOOR_2 & +3CH_3OH \rightleftharpoons & R_2COOCH_3 + & CHOH \\ | & & R_3COOCH_3 & | \\ CH_2COOR_3 & & & CH_2OH \end{array} \qquad (11\text{-}3)$$

理论上1mol甘油三酯需要3mol甲醇，但由于该反应可逆，所以通常需要过量甲醇使反应向目标产物方向进行。实际上酯交换过程中是按如下步骤先后发生的。

$$甘油三酯 + CH_3OH \rightleftharpoons 甘油二酯 + R_1COOCH_3$$
$$甘油二酯 + CH_3OH \rightleftharpoons 甘油单酯 + R_2COOCH_3$$

$$\text{甘油单酯} + CH_3OH \rightleftharpoons \text{甘油} + R_3COOCH_3$$

酯交换法主要包括均相催化法、非均相催化法、生物催化法和超临界法等。

（1）均相催化法　在实际的工业生产中，化学法生产生物柴油的连续性生产工艺有多种。依据所用催化剂的不同，可以分为两类：碱催化生产工艺和酸催化生产工艺。下面简要介绍这两种工艺。

碱催化　生产工艺一般用氢氧化钾作催化剂。首先，预热后的原料油与甲醇和氢氧化钾的混合物进入酯交换反应器反应，为提高原料油转化率，将初次酯交换的反应产物再进入第二反应器继续反应；然后，二次酯交换反应后的产物进入甲醇蒸馏器，蒸馏所得的甲醇循环使用，蒸馏甲醇后的反应产物进入水洗器，使所制得的生物柴油与甘油、氢氧化钾和甲醇相分离；分离出的生物柴油进入蒸馏器，脱除水分和甲醇，得到高纯度（>99.6%）的生物柴油。而水洗器底部流出的混合物，包括氢氧化钾、甘油、水分和甲醇则进入中和器，除去氢氧化钾后再进入甘油净化器，净化得到所需纯度的甘油副产品。如果原料油中游离脂肪酸的含量较高（高于0.5%）时，为防止游离脂肪酸影响碱催化酯交换反应的进行，需要通过预酯化反应将脂肪酸转化为脂肪酸甲酯。以废弃烹饪油为原料制取生物柴油为例，原料油首先与甲醇、硫酸一起进入酯化反应器进行预酯化反应，使游离脂肪酸转化为脂肪酸甲酯，然后进入萃取器，分离出的原料油再进入碱催化酯交换单元。酯交换工艺流程简图如图11-6所示。

酸催化　生产工艺一般用硫酸作催化剂。由于酯交换所需的甲醇与原料油的摩尔比较高（100:1），酸催化生产工艺也需要两个连续运行的酯交换反应器。原料油经过酯交换反应，再蒸馏回收甲醇后，先进行催化剂的中和，以减少下游操作单元中设备的材料费用。其他的操作单元如水洗、净化等基本上与碱催化生产工艺相同。

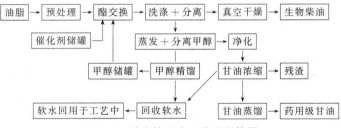

图11-6　酯交换生产工艺流程简图

（2）非均相催化法　传统碱催化法存在废液多、副反应多和乳化现象严重等问题，为此，许多学者致力于非均相催化剂研究，但至今仍有很多反应机理有待深入探讨。该类催化剂主要包括金属催化剂：如 ZnO、ZnCO_3、MgCO_3、K_2CO_3、Na_2CO_3、CaCO_3、$(C_{12}H_{27}Sn)_2O$、$Ti(OR)_4$、CH_3COOCa、CH_3COOBa、$Na/NaOH/\gamma-Al_2O_3$ 和沸石催化剂等。一种合适的非均相催化剂不仅可加快反应速率，且还具有寿命长、比表面积大、不受皂化反应影响和易于从产物中分离等优点。然而非均相催化剂通常需要较高反应条件，脂肪酸甲酯产量也不高。

（3）生物催化法　生物催化剂主要是指脂肪酶，包括细胞内脂肪酶和细胞外脂肪酶。脂肪酶来源广泛，具有选择性、底物与功能团专一性，在非水相中能发生催化水解、酯合成、酯交换等多种反应，且反应条件温和，无需辅助因子，这些优点使脂肪酶成为生物柴油生产中一种适宜催化剂。用于催化合成生物柴油脂肪酶主要是酵母脂肪酶、根霉脂肪酶、毛霉脂肪酶等，由于脂肪酶来源不同，所以其催化特性也存在着很大差异。脂肪酶由于价格昂贵而限制了其在工业生产中应用，解决此问题有两种途径：一是采用脂肪酶固定化技术，以提高脂肪酶稳定性和重复使用性；二是将整个能产生脂肪酶细胞作为生物催化剂。脂肪酶固定化技术已被广泛使用，且最近国外也研究出直接在多孔性生物质载体上培养出富含高活性脂肪酶的整细胞催化剂，该类催化剂成本低，寿命长，较有利于工业应用，但目前尚无工业化报道。

用脂肪酶为催化剂制备生物柴油，反应过程不受原料中水和游离酸影响，只需加入理论量甲醇就可使反应顺利进行，无需再回收过量甲醇，且催化剂也易与产物分离。但当反应体系中甲醇达到一定量时，脂肪酶就会失去活性，且反应产生的副产品甘油也很容易堵塞固定脂肪酶孔道，严重影响酶的反应活性。如果把甲醇分批加入，并及时分离产生甘油，则可避免这个问题。

（4）超临界法　一种新颖的生物柴油生产方法是在甲醇处于超临界状态（甲醇超临界温度为 239.4℃，压力为 8.09MPa）下进行的。超临界流体具有不同于气体或液体的性质，它的密度接近于液体，黏度接近于气体，而导热率和扩散系数则介于气体和液体之间。由于其黏度低、密度高且扩散能力强，所以能够使反应与分离过程同时进行。在该条件下，由于甲醇具有疏水性，有较低介电常数，所以不同于前面三种方法之处是甘油三酯能完全溶于甲醇而形成均相体系，可在无催化剂条件下短时间内获得极高转化率。且该方法产物分离部分通过分相即可使生物柴油与甘油分开，大大简化后处理过程。与碱催化法相比，超临界法对原料要求低，反应过程很少受原料中游离酸和水的影响，反应时间大大缩短，工艺过程大为简化，在经济和成本上都具有一定竞争力。

11.4　微生物法生产丙烯酰胺[17~21]

11.4.1　丙烯酰胺生产概况

丙烯酰胺（acrylamide）结构式为 $CH_2=CHCONH_2$，白色片状结晶，剧毒，溶于水、甲醇、乙醇、丙酮；熔点 84.5℃，但熔融时骤然聚合；相对密度（d_4^{20}）1.122，折射率（计算值）1.460。

在工业生产中，丙烯酰胺是由丙烯腈水合来制备，传统的生产工艺历经硫酸水合法和铜催化法两个阶段。而微生物催化法是继其后的第三代生产丙烯酰胺的新技术，该法具有高选择性、高活性、高收率、低能耗和低成本特点，并且丙烯腈反应完全，无副产物及残留铜离子等杂质，工艺过程在常温常压下进行，三废少，被认为是用生物酶催化技术取代传统化学催化反应生产大宗化工原料的典型范例。

丙烯酰胺是重要的化工产品，主要用于制造水溶性聚合物——聚丙烯酰胺。聚丙烯酰胺是一种高效絮凝剂，在水中能起絮凝、分散及增稠作用，广泛地用于废水处理以及澄清糖液等。聚丙烯酰胺还可用于造纸工业的增强剂，食品工业的添加剂，农业的土壤改良剂，以及处理合成纤维的糊剂，胶乳的增稠剂，颜料的分散剂等。在我国，目前聚丙烯酰胺主要的用途是在石油开采工业中，作为泥浆处理剂、防垢剂、油田的选择性堵水剂、降摩阻剂。此外高相对分子质量的聚丙烯酰胺可用于"三次采油"等。

从 20 世纪 70 年代中期起，用生化工程方法生产丙烯酰胺的技术得到重视。日本的渡边一郎等人 1979 年申请了由丙烯腈通过生化法生产丙烯酰胺的专利，使用的菌属于棒状杆菌属（Corynebacterium）和诺卡氏菌属（Nocardia），反应温度在 15℃以下，丙烯酰胺含量可达 20%～30%，菌体酶的使用寿命增加。在游离菌体实验的基础上，对固定化菌体的间歇、连续反应也做了研究，发现用二醛处理菌体或固定化菌体，或在连续反应中让部分反应液循环，使生成的溶液得到稀释的方法，均可得到稳定的高浓度的丙烯酰胺溶液。当反应液中有碱金属的碳酸盐或碳酸氢盐存在，或这两种盐之一与水溶性羧酸（如一元、二元、三元及不饱和羧酸）共同存在时，可防止固定化菌体溶胀，使反应得以顺利进行。当菌体用阳性的聚丙烯酰胺胶固化时，固定化菌体就可在不含盐类的水溶液中生产丙烯酰胺，这样也可防止菌体溶胀，保持酶活性，得到高质量的丙烯酰胺溶液。发明者还进行了菌体所含腈水合酶的提取、性质以及游离酶、固定化酶用于反应等方面的研究，在实验中还发现，当反应在金属大容器中进行时，腈水合酶的活性不能完全显示出来，但用光对菌体进行照射可解决上述困难，这对工业化生产有重要意义。1986 年渡边一郎等人又发现了 Rhodococcus、Arthrobacterium 和 Microbacterium 菌株，它们可使 2～6 个碳原子的腈生成相应的酰胺，收率在 99% 以上。日本山田秀明等人利用两步筛选的方法，筛选出了异丁腈分解菌 Pseudomonas chlororaphis B23，他们又与渡边一郎等人合作，对该菌的培养作了研究，发现在培养基中加入某些氨基酸（如胱氨酸，半胱氨酸，谷氨酸等）、丙腈、丙酰胺等腈类酰胺类化合物或水溶性羧酸等，可显著增加单位体积培养基中的菌体酶活性。

1985 年，日本日东化学工业公司在横滨厂建成年产 4kt 丙烯酰胺的装置，开始了丙烯酰胺的生化法工业生产，采用的酶催化剂为腈水合酶"Rhodococcus sp. 774"，采用遗传育种的技术控制酶生成条件，提高了腈水合酶的形成及其活性，应用细胞固定化技术，使丙烯腈水溶液直接通过含固定化酶的连续式柱状生物反应器生产丙烯酰胺，反应温度可自介质的冰点到 15℃ 或 30℃ 左右，转化率可达 100%，反应液中酰胺浓度可达 10%～30%，且酰胺纯度高，产物中未反应物丙烯腈和副产物丙烯酸含量几乎为零。1988 年，日本京都大学山田秀明等筛选培养成功的 Pseudomonas chlororaphis B23 菌种，作为第二代工业化菌种应用于日东化学工业公司，年生产能力从 4kt 提高到 6kt。1991 年，第三代菌种 Rhodococcus rhodochrous J1 取代 Pseudomonas chlororaphis B23，使生化装置年生产能力上升至 2 万吨。近年来，德固萨公司、SNF 公司等均推出生物法生产丙烯酰胺技术，并向外输出技术产品。德固萨公司在俄罗斯拥有年产数千吨的生物催化法生产丙烯酰胺装置，产品用于水处理。法国 SNF Floerger 公司是世界领先的聚烯酰胺生产商，正在印度扩增水溶性聚丙烯酰胺能力，在法国、美国和中国的新建装置于 2002 年投产。该公司采用生物催化技术在中国泰兴的 10kt/a 丙烯酰胺装置已于 2003 年投产。

中国上海生物化学工程研究中心在"八五"期间，经攻关研究已完成了微生物催化法生产丙烯酰胺的中试研究，建成了年产 3kt 的工业装置。2000 年 12 月在山东胜利油田建成并投产万吨级微生物法生产丙烯酰胺及配套聚丙烯酰胺工业装置。

11.4.2　微生物催化法生产丙烯酰胺的工艺

微生物催化法生产丙烯酰胺的反应式如下。

$$CH_2=CH-CN \xrightarrow[H_2O, 常温]{含酶菌体} CH_2=CH-\overset{\displaystyle O}{\overset{\|}{C}}-NH_2 \tag{11-4}$$

其生产工艺流程如图 11-7 所示。

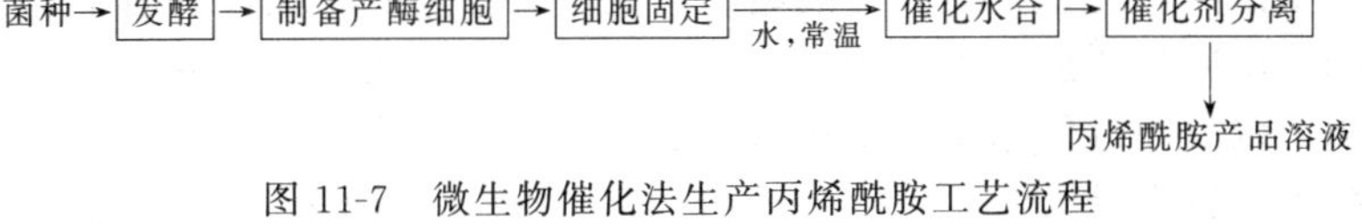

菌种 → 发酵 → 制备产酶细胞 → 细胞固定 $\xrightarrow[\text{水,常温}]{\text{丙烯腈}}$ 催化水合 → 催化剂分离 → 丙烯酰胺产品溶液

图 11-7　微生物催化法生产丙烯酰胺工艺流程

微生物催化法生产丙烯酰胺的工艺过程大致可分为两部分，一是生物催化剂的制备；另一过程是利用该生物催化剂进行催化水合反应。生物催化剂的制备包括了含酶菌体细胞的发酵培养、细胞收集及细胞固定化。这种腈水合酶可由杆菌、球菌、假单胞菌和诺卡氏菌等微生物经 28℃ 通气培养后产生，含腈水合酶的菌体细胞经分离收集，再以海藻酸钠、交联聚丙烯酰胺等作载体进行细胞固定化制成生物催化剂用于生物催化反应。

生物催化剂于固定床或悬浮床催化反应器中，以水为反应介质，在 10～20℃ 下加入丙烯腈催化反应生成丙烯酰胺水溶液，过程中 pH 在 6.8～7.5 范围内，反应介质中丙烯腈含量必须维持在 2%～5%（质量）以下，以免微生物中毒，在此条件下丙烯腈的一次转化率可达 99.9%，丙烯酰胺收率近 100%，产品含量在 30%～50%。产物溶液经活性炭及膜分离后，即可获得高质量的丙烯酰胺水溶液产品。

11.4.3 腈水合酶

腈水合酶（nitrile hydratase，NHase）作为生物催化剂应用在有机合成工艺上具有巨大的潜力，它的反应条件温和、产率高、副产物少、产物的自聚损失小、具有区域和立体选择性，可广泛地应用于氨基酸、酰胺、羧酸及其衍生物的合成。目前，全世界每年通过 NHase 生产的丙烯酰胺超过 30 万吨。更重要的是，它环境污染小、成本低，符合绿色化工的发展理念，有着化学方法无法替代的优越性，从而促进了精细化工产品、可降解塑料（PHAs）和手性药物以及维生素（如 Vitamin PP）等方面的研制和开发。

腈水合酶作为一类同工酶，酶的结构特点是决定其性质的关键，不同菌株的腈水合酶在催化机理上虽然都是以金属离子作为辅助因子，但金属离子的种类不尽相同，氨基酸序列也存在着较大的差异，由此引起腈水合酶在性质上的差异：铁型腈水合酶具有光活性，而其他类型的腈水合酶则不具有类似的性质；个别菌株的腈水合酶有良好的热稳定性，能在较高的温度下保持活性；一些外界因素对酶活性的影响也与酶的结构密切相关。从生物化学和分子生物学角度来认识腈水合酶的结构及其相应的性质，特别是近年来基因工程和蛋白质结晶学的发展，国内外学者一直致力于不同菌株中腈水合酶基因的克隆、序列特性、基因表达调控的深入研究，从分子水平上揭示了酶反应和调控的机理，并在此基础上通过各种基因工程的手段，改变基因的序列、构型，以期增强酶的特性、功能，提高酶的催化活性和稳定性。这对于最终实现丙烯酰胺的绿色工艺具有重要意义。

自从应用微生物法生产酰胺类化合物特别是丙烯酰胺以来，研究者对腈水合酶的结构、特性和功能有了深入的认识，但还有许多工作要做：需要进一步从发酵工程的角度研究腈水合酶的代谢特点、对底物的耐受性以及对菌种培养条件的优化等，如培养基中碳源、氮源、金属离子和诱导剂等与酶反应的相互关系，对腈水合酶代谢特点的深入了解有助于优化培养条件，提高酶活；此外，还需要对腈水合酶的催化反应过程进行动力学优化，以提高水合效率，减少副产物的生成。

目前，在丙烯酰胺的生产中比较突出的问题是腈水合酶不能长时间保持高酶活，酶的使用次数少，反应时间长，所以还需要从酶工程的角度研究腈水合酶在氨基酸序列、折叠方式和活性位点等方面的特性。由于酶活性中心具有特定的空间构象，可以考虑对腈水合酶分子进行化学修饰，例如引入二硫键来增加其空间构象的稳定性，提高酶活的稳定性。红球菌 Rhodococcus 是目前在基因工程改造方面研究较多的菌种之一，尽管不同的菌株具有不同的底物特异性和耐受性，但它们的基因序列有着较高的同源性，可以把对 Rhodococcus 中相应基因的研究和腈水合酶代谢的研究结合在一起，更深入地了解腈水合酶基因的调控机理和酶反应的调控机理，研究这两者之间的相互关系，并通过蛋白质工程等方法改造腈水合酶，以及通过代谢工程优化水合反应的代谢过程，从而进一步挖掘腈水合酶在生产丙烯酰胺中的巨大潜力。

11.4.4 微生物转化过程中反应器形式

目前工业化的丙烯酰胺微生物转化过程主要通过细胞固定化后，在搅拌反应罐内实现，属批式间歇的操作方式。这种反应方式还存在不少的缺点：固定化细胞容易破碎，生产过程不连续，致使产品质量不易稳定，生产效率也不高等。因此选择合适的反应器形式和反应方式，实现更高的生产效率，已经成为许多研究工作者关注的热点。

（1）填充床反应器　Jun Sik Hwang 和 Ho Nam Chang 等报道了，在固定化细胞填充床中，采用批式流加丙烯腈的反应方式，研究了丙烯酰胺微生物的转化过程。但这种填充床的生产效率比较低，这是由于反应原料和生物催化剂的接触不够充分，传质速率的限制导致反应速率较低，腈水合酶的活力不能充分发挥，且对放出的反应热的传递不利。1990年，Ho Nam Chang 等又报道了采用在分两段的固定化细胞填充床中进行批式循环流加的研究结果，为这种反应方式的应用打下了基础。

（2）密集多相流反应器　1991年，Bernet N 等报道了应用密集多相流反应器（HC-MR）进行丙烯酰胺微生物转化过程。最初的研究集中在气、液、固三相流化体系上，在一定的速度循环下，反应液中的固定化粒子处于流化状态，同时在反应器的底部通入空气，使反应器中处于流化状态的固定化粒子产生内循环，进一步增加混合度。在丙烯酰胺微生物转化过程中应用这种流化反应体系有以下几个优点：①与普通的流化床相比所需的空气流量较小；②在固定化粒子和流动相充分接触的同时，流动相内部混合均匀；③由于固定化粒子本身的密度和液相密度相近，因此固定相的含量可以达到较高的水平。但在研究中也发现这种三相流化体系存在一些缺点，如空气的存在会氧化腈水合酶活性位点上的硫醇，加速酶的失活。因此 Arnaud 等人在原有的基础上又研究了密集两相流化技术，取消了气相的介入，提高了液相的垂直循环速度来实现流化状态和较高的混合度。在这种反应体系中 Arnaud 等提出了丙烯酰胺转化的两种方式：在较低的转化速率下可实现丙烯腈的完全转化，对 1g 湿细胞，达到丙烯腈 100% 转化时的转化速率为 0.55g/(L·h)；若要达到较高的转化速率，如 3.32g/(L·h) 时，丙烯腈的转化率就变得非常低，仅为 55%，在实际生产中只能采用多级串联的方式来实现较高的转化率。

（3）膜生物反应器　1987年，Jun Sik Hwang、Ho Nam Chang 等研究了将双层中空纤维生物反应器应用于丙烯酰胺微生物转化过程。采用的双层中空纤维以聚酮为外层，聚丙烯为内层，Brevibacterium sp 在间层能够实现高密度的培养（200g/L），反应液走内管，可以实现丙烯酰胺微生物转化的连续过程，其生产能力为 88g/(L·h)。该生物反应器的优点在于将细胞培养过程以及酶催化反应集成到同一个反应器内，同时实现了酶催化反应的连续化过程。另外由于大部分的底物和产物集中在内管，而细胞又主要集中在间层，因此避免了高浓底物和产物对酶活性的抑制，提高了酶活性的持续时间。但由于传质速率的限制导致了反应效率不高。双层中空纤维生物反应器的研究毕竟提出了应用膜生物反应器的新思路，为今后丙烯酰胺微生物转化过程中膜生物反应器的应用打下了基础。

1998年，Cantarella 等报道了采用超滤膜生物反应器进行丙烯酰胺微生物转化过程的研究，但也仅局限于将膜生物反应器作为研究腈水合酶活力和活力稳定性的一种方法，同时对于膜生物反应器在丙烯酰胺微生物转化过程中应用的可能性进行了探索。他们主要应用了平板膜反应器，将 Brevibacterium imperialis CBS 489-74 作为生物催化剂，反应液在这种膜反应器中循环，其生产效率非常低，大约经过 450h 后丙烯酰胺的含量才达到 8%（质量/体积）。当然 Cantarella 等人采用这种膜反应器主要是为了研究腈水合酶活力和活力稳定性以及相关的影响因素，并没有把注意力集中到提高反应效率上。针对膜反应器，他们研究了各种材料的平板膜的膜污染情况以及膜组件在有机溶剂中溶胀情况，为今后丙烯酰胺微生物转化过程中膜生物反应器的开发和应用奠定了一定的基础。

（4）反应器形式的发展趋势　目前在丙烯酰胺微生物转化的工业化技术中，一般使用海藻酸钡固定化的细胞粒子作为生物催化剂，实际生产中大多采用批式流加的反应方式。这种反应方式虽有生产设备简单，操作简单等优点。但就其整个工艺过程来看，除了以上提到的问题外，固定化的工序和破碎的固定化细胞将大量的无机离子和有机体带入反应液，给后续工序（如反应液精制工序）带来了沉重的负担，也增加了生产成本。鉴于这些问题，许多研究者已经开始研究用自由细胞代替固定化细胞，用连续生产方式代替批式的间歇生产，这两个方面已经成为丙烯酰胺微生物转化反应过程研究的一个重要趋势。

应用自由细胞进行酶催化连续反应的研究中，膜生物反应器因其独特的优势将成为研究的热点。膜生物反应器应用在丙烯酰胺微生物转化过程中具有以下优点：①使丙烯酰胺微生物转化过程的连续化生产成为可能，大大提高反应液的纯度，减少了杂质和丙烯酰胺聚合体，能进一步提高产品质量；②使自由细胞代替固定化细胞的过程更容易实现，减少了反应液中各种离子的含量，减轻了下游精制工序的压力，提高了生产能力。当然，膜生物反应器本身也存在着一些问题，如膜污染、膜的使用寿命等。膜污染问题可以通过采用错流流动的过滤方式（如卷式膜、中空纤维膜等）来解决，而膜的使用寿命、抗溶胀性能等可以通过选择合适的膜材料和膜组件形式来实现。最近，国内部分生产企业已经开始使用在搅拌反应器中自由细胞催化水合结合离心沉降分离细胞的批式生产方式，也取得了较好的生产效果。日本也实现了膜生物反应器在生产过程中的应用，可见这些研究方向将推动丙烯酰胺微生物转化工艺的进一步发展。

11.5　发酵法生产二元酸[22~27]

二元酸主要指的是长链二元酸与丁二酸（琥珀酸）、己二酸。长链二元酸（Long chain dicarboxylic acids）是指碳链中含有 10 个以上碳原子的脂肪族二羧酸，包括饱和及不饱和二羧酸。它作为重要的精细化工中间体，是合成大环香料、聚酰胺树脂、高性能工程塑料、高档热熔胶、高级润滑油及高档涂料的主要原料，在化工、轻工等领域有广泛的用途。发酵法生产长链二元酸是以正构烷烃作为发酵底物，经过微生物的专一氧化反应生成相应碳数的长链二元酸。烷烃发酵生产长链二元酸的工艺与传统的化学合成法相比，具有原料来源广、反应专一性强、反应条件温和等优点，是生物技术在石油化工领域的重要应用。

11.5.1　发酵法生产长链二元酸

11.5.1.1　发酵法生产技术

大多数饱和长链二元酸，在化学工业中难以合成生产，即使个别二元酸可以用化学工业方法生产，但既需高温高压催化剂，又需防毒防爆装置，除了工艺复杂、条件苛刻、步骤多、收率低之外，通常还会产生大量需要深入提纯的副产品，由于纯度低、成本高、污染严重限制了它的商业应用。而长链不饱和二元酸，在化学工业中根本不能合成，因为双键的化学反应活性和末端甲基的氧化作用相竞争，从而导致大量的双键移位和构型改变的副产品生成。

通过生物技术方法，利用微生物胞内酶对不同链长正烷烃及不饱和脂肪酸或脂肪醇氧化的特异性和专一性，培养出一系列专一的优良菌株，在常温常压下，可以分别氧化长链正烷烃的两端两个甲基，一步加上四个氧原子，生成和正烷烃基质链长相同的二元酸，或者氧化不饱和脂肪酸或脂肪醇，一步加上两个或三个氧原子，生成与基质链长相同的不饱和二元酸。微生物发酵生产长链二元酸的生物合成方法，既解决了市场需求量大，化学工业中无法合成或难以合成的长链二元酸的来源问题，又解决了化工合成所造成的严重环境污染问题。

中国科学院微生物研究所二十多年来，尤其是 20 世纪 90 年代后，先后承担国家"八五"和"九五"科技攻关重大项目，形成了具有自主知识产权的发明专利技术，以 200# 轻蜡油分离出的正构烷烃（$C_{11} \sim C_{17}$）为原料，采用石油生物发酵技术生产的长链二元酸及其延伸产品 PF 尼龙的国内外市场需求量大，并已在山东淄博广通化工有限公司、上海凯赛控股有限公司等企业形成千吨级大规模工业化生产。日本的能源公司、矿业公司、三井公司以及美国、德国的一些公司等在应用开发研究与工业化方面也处于领先的地位。

11.5.1.2 长链二元酸生产工艺

联合生产装置包括 200# 轻蜡油、长链二元酸和 PF 尼龙三个工段，以及与生产装置相配套的公用工程和辅助设施。该装置以 200# 轻蜡油为原料，经常压连续分离得到 C_{12} 和 C_{13} 正构烷烃；然后采用石油生物发酵技术，将正构烷烃转化成长链二元酸；长链二元酸经化学合成可得工程新材料尼龙 1212。该项目技术含量高、原材料来源广泛、建设周期短、市场经济效益良好。

（1）200# 轻蜡油分离　200# 轻蜡油是生产航空煤油和低凝点柴油的副产品，主要成分是长链正构烷烃混合物，分子中碳原子数多为 10～14。200# 轻蜡油分离方法有常压精馏和减压精馏两类。分离出的主产品是纯度≥98％的 C_{11}、C_{12} 和 C_{13} 正构烷烃，副产品为 C_{10} 以下和 C_{14} 以上的正构烷烃混合物。

我国有丰富的液体石蜡资源，石蜡占原油的 3％左右，近年来，采用烷烃生物发酵技术生产长链二元酸取得了突破性进展，实现了大规模工业化生产。为了能使生产中高纯度的单烷烃得到连续稳定的供应，同时也进一步降低成本，绝大多数长链二元酸生产厂家选择自建 200# 轻蜡油分离装置。

（2）长链二元酸生产工艺流程　自然界中不存在长链二元酸，长链二元酸均通过工业方法制得。其工业生产方法有两种，即有机合成法和生物发酵法。有机合成法是以环己烷为原料，在甲醇中与过氧过氢反应生成环己基过氧化物，再经催化开环，得十二烷二酸甲酯，精制后皂化得十二碳二元酸。该法生产的十二碳二元酸纯度高（≥99.5％），但工艺过程复杂、收率低（仅达到 50％左右）、成本高。

生物发酵法是以 C_{11}、C_{12} 和 C_{13} 正构烷烃为原料，经过假丝酵母发酵，将单烷烃转化成长链二元酸，再经粗提取和精制，得长链二元酸结晶产品。该方法生产的长链二元酸具有原料来源广、能耗低、产品纯度高（≥98.5％），且易于分离、生产成本低等优点，目前，国内外新建长链二元酸项目均采用此法。

生物发酵法生产长链二元酸的工艺流程如图 11-8 所示。

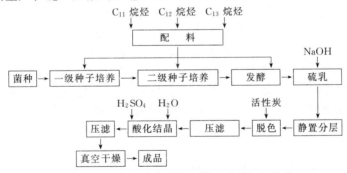

图 11-8　生物发酵法生产长链二元酸工艺流程

11.5.2 丁二酸

丁二酸是一种有潜力的生物化工基础原料，目前有几家公司正致力于用丁二酸生产丁二酸醇和四氢呋喃。DSM 公司最近在功能材料方面建立一个生产涂料、树脂和特种塑料部门。在这之前，DSM 公司在工业生物技术领域的活动仅限于微生物和医药工业开发简单的生物工业，替代复杂得多步化学合成工艺生产抗生素等产品。日本三菱化学与味之素公司共同开发利用农作物生产丁二酸的生产工艺。这是该公司开发的可生物降解聚合物聚丁二酸丁二醇酯（PBS）生产领域的一部分。其产能为 3kt/a 的 PBS 装置，预计在 2006

年建设 30000t 的生物法丁二酸生产装置。

11.5.3 己二酸的生产

己二酸（ADA）是制造尼龙 66 纤维、聚氨基甲酸酯弹性纤维、润滑剂、增塑剂等的重要单体。传统己二酸的生产方法是以苯为原料，经 Ni 或 Pd 催化加氢制环己烷，环己烷进行空气氧化成环己酮和环己醇，然后进一步利用 HNO_3 氧化制成己二酸。反应式如下：

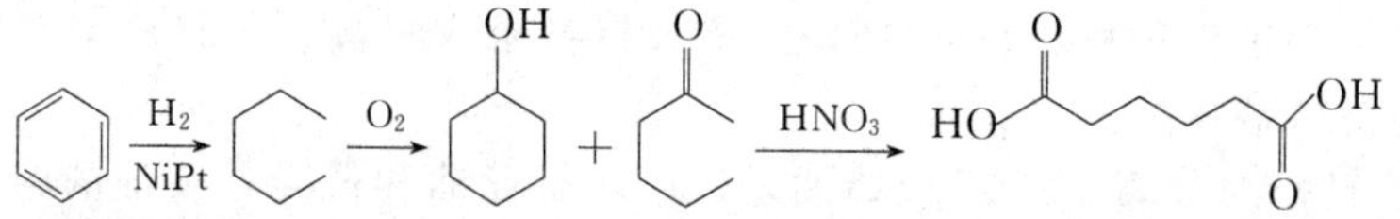

以石油为原料合成己二酸及尼龙 66，被认为是现代有机合成化学最伟大的成就之一。但从绿色化学的更高要求来看，这一工艺存在严重缺点：原料苯来自石油，属于不可再生资源，且是剧毒物质；加工过程中采用空气和硝酸为氧化剂的氧化过程一般选择性都较差，原料利用率较低，特别是最后一步采用硝酸为氧化剂，腐蚀严重，而且反应副产物笑气（N_2O）排放在空气中，造成大气臭氧层的破坏，N_2O 也是一种温室气体，与 CO_2 一起引起地球温度上升。据估计，因己二酸的生产，引起大气中 N_2O 的含量每年以 10% 的速度上升。

为了克服以石油为原料的己二酸生产路线的缺陷，美国 Michigan 州立大学的 J. W. Frost 和 K. M. Draths 开发出了生产己二酸的生物技术路线。新工艺以由淀粉和纤维素制取的葡萄糖为原料，利用经 DNA 重组技术改进的细菌，将葡萄糖转化为己二烯二酸，然后催化加氢制备己二酸。生物技术路线制造己二酸，被认为是采用可再生生物质资源代替石油资源制造化学品，从而实现过程无毒、无害、无污染的典型实例。K. M. Draths 和 J. W. Frost 也因这一突出的成果而荣获了 1998 年美国"总统绿色化学挑战奖"的学术奖。

Du Pont 公司在生物催化法制有机原料领域一直具有显著优势。该公司在 20 世纪 90 年代初开发了生物催化工艺，利用大肠杆菌将 D-葡萄糖转化为己二烯二酸，然后再加氢生成 ADA。最近该公司又开发了新的生物法工艺，用从好氧脱硝菌株（Acinetobacter sp.）中分离出来的一种基因簇对酶进行编码，从而得到环己醇转化制 ADA 的合成酶。该合成酶的变种主细胞在合适的生长条件下可将环己醇选择性地转化成 ADA。由于生物法采用可循环使用，并在空气中自然降解的物质为原料，因此实现了绿色生产，但不足之处是过程费用昂贵。ADA 下游产品主要是人们的日常用品。随着人们生活质量的提升，尤其在包括中国在内的亚洲地区对 ADA 下游尼龙与非尼龙产品的需求正日益增加。然而，传统生产技术因产生大量污染物，在一定程度上限制了其发展，因而除进一步改进 N_2O 气体分解技术之外，开发清洁生产的生物路线势在必行。

11.6　生物法制备 1,3-丙二醇[28~32]

1,3-丙二醇（1,3-propanediol，简称 1,3-PDO）是透明、无色、无臭的液体，与水、醇、醚及甲酰胺是互溶的，在苯及氯仿中微溶。1,3-丙二醇应用领域与其他二元醇类似，主要用作聚酯和聚氨酯的单体以及溶剂、抗冻剂或保护剂等，也用于合成医药和用作有机合成中间体。近几年的研究表明，以 1,3-丙二醇为单体合成的聚酯（PTT）较之以乙二醇作单体的聚酯（PET）具有更优良的特性，如具有尼龙般的弹性恢复（拉伸 20% 后仍可恢复原状），在全色范围内无需添加特殊化学品即能呈现良好的连续印染特性，抗紫外、低静电以及良好的生物降解、可循环利用等特性。这些特性显示出 PTT 的美好前景，可

398

用于生产地毯、短丝及长丝产品，用于生产薄膜、无纺布和单丝，用作热塑性工程塑料等。据预测，到 2010 年，全球 PTT 的需求量将超过 10^3 kt。特别使人感兴趣的还在于，现有的 PET 装置仅需少量的资金就可改为生产 PTT。

以 1,3-丙二醇为原料合成的油漆，把弹性和硬度很好地联系起来，用途广泛，例如适宜用作蛇管外层涂料、罐头油漆和粉末喷涂等。1,3-丙二醇其它有潜力的市场包括热塑性聚氨酯和用作 PVC 的高分子型增塑剂。实际上，作为二元醇，它能代替 1,4-丁二醇和新戊二醇这样的中间体。近年 Chem Systems 公司研究指出，由于 1,3-丙二醇的二醇官能团使其用于聚氨酯很有潜力，例如聚酯多元醇的生产和作为链增长剂的应用。1,3-丙二醇在医药合成领域已得到应用，在该领域中一些新的用途也正在开发。近年以 1,3-丙二醇作为有机合成原料已越来越受重视，例如 1,3-丙二醇经空气氧化可合成 3-羟基丙酸和丙二酸，与尿素反应可合成环状碳酸酯。

11.6.1　1,3-丙二醇合成方法

目前，1,3-PDO 的生产方法主要是化学合成法，如壳牌公司以乙烯为原料，在高温（280℃）下用银作催化剂氧化成环氧乙烷，然后加氢和一氧化碳转化为 3-羟基丙醛，最后氢化成产品 1,3-PDO；Degussa 公司则以丙烯为原料，在 350℃，0.2MPa 下以钼作催化剂氧化为丙烯醛，再水合为 3-羟基丙醛，然后氢化成 1,3-PDO。这两种方法都需要在高温和贵重催化剂作用下进行，产品除 1,3-PDO 外还有 1,2-丙二醇及其二聚体、三聚体等性质相近的副产物，致使产品分离纯化较困难，生产成本相应较高。

由于化学法生产 1,3-PDO 生产成本高，而且造成环境污染，因此人们把目光转移到生物法生产上，并进行了大量的研究工作。与化学合成法相比，生物方法具有反应条件温和、操作简便、副产物少、无环境污染等优点。微生物生产法分为两类：一是以葡萄糖作底物用基因工程菌生产 1,3-PDO；二是用肠道细菌将甘油歧化为 1,3-PDO。前者葡萄糖的转化率和产物的浓度均较低，例如 1,3-PDO 在发酵液中的质量浓度仅为 6~9g/L，离工业化生产还有相当大的差距；而后者肠道细菌的流加批式发酵可以转化 60% 以上的甘油，1,3-PDO 的质量浓度大于 50g/L，若以葡萄糖作辅助底物，甚至可以将甘油的转化率提高到接近 100%。欧盟国家（如德国、法国、丹麦等）针对甘油过剩的现状积极开展由甘油转化为 1,3-PDO 和 2,3-丁二醇的研究工作，已取得不少成果。国内一些研究单位也在开发甘油转化生产 1,3-PDO 的技术，并取得可喜的进展。考虑到 1,3-PDO 生产技术的现状和我国的具体情况，大连理工大学的修志龙等提出以玉米为原料经两步发酵生产 1,3-PDO 的新工艺，其流程如图 11-9 所示。

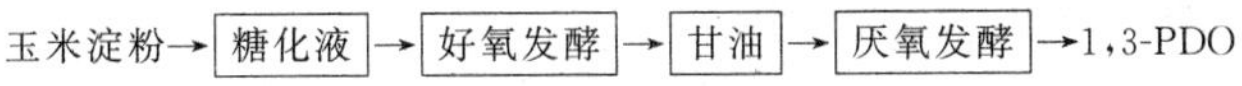

玉米淀粉→ 糖化液 → 好氧发酵 → 甘油 → 厌氧发酵 →1,3-PDO

图 11-9　玉米发酵制 1,3 -PDO 工艺流程

以廉价的玉米淀粉为原料经两步发酵生产 1,3-PDO 在技术上是可行的，完全可以避开杜邦公司一步发酵专利，成为具有独立知识产权的新技术。另外考虑到我国是一个甘油短缺的国家，可以避开单纯采用甘油发酵的技术路线。

11.6.2　甘油发酵制备 1,3-丙二醇

1,3-PDO 可以通过发酵甘油来生产，经研究发现，甘油是经过两步酶促反应转化为1,3-PDO 的。第一步，在脱水酶的催化作用下甘油转化为 3-羟基丙醛（3-HP）和水；第二步，3-HP 被与 NAD^+ 相连的氧化还原酶还原为 1,3-PDO。1,3-PDO 不再被进一步代谢，因而在培养基中积累。整个反应消耗等当量的还原性辅助因子——还原型 β 烟酰胺腺嘌呤二核苷酸（NADH）。

该法一般是以甘油为唯一的碳源在厌氧条件下进行，没有其他的还原性等价物受体

时，产量较少。为此，人们通过加入还原性等价物的辅助底物来提高产量，典型的底物是可发酵糖类。但据文献报道，以甘油和糖类为共同底物时，糖类仅提供 NADH 和维持细胞存活所需的能量及碳，而不参与生成 1,3-PDO 的碳流动过程。

11.6.3 菌种及 1,3-PDO 生成机理

将甘油转化为 1,3-PDO 的微生物主要几种细菌，包括克雷白杆菌属（Klebsiella）、柠檬菌（Citrobacter）、梭状芽孢杆菌属（Clostridium）等，其中克雷白氏肺炎杆菌（Klebsiella pneumoniae）和丁酸梭状芽孢杆菌（Clostridium butyricum）具有较高的转化率和 1,3-PDO 生产能力，国内外对其代谢机理、代谢过程所涉及的酶以及代谢影响因素等进行了广泛深入的研究。甘油转化成 1,3-PDO 的代谢途径为：在厌氧条件下，甘油扩散进入细胞后，一部分被甘油脱水酶催化成 3-羟基丙醛和水，接着 3-羟基丙醛在 1,3-PDO 氧化还原酶的作用下被还原为终产物 1,3-PDO；另一部分甘油在脱氢酶的作用下转变为二羟基丙酮，然后经磷酸化脱氢，再进入丙酮酸代谢，生成副产物。对于上述各种可代谢甘油生成 1,3-PDO 的微生物，甘油代谢到丙酮酸盐的途径均相同，而丙酮酸进一步代谢成不同的副产物则因各菌种而异。1,3-PDO 的形成主要是为了平衡微生物代谢的氧化还原状态，消耗氧化支路产生的还原当量。甘油代谢过程涉及的各种酶中，甘油脱水酶是限速酶，决定了甘油的消耗速率。主要是因为其产物 3-羟基丙醛的积累会对细胞造成毒害；甘油脱氢酶在有氧时不具有活性；1,3-PDO 氧化还原酶在有氧时失活，并可被二价阳离子螯合物抑制，其生理意义在于将氧化途径产生的 NADH 氧化为 NAD^+，用以平衡体内电子代谢；二羟丙酮激酶的作用是使二羟丙酮磷酸化，进入丙酮酸代谢，为细胞生长提供能量。

在微生物转化甘油的过程中，甘油既作为微生物生长的底物，又是主要产物 1,3-PDO 的反应物，同时生成乙酸、2,3-丁二醇、乙醇或丁二酸等副产品，其中乙酸和乙醇是主要的副产物，而 2,3-丁二醇、丁二酸等通常情况下生成量较少（总量小于 5%）。甘油转化为 1,3-PDO 的产率与丙酮酸代谢和还原当量平衡的调节有密切的关系。对肺炎杆菌厌氧发酵的代谢途径分析表明，如果按照传统的观点假定在厌氧条件下丙酮酸由丙酮酸甲酸裂解酶（PFL）催化转化为乙酰 CoA 的话，那么甘油转化为 1,3-PDO 的最大理论产率（$Y_{PDO/S}$）为 65%（摩尔比）。但是实验结果显示在许多情况，尤其是在甘油过量的情况下，$Y_{PDO/S}$ 值大于 65%。这说明上述有关丙酮酸代谢的假设是错误的，在厌氧条件下丙酮酸脱氢酶系（PDH）很有可能依然存在。Menzel 通过实验检测到这个酶系的存在，并且发现在甘油过量情况下 PDH 发挥着重要作用，这样 $Y_{PDO/S}$ 最大理论值为 72%。

11.6.4 发酵过程动力学和动态行为

克雷白氏肺炎杆菌（K. pneumoniae）和丁酸梭状芽孢杆菌（C. butyricum）在以甘油为底物的间歇和连续发酵过程中，细胞的生长受到底物和多种产物的抑制作用。在 37℃，pH7.0 的培养条件下，最大比生长速率为 $0.67h^{-1}$，Monod 饱和常数为 0.28mmol/L，甘油、1,3-PDO、乙酸和乙醇的临界浓度分别为 2039mmol/L，939.5mmol/L，1026mmol/L 和 360.9mmol/L。比较这些值可以看出，乙醇对细胞生长的抑制作用较强，毒性较大。

甘油既是细胞生长的底物，又是潜在的抑制剂。在甘油过剩的情况下，其比消耗速率随生物反应器中甘油的残余浓度呈 S 形饱和曲线状变化，类似的情况还有产物 1,3-PDO、乙酸和生物能 ATP 的比生成速率。克雷白氏肺炎杆菌转化甘油的动态研究表明，当底物浓度、pH 或稀释速率发生大的扰动时，系统将出现滞后式振荡现象，导致生物量、比生长速率、乙醇、甲酸以及尾气中的 CO_2 和 H_2 含量等参数随时间有规律地涨落，振荡的幅度和周期与底物的残余浓度、稀释率和 pH 值等操作条件有关。代谢速率和代谢途径的分析显示，振荡现象的形成与丙酮酸代谢有密切的关系，这可能是参与丙酮酸代谢的两种

酶-PFL 和 PDH-未能同步协调以及还原当量（NAD/NADH₂）平衡失调的结果。

11.6.5 发酵工艺

（1）菌种的筛选与改进 甘油生物转化的菌种主要是肠道细菌和梭状芽孢杆菌属。从工业应用的安全性角度考虑，梭状芽孢杆菌比肠道细菌更合适，但从甘油和 1,3-PDO 的忍受程度及生产强度两方面看，丁酸梭状芽孢杆菌较肺炎杆菌略逊一筹，针对上述缺陷近几年做了大量改进工作。另一方面通过代谢流量、胞内酶和中间产物浓度的分析发现，在丁酸梭状芽孢杆菌中甘油脱水酶（GDHt）是关键酶，在肺炎杆菌中 GDHt 和丙酮酸激酶（PK）则是两个关键的酶，在肠杆菌属 Enterobacter agglomerans 中积累的 3-羟基丙醛对甘油脱氢酶（GDH）具有强烈的抑制作用。借助基因工程手段提高甘油代谢途径上，限制酶的表达水平是菌种改良的研究方向。

在甘油代谢途径中，GDHt、PDOR 和 GDH 三种酶是在一个被称为 dha 调节子的基因上，通过还原当量平衡调节的。基因工程菌就是将 dha 调节子克隆表达到大肠杆菌 E. coli 中而构建的，从而实现了由葡萄糖生产 1,3-PDO 的目的。进一步提高 1,3-PDO 的产率仍然是改进基因工程菌的首要任务。

（2）培养基与培养条件的优化 在甘油发酵的培养基中 Fe^{2+} 和生物素 B_{12} 被认为是重要的组分，二者对细胞内一些酶的活性起着重要的作用。另外培养基中还含有多种无机盐，而不同的阳离子对脱氢酶的活性有截然相反的作用，因此培养基中盐种类的选择应该考虑到对代谢途径上关键酶的影响效果，这成为培养基选择和优化的指导原则。多数情况下甘油发酵在 pH7.0、温度 37℃ 的条件下厌氧进行。葡萄糖作为辅助底物经常用来提高甘油的转化率，在这种情况下甘油醛-3-磷酸脱氢酶成为关键酶。

（3）发酵方式 间歇发酵可以得到较高的产物浓度，但生产强度较低；连续发酵有利于提高生产强度，但产物浓度相对较低；另外，研究表明底物甘油对 1,3-PDO 发酵有抑制作用，因此为了提高最终产物浓度，降低产品提取成本，选择流加批式发酵较为合适。通常情况下采用流加甘油的方式进行流加间歇发酵，有时也同时流加氮源（如铵盐）。发酵液 pH 降低或者尾气中 CO_2 含量变化可以作为流加的指示信号。

另外，采用细胞固定化发酵或细胞循环连续发酵虽然都可缩短菌体生长时间、提高细胞重复使用率，生产能力可达到批式发酵生产强度的 3～4 倍，但是 1,3-PDO 浓度相对较低。甘油发酵的一个显著特点是在底物过剩的条件下代谢向 1,3-PDO 途径倾斜，因此流加间歇发酵往往保持甘油微量过剩，并且在发酵末期停止甘油供应，将过量的甘油消耗完全。这样一方面可以使甘油得到充分利用，另一方面也减轻了下游 1,3-PDO 分离的负担。甘油发酵的另一个特点表现为甘油是细胞生长优先选择的碳源，尽管可以选用葡萄糖作为辅助底物，但是葡萄糖的消耗比甘油慢得多。

（4）产品提取 相对于化学合成法来讲，微生物发酵法的下游分离纯化要简单得多。发酵液中只包含产物 1,3-PDO 和挥发性的副产物，如乙醇、乙酸等，没有难以分离的 1,3-PDO 异构体。添加絮凝剂和石灰可以有效地清除细胞并沉淀酸，蒸馏可以除去乙醇，真空精馏是获取最终产品 1,3-PDO 的简单又高效的方法。另外，实验研究表明，微孔错流过滤、萃取和吸附等技术在固液分离及 1,3-PDO 的回收方面都是可行的。此外，采用渗透汽化等膜分离技术对去除菌体后的发酵液进行选择性透过来浓缩 1,3-PDO，也是当今的研究热点。

11.6.6 其他发酵方法

（1）葡萄糖发酵制备 1,3-丙二醇 目前，从自然界分离获得的菌种只能以甘油为碳源，虽然甘油在西欧市场过剩，但是甘油的价格还是高于糖，因此选用更廉价的碳源，比如葡萄糖为底物直接发酵生产 1,3-PDO 成为当前该领域的另一个研究热点。

（2）葡萄糖为辅助底物，利用 1,3-PDO 产生菌进行发酵　　H. Biebl 对 C. butyricum 和 C. freundii 的双底物发酵进行了研究，结果表明，葡萄糖优先被菌体消耗，在产生大量生物体的同时为 1,3-PDO 的生成提供能量 ATP，最终甘油的转化率可达到 0.9（摩尔比）。但由于高浓度葡萄糖对菌体生长有抑制作用，所以只能在较低浓度下流加葡萄糖，这在一定程度上限制了终产物浓度的提高。

（3）采用混合菌两步法发酵　　由甘油生产菌将葡萄糖转化为甘油，再由 1,3-PDO 生产菌将甘油转化为 1,3-PDO，实现葡萄糖到甘油的直接转化。Hagnie 等人采用 S. cerevisiae 和 C. freundii 或 K. pneumonia 进行了混合菌发酵研究，1,3-PDO 的质量浓度仅为 4.78g/L。主要是因为两种菌种的培养条件存在差异，给优化控制带来一定的困难，因此相关研究仍需进一步深入进行。

（4）基因工程菌的直接发酵　　这是最有发展前景的一种方法。目标就是将生成甘油的基因和生成 1,3-PDO 的基因重组克隆到一个宿主细胞中，实现将葡萄糖一步发酵生成 1,3-PDO，主要有 3 种手段：① 将可把甘油转化为 1,3-PDO 的基因 dhaB 和 dhaT 克隆到甘油生产菌中；② 将可把糖转化为甘油的基因 GPP1/2 克隆到 1,3-PDO 生产菌中；③ 将 dhaB、dhaT、GPP1/2 克隆到其他以葡萄糖为底物的微生物细胞中进行表达，比如大肠杆菌。

美国 Du Pont 公司和 Genencor 联合，积极开展基因工程菌的研究，并在全球范围内申请了专利。目前 Du Pont 和 Genencor 已联合开发了以葡萄糖为底物生产 1,3-丙二醇方法，用基因工程菌，在年产 80 吨规模中试中，得到发酵液含 1,3-丙二醇 160g/L。其主要特点是葡萄糖先转化成甘油，甘油再转化成 1,3-丙二醇，2 个过程于一次发酵完成。这一生产过程是国际公认最具有经济竞争力的技术路线，并且年产 4.5 万吨 1,3-PDO 的工厂已于 2003 年投产。

生物转化法生产 1,3-PDO 以其选择性好、转化率高、产物分离简单、无环境污染、可利用再生资源等优点而越来越受到人们的重视。但为了与化学方法的竞争中取得较大的优势，还需进一步降低生产成本，利用代谢工程调节微生物代谢过程，提高 1,3-PDO 的转化率、生产强度和浓度，并且加强优良菌种的选育，提高菌种对底物及代谢物的耐受能力。另外，近年来，基因工程菌的构建为从廉价碳源生产 1,3-丙二醇开辟了一条新路，成为最具有经济竞争力的技术路线，但进一步提高 1,3-PDO 的产率仍然是改进基因工程菌的首要任务。

11.7　乳酸的生物合成与聚乳酸[33~38]

11.7.1　基本状况

乳酸是重要的有机酸之一，广泛应用于食品、酿造、医药、皮革、化工等领域。特别是近年来，世界各国在为消除塑料制品的"白色污染"的研究中，发现用 L-乳酸聚合物制成的塑料薄膜，可 100% 生物降解，因而 L-乳酸生产有了突破性发展。

乳酸（Lactic Acid）的学名为 α-羟基丙酸（α-hydroxypropionic acid），其分子式为 $CH_3CH(OH)COOH$，有两种光学异构体：L-乳酸和 D-乳酸。DL-乳酸为消旋性。乳酸相对分子质量为 90.08，相对密度在 25℃时约为 1.206，与水、乙醇、甘油等混溶，不溶于氯仿、石油醚等。乳酸含量达 60% 以上，已有很高的吸湿性。所以，商品乳酸通常为 60% 溶液，药典级乳酸含量为 85.0%~90.0%，食品级乳酸含量为 80% 以上。通常乳酸为无色或微黄色液体，在 67~133Pa 的真空条件下反复分馏，可得到高纯度的乳酸，进而获得单斜晶体的结晶乳酸。

聚乳酸（polylactic acid，PLA）是性能优异的功能纤维和热塑性材料。突出特点是能生物降解，在人体内能参与新陈代谢而被人体吸收，被广泛用于制造药物释放剂、人体组织和器官的修复材料、手术用针、线、棒和骨架固定件。聚乳酸在生物体内先转变成生物本身存在的乳酸，在自然界和生物体中都可以最终转化为二氧化碳和水；更重要的是，聚乳酸是一种生物原料制品，其合成与应用是自然界碳循环的一部分，如图 11-10 所示。

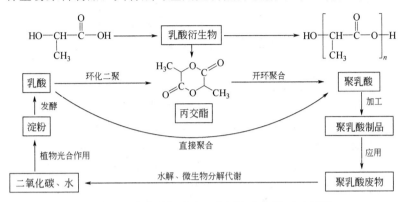

图 11-10　聚乳酸的合成、应用和降解循环示意图

20 世纪 90 年代后期，美国 Cargill Dow 聚合物公司对 PLA 的生产做出了突出贡献。该公司以玉米为原料，首先建立了生产能力为 6000t/a 的中间试验厂，完善了工业化生产高分子聚乳酸的生产工艺，并耗资 3 亿美元于 2002 年建成投产 140kt/a 规模的聚乳酸工厂，开创了聚乳酸的工业化生产。Cargill Dow 公司计划在今后 10 年内投资 10 亿美元，使总生产能力达到 450kt/a。目前，该公司联合各国知名厂商共同开展纺丝及下游产品加工与市场拓展工作。这包括日本钟纺的"Lactron"、尤尼吉可的"Teremac"、仓敷公司的"Plastarch"等聚乳酸纤维产品。

11.7.2　乳酸发酵机理

用于发酵生成乳酸的菌种主要有细菌和根霉。

（1）乳酸细菌发酵机理　乳酸细菌不能直接发酵淀粉质原料，必须经过糖化过程，转变为糖质原料才能发酵。糖质原料（葡萄糖、麦芽糖、半乳糖、乳糖、蔗糖、戊糖等）和短链糊精可由不同的乳酸细菌直接发酵生产乳酸。乳酸细菌发酵机理主要有同型乳酸发酵和异型乳酸发酵。

① 同型乳酸发酵　是葡萄糖经 EMP 途径（糖酵解途径）降解为丙酮酸，丙酮酸在乳酸脱氢酶的催化下还原为乳酸。

$$C_6H_{12}O_6 \xrightarrow[2(ADP+Pi)]{EMP途径} 2CH_3COCOOH \xrightarrow[ANDH+H]{乳酸脱氢酶} 2CHCHOHCOOH + 2ATP$$

此发酵过程中，1mol 葡萄糖可以生成 2mol 乳酸，理论转化率为 100%。但由于发酵过程中微生物有其他生理活动存在，实际转化率不可能达 100%，一般认为转化率在 80%以上者，即视为同型乳酸发酵。工业上采用德氏乳酸杆菌转化率达 96%。

② 异型乳酸发酵　是某些乳酸细菌利用 HMP 途径（单磷酸己糖途径），分解葡萄糖为 5-磷酸核酮糖，再经差向异构酶作用变成 5-磷酸木酮糖，然后经磷酸酮解酶催化裂解反应，生成 3-磷酸甘油醛和乙酰磷酸。磷酸酮解酶是异型乳酸发酵的关键酶。乙酰磷酸进一步还原为乙醇，同时放出磷酸。而 3-磷酸甘油醛经 EMP 途径后半部分转化为乳酸，同时产生两分子 ATP。扣除发酵时激活葡萄糖消耗的 1 分子 ATP，净得 1 分子 ATP。因此由葡萄糖进行异型乳酸发酵，其产能水平比同型乳酸发酵低一半。异型乳酸发酵产物除乳酸外还有乙醇、CO_2 和 ATP。其发酵途径如图 11-11。

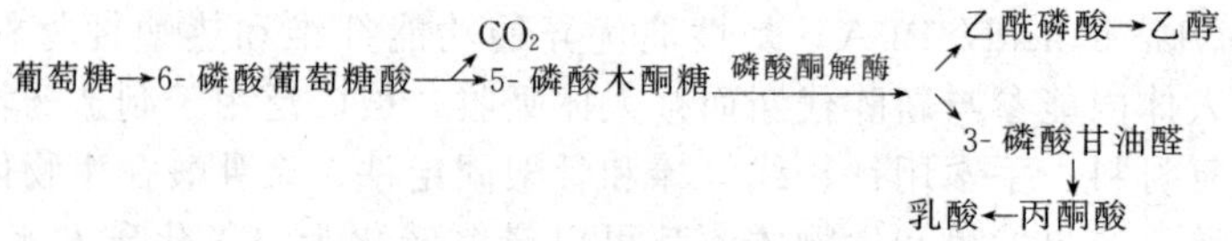

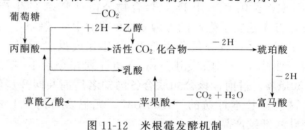

葡萄糖→6-磷酸葡萄糖酸 $\xrightarrow{CO_2}$ 5-磷酸木酮糖 $\xrightarrow{磷酸酮解酶}$ 乙酰磷酸→乙醇
3-磷酸甘油醛
乳酸←丙酮酸

图 11-11　异型乳酸发酵途径

发酵总反应式：

$$C_6H_{12}O_6+ADP+Pi \longrightarrow CH_3CHOHCOOH+CH_3CH_2OH+CO_2+ATP$$

此过程 1mol 己糖生成 1mol 乙酸、1mol 二氧化碳和 1mol 乳酸。乳酸对糖的转化率只有 50%。

(2) 米根霉发酵机制　根霉中多数采用米根霉，米根霉能产生淀粉酶和糖化酶，它能利用糖，也可以利用淀粉或淀粉质原料直接发酵生成 L-乳酸。

米根霉能将大部分糖转化为乳酸，但同时伴随着产生乙醇、富马酸、琥珀酸、苹果酸、乙酸等其他产物。他们之间的比例随着菌种和工艺的不同而异。

根据 Waksmann 和 Foster 试验，米根霉在好气或厌气发酵条件下由葡萄糖生成 L-乳酸和乙醇。若在好气条件，合理添加营养盐和微量金属元素，异型乳酸发酵可转变为同型乳酸发酵，只产生 L-乳酸。此时糖酸转化率接近乳酸细菌的同型乳酸发酵。目前国内外采用经选育的高产 L-乳酸的米根霉，其发酵机制如图 11-12 所示。

葡萄糖
$-CO_2$
$+2H$ →乙醇
丙酮酸 →活性 CO_2 化合物 $\xrightarrow{-2H}$ 琥珀酸
乳酸
$-2H$
草酰乙酸 ← 苹果酸 $\xleftarrow{-CO_2+H_2O}$ 富马酸

图 11-12　米根霉发酵机制

总反应式：

$$2C_6H_{12}O_6 \longrightarrow 3C_3H_6O_3+C_2H_5OH+CO_2 \tag{11-5}$$

11.7.3　乳酸发酵工艺

制造乳酸的原料国外常用玉米淀粉糖、糖蜜或乳清等，而国内常用大米或薯干等作为碳源。

(1) 谷类发酵生产乳酸　工艺流程如图 11-13 所示。

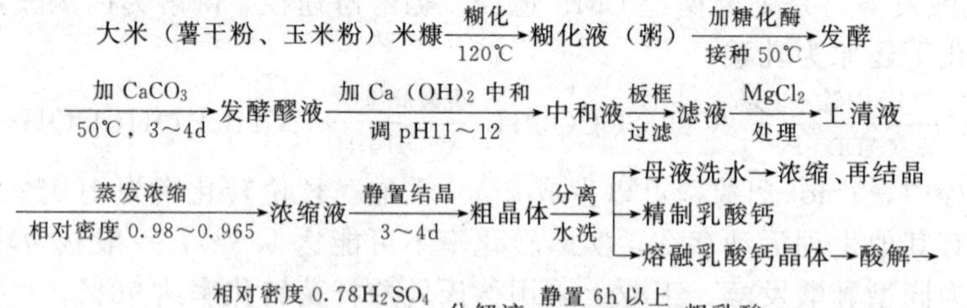

大米（薯干粉、玉米粉）米糠 $\xrightarrow[120℃]{糊化}$ 糊化液（粥）$\xrightarrow[接种\ 50℃]{加糖化酶}$ 发酵

$\xrightarrow[50℃,\ 3\sim4d]{加\ CaCO_3}$ 发酵醪液 $\xrightarrow[调\ pH11\sim12]{加\ Ca(OH)_2\ 中和}$ 中和液 $\xrightarrow[过滤]{板框}$ 滤液 $\xrightarrow[处理]{MgCl_2}$ 上清液

$\xrightarrow[相对密度\ 0.98\sim0.965]{蒸发浓缩}$ 浓缩液 $\xrightarrow[3\sim4d]{静置结晶}$ 粗晶体 $\xrightarrow[水洗]{分离}$ ├─母液洗水→浓缩、再结晶
├─精制乳酸钙
└─熔融乳酸钙晶体→酸解→

$\xrightarrow[酸解]{相对密度\ 0.78H_2SO_4}$ 分解液 $\xrightarrow[真空吸滤]{静置\ 6h\ 以上}$ 粗乳酸

$\xrightarrow[相对密度\ 0.98,\ 0.1\%\sim0.3\%活性炭脱色]{一次浓缩}$ 浓缩液 $\xrightarrow[离子交换]{\#732\ \#701}$ 离交液 $\xrightarrow[0.3\%活性炭脱色]{二次浓缩}$

粗成品 $\xrightarrow[调节含量]{砂芯过滤}$ 乳酸成品 → 包装

图 11-13　谷类发酵生产乳酸工艺流程

发酵

① 糊化。先在糊化锅内放入一定量的水，开动搅拌，将定量的大米、米糠送入糊化

404

锅内。开启蒸汽，升温至 120℃，罐压 0.1MPa，维持一定时间至大米无夹生米心，即可放入发酵池。

② 糖化。在干净的发酵池内先放入一定量的冷水，把糊化锅内料放入发酵池，用空气翻动，使粥块冲散，温度降至 51～53℃。加入适量的糖化酶进行糖化。

③ 接种。本工艺采用德氏乳杆菌，按发酵液体积 10% 的种量接入发酵池，温度控制在 50℃。

④ 中和。接种后 6～8h 滴定发酵液的酸度，达到一定酸度后加入 $CaCO_3$，以后每班加一次 $CaCO_3$，同时控制发酵温度 50℃。

⑤ 发酵成熟检查。取一定量的发酵滤液．用裴林氏液测定残糖，无残糖即成熟可出池。

⑥ 沉淀、压滤。在成熟的发酵醪液中加入 $Ca(OH)_2$，调节 pH 为 11～12，使杂质、蛋白质沉淀，上清液送去处理。渣淳经板框过滤，滤液送去处理，滤渣作肥料用。

⑦ 滤液处理。将发酵滤液升温 85℃以上，加 $MgCl_2$ 及少量的石灰水，用空气或搅拌充分搅匀，让其自然沉降，上清液送去浓缩，沉淀物返回板框过滤。

浓缩、结晶

① 浓缩。将处理后澄清的发酵液打入双效蒸发器中进行浓缩，浓缩至密度为 1.10～1.12g/cm³ 后即可放料进行结晶。

② 结晶。浓缩液放入结晶桶内进行静置结晶，结晶 3～4 天。结晶好后，用起药机把结晶体刮下，并把大晶块破碎，进至离心分离。

③ 分离。将晶体放入离心机中进行分离，甩除母液，用冷水进行淋洗，洗除晶体表面的母液及杂质，获得洁白、松散的乳酸钙晶体。母液及洗药水送至浓缩，进行再结晶。

熔融、酸解、吸滤

① 熔融。将离心机洗好的洁白、松散的乳酸钙晶体投入熔融锅中，加入适量的水，用蒸汽加热熔融，撇去泡沫送至酸解桶内。

② 酸解。将乳酸钙与硫酸进行复分解反应，生成乳酸和硫酸钙。在酸解桶内，用直接蒸汽加热至沸腾，在搅拌下缓缓加入密度为 1.53g/cm³ 硫酸进行分解，反应接近终点时，测滤液的酸钙度 [用 $(NH_4)_2C_2O_4$ 和 $BaCl_2$ 溶液测定]，待酸、钙适中后加入 0.1%～0.3% 活性炭进行脱色 20～30min，停止搅拌，复测酸、钙度，合格后静置 6h 以上，然后进行真空吸滤。

③ 吸滤。目的是除去硫酸钙和活性炭，滤出清的粗乳酸。在进行吸滤前将酸解液复测酸、钙度，合格后方可进行吸滤。吸干后用热水淋洗，回收的稀乳酸作酸解时的水用或作洗硫酸钙滤饼用。

乳酸的浓缩与离子交换

① 酸解液的浓缩（一次浓缩）。浓缩前先检查酸解液的质量：酸钙度、浓度、有否漏炭、漏渣。浓缩设备为石墨加热器、搪瓷蒸发器。浓缩时蒸汽压力不得超过 0.05MPa、真空度保持在 0.08MPa 以上，一次浓缩的波美度为 12～13°Bè，放出后加 0.1%～0.3% 活性炭脱色过滤，滤液进行离子交换。

② 离子交换。目的是除去酸解液中 Ca^{2+}、Mg^{2+}、Fe^{3+} 及 Cl^- 等离子。一次浓缩液先经 732# 离子交换树脂，再经 701# 阴离子交换树脂，得到离子交换液。交换时应注意：保持一定的液面，防止树脂露出液面，走短路；交换速度一般控制每小时 1～1.5 树脂量（体积比）；每小时要检查阳、阴离子交换液的铁盐及氯化物含量，当离子接近饱和时则停止交换，进行树脂再生；阴离子树脂再生后用无离子水洗涤。

③ 离交液浓缩。浓缩前先检验交换液的质量，符合规定标准后进行浓缩，操作同"酸解液浓缩"，每周应用无离子水减压沸腾循环洗涤一次，以防结垢。

根据不同规格控制出料浓度。放料后加活性炭脱色过滤，滤液即为乳酸成品。

成品包装

经二次浓缩脱色后，乳酸料液在搪瓷反应锅内进行含量调节，根据成品规格不同，确定不同的相对密度范围。经化验含量、色泽均合格的成品，用砂芯滤棒再过滤一次，然后送样化验，合格后进行称量包装入库。

（2）糖蜜发酵生产乳酸 工艺流程图如图 11-14 所示，发酵原料为糖蜜、蛋白质、K_2HSO_4、$CaCO_3$ 和水。

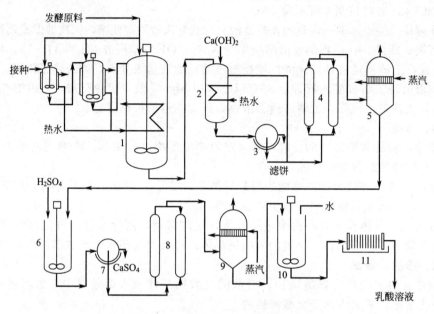

图 11-14 由糖蜜生产乳酸流程图

1—发酵罐；2—倾析器；3—过滤器；4—活性炭柱；5—蒸发器；6—酸解罐；
7—过滤器；8—活性炭柱；9—蒸发器；10—调节器；11—成品过滤

（3）葡萄糖生产乳酸 美国玉米制品公司生产乳酸。用葡萄糖制造的工艺流程如图 11-15。发酵温度 49℃，pH 值 5.8～6，发酵 6 天后产乳酸钙 180kg/m^3。

11.7.4 聚乳酸的生产

合成聚乳酸的单体主要有乳酸和它的环状二聚体丙交酯（lactide 简称 LA）。聚乳酸（PLA）分子中有一个不对称的碳原子，因此有两种光学异构体，可形成四种不同构型的聚合物：两种立体规整性构型：L 型聚乳酸（PLLA）和 D 型聚乳酸（PDLA），另外，一种是外消旋构型的聚乳酸：D，L 型聚乳酸（PDLLA）；一种是内消旋构型，在实际中很少使用。对 PLLA 和 PDLA 而言，单体的光学纯度必须在 95％以上，才有可能结晶，否则结晶度会很小。PDLLA 在应用时会有些麻烦，因它在体内会发生收缩，收缩率可达50％以上。而 PDLA 和 PLLA 收缩则小得多。具有光学活性的 PLA 聚合物链段排列比较规整，有较高的结晶度和机械强度，这一点是外消旋 PLA 难以做到的。不同光学异构体的聚乳酸性能不同。L 型聚乳酸熔融纺丝时，分子取向大，制品强度高；DL 型因立体位阻，分子取向小，制品强度低。聚乳酸不溶于水、乙醇、甲醇、硅油、石油醚。

PLA 的合成方法

用葡萄糖为原料通过乳酸菌发酵，先制得原料乳酸。PLA 一般可以通过乳酸的直接缩聚，也可以由丙交酯经阴离子型、阳离子型和配位型的开环聚合制得。

① 乳酸直接缩聚。直接缩聚法生产工艺简单，但不易得到高相对分子质量的聚合物。

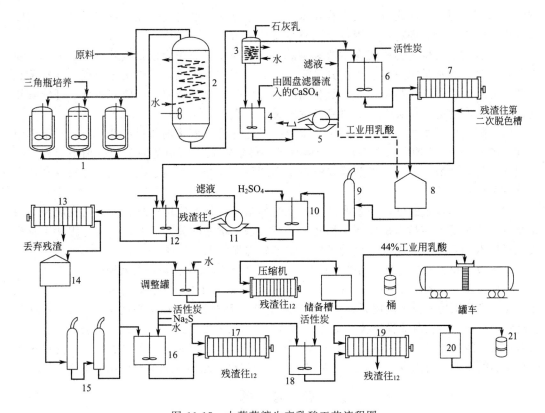

图 11-15 由葡萄糖生产乳酸工艺流程图

1—种母罐；2—发酵罐；3—倾泻槽；4—沉淀槽；5—圆盘滤器；6，12，16，18—脱色槽；
7，13，17，19—压滤机；8，14—待蒸发罐；9—蒸发罐；10—酸变换槽；11—圆盘滤器；
15—酸浓缩罐；20—储罐；21—封桶

当缩聚温度低于120℃时，加入脱水剂 ZnO 可以加快缩聚速率。Ajioka 等利用一步法制备出重均相对分子质量达 30 万的 PLA，但难于进一步提高相对分子质量，且相对分子质量分布较宽，其性能不能满足生物医学上的某些需要。乳酸直接聚合反应式如下。

$$n\text{HO}-\text{CH}-\text{COOH} \xrightarrow[\text{T.P.}]{\text{ZnO}} (n-1)\text{H}_2\text{O} + \ \text{H}\underset{\text{CH}_3}{(\text{O}-\text{CH}-\text{C})_n}\text{OH} \tag{11-6}$$

直接合成法要获得高相对分子质量的聚合物必须注意三个问题：a. 动力学控制；b. 水的有效脱出；c. 抑制降解。

② 丙交酯的开环聚合 是指丙交酯经阴离子型、阳离子型和配位型的开环聚合制得。一般来说，乳酸直接聚合或丙交酯的阴离子开环聚合所得到的 PLA 相对分子质量较低，因此，要合成高相对分子质量、高转化率的 PLA，需要采用阳离子型或配位型开环聚合。根据所用催化剂的不同，可分为阴离子开环聚合、阳离子型开环聚合、配位型开环聚合、酶催化开环聚合等多种。

11.8 生物技术应用于化工产品生产发展趋势[39,40]

从资源和能源的利用来看，自 20 世纪中叶以来的时代无疑是石油的时代，但随着石油资源的减少和价格的攀升，地球环境对石油等矿物燃料所产生污染的容忍性日趋极限，同时由于生物技术的突破，可再生生物质资源替代石油等矿物资源将成为不可阻挡的历史潮流。利用可再生生物质资源及生物技术生产大宗化学品的研究开发工作亟须加强、深入和推广，以下几个方面将成为工业生物技术发展的重点。

（1）目前可再生生物质资源主要利用的是谷物淀粉，而作为植物重要组成部分的木质素利用不多，特别是木质素由于极其稳定，将其降解较为困难，目前虽已发现一些细菌和真菌含有木质素过氧化物酶、锰过氧化物酶、漆酶等能使其降解，但效率较低。纤维素特别是木质素的酶解，将会是今后研究开发的重点所在。

（2）阻碍可再生生物质资源利用的重要因素之一是酶催化剂的稳定性较差，对培养液温度、浓度、pH 值的要求苛刻，且价格昂贵。科学家们将采用基因工程、细胞工程、酶工程技术的发展最新成果，按照需要制造出高度稳定性及高产酶的微生物，并解决高效利用酶的方法。

（3）开发出高选择性、高效率的生物催化剂是生物技术应用的核心。大力发展新型酶和微生物菌种等上游技术是发挥生物技术生产大宗化学品的关键所在，加强过程加工及相关工程技术的开发是实现工业大规模生产的基础与保障。

基于微生物和酶的工业生物技术具有生物安全性相对较好、研发投入较少、周期较短的优势，在我国已形成良好的产业基础，是参与生物技术国际竞争的良好的机遇和难得的切入点，应成为我国生物技术应用研究的一个战略重点。大力发展工业生物技术，为最终解决生物能源和材料的生物制造提供技术支持，这对解决资源和能源短缺问题以及加强国际竞争力具有重要的战略意义。采用可再生生物质资源代替石油生产机动车燃料和有机化学品已成为绿色化学的重要研究内容之一，这一新领域的突破将会重组传统的炼油和化学工业。

<h1 style="text-align:center">思 考 题</h1>

11-1 生物技术生产大宗化学品的典型产品有哪些？并简述其生产工艺。

11-2 如何认识生物技术生产大宗化学品的优势与不足。

11-3 生物技术生产大宗化学品过程中涉及哪些方面的技术，如何认识各项技术的作用与地位？

11-4 试比较生物催化剂与化学催化剂的异同。

<h1 style="text-align:center">参 考 文 献</h1>

1 尤新．生物合成产业化最新领域—可再生资源代替石油原料生产化学品．精细与专用化学品．2005，13（3/4）：5～8

2 金戈．生物加工的新进展．化工文摘，2004，4：42～43

3 王福安，任保增．绿色过程工程引论．北京：化学工业出版社，2002

4 戎志梅．生物化工新产品与新技术开发指南，第二版．北京：化学工业出版社，2004

5 闵恩泽．2003 年石油化工绿色化学与化学工程的进展．化工学报，2004，**5**（12）：1933～1937

6 贡长生，张克立．绿色化学化工实用技术．北京：化学工业出版社，2002

7 任凌波，章思规，任晓蕾．生物化工产品生产工艺技术及应用．北京：化学工业出版社，2001

8 章克昌．乙醇与蒸馏酒工艺学．北京：中国轻工业出版社，1995

9 谢林，吕西军．玉米乙醇生产新技术．北京：中国轻工业出版社，2000

10 马赞华．乙醇高效清洁生产新工艺．北京：化学工业出版社，2003

11 贾树彪，李盛贤，吴国峰．新编乙醇工艺学．北京：化学工业出版社，2004

12 李永超，王建黎，许建炳等．生物柴油工业化生产的现状及其经济可行性评估．中国油脂，2005，**30**（5）：59～64

13 安文杰，许德平，王海京．生物柴油化学制备方法．粮食与油脂，2005，7：3～6

14 梁斌．生物柴油的生产技术．化工进展，2005，**24**（6）：577～585

15 忻耀年．生物柴油的发展现状和应用前景．2005，**30**（3）：49～53

16 闵恩泽，杜泽学，胡见波．利用植物油发展生物炼油化工厂的探讨．科技导报， 2005，**23**（5）：15～18

17 钱伯章．丙烯酰胺/聚丙烯酰胺的市场分析和技术进展．化工中间体导刊，2005，11/12：4～9

18 孙旭东，陈跖，史悦等．丙烯酰胺微生物转化过程和反应器形式的研究进展．化工进展，2002，**21**（5）：319～322

19 刘铭，焦鹏，曹竹安．微生物法生产丙烯酰胺的生物催化剂—腈水合酶研究进展．化工学报，2001，**52**（10）：

847～852

20 史悦，于慧敏，孙旭东等．腈水合酶基因克隆与调控表达的研究进展．中国生物工程杂志，2004，**24**（7）：34～39

21 马武生，马同森，杨生玉．腈水合酶及其在丙烯酰胺生产中应用的研究进展．化学研究，2004，**15**（1）：75～79

22 成功．新兴的绿色化学工业—微生物发酵生产长链二元酸．微生物学通报，2004，**31**（6）：10

23 冯钰，黄东明．长链二元酸及其延伸产品的生产工艺和应用．化工矿物与加工，2001，10：23～25

24 佟明友，李淑兰，刘树臣等．正构烷烃重复批式发酵生产长链二元酸．石油炼制与化工，2004，**35**（4）：67～70

25 缘成勇，诸葛健．发酵法生产长链二元酸研究进展．生物工程进展，2002，**22**（2）：66～69

26 杨学萍．己二酸生产技术现状及发展动向．精细石油化工进展，2004，**5**（9）：15～19

27 徐兆瑜．生物化工技术及其热点问题．化工中间体，2005，3：5～10

28 李吉春，赵旭涛．1,3-丙二醇的合成方法及技术进展．石化技术与应用，2004，**22**（1）：4～11

29 金枫．PTT原料1,3-丙二醇的生产技术．精细化工原料及中间体，2005，6：35

30 1,3-丙二醇合成技术进展概述．胶黏剂市场资讯，2005，57：9～11

31 杨菊群，王幸宜，戚蕴石．1,3-丙二醇的合成新进展．石油化工，2002，**31**（11）：943～947

32 赵红英，程可可，向波涛等．微生物发酵法生产1,3-丙二醇．精细与专用化学品，2002，13：21～23转38

33 王博彦，金其荣．发酵有机酸生产与应用手册．北京：中国轻工业出版社，2000

34 童海宝．生物化工．北京：化学工业出版社，2001

35 欧阳平凯．生物科技辞典．北京：化学工业出版社，2004

36 汪朝阳，赵耀明．生物降解材料聚乳酸的合成．化工进展，2003，**22**（7）：678～682

37 王晨宏，李弘，王玉琴．聚乳酸类生物降解性高分子材料研究进展．离子交换与吸附，2001，**17**（4）：369～378

38 马强，杨青芳，姚军燕．聚乳酸的合成研究．高分子材料科学与工程，2004，**20**（3）：21～24

39 闵恩泽，吴巍．绿色化学与化工．北京：化学工业出版社，2000

40 朱跃钊，卢定强，万红贵等．工业生物技术的研究现状与发展趋势．化工学报，2004，**55**（12）：1950～1956

第 12 章　绿色化学化工概论

12.1　绿色化学的基本概念[1~10]

人类在向大自然不断索取满足自身需要的同时，也造成了严重的环境污染。当代全球环境十大问题是：大气污染；臭氧层破坏；全球变暖；海洋污染；淡水资源紧张和污染；生物多样性减少；环境公害；有毒化学品和危险废物；土地退化和沙漠化；森林锐减。这些问题有的直接与化学化工相关；有的间接相关。

1987 年，联合国环境与发展委员会主席、挪威首相 Gro Haelem Bruntland 夫人在《我们共同的未来》的报告中，提出了可持续发展的概念，即可持续发展应是这样一种发展，它既满足当代人的需要，又不对后代人满足其需要的能力构成危害。可持续发展的思想和观念是人类一个世纪以来最深刻的反省，目前已广为世界各国接受。

化学化工不仅涉及环境，而且直接与可持续发展的多个方面相关，是实现可持续发展战略的重要组成部分。1989 年，在美国檀香山举行的环太平洋地区化学工作者研究和开发研讨会上，人们反复使用"新化学"、"新化学时代"等词汇来描述已经演变了的化学工业领域。他们把能对未来社会、技术以及市场的新挑战作出相应反应的化学体系称为新化学。渥太华未来观察国际顾问西蒙兹说，我们可以把 20 世纪称为物理的世纪，而 21 世纪的基本问题是分子和生物分子，因此，21 世纪将很可能是化学的世纪；但化学工业必须成功地采用新工艺生产新的化学制品，从而与由旧工艺生产又以旧工艺使用化学品所产生的污染、废物以及公害等彻底决裂，实现化学的新世纪。20 世纪 90 年代，整个化学界都在致力于发展新的化学，在这个过程中形成了一种趋势，即不仅考虑目标分子的性质或某一反应试剂的效率，而且考虑这些物质对环境的影响，以期减少对人类健康和环境的危害，充分利用资源，求得可持续发展。

1994 年 8 月，第 208 届美国化学会年会上，举办了"为环境而设计的专题研讨会"，会后以"绿色化学：为环境设计化学"为名出版了会议文集。1996 年，国际学术界久负盛名的 Golden 会议首次以环境无害有机合成为主题，讨论了原子经济性反应、环境无害溶剂等，进一步在全球范围内推动了绿色化学的研究和开发。

与纯基础科学研究不同，绿色化学的产生不是科学家自由思维的产物，而是在全球环境污染加剧和资源危机的震撼下，人类反思与重新选择的结果。化学工业作为国民经济的支柱产业，对人类社会进步与发展具有重大推进作用。但是，化学工业具有"特殊贡献"与"环境污染"的双重性，因此采用绿色化学理念，探索和研究新的原理和方法、开发新的技术和生产过程以提高生产效率、避免或减少环境污染是化学工业可持续发展的关键之一。

12.1.1　绿色化学定义

绿色化学，又称环境无害化学、环境友好化学或者清洁化学，是在进一步认识化学规律的基础上，应用一系列技术和方法，在化学产品的设计、制造和应用中避免和减少对人类健康和生态环境有毒有害物质的使用和产生。与传统化学一样，绿色化学化工也是研究化学物质的合成、处理及应用的一门学科。与传统化工的区别是，绿色化工在其优化目标函数中，必须涵盖生态环境建设目标，即在其实施化学产品设计和生产的过程中，始终贯穿可持续发展思想，在为国计民生提供日益丰富产品的同时，确保产品及其生产过程不污染环境。

绿色化学是解决污染引起的环境问题的"基础"方法，与环境治理是不同的概念。环境治理强调对已污染的环境进行修复，使之恢复到被污染前的状态，即所谓的"末端治理"，这种方法只能在一定时间、一定范围内有效，是权宜之计。绿色化学则强调在产品的源头和生产过程中阻止污染物的形成，即所谓的"污染防止"，是解决环境和资源问题的一个根本方法。

经验告诉我们，环境的污染可能较快地形成，但要消除其危害则需较长的时间，况且有的危害是潜在性的，要在几年甚至在几十年后才会显露出来。因此，实现化工生产与生态环境协调发展的绿色化学化工是化学工业今后的发展方向。

12.1.2　原子经济性（原子利用率）

传统的化工过程中，评价化学反应的一个重要指标是目的产物的选择性（或目的产物的收率）。但在许多情况下，尽管一个化学反应的选择性很高甚至达到 100%，这个反应仍可能产生大量废物。例如，曾获诺贝尔化学奖的 Wittig 反应（参见式 12-1）：

$$(C_6H_5)_3P^+(CH_3)Br \longrightarrow (C_6H_5)_3P=CH_2 \xrightarrow{\begin{array}{c} R_1 \\ C=O \\ R_2 \end{array}} \begin{array}{c} R_1 \\ C=CH_2 \\ R_2 \end{array} + (C_6H_5)_3PO \qquad (12-1)$$

在 Wittig 反应中，溴甲基三苯基膦分子中仅有一个亚甲基被利用，因此无论这个反应的选择性有多高，总有大量的氧化三苯膦和溴盐废物。可见单纯的选择性指标不能评价一个化学反应是否产生废物以及废物的量是多少。

为了科学衡量在一个化学反应中，生成一定量目的产物所伴生的废物量，美国斯坦福大学 Trost 于 1991 年提出了"原子经济性"的概念，并为此获得 1998 年美国"总统绿色化学挑战奖"的学术奖。原子经济性（Atom Economy）是指反应物中的原子有多少进入了产物。若用数学式表示，则为：

$$AE = \frac{\sum\limits_i P_i M_i}{\sum\limits_j F_j M_j} \times 100\% \qquad (12-2)$$

式中　P——目的产物分子中 i 原子的数目；
　　　F——原料分子中 j 原子的数目；
　　　M——各原子的相对原子质量。

原子利用率的概念与原子经济性概念相同，用于衡量化学反应的原子利用程度，其定义见式 12-3。

$$原子利用率 = \frac{目的产物的量}{各反应物的量之和} \times 100\% \qquad (12-3)$$

一个反应的原子经济性高，则该反应可能的废物量少；如果一个反应具有 100% 的原子经济性，就意味着原料和产物分子含有相同的原子，原料中的原子 100% 转化为产物，有可能实现废物的"零排放"。但应指出的是，原子经济性反应不一定是高选择性反应，原子经济性需与选择性配合才能表达一个化学反应的合成效率即主、副产物的比例，因为对于原子经济性为 100% 的反应，原料是否完全转化为产物与反应的选择性有关。下面简要讨论几类化学反应的原子经济性。

12.1.2.1　重排反应

重排反应，顾名思义就是构成分子的原子通过改变他们原来的相对位置、连接和键的形式等以形成新的分子。该类反应的基本特征是：进料或原材料和产物或目标分子含有相同的原子。因此，重排反应具有 100% 的原子经济性。例如，在 ε-己内酰胺（B）生产过程中，环己酮肟（A）的贝克曼重排反应。

$$N-OH \xrightarrow{\text{催化剂}} O \quad NH$$

$$(A) \qquad (B) \tag{12-4}$$

12.1.2.2 加成反应

在加成反应中，不饱和部分经过异裂或均裂产生含有新结构的产品。加成反应也具有 100% 的原子经济性。在有机化工生产中加成反应的例子很多，例如，乙烯直接氯化生产 1,2-二氯乙烷的反应；乙烯、丙烯等烯烃的聚合反应以及氢甲酰化反应；甲醇羰化制乙酸的反应（见式 12-5）；Diels-Alders 反应，例如丁二烯和顺丁烯二酸酐合成 1,2,3,6-四氢化苯二甲酸酐的反应（见图 12-6），后者是重要的增塑剂原料。

$$CH_3OH + CO \longrightarrow CH_3COOH \tag{12-5}$$

$$\tag{12-6}$$

12.1.2.3 取代反应

取代反应是有机物中的原子或基团被其他的官能团所取代，其反应式见式（12-7）。由式可见，只要目的产物是其中的一种，都会不可避免地伴生副产物或废物。因此，取代反应的原子经济性不高。在设计取代反应时，要考虑副产物或废物的处理方法，以尽量减少废物的排放量。

$$A-B + C-D \longrightarrow A-C + B-D \tag{12-7}$$

在基本有机化工生产中，取代反应的例子包括芳烃的卤代反应和硝化反应，酯交换反应等。

12.1.2.4 消除反应

消除反应是生成不饱和分子的重要途径。通常消除反应伴随着分子内彼此相连的原子的异裂和均裂，目的产物往往是被消去某种基团的物质，有时也可能是离去基本身。除非离去基在分子内发生连接的情况，同取代反应一样，消除反应也必然产生一个离去基［见式（12-8）］，因而该反应的原子经济性不高。

$$\tag{12-8}$$

与取代反应一样，对于消除反应必须考虑和评估离去基的环境影响并加以处理。例如，1,2-二氯乙烷裂解制氯乙烯的反应就是一个典型的消除反应，该反应在生成氯乙烯的同时还会产生氯化氢，为此开发了乙烯的氧氯化反应，将副产氯化氢消耗在整个氯乙烯生产过程中，提高了过程的原子经济性。

12.1.2.5 氧化反应

氧化反应是应用最广的一类反应，在有机化学工业中，通过氧化过程生产的产品所占比例最大，超过 30%。氧化反应也是最复杂、最难控制的一类反应，因为，从热力学上

412

分析，氧化反应的 $\Delta G^{\ominus}$ 都是很大的负值，在热力学上都很有利，尤其是完全氧化反应（产物是二氧化碳和水）更为有利。

氧化反应的原子经济性与所采用的氧化剂有关。采用重金属氧化物、盐、无机和有机氧化剂，如高锰酸钾、重铬酸钠、高碘酸钾、次氯酸钠、溴化钾、二氧化锰、氯气等氧化剂，反应的原子经济性很低，且由于这些氧化剂反应后以更低的价态存在于反应体系中，不仅增加了产物分离、提纯的难度，而且这些废物（液）的排放也给环境带来了恶劣影响。

与上述氧化剂相比，采用氧气（空气）、过氧化氢、臭氧、固定化的氧化物、生物氧化酶等作为氧化剂，反应的原子经济性大大增加，因而被称为绿色氧化剂，其中，以氧气为氧化剂，理论上氧化反应的原子经济性可达 100%。但遗憾的是，这些绿色氧化剂特别是氧气，存在选择性差和氧化过程不易控制等问题。

由上述讨论可知，原子经济性反应既可以节约原料资源，又可以最大限度地减少废物排放。因此，在设计化学品的合成途径时，应尽可能的采用原子经济性反应，如重排反应、加成反应，尽可能不用取代反应和消除反应。如果不能避免采用取代反应和消除反应，则应使离去/消去基对人类和环境无害，并尽可能使离去/消去基团变小。另外，也可采用反应耦合、过程集成或封闭循环等方法将废物消耗在生产过程中。

原子经济性计算实例如下。

[例 12-1] 环氧乙烷的生产方法是在银催化剂上乙烯直接氧化而成（见本书 7.4 节），试计算该反应的原子经济性。

$$CH_2{=}CH_2 + \frac{1}{2}O_2 \longrightarrow \underset{O}{CH_2{-}CH_2}$$

$$AE = \frac{2\times12+4\times1+1\times16}{2\times12+4\times1+1/2\times2\times16} = 100\%$$

[例 12-2] 环氧丙烷的传统生产方法是氯醇法和哈康法，均经两步反应生产环氧丙烷。假设每一步反应的转化率和选择性均为 100%，试计算这两条合成路线的原子利用率。

解 （1）氯醇法

$$C_3H_6 + Cl_2 + H_2O \longrightarrow CH_3ClCHCH_2OH + HCl$$

$$CH_3ClCHCH_2OH + \frac{1}{2}Ca(OH)_2 \longrightarrow C_3H_6O + \frac{1}{2}CaCl_2 + H_2O$$

总反应为

$$C_3H_6 + Cl_2 + \frac{1}{2}Ca(OH)_2 \longrightarrow C_3H_6O + \frac{1}{2}CaCl_2 + HCl$$

物质量/(g/mol)

42	71	37	58	55.5	36.5
目的产物/g			58		
废物量/g				55.5	36.5

$$原子利用率 = \frac{58}{42+37+71} = 38.7\%$$

（2）哈康法（异丁烷法）

$$(CH_3)_3CH + O_2 \longrightarrow CH_3C{-}O{-}OH$$

$$CH_3C{-}O{-}OH + CH_3CH{=}CH_2 \longrightarrow C_3H_6O + (CH_3)_3COH$$

总反应为

$$(CH_3)_3CH + CH_3CH = CH_2 + O_2 \longrightarrow C_3H_6O + (CH_3)_3COH$$

物质量/(g/mol)

58	42	32	58	74

目的产物/g   58

废物量/g   74

$$原子利用率 = \frac{58}{42+32+58} = 43.9\%$$

12.1.3 绿色化学原则

2000 年，Paul T Anastas 概括了绿色化学的 12 条原则，得到国际化学界的公认。绿色化学的十二条原则是：

① 防止废物产生，而不是待废物产生后再处理；

② 合理地设计化学反应和过程，尽可能提高反应的原子经济性；

③ 尽可能少使用、不生成对人类健康和环境有毒有害的物质；

④ 设计高功效低毒害的化学品；

⑤ 尽可能不使用溶剂和助剂，必须使用时则采用安全的溶剂和助剂；

⑥ 采用低能耗的合成路线；

⑦ 采用可再生的物质为原材料；

⑧ 尽可能避免不必要的衍生反应（如屏蔽基，保护/脱保护）；

⑨ 采用性能优良的催化剂；

⑩ 设计可降解为无害物质的化学品；

⑪ 开发在线分析监测和控制有毒有害物质的方法；

⑫ 采用性能安全的化学物质以尽可能减少化学事故的发生。

上述 12 条原则从化学反应角度出发，涵盖了产品设计、原料和路线选择、反应条件诸方面，既反映了绿色化学领域所开展的多方面研究工作内容，同时也为绿色化学未来的发展指明了方向。

化学工艺过程既包括化学反应，也包括物理分离过程，更为重要的是必须考虑传递过程对反应性能和分离效率的影响。因此，仅用原子经济性和收率指标考察化工过程显得过

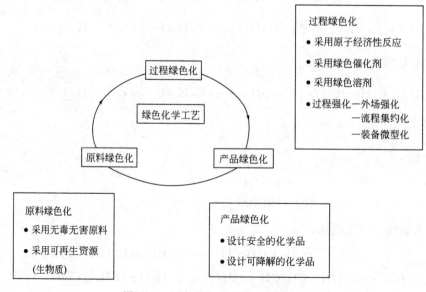

图 12-1 绿色化学工艺的原则和方法

414

于简化，对于化工过程还必须考虑空时收率，即单位时间、单位设备体积生产的物质量。一个理想的化工过程，应该是用简单、安全、环境友好和资源有效的操作，快速、定量地把廉价、易得的原料转化为目的产物。绿色化学工艺的任务就是在原料、过程和产品的各个环节渗透绿色化学思想、运用绿色化学原则，研究、指导和组织化工生产，以创立技术上先进、经济上合理、生产上安全、环境上友好的化工生产工艺。这实际上也指出了实现绿色化工的原则和主要途径（参见图 12-1）。

12.2　绿色化学工艺的途径和手段[1~30]

12.2.1　原料绿色化

在化学品生产过程中，基础原料的费用一般占产品成本的 60% 左右，因而原料的选择和利用至关重要，它决定采用何种反应类型；选择什么样的工艺等诸多因素。从绿色化的观点来看，在选择原料时不仅要考虑生产过程的效率，还需要考虑它对人和环境是否无害，是否具有发生意外事故的可能性以及其他的不友好性质等。有些物性，比如发生燃烧反应所需的条件、对臭氧层的影响等，可通过数据手册查到。如果找不到数据，可利用构效关系进行推测。

另外一点，选择原料时不能仅考虑原料本身的危害性和毒性以及可再生性，还要考虑原料对后续反应和下游产品的影响。在从原料到最终产品的全过程中，往往需要多个反应和分离步骤，如果所选原料需要用其他毒性很大的试剂来完成工艺路线中下一步的反应或分离，或者，采用该原料可能产生一个中间产物，而该中间产物有可能对人类健康和环境造成损害，那么选择该原料就可能间接造成更大的环境负面影响。

目前，大约 98% 的有机化学品都是以石油、煤炭和天然气为原料加工的，这些化石类原料储量有限，都面临枯竭的危险。从绿色生产的角度看，以植物为主的生物质资源是很好的化石类资源的替代品。所谓生物质可理解为由光合作用产生的所有生物有机体的总称，包括农林产品及其废物、海产物及城市废物等。采用生物质原料具有如下优点。

① 由生物质衍生所得物质常常已是氧化产物，无需再通过氧化反应引入氧。而由原油的结构单元衍生所得物质没有含氧基团，需经氧化反应引入含氧基团。由于具有含氧官能团的产物分子比原料烃要活泼的多，此类反应的选择性通常较低，还有一些反应需要经过多步骤才能完成，过程往往产生很多废物。

② 使用生物质可减少大气中二氧化碳浓度的增加，从而减缓温室效应。

③ 生物质的结构单元比原油的结构单元复杂，如能在最终产品中利用这种结构单元的复杂性，则可减少副产物的生成。

④ 可解决其他环境污染问题。例如以城市废物为原料可同时解决这些废物的处理问题。

研究表明，许多生物质，如玉米、马铃薯、大豆等以及农业废物等均可作为化工原料转化为有用的化学品，见图 12-2 和图 12-3。

从目前研究情况看，以生物质作为化工原料在经济上还不具备竞争力，是今后绿色工艺的一个发展方向。

12.2.2　过程绿色化

提高反应的原子经济性和反应的选择性、提高分离过程效率及设备的生产能力是实现过程绿色化的途径，可采取的方法有，合理设计反应路线，尽量采用加成反应等高原子经济性反应、避免采用消除等原子经济性低的反应；采用高效绿色催化剂提高反应的选择

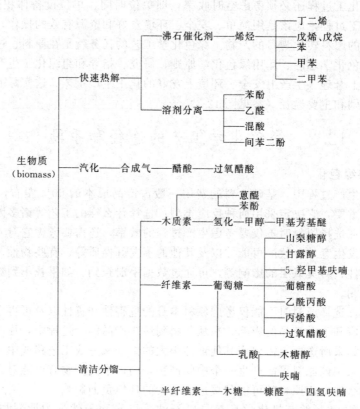

图 12-2　生物质原料生产化工原料

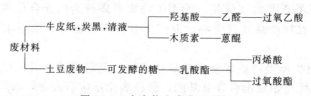

图 12-3　由废物生产化工原料

性，减少副产物的生成量；采用绿色化溶剂，减少工艺过程中有毒有害物质对环境的影响；采用过程强化技术提高单位时间单位设备体积的物料处理能力；采用集约化的工艺流程和微型化的设备，使能量消耗最小化。

12.2.2.1　绿色催化剂

现代化学工业广泛使用各种各样的催化剂，可以说，化学工业的重大变革、技术进步大多是因为新的催化材料或催化技术。传统化学工业选择催化剂考虑的是其活性和对反应类型、反应方向和产物结构的选择性。按照绿色化学的观点，催化剂制备和使用过程中对环境的影响则是首先需要考虑的因素。下面介绍几种绿色催化剂和催化技术。

（1）固体酸催化剂

固体酸催化剂是针对工业上广泛使用的液体酸催化剂存在的问题提出的。所谓液体酸催化剂是指氢氟酸、硫酸、磷酸等无机酸，习惯上 $AlCl_3$ 也包括于此。这类催化剂具有确定的酸强度、酸度和酸类型，且在低温下就具有相当高的催化活性。但是，这类酸催化反应都是在均相条件下进行，与非均相反应相比，存在许多问题，如催化剂不易与原料和产物分离，产生大量酸性废水废渣，设备严重腐蚀等。

固体酸的问世是酸催化剂研究的一大转折，解决了原料和产物的分离以及设备腐蚀问题。固体酸的种类有无机固体酸，包括简单和混合氧化物、杂多酸、分子筛、金属硫酸盐和磷酸盐、负载型无机酸等；有机酸，主要是离子交换树脂。已用于催化反应的固体酸和近年开发的一些固体酸催化工艺见表12-1和表12-2。

表 12-1　一些用于催化反应的固体酸

酸类型	举例
无机固体酸类	简单氧化物：Al_2O_3，SiO_2，B_2O_3 等 混合氧化物：Al_2O_3/SiO_2，Al_2O_3/B_2O_3，ZrO_2/SiO_2，MgO/SiO_2 分子筛：硅铝分子筛、钛硅分子筛、磷铝分子筛 金属磷酸盐：$AlPO_4$，BPO_4，$LiPO_4$，$FePO_4$，$LaPO_4$ 等 金属硫酸盐：$FeSO_4$，$Al_2(SO_4)_3$，$CuSO_4$，$Cr_2(SO4)_3$ 等 超强酸：$ZrO_2\text{-}SO_4$，$WO_3\text{-}ZrO_2$ 等 层柱状化合物：黏土，水滑石，蒙脱土等
有机固体酸	离子交换树脂等

表 12-2　一些有代表性的固体酸催化工艺

反应类型	过程	催化剂	开发公司
烷基化	萘与甲醇合成甲基萘 酚(苯胺)与烷基苯合成烷基酚(烷基苯胺)	HZSM-5 分子筛 多种分子筛	Hoechst Mobil
异构化(歧化)	甲苯歧化生成苯和二甲苯 甲苯与 C_9 芳烃合成二甲苯	HZSM-5 DcH-7，DcH-9	Mobil UOP
加成/消除	环己烯水合生成苯酚 甲醇与混合 C_5 醚化合成 TAME	分子筛 酸性树脂	旭化学 Exxon 化学
缩合/聚合/环化	乙醇缩合生成乙醚 乙醚与甲醇合成汽油 由 C_3、C_4 烯烃合成芳烃和烷烃	ZSM-5 ZSM-5 DHCD-2，DHCD-3	Mobil UOP/BP
裂解	烃类裂解 重烃馏分裂解	UCCLZ-210 Flexicat ARTCAT 焙烧高岭土	UOP Exxon Engelhard Ashland 石油

（2）两相催化技术

20 世纪 70 年代，过渡金属配位催化剂在有机反应中得到了广泛的研究。这类催化剂的特点是可与反应物均匀混合，因而催化活性高；可根据反应类型调变配体，因而催化剂的选择性高；反应条件温和。然而，与所有的均相催化反应一样，这类催化剂遇到的主要问题之一，是催化剂与产物的分离。液液两相催化技术就是针对过渡金属配位催化剂的上述缺陷应运而生的。均相催化多相化的新概念一经引出，立即得到学术界和工业界的高度重视，成为绿色化学的前沿研究领域之一。

两相催化主要指在某个液相或液液两相界面发生的催化反应。在液液两相催化体系中，反应物和产物溶于一个液相，通过选择配体使催化剂溶解于另一个液相中，反应可在液液界面上进行，或通过温度变化调节催化剂在反应相中的溶解度使反应在一相中进行，由于催化剂与反应物和产物分别溶于不同的液相，因此易于分离回收。目前，广泛研究的两相催化体系包括水/有机两相催化体系和氟/有机两相催化体系。

水/有机两相催化体系

水/有机两相催化是指在水和有机两相体系中以不溶于有机相的水溶性过渡金属配位化合物为催化剂，发生在水相或两相界面的反应。其特点是，反应结束后产物和催化剂分别处于有机相和水相中，通过简单的相分离就可将催化剂与产物分开。同时，以水为反应介质，减少了有机溶剂的使用。图12-4为非温控型水/有机两相催化体系作用原理。在水/有机两相催化领域中，研究最多、成效最显著的是烯烃的羰基化过程。从非温控型水/有机两相催化体系作用原理不难看出，反应物从有机相主体到有机/水两相界面的传质速率将对反应速率有很大影响。对于水溶性差或完全不溶于水的有机反应物，由于其传质推动力低，而使反应速率受传质速率控制。基于非离子表面活性膦配体的逆反"温度-水溶性"特性提出的温控型水/有机两相催化概念，可解决反应速率受反应物水溶性限制的问题，其作用原理见图12-5。低温下具有良好水溶性的催化剂C，当温度升高至浊点温度 T_p 时，从水中析出并转移到有机相中。结果，反应开始前分处于水相和有机相的催化剂和反应物S，在高于浊点时共处于有机相，反应在有机相中进行；待反应结束冷却至浊点以下时，催化剂恢复水溶性，从有机相返回水相。温控型水/有机两相催化体系和非温控型水/有机两相催化体系的根本区别是，前者，反应发生在有机相；后者，反应发生在相界面。因此，对前者，反应不受反应物水溶性的限制，即使水溶性极小的反应物也可采用水/有机两相催化技术实现化学反应。

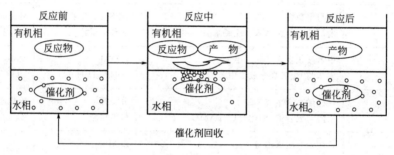

图 12-4　非温控型水/有机两相催化体系

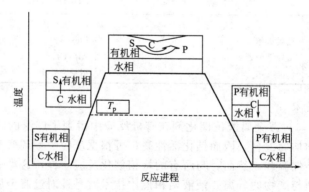

图 12-5　温控型水/有机两相催化体系
S—反应物；C—催化剂；P—产物；T_p—浊点

氟/有机两相催化体系

前面提到，非水溶性反应物使水/有机两相催化技术的应用受到限制，另外，如果反应物是水敏感性化合物，也给这一技术的应用带来限制。对此问题的深入研究促进了氟/有机两相催化技术的产生。氟/有机两相催化体系由溶解催化剂的氟相和溶解反应物的有机相组成，图12-6为氟/有机两相催化作用原理。低温时，氟相物质难溶于甲苯、丙酮、

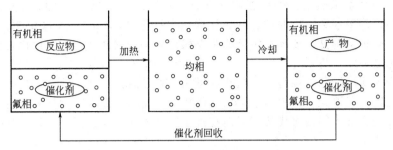

图 12-6 氟/有机两相催化体系

醇等有机溶剂，当温度升高到一定值后能够与有机相混溶而形成均相反应体系；反应结束后降温，则均相体系又分为两相，从而可简单地实现催化剂与产物的分离。

氟相物质可以是全氟溶剂，也可以是氟化的长烷基链烃。含氟溶剂具有密度高、热稳定性好、无毒和对气体溶解度高等特点，因此，特别适于有气体参与的化学反应，其中全氟溶剂性能更为优良，但价格较贵。

（3）仿生催化剂　在生物体细胞中发生着无数的生物化学反应，其中同样存在着催化剂，这种生物催化剂俗称为酶。与化学催化剂相比，酶具有非常独特的催化性能。首先，酶的催化效率比化学催化剂高得多，一般是化学催化的 10^7 倍，甚至可达 10^{14} 倍。其二，酶的选择性很高。由于酶具有生物活性，其本身就是蛋白质，所以酶对反应底物的生物结构和立体结构具有高度的专一性，特别是对反应底物的手性、旋光性和异构体具有高度的识别能力，即，如果反应底物有多种异构体，且具有旋光性，那么一种酶只对其中一种异构体的一种旋光体起催化作用；酶的另一种选择性称为作用专一性，即某种酶只能催化某种特定的反应。其三，酶催化反应条件温和，可在常温、常压、pH 接近中性的条件进行，且可自动调节活性。但是，酶催化剂存在分离困难，来源有限，耐热、耐光性及稳定性差等缺陷。

那么，如何制备既具有化学催化剂合成及分离简单、稳定性好的优点，又具有生物催化剂高效、专一、催化活性可调控等特点的新型催化剂？答案是仿生催化技术，即根据天然酶的结构和催化原理，从天然酶中挑选出起主导作用的一些因素来设计合成既能表现酶功能，又比酶简单、稳定的非蛋白质分子，模拟酶对反应底物的识别、结合及催化作用，合成人工仿酶型催化剂来代替传统的催化剂。这种通过仿生化学手段获得的化学催化剂又称为人工酶、酶模型或仿生（酶）催化剂。

目前，较为理想的仿生体系主要有环糊精、冠醚、环番、环芳烃、钛箐和卟啉等大环化合物；大分子仿生体系主要有聚合物酶模型、分子印迹酶模型和胶束酶模型等。采用这些仿生体系合成的仿生催化剂可用于催化氧化反应、还原反应、羰基化反应、脱羧反应、脱卤反应等多种类型反应。其中金属卟啉化合物在以氧气（空气）为氧化剂的选择性氧化反应中表现出优异性能，典型的如异丁烷氧化制异丁醇、环己烷氧化制己二酸、环己烷氧化制环己醇和环己酮等。特别成功的是，中石化巴陵石化分公司与湖南大学合作开发的环己烷仿生催化氧化合成环己酮新工艺，该工艺与现行工艺比较：①环己烷单程转化率提高了 2 倍，从而大幅降低了环己烷的循环量；②选择性大大提高，环己醇、环己酮的选择性可达 90%，从而大大减少了废碱液和污染物的排放量。此外，金属卟啉化合物还可用于催化以过氧化氢为氧化剂的选择性氧化反应。

12.2.2.2　绿色化溶剂

在化工生产中，反应介质、分离过程和配方中都会大量使用挥发性有机溶剂（VOC），如石油醚、苯等芳烃、醇、酮、卤代烃等。挥发性有机溶剂进入空气中后，在太阳光的照射下，容易在地面附近形成光化学烟雾。光化学烟雾能引起和加剧肺气肿、支气管炎等多种呼吸系统疾病，增加癌症的发病率；导致谷物减产、橡胶老化和织物褪色等。挥发性有机溶剂还会污染海洋、食品和饮用水；毒害水生物；氟氯烃能破坏臭氧层。总之，挥发性有机溶剂是造成环境污染的主要祸首之一，因此，溶剂绿色化是实现清洁生产的核心技术之一。

目前备受关注的绿色溶剂是水、超临界流体、离子液体。水是地球上自然丰度最高的溶剂，价廉易得，无毒无害，不燃不爆，其优势不言而喻。但水对大部分有机物的溶解能力较差，许多场合都不能用水代替挥发性有机溶剂，因此下面重点介绍超临界流体和离子液体的性能和应用。

(1) 超临界流体反应特性　超临界流体兼有气体和液体两者的特点，表 12-3 列出了气体、液体和超临界流体的典型性质比较。超临界流体的密度接近于液体，具有与液体相当的溶解能力，可溶解大多数有机物；黏度和扩散系数类似于气体，可提高溶质的传递速率。

表 12-3　气体、液体和超临界流体的典型性质比较

性　质	气　体	超临界流体	液　体
密度/$g \cdot cm^{-3}$	$(0.6\sim2.0)\times10^{-3}$	$0.2\sim0.9$	$0.6\sim1.6$
扩散系数/$cm^{-2} \cdot s^{-1}$	$0.1\sim0.4$	$(0.2\sim0.7)\times10^{-3}$	$(0.2\sim2.0)\times10^{-5}$
黏度/$Pa \cdot s$	$(1\sim3)\times10^{-5}$	$(1\sim9)\times10^{-5}$	$(0.2\sim0.3)\times10^{-3}$

根据超临界流体是否参与反应，可将超临界化学反应分为反应介质处于超临界状态和反应物处于超临界状态两大类，前者占大多数，后者研究的较少。超临界流体反应具有常规条件下所不具备的许多特性。

① 超临界流体对有机物溶解度大，可使反应在均相条件下进行，消除扩散对反应的影响；

② 超临界流体的溶解度、黏度、介电性能等性质主要取决于其密度，而超临界流体的密度是温度和压力的强函数，因此可通过调节温度或压力改变反应的选择性，或改变反应体系的相态，使催化剂和反应产物的分离变得简单；

③ 对有机物的溶解能力强，可溶解导致催化剂失活的有机大分子，延长催化剂寿命；

④ 超临界流体的低黏度、高气体溶解度和高扩散系数，可改善传递性质，对快速反应，特别是扩散控制的反应和有气体反应物参与的反应及分离过程十分有利。

具有代表性的超临界流体有 CO_2、H_2O、CH_4、C_2H_6、CH_3OH 及 CHF_3，理想的可用作溶剂的是超临界二氧化碳和水。

(2) 超临界二氧化碳　二氧化碳无味、无毒、不燃烧，化学性质稳定，既不会形成光化学烟雾，也不会破坏臭氧层，气体二氧化碳对液体、固体物质无溶解能力。二氧化碳的临界温度为 31.06℃（参见图 12-7），是文献上所介绍过的超临界溶剂临界点最接近常温的，其临界压力为 7.39 MPa 也比较适中。超临界二氧化碳的临界密度为 448 kg/m^3，是常用超临界溶剂中最高的，因此超临界二氧化碳对有机物有较大的溶解度，如碳原子数小于 20 的烷烃、烯烃、芳烃、酮、醇等均可溶于其中，但水在超

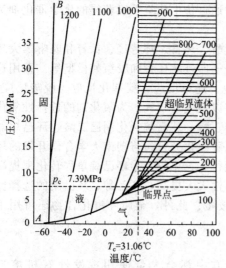

图 12-7　二氧化碳压力、温度、密度的相互关系

临界二氧化碳中的溶解度却很小，使得在近临界和超临界二氧化碳中分离有机物和水十分方便。超临界二氧化碳溶剂的另一个优点是：其可以通过简单蒸发成为气体而被回收，重新作为溶剂循环使用，且其汽化热比水和大多数有机溶剂都小。这些性质决定了二氧化碳是理想的绿色超临界溶剂，事实上，超临界二氧化碳是目前技术最成熟、应用最广、使用最多的一种超临界流体。表 12-4 列出了超临界二氧化碳的一些应用实例。

表 12-4　超临界二氧化碳的应用举例

应用领域	举　例
化学反应	聚合反应:丙烯酸及氟代丙烯酸酯的聚合、异丁烯的聚合、丙烯酰胺的聚合 羰基化反应 Diel-Alder 反应 酶催化反应:油酸与乙醇的酯化、三乙酸甘油酯与(D,L)薄荷醇的酯交换 CO_2 参加的反应:CO_2 催化加氢合成甲酸及甲酸衍生物、CO_2 与甲醇合成 DMC、CO_2、H_2 和 $NH(CH_3)_2$ 合成 DMF
分离	天然产物中有效成分的萃取和微量杂质的脱除 超临界 CO_2 反胶团萃取,如蛋白质、氨基酸的分离提纯(牛血清蛋白的萃取) 金属离子萃取及选择性分离,如 UO_2^{2+}、Th^{4+} 的萃取 油品回收 喷漆技术 环境废害物的去除
其他	清洗剂(机械、电子、医疗器械、干洗等行业用) 灭火剂哈龙的替代物 塑料发泡剂 * 细颗粒包覆,如药物、农药的微细化处理

*：获 1996 年美国"总统绿色化学挑战奖"的变更溶剂/反应条件奖。

从表 12-4 实例可知，超临界二氧化碳适于作亲电反应、氧化反应的溶剂，如烯烃的环氧化、长碳链催化脱氢、不对称催化加氢、不对称氢转移还原、Lewis 酸催化酰化和烷基化、高分子材料合成与加工的溶剂和萃取剂。但是，由于二氧化碳是亲电性的，会与一些 Lewis 碱发生化学反应，故不能用作 Lewis 碱反应物及其催化的反应。另外，由于盐类不溶于超临界二氧化碳，因此，不能用超临界二氧化碳作离子间反应的溶剂，或以离子催化的反应溶剂。

（3）超临界水　在温度高于 647.3 K、压力大于 22.1 MPa 的超临界状态下，水表现出许多独特的性质，表 12-5 列出了常温水、过热水和超临界水的一些性质。由表中数据可看出，超临界水的扩散系数比常温水高近 100 倍；黏度大大低于常温水；密度大大高于过热水，而接近常温水。超临界水表现为强的非极性，可与烃类等非极性有机物互溶；氧气、氢气、氮气、CO 等气体可以任意比例溶于超临界水；无机物尤其是盐类在超临界水中的溶解度很小。传递性质和可混合性是决定反应速率和均一性的重要参数，超临界水的高溶解能力、高扩散性和低黏度，使得超临界水中的反应具有均相、快速，且传递速率快的特点。目前，超临界水反应涉及重油加氢催化脱硫、纳米金属氧化物的制备、高效信息储备材料的制备、高分子材料的热降解、天然纤维素的水解、葡萄糖和淀粉的水解、有毒物质的氧化治理等领域，表 12-6 列出了超临界水中反应的实例。

表 12-5　常温水、过热水和超临界水的物理性质

性　质	常温水	过热水	超临界水	性　质	常温水	过热水	超临界水
温度/℃	25	450	450	氧的溶解度/$mg \cdot L^{-1}$	8	∞	∞
压力/MPa	0.1	1.4	27.6	密度/$kg \cdot m^{-3}$	988	4.2	128
介电常数	78	1.0	1.8	黏度/$MPa \cdot s$	0.89	2.6×10^{-5}	3.0×10^{-2}
氢的溶解度/$mg \cdot L^{-1}$	—	—	∞	有效扩散系数/$m^2 \cdot s^{-1}$	7.74×10^{-10}	1.79×10^{-7}	7.57×10^{-8}

表 12-6 超临界水中反应的实例

应用领域	实　　例
烃类化合物的部分氧化	甲烷部分氧化制甲醇
Friedel-Crafts 反应	叔丁醇脱水反应 苯酚与叔丁醇的烷基化反应
超临界水氧化技术（SCWO）	城市污水、人类代谢污物、生物污泥的处理 二噁英类化合物、苯酚、氯苯、氯代苯酚等的分解
重质矿物资源的转化	煤的液化和萃取，重质油的热裂化和催化加氢脱硫
其他	纤维素、淀粉和葡萄糖的水解，高分子材料的热降解，纳米级金属氧化物的制备等

（4）离子液体　由含氮、磷的有机正离子和大的无机负离子组成，在室温或低温下为液体。离子液体作溶剂的优点：

① 离子液体无味、不燃，其蒸气压极低，因此可用在高真空体系中，同时可减少因挥发而产生的环境污染问题；

② 离子液体对有机和无机物都有良好的溶解性能，可使反应在均相条件下进行，同时可减小设备体积；

③ 可操作温度范围宽（−40～300 ℃），具有良好的热稳定性和化学稳定性，易与其他物质分离，可以循环利用；

④ 表现出 Brǒnsted、Lewis、Franklin 酸的酸性，且酸强度可调。

上述优点对许多有机化学反应，如聚合反应、烷基化反应、酰基化反应，离子液体都是良好的溶剂。

除上述绿色溶剂外，无溶剂固态和液态反应也得到了广泛重视。

12.2.2.3　过程强化

过程强化（Process Intensification）是在实现既定生产目标的前提下，通过大幅度减小生产设备的尺寸、减少装置的数目等方法来使工厂布局更加紧凑合理，单位能耗更低，废料、副产品更少，并最终达到提高生产效率、降低生产成本，提高安全性和减少环境污染的目的，过程强化是实现绿色工艺的关键技术。

化工过程强化可分为设备强化和方法强化两个方面，见图 12-8。

过程方法强化主要是化工过程集成化，包括化学反应与物理分离集成技术；组合分离过程（吸附精馏、萃取精馏、熔融结晶、精馏结晶，以及膜分离技术与传统分离技术的组合，如膜吸收、膜精馏、膜萃取等）；替代能源和非定态（周期性）操作等新技术。本章将对反应分离集成技术和替代能源做简要介绍。

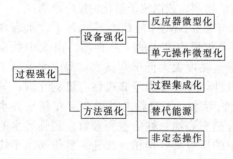

图 12-8　过程强化结构

过程设备强化，即设备微型化，包括新型的反应器和单元操作设备。随着科学和技术的进步，近年来开发了很多新型的反应器和单元操作设备，且有不少已经应用在化工生产过程中，并取得了显著的效果。例如新型的反应器，包括旋转盘反应器（Spinning disk reactor）、静态混合反应器（Static mixer reactor）、整体催化反应器（Monolithic reactor）、微反应器（Microreactor）等。新型强化混合、传热和传质的设备，包括静态混合器（Static mixer）、紧凑式换热器（Compact heat exchanger）、旋转填充床分离器（Rotating packing bed）、离心吸附器（Centrifugal absorber）等。

（1）反应分离集成技术　是将化学反应与分离集成在一个设备中，使一台设备同时具有反应和分离的功能。反应分离集成技术是过程强化的重要方法，可以使设备体积与产量比更小，过程更清洁、能量利用率更高。

反应精馏（催化精馏）是在精馏塔内进行的化学反应与精馏分离过程，是最典型、最成熟和工业应用最广的反应与分离集成过程。此外，还有反应萃取、反应吸附、反应结晶、膜反应器等。与反应精馏一样，反应萃取、反应吸附、反应结晶也是将化学反应与传统的分离单元操作集成在分离设备中进行的过程，即分别在萃取塔、吸附设备和结晶器中进行。反应精馏和反应萃取所处理的物系是液相均相体系；反应吸附所处理的对象是气固或液固非均相体系；而反应结晶则针对产物在常温常压下为固体的体系。膜反应器为传统的固定床或流化床反应器与膜分离技术的集成。按照反应与分离结合的形式，固定床膜反应器又可分为两类，一类是反应与分离分开进行，膜只起分离产物或分配反应物的作用；另一类是反应与分离均在膜上进行，膜既有催化功能又有分离功能（称为活性膜）。由于目前在膜反应器中应用的膜均为选择性气体透过膜，因此适用于气相和含有气体的体系。

与传统的反应、分离分步进行的过程相比，反应与分离集成过程的优势：

① 对可逆反应可打破热力学平衡限制，提高单程转化率，减少反应体积。由于借助分离手段将目的产物及时移出反应区，因此，使化学平衡被破坏，反应不断地向生成产物的方向进行，最终可获得超过平衡转化率的高转化率。并且，由于反应产物的动态移出，可增加反应物浓度，加快反应速率，缩短反应时间。

② 利用分离效应造成有利于反应选择性的轴向浓度分布，可提高目的产物的选择性，增加原料利用率，减少废物排放量。

例如对连串反应 $\qquad$ $A \xrightarrow{k_1} P \xrightarrow{k_2} Q$

假设反应物 A 的消耗速率和中间产物 P 的净生成速率分别为：

$$r_A = k_1 c_A^\alpha$$

$$r_P = k_1 c_A^\alpha - k_2 c_P^\beta$$

则中间产物 P 的瞬时选择性为：

$$S_P = 1 - \frac{k_2}{k_1} \times \frac{c_P^\beta}{c_A^\alpha} \qquad (12\text{-}9)$$

分析式（12-9）可知，传统的反应与分离的分步操作过程中，随反应进行，中间产物 P 的浓度不断增加，而反应物 A 的浓度不断减少，结果使 P 的选择性不断下降；而在反应分离集成过程中，由于中间产物 P 被连续移出反应区，使 P 的浓度始终处于低水平，因此可获得高的选择性。可见，对中间产物为目的产物的连串反应，及时移出中间产物，可避免其后续反应，提高目的产物的选择性。

又如对平行反应 $\qquad$
$$A \xrightarrow{k_1} P \qquad r_P = k_1 c_A^\alpha$$
$$A \xrightarrow{k_2} Q \qquad r_Q = k_2 c_A^\beta$$

若生成 P 的反应为主反应，生成 Q 的反应为副反应，则目的产物 P 的瞬时选择性为：

$$S_P = \frac{1}{1 + \frac{k_2}{k_1} \times c_A^{\beta - \alpha}} \qquad (12\text{-}10)$$

由式（12-10）可知，若主反应级数 α 大于副反应的级数 β，则高的反应物浓度对目的产物的选择性有利，此时由于将目的产物 P 原位移出反应区，使反应物的浓度提高，有利于提高产物的选择性；当主反应级数小于副反应级数时，则低的反应物浓度对目的产物的选择性有利，此时采用反应物分配型膜反应器可使反应物分布进料，从而维持低的反应物分压，有利于提高产物的选择性。

当然，上述讨论只适用于正常动力学的情况。

③ 反应对分离的强化。化学反应使待分离物质间的物性差异变大，有利于实现彼此的分离。

④ 合理利用反应热，既可使反应区内的温度分布均匀，又可以节约能量。例如在反应精馏过程中，反应放出的热量可用于汽化物料，减少再沸器的负荷。

⑤ 将反应器和分离设备集成在一起，可减少主设备及辅助设备的数目，并减少原料和辅助物料的循环量，节约设备投资和操作费用。

反应分离的实例很多，例如反应精馏生产醋酸甲酯、MTBE、ETBE、TAME，异丙苯；膜反应器中烷烃的脱氢反应；反应吸附合成甲醇；反应萃取生产醋酸丁酯、乳酸和过氧化氢等。

（2）替代能源　是采用非热能的能量进行化学反应或分离过程，包括离心场、超声、太阳能、微波、电场和等离子体等，其中等离子体、微波和超声波技术得到了更为广泛的研究。

等离子体技术　等离子体是电离状态的气体物质，由电子、离子、原子、分子或自由基等粒子组成的非凝聚体系，具有宏观尺度内的电中性与高导电性。与物质的固态、液态、气态并列，被称为物质存在的第四态。

等离子体是由最清洁的高能粒子组成，对环境和生态系统无不良影响；等离子体中的离子、电子、激发态原子、自由基都是极活泼的反应性物种，因此等离子体反应速率快，原料的转化率高。

在自然界中，有一些化学反应条件非常苛刻，在常规条件下难以进行或速率很慢，如温室气体的化学转化、空气中有害气体的净化等。采用等离子体技术可以有效地活化甲烷、二氧化碳等稳态分子，显著降低甲烷转化反应温度或压力，提高产物的收率。除甲烷化学转化这一热门领域外，等离子体技术在催化剂制备、高分子材料表面改性、接枝聚合等领域也得到了广泛的研究，表 12-7 列出了近年来等离子体在化学工程领域的一些应用实例。

表 12-7　等离子体在化工领域应用举例

应用领域	实　　例	应用领域	实　　例
甲烷转化	甲烷部分氧化制甲醇 甲烷 CO_2 重整 甲烷裂解制乙炔 甲烷转化合成烯烃	高分子材料处理	引发接枝聚合 表面改性
		分子筛催化剂	分子筛制备、活化、改性、再生

微波技术　微波在电磁波谱中介于红外和无线电波之间，波长在 1～100cm（频率30GHz～300MHz）的区域内，其中用于加热技术的微波波长一般固定在 12.2cm（2.45GHz）处。微波作用到物质上，可能产生电子极化、原子极化、界面极化和偶极转向极化。其中对物质起加热作用的主要是偶极转向极化，使物质分子高速摆动（每秒十亿次）而产生热能，因此，不同于传统的辐射、对流和热传导是由表及里的加热，而是"快速内加热"，具有温度梯度小、加热无滞后的特点。

极性分子的介电常数较大，同微波有较强的耦合作用；非极性分子的介电常数小，同微波不产生或只产生较弱的耦合作用。在常见物质中，金属导体反射微波而极少吸收微波能，所以可用金属屏蔽微波辐射，减少微波对人体的危害；玻璃、陶瓷能透过微波，本身产生的热效应极小，可用作反应器材料；大多数有机化合物、极性无机盐和含水物质能很好地吸收微波，为微波介入化学反应提供了可能。

目前，微波主要用于液相合成、无溶剂反应和高分子化学及生物化学领域，其中无溶

424

剂反应是微波促进有机化学反应研究的热点。利用微波进行液相反应，选择合适的溶剂作为微波的传递介质是关键之一。乙酸、丙酮、低碳醇、乙酸乙酯等极性溶剂吸收微波能力较强，可作为反应溶剂；环己烷、乙醚等非极性溶剂不宜作微波场中的反应溶剂。在微波作用下，易发生溶剂的过热现象，因此选择高沸点溶剂可防止溶剂的大量挥发。

超声波技术 频率为 $2\times10^4 \sim 2\times10^9$ Hz 的声波叫做超声波，超声波对化学反应和物理分离过程的强化作用是由液体的"超声空化"而产生的能量效应和机械效应引起的。当超声波的能量足够高时，就会使液体介质产生微小的泡泡（空隙），这些小泡泡瘪塌时产生内爆，引起局部能量释放，此即"超声空化"现象。空化气泡爆炸的瞬间可产生约4000 K 和 100 MPa 的局部高温高压，这样的环境足以活化有机物，使有机物在空化气泡内发生化学键断裂、自由基形成等，并促进相界面间的扰动和更新、加速相界面间的传质和传热过程。

在化学反应方面，超声波主要用于氧化反应、还原反应、加成反应、偶合反应、纳米材料及催化剂的制备；在分离方面则主要用于结晶和水体中有机污染物的降解。

12.2.3 产品绿色化

以往，产品设计者的指导思想是"功能决定形式"，设计者所追求的是"功能最大化"。因此，虽然许多化学品，如化肥、农药、洗涤剂、化妆品、添加剂、涂料、制冷剂等，对人类的进步和生活质量的提高做出了巨大贡献，但同时也对人类的生存环境造成了危害。

产品绿色化包含两个层次，第一个层次是化学产品应该对人类健康和环境无毒害，这是对一个绿色化学产品最起码的要求；第二个层次是当化学产品的功能使命完成后，应以无毒害的降解物形式存在，而不应该"原封不动"地留在环境中。因此，按照绿色化学的原则，设计者应该在追求产品功能最大化的同时，使其内在危害最小化。

绿色化学品的设计需要在分子结构分析、分子构效关系和毒理学及毒性动态学研究基础上，遵照生物利用率最大化和辅助物质量最小化原则进行，这需要化学家、毒理学家和化学工程师的共同努力，并且需要专门的课程介绍相关的设计方法。

12.3 绿色化工过程实例[9,31~69]

12.3.1 氢气和氧气直接合成过氧化氢新工艺

过氧化氢是一种绿色氧化剂，在有机合成、环境保护等领域有广泛应用，由于现有蒽醌法生产过程所涉及的操作单元多，工作液循环量大以及工作载体无效降解等，使过氧化氢的生产装置效率低，能耗大，影响了其在绿色产业中的推广应用。同时，由于产品中蒽醌类有机杂质含量高，对过氧化氢的质量也有很大影响。氢氧直接合成过氧化氢是典型的原子经济性反应，操作单元少、产品纯净，最有希望成为现有过氧化氢生产的替代技术。

12.3.1.1 反应原理及热力学分析

在氢氧直接合成过氧化氢的反应体系中，可能存在的反应有：

$$H_2 + O_2 \longrightarrow H_2O_2(l) \qquad \Delta G_{298}^{\ominus} = -120.4 kJ/mol \qquad (12\text{-}11)$$

$$H_2 + \frac{1}{2}O_2 \longrightarrow H_2O(l) \qquad \Delta G_{298}^{\ominus} = -237.2 kJ/mol \qquad (12\text{-}12)$$

$$H_2O_2(l) \longrightarrow H_2O(l) + \frac{1}{2}O_2 \qquad \Delta G_{298}^{\ominus} = -116.8 kJ/mol \qquad (12\text{-}13)$$

$$H_2O_2(l) + H_2 \longrightarrow 2H_2O(l) \qquad \Delta G_{298}^{\ominus} = -354.0 kJ/mol \qquad (12\text{-}14)$$

吉布斯自由能数据表明，从热力学角度讲上述反应都是可以进行的，但生成水的副反应较生成过氧化氢的主反应更有利，欲强化主反应抑制副反应，则应从动力学角度出发，即选择合适的催化剂加速主反应，同时抑制副反应，这对于提高过氧化氢的选择性至关重要。

12.3.1.2　反应条件

(1) 催化剂及助剂　直接合成法的催化剂多以贵金属为活性组分，例如 Pd 或 Pd-Pt，也有以 Au 为活性组分的催化剂，但转化率和选择性均不及 Pd 或 Pd-Pt。活性金属的负载量一般为 0.5%～2%。

为了降低催化剂的成本，对不含贵金属的催化剂也有研究，BASF 公司的研究以磷酸铁或磷酸锌作催化剂。从目前的情况看，非贵金属催化剂的性能尚不及贵金属，以磷酸铁为催化剂时，过氧化氢的最大含量为 3.2%；当用磷酸锌时，最大含量为 1.1%，而相同条件下贵金属 Pd 上的过氧化氢最大含量为一般可达 10% 左右。

常用的载体有 γ-Al_2O_3、SiO_2、活性炭、ZrO_2 等。大量研究证明，合成反应在强酸性和含卤离子的介质中进行，对提高过氧化氢的浓度有利。但是强酸性反应介质会带来设备腐蚀、催化剂溶解流失以及反应后脱酸处理问题，为此可采用固体超强酸载体，使反应在中性或弱酸性介质中进行。氢氧直接合成过氧化氢反应中使用的固体超强酸，一般由两种金属氧化物制成或将硫酸负载于金属氧化物上制成，例如将钼酸铵浸泡于氢氧化锆溶液中，煅烧后氧化锆负载于氧化钼上，得到固体超强酸。

除了载体的酸性，载体的状态对反应也有显著的影响。研究结果表明，氟化的 γ-Al_2O_3 载体较未氟化的载体具有更高的氢气转化率，同时对过氧化氢分解也有一定的抑制作用。这是因为氟化后载体可以达到一个疏水和亲水性的平衡，这样既可以使反应物（H_2/O_2）与催化剂表面有良好的接触加速反应，又可以使生成的过氧化氢及时转移到液体反应介质中避免在催化剂表面分解。

助剂对氢气的利用率和产品中过氧化氢的浓度有很大影响。助剂主要有两类，分别是无机酸和卤离子溶液。常用的无机酸有 HCl、H_2SO_4 和 H_3PO_4 等，作用是降低过氧化氢的分解，提高反应选择性。如表 12-8 所示，与在纯水中反应相比，在酸性介质中氢气有良好的选择性和转化率。卤离子的作用有两个，一方面卤离子被催化剂吸附，占据一定数量的活性位，抑制了氧气裂解为两个氧原子。而要生成过氧化氢，氧气必须以分子状态参加反应，一旦氧-氧键断裂，水就是唯一的产物。当然，这种竞争吸附也使得氢气的消耗量降低，反应速率下降。另一方面卤离子在催化剂上的吸附，改变了活性金属的电子密度，而催化剂表面的缺电子现象使氢比氧更容易被吸附。卤离子中以溴离子效果最好，氯离子和碘离子次之。

表 12-8　氢氧直接合成过氧化氢中无机酸对反应的影响

催化剂	H_2 转化率/%		H_2O_2 选择性/%	
	0.02mol H_2SO_4 溶液	水	0.02mol H_2SO_4 溶液	水
PdO/F-γ-Al_2O_3	41.8	2.6	30.3	15.0
PdO/F-γ-Al_2O_3	43.1	4.6	28.6	8.3
PdO/F-CeO_2	34.4	2.6	36.4	15.0
PdO/F-ZrO_2	43.0	18.5	26.5	19.3
PdO/ThO_2	28.2	13.9	47.3	4.1
PdO/CeO_2	21.0	9.2	56.1	6.1

(2) 溶剂　氢氧直接合成过氧化氢的反应是气-液-固三相反应，即固体催化剂，液相反应介质和混合气体反应物。研究表明，H_2 从气相向液相的传质过程是整个反应的控制步骤。显然，增加 H_2 在液相中的溶解有利于反应。氢气在甲醇，丙酮等有机溶剂中的溶解度较水中的溶解度大得多，因此在近几年的研究中，多以有机溶剂代替早期研究中所

采用的纯水溶剂，特别是当过氧化氢用于有机合成时，采用有机溶剂还可避免分离大量的水，减少分离负荷。例如，甲醇是丙烯与过氧化氢直接环氧化合成环氧丙烷的优良溶剂，在氢气和氧气直接合成过氧化氢过程中采用甲醇为溶剂，得到的过氧化氢/甲醇溶液可直接用于丙烯环氧化反应，这样环氧化过程既毋须补充新溶剂，也不会带入大量的水。另外，在最近的研究中发现，当反应在有机溶剂中进行时，可以不添加卤离子助剂。

除传统的有机溶剂外，还有采用超临界二氧化碳作溶剂的尝试。与有机溶剂相比超临界二氧化碳具有以下优点：①氢气、氧气的溶解度高；②能够采用可溶于二氧化碳的Pd催化剂，从而解决非均相传质问题；③更加绿色化。

（3）反应温度和压力 由于过氧化氢的热稳定性较差，高温下易发生分解生成氧和水，故合成反应一般在 $10\sim30$ ℃下进行，最高不超过 40 ℃。增加压力可提高氢气和氧气在溶剂中的溶解度，对提高产品中过氧化氢的浓度有利，因此反应一般控制在 $40\sim50$ MPa，甚至更高。

（4）反应机理及动力学 关于催化作用机理目前尚存在分歧。一种观点认为 Pd 在氢氧反应的过程中起两个作用，首先是催化剂表面的 Pd 原子吸附氢气分子和氧气分子；其次是促成氢氧之间的电子转移。如图 12-9（a）所示，一个氧分子和一个氢分子分别被相邻的两个 Pd 原子吸附，氧的电负性使其容易从氢分子中夺得两个电子，但这种电子转移是依靠 Pd 原子良好的导电性来完成的。当电子转移之后，H_2^{2+} 和 O_2^{2-} 相互作用便生成过氧化氢分子。但当两个氢分子和一个氧分子被三个相邻的 Pd 原子吸附时，氢氧之间的电子转移便会生成两分子的水。

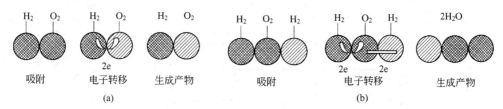

图 12-9 H_2 和 O_2 在 Pd 原子上反应示意

第二种观点认为，Pd^0 会促进 H_2O_2 的分解，Pd（Ⅱ）是催化剂的活性形式，见图 12-9（b）。理由是实验发现，氧化后的 Pd/Al_2O_3 催化剂对提高氢气转化率和过氧化氢收率有促进作用，同时对过氧化氢的分解有抑制作用。

为什么会产生截然相反的结论？原因可能是反应物系中同时存在氢气和氧气，氢气使 Pd（Ⅱ）向还原态 Pd 转化；而氧气使 Pd^0 向 Pd（Ⅱ）转化。因此尽管在反应前可以维持单纯的 Pd^0 态或 Pd（Ⅱ）态，但在反应过程中还原态 Pd 和氧化态 Pd 是共存的，很难确定活性组分的价态。

第三种观点认为，催化剂的活性组分是胶体态钯（$PdCl_4^{2-}$），反应历程见图 12-10。反应循环过程中，在 Cl^- 存在情况下以胶体状态存在的 Pd^0 与 O_2 反应生成二氯环氧钯，接着二氯环氧钯与 H_3O^+ 反应生成 H_2O_2 和 $PdCl_4^{2-}$，而 $PdCl_4^{2-}$ 又被氢气还原为 Pd^0 胶体，同时生成 HCl。其中，$PdCl_4^{2-}$ 的还原过程非常迅速，生成 $PdCl_4^{2-}$ 的过程则是反应的控制步骤。

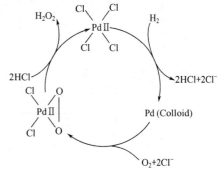

图 12-10 氢氧直接合成 H_2O_2 反应循环过程示意

12.3.1.3 工艺流程

图 12-11 左边虚框内，100 工段部分为氢氧合

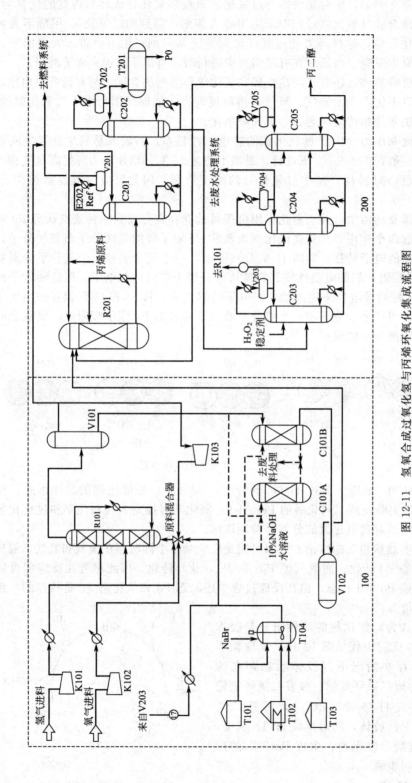

图 12-11　氢氧合成过氧化氢与丙烯环氧化集成流程图

K101—氢气压缩机；K102 —氧气压缩机；K103—循环气压缩机；T101—硫酸储罐；T102—磷酸储罐；T103—甲醇储罐；T104—混合罐；
R101—过氧化氢合成反应器；C101—离子交换器；V101—气液分离器；V102—中间储罐；R201—环氧化反应器；C201—轻组分塔；
C202—PO 塔；C203—甲醇回收塔；C204—废水塔；C205—过氧化氢回收塔 V202～V205—回流罐 V205—回流罐；T201—产品储罐

成过氧化氢的工艺流程。整个工艺过程分为反应和产品净化两部分。新鲜溶剂（甲醇或水）与硫酸、磷酸和溴化钠在混合罐中混合后与循环溶剂一起由底部进入过氧化氢反应器。氢气和氧气分别加压、冷却，达到 5MPa、40℃，氧气经两相喷射器自反应器底部引入反应器，氢气分布进料以保证进入反应器的氢气和氧气的体积比在爆炸极限之外。氢氧合成过氧化氢是放热反应，在反应器外并联四台换热器以移出反应热。过氧化氢反应器的操作压力为 50MPa，温度为 40℃。

反应后的物料自反应器顶部引出，进入气液分离器。液相产物在离子交换塔中脱除各种离子后进入产品储罐。离开分离器的气体分为两部分，一部分压缩后循环返回反应器，另一部分排放以避免惰性气体积累。

12.3.2 环氧丙烷的绿色生产工艺

12.3.2.1 环氧丙烷生产现状

环氧丙烷（propylene oxide，简称 PO）是重要的基本有机化工原料，在以丙烯为原料的产品中，是仅次于聚丙烯和丙烯腈的第三大品种。主要用途是生产聚醚多元醇，制造聚氨酯，水解制丙二醇，此外用于生产丙二醇醚等非离子表面活性剂、油田破乳剂、制药乳化剂、润滑剂等。现在工业上主要采用氯醇法和共氧化法生产，其中氯醇法约占总产量的 51%，共氧化法约占 48%。

氯醇法 生产环氧丙烷包括两个步骤：第一步是丙烯与氯气与水反应生产氯丙醇，同时生成氯代烃副产物的水溶液；第二步是氯丙醇与石灰乳发生皂化反应生成产物环氧丙烷，同时产生氯化钙废渣和废水。氯醇法废水和废渣量大，由于使用有毒的氯气，对设备的耐腐蚀性要求高。

共氧化法 也包括两步：第一步是生成有机过氧化物；第二步是有机过氧化物与丙烯反应生成环氧丙烷，并生成相应的联产物。选择有机过氧化物的依据是其稳定性、环氧化反应速率和联产物的市场情况，目前采用较多的是异丁烷过氧化物和乙苯过氧化物，即 Halcon 法。共氧化法的联产品量都显著高于 PO，例如异丁烷法的原料为丙烯和异丁烷，联产叔丁醇，所得产品 PO 与叔丁醇的质量比为 1:3；乙苯法的原料为乙苯和丙烯，联产苯乙烯，所得产品 PO 与苯乙烯的重量比为 1:2.3。

共氧化法收率高，废物排放量少。但生产工艺长、总投资高、联产品量大。

12.3.2.2 绿色生产方法

以分子氧为氧化剂的氧化反应具有高的原子经济性，且氧气价廉易得，对环境无污染，是氧化反应最理想的氧源。因此，用氧气或空气直接氧化丙烯生产环氧丙烷是当前化学工业渴望实现的工艺之一，但是，该体系的特点决定目前还很难以氧气为氧化剂达到高转化率、高选择性地氧化丙烯生成环氧丙烷。原因：①常温下分子氧稳定、反应活性低；②丙烯分子中含有 α-C，由于 α-C 原子上的 C—H 键的解离能比一般 C—H 键小，具有高的反应活性，在氧气存在下很容易发生 α-碳氢键的断裂而使反应产物复杂化。因此寻找合适的催化剂成为丙烯直接氧化的技术关键。

许多研究者致力于这项工作，先后研究了稀土氯化物催化剂、过渡金属氧化物催化剂、金属卟啉仿酶催化剂等，但目前 PO 收率均低于 10%，无工业应用价值。

过氧化氢是一种理想的氧化剂。过氧化氢的活性氧含量高达 47%，比有机过氧化物高得多；发生氧化反应后产物为水，氧化过程无污染物。钛硅分子筛的合成为丙烯过氧化氢直接氧化法提供了可能。许多研究者对 TS-1/H_2O_2 催化体系进行了研究，发现以钛硅分子筛为催化剂，过氧化氢氧化丙烯制环氧丙烷的反应可以使用稀过氧化氢水溶液，在温和条件下进行，并且反应速率快，选择性高，该法极有可能取代现有的 PO 生产方法成为环氧丙烷生产技术的主流。近一二年，国内外多家公司纷纷建设工业实验装置或中试装置以抢占先机，如 BASF 和 Dow 共同开发了基于过氧化氢的 PO 工艺（简称为 HPPO），在比利时的 Antwerp 拟建设规模为 30 万吨/年的装置，Sasol 计划采用 Degussa 和 Uhde 共同开发的工艺，建设 6 万吨/年的装置等。

TS-1 催化过氧化氢氧化丙烯反应原理如下。

主反应

$$CH_3CH_2{=}CH_2 + H_2O_2 \xrightarrow{\text{TS-1}} CH_2CHCH_3\ \underset{O}{\cup} + H_2O - 211.26kJ \cdot mol^{-1} \qquad \Delta G^\ominus = -207.92kJ \cdot mol^{-1}$$

$$(12\text{-}15)$$

主要副反应

$$CH_2CHCH_3\ \underset{O}{\cup} + H_2O \longrightarrow C_3H_6(OH)_2 \qquad (12\text{-}16)$$

$$2H_2O_2 \longrightarrow 2H_2O + O_2 \qquad (12\text{-}17)$$

可见，主要的副反应都消耗过氧化氢，使过氧化氢的有效利用率降低，而且过氧化氢分解产生的活性氧还可能引发氧化副反应，降低环氧丙烷的选择性。因此，应该尽量避免过氧化氢的分解反应。

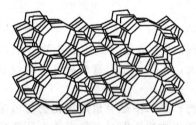

图 12-12　TS-1 的孔道结构

（1）催化剂　TS-1 分子筛是将具有变价特征的过渡金属 Ti 引入纯硅分子筛的骨架中而形成的，具有微孔和中孔的孔道结构，在形成氧化还原催化作用的同时赋予了择形功能（见图 12-12）。TS-1 分子筛由意大利的 Taramasso 及同事于 1983 年最早合成，20 年来，对该催化剂的研究日渐深入。研究发现，TS-1 分子筛表面呈"缺酸性质"，具有很好的定向氧化催化性能，在氧化反应中不会引发酸催化副反应；除对丙烯的环氧化外，TS-1 分子筛对烷烃、环烷烃、醇的氧化，环己酮氨氧化，苯酚羟基化也有很好的催化活性。

研究者普遍认为，同晶取代进入 SiO_2 骨架的 Ti 是 TS-1 分子筛的催化活性中心。Ti 同晶取代 Si 后被隔离在 SiO_2 基质中，在所有方向上每个 Ti 均被 O-Si-O-Si-O 链包围，不形成 Ti-O-Ti 结构，见图 12-13（a）。紫外可见光漫反射和红外光谱等研究表明，在催化过程中 TS-1 与 H_2O_2 作用，形成活性中间体过氧钛结构 Ti（OOH），见图 12-13（b），该活性中间体是实际供氧者。由于静电诱导作用，Ti（OOH）中与 Ti 相邻氧原子的电子云向 Ti 的空 d 轨道偏移，增加了该氧原子的亲电性，使烯烃等有机物对活性中间体的亲核进攻变得更加容易。

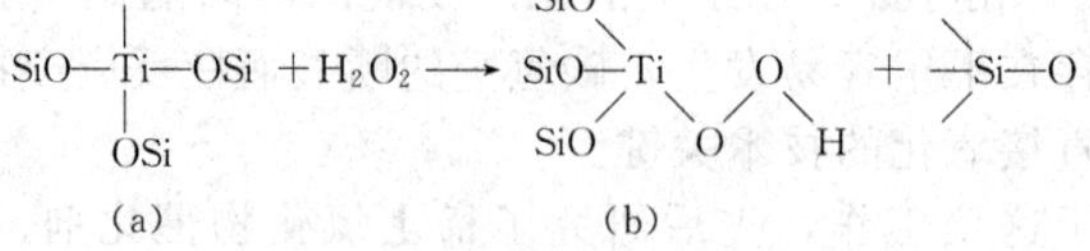

$$\underset{\overset{|}{OSi}}{\overset{OSi}{SiO{-}Ti{-}OSi}} + H_2O_2 \longrightarrow \underset{SiO}{\overset{SiO}{SiO{-}Ti}}\ \underset{O}{\overset{O}{}}_H + {=}Si{-}O$$

（a）　　　　　　　　　　（b）

图 12-13　TS-1 与 H_2O_2 形成的活性中间体

由于 Ti 原子之间被 Si 骨架隔开，因而避免了一般均相金属氧化物配位催化剂因金属氧化物发生二聚反应而失活的倾向，使 TS-1 具有较高的稳定性和寿命，易于再生。

TS-1 的另一个独特性能是具有疏水性，在含水溶液中更易吸附有机物，使其活性位 Ti^{4+} 始终处于富含有机反应物的环境中，因此 $TS\text{-}1/H_2O_2$ 体系可以过氧化氢的稀水溶液作为氧化剂，这为该体系的应用带来方便，因为商品过氧化氢是其 27%～35% 的水溶液，而且过氧化氢浓度越高，稳定性越差。

（2）反应条件和反应机理

溶剂效应　TS-1/H$_2$O$_2$ 催化氧化反应中溶剂效应很明显，溶剂的种类对反应活性、产物的选择性甚至反应机理都有影响。研究表明，在质子性溶剂如甲醇、异丙醇、仲丁醇中环氧化反应较快；而在非质子性溶剂如乙腈、丙酮和四氢呋喃中环氧化反应较慢。因为以质子性试剂醇为溶剂时，醇分子参与 Ti 的配位，其 H 原子与 Ti（OOH）的末端 O 形成中间体内氢键，从而形成独特的五元环中间体结构，大大增加了活性中间体 Ti（OOH）的稳定性（见图 12-14）。

从电子效应角度讲，五元环结构的形成增加了与 Ti 相连 O 原子的亲电性，而环氧化是从亲电试剂进攻丙烯中双键碳原子间的 π 电子云开始的，因此过氧钛活性中间体氧原子亲电性增加可使环氧化变得更加容易。

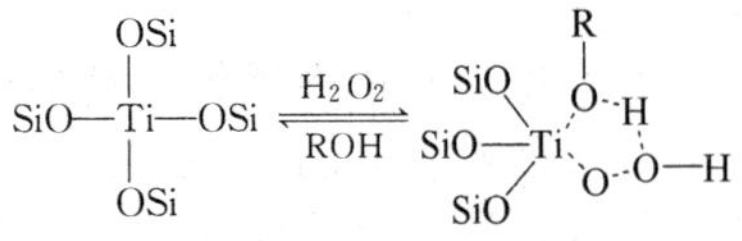

图 12-14　TS-1、H$_2$O$_2$ 与醇形成的活性五元环结构

由于非质子性溶剂中不含有质子给予体基团，不能与 Ti（OOH）形成氢键，对活性中间体没有稳定作用。特别是当以乙腈为溶剂时，由于其略带碱性，而钛硅分子筛的钛活性位略带酸性，结果乙腈与 Ti（OOH）配位增加了反应物接近活性位的阻力，使活性下降。

采用不同的醇溶剂，如甲醇、异丙醇、仲丁醇，环氧化反应速率也不同，原因可从电子效应和空间效应来解释。根据静电诱导效应，醇分子中烷基的供电子能力越强，与烷基相连的氧原子的电子云密度就越大，该氧原子与 Ti 配位形成五元环结构时，其周围电子向 Ti 的偏离就越多，使得 Ti（OOH）结构中氧的电子云密度增高，导致五元环活性中间体的亲电性变差，因此环氧化活性降低。三种醇分子中烷基供电子能力由强到弱的顺序为：

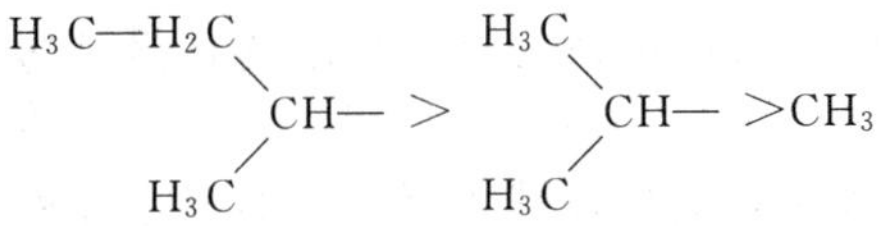

所以，三种醇的环氧化活性顺序为：

甲醇＞异丙醇＞仲丁醇

据此可以推测，以水作溶剂时，同样可以形成五元中间体，但由于其供电性能差，对中间体的亲电性没有增加作用，因此环氧化反应活性不及醇溶剂，实验结果也是如此。

空间效应与醇分子的尺寸大小有关。首先，醇分子与 Ti 和过氧化氢形成五元环中间体时，醇分子越大，空间位阻越大，则五元环的形成就越困难。其次，醇分子越大，反应物接近五元环时阻力也越大，发生氧化反应就越困难。因此，从空间效应考虑，三种醇的环氧化活性顺序也是甲醇最大；异丙醇次之；仲丁醇最小。

温度和压力　温度对环氧丙烷选择性和收率及过氧化氢利用率都有明显的影响。温度升高，丙烯的转化率增加，但 PO 的选择性下降，一般认为，丙烯环氧化的最佳反应温度为 40℃左右。

TS-1 催化丙烯与过氧化氢的环氧化反应是一个气-液-固非均相反应，增加丙烯的分压，可增加液相中丙烯的浓度，从而增加环氧化反应速率和选择性。

（3）生产工艺和反应器　丙烯与过氧化氢直接环氧化反应过程使用的反应器有三类。

一类是釜式反应器（间歇或连续操作），虽然反应器结构及操作简单，但很难适用于大宗化工产品的生产。而且，TS-1 分子筛粉体的平均粒径只 0.5 μm 左右，操作过程中催化剂的流失和与液相的分离目前尚属技术难点。

第二类是固定床反应器，具有投资少、操作简单、生产能力大的特点，但是由于丙烯环氧化反应是强放热反应，反应热的移出和反应温度的控制是固定床反应器的操作关键。另外一个问题是，固定床反应器需要使用机械强度高、具有一定颗粒度的催化剂。为此需将 TS-1 分子筛成型，有研究表明，机械成型由于增加了内扩散阻力而损失 TS-1 催化剂的环氧丙烷选择性，这也是固定床反应器应用中需要解决的问题。

第三类是环流反应器。这是一种新型的多相反应器，具有结构简单、操作稳定、传质和传热效率高，易于大型化等特点。环流反应器解决了反应温度的控制问题，但催化剂的分离仍是难点。

过氧化氢氧化丙烯生产环氧丙烷工艺包括三部分，环氧化反应单元、产物精制单元和溶剂回收单元（见图 12-11 右边虚框内 200 工段部分）。来自中间罐的稀过氧化氢-甲醇溶液由泵送入环氧化反应器，该反应器为串联的两台固定床反应器，新鲜丙烯和回收丙烯自第一个反应器的顶部进入，两股物料在反应器内并流流动，采用 4 台并联的外接式换热器控制反应温度，环氧化温度为 40～50℃，压力为 2.04 MPa。

反应后的混合物进轻组分精馏塔，塔顶脱除未反应的丙烯和其他的气体，塔釜液进入环氧丙烷精馏塔，塔顶得到精 PO，送产品储罐。轻组分塔的操作条件是：压力为 2.04 MPa，塔顶温度为 -37℃；环氧丙烷精馏塔的操作条件是：压力为 0.2 MPa，塔顶温度为 56℃。

环氧丙烷精馏塔塔釜液依次进入甲醇回收塔、废水回收塔和过氧化氢回收塔，在三个塔的塔顶分别得到甲醇、副产物水和过氧化氢，甲醇和过氧化氢返回环氧化反应器。三个塔的操作条件分别是：65℃、0.1 MPa；100℃、0.1 MPa 和 107℃、34 kPa。

（4）集成工艺　氯醇法、共氧化法和丙烯直接过氧化氢氧化法三种环氧丙烷生产方法，在设备投资费用方面，丙烯直接过氧化氢氧化法低于共氧化法，但高于氯醇法；在操作费用方面，丙烯直接过氧化氢氧化法高于共氧化法，与氯醇法持平。也就是说，在技术先进性和环境友好性方面丙烯直接过氧化氢氧化法具有明显的优势，但在经济性方面暂时还不具备明显的优势。

导致丙烯过氧化氢直接氧化法生产成本较高的原因：TS-1 分子筛的合成成本和分离成本以及过氧化氢的成本。合成成本和分离成本问题可通过采用廉价合成体系制备 TS-1 分子筛，采用新型高效分离技术解决。过氧化氢成本问题的解决途径有两个，一是将过氧化氢生产过程与丙烯环氧化过程集成；二是以氢氧直接合成过氧化氢的新技术代替蒽醌法。有关氢氧直接合成过氧化氢的问题已在前一节中介绍，这里介绍过氧化氢生产过程与丙烯环氧化过程集成技术。

原则上，过氧化氢的三种合成方法，即蒽醌法、仲醇法和 H_2 与 O_2 直接合成法，都可与丙烯环氧化反应集成，但三种方式各有优势。

① 蒽醌法生产 H_2O_2 与环氧化过程的集成。根据蒽醌法的生产特点，集成方案有两种。图 12-15 所示的方案是在氢蒽醌的氧化阶段将两个过程集成，即将氢蒽醌的氧化和 TS-1 催化丙烯与 H_2O_2 环氧化置于同一个反应器中进行，省掉了一个反应器。整个过程包括四个主要步骤：氢化工作液、丙烯、甲醇和空气（或氧气）通入装有 TS-1 的氧化反应器，氢蒽醌（以 AQH_2 表示）被氧化，生成的 H_2O_2 原位与丙烯反应生成环氧丙烷；通过蒸馏分离出氧化反应混合物中的环氧丙烷；用水萃取工作液中的甲醇、丙二醇及甲醚衍生物，萃取相纯化后返回氧化反应器；萃余相进入蒽醌（以 AQ 表示）加氢反应器，加氢生成氢蒽醌后循环回氧化反应器。该方法需要特别注意的是，工作液中溶剂、蒽醌衍生物和 H_2O_2 稳定剂等对环氧化反应的影响。

图 12-16 所示的方案是在萃取阶段将两个过程集成，即用 20%～60%（质量分数）的

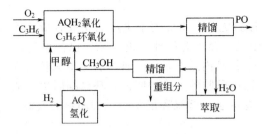

图 12-15　氢蒽醌氧化与丙烯环氧化
集成流程示意图

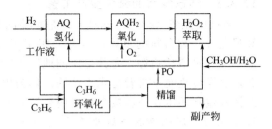

图 12-16　过氧化氢萃取与丙烯环氧化
集成流程示意图

甲醇/水混合萃取剂代替纯水萃取 H_2O_2，之后将此萃取相直接用于环氧化反应。在这个方案中，混合溶剂甲醇/水既是萃取剂，又是环氧化反应的溶剂，可避免向环氧化反应器加入大量的水，并且省去了 H_2O_2 的净化成本。这种集成过程的难点是要保证甲醇/水作为萃取剂的萃取效率，避免工作液中蒽醌类物质及其溶剂在甲醇/水中的溶解。

② 仲醇氧化法生产 H_2O_2 与环氧化过程的集成。仲醇氧化法生产 H_2O_2 包括两个主要步骤，首先仲醇氧化生成 H_2O_2 和相应的酮，然后分离出的酮加氢又还原为仲醇，见式（12-18）。该集成过程的优点是：仲醇既是合成 H_2O_2 的原料，同时又是环氧化的反应溶剂，这样可减少整个反应体系的参与物。大部分的集成过程采用的是异丙醇法，集成方案的形式多样，图12-17 是以纯异丙醇为溶剂的丙烯环氧化过程与异丙醇氧化法制 H_2O_2 的集成方案。异丙醇与 O_2 在氧化反应器中反应得到含 H_2O_2 的混合物，蒸馏分离出丙酮，得到的含异丙醇的 H_2O_2 流股直接通入环氧化反应器在 TS-1 催化下与丙烯发生环

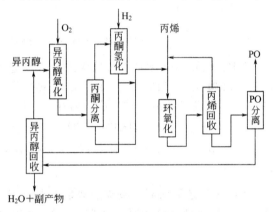

图 12-17　异丙醇氧化法生产过氧化氢与
丙烯环氧化集成流程示意图

氧化反应。分离出的丙酮经氢化生成异丙醇，一部分作为溶剂通入环氧化反应器，另一部分循环回到氧化反应器。环氧化产物分离出未反应的丙烯，返回环氧化反应器循环使用。粗 PO 再经蒸馏得到精环氧丙烷。

$$(CH_3)_2CHOH + O_2 \rightleftharpoons CH_3COCH_3 + H_2O_2$$

$$CH_3COCH_3 + H_2 \rightleftharpoons (CH_3)_2CHOH \tag{12-18}$$

③ 氢氧直接合成 H_2O_2 与环氧化过程的集成　氢氧直接合成 H_2O_2 与丙烯环氧化的集成也有两种方式。一种是以甲醇作为氢氧直接合成反应的溶剂，反应后得到的含过氧化氢的甲醇溶液不经处理直接引入环氧化反应工段，作为氧化剂和溶剂，图 12-11 即为其流程。

另一种方案是将丙烯、H_2 和 O_2 通入装有催化剂的反应器中进行反应生成环氧丙烷，这种集成方式的体系和过程比前述各种方案都简单，但对所采用的催化剂要求严格，要求该催化剂既能催化氢氧合成 H_2O_2，又能催化丙烯与 H_2O_2 环氧化，且两种催化活性位要相互匹配，使氢氧首先催化生成过氧化氢，尔后，原位与丙烯环氧化生成环氧丙烷。目前所采用的催化剂大多是以贵金属 Au、Ag、Pt 和 Pd 为活性组分，钛硅分子筛、SiO_2 或 TiO_2 为载体。

12.3.3 环己酮肟的绿色生产工艺

ε-己内酰胺（ε-Caprolactam）是重要的有机原料之一，主要用于生产尼龙-6 合成纤维和尼龙-6 工程塑料的单体，少部分用于医药、化工、轻工等行业。近年来，己内酰胺的需求一直呈增长趋势，尤其是亚洲地区。90％以上的己内酰胺是经环己酮肟化生成环己酮肟，再经贝克曼重排转化来生产的。作为生产 ε-己内酰胺的关键中间体，环己酮肟生产的经济效益和环境效益直接影响己内酰胺，乃至尼龙-6 合成纤维和尼龙-6 工程塑料的效益。

12.3.3.1 环己酮肟传统生产方法

环己酮肟传统生产方法是环己酮与羟胺盐反应，现有工艺间的区别在于羟胺盐的生产方法。生产羟胺盐的最早方法是拉西法（Raschig），采用拉西法的己内酰胺生产路线称为传统法。传统法生产环己酮肟分为两步，第一步是羟胺硫酸盐制备，先将氨经空气催化氧化生成的 NO、NO_2 用碳酸铵溶液吸收，生成的亚硝酸铵用二氧化硫还原得羟胺二磺酸盐，再水解得到羟胺硫酸盐溶液。第二步是环己酮的肟化，环己酮与羟胺硫酸盐反应，同时加入氨水中和游离出来的硫酸，得到环己酮肟的同时，副产硫酸铵，见反应式（12-19）。采用这种方法，每生产 1 t 己内酰胺，副产 2.6～2.8 t 废渣硫酸铵。

$$2\text{(环己酮)} + (NH_2OH)_2 \cdot H_2SO_4 + 2NH_3 \longrightarrow 2\text{(环己酮肟)} + (NH_4)_2SO_4 + 2H_2 \qquad (12-19)$$

HPO 法和 NO 还原法对拉西法做了改进。HPO 法采用硝酸根加氢制备羟胺磷酸盐，其主要反应见式（12-20）。用羟胺磷酸盐生产环己酮肟，在羟胺盐和肟化阶段，见式（12-21），避免了硫酸铵的生成，但在制 NO_3^- 时，使用 NO 和具有强毒性的 NO_2。

$$2H_3PO_4 + NO_3^- + 3H_2 \longrightarrow NH_3OH^+ + 2H_2PO_4^- + 2H_2O \qquad (12-20)$$

$$NH_3OH^+ + 2H_2PO_4^- + 2H_2O + \text{(环己酮)} \longrightarrow \text{(环己酮肟)} =NOH + H_3PO_4 + H_2PO_4^- + 3H_2O$$
$$(12-21)$$

NO 氢气还原法制羟胺硫酸盐是先在水蒸气存在下用氧气使氨氧化得 NO，然后在钯催化剂作用下使 NO 还原，见式 12-22。还原过程的副产物是氨和 N_2O。

$$2NO + 3H_2 + H_2SO_4 \longrightarrow (NH_3OH)_2SO_4 \qquad (12-22)$$

三种羟胺盐的制备工艺，均是先将氨氧化成氮氧化物或其盐，再还原而得。过程复杂、流程长、设备投资高，且因产生或使用 NO_x、SO_x 存在严重的腐蚀和污染问题，同时还产生废渣硫酸铵。

12.3.3.2 环己酮肟绿色生产方法的原理

随着己内酰胺需求的日益增长和绿色生产的持续发展，制备环己酮肟的新方法不断出现，其中最成功的是由 EniChem 公司首先研究开发的环己酮液相氨氧化工艺，该工艺是在钛硅分子筛催化作用下，环己酮与氨水及过氧化氢发生氨氧化反应生成环己酮肟：

$$\text{(环己酮)} =O + NH_3 + H_2O_2 \xrightarrow{\text{TS-1}} \text{(环己酮肟)} =NOH + 2H_2O \qquad (12-23)$$

由于环己酮的活泼性，过氧化氢和产物环己酮肟的不稳定性，该反应体系还伴随一些副反应，主要包括：

$$2\text{(环己酮肟)} + H_2O_2 \longrightarrow 2\text{(环己酮)} + N_2O + 2H_2O$$

$$2\text{(环己酮)} + 2NH_3 + 5H_2O \longrightarrow O=\text{(环己烷)} -N=N- \text{(环己烷)} =O + 10H_2O$$

$$2NH_2OH + 2H_2O_2 \longrightarrow N_2O + 5H_2O$$
$$3H_2O_2 + 2NH_3 \longrightarrow N_2 + 6H_2O$$
$$2H_2O_2 \longrightarrow 2H_2O + O_2$$

关于 TS-1 催化的环己酮氨氧化反应机理有两种认识，参见图 12-18。

第一种机理认为，环己酮先与氨反应形成亚胺，亚胺再进一步被吸附在钛上，与过氧化氢氧化成环己酮肟，该机理被称为亚胺机理。

第二种机理认为，氨先被过氧化氢与 TS-1 催化氧化为羟胺，羟胺再通过非催化过程直接与环己酮生成环己酮肟，该机理可称之为羟胺机理。

支持羟胺机理的研究者根据他们的实验结果进一步给出了液相环己酮氨肟化反应的路线图，如图 12-19 所示。

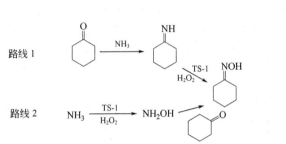

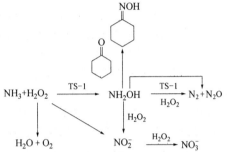

图 12-18　环己酮氨肟化反应的反应机理　　　　图 12-19　液相氨氧化反应路线

12.3.3.3　环己酮氨肟化反应条件

（1）溶剂　环己酮肟化反应体系中，氨和过氧化氢易溶于水相，而环己酮易溶于有机相，显然，加入合适的溶剂可以使有机和水两相混溶成均相，有利于反应的进行。文献报道，肟化反应的理想溶剂是醇，如叔丁醇或异丙醇，此外，也可使用甲醇作溶剂。

（2）反应温度　选择反应温度须从环己酮转化率、环己酮肟选择性和过氧化氢利用率三方面综合考虑。从表 12-9 可以看出，在温度为 70～90℃ 范围内，环己酮肟的选择性很高，超过 99％。环己酮的转化率随温度升高显著上升，到 70℃ 后基本上不再变化。反应温度超过 80℃，过氧化氢的分解比较显著，致使环己酮的转化率和环己酮肟的选择性都略有下降。

表 12-9　温度对环己酮氨氧化反应的影响

反应温度/℃	环己酮转化率/%	环己酮肟选择性/%	反应温度/℃	环己酮转化率/%	环己酮肟选择性/%
50	82.3	99.7	80	98.6	99.9
60	93.1	99.3	90	98.0	99.2
70	99.3	99.8			

注：溶剂为叔丁醇。

（3）反应压力　环己酮氨氧化反应可在常压下进行，加压可增加氨在液相中的溶解度，使液相中氨/环己酮摩尔比增加，对增加环己酮转化率和环己酮肟选择性有利。因此，常用的反应压力为 0.18～0.3MPa。

（4）原料配比　文献报道，无论是间歇反应还是连续反应，氨水都是过量的。一是氨水易挥发，温度较高时氨水的利用率有所下降；二是氨水过量有助于羟胺的生成。多数情况下，氨/环己酮摩尔比为 2:1。

过氧化氢不稳定，遇热产生分解反应，特别是碱性物质可明显加速过氧化氢的分解反应。过氧化氢分解不仅降低了其有效利用率，还会导致发生环己酮肟深度氧化和一些非催化氧化副反应，降低肟的选择性。因此，过高的过氧化氢/环己酮摩尔比对肟化反应不利。为了使环己酮完全转化，省去酮与肟的分离步骤，一般过氧化氢稍过量，过氧化氢/环己酮摩尔比为（1.1～1.2）：1。

12.3.3.4　环己酮氨肟化的反应器和工艺流程

环己酮氨肟化可使用固定床反应器和连续釜式反应器，由于所用的催化剂是 TS-1 分子筛，肟化反应也是强放热反应，因此，两种类型反应器的优缺点可参考丙烯环氧化部分，这里不再赘述。

环己酮氨肟化工艺流程见图 12-20。工艺中采用两级串联的连续釜式反应器。原料环己酮、过氧化氢和氨与叔丁醇的溶液首先加入第一级反应器，在反应器的上方设有放空口，以排除少量副产的 N_2、O_2、N_2O 气体，控制环己酮在第一级反应器中的转化率为 95％，反应混合物经过滤装置滤掉其中夹带的少量催化剂粉末后进入第二级反应器，向第二级反应器补加过氧化氢，目的是使环己酮转化完全，两级反应器中过氧化氢与酮的总摩尔比为 1：1。反应后的混合物经过滤器分离出固体催化剂，与第一级反应器分出的催化剂合并后循环或送再生装置，液体反应物中主要含有叔丁醇、水、氨和环己酮肟，进入精馏塔，塔顶蒸出氨与叔丁醇和水的共沸物（含 12％叔丁醇），循环返回第一级反应器，塔釜为肟与水，进萃取器，以甲苯为溶剂萃取肟。萃取相进精馏塔，塔顶馏出物为甲苯和水的非均相共沸物，在相分离器中分出甲苯相循环返回萃取器，水相与萃余相合并去后处理工段，塔釜得到精制肟送贝克曼重排工段。

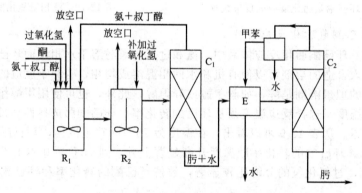

图 12-20　环己酮氨肟化工艺流程示意图

R—反应器；C—精馏塔；E—萃取器及相分离器

与丙烯环氧化反应相同的是，由于使用过氧化氢作氧化剂，环己酮氨肟化的经济性受过氧化氢成本的制约，为了降低氨肟化的生产成本，可采用环己酮氨肟化与过氧化氢生产的集成工艺。由于氨肟化体系中含有碱性物质氨，因此集成方案与环氧化体系的有较大不同，目前可见的集成方案是基于异丙醇氧化法的过氧化氢生产与环己酮肟化的集成和基于蒽醌法的过氧化氢生产与环己酮肟化的集成。限于篇幅，不在此详细介绍，请读者参考相关文献。

思　考　题

12-1　绿色化学的定义是什么？

12-2　原子经济性和原子利用率的定义是什么？请根据定义计算丙烯与过氧化氢环氧化合成环氧丙烷的原子经济性。

12-3　分子筛催化剂的优点是什么？已得到工业应用的分子筛催化剂有哪几种？在烃类的选择性氧化反应中应用最多的是哪种分子筛？并请设计一条环氧氯丙烷的绿色合成路线。

12-4 简述水/有机两相和氟/有机两相催化体系的区别。

12-5 超临界二氧化碳有哪些用途？用作反应溶剂时与常规有机溶剂相比有哪些优点？试分析超临界二氧化碳可否用作氢氧直接合成过氧化氢的反应溶剂。

12-6 请根据反应体系中各物质的性质及反应的特点，分析醋酸与丁醇酯化反应合成醋酸丁酯可否采用反应-分离集成技术进行，用哪种集成技术为好？

12-7 根据脱氢反应的特点分析，乙苯脱氢制苯乙烯的反应可否在膜反应器中进行？采用哪种膜？

12-8 试分析在蒽醌法过氧化氢生产过程中，可采用哪种集成技术？用于哪步操作？

12-9 在 TS-1 催化丙烯与过氧化氢的环氧化反应中，压力如何影响反应的转化率和选择性？

12-10 试根据丙烯环氧化与蒽醌法过氧化氢生产的集成方案及过氧化氢的性质，设计一种环己酮肟化与蒽醌法过氧化氢生产的集成方案。

参 考 文 献

1　梁朝林，谢颖，黎广贞．绿色化工与绿色环保．北京：中国石化出版社，2002

2　纪红兵，佘远斌．绿色氧化与还原．北京：中国石化出版社，2004

3　胡常伟，李贤均．绿色化学原理和应用．北京：中国石化出版社，2002

4　Paul T. Anstas, Green Chemistry: Designing Chemistry for the Environment, ACS, Washington DC, 1996

5　闵恩泽，傅军．绿色化工技术的进展．化工进展，1999，3：5～9

6　王福安，任保增．绿色过程工程引论．北京：化学工业出版社，2002

7　张懿．绿色过程工程．过程工程学报，2001，**1**（1）：10～15

8　Paul T. Anstas, John C. Warner. Green Chemistry Theory and Practice. Oxford University Press, Oxford, 1998

9　闵恩泽，李成岳．绿色石化技术的科学与过程基础．北京：中国石化出版社，2002

10　闵恩泽，谢文华．2003 年石油化工绿色化学的进展．石油化工，2004，**33**（7）：597～601

11　Colin Ramshaw, Process Intensification and Green Chemistry Green Chemistry, 1999, 2：G15～G16

12　Stankiewicz A. Moulijn J. A., Process intensification: transforming chemical engineering, Chem. Eng. Prog., 2000, 96：22～33

13　Stankiewicz A., Process intensification, Ind. Eng. Chem. Res., 2002, **41**（8）：1920～1924

14　Costa T., Joseph V. P., Process intensification-has its time finally come, Chem. Eng. Prog., 2003, 49～55

15　Green A., Johnson B., John A., Process intensification magnifies profits, Chem. Eng., 1999, 12：66～73

16　Stankiewicz A., Reactive separation for process intensification: an industrial perspective, Chem. Eng. Proc., 2003, 42：137～144

17　Harmsen G. J., Chewter L. A., Industrial application of multifunctional, multiphase reactors, Chem. Eng. Sci., 1999, 54：1541～1545

18　Schembechker G., Tlatlik S., Process synthesis for reactive separation, Chem. Eng. Proc., 1992, 42：179～189

19　Krishna R., Reactive separations: more ways to skin a cat, Chem. Eng. Sci. 2002, 57：1491～1504

20　Savkovic J., Misic M., Reaction distillation with ion exchangers, Sep. Sci. Technol., 1992, **27**（5）：613～630

21　Soloshin A. V., Blagov S. A., Reactor-distillation in an advanced technique of reaction process operation, Chem. Eng. Sci., 1996, 51：2599～2564

22　Siirola J. J., An industrial perspective on process synthesis, AIChE. Symp. Ser., 1995, 91：222～233

23　Stadig W. P., Catalytic distillation: combining chemical reaction with product separation, Chem. Proc. 1987, 50：27～32

24　Taylor R., Krishna R., Modeling reactive distillation, Chem. Eng. Sci., 2000, 55：5183～5529

25　Agreda V. H., Partin L. R., Heise W. H., High purity methyl acetate via reactive distillation, Chem. Eng. Prog. 1990, **86**（2）：40～46

26　Sirkar K. K., Shanbhag P. V., Membrane in a reactor: a functional perspective, Ind. Eng. Chem. Res., 1999, 38：3715～373

27　Siirola J. J., An industrial perspective on process synthesis, AIChE. Symp. Ser., 1995, 91：222～233

28　Stadig W. P., Catalytic distillation: combining chemical reaction with product separation, Chem. Proc. 1987, 50：27～32

29　Falk T., Seidel A., Comparison between a fixed-bed reactor and chromatographic reactor, Chem. Eng. Sci., 1999, 54：1479～1485

30　Minotti M., Doherty M. F., Malone M. F., Design for simultaneous reaction and liquid-liquid extraction, Ind. Eng. Chem. Res., 1998, **37**（12）：4748～4756

31　Thioether Oxidation by Hydrogen Peroxide using Titanium-containing Zeolites as catalysts, J Mol Catal A：Chem, 1996, 111：325～332

32　胡长城．国外氢氧直接化合法制过氧化氢工艺研究开发新进展．化学推进剂与高分子材料，2005，**3**（1）：51

33　Kailas L. W. , Vishwas G. , Intensification of enzymatic conversion of glucose to lactic acid by reactive extraction, Chem. Eng. Sci. , 2003, 58: 3385～3393

34　胡长城. 国外过氧化氢生产技术发展综述. 黎明化工, 1996, (5): 1～4

35　Gosser, Hydrogen peroxide production method using platinum/palladium catalysts, US 4832938, 1989-03-23

36　Andrew C. , Process for producing hydrogen peroxide, US 6468496, 2002-10-22

37　胡长城. 国外氢氧直接化合法制过氧化氢工艺研究开发新进展. 化学推进剂与高分子材料, 2002, (1): 14～17

38　Kraus W. , A method for producing hydrogen peroxide, EP 0504741 A1, 1992-03-12

39　Choudhary V. R. , Gaikwad A. G. , Sansare S. D. , Hydrophobic multicomponent catalyst useful for direct oxidation of hydrogen to hydrogen peroxide, US 6346228 B1, 2002-12-12

40　Gaikwad A. G. , Sansare S. D. and Choudhary V. R. , Direct oxidation of hydrogen to hydrogen peroxide over Pd-containing fluorinated or sulfated Al_2O_3, ZrO_2, CeO_2, ThO_2, Y_2O_3 and Ga_2O_3 catalysts in stirred slurry reactor at ambient conditions, Journal of Molecular Catalysis, 2002, 181: 143～149

41　Venkatesan V. K. , Alexandre G. D. , Mark E. T. , Direct production of hydrogen peroxide with palladium supported on phosphate viologen phosphonate catalysts, Journal of Catalysis, 2000, 196: 366～374

42　Dan Hâncu, Eric J. Beckman. Generation of hydrogen peroxide directly from H_2 and O_2 using CO_2 as the solvent [J] . Green Chemistry, 2001, 3: 80～86

43　Vasant R. Choudhary, Abaji G. Gaikwad and Subhash D. Sansare. Activation of supported Pd metal catalysts for selective oxidation of hydrogen to hydrogen peroxide [J] . Catalysis Letters, 2002, 83: 3～4

44　Bruch R. , Ellis P. R. , An investigation of alternative catalytic approaches for the direct synthesis of hydrogen peroxide from hydrogen and oxygen, Applied Catalysis, 2003, 42: 203～211

45　Lunsford J. H. , The direct formation of H_2O_2 from H_2 and O_2 over palladium catalysts, Journal of Catalysis, 2003, 2 16: 455～460

46　Dissanayake D. P. , Lunsford J. H, . Journal of Catalysis, 2003, 214: 113～120

47　Chinta S. , Lunsford J. H. . A mechanistic study of H_2O_2 formation from H_2 and O_2 catalyzed by palladium in an aqueous medium, . Journal of Catalysis, 2004, 225: 249～255

48　Zhou, Catalyst and process for direct catalytic production of hydrogen peroxide, US 6168775, 2001-01-02

49　Choudhary V. R. , Gaikwad A. G. , Sansare S. D. , Nonhazardous direct oxidation of hydrogen to hydrogen peroxide using a novel membrane catalyst, Angew. Chem. Int, 2001, **40** (9): 1776～1779

50　Choudhary J. H. , Hydrophobic multicomponent catalyst useful for direct oxidation of hydrogen peroxide, US 6346228, 2002-02-12

51　魏文德. 有机化工原料大全 (第二版). 北京: 化学工业出版社, 1999

52　施祖培. 化工百科全书 (第七卷). 北京: 化学工业出版社, 1994

53　Clerici M. G. , Bellussi G. , Romano U. , Synthesis of Propylene Oxide from Propylene and Hydrogen Peroxide Catalyzed by Ttitanium Silicalite, J Catal. , 1991, 129: 159

54　Clerici M. G. , Ingallina P. , Epoxidation of Llower Oolefins with Hydrogen Peroxide and Ttitanium Silicalite, J Catal. , 1993, 140: 71

55　范冰. 己内酰胺生产的现状与展望. 石油化工, 1994, **23** (10): 679～686

56　朱凌皓. 环己酮肟的生产方法. 化工设计, 1994, 4: 17～20

57　D. Gerd, P. M. N. John, F. H. Wolfgang, ε-Caprolactam: new by-product free synthesis routes, Catalysis Reviews, 2001, **43** (4): 381～441

58　J. N. Armor, P. M. Zambri, R. Leming, Ammoximation Ⅲ the selective oxidation of ammonia with a number of ketones to yield the corresponding oxime, Journal of Catalysis, 1981, **72** (1): 66～74

59　Thangaraj A. , Sivasanker S. , Ratnasamy P. , Catalytic properties of crystalline titanium silicates Ⅲ. Ammoximation of cyclohexanone, Journal of Catalysis, 1991, **131** (2): 394～400

60　Sudhakar J. R. , Sivasanker S. , Ratnasamy P. , Ammoximation of cyclohexanone over a titanium silicate molecular sieve TS-2, Journal of Molecular Catalysis, 1991, **69** (3): 383～392

61　Mantegazza M. A. , Petrini. G. , Fornasari G. , A. Rinaldo, F. Trifirò, Ammoximation reaction in the gas and liquid phases with silica based catalysts: role of titanium, Catalysis Today, 1996, **32** (1～4): 297～304

62　Zecchina A. , Bordiga S. , Lamberti C. , Ricchiardi G. , D. Scarano, Petrini G. , Leofanti G. , Mantegazza, M, Structural characterization of Ti centres in Ti-silicalite and reaction mechanisms in cyclohexanone ammoximation, Catalysis Today, 1996, **32** (1～4): 97～106

63　Wu C. , Wang Y. , Mi Z. , Li Xue, Wu W. , Min E. , Han S. , He F. , Effects of organic solvents on the structure stability of TS-1 for the ammoximation of cyclohexanone, Reaction Kinetics and Catalysis Letters, 2002, **77** (1): 73～81

64　Hiroshi Ichihashi, Hiroshi Sato, The development of new heterogeneous catalytic processes for the production of caprolactam, Applied Catalysis A: General, 2001, 221: 359～366

65　Kirk-othmer Encyclopedia of Chemical Technology. 4th ed, New York, Wiley, 1995

66　R. A. Sheldon，J. Le Bars and J. Dakka，Ammoximation of cyclohexanone and hydroxyaromatic ketones over titanium molecular sieves. Appl. Catal. A 1996，136，69

67　Pozzo L. D. ，Fornasari G. ，Monti T. ，Catalysis Communications，2002，3：369～375

68　Liang X. ，Mi Z. ，Wang Y. ，Process integration of H_2O_2 generation and the ammoximation of cyclohexanone，Journal of Chemical Technology & Biotechnology，2004，**79** (6)：658～662

69　Liu T. ，Meng X. ，Wang Y. ，Liang X. ，Mi Z. ，Integrated Process of H_2O_2 Generation through Anthraquinone Hydrogenation-Oxidation Cycles and the Ammoximation of Cyclohexanone，Ind. Eng. Chem. Res. 2004，**43** (1)，166～172